科学出版社“十四五”普通高等教育本科规划教材

高等代数

徐运阁 章 超 廖 军 编

科学出版社

北 京

内 容 简 介

本书内容主要包括一元多项式理论、矩阵及其运算、线性方程组理论、线性空间及其线性变换、相似不变量与相似标准形、欧氏空间与二次型理论. 本书力求厘清高等代数相关概念与定理产生的历史背景和科学动机，强调几何直观与代数方法的有机结合，使抽象概念、理论可视化，并适当拓展高等代数理论在现代科技、工程、经济等领域应用的介绍，注重数学文化的渗透与科学思维方法的训练.

本书可作为普通高等学校数学类专业的教材，也可作为统计类专业、理工类专业教师和学生的参考用书.

图书在版编目(CIP)数据

高等代数/徐运阁, 章超, 廖军编. —北京：科学出版社, 2021.7

ISBN 978-7-03-069290-0

Ⅰ.①高…　Ⅱ.①徐…　②章…　③廖…　Ⅲ.①高等代数-高等学校-教材
Ⅳ.①O15

中国版本图书馆 CIP 数据核字(2021) 第 125157 号

责任编辑：王　静　李香叶 / 责任校对：杨聪敏
责任印制：张　伟 / 封面设计：陈　敬

科 学 出 版 社 出版
北京东黄城根北街 16 号
邮政编码：100717
http://www.sciencep.com

北京盛通商印快线网络科技有限公司 印刷
科学出版社发行　各地新华书店经销
*
2021 年 7 月第　一　版　开本: 720 × 1000　1/16
2023 年 8 月第四次印刷　印张: 25 3/4
字数: 519 000

定价: 79.00 元

(如有印装质量问题, 我社负责调换)

前　言

高等代数是数学类各专业的基础课程, 主要包括多项式与线性代数理论. 瑞典数学家戈丁在其名著《数学概观》中说: "如果不熟悉线性代数的概念, 如线性性质、向量、线性空间、矩阵等等, 要去学习自然科学, 现在看来就和文盲差不多." 然而, "按照现行的国际标准, 线性代数是通过公理化来表述的, 它是第二代数学模型……这就带来了教学上的困难". 目前国内许多优秀的高等代数教材, 以北京大学数学系前代数小组主编的《高等代数》为典型代表, 大多出自双一流高校的名师名家之手. 这些教材大多通过公理化体系展开, 注重理论的系统性与完整性, 追求知识体系的抽象性与严谨性; 它们高起点、高观点, 内容详尽, 各具特色, 为我国培养了一批又一批科技人才, 成为国内高校使用最为广泛的教材. 然而, 正是其高度的抽象性与严谨性导致了数学直观性的不足, 导致广大初学者, 尤其是地方高校的初学者学习起来非常困难. 本书立足地方高校教学实际, 尝试借助丰富的几何直观, 重塑学生的数学直觉; 通过讲清楚每一个重要概念、定理的历史背景与科学动机, 加深学生对数学概念的深入理解; 通过融合高等代数在现代科技与社会生活中的广泛应用, 激发学生的学习兴趣与热情.

本书强调以下几个方面:

(1) 借助几何直观, 将抽象内容可视化. 我们对绝大多数重要概念、定理都辅以清晰的几何直观, 帮助学生建立数学直觉, 有助于他们理解那些抽象的数学概念, 进而理解线性代数的本质. 例如, 我们通过直线和平面的参数方程解释线性方程组解的结构定理, 通过直线或平面的平移来阐释齐次与非齐次线性方程组解的结构的联系, 用线性变换的分解图形 (分解为坐标变换与对角变换) 来解释矩阵的相似与相似对角化, 用线性变换对向量的旋转或缩放作用来帮助学生理解特征值与特征向量, 通过几何作图帮助学生理解秩与零度定理, 施密特正交化过程, 齐次线性方程组行空间、列空间与解空间之间的关系等抽象理论.

(2) 动机主导, 厘清每个概念与定理产生的背景和动机. 在教学实践中, 我们发现许多学生对高等代数产生畏惧心理的重要原因之一是不理解教科书中的概念产生的动机. 例如, 初学者不理解矩阵的乘法、行列式、秩、矩阵的相似等概念为什么那样去定义, 不理解线性方程组解的结构定理、矩阵相似对角化定理等重要定理的动机与本质. 我们通过融入数学史揭示概念或定理产生的历史背景, 或者深入剖析概念或定理产生的科学动机, 让学生不仅“知其然”, 还要“知其所以然”. 例如, 我们并没有直接给出行列式的定义, 而是通过揭示行列式表示列向量所张成的 (超) 平行多面体的“体积”引入行列式; 我们通过直线或平面的参数方程阐明线性方程组解的结构定理的科学动机, 通过图像信息伪装来引入矩阵的乘法与逆矩阵, 通过克拉默悖论深入浅出地介绍线性代数的起源及发展历史, 让学生通过欧拉的思考感悟线性表示、线性相关、线性无关、秩等概念产生的背景与动机; 通过对空间中“运动”的数学语言描述—— 变换, 引入线性空间的线性变换, 通过人脸识别技术与寻找“好基”以得到相似标准形来引入特征值与特征向量; 等等. 以动机为主导, 引导教师破除“只讲证明不讲发明, 只讲定理不讲道理”的传统教学模式.

(3) 渗透现代数学的基本思想和观点, 用现代的观点组织和讲授传统的教学内容. 表示论是现代数学的基本理论之一, 通过某一代数结构 (如群、环、代数等) 到矩阵环的同态映射来研究抽象的代数结构. 从表示论的观点看, 高等代数研究的方阵的相似标准形, 本质上是数域 F 上一元多项式环 F[x] 的表示的同构类的代表元. 本书不断强调由 n 元数组组成的“向量空间”是抽象“线性空间”通过取定一组基后的具体表示 (即坐标), 矩阵是线性变换在取定线性空间的基后的具体表示, 而相似矩阵不过是同一个线性变换在取定不同基后不同的矩阵表示而已. 因此需要寻找一组“好基”, 使得该线性变换在这组“好基”下的矩阵表示“最简洁”(即相似类的代表元), 从而引出特征值与特征向量、相似对角化、不变子空间、相似不变量与相似标准形等系列概念与理论; 为了使所得的“好基”具有正交性, 我们自然地引入内积与欧氏空间的概念; 为了研究线性变换在这样的“好基”(标准正交基) 下的 (正交) 相似标准形, 我们自然地引入了正交变换与对称变换的概念和相关理论, 这成为本书的第一条主线. “变换—等价关系—分类—代表元—不变量”是本书的另一条潜在的主线. 我们通过初等变换、相似变换与合同变换定义矩阵的相抵、相似与合同三种等价关系对矩阵进行分类, 寻找它们的等价标准形与不变量, 渗透用等价关系分类的现代数学思想, 组织讲授线性代数的内容.

除此之外, 我们也重视融入线性代数的应用, 重视数学文化的渗透. 引导学生探索现代科技背后的数学应用原理, 不仅有助于学生在学习中感受科技发展的巨大魅力, 激发他们的学习热情与求知欲, 也有助于避免他们有“学这些理论知识有什么用”的学习困惑, 培养学生的实践创新能力. “观察—抽象—探究—猜测—论证”的探究式教学法贯穿本书的始终, 培养学生的创新能力与初步的科研意识. 我们也对习题分层. 不仅对每小节配备习题, 而且对所配置的习题分为 (A), (B), (C)

三组, 其中 (A) 组是基础题目, 紧扣章节内容; (B) 组具有中等难度, 适宜学生能力的培养; (C) 组习题与每章后的总复习题收录了历届全国大学生数学竞赛试题, 有利于开阔学生视野. 这样安排习题有助于教师根据学生的实际情况分层教学, 因材施教.

由于本书适合地方院校数学类专业的学生使用, 鉴于地方学校的教学实际, 我们也略去了部分重要但更深入的内容, 如多元多项式、对称多项式、行列式的拉普拉斯定理、比内-柯西公式, 矩阵的广义逆、酉空间、双线性函数、对偶空间、辛空间等内容. 科学技术的发展对最优化理论、数值方法等知识的需要日益迫切, 为适应学生职业发展的需要, 我们也适当增加在现代科技如大数据、人工智能、机器学习等领域应用广泛的投影矩阵、最小二乘逼近、线性方程组的最小二乘解、LU 分解、QR 分解、矩阵的谱分解、奇异值分解等重要内容.

感谢湖北大学数学与统计学学院对本课程建设的关心和支持. 本书是在我们多年高等代数教学讲义的基础上编写而成的, 并已在该院被 2016—2019 级学生试用. 感谢曾祥勇、陈媛、郑大彬教授对本书的初稿进行了讨论, 并提出了许多宝贵的意见与建议. 感谢付应雄教授、胡慧老师给予的支持与帮助. 感谢曲阜师范大学赵体伟副教授与湖北中医药大学的曾聃博士对本书给予宝贵的修改建议. 感谢贵州大学杨辉教授、何清龙教授对本书的编写提供帮助与修改建议. 在本书的编写过程中, 我们也参考了许多高等代数教材以及网络上的资料, 在此一并致谢!

徐运阁　章　超　廖　军

2019 年 12 月

目　录

第 1 章 预备知识

1.1 数 域

在生产实践或科学研究中, 按照所研究的问题, 我们往往需要明确规定所考虑的数的范围. 在高中阶段, 我们已经学习了复数及其基本性质. 回顾一下, 复数的集合

$$\mathbb{C} = \{a + bi \mid a, b \in \mathbb{R}\},$$

其中 $\mathbb{R}$ 表示实数集. 复数的加、减、乘、除运算定义为

$$(a+bi) \pm (c+di) = (a \pm c) + (b \pm d)\mathrm{i},$$
$$(a+bi)(c+di) = (ac-bd) + (ad+bc)\mathrm{i},$$
$$\frac{a+bi}{c+di} = \frac{ac+bd}{c^2+d^2} + \frac{bc-ad}{c^2+d^2}\mathrm{i},$$

其中 $a, b, c, d \in \mathbb{R}$.

1797 年, 挪威-丹麦的测量员韦塞尔 (C. Wessel) 赋予了复数 $z = a + bi$ 明显的几何意义, 它对应于复平面上的点 (a, b), 如图 1.1 所示.

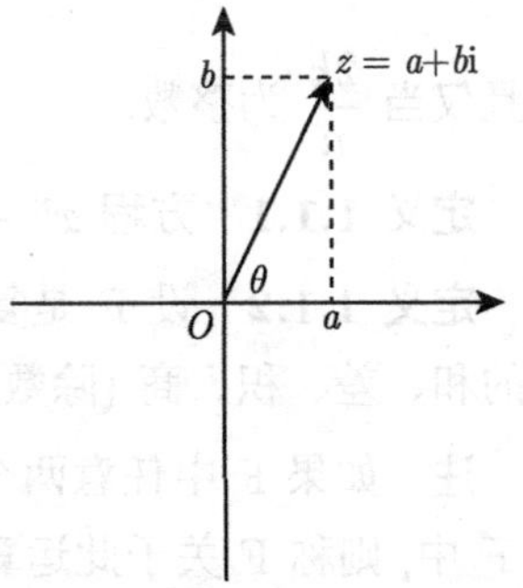

图 1.1

其中 $|z| = \sqrt{a^2+b^2}$ 称为复数 z 的模, $a = |z|\cos\theta$, $b = |z|\sin\theta$. 这里 θ $(0 \leqslant \theta < 2\pi)$ 称为 z 的辐角. 因此 z 又可表示为

$$z = |z|(\cos\theta + \mathrm{i}\sin\theta),$$

称为复数 z 的极坐标表示. 如果 $z' = |z'|(\cos\theta' + \mathrm{i}\sin\theta')$, 那么我们有著名的棣莫弗定理

$$zz' = |z||z'|(\cos(\theta+\theta') + \mathrm{i}\sin(\theta+\theta')).$$

由此可得

$$z^n = |z|^n(\cos n\theta + \mathrm{i}\sin n\theta),$$
$$\frac{z}{z'} = \frac{|z|}{|z'|}(\cos(\theta-\theta') + \mathrm{i}\sin(\theta-\theta')).$$

命题 1.1.1 在复数域中, 方程 $x^n-1=0$ 的根共有 n 个, 它们可以表示为

$$\omega_k=\cos\frac{2k\pi}{n}+\mathrm{i}\sin\frac{2k\pi}{n},\quad k=0,1,2,\cdots,n-1.$$

从而 x^n-1 可分解为

$$x^n-1=(x-\omega_0)(x-\omega_1)\cdots(x-\omega_{n-1}).$$

证明 设 ω 是 $x^n-1=0$ 的任一根, 则 $\omega^n=1$. 设

$$\omega=|\omega|(\cos\theta+\mathrm{i}\sin\theta),\quad 0\leqslant\theta<2\pi.$$

于是 $0\leqslant n\theta<2n\pi$. 由棣莫弗定理知

$$|\omega|^n(\cos n\theta+\mathrm{i}\sin n\theta)=1\cdot(\cos 2k\pi+\mathrm{i}\sin 2k\pi),\quad k=0,1,2,\cdots,n-1.$$

从而

$$n\theta=2k\pi,\quad 即\quad \theta=\frac{2k\pi}{n},\quad k=0,1,2,\cdots,n-1.$$

故

$$\omega=\omega_k=\cos\frac{2k\pi}{n}+\mathrm{i}\sin\frac{2k\pi}{n},\quad k=0,1,2,\cdots,n-1.$$ □

注 从上面定理中根 ω_k 的形式可以看出, ω_k 为实数根当且仅当 $\sin\dfrac{2k\pi}{n}=0$, 当且仅当 $\dfrac{2k}{n}$ 为整数.

定义 1.1.1 方程 $x^n-1=0$ 的根称为 n **次单位根**.

定义 1.1.2 设 F 是复数域 $\mathbb{C}$ 的一个子集, 且 $0,1\in \mathrm{F}$. 如果 F 中任意两个数的和、差、积、商 (除数非零) 仍然是 F 中的数, 则称 F 是一个**数域**.

注 如果 F 中任意两个数在 $\mathbb{C}$ 的某种运算 (加、减、乘或除) 下的结果仍然在 F 中, 则称 F 关于此运算封闭.

例 1.1.1 (1) 有理数的集合 $\mathbb{Q}$、实数集合 $\mathbb{R}$ 和复数集合 $\mathbb{C}$ 都构成数域, 分别称为有理数域、实数域和复数域.

(2) 容易验证数集 $\mathbb{Q}(\sqrt{2})=\{a+b\sqrt{2}\mid a,b\in\mathbb{Q}\}$ 是一个数域, 而且 $\mathbb{Q}\subset\mathbb{Q}(\sqrt{2})\subset\mathbb{R}$.

由于整数集合 $\mathbb{Z}$ 关于除法运算不封闭, 因此 $\mathbb{Z}$ 并不是数域. 事实上, 我们可以得到下面命题.

命题 1.1.2 有理数域 $\mathbb{Q}$ 是最小的数域, 即如果 F 是任一数域, 则 $\mathbb{Q}\subseteq\mathrm{F}$.

证明 由于 $1 \in \mathrm{F}$, 归纳地, 如果正整数 $n \in \mathrm{F}$, 则由加法封闭知 $n+1 \in \mathrm{F}$. 因此所有的正整数都属于 F; 又由于 F 关于减法封闭, 则 $-n = 0 - n \in \mathrm{F}$, 从而所有的整数都属于 F. 对任意的有理数 $r \in \mathbb{Q}$, 存在整数 $m, n \in \mathbb{Z}$ 且 $m \neq 0$, 使得 $r = \dfrac{n}{m}$. 由于 $m, n \in \mathrm{F}$, 则它们的商 $r = \dfrac{n}{m} \in \mathrm{F}$, 即所有的有理数都属于 F. 因此 $\mathbb{Q} \subseteq \mathrm{F}$. □

定义 1.1.3 设 R 是复数域 $\mathbb{C}$ 的一个子集, 且 $0, 1 \in R$. 如果 R 关于运算加、减、乘封闭, 即 R 中任意两个元素的和、差、积仍然在 R 中, 则称 R 是一个**数环**.

例 1.1.2 整数集合 $\mathbb{Z}$ 与高斯 (Gauss) 整数集合 $\mathbb{Z}(\sqrt{-1}) = \{a + b\sqrt{-1} \mid a, b \in \mathbb{Z}\}$ 都是数环.

如无特殊说明, 本书中的数域 F 读者可理解为有理数域 $\mathbb{Q}$、实数域 $\mathbb{R}$ 或复数域 $\mathbb{C}$. F 中的元素常称为**标量** (scalar). 标量是用来表示“数”的一个词, 通常用来强调一个对象是数, 与后面引入的向量 (vector) 区分.

1.2 连加号 $\sum$

为了记号的方便, 我们经常将若干个数连加的式子

$$a_1 + a_2 + \cdots + a_n \tag{1.1}$$

简记为 $\sum\limits_{i=1}^{n} a_i$. 这里 a_i 表示一般项, i 称为求和指标, $\sum$ 的上、下标表示 i 的取值由 1 到 n. 注意到求和指标 i 是可以改变的, 例如(1.1)也可以记为 $\sum\limits_{j=1}^{n} a_j$.

下面的和式

$$\begin{aligned} & a_{11} + a_{12} + \cdots + a_{1n} \\ & + a_{21} + a_{22} + \cdots + a_{2n} \\ & + \cdots \\ & + a_{m1} + a_{m2} + \cdots + a_{mn} \end{aligned} \tag{1.2}$$

常简记为 $\sum\limits_{i=1}^{m} \sum\limits_{j=1}^{n} a_{ij}$. 在双重连加号中, 一般连加号的次序可以交换, 即

命题 1.2.1 $\sum\limits_{i=1}^{m} \sum\limits_{j=1}^{n} a_{ij} = \sum\limits_{j=1}^{n} \sum\limits_{i=1}^{m} a_{ij}$.

证明 对和式(1.2), 如果先按行求和, 再将所得的行和加起来, 则 (1.2)= $\sum\limits_{i=1}^{m}\sum\limits_{j=1}^{n}a_{ij}$; 如果先按列求和, 再将所得的列和加起来, 则(1.2)= $\sum\limits_{j=1}^{n}\sum\limits_{i=1}^{m}a_{ij}$. 所以 $\sum\limits_{i=1}^{m}\sum\limits_{j=1}^{n}a_{ij}=\sum\limits_{j=1}^{n}\sum\limits_{i=1}^{m}a_{ij}$. □

思考 当 m,n 为无穷时, 上述公式还成立吗?

有时连加的数虽然是双指标求和, 但相加的不是这些数的全部, 而是指标满足一定条件的那些数, 这时就在求和号下面写上指标所适合的条件即可. 例如

$$\begin{aligned}\sum_{i=1}^{n}\sum_{j\leqslant i}a_{ij}=a_{11}&\\ +a_{21}+a_{22}&\\ +\cdots&\\ +a_{n1}+a_{n2}+\cdots+a_{nn}&.\end{aligned}$$

我们采用连乘号 $\prod\limits_{i=1}^{n}a_i$ 表示 n 个数 $a_1,a_2,\cdots,a_n$ 的乘积 $a_1a_2\cdots a_n$.

1.3 数学归纳法

数学归纳法 (mathematical induction) 是一种数学证明方法, 通常被用于证明某个给定命题在整个 (或者局部) 自然数范围内成立.

数学归纳法所依据的原理是正整数集的一个最基本性质——最小数公理. 设 $\mathbb{N}=\{0,1,2,\cdots\}$ 表示非负整数集合, 即自然数集, $\mathbb{N}^*$ 表示正整数集合.

最小数公理 自然数集 $\mathbb{N}$ 的任意一个非空子集 S 必含有一个最小数, 即 $\exists a\in S$, 使得 $\forall c\in S$, $c\geqslant a$.

注 设 c 是任意一个整数, 令 $M_c=\{x\in\mathbb{Z}\mid x\geqslant c\}$. 那么, 以 M_c 代替 $\mathbb{N}$, 最小数公理仍然成立.

由最小数公理可以得到数学归纳法原理.

定理 1.3.1 (第一数学归纳法原理) 设有一个与自然数 n 有关的命题, 如果

(1) 当 $n=0$ 时, 命题成立;

(2) 假设 $n=k$ 时命题成立, 则 $n=k+1$ 时命题也成立,

则命题对所有的自然数成立.

证明 假设命题不是对所有的自然数成立. 令 S 表示所有使命题不成立的正整数的集合, 则 $S\neq\varnothing$. 由最小数公理, S 中有最小数 a. 因为命题当 $n=0$

时成立, 所以 $a \neq 0$. 从而 $a-1$ 是一个自然数. 因为 a 是 S 中的最小数, 所以 $a-1 \notin S$. 这就是说, 当 $n=a-1$ 时命题成立. 于是由 (2), 当 $n=a$ 时命题也成立, 即 $a \notin S$. 矛盾! □

注 根据上面的备注, 我们可以取 M_c 代替 $\mathbb{N}$, 即如果一个命题是从某个整数 c 开始的, 只需将 (1) 中的 $n=1$ 换成 $n=c$, 用数学归纳法证明即可.

在应用中, 数学归纳法常常需要采取一些变化来适应实际的需求. 例如完整归纳法 (也称第二数学归纳法), 需要更强的归纳假设. 可类似地证明如下定理.

定理 1.3.2 (第二数学归纳法原理) 设有一个与自然数 n 有关的命题, 如果

(1) 当 $n=0$ 时, 命题成立;

(2) 假设命题对所有小于 k 的自然数成立, 则命题对 $n=k$ 也成立.

则命题对所有的自然数成立.

将 M_c 代替 $\mathbb{N}$, 条件 (1) 换成 $n=c$, 其中 c 为任意整数, 则命题对 M_c 成立.

1.4 一元多项式的概念

多项式是高等代数的有机组成部分, 在数学、物理及工学等诸多领域有着广泛的应用. 从表示论的观点来看, 高等代数本质上讲的是数域 F 上一元多项式环 F[x] 的表示理论.

定义 1.4.1 设 x 是一个符号 (或文字), n 是一非负整数, F 是一数域. 形式表达式

$$f(x)=a_nx^n+a_{n-1}x^{n-1}+\cdots+a_1x+a_0, \tag{1.3}$$

其中 $a_0, a_1, \cdots, a_n \in$ F, 称为**系数在数域 F 中的一元多项式**, 或简称为**数域 F 上的一元多项式**.

(1.3) 中 a_kx^k 称为多项式 $f(x)$ 的 k 次项, a_k 称为 k 次项的系数.

(1.3) 中如果 $a_n \neq 0$, 则称 a_nx^n 为多项式 $f(x)$ 的**首项**, a_n 称为**首项系数**, n 称为 $f(x)$ 的**次数**, 记作 $\partial(f(x))$ 或 $\deg(f(x))$. 若 $a_n=1$, 则 $f(x)$ 称为首一多项式.

系数全为零的多项式称为零多项式, 记为 0. 零多项式不定义次数.

注 中学阶段的多项式 $f(x)$ 中的变量 x 一般是数, 而现在定义的多项式 $f(x)$ 中的 x 仅仅是一个符号, 称为未定元, 可以指代数、向量、矩阵、函数甚至文字等一切符号. 因此, (1.3)中的幂运算 x^n、数 a_i 与幂 x^i 的乘法运算 a_ix^i 以及加法运算会随着 x 具体指代的不同而有不同的含义.

定义 1.4.2 如果多项式 $f(x)$ 和 $g(x)$ 同次项的系数对应相等, 则称 $f(x)$ 与 $g(x)$ 相等, 记作 $f(x)=g(x)$.

定义 1.4.3 设多项式 $f(x)=\sum\limits_{i=0}^{n}a_ix^i$ 和 $g(x)=\sum\limits_{j=0}^{m}b_jx^j$, $n\geqslant m$, 则多项式的加法与乘法运算定义如下:

$$f(x)+g(x):=\sum_{i=0}^{n}(a_i+b_i)x^i,\quad \text{其中}\quad b_n=b_{n-1}=\cdots=b_{m+1}=0,$$

$$f(x)g(x):=\sum_{s=0}^{n+m}\left(\sum_{i+j=s}a_ib_j\right)x^s.$$

多项式的加法满足以下运算律:

交换律 $f(x)+g(x)=g(x)+f(x)$;

结合律 $(f(x)+g(x))+h(x)=f(x)+(g(x)+h(x))$;

零元律 $f(x)+0=f(x)$;

负元律 $f(x)+(-f(x))=0$.

多项式的乘法满足以下运算律:

交换律 $f(x)g(x)=g(x)f(x)$;

结合律 $(f(x)g(x))h(x)=f(x)(g(x)h(x))$;

分配律 $(f(x)+g(x))h(x)=f(x)h(x)+g(x)h(x)$;

消去律 $f(x)h(x)=g(x)h(x),\ h(x)\neq 0\Rightarrow f(x)=g(x)$.

由多项式次数的定义立即可得如下命题.

命题 1.4.1 设 $f(x)$ 和 $g(x)$ 是数域 F 上的任意两个多项式, 则

$$\partial(f(x)+g(x))\leqslant\max\{\partial(f(x)),\partial(g(x))\},$$
$$\partial(f(x)g(x))=\partial(f(x))+\partial(g(x)).$$

定义 1.4.4 数域 F 上的一元多项式的全体, 连同定义 1.4.3 中定义的加法和乘法运算, 称为数域 F 上的一元多项式环, 记作 F$[x]$.

例 1.4.1 设 $f(x)$ 为多项式, 则 $f(x)=kx$ 的充要条件为 $f(a+b)=f(a)+f(b)$, 对于任意的 a,b 成立.

证明 必要性显然, 下面来证明充分性. 事实上, 由条件

$$f(2x)=f(x+x)=2f(x),$$

设 $f(x)=a_nx^n+\cdots+a_1x+a_0$, 而

$$\begin{aligned}f(2x)&=2^na_nx^n+2^{n-1}a_{n-1}x^{n-1}+\cdots+2a_1x+a_0\\&=2(a_nx^n+\cdots+a_1x+a_0).\end{aligned}$$

当 $i\geqslant 2$ 时, 由 $2^ia_i=2a_i$ 得 $a_i=0$, 又 $a_0=2a_0$, 所以 $a_0=0$, 从而 $f(x)=a_1x$. 令 $k=a_1$, 则 $f(x)=kx$ 成立. □

习　题　1.4

(A)

1. 证明实数域上多项式

$$f(x)=x^3+px^2+qx+r$$

是实数域上某个多项式的立方当且仅当 $p=3\sqrt[3]{r}$, $q=3\sqrt[3]{r^2}$ (开方为实 3 次方根).

2. 设 $f(x),g(x),h(x)\in\mathbb{R}[x]$, 若 $(f(x))^2=x(g(x))^2+x(h(x))^2$, 则 $f(x)=g(x)=h(x)=0$.

1.5　整　除

欧几里得除法 (简称欧氏除法), 也称带余除法, 是多项式理论的基础, 多项式的整除、最大公因式、互素、重因式等概念都建立在欧氏除法基础之上.

定理 1.5.1 (欧氏除法)　对任意的 $f(x),g(x)\in\mathrm{F}[x]$, 且 $g(x)\neq 0$, 存在唯一的 $q(x),r(x)$, 使得

$$f(x)=q(x)g(x)+r(x),\tag{1.4}$$

其中 $\partial(r(x))<\partial(g(x))$, 或者 $r(x)=0$.

证明　存在性: 若 $f(x)=0$, 令 $q(x)=r(x)=0$, 结论成立. 假设 $f(x)\neq 0$. 设 $\partial(f(x))=n,\partial(g(x))=m$. 若 $n<m$, 令 $q(x)=0,r(x)=f(x)$, 结论成立. 现考虑 $n\geqslant m$ 的情形.

设 a_n, b_m 分别为 $f(x)$, $g(x)$ 的首项系数. 令

$$q_1(x)=\frac{a_n}{b_m}x^{n-m},\quad r_1(x)=f(x)-q_1(x)g(x),$$

则 $r_1(x)=0$ 或 $\partial(r_1(x))<n$. 如果 $r_1(x)=0$ 或 $\partial(r_1(x))<m$, 则令 $q(x)=q_1(x),r(x)=r_1(x)$, (1.4) 成立.

如果 $\partial(r_1(x)) = k \geqslant m$, 则将 $r_1(x)$ 看作 $f(x)$, 继续上述操作. 设 $r_1(x)$ 的首项系数为 c_k. 令

$$q_2(x) = \frac{c_k}{b_m} x^{k-m}, \quad r_2(x) = r_1(x) - q_2(x)g(x),$$

则 $r_2(x) = 0$ 或 $\partial(r_2(x)) < \partial(r_1(x))$. 若 $r_2(x) = 0$ 或 $\partial(r_2(x)) < m$, 则

$$\begin{aligned} f(x) &= q_1(x)g(x) + r_1(x) \\ &= q_1(x)g(x) + q_2(x)g(x) + r_2(x) \\ &= (q_1(x) + q_2(x))g(x) + r_2(x). \end{aligned}$$

令 $q(x) = q_1(x) + q_2(x), r(x) = r_2(x)$, (1.4)成立.

如果 $\partial(r_2(x)) \geqslant m$, 则将 $r_2(x)$ 看作 $r_1(x)$, 重复上述操作, 我们将得到

$$(q_1(x), r_1(x)), (q_2(x), r_2(x)), (q_3(x), r_3(x)), \cdots$$

使得

$$r_i(x) = r_{i-1}(x) - q_i(x)g(x), \quad \partial(r_{i-1}(x)) > \partial(r_i(x)), \quad i = 1, 2, \cdots,$$

其中 $r_0(x) = f(x)$. 由于

$$\partial(f(x)) = \partial(r_0(x)) > \partial(r_1(x)) > \partial(r_2(x)) > \cdots,$$

所以上述过程必须在有限步后终止, 不妨设第 s 步终止, 即 $r_s(x) = 0$ 或 $\partial(r_s(x)) < m$. 则

$$\begin{aligned} f(x) &= q_1(x)g(x) + r_1(x) \\ &= q_1(x)g(x) + q_2(x)g(x) + r_2(x) \\ &= \cdots \\ &= (q_1(x) + q_2(x) + \cdots + q_s(x))g(x) + r_s(x). \end{aligned}$$

令 $q(x) = q_1(x) + q_2(x) + \cdots + q_s(x), r(x) = r_s(x)$, 则(1.4)成立. 存在性得证.

唯一性: 若 $f(x) = q(x)g(x) + r(x) = q_1(x)g(x) + r_1(x)$, 其中 $\partial(r(x)) < \partial(g(x))$ 或者 $r(x) = 0$, $\partial(r_1(x)) < \partial(g(x))$ 或者 $r_1(x) = 0$, 则 $(q(x) - q_1(x))g(x) = r_1(x) - r(x)$. 若 $q(x) \neq q_1(x)$, 则 $r_1(x) - r(x) \neq 0$, 且

$$\partial((q(x) - q_1(x))g(x)) = \partial(q(x) - q_1(x)) + \partial(g(x)) > \partial(r_1(x) - r(x)).$$

这是不可能的, 故 $q(x) = q_1(x)$, $r(x) = r_1(x)$. □

注 (1) 公式(1.4)中的 $q(x)$ 称为**商式**, $r(x)$ 称为**余式**.

(2) 存在性的证明可用数学归纳法. 考虑 $n \geqslant m$ 的情形. 对次数 n 作数学归纳法. 假设式 (1.4) 对于次数小于 n 的多项式都成立, 现在考虑次数等于 n 的多项式 $f(x)$. 设 a_n, b_m 分别为 $f(x)$, $g(x)$ 的首项系数. 令 $f_1(x) = f(x) - a_n b_m^{-1} x^{n-m} g(x)$, 则 $f_1(x) = 0$ 或 $\partial(f_1(x)) < n$. 对于前者结论显然. 对于后者, 根据归纳假设, 存在 $q_1(x)$, $r(x)$, 使得 $f_1(x) = q_1(x)g(x) + r(x)$, 其中 $\partial(r(x)) < \partial(g(x))$ 或者 $r(x) = 0$. 于是 $f(x) = (a_n b_m^{-1} x^{n-m} + q_1(x))g(x) + r(x)$. 取 $q(x) = a_n b_m^{-1} x^{n-m} + q_1(x)$, 则有 $f(x) = q(x)g(x) + r(x)$, 其中 $\partial(r(x)) < \partial(g(x))$ 或者 $r(x) = 0$.

例 1.5.1 设 $f(x) = 3x^3 + 4x^2 - 5x + 6$, $g(x) = x^2 - 3x + 1$. 由于

$$
\begin{array}{r|rrrr}
 & & & 3x & +13 \\
\cline{2-5}
x^2 - 3x + 1 & 3x^3 & +4x^2 & -5x & +6 \\
 & 3x^3 & -9x^2 & +3x & \\
\cline{2-4}
 & & 13x^2 & -8x & +6 \\
 & & 13x^2 & -39x & +13 \\
\cline{3-5}
 & & & 31x & -7
\end{array}
$$

则

$$f(x) = (3x + 13)g(x) + (31x - 7).$$

定义 1.5.1 对任意的 $f(x), g(x) \in \mathrm{F}[x]$, 如果存在 $h(x) \in \mathrm{F}[x]$, 使得

$$f(x) = g(x)h(x),$$

则称 $g(x)$ **整除**$f(x)$, 记作 $g(x) \mid f(x)$. 否则称 $g(x)$ **不整除**$f(x)$, 记作 $g(x) \nmid f(x)$.

若 $g(x) \mid f(x)$, 则称 $g(x)$ 是 $f(x)$ 的因式, $f(x)$ 是 $g(x)$ 的倍式.

定理 1.5.2 (判定定理) 对任意的 $f(x), g(x) \in \mathrm{F}[x]$, $g(x) \neq 0$, 则 $g(x) \mid f(x)$ 的充分必要条件是(1.4)中的余式 $r(x) = 0$.

证明 由整除的定义及定理 1.5.1 即得. □

定理 1.5.3 (性质定理) 任意的 $f(x), g(x), h(x) \in \mathrm{F}[x]$, 我们有

(1) 若 $f(x) \mid g(x)$ 且 $g(x) \mid f(x)$, 则 $f(x) = cg(x)$, 其中 $0 \neq c \in \mathrm{F}$;

(2) 若 $f(x) \mid g(x)$, $g(x) \mid h(x)$, 则 $f(x) \mid h(x)$;

(3) 若 $f(x) \mid g_i(x)$, $i = 1, 2, \cdots, s$, 则 $f(x) \Big| \sum\limits_{i=1}^{s} u_i(x) g_i(x)$, $\forall u_i(x) \in \mathrm{F}[x]$.

证明　(1) 若 $g(x) \mid f(x)$, 则存在 $h(x) \in \mathrm{F}[x]$ 使得 $f(x) = g(x)h(x)$; 同理, 若 $f(x) \mid g(x)$, 则存在 $h_1(x) \in \mathrm{F}[x]$ 使得 $g(x) = f(x)h_1(x)$. 故 $f(x) = f(x)h_1(x)h(x)$, 即 $f(x)(h_1(x)h(x) - 1) = 0$, 从而 $f(x) = 0$ 或 $h_1(x)h(x) = 1$. 若 $f(x) = 0$, 则由 $f(x) \mid g(x)$ 得 $g(x) = 0$; 若 $h_1(x)h(x) = 1$, 则 $\partial(h_1(x)) = \partial(h(x)) = 0$, 即存在 $0 \neq c \in \mathrm{F}$ 使得 $h(x) = c$. 所以 $f(x) = cg(x), 0 \neq c \in \mathrm{F}$.

(2) 和 (3) 由定义立得. □

注　带余除法及多项式的整除都与数域 F 无关. 也就是说, 设 $\mathrm{F} \subseteq \mathrm{K}$ 是两个数域, $f(x), g(x) \in \mathrm{F}[x]$, 且 $g(x) \neq 0$, 若(1.4) (或 $g(x) \mid f(x)$) 在 $\mathrm{K}[x]$ 中成立, 则(1.4) (或 $g(x) \mid f(x)$) 在 $\mathrm{F}[x]$ 中也成立.

例 1.5.2　当且仅当 k, l, m 适合什么条件时, $(x^2 + kx + 1) \mid (x^4 + lx^2 + m)$?

解　用带余除法, 可得

$$x^4 + lx^2 + m = (x^2 + kx + 1)(x^2 - kx + (k^2 + l - 1)) + k(2 - l - k^2)x + (m + 1 - l - k^2),$$

因而

$$(x^2 + kx + 1) \mid (x^4 + lx + m)$$

当且仅当

$$\begin{cases} k(2 - l - k^2) = 0, \\ m + 1 - l - k^2 = 0, \end{cases}$$

当且仅当

$$\begin{cases} k = 0, \\ l = m + 1, \end{cases} \quad \text{或} \quad \begin{cases} m = 1, \\ l = 2 - k^2. \end{cases}$$

例 1.5.3　证明: $(x^d - 1) \mid (x^n - 1)$ 的充要条件为 $d \mid n$.

证明　充分性: 设 $n = dm$, 则

$$x^n - 1 = x^{dm} - 1 = (x^d - 1)(x^{d(m-1)} + \cdots + x^d + 1).$$

所以 $(x^d - 1) \mid (x^n - 1)$.

必要性: 设

$$n = dq + r,$$

r 为余数, 若 $r \neq 0$, 则 $r < d$, 这时

$$\begin{aligned} x^n - 1 &= x^{dq+r} - 1 = x^{dq} \cdot x^r - 1 \\ &= x^{dq} \cdot x^r - x^r + x^r - 1 \end{aligned}$$

$$= x^r(x^{dq}-1)+x^r-1,$$

而 $(x^d-1)\mid(x^{dq}-1)$, 由 $(x^d-1)\mid(x^n-1)$, 得 $(x^d-1)\mid(x^r-1)$, 矛盾! 因而 $r=0$. □

例 1.5.4 将 $f(x)=x^5$ 表示为 $x-1$ 的方幂的和.

解 重复使用带余除法, 得

$$x^5=(x-1)(x^4+x^3+x^2+x+1)+1,$$
$$x^4+x^3+x^2+x+1=(x-1)(x^3+2x^2+3x+4)+5,$$
$$x^3+2x^2+3x+4=(x-1)(x^2+3x+6)+10,$$
$$x^2+3x+6=(x-1)(x+4)+10,$$
$$x+4=(x-1)+5,$$

所以, $x^5=1+5(x-1)+10(x-1)^2+10(x-1)^3+5(x-1)^4+(x-1)^5$.

习 题 1.5

(A)

1. 当且仅当 m,p,q 适合什么条件时, $(x^2+mx-1)\mid(x^3+px+q)$?
2. 证明: $(x^2+1)\mid(x^7+x^6+\cdots+x+1)$.
3. 将 $f(x)=2x^4-x^3+5x-3$ 表示成 $x+3$ 的方幂的和.

1.6 最大公因式

如果 $c(x)\mid f(x)$, $c(x)\mid g(x)$, 则称 $c(x)$ 为 $f(x),g(x)$ 的一个公因式.

定义 1.6.1 设 $f(x),g(x)\in \mathrm{F}[x]$, 则 $d(x)\in \mathrm{F}[x]$ 称为 $f(x),g(x)$ 的一个**最大公因式**, 如果

(1) $d(x)$ 是 $f(x),g(x)$ 的公因式;

(2) 若 $c(x)$ 是 $f(x),g(x)$ 的任一公因式, 则 $c(x)\mid d(x)$.

注 根据定义, 我们有

(1) 若 $d_1(x),d_2(x)$ 是 $f(x),g(x)$ 的两个最大公因式, 则 $d_1(x)=cd_2(x)$, $c\neq 0$.

(2) 对任意的 $f(x)\in \mathrm{F}[x]$, $f(x)$ 是 $f(x)$ 与 0 的一个最大公因式.

引理 1.6.1 若等式 $f(x)=q(x)g(x)+r(x)$ 成立, 则 $f(x),g(x)$ 与 $g(x),r(x)$ 有相同的公因式.

证明 设 $d(x)$ 是 $f(x), g(x)$ 的任一公因式, 则 $d(x) \mid f(x), d(x) \mid g(x)$, 所以 $d(x) \mid r(x) = f(x) - q(x)g(x)$, 因此 $d(x)$ 是 $g(x), r(x)$ 的公因式. 反之, 设 $d(x)$ 是 $g(x), r(x)$ 的任一公因式, 则 $d(x) \mid f(x) = q(x)g(x) + r(x)$, 因此 $d(x)$ 也是 $f(x), g(x)$ 的公因式. 故 $f(x), g(x)$ 与 $g(x), r(x)$ 有相同的公因式. □

下面的定理给出了求多项式最大公因式的算法——**辗转相除法**.

定理 1.6.1 对任意的 $f(x), g(x) \in \mathrm{F}[x]$, $f(x)$ 与 $g(x)$ 的最大公因式存在.

证明 若 $f(x) = g(x) = 0$, 则 0 是 $f(x)$ 与 $g(x)$ 的一个最大公因式. 假设 $f(x)$ 与 $g(x)$ 不全为零, 不妨设 $g(x) \neq 0$, 则

$$\begin{aligned} f(x) &= q_1(x)g(x) + r_1(x), \\ g(x) &= q_2(x)r_1(x) + r_2(x), \\ r_1(x) &= q_3(x)r_2(x) + r_3(x), \\ &\cdots\cdots \\ r_{i-2}(x) &= q_i(x)r_{i-1}(x) + r_i(x), \\ &\cdots\cdots \end{aligned} \tag{1.5}$$

注意到余式的次数满足 $\partial(g(x)) > \partial(r_1(x)) > \partial(r_2(x)) > \cdots > \partial(r_i(x)) > \cdots$, 因而上述辗转相除过程经过有限步后终止,

$$\begin{aligned} r_{s-3}(x) &= q_{s-1}(x)r_{s-2}(x) + r_{s-1}(x), \\ r_{s-2}(x) &= q_s(x)r_{s-1}(x) + r_s(x), \\ r_{s-1}(x) &= q_{s+1}(x)r_s(x) + 0. \end{aligned} \tag{1.6}$$

$r_s(x)$ 与 0 的最大公因式是 $r_s(x)$, 由引理 1.6.1, $r_s(x)$ 也是 $r_{s-1}(x), r_s(x)$ 的一个最大公因式, 同样的理由, 以此类推, $r_s(x)$ 也是 $f(x), g(x)$ 的一个最大公因式. □

注 注意到 $f(x)$ 与 $g(x)$ 的最大公因式并不唯一, 我们将首项系数为 1 的那个最大公因式记为 $\gcd(f(x), g(x))$, 或简记为 $(f(x), g(x))$. 本书中如无特殊说明, 所涉及的最大公因式 $d(x)$ 均指首一多项式.

下面的定理刻画了 $f(x)$ 与 $g(x)$ 的最大公因式, 是一个常用的结论.

定理 1.6.2 设 $f(x), g(x) \in \mathrm{F}[x]$, 则 $d(x)$ 是 $f(x), g(x)$ 的最大公因式的充分必要条件是 $d(x)$ 是 $f(x), g(x)$ 的公因式且存在 $u(x), v(x) \in \mathrm{F}[x]$, 使得

$$d(x) = u(x)f(x) + v(x)g(x). \tag{1.7}$$

证明 必要性: 由辗转相除法, 利用(1.6)及(1.5)由下到上代入并逐步消去 $r_{s-1}(x), r_{s-2}(x), \cdots, r_1(x)$, 再合并同类项就得到

$$
\begin{aligned}
d(x) = r_s(x) &= r_{s-2}(x) - q_s(x)r_{s-1}(x) \\
&= (1 + q_s(x)q_{s-1}(x))r_{s-2}(x) - q_s(x)r_{s-3}(x) \\
&= \cdots \\
&= u(x)f(x) + v(x)g(x).
\end{aligned}
$$

充分性: 由定义及定理 1.5.3 直接可得. □

注 "若 $\exists u(x), v(x) \in \mathrm{F}[x]$, s.t. $d(x) = u(x)f(x) + v(x)g(x)$, 则 $d(x)$ 是 $f(x), g(x)$ 的最大公因式"是不正确的. 例如, $f(x) = x^3 - 3x - 1, g(x) = 3x + 1$, 取 $u(x) = 1 = v(x)$, $d(x) = x^3$, 则 $d(x) = u(x)f(x) + v(x)g(x)$, 但 $d(x)$ 不是 $f(x)$ 与 $g(x)$ 的公因式, 更不是最大公因式.

例 1.6.1 求多项式

$$f(x) = 4x^4 - 2x^3 - 16x^2 + 5x + 9, \quad g(x) = 2x^3 - x^2 - 5x + 4$$

的最大公因式 $(f(x), g(x))$ 及满足(1.7)的 $u(x), v(x)$.

解 由辗转相除法得

$$
\begin{aligned}
&f(x) = g(x)2x + (-6x^2 - 3x + 9), \\
&g(x) = (-6x^2 - 3x + 9)\left(-\frac{1}{3}x + \frac{1}{3}\right) - (x - 1), \\
&-6x^2 - 3x + 9 = -(x - 1)(6x + 9).
\end{aligned}
$$

由此得

$$d(x) = (f(x), g(x)) = x - 1, \quad u(x) = -\frac{1}{3}(x - 1), \quad v(x) = \frac{1}{3}(2x^2 - 2x - 3).$$

定义 1.6.2 设 $f(x), g(x) \in \mathrm{F}[x]$ 是数域 F 上的两个多项式, 如果 $(f(x), g(x)) = 1$, 则称 $f(x), g(x)$ **互素**.

定理 1.6.3 (判定定理) 设 $f(x), g(x) \in \mathrm{F}[x]$, 则 $f(x), g(x)$ 互素的充分必要条件是存在 $u(x), v(x) \in \mathrm{F}[x]$, 使得

$$u(x)f(x) + v(x)g(x) = 1.$$

证明 由定理 1.6.2 即得. □

定理 1.6.4 (性质定理) 设 $f(x), g(x), h(x), f_1(x), g_1(x) \in \mathrm{F}[x]$, 我们有

(1) 若 $(f(x), g(x)) = d(x) \neq 0$, 设 $f(x) = f_1(x)d(x), g(x) = g_1(x)d(x)$, 则

$$(f_1(x), g_1(x)) = 1.$$

(2) 若 $(f_1(x),g(x))=1$, $(f_2(x),g(x))=1$, 则 $(f_1(x)f_2(x),g(x))=1$.

(3) 若 $(f(x),g(x))=1$ 且 $f(x)\mid g(x)h(x)$, 则 $f(x)\mid h(x)$.

(4) 若 $f_1(x)\mid g(x)$, $f_2(x)\mid g(x)$, 且 $(f_1(x),f_2(x))=1$, 则 $f_1(x)f_2(x)\mid g(x)$.

证明　(1) 由 $(f(x),g(x))=d(x)\neq 0$ 可知存在 $u(x),v(x)\in \mathrm{F}[x]$, 使得

$$d(x)=u(x)f(x)+v(x)g(x)=u(x)f_1(x)d(x)+v(x)g_1(x)d(x),$$

即 $u(x)f_1(x)+v(x)g_1(x)=1$, 从而 $(f_1(x),g_1(x))=1$.

(2) 若 $(f_1(x),g(x))=1$, $(f_2(x),g(x))=1$, 则存在 $u_1(x),v_1(x),u_2(x),v_2(x)$ 使得

$$u_1(x)f_1(x)+v_1(x)g(x)=1,\quad u_2(x)f_2(x)+v_2(x)g(x)=1.$$

两式相乘得

$$(u_1u_2)(f_1f_2)+\big(u_1f_1v_2+v_1u_2f_2+v_1v_2g\big)g=1,$$

即 $(f_1(x)f_2(x),g(x))=1$.

(3) 若 $(f(x),g(x))=1$, 则存在 $u(x),v(x)\in \mathrm{F}[x]$ 使得

$$u(x)f(x)+v(x)g(x)=1.$$

两边乘以 $h(x)$, 得

$$u(x)f(x)h(x)+v(x)g(x)h(x)=h(x).$$

由 $f(x)$ 整除左端知 $f(x)\mid h(x)$.

(4) 若 $f_1(x)\mid g(x)$, 则 $g(x)=f_1(x)h(x),h(x)\in \mathrm{F}[x]$; 又 $f_2(x)\mid g(x)=f_1(x)h(x)$ 且 $(f_1(x),f_2(x))=1$, 所以 $f_2(x)\mid h(x)$, 即 $\exists h_1(x)\in \mathrm{F}[x]$, s.t. $h(x)=f_2(x)h_1(x)$. 从而 $g(x)=f_1(x)h(x)=f_1(x)f_2(x)h_1(x)$, 所以 $f_1(x)f_2(x)\mid g(x)$. □

注　(1) 由于多项式的欧氏除法与数域 F 无关, 故最大公因式、互素都与数域 F 无关.

(2) 上述概念与结果均可推广到多个多项式的情形.

例 1.6.2　设 $f(x),g(x),h(x)$ 是数域 F 上的多项式, 且有

$$(x+a)f(x)+(x+b)g(x)=(x^2+c)h(x), \tag{1.8}$$

$$(x-a)f(x)+(x-b)g(x)=(x^2+c)h(x), \tag{1.9}$$

其中 $a,b,c\in \mathrm{F},a\neq b,c\neq 0$. 求证 x^2+c 是 $f(x)$ 和 $g(x)$ 的公因式.

证明 将(1.8)式与(1.9)式相减可得 $af(x)+bg(x)=0$, 因为 $a\neq b$, 所以 a,b 不同时为 0, 不妨设 $a\neq 0$.

$$f(x)=-\frac{b}{a}g(x).$$

另一方面, 将(1.8)式与(1.9)式相加, 得

$$(x^2+c)h(x)=x(f(x)+g(x))=\frac{a-b}{a}xg(x),$$

即 $(x^2+c)\mid xg(x)$. 因为 $(x^2+c,x)=1$, 故 $(x^2+c)\mid g(x)$; 由 $f(x)=-\frac{b}{a}g(x)$ 知 $(x^2+c)\mid f(x)$. □

例 1.6.3 记 $d(x)=(f(x),g(x))$, 求证 $d(x^n)=(f(x^n),g(x^n))$.

证明 由已知条件知 $d(x)\mid f(x), d(x)\mid g(x)$, 所以存在 $f_1(x),g_1(x)\in \mathrm{F}[x]$, 使得 $f(x)=f_1(x)d(x)$, $g(x)=g_1(x)d(x)$. 以 x^n 代替 x, 得 $f(x^n)=f_1(x^n)d(x^n)$, $g(x^n)=g_1(x^n)d(x^n)$, 即 $d(x^n)\mid f(x^n), d(x^n)\mid g(x^n)$.

另一方面, 由 $d(x)=(f(x),g(x))$ 知存在 $u(x),v(x)$, 使

$$d(x)=u(x)f(x)+v(x)g(x).$$

以 x^n 代替 x, 得

$$d(x^n)=u(x^n)f(x^n)+v(x^n)g(x^n).$$

由定理 1.6.2 得

$$d(x^n)=(f(x^n),g(x^n)).$$ □

习 题 1.6

(A)

1. 求多项式

$$f(x)=x^4+3x-2,\quad g(x)=3x^3-x^2-7x+4$$

的最大公因式 $d(x)$ 及满足(1.7) 的 $u(x),v(x)$.

2. 求证 $(f(x),g(x))=1$ 当且仅当 $(f(x)+g(x),f(x)g(x))=1$.

3. 设 m,n 是正整数, 证明: $(x^m-1,x^n-1)=x^d-1$, 其中 $d=(m,n)$ 是 m,n 的最大公因数.

4. 设 $f(x)=x^{2n}+2x^{n+1}-23x^n+x^2-22x+90$, $g(x)=x^n+x-6\ (n>2)$, 求证 $(f(x),g(x))=1$.

(B)

5. 设 $0 \neq f(x), g(x) \in \mathrm{F}[x]$, 则 $(f(x), g(x)) \neq 1$ 当且仅当 $\exists u(x), v(x) \in \mathrm{F}[x]$, s.t.

$$f(x)u(x) + g(x)v(x) = 0,$$

其中 $0 \leqslant \partial(u(x)) < \partial(g(x)), 0 \leqslant \partial(v(x)) < \partial(f(x))$.

6. 设 $f_1(x), f_2(x), g_1(x), g_2(x) \in \mathrm{F}[x]$. 若 $(f_i(x), g_j(x)) = 1, i, j = 1, 2$, 则

$$(f_1(x)g_1(x), f_2(x)g_2(x)) = (f_1(x), f_2(x)) \cdot (g_1(x), g_2(x)).$$

(C)

7. $\forall f(x), g(x) \in \mathrm{F}[x]$, 则 $m(x) \in \mathrm{F}[x]$ 称为 $f(x), g(x)$ 的一个**最小公倍式**, 如果满足

(1) $f(x) \mid m(x), g(x) \mid m(x)$;

(2) 若 $u(x)$ 是 $f(x), g(x)$ 的任一公倍式, 则 $m(x) \mid u(x)$.

记 $[f(x), g(x)]$ 为 $f(x), g(x)$ 的首项系数为 1 的最小公倍式. 证明: 若 $f(x), g(x)$ 的首项系数为 1, 则

$$[f(x), g(x)] = \frac{f(x)g(x)}{(f(x), g(x))}.$$

1.7 韦达定理

一般地, 复数域 $\mathbb{C}$ 上的多项式 $f(x) = a_n x^n + a_{n-1}x^{n-1} + \cdots + a_0$ 可分解为

$$f(x) = a_n(x - \alpha_1)^{r_1}(x - \alpha_2)^{r_2} \cdots (x - \alpha_s)^{r_s},$$

其中 r_i, s 为正整数且 $\sum\limits_{i=1}^{s} r_i = n$. 因此每个 n 次复系数多项式在复数域中恰有 n 个根 (重根按重数计算).

下面的韦达定理是中学所学的二次多项式根与系数关系的推广. 我们略去了该定理的证明.

定理 1.7.1 (韦达定理)　设 $\alpha_1, \alpha_2, \cdots, \alpha_n$ 为 $f(x) = a_n x^n + a_{n-1}x^{n-1} + \cdots + a_0$ 的 n 个复根, 则

$$(-1)^k \frac{a_{n-k}}{a_n} = \sum_{1 \leqslant i_1 < i_2 < \cdots < i_k \leqslant n} \alpha_{i_1}\alpha_{i_2} \cdots \alpha_{i_k}, \quad k = 1, 2, \cdots, n.$$

1.8 等价关系

集合的**划分**是数学的重要主题之一, 它与等价关系密切相关.

定义 1.8.1 设 A, B 是任意两个非空集合. 卡氏积 $A \times B$ 的每一个子集 R 都称为一个从 A 到 B 的 **(二元) 关系**.

特别地, 集合 A 上的一个**二元关系**指的是卡氏积 $A \times A = \{(a, b) \mid a, b \in A\}$ 的一个子集 R. 若 $(a, b) \in R$, 则称 a 与 b 符合关系 R, 记作 aRb.

例 1.8.1 我们中学阶段学过的从数集 A 到 B 的函数就是一种特殊的关系: 设 R 是一个从 A 到 B 的二元关系. 如果 R 还满足对任意的 $x \in A$, 都存在唯一的 $y \in B$ 使得 $(x, y) \in R$, 则称 R 是一个**函数关系**.

注 $A \times A$ 到 $\{0, 1\}$ 的映射与 A 上的二元关系是一一对应的. 一方面, A 上的每个二元关系 R 都定义了一个映射 $f_R : A \times A \to \{0, 1\}$, 对任意的 $(a, b) \in A \times A$, 如果 aRb, 则定义 $f_R(a, b) = 1$; 否则, $f_R(a, b) = 0$. 另一方面, 假设 $f : A \times A \to \{0, 1\}$ 是 $A \times A$ 到 $\{0, 1\}$ 的一个映射, 则可以定义 A 上的一个二元关系 R_f 为: $(a, b) \in R_f$ 当且仅当 $f(a, b) = 1$.

定义 1.8.2 集合 A 上的一个二元关系 R 称为 A 上的**等价关系**, 如果满足

(1) 自反性 $\forall a \in A, (a, a) \in R$;

(2) 对称性 若 $(a, b) \in R$, 则 $(b, a) \in R$;

(3) 传递性 若 $(a, b) \in R, (b, c) \in R$, 则 $(a, c) \in R$.

等价关系通常记作 $\sim$. 如果 R 是等价关系, 在不引起混淆情况下, aRb 记作 $a \sim b$.

设 $\sim$ 是集合 A 上的一个等价关系, 记 A 的子集 $[a] = \{b \in A \mid b \sim a\}$ 称为元素 a 的**等价类**. 注意到 $a \sim b$ 当且仅当 $[a] = [b]$, 因此 $[a]$ 中的每个元素都可以作为这个等价类的代表元.

将集合 A 分成若干个子集的不交并, 即使得 A 中的每一个元素属于且只属于其中一个子集, 则这些子集的全体称为集合 A 的一个**划分** (partition).

定理 1.8.1 集合 A 的一个划分决定了 A 上的一个等价关系; 相反地, A 上的一个等价关系也决定了 A 的一个划分.

证明 设 $A_i, i \in I$ 是集合 A 的一个划分, 即 $A = \bigcup_{i \in I} A_i$ 且对任意的 $i \neq j$ 有 $A_i \cap A_j = \varnothing$. 定义

$$\forall a, b \in A, \quad a \sim b \Longleftrightarrow \exists i \in I, \text{ s.t. } a, b \in A_i.$$

则容易验证 $\sim$ 是 A 上的一个等价关系.

反过来, 若 $\sim$ 是 A 上的一个等价关系, 则 $A = \bigcup_{a \in A} [a]$. 又因为 $a \sim b$ 当且仅当 $[a] = [b]$, 所以 $[a] \neq [b]$ 蕴含着 $[a] \cap [b] = \varnothing$. 因此 $A = \bigcup_{[a] \in \{[b] \mid b \in A\}} [a]$ 是不

交并. 所以 $\{[a] \mid a \in A\}$ 是 A 的一个划分. □

例如, 给定正整数 n, 定义整数集合 $\mathbb{Z}$ 上的关系 $\sim$:

$$\forall a, b \in \mathbb{Z},\ a \sim b \Longleftrightarrow n \mid (a-b),$$

则容易验证 $\sim$ 是 $\mathbb{Z}$ 上的一个等价关系. 等价类如下

$$[0] = \{0 + kn \mid k \in \mathbb{Z}\},$$

$$[1] = \{1 + kn \mid k \in \mathbb{Z}\},$$

$$\cdots\cdots$$

$$[n-1] = \{n - 1 + kn \mid k \in \mathbb{Z}\},$$

则 $\mathbb{Z} = [0] \cup [1] \cup \cdots \cup [n-1]$ 是 $\mathbb{Z}$ 的一个划分.

代数学的一个重要任务是对所研究的对象按照某个等价关系进行分类, 在每个等价类中取一个最简单的对象作为代表进行研究. 线性代数这门课程将要对 n 阶方阵的全体分别按照相抵、相似、合同这三种等价关系进行分类, 并寻找每个等价类中最简单的代表元——相抵标准形、相似标准形与合同标准形.

第 2 章 矩　　阵

矩阵 (matrix) 是现代数学最重要的基本概念之一, 是代数学的一个主要研究对象, 已成为数学研究及应用的重要工具. 矩阵这个词最初是由英国数学家西尔维斯特 (James Joseph Sylvester, 1814—1897) 引入并使用的, 英国数学家凯莱 (Arthur Cayley, 1821—1895) 一般被公认为是矩阵论的创立者. 随后, 弗罗贝尼乌斯 (Ferdinand Georg Frobenius, 1849—1917) 讨论了极小多项式问题, 引入了矩阵的秩、不变因子和初等因子, 正交矩阵, 相似变换, 合同变换等概念. 埃尔米特 (C. Hermite)、若尔当 (Jordan) 等数学家对矩阵论的发展做出了重要的贡献, 特别是弗罗贝尼乌斯的有理标准形理论与若尔当的若尔当标准形理论的创立, 标志着矩阵论发展的顶峰, 也是线性代数理论发展完善的里程碑. 由于计算机与互联网的快速发展与应用, 社会生产与生活中的许多实际问题都可以通过离散化的数值计算得到定量的解决, 而线性代数 (特别是矩阵的数值代数理论) 作为处理离散问题的重要工具, 已成为从事数学研究和工程开发人员必备的数学基础.

2.1 矩阵及其运算

方程与方程组历来是代数学的主要研究对象之一, 在现代科技的各个领域都有着广泛的应用. 例如, 为了配平甲烷 (CH_4) 燃烧的化学方程式

$$CH_4 + O_2 \to CO_2 + H_2O,$$

我们可以设

$$x_1CH_4 + x_2O_2 = x_3CO_2 + x_4H_2O,$$

从而

$$\begin{array}{lccc} & \text{左边} & & \text{右边} \\ \text{碳} & x_1 & = & x_3, \\ \text{氢} & 4x_1 & = & 2x_4, \\ \text{氧} & 2x_2 & = & 2x_3 + x_4, \end{array}$$

由此即得线性方程组

$$\begin{cases} x_1 - x_3 = 0, \\ 4x_1 - 2x_4 = 0, \\ 2x_2 - 2x_3 - x_4 = 0. \end{cases}$$

数域 F 上的线性方程组的一般形式为

$$\begin{cases} a_{11}x_1 + a_{12}x_2 + \cdots + a_{1n}x_n = b_1, \\ a_{21}x_1 + a_{22}x_2 + \cdots + a_{2n}x_n = b_2, \\ \cdots\cdots \\ a_{m1}x_1 + a_{m2}x_2 + \cdots + a_{mn}x_n = b_m, \end{cases} \tag{2.1}$$

其中 $x_j (j = 1, 2, \cdots, n)$ 是未知量, $a_{ij} \in \mathrm{F}$, $i = 1, 2, \cdots, m; j = 1, 2, \cdots, n$.

我们将未知量的系数 a_{ij} 按照它们在(2.1)中的顺序排成如下的一张表

$$A = \begin{pmatrix} a_{11} & a_{12} & \cdots & a_{1n} \\ a_{21} & a_{22} & \cdots & a_{2n} \\ \vdots & \vdots & & \vdots \\ a_{m1} & a_{m2} & \cdots & a_{mn} \end{pmatrix}, \tag{2.2}$$

再将常数项 $b_1, b_2, \cdots, b_m$ 加在上表的最后一列, 得到

$$\overline{A} = \begin{pmatrix} a_{11} & a_{12} & \cdots & a_{1n} & b_1 \\ a_{21} & a_{22} & \cdots & a_{2n} & b_2 \\ \vdots & \vdots & & \vdots & \vdots \\ a_{m1} & a_{m2} & \cdots & a_{mn} & b_m \end{pmatrix}. \tag{2.3}$$

这些表称为矩阵, 被用来简化线性方程组(2.1)的记法.

定义 2.1.1 由数域 F 中的 $m \times n$ 个数 $a_{ij} (i = 1, 2, \cdots, m; j = 1, 2, \cdots, n)$ 排成 m 行 n 列的矩形阵列

$$\begin{pmatrix} a_{11} & a_{12} & \cdots & a_{1n} \\ a_{21} & a_{22} & \cdots & a_{2n} \\ \vdots & \vdots & & \vdots \\ a_{m1} & a_{m2} & \cdots & a_{mn} \end{pmatrix}$$

称为数域 F 上的 m 行 n 列**矩阵**, 简称 $m \times n$ 矩阵. 一般用大写英文字母 $A, B, C, \cdots$ 表示矩阵, 记为 $A = (a_{ij})_{m \times n}$, 其中 a_{ij} 称为矩阵 A 的第 i 行 j

列的元素, 简称第 (i,j)-元; $m\times n$ 称为矩阵 A 的型号. 如果矩阵 A 的元素全为复数 (特别地, 实数), 则称 A 为复矩阵 (特别地, 实矩阵).

例如, (2.2)与(2.3)中的矩阵称为线性方程组(2.1)的系数矩阵与增广矩阵.

“矩阵” (matrix) 一词最早由英国数学家西尔维斯特使用, 他在 1850 年将这个词定义为“一种长方形的术语的排列”. 西尔维斯特将他在矩阵方面的研究成果介绍给了一位名叫凯莱的英国数学家兼律师, 后者在 1858 年出版的一本名为 *A Memoir on the Theory of Matrices* 的书中介绍了矩阵的一些基本运算, 因此凯莱被认为是矩阵论的创立者. 矩阵理论不仅是数学、物理学等许多学科的基础语言与工具, 而且在信息安全、数字图像处理、信息检索、交通网络等科技、工程领域都有着极为广泛的应用. 例如, 一幅完整的图像, 是由红色、绿色、蓝色三原色组成的, 红色、绿色、蓝色三种颜色都是以灰度显示的, 不同的灰度色阶表示“红, 绿, 蓝”在图像中的比重. 实际上, 色彩的变动就是间接地对灰度的比重进行调整. 灰度图像的像素数据就是一个矩阵, 矩阵的行对应图像的长 (单位: 像素), 矩阵的列对应图像的宽 (单位: 像素), 矩阵的元素对应图像的像素, 矩阵元素的值就是像素的灰度值, 数值范围是 0—255, 因此, 凡是对图像的处理 (例如, 图像模糊化、图像去噪、图像旋转、图像压缩等) 都转换为对矩阵进行运算 (或操作) (图 2.1).

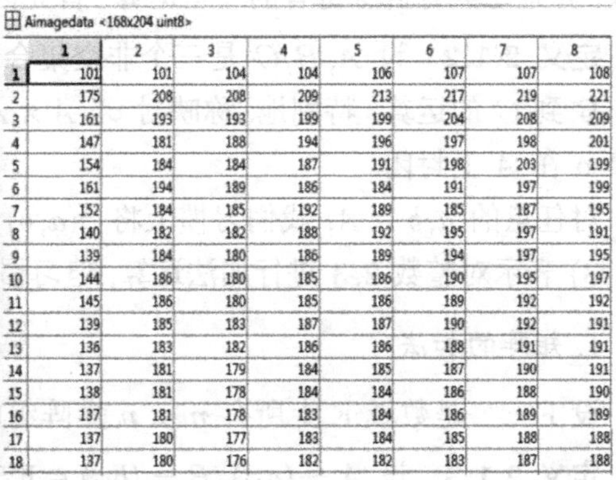

Aimagedata <168x204 uint8>

	1	2	3	4	5	6	7	8
1	101	101	104	104	106	107	107	108
2	175	208	208	209	213	217	219	221
3	161	193	193	199	199	204	208	209
4	147	181	188	194	196	197	198	201
5	154	184	184	187	191	198	203	199
6	161	194	189	186	184	191	197	199
7	152	184	185	192	189	185	187	195
8	140	182	182	188	192	195	197	191
9	139	184	180	186	189	194	197	195
10	144	186	180	185	186	190	195	197
11	145	186	180	185	186	189	192	192
12	139	185	183	187	187	190	192	191
13	136	183	182	186	186	188	191	191
14	137	181	179	184	185	187	190	191
15	138	181	178	184	184	186	188	190
16	137	181	178	183	184	186	189	189
17	137	180	177	183	184	185	188	188
18	137	180	176	182	182	183	187	188

图 2.1 灰度图像的矩阵表示 ①

我们称矩阵 $A=(a_{ij})_{m\times n}$ 和 $B=(b_{ij})_{s\times t}$ **相等**, 如果它们的型号相同且对应的元素相等, 即 $m=s, n=t$, 且 $a_{ij}=b_{ij}, i=1,2,\cdots,m; j=1,2,\cdots,n$.

元素全为零的 $m\times n$ 矩阵称为**零矩阵**, 记作 $O_{m\times n}$, 或简记为 O. 设矩阵 $A=(a_{ij})_{m\times n}$, 则 A 的**负矩阵** $-A$ 为

① 文军, 屈龙江, 易东云. 线性代数课程教学案例建设研究. 大学数学, 2016, 32(6): 46-52.

$$-A=\begin{pmatrix} -a_{11} & -a_{12} & \cdots & -a_{1n} \\ -a_{21} & -a_{22} & \cdots & -a_{2n} \\ \vdots & \vdots & & \vdots \\ -a_{m1} & -a_{m2} & \cdots & -a_{mn} \end{pmatrix}.$$

如果矩阵 A 的行数与列数相等, 即 $m=n$, 则称矩阵 A 为 n **阶方阵**. n 阶方阵 A 的元素 $a_{11},a_{22},\cdots,a_{nn}$ 称为 A 的对角元. 若一个方阵的非对角元都为零, 则称之为**对角矩阵**. 对角矩阵

$$A=\begin{pmatrix} a_{11} & & & \\ & a_{22} & & \\ & & \ddots & \\ & & & a_{nn} \end{pmatrix}$$

(未写出的矩阵元素均为零) 通常简记为 $A=\operatorname{diag}(a_{11},a_{22},\cdots,a_{nn})$. 特别地, n 阶对角矩阵 $\operatorname{diag}(1,1,\cdots,1)$ 称为**单位矩阵**, 记作 E_n 或 I_n.

矩阵之所以应用如此广泛, 在于它可以像有理数、实数一样进行加、减、乘法运算, 并且还具有自身特有的一些运算. 首先回忆一下运算的一般定义.

定义 2.1.2 设 A,B,C 是三个非空集合, 称映射 $\circ: A\times B\to C$ 是一个从 $A\times B$ 到 C 的运算. 特别地, 称映射 $\circ: A\times A\to A$ 是 A 上的一个运算, 并且称运算 $\circ$ 在 A 上封闭.

对任意的 $a,b\in A$, 我们习惯上将 $\circ(a,b)$ 简记为 $a\circ b$. 例如, 当 $A=\mathbb{Z}$ 时, $+(2,3)$ 表示对整数 $2,3$ 进行加法运算, 但习惯上记作 $2+3$.

1. 矩阵的加法

设 $\mathrm{F}^{m\times n}$ 是数域 F 上所有 $m\times n$ 矩阵组成的集合.

定义 2.1.3 设 $A=(a_{ij}),B=(b_{ij})\in\mathrm{F}^{m\times n}$. 矩阵的加法 $A+B$ 定义为

$$+:\mathrm{F}^{m\times n}\times\mathrm{F}^{m\times n}\to\mathrm{F}^{m\times n},$$
$$(A,B)\mapsto A+B=(a_{ij}+b_{ij}),$$

即两个同型号的矩阵相加, 就是将矩阵对应的元素相加.

矩阵的加法满足以下运算律:

(1) 交换律 $A+B=B+A$;

(2) 结合律 $(A+B)+C=A+(B+C)$;

(3) 零元律 $A+O=O+A=A$;

(4) 负元律 $A+(-A)=(-A)+A=O$.

矩阵的减法定义为 $A-B=A+(-B)$.

2. 矩阵的数乘

定义 2.1.4 设 $k\in \mathrm{F}$, $A=(a_{ij})\in \mathrm{F}^{m\times n}$. 矩阵的数乘 kA 定义为

$$\begin{aligned} \mathrm{F}\times\mathrm{F}^{m\times n}&\to\mathrm{F}^{m\times n},\\ (k,A)&\mapsto kA=(ka_{ij}), \end{aligned}$$

即数 k 乘矩阵 A, 就是用 k 乘 A 的每个元素.

矩阵的数乘满足以下运算律: $\forall k,l\in \mathrm{F}$, $A,B\in \mathrm{F}^{m\times n}$,

(1) $k(A+B)=kA+kB$;

(2) $(k+l)A=kA+lA$;

(3) $(kl)A=k(lA)$;

(4) $1A=A$.

记 E_{ij} 为第 i 行、第 j 列交叉位置的元素为 1, 其余元素为 0 的 $m\times n$ 矩阵 $(i=1,2,\cdots,m,j=1,2,\cdots,n)$ 称为基本矩阵. 例如 2×2 基本矩阵共 4 个:

$$E_{11}=\begin{pmatrix}1&0\\0&0\end{pmatrix},\quad E_{12}=\begin{pmatrix}0&1\\0&0\end{pmatrix},\quad E_{21}=\begin{pmatrix}0&0\\1&0\end{pmatrix},\quad E_{22}=\begin{pmatrix}0&0\\0&1\end{pmatrix}.$$

容易验证, 任一 $m\times n$ 矩阵 $A=(a_{ij})_{m\times n}$ 都可以写成

$$A=\sum_{i=1}^{m}\sum_{j=1}^{n}a_{ij}E_{ij}.$$

3. 矩阵的乘法

很自然地, 人们希望能像矩阵的加法那样将矩阵的乘法定义为对应元素直接相乘, 即 $A\times B=(a_{ij}b_{ij})$, 这种矩阵的乘积称为阿达马 (Hadamard) 积. 除矩阵的阿达马积外, 还有矩阵的克罗内克 (Kronecker) 积 (也称张量积)、半张量积等. 本节将介绍在现代科技中应用更为广泛的矩阵的乘积. 这种矩阵乘法的概念最初是由德国数学家艾森斯坦 (G. Eisenstein, 1823—1852) 在 1844 年左右引入的, 后经英国数学家凯莱发展并完善. 如无特殊说明, 本书中矩阵的乘积指的都是如下定义的乘积.

定义 2.1.5　设 $A=(a_{ij})\in \mathrm{F}^{m\times n}, B=(b_{ij})\in \mathrm{F}^{n\times s}$. 矩阵的乘法 $C=AB$ 定义为

$$\mathrm{F}^{m\times n}\times \mathrm{F}^{n\times s}\longrightarrow \mathrm{F}^{m\times s},$$

$$(A,B)\mapsto C=(c_{ij})=\left(\sum_{k=1}^{n}a_{ik}b_{kj}\right).$$

根据定义, 若两个矩阵 A,B 能够相乘, 则矩阵 A 的列数必须与矩阵 B 的行数相等, 而乘积的行数等于矩阵 A 的行数, 列数等于矩阵 B 的列数.

设

$$A=\begin{pmatrix} a_{11} & a_{12} & \cdots & a_{1n}\\ a_{21} & a_{22} & \cdots & a_{2n}\\ \vdots & \vdots & & \vdots\\ a_{m1} & a_{m2} & \cdots & a_{mn}\end{pmatrix},\quad x=\begin{pmatrix} x_1\\ x_2\\ \vdots\\ x_n\end{pmatrix},\quad \beta=\begin{pmatrix} b_1\\ b_2\\ \vdots\\ b_m\end{pmatrix}.$$

利用矩阵的乘法, 线性方程组(2.1)可简记为

$$Ax=\beta.$$

再如, 当我们传送图像信息时, 为防止信息的泄露, 常将图像信息进行伪装. 设灰度图像矩阵为 A, 加密矩阵为 K, 则 $AK=C$ 为加密 (伪装) 后的灰度图像矩阵 (图 2.2).

图 2.2　图像伪装示意图 ①

当合法接收者接收到 C 后, 可利用解密矩阵 B (满足 $KB=E$) 进行解密, 即 $CB=(AK)B=A(KB)=AE=A$. 这里用到了矩阵乘法的结合律. 事实上, 矩阵的乘法满足以下运算律.

(1) 结合律: $(AB)C=A(BC)$;

① 文军, 屈龙江, 易东云. 线性代数课程教学案例建设研究. 大学数学, 2016, 32(6): 46-52.

(2) 分配律: $A(B+C)=AB+AC$, $(B+C)D=BD+CD$;

(3) 数乘结合律: $k(AB)=(kA)B=A(kB)$;

(4) 幺元律: $E_mA=AE_n=A$.

证明 我们只证明结合律, 其余运算律可类似证明. 设 $A=(a_{ij})_{m\times n}$, $B=(b_{ij})_{n\times s}$, $C=(c_{ij})_{s\times t}$, 则 AB 的第 i 行为

$$\left(\sum_{k=1}^{n}a_{ik}b_{k1},\sum_{k=1}^{n}a_{ik}b_{k2},\cdots,\sum_{k=1}^{n}a_{ik}b_{ks}\right),$$

所以 $(AB)C$ 的第 (i,j) 元素为

$$\begin{aligned}&\left(\sum_{k=1}^{n}a_{ik}b_{k1},\sum_{k=1}^{n}a_{ik}b_{k2},\cdots,\sum_{k=1}^{n}a_{ik}b_{ks}\right)\begin{pmatrix}c_{1j}\\c_{2j}\\\vdots\\c_{sj}\end{pmatrix}\\=&\sum_{l=1}^{s}\left(\sum_{k=1}^{n}a_{ik}b_{kl}\right)c_{lj}\\=&\sum_{l=1}^{s}\sum_{k=1}^{n}a_{ik}b_{kl}c_{lj}\\=&\sum_{k=1}^{n}\sum_{l=1}^{s}a_{ik}b_{kl}c_{lj}.\end{aligned}$$

类似地, $A(BC)$ 的第 (i,j) 元素为

$$\begin{aligned}&(a_{i1},a_{i2},\cdots,a_{in})\begin{pmatrix}\sum_{l=1}^{s}b_{1l}c_{lj}\\\sum_{l=1}^{s}b_{2l}c_{lj}\\\vdots\\\sum_{l=1}^{s}b_{nl}c_{lj}\end{pmatrix}\\=&\sum_{k=1}^{n}a_{ik}\left(\sum_{l=1}^{s}b_{kl}c_{lj}\right)\\=&\sum_{k=1}^{n}\sum_{l=1}^{s}a_{ik}b_{kl}c_{lj}.\end{aligned}$$

所以 $(AB)C = A(BC)$. □

矩阵的乘法不满足以下运算律与性质:

(1) 交换律 $AB \neq BA$;

(2) 消去律

$$A \neq O, \quad AB = AC \nRightarrow B = C,$$
$$A \neq O, \quad BA = CA \nRightarrow B = C;$$

(3) 无零因子性质 $A \neq O, B \neq O$, 但 AB 可能为零矩阵.

例 2.1.1 设 $A = \begin{pmatrix} 1 & 1 \\ -1 & -1 \end{pmatrix}, B = \begin{pmatrix} 1 & -1 \\ -1 & 1 \end{pmatrix}$. 则

(1) $AB = O$, 但 $BA = \begin{pmatrix} 2 & 2 \\ -2 & -2 \end{pmatrix}$, $AB \neq BA$, 即交换律不成立;

(2) 显然, $A \neq O$, $AB = AO$, 但 $B \neq O$, 即消去律不成立;

(3) $A \neq O, B \neq O$, 但 $AB = O$, 所以 A, B 是零因子.

思考 (1) 给定矩阵 A, 哪些矩阵与 A 乘法可交换?

(2) 消去律成立的充要条件是什么?

例 2.1.2 设 E_{ij}, E_{kl} 都是 $n \times n$ 基本矩阵, 则

$$E_{ij}E_{kl} = \delta_{jk}E_{il} = \begin{cases} E_{il}, & j = k, \\ O, & j \neq k, \end{cases}$$

其中

$$\delta_{jk} = \begin{cases} 1, & j = k, \\ 0, & j \neq k \end{cases}$$

称为克罗内克符号.

4. 方阵的幂

定义 2.1.6 数域 F 上的 n 阶方阵 A 的 r 次幂定义为

$$A^r = \underbrace{AA \cdots A}_{r}.$$

规定 $A^0 = E_n$.

方阵的幂运算满足指数法则:

(1) $A^rA^s = A^{r+s}$;

(2) $(A^r)^s = A^{rs}$.

计算方阵 A 的任意次幂 A^r 是矩阵理论的基本问题, 后文中将利用矩阵的极小多项式、相似对角化或若尔当标准形理论来快速计算方阵的高次幂.

设 A 是数域 F 上的 n 阶方阵, $f(x) = a_mx^m + \cdots + a_1x + a_0 \in \mathrm{F}[x]$, 则

$$f(A) = a_mA^m + \cdots + a_1A + a_0E_n$$

仍是一个 n 阶方阵, 称为**矩阵多项式**. 记 $\mathrm{F}[A]$ 为由 A 的矩阵多项式的全体作成的集合, 即

$$\mathrm{F}[A] = \{f(A) \mid f(x) \in \mathrm{F}[x]\}.$$

5. 矩阵的转置

定义 2.1.7 矩阵

$$A = \begin{pmatrix} a_{11} & a_{12} & \cdots & a_{1n} \\ a_{21} & a_{22} & \cdots & a_{2n} \\ \vdots & \vdots & & \vdots \\ a_{m1} & a_{m2} & \cdots & a_{mn} \end{pmatrix}_{m\times n}$$

的转置矩阵 A^{T} 定义为

$$A^{\mathrm{T}} = \begin{pmatrix} a_{11} & a_{21} & \cdots & a_{m1} \\ a_{12} & a_{22} & \cdots & a_{m2} \\ \vdots & \vdots & & \vdots \\ a_{1n} & a_{2n} & \cdots & a_{mn} \end{pmatrix}_{n\times m}.$$

矩阵转置的性质:

(1) $(A+B)^{\mathrm{T}} = A^{\mathrm{T}} + B^{\mathrm{T}}$;

(2) $(kA)^{\mathrm{T}} = kA^{\mathrm{T}}$;

(3) $(AB)^{\mathrm{T}} = B^{\mathrm{T}}A^{\mathrm{T}}$;

(4) $(A^{\mathrm{T}})^{\mathrm{T}} = A$.

证明 只证明 (3), 其余类似可证. 设 $A = (a_{ij})_{m\times n}$, $B = (b_{ij})_{n\times s}$. 则 $(AB)^{\mathrm{T}}$ 的第 (i,j) 元素为 AB 的第 (j,i) 元素

$$\sum_{k=1}^{n} a_{jk}b_{ki},$$

而 $B^{\mathrm{T}}A^{\mathrm{T}}$ 的第 (i,j) 元素为

$$(b_{1i}, b_{2i}, \cdots, b_{ni})\begin{pmatrix} a_{j1} \\ a_{j2} \\ \vdots \\ a_{jn} \end{pmatrix} = \sum_{k=1}^{n} b_{ki}a_{jk} = \sum_{k=1}^{n} a_{jk}b_{ki}.$$

所以 $(AB)^{\mathrm{T}} = B^{\mathrm{T}}A^{\mathrm{T}}$. □

注　有的教材也将矩阵 A 的转置 A^{T} 记为 A'.

拓展阅读　矩阵幂运算的应用——谷歌矩阵

矩阵的幂运算还应用于谷歌传奇——PageRank 网页排序算法中. 1996 年, 著名互联网公司谷歌公司的创始人, 当年还是美国斯坦福大学的研究生的佩奇 (Larry Page) 和布林 (Sergey Brin), 借鉴学术界学术论文评价的通用方法, 开始了对网页排序问题的研究. 他们的基本思路是放弃被搜索词语在网页中出现的次数来决定网页排序的惯用方法, 而通过研究网页的相互链接来确定排序. 具体地说, 一个网页被其他网页链接得越多, 它的排序就应该越靠前; 一个网页越是被排序靠前的网页所链接, 它的排序也应该越靠前. 佩奇和布林分析一个虚拟用户在互联网上的漫游过程: 假设该虚拟用户一旦访问了一个网页后, 下一步将有相同的概率访问被该网页所链接的任何一个其他网页, 即如果网页 W_j 有 N_j 个对外链接, 则虚拟用户在访问了网页 W_j 之后, 下一步单击那些链接当中任何一个的概率均为 $\dfrac{1}{N_j}$. 若用 $p_j(n)$ 表示虚拟用户在进行第 n 次浏览时访问网页 W_j 的概率, 则上述假设可表述为

$$p_i(n+1) = \sum_j p_j(n)\frac{p_{j\to i}}{N_j},$$

其中, $p_{j\to i}$ 是描述互联网链接结构的指标函数, 其定义为: 如果网页 W_j 有链接指向网页 W_i, 则 $p_{j\to i}$ 取值为 1, 反之则为 0. 我们将虚拟用户第 n 次浏览访问各网页的概率合并写为一个列向量 $p(n)$, 其第 j 个分量是 $p_j(n)$, 并引进一个仅与互联网结构相关的矩阵 $H=(h_{ij})$, 它的第 (i,j)-元素 $h_{ij} = \dfrac{p_{j\to i}}{N_j}$. 则上式可表述为

$$p(n+1) = Hp(n).$$

当学习了随机过程课程之后, 大家就明白上述公式描述的是一种最简单的马尔可夫过程 (Markov process)——平稳马尔可夫过程, 矩阵 H 是转移矩阵. 佩奇和布

林通过随机性修正与素性修正, 将矩阵 H 修正为随机矩阵 G (矩阵每一列的元素之和为 1) 且 G 的所有元素为正 (称为素矩阵). 从而上述公式变为

$$p(n+1) = Gp(n), \quad 即 \quad p(n) = G^n p(0),$$

其中 $p(0)$ 是虚拟用户初次浏览时访问各网页的概率分布. 根据马尔可夫链基本定理, 极限 $\lim\limits_{n\to\infty} p(n) = p$ 存在且与 $p(0)$ 的选取无关, 则 p 给出的就是整个互联网的网页排序, 它的每一个分量就是相应网页的访问概率, 概率越大, 排序就越靠前. 这就是著名的网页排序算法 PageRank, 矩阵 G 被称为谷歌矩阵. 凭借 PageRank 算法, 谷歌在短短数年间就横扫整个互联网, 成为搜索引擎的新一代霸主, 可以说, 是数学成就了谷歌①.

习 题 2.1

(A)

1. 设 $A = \begin{pmatrix} 1 & -2 & 3 \\ -1 & 0 & 1 \end{pmatrix}$, $B = \begin{pmatrix} 2 & 0 & 1 \\ 0 & -3 & 1 \end{pmatrix}$. 求 $A-B$, $2A-3B$, $A^{\mathrm{T}}B$.

2. 计算:

(1) 设 $A = \begin{pmatrix} \cos\theta & \sin\theta \\ -\sin\theta & \cos\theta \end{pmatrix}$, 求 A^n;

(2) 设 $A = \begin{pmatrix} \lambda & 1 & 0 \\ & \lambda & 1 \\ & & \lambda \end{pmatrix}$, 求 A^n.

3. 计算:

(1) 设 $A = \begin{pmatrix} \lambda & 1 & 0 \\ & \lambda & 1 \\ & & \lambda \end{pmatrix}$, 求矩阵 X, 使得 $AX = XA$;

(2) 设 $A = \mathrm{diag}(a_1, a_2, \cdots, a_n)$, 其中 $a_i (i = 1, 2, \cdots, n)$ 两两互不相同, 求矩阵 X, 使得 $AX = XA$.

(B)

4. 证明: 矩阵 A 与任意 n 阶矩阵可交换当且仅当 $A = aE, a \in \mathrm{F}$.

5. n 阶矩阵 A 称为对称矩阵, 如果 $A^{\mathrm{T}} = A$. 设 A, B 是 n 阶对称矩阵. 证明: AB 是对称矩阵当且仅当 $AB = BA$.

6. n 阶矩阵 A 称为反对称矩阵, 如果 $A^{\mathrm{T}} = -A$. 证明: 任一 n 阶矩阵都可以写成一对称矩阵与一反对称矩阵之和.

① 卢昌海. 谷歌背后的数学. 数理天地: 高中版, 2014, (4): 44-47.

2.2 分块矩阵

2.1 节拓展阅读中介绍的谷歌网页排序算法中所用到的转移矩阵 H 往往是几百亿阶的超大型矩阵, 而且根据研究, 每个网页平均约与 10 个网页相链接, 因此 H 是一个每列大约仅有 10 个非零元的矩阵, 这样的矩阵我们称为稀疏矩阵. 实践中, 处理这样的矩阵常用分块矩阵与矩阵分解的方法.

本节介绍处理高阶矩阵时的常用技巧, 即矩阵的分块. 粗略地说, 就是根据需要, 用横 (虚) 线和竖 (虚) 线将矩阵分成若干小块, 每个小块都是一个 (子) 矩阵. 例如

$$\left(\begin{array}{ccc:cc} a_{11} & a_{12} & a_{13} & b_{11} & b_{12} \\ a_{21} & a_{22} & a_{23} & b_{21} & b_{22} \\ a_{31} & a_{32} & a_{33} & b_{31} & b_{32} \\ \hdashline c_{11} & c_{12} & c_{13} & d_{11} & d_{12} \\ c_{21} & c_{22} & c_{23} & d_{21} & d_{22} \end{array}\right) = \begin{pmatrix} A & B \\ C & D \end{pmatrix},$$

分块矩阵的运算有许多方便之处, 常常在分块之后, 矩阵的排列规律与相互关系将会看得更清楚.

如果分块矩阵

$$B = \begin{array}{c} \\ m_1 \\ m_2 \\ \vdots \\ m_s \end{array} \!\!\begin{array}{c} \begin{array}{cccc} n_1 & n_2 & \cdots & n_t \end{array} \\ \begin{pmatrix} B_{11} & B_{12} & \cdots & B_{1t} \\ B_{21} & B_{22} & \cdots & B_{2t} \\ \vdots & \vdots & & \vdots \\ B_{s1} & B_{s2} & \cdots & B_{st} \end{pmatrix} \end{array},$$

则我们称 B 为 $\underline{m}\times\underline{n}$ 分块矩阵, 其中 $\underline{m}=(m_1,m_2,\cdots,m_s)$, $\underline{n}=(n_1,n_2,\cdots,n_t)$.

对于分块矩阵的运算, 只需将每个子矩阵块看作普通矩阵的元素, 像普通矩阵那样进行运算. 但值得注意的是, 分块矩阵的加法与乘法对分块方式具有特定的要求.

分块矩阵的加法 两个具有相同分块的同型矩阵相加, 相当于对应的子矩阵相加, 即

$$\begin{pmatrix} B_{11} & B_{12} & \cdots & B_{1t} \\ B_{21} & B_{22} & \cdots & B_{2t} \\ \vdots & \vdots & & \vdots \\ B_{s1} & B_{s2} & \cdots & B_{st} \end{pmatrix} + \begin{pmatrix} C_{11} & C_{12} & \cdots & C_{1t} \\ C_{21} & C_{22} & \cdots & C_{2t} \\ \vdots & \vdots & & \vdots \\ C_{s1} & C_{s2} & \cdots & C_{st} \end{pmatrix}$$

$$=\begin{pmatrix} B_{11}+C_{11} & B_{12}+C_{12} & \cdots & B_{1t}+C_{1t} \\ B_{21}+C_{21} & B_{22}+C_{22} & \cdots & B_{2t}+C_{2t} \\ \vdots & \vdots & & \vdots \\ B_{s1}+C_{s1} & B_{s2}+C_{s2} & \cdots & B_{st}+C_{st} \end{pmatrix}.$$

分块矩阵的数乘 用一个数 $k \in \mathrm{F}$ 乘以分块矩阵, 相当于数 k 乘以每个子矩阵, 即

$$k\begin{pmatrix} B_{11} & B_{12} & \cdots & B_{1t} \\ B_{21} & B_{22} & \cdots & B_{2t} \\ \vdots & \vdots & & \vdots \\ B_{s1} & B_{s2} & \cdots & B_{st} \end{pmatrix} = \begin{pmatrix} kB_{11} & kB_{12} & \cdots & kB_{1t} \\ kB_{21} & kB_{22} & \cdots & kB_{2t} \\ \vdots & \vdots & & \vdots \\ kB_{s1} & kB_{s2} & \cdots & kB_{st} \end{pmatrix}.$$

分块矩阵的乘法 一般地, 将矩阵 B, C 分成小矩阵

$$B=\begin{matrix} \\ m_1 \\ m_2 \\ \vdots \\ m_s \end{matrix}\begin{matrix} n_1 & n_2 & \cdots & n_t \\ \begin{pmatrix} B_{11} & B_{12} & \cdots & B_{1t} \\ B_{21} & B_{22} & \cdots & B_{2t} \\ \vdots & \vdots & & \vdots \\ B_{s1} & B_{s2} & \cdots & B_{st} \end{pmatrix} \end{matrix}, \quad C=\begin{matrix} \\ n_1 \\ n_2 \\ \vdots \\ n_t \end{matrix}\begin{matrix} l_1 & l_2 & \cdots & l_r \\ \begin{pmatrix} C_{11} & C_{12} & \cdots & C_{1r} \\ C_{21} & C_{22} & \cdots & C_{2r} \\ \vdots & \vdots & & \vdots \\ C_{t1} & C_{t2} & \cdots & C_{tr} \end{pmatrix} \end{matrix},$$

其中子矩阵 B_{ij}, C_{ij} 分别是 $m_i \times n_j$, $n_i \times l_j$ 矩阵, 即 B 的列分块方式与 C 的行分块方式相同, 则

$$BC=\begin{pmatrix} B_{11} & B_{12} & \cdots & B_{1t} \\ B_{21} & B_{22} & \cdots & B_{2t} \\ \vdots & \vdots & & \vdots \\ B_{s1} & B_{s2} & \cdots & B_{st} \end{pmatrix}\begin{pmatrix} C_{11} & C_{12} & \cdots & C_{1r} \\ C_{21} & C_{22} & \cdots & C_{2r} \\ \vdots & \vdots & & \vdots \\ C_{t1} & C_{t2} & \cdots & C_{tr} \end{pmatrix}$$

$$=\begin{pmatrix} D_{11} & D_{12} & \cdots & D_{1r} \\ D_{21} & D_{22} & \cdots & D_{2r} \\ \vdots & \vdots & & \vdots \\ D_{s1} & D_{s2} & \cdots & D_{sr} \end{pmatrix}, \quad \text{其中} \quad D_{ij}=\sum_{k=1}^{t} B_{ik}C_{kj}.$$

分块矩阵的转置 分块矩阵的转置矩阵定义如下:

$$\begin{pmatrix} B_{11} & B_{12} & \cdots & B_{1t} \\ B_{21} & B_{22} & \cdots & B_{2t} \\ \vdots & \vdots & & \vdots \\ B_{s1} & B_{s2} & \cdots & B_{st} \end{pmatrix}^{\mathrm{T}} = \begin{pmatrix} B_{11}^{\mathrm{T}} & B_{21}^{\mathrm{T}} & \cdots & B_{s1}^{\mathrm{T}} \\ B_{12}^{\mathrm{T}} & B_{22}^{\mathrm{T}} & \cdots & B_{s2}^{\mathrm{T}} \\ \vdots & \vdots & & \vdots \\ B_{1t}^{\mathrm{T}} & B_{2t}^{\mathrm{T}} & \cdots & B_{st}^{\mathrm{T}} \end{pmatrix}.$$

行分块与列分块 经常地, 将矩阵的每一行 (列) 看作一个子矩阵, 得到分块矩阵. 例如, 我们可以对矩阵 A 进行列分块

$$A = \left(\begin{array}{c:c:c:c} a_{11} & a_{12} & \cdots & a_{1n} \\ a_{21} & a_{22} & \cdots & a_{2n} \\ \vdots & \vdots & & \vdots \\ a_{m1} & a_{m2} & \cdots & a_{mn} \end{array}\right) = (\alpha_1, \alpha_2, \cdots, \alpha_n).$$

类似地, 我们也可以对矩阵 A 进行行分块

$$A = \left(\begin{array}{cccc} a_{11} & a_{12} & \cdots & a_{1n} \\ \hdashline a_{21} & a_{22} & \cdots & a_{2n} \\ \hdashline \vdots & \vdots & & \vdots \\ \hdashline a_{m1} & a_{m2} & \cdots & a_{mn} \end{array}\right) = \begin{pmatrix} \gamma_1 \\ \gamma_2 \\ \vdots \\ \gamma_m \end{pmatrix}.$$

对 $n \times l$ 矩阵 B 进行列分块

$$B = \left(\begin{array}{c:c:c:c} b_{11} & b_{12} & \cdots & b_{1l} \\ b_{21} & b_{22} & \cdots & b_{2l} \\ \vdots & \vdots & & \vdots \\ b_{n1} & b_{n2} & \cdots & b_{nl} \end{array}\right) = (\beta_1, \beta_2, \cdots, \beta_l).$$

这样的分块方式提供了矩阵乘法的另外表达方式

$$\begin{aligned} AB &= \begin{pmatrix} \gamma_1 \\ \gamma_2 \\ \vdots \\ \gamma_m \end{pmatrix} B = \begin{pmatrix} \gamma_1 B \\ \gamma_2 B \\ \vdots \\ \gamma_m B \end{pmatrix} \\ &= A(\beta_1, \beta_2, \cdots, \beta_l) = (A\beta_1, A\beta_2, \cdots, A\beta_l) \\ &= \begin{pmatrix} \gamma_1 \\ \gamma_2 \\ \vdots \\ \gamma_m \end{pmatrix} (\beta_1, \beta_2, \cdots, \beta_l) = \begin{pmatrix} \gamma_1\beta_1 & \gamma_1\beta_2 & \cdots & \gamma_1\beta_l \\ \gamma_2\beta_1 & \gamma_2\beta_2 & \cdots & \gamma_2\beta_l \\ \vdots & \vdots & & \vdots \\ \gamma_m\beta_1 & \gamma_m\beta_2 & \cdots & \gamma_m\beta_l \end{pmatrix}. \end{aligned}$$

特别地, 利用这种分块方式, 线性方程组(2.1)的矩阵表达式 $Ax=\beta$ 可重新表达为

$$x_1\alpha_1+x_2\alpha_2+\cdots+x_n\alpha_n=\beta,$$

其中, $A=(\alpha_1,\alpha_2,\cdots,\alpha_n)$ 是系数矩阵 A 的列分块. 因此, 上述表达也常称为"β 可写成系数矩阵 A 的列向量的线性组合".

形如

$$\begin{pmatrix} A_1 & & & \\ & A_2 & & \\ & & \ddots & \\ & & & A_s \end{pmatrix}$$

且 $A_i(i=1,2,\cdots,s)$ 为方阵的矩阵称为**准对角矩阵**, 或**分块对角矩阵**. 不难验证, 如果 A_i, B_i 均为同阶方阵, $i=1,2,\cdots,s$, 则

$$\begin{pmatrix} A_1 & & & \\ & A_2 & & \\ & & \ddots & \\ & & & A_s \end{pmatrix}\begin{pmatrix} B_1 & & & \\ & B_2 & & \\ & & \ddots & \\ & & & B_s \end{pmatrix}$$
$$=\begin{pmatrix} A_1B_1 & & & \\ & A_2B_2 & & \\ & & \ddots & \\ & & & A_sB_s \end{pmatrix}.$$

习 题 2.2

(A)

1. 设 A, B 是 n 阶方阵, 计算:

(1) $\begin{pmatrix} A & \\ & B \end{pmatrix}^k (k\in\mathbb{N})$; (2) $\begin{pmatrix} & A \\ B & \end{pmatrix}^2$.

2. 计算 $\begin{pmatrix} & E_{n-1} \\ 1 & \end{pmatrix}^k$, $2\leqslant k\leqslant n$.

(B)

3. 设 $A=(a_ib_j)_{n\times n}$, 求 A^k.

4. 设

$$A=\begin{pmatrix} a_1E_1 & & & \\ & a_2E_2 & & \\ & & \ddots & \\ & & & a_rE_r \end{pmatrix},$$

其中当 $i\neq j$ 时 $a_i\neq a_j$, E_i 是 n_i 阶单位矩阵, $\sum\limits_{i=1}^{r} n_i=n$. 证明与 A 乘法可交换的矩阵只能是准对角矩阵

$$\begin{pmatrix} A_1 & & & \\ & A_2 & & \\ & & \ddots & \\ & & & A_r \end{pmatrix},$$

其中 $A_i(i=1,2,\cdots,r)$ 为 n_i 阶方阵.

5. 设 $f(x)=a_0+a_1x+\cdots+a_mx^m\in \mathrm{F}[x]$.

(1) 若 $A=\begin{pmatrix} A_1 & & & \\ & A_2 & & \\ & & \ddots & \\ & & & A_r \end{pmatrix}$ 为准对角矩阵, 证明

$$f(A)=\begin{pmatrix} f(A_1) & & & \\ & f(A_2) & & \\ & & \ddots & \\ & & & f(A_r) \end{pmatrix};$$

(2) 若 $A=\begin{pmatrix} A_{11} & A_{12} & \cdots & A_{1r} \\ & A_{22} & \cdots & A_{2r} \\ & & \ddots & \vdots \\ & & & A_{rr} \end{pmatrix}$, 证明 $f(A)$ 仍是上三角分块矩阵, 且对角元素为 $f(A_{11}),f(A_{22}),\cdots,f(A_{rr})$, 即 $f(A)$ 形如

$$f(A)=\begin{pmatrix} f(A_{11}) & * & \cdots & * \\ & f(A_{22}) & \cdots & * \\ & & \ddots & \vdots \\ & & & f(A_{rr}) \end{pmatrix}.$$

2.3 行 列 式

在中学的解析几何课程中, 我们知道过平面上两点 $A(a_1, a_2)$, $B(b_1, b_2)$ 的直线方程为

$$\frac{x-b_1}{a_1-b_1}=\frac{y-b_2}{a_2-b_2}.$$

如果利用行列式的记号, 这个方程可以改写为

$$\begin{vmatrix} x & y & 1 \\ a_1 & a_2 & 1 \\ b_1 & b_2 & 1 \end{vmatrix}=0.$$

是不是既整齐又漂亮? 过空间中三点 $A(a_1, a_2, a_3)$, $B(b_1, b_2, b_3)$, $C(c_1, c_2, c_3)$ 的平面方程用解析几何的方法求起来比较复杂, 但若利用行列式, 却可表示为

$$\begin{vmatrix} x & y & z & 1 \\ a_1 & a_2 & a_3 & 1 \\ b_1 & b_2 & b_3 & 1 \\ c_1 & c_2 & c_3 & 1 \end{vmatrix}=0.$$

由此立即可得, 三维空间中 4 个点 $A_i=(a_{i1}, a_{i2}, a_{i3})$, $i=1,2,3,4$ 共面的充要条件是

$$\begin{vmatrix} a_{11} & a_{12} & a_{13} & 1 \\ a_{21} & a_{22} & a_{23} & 1 \\ a_{31} & a_{32} & a_{33} & 1 \\ a_{41} & a_{42} & a_{43} & 1 \end{vmatrix}=0.$$

那么什么是行列式呢?

行列式是从数域 F 上的方阵集合 $\mathrm{F}^{n\times n}$ 到 F 的一个映射 $|\cdot|: \mathrm{F}^{n\times n}\to\mathrm{F}, A\mapsto |A|$. 粗略地说, 矩阵 $A=(a_{ij})_{n\times n}$ 的行列式是一个数, 它是 A 的所有不同行、不同列的 n 个元素乘积的代数和. 这样定义的行列式有明确的几何意义, 二阶行列式表示它的行 (列) 向量所张成的平行四边形的 (有向) 面积 (按右手法则), 三阶行列式表示它的行 (列) 向量所张成的平行六面体的 (有向) 体积, n 阶行列式表示它的行 (列) 向量所张成的 (超) 几何体的有向 “(超) 体积”, 等等; 另一方面, 方阵 A 的行列式表示 A 所表达的线性变换的压缩系数, 见第 4 章.

事实上, 矩阵 A 的所有不同行、不同列的 n 个元素的取法共有 $n!$ 种, A 的行列式就是这 $n!$ 项乘积的代数和, 而这 $n!$ 个乘积项的符号由法国数学家贝祖 (Étienne Bézout, 1730—1783) 首先系统地给出, 这需要讨论 n 元排列的相关知识.

定义 2.3.1　由 $1,2,\cdots,n$ 组成的一个有序数组称作一个 n 级**排列**.

所有 n 级排列的集合记作 S_n, 且 $|S_n| = n\cdot(n-1)\cdot(n-2)\cdots 2\cdot 1 = n!$.

例如, $S_2 = \{12, 21\}$, $S_3 = \{123, 132, 213, 231, 312, 321\}$.

定义 2.3.2　在一个排列中, 如果一对数的前后位置与大小顺序相反, 即前面的数大于后面的数, 那么它们就被称为一个**逆序**, 一个排列中逆序的总数就称为这个排列的逆序数. 排列 $j_1j_2\cdots j_n$ 的逆序数记为 $\tau(j_1j_2\cdots j_n)$.

注　对于任意的 n 个不同的自然数所组成的排列, 我们也能同样定义上述概念.

定义 2.3.3　n 阶矩阵 $A=(a_{ij})_{n\times n}$ 的行列式 $|A|$ 或 $\det(A)$, 定义为

$$\begin{vmatrix} a_{11} & a_{12} & \cdots & a_{1n} \\ a_{21} & a_{22} & \cdots & a_{2n} \\ \vdots & \vdots & & \vdots \\ a_{n1} & a_{n2} & \cdots & a_{nn} \end{vmatrix} = \sum_{j_1j_2\cdots j_n\in S_n} (-1)^{\tau(j_1j_2\cdots j_n)} a_{1j_1}a_{2j_2}\cdots a_{nj_n}. \tag{2.4}$$

注　行列式最初是由日本数学家关孝和与德国数学家莱布尼茨提出的. 关孝和于 1683 年在其著作《解伏题之法》第一次提出了行列式的概念与展开算法, 同时代的莱布尼茨于 1692 年 4 月在写给洛必达的一封信中使用了行列式. 1750 年, 瑞士数学家克拉默 (G. Cramer, 1704—1752) 在其著作《线性代数分析导言》对行列式的定义及展开法则给出了较完整、明确的叙述, 并给出了现在被称为克拉默法则的定理. 随后, 贝祖对行列式定义式中每一项的符号进行了系统化, 并利用行列式给出了齐次线性方程组有非零解的充要条件.

法国数学家范德蒙德 (A. T. Vandermonde, 1735—1796) 是第一个将行列式与解线性方程组相分离的数学家, 是行列式理论的奠基者. 他对行列式理论给出了连贯、逻辑的叙述, 并给出了用二阶子式和它们的余子式展开行列式的法则. 参照克拉默与贝祖的工作, 拉普拉斯在 1772 年的论文《对积分和世界体系的探讨》中, 证明了范德蒙德的一些法则, 推广了他展开行列式的方法, 现被称为拉普拉斯展开定理. 法国数学家柯西与德国数学家雅可比极大丰富了行列式的现代理论. 例如, 柯西第一个将行列式的元素排成方阵, 引入双脚标记法, 给出了行列式的乘法定理等; 雅可比的著名论文《论行列式的形成与性质》是行列式系统理论发展

完善的重要标志.

根据定义, 一阶矩阵 $A=(a)$ 的行列式 $|a|=a$; 二阶矩阵的行列式

$$\begin{vmatrix} a_{11} & a_{12} \\ a_{21} & a_{22} \end{vmatrix} = a_{11}a_{22}-a_{12}a_{21}.$$

记 $\alpha_1=\begin{pmatrix} a_{11} \\ a_{21} \end{pmatrix}$, $\alpha_2=\begin{pmatrix} a_{12} \\ a_{22} \end{pmatrix}$, 则

命题 2.3.1 设 $A=(\alpha_1,\alpha_2)$, 则 $|A|$ 表示由 α_1,α_2 张成的平行四边形

$$\{k_1\alpha_1+k_2\alpha_2 \mid 0\leqslant k_1\leqslant 1, 0\leqslant k_2\leqslant 1\}$$

的 (有向) 面积. 如图 2.3 所示.

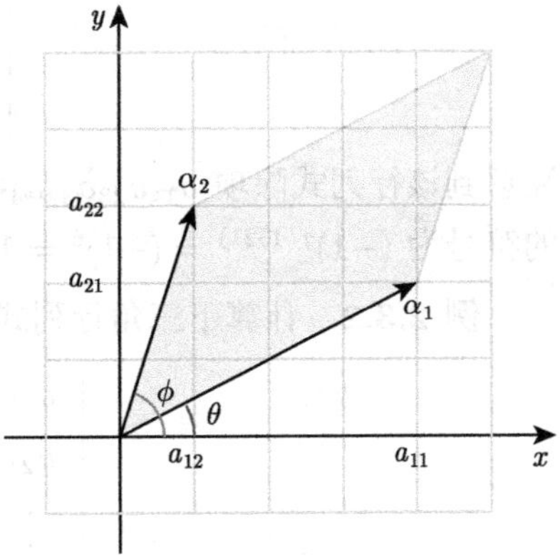

图 2.3

证明 该平行四边形的面积 $S(\alpha_1,\alpha_2)=|\alpha_1||\alpha_2|\sin(\phi-\theta)$. 由于 $|\alpha_1|=\sqrt{a_{11}^2+a_{21}^2}$, $|\alpha_2|=\sqrt{a_{12}^2+a_{22}^2}$,

$$\begin{aligned}\sin(\phi-\theta)&=\sin\phi\cos\theta-\cos\phi\sin\theta\\&=\frac{a_{22}}{|\alpha_2|}\frac{a_{11}}{|\alpha_1|}-\frac{a_{12}}{|\alpha_2|}\frac{a_{21}}{|\alpha_1|}\\&=\frac{a_{11}a_{22}-a_{12}a_{21}}{|\alpha_1||\alpha_2|},\end{aligned}$$

所以

$$\begin{aligned}S(\alpha_1,\alpha_2)=|\alpha_1||\alpha_2|\sin(\phi-\theta)&=|\alpha_1||\alpha_2|\cdot\frac{a_{11}a_{22}-a_{12}a_{21}}{|\alpha_1||\alpha_2|}\\&=a_{11}a_{22}-a_{12}a_{21}=\begin{vmatrix} a_{11} & a_{12} \\ a_{21} & a_{22} \end{vmatrix}.\end{aligned}$$ □

类似地, 三阶矩阵的行列式

$$\begin{vmatrix} a_{11} & a_{12} & a_{13} \\ a_{21} & a_{22} & a_{23} \\ a_{31} & a_{32} & a_{33} \end{vmatrix} = a_{11}a_{22}a_{33}+a_{12}a_{23}a_{31}+a_{13}a_{21}a_{32} - a_{13}a_{22}a_{31}-a_{11}a_{23}a_{32}-a_{12}a_{21}a_{33}.$$

可以类似地推导出三阶行列式是列 (行) 向量所张成的平行六面体的 (有向) 体积 (按右手法则).

例 2.3.1　计算行列式

$$\begin{vmatrix} 0 & 0 & 0 & 1 \\ 0 & 0 & 2 & 0 \\ 0 & 3 & 0 & 0 \\ 4 & 0 & 0 & 0 \end{vmatrix}.$$

注意到该行列式除项 $a_{14}a_{23}a_{32}a_{41} = 1 \times 2 \times 3 \times 4$ 外, 其余 23 项均为 0, 而该项的符号为 $(-1)^{\tau(4321)} = (-1)^6 = 1$, 所以该行列式的值为 24.

例 2.3.2　计算下三角行列式

$$\begin{vmatrix} a_{11} & 0 & \cdots & 0 \\ a_{21} & a_{22} & \cdots & 0 \\ \vdots & \vdots & & \vdots \\ a_{n1} & a_{n2} & \cdots & a_{nn} \end{vmatrix}.$$

该行列式中共有 $n!$ 项和项, 每项形如

$$(-1)^{\tau(j_1j_2\cdots j_n)}a_{1j_1}a_{2j_2}\cdots a_{nj_n}.$$

该项非零当且仅当 $a_{1j_1}, a_{2j_2}, \cdots, a_{nj_n}$ 中的每个元素都不等于 0. 由于它们属于不同行、不同列, 所以第一行只能取 a_{11}, 第二行划去第一列的元素 a_{21}, 只能取非零元 a_{22} …… 类似地, 第 n 行划去前 $n-1$ 列的元素, 只能取 a_{nn}. 而这个仅有的非零项 $a_{11}a_{22}\cdots a_{nn}$ 的符号为 $(-1)^{\tau(12\cdots n)} = 1$, 因此行列式等于 $a_{11}a_{22}\cdots a_{nn}$.

矩阵 A 的行列式是 A 的所有不同行、不同列的 n 个元素乘积的代数和, 上述定义中的和项 $a_{1j_1}a_{2j_2}\cdots a_{nj_n}$ 的取法是行指标按自然顺序, 而列指标取遍 $1, 2, \cdots, n$ 的排列 $j_1j_2\cdots j_n$. 事实上, 这不同行、不同列的 n 个元素也可以列指标按自然顺序, 而行指标取遍 $1, 2, \cdots, n$ 的所有排列 $i_1i_2\cdots i_n$. 进一步可以固定行指标 $i_1i_2\cdots i_n$, 列指标取遍 $1, 2, \cdots, n$ 的所有排列 $j_1j_2\cdots j_n$; 或者列指标取定 $j_1j_2\cdots j_n$, 行指标取遍 $1, 2, \cdots, n$ 的所有排列 $i_1i_2\cdots i_n$, 即行指标和列指标的地位是对等的, 从而我们有行列式的等价定义.

定理 2.3.1　设 $A = \begin{pmatrix} a_{11} & a_{12} & \cdots & a_{1n} \\ a_{21} & a_{22} & \cdots & a_{2n} \\ \vdots & \vdots & & \vdots \\ a_{n1} & a_{n2} & \cdots & a_{nn} \end{pmatrix}$, 则

$$|A| = \sum_{i_1i_2\cdots i_n \in S_n} (-1)^{\tau(i_1i_2\cdots i_n)}a_{i_11}a_{i_22}\cdots a_{i_nn}$$

$$\xlongequal{\text{固定}j_1j_2\cdots j_n} \sum_{i_1i_2\cdots i_n\in S_n}(-1)^{\tau(i_1i_2\cdots i_n)+\tau(j_1j_2\cdots j_n)}a_{i_1j_1}a_{i_2j_2}\cdots a_{i_nj_n}$$

$$\xlongequal{\text{固定}i_1i_2\cdots i_n} \sum_{j_1j_2\cdots j_n\in S_n}(-1)^{\tau(i_1i_2\cdots i_n)+\tau(j_1j_2\cdots j_n)}a_{i_1j_1}a_{i_2j_2}\cdots a_{i_nj_n}.$$

为证明该定理, 我们需要如下准备.

定义 2.3.4 逆序数为偶数的排列称为**偶排列**; 逆序数为奇数的排列称为**奇排列**.

在一个排列中将某两个数的位置互换的操作称为一个**对换**.

定理 2.3.2 对换改变排列的奇偶性.

证明 首先考虑对换的两个数相邻的情形, 即

$$\cdots jk\cdots \longrightarrow \cdots kj\cdots.$$

设 $i\neq j,k$, 如果 i 与 j,k 在前面的排列中 (不) 构成逆序, 则在后面的排列中仍 (不) 构成逆序. 如果 $j>k$, 则对换后逆序数减少 1; 如果 $j<k$, 则对换后逆序数增加 1. 故这种对换改变排列的奇偶性.

考虑一般的情形

$$\cdots ji_1i_2\cdots i_sk\cdots \longrightarrow \cdots ki_1i_2\cdots i_sj\cdots.$$

显然, 这个对换可经过一系列相邻的对换来实现

$$\begin{array}{ccc}
\cdots ji_1i_2\cdots i_sk\cdots & & \cdots ki_1i_2\cdots i_sj\cdots \\
\downarrow & & \uparrow \\
\cdots i_1ji_2\cdots i_sk\cdots & & \cdots i_1ki_2\cdots i_sj\cdots \\
\downarrow & & \uparrow \\
\cdots i_1i_2j\cdots i_sk\cdots & & \cdots i_1i_2k\cdots i_sj\cdots \\
\downarrow & & \uparrow \\
\vdots & & \vdots \\
\downarrow & & \uparrow \\
\cdots i_1i_2\cdots ji_sk\cdots & & \cdots i_1i_2\cdots ki_sj\cdots \\
\downarrow & & \uparrow \\
\cdots i_1i_2\cdots i_sjk\cdots & \longrightarrow & \cdots i_1i_2\cdots i_skj\cdots
\end{array}$$

这个过程共经过 $2s+1$ 次相邻对换, 因而排列的奇偶性改变了 $2s+1$ 次, 所以这种 (不相邻) 对换也改变奇偶性. □

推论 2.3.1 在所有的 n 级排列中, 奇偶排列的个数相等, 各有 $\frac{n!}{2}$ 个.

证明 假设奇排列有 s 个, 偶排列有 t 个. 如图 2.4 所示, 将奇排列的前两个数字对换, 得到 s 个偶排列, 故 $s \leqslant t$; 同理可证 $t \leqslant s$, 即 $s = t = \frac{n!}{2}$. □

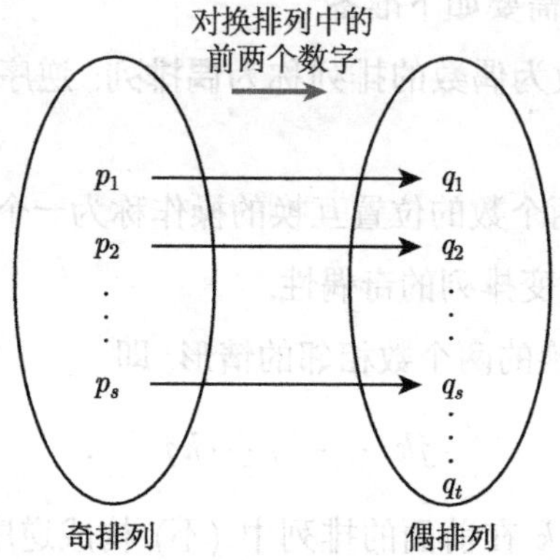

图 2.4

定理 2.3.3 任意一个 n 级排列与排列 $12\cdots n$ 都可以经过一系列对换互变, 并且所作对换的个数与这个排列有相同的奇偶性.

证明 对级数 n 作数学归纳法. $n=1$ 显然, 假设对 $n-1$ 级排列结论成立, 考虑 n 级排列 $i_1i_2\cdots i_n$.

如果 $i_n = n$, 那么由归纳假设, $n-1$ 级排列 $i_1i_2\cdots i_{n-1}$ 可以经过一系列对换变为 $12\cdots(n-1)$, 于是这一系列对换也将 $i_1i_2\cdots i_n$ 变为 $12\cdots(n-1)n$.

如果 $i_n \neq n$, 则先将 i_n 与 n 作对换, 将排列 $i_1i_2\cdots i_n$ 变为 $j_1j_2\cdots j_{n-1}n$, 从而归结为上一情形. 因而结论普遍成立.

类似地, 排列 $12\cdots n$ 也可经一系列对换变为 $i_1i_2\cdots i_n$. 由于 $12\cdots n$ 是偶排列, 所以由定理 2.3.2, 所作对换的个数与排列 $i_1i_2\cdots i_n$ 有相同的奇偶性. □

例 2.3.3 选择 i 与 k 使

(1) $1274i56k9$ 成偶排列; (2) $1i25k4897$ 成奇排列.

解 (1) 显然 $i,k\in\{3,8\}$. 如果 $i=3, k=8$, 则 $\tau(127435689)=5$, 所以 i,k 对换后的排列 127485639 为偶排列, 从而 $i=8, k=3$.

(2) 显然 $i,j\in\{3,6\}$. 由于 $\tau(132564897)=5$, 所以 $i=3, k=6$.

定理 2.3.1的证明 我们只证明最后一个等式, 其余类似可证.

由于数的乘法满足交换律, 我们将 $a_{i_1j_1}a_{i_2j_2}\cdots a_{i_nj_n}$ 重新排列, 得到

$$a_{i_1j_1}a_{i_2j_2}\cdots a_{i_nj_n} = a_{1j_1'}a_{2j_2'}\cdots a_{nj_n'},$$

根据行列式的定义, 该项的符号应该是

$$(-1)^{\tau(j_1'j_2'\cdots j_n')}. \tag{2.5}$$

我们证明它等于

$$(-1)^{\tau(i_1i_2\cdots i_n)+\tau(j_1j_2\cdots j_n)}. \tag{2.6}$$

事实上, 将 $a_{i_1j_1}a_{i_2j_2}\cdots a_{i_nj_n}$ 变成 $a_{1j_1'}a_{2j_2'}\cdots a_{nj_n'}$ 可通过一系列元素 $a_{i_kj_k}$ 的对换来实现, 每作一次对换, 元素的行指标与列指标所成的排列 $i_1i_2\cdots i_n$ 与 $j_1j_2\cdots j_n$ 就都同时作一次对换, 因而 $\tau(i_1i_2\cdots i_n)$ 与 $\tau(j_1j_2\cdots j_n)$ 同时改变奇偶性, 所以它们的和

$$\tau(i_1i_2\cdots i_n)+\tau(j_1j_2\cdots j_n)$$

的奇偶性保持不变, 即对 $a_{i_1j_1}a_{i_2j_2}\cdots a_{i_nj_n}$ 作一次对换, (2.6)的值不变. 因而作一系列对换后,

$$(-1)^{\tau(i_1i_2\cdots i_n)+\tau(j_1j_2\cdots j_n)}=(-1)^{\tau(12\cdots n)+\tau(j_1'j_2'\cdots j_n')}=(-1)^{\tau(j_1'j_2'\cdots j_n')}.$$

由于 $\sum\limits_{j_1j_2\cdots j_n\in S_n}(-1)^{\tau(i_1i_2\cdots i_n)+\tau(j_1j_2\cdots j_n)}a_{i_1j_1}a_{i_2j_2}\cdots a_{i_nj_n}$ 中共有 $n!$ 个和项, 由上述分析知每个和项都恰好是

$$\sum_{j_1j_2\cdots j_n\in S_n}(-1)^{\tau(j_1j_2\cdots j_n)}a_{1j_1}a_{2j_2}\cdots a_{nj_n}$$

中的一项, 所以

$$|A|=\sum_{j_1j_2\cdots j_n\in S_n}(-1)^{\tau(i_1i_2\cdots i_n)+\tau(j_1j_2\cdots j_n)}a_{i_1j_1}a_{i_2j_2}\cdots a_{i_nj_n}.$$ □

拓展阅读 克利福德链定理①

“五点共圆”的几何题: 给出一个不规则的五角星, 作所得五个小三角形的外接圆, 每相邻的两个小三角形的外接圆相交于两个点, 其中之一是所得五边形的顶点. 在五边形顶点外的交点共有五个, 证明这五点共圆.

1838 年, 米盖尔 (Miquel) 证明了有关四圆共点的定理. 1871 年, 在四圆共点的定理的基础上, 英国数学家克利福德 (W. K. Clifford) 建立了克利福德链定理, 并发表在 *Messenger of Mathematics* 上.

平面上两条相交直线确定一个点; 任选平面上两两相交但不共点的三条直线, 其中任意两条直线相交于一个点, 共三个点, 这三点确定一个圆; 任选平面上两两相交且其中任意三条都不共点的四条直线, 则其中每三条为一组可以确定一个圆,

① 该阅读材料来自张英伯教授的讲座.

一共四个圆, 则这四个圆共点, 该点称为华莱士 (Wallace) 点; 任选平面上两两相交且其中任意三条都不共点的五条直线, 则其中每四条一组确定一个华莱士点, 共五个点, 则这五点共圆, 称为米盖尔圆 …….

一般地, 任取平面内两两相交, 且任意三条直线都不共点的 $2n$ 条直线, 则其中每 $2n-1$ 条直线可确定一个克利福德圆, 共确定 $2n$ 个圆, 那么这 $2n$ 个圆交于一点, 称为 $2n$ 条直线的克利福德点; 任取平面内两两相交, 且任意三条直线都不共点的 $2n+1$ 条直线, 则其中每 $2n$ 条直线可确定一个克利福德点, 共确定 $2n+1$ 个点, 那么这 $2n+1$ 个点共圆, 称为 $2n+1$ 条直线的克利福德圆.

利用复变函数的知识, n 条直线的方程可表示为

$$x=\frac{x_it_i}{t_i-t},\quad i=1,2,\cdots,n.$$

关于 n 条直线的特征常数 $a_1,a_2,\cdots,a_n$ 定义为

$$a_i=\sum_{i=1}^{n}\frac{x_it_i^{n-i}}{\prod\limits_{j\neq i}(t_i-t_j)},\quad i=1,2,\cdots,n.$$

定理 2.3.4 (1) $2n$ 条直线的克利福德点由下述行列式给出

$$\begin{vmatrix} a_1-x & a_2 & \cdots & a_n \\ a_2 & a_3 & \cdots & a_{n+1} \\ \vdots & \vdots & & \vdots \\ a_n & a_{n+1} & \cdots & a_{2n-1} \end{vmatrix}=0;$$

(2) $2n+1$ 条直线的克利福德圆由下述行列式给出

$$\begin{vmatrix} a_1-x & a_2 & \cdots & a_n \\ a_2 & a_3 & \cdots & a_{n+1} \\ \vdots & \vdots & & \vdots \\ a_n & a_{n+1} & \cdots & a_{2n-1} \end{vmatrix}=\begin{vmatrix} a_2 & a_3 & \cdots & a_{n+1} \\ a_3 & a_4 & \cdots & a_{n+2} \\ \vdots & \vdots & & \vdots \\ a_{n+1} & a_{n+2} & \cdots & a_{2n} \end{vmatrix}.$$

由于该定理的证明需要用到复变函数的相关知识, 我们这里就略去它的证明了.

习 题 2.3

(A)

1. 求 $\tau(n(n-1)\cdots 21)$, 并讨论该排列的奇偶性.
2. 已知 $\tau(i_1i_2\cdots i_n)=k$, 求 $\tau(i_ni_{n-1}\cdots i_2i_1)$.

3. 计算行列式 $\begin{vmatrix} 0 & 1 & 0 & \cdots & 0 \\ 0 & 0 & 2 & \cdots & 0 \\ \vdots & \vdots & \vdots & & \vdots \\ 0 & 0 & 0 & \cdots & n-1 \\ n & 0 & 0 & \cdots & 0 \end{vmatrix}$.

4. 解关于 x 的方程 $\begin{vmatrix} x+1 & 2 & -1 \\ 2 & x+1 & 1 \\ -1 & 1 & x+1 \end{vmatrix} = 0$.

5. 设

$$f(x) = \begin{vmatrix} x & 1 & 2 & x \\ -1 & 0 & x & 4 \\ 5 & x & 2 & 1 \\ x & 0 & 0 & 2 \end{vmatrix}.$$

求多项式 $f(x)$ 中 x^3 的系数.

(B)

6. 利用 $\begin{vmatrix} 1 & 1 & \cdots & 1 \\ 1 & 1 & \cdots & 1 \\ \vdots & \vdots & & \vdots \\ 1 & 1 & \cdots & 1 \end{vmatrix} = 0$, 证明: 奇偶排列各半.

(C)

7. 计算行列式

$$D = \sum_{j_1 j_2 \cdots j_n \in S_n} \begin{vmatrix} a_{1j_1} & a_{1j_2} & \cdots & a_{1j_n} \\ a_{2j_1} & a_{2j_2} & \cdots & a_{2j_n} \\ \vdots & \vdots & & \vdots \\ a_{nj_1} & a_{nj_2} & \cdots & a_{nj_n} \end{vmatrix}.$$

8. 设 $a_{ij}(x), i, j = 1, 2, \cdots, n$ 都是实数域 $\mathbb{R}$ 上的可微函数. 证明

$$\frac{d}{dx} \begin{vmatrix} a_{11}(x) & a_{12}(x) & \cdots & a_{1n}(x) \\ a_{21}(x) & a_{22}(x) & \cdots & a_{2n}(x) \\ \vdots & \vdots & & \vdots \\ a_{n1}(x) & a_{n2}(x) & \cdots & a_{nn}(x) \end{vmatrix} = \sum_{k=1}^{n} \begin{vmatrix} a_{11}(x) & \cdots & \frac{d}{dx} a_{1k}(x) & \cdots & a_{1n}(x) \\ a_{21}(x) & \cdots & \frac{d}{dx} a_{2k}(x) & \cdots & a_{2n}(x) \\ \vdots & & \vdots & & \vdots \\ a_{n1}(x) & \cdots & \frac{d}{dx} a_{nk}(x) & \cdots & a_{nn}(x) \end{vmatrix}.$$

9. 设 $A = (a_{ij})_{n\times n}, D = |A|$. 设 $b \neq 0, C = (b^{i-j} a_{ij})_{n\times n}$. 计算 $|C|$.

10. (2016 年第七届全国大学生数学竞赛) 设

$$\Gamma = \{A \in \mathrm{F}^{n\times n} \mid A \text{ 的每行每列仅有一个 } 1, \text{其余元素为 } 0\}.$$

求 $\sum\limits_{A\in\Gamma} |A|$.

2.4 n 阶行列式的性质

利用行列式的定义计算行列式是比较麻烦的, 本节将探讨行列式的性质以简化行列式的计算, 这些性质最初是由谢尔克 (H. F. Scherk, 1798—1885) 在他 1925 年的论文 *Mathematische Abhandlungen* 中给出的. 另一方面, 行列式是一个从方阵的集合 $\mathrm{F}^{n\times n}$ 到数域 F 的反对称多重线性函数 (即满足性质 2.4.2 —性质 2.4.4), 习题 2.4(C)4 表明这三条性质几乎完全决定了矩阵 A 的行列式. 由定理 2.3.1立即可得如下性质.

性质 2.4.1 行列互换, 行列式不变, 即 $|A^{\mathrm{T}}| = |A|$.

根据性质 2.4.1 , 可得上三角行列式

$$\begin{vmatrix} a_{11} & a_{12} & \cdots & a_{1n} \\ 0 & a_{22} & \cdots & a_{2n} \\ \vdots & \vdots & & \vdots \\ 0 & 0 & \cdots & a_{nn} \end{vmatrix} = a_{11}a_{22}\cdots a_{nn}.$$

性质 2.4.1 也表明在行列式中行与列的地位是对称的, 凡是有关行的性质, 对列也成立. 因此下面我们仅对行叙述行列式的性质.

性质 2.4.2 对换行列式中两行的位置, 行列式反号, 即

$$\begin{vmatrix} a_{11} & a_{12} & \cdots & a_{1n} \\ \vdots & \vdots & & \vdots \\ a_{i1} & a_{i2} & \cdots & a_{in} \\ \vdots & \vdots & & \vdots \\ a_{k1} & a_{k2} & \cdots & a_{kn} \\ \vdots & \vdots & & \vdots \\ a_{n1} & a_{n2} & \cdots & a_{nn} \end{vmatrix} \begin{matrix} \\ \\ i \\ \\ k \\ \\ \\ \end{matrix} = - \begin{vmatrix} a_{11} & a_{12} & \cdots & a_{1n} \\ \vdots & \vdots & & \vdots \\ a_{k1} & a_{k2} & \cdots & a_{kn} \\ \vdots & \vdots & & \vdots \\ a_{i1} & a_{i2} & \cdots & a_{in} \\ \vdots & \vdots & & \vdots \\ a_{n1} & a_{n2} & \cdots & a_{nn} \end{vmatrix} \begin{matrix} \\ \\ i \\ \\ k \\ \\ \\ \end{matrix}.$$

证明

$$\begin{aligned} \text{左边} &= \sum_{j_1\cdots j_i\cdots j_k\cdots j_n\in S_n} (-1)^{\tau(j_1\cdots j_i\cdots j_k\cdots j_n)} a_{1j_1}\cdots a_{ij_i}\cdots a_{kj_k}\cdots a_{nj_n} \\ &= \sum_{j_1\cdots j_k\cdots j_i\cdots j_n\in S_n} (-1)(-1)^{\tau(j_1\cdots j_k\cdots j_i\cdots j_n)} a_{1j_1}\cdots a_{kj_k}\cdots a_{ij_i}\cdots a_{nj_n} \end{aligned}$$

$$= - \sum_{j_1\cdots j_k\cdots j_i\cdots j_n\in S_n}(-1)^{\tau(j_1\cdots j_k\cdots j_i\cdots j_n)}a_{1j_1}\cdots a_{kj_k}\cdots a_{ij_i}\cdots a_{nj_n}$$

$=$ 右边. □

推论 2.4.1 如果行列式中有两行对应元素都相等, 那么行列式为零.

性质 2.4.3 以一数乘行列式的某一行, 所得行列式等于用这个数乘此行列式, 即

$$\begin{vmatrix} a_{11} & a_{12} & \cdots & a_{1n} \\ \vdots & \vdots & & \vdots \\ ka_{i1} & ka_{i2} & \cdots & ka_{in} \\ \vdots & \vdots & & \vdots \\ a_{n1} & a_{n2} & \cdots & a_{nn} \end{vmatrix} = k\begin{vmatrix} a_{11} & a_{12} & \cdots & a_{1n} \\ \vdots & \vdots & & \vdots \\ a_{i1} & a_{i2} & \cdots & a_{in} \\ \vdots & \vdots & & \vdots \\ a_{n1} & a_{n2} & \cdots & a_{nn} \end{vmatrix}.$$

证明 左边 $= \sum_{j_1j_2\cdots j_n\in S_n}(-1)^{\tau(j_1j_2\cdots j_n)}a_{1j_1}\cdots ka_{ij_i}\cdots a_{nj_n}$

$$= k\sum_{j_1j_2\cdots j_n\in S_n}(-1)^{\tau(j_1j_2\cdots j_n)}a_{1j_1}\cdots a_{ij_i}\cdots a_{nj_n}$$

$=$ 右边. □

推论 2.4.2 (1) 如果行列式有一行 (列) 为零, 那么行列式为零;

(2) 如果行列式中两行成比例, 那么行列式为零;

(3) 设 A 是 n 阶方阵, 则 $|kA| = k^n|A|$.

性质 2.4.4

$$\begin{vmatrix} a_{11} & a_{12} & \cdots & a_{1n} \\ \vdots & \vdots & & \vdots \\ b_1+c_1 & b_2+c_2 & \cdots & b_n+c_n \\ \vdots & \vdots & & \vdots \\ a_{n1} & a_{n2} & \cdots & a_{nn} \end{vmatrix}$$

$$= \begin{vmatrix} a_{11} & a_{12} & \cdots & a_{1n} \\ \vdots & \vdots & & \vdots \\ b_1 & b_2 & \cdots & b_n \\ \vdots & \vdots & & \vdots \\ a_{n1} & a_{n2} & \cdots & a_{nn} \end{vmatrix} + \begin{vmatrix} a_{11} & a_{12} & \cdots & a_{1n} \\ \vdots & \vdots & & \vdots \\ c_1 & c_2 & \cdots & c_n \\ \vdots & \vdots & & \vdots \\ a_{n1} & a_{n2} & \cdots & a_{nn} \end{vmatrix}.$$

证明 左边 $= \sum_{j_1j_2\cdots j_n\in S_n}(-1)^{\tau(j_1j_2\cdots j_n)}a_{1j_1}\cdots(b_{j_i}+c_{j_i})\cdots a_{nj_n}$

$$= \sum_{j_1j_2\cdots j_n\in S_n}(-1)^{\tau(j_1j_2\cdots j_n)}a_{1j_1}\cdots b_{j_i}\cdots a_{nj_n}$$
$$+ \sum_{j_1j_2\cdots j_n\in S_n}(-1)^{\tau(j_1j_2\cdots j_n)}a_{1j_1}\cdots c_{j_i}\cdots a_{nj_n} = \text{右边}.$$ □

性质 2.4.5 把行列式第 i 行的 k 倍加到第 j 行, 行列式的值不变, 即

$$\begin{vmatrix} a_{11} & a_{12} & \cdots & a_{1n} \\ \vdots & \vdots & & \vdots \\ a_{i1} & a_{i2} & \cdots & a_{in} \\ \vdots & \vdots & & \vdots \\ ka_{i1}+a_{j1} & ka_{i2}+a_{j2} & \cdots & ka_{in}+a_{jn} \\ \vdots & \vdots & & \vdots \\ a_{n1} & a_{n2} & \cdots & a_{nn} \end{vmatrix} = \begin{vmatrix} a_{11} & a_{12} & \cdots & a_{1n} \\ \vdots & \vdots & & \vdots \\ a_{i1} & a_{i2} & \cdots & a_{in} \\ \vdots & \vdots & & \vdots \\ a_{j1} & a_{j2} & \cdots & a_{jn} \\ \vdots & \vdots & & \vdots \\ a_{n1} & a_{n2} & \cdots & a_{nn} \end{vmatrix} \begin{matrix} \\ \\ i \\ \\ j \\ \\ \\ \end{matrix}.$$

证明 由推论 2.4.1、性质 2.4.3 和性质 2.4.4 即得. □

将矩阵 $A=(a_{ij})_{n\times n}$ 按列进行分块, 即

$$A = \begin{pmatrix} a_{11} & a_{12} & \cdots & a_{1n} \\ a_{21} & a_{22} & \cdots & a_{2n} \\ \vdots & \vdots & & \vdots \\ a_{n1} & a_{n2} & \cdots & a_{nn} \end{pmatrix} = (\alpha_1, \alpha_2, \cdots, \alpha_n),$$

则行列式的性质 2.4.2 —性质 2.4.5 可重新表述如下:

性质 2.4.2′ $\det(\alpha_1,\cdots,\alpha_i,\cdots,\alpha_j,\cdots,\alpha_n) = -\det(\alpha_1,\cdots,\alpha_j,\cdots,\alpha_i,\cdots,\alpha_n)$.

性质 2.4.3′ $\det(\alpha_1,\cdots,k\alpha_i,\cdots,\alpha_n) = k\det(\alpha_1,\cdots,\alpha_i,\cdots,\alpha_n)$.

性质 2.4.4′ $\det(\alpha_1,\cdots,\beta_i+\gamma_i,\cdots,\alpha_n) = \det(\alpha_1,\cdots,\beta_i,\cdots,\alpha_n) + \det(\alpha_1,\cdots,\gamma_i,\cdots,\alpha_n)$.

性质 2.4.5′ $\det(\alpha_1,\cdots,\alpha_i,\cdots,\alpha_j+k\alpha_i,\cdots,\alpha_n) = \det(\alpha_1,\cdots,\alpha_j,\cdots,\alpha_n)$.

注 性质 2.4.2′ 称为反对称性, 性质 2.4.3′ 与性质 2.4.4′ 合称为多重线性, 再加上规范性条件 (即单位矩阵的行列式等于 1), 则这些条件唯一地决定了矩阵 A 的行列式. 详见习题 2.4(C)4.

例 2.4.1 计算三阶行列式

$$D=\begin{vmatrix} 2 & -3 & 8 \\ 15 & -7 & 42 \\ 702 & 497 & 1008 \end{vmatrix}.$$

解 由行列式的性质可得

$$D=\begin{vmatrix} 2 & -3 & 8 \\ 15 & -7 & 42 \\ 700+2 & 500-3 & 1000+8 \end{vmatrix}=\begin{vmatrix} 2 & -3 & 8 \\ 15 & -7 & 42 \\ 700 & 500 & 1000 \end{vmatrix}+\begin{vmatrix} 2 & -3 & 8 \\ 15 & -7 & 42 \\ 2 & -3 & 8 \end{vmatrix}$$

$$=100\cdot\begin{vmatrix} 2 & -3 & 8 \\ 15 & -7 & 42 \\ 7 & 5 & 10 \end{vmatrix}\xlongequal{r_1\cdot(-4)+r_2}100\cdot\begin{vmatrix} 2 & -3 & 8 \\ 7 & 5 & 10 \\ 7 & 5 & 10 \end{vmatrix}=0.$$

例 2.4.2 一个 n 阶矩阵 $A=(a_{ij})$ 的元素满足

$$a_{ij}=-a_{ji},\quad i,j=1,2,\cdots,n,$$

则称 A 为反对称矩阵 (即 $A^{\mathrm{T}}=-A$). 证明: 奇数阶反对称矩阵的行列式为零.

证明 因为

$$|A|=|-A^{\mathrm{T}}|=(-1)^n|A^{\mathrm{T}}|=-|A|,$$

所以 $|A|=0$. □

例 2.4.3 计算 n 阶行列式

$$D=\begin{vmatrix} a & b & b & \cdots & b \\ b & a & b & \cdots & b \\ b & b & a & \cdots & b \\ \vdots & \vdots & \vdots & & \vdots \\ b & b & b & \cdots & a \end{vmatrix}.$$

解 该行列式的特点是行 (列) 和相等. 将行列式的第 $2,3,\cdots,n$ 列分别加到第 1 列, 然后提取公因式 $a+(n-1)b$. 再将第 1 行的 -1 倍分别加到第 $2,3,\cdots,n$ 行, 得

$$D=\begin{vmatrix} a+(n-1)b & b & b & \cdots & b \\ a+(n-1)b & a & b & \cdots & b \\ a+(n-1)b & b & a & \cdots & b \\ \vdots & \vdots & \vdots & & \vdots \\ a+(n-1)b & b & b & \cdots & a \end{vmatrix}$$

$$=(a+(n-1)b)\begin{vmatrix} 1 & b & b & \cdots & b \\ 1 & a & b & \cdots & b \\ 1 & b & a & \cdots & b \\ \vdots & \vdots & \vdots & & \vdots \\ 1 & b & b & \cdots & a \end{vmatrix}$$

$$=(a+(n-1)b)\begin{vmatrix} 1 & b & b & \cdots & b \\ 0 & a-b & 0 & \cdots & 0 \\ 0 & 0 & a-b & \cdots & 0 \\ \vdots & \vdots & \vdots & & \vdots \\ 0 & 0 & 0 & \cdots & a-b \end{vmatrix}$$

$$=(a+(n-1)b)(a-b)^{n-1}.$$

形如下面的行列式常被称作“爪形行列式”.

例 2.4.4 计算 $n+1$ 阶行列式

$$D_{n+1}=\begin{vmatrix} a_0 & 1 & \cdots & 1 \\ 1 & a_1 & & \\ \vdots & & \ddots & \\ 1 & & & a_n \end{vmatrix}, \text{ 其中 } a_1a_2\cdots a_n\neq 0.$$

解 将第 $j+1$ 列乘以 $-\dfrac{1}{a_j}$ 加到第 1 列, $j=1,2,\cdots,n$, 得

$$D_{n+1}=\begin{vmatrix} a_0 & 1 & 1 & \cdots & 1 \\ 1 & a_1 & & & \\ 1 & & a_2 & & \\ \vdots & & & \ddots & \\ 1 & & & & a_n \end{vmatrix}=\begin{vmatrix} a_0-\sum\limits_{i=1}^{n}\dfrac{1}{a_i} & 1 & 1 & \cdots & 1 \\ 0 & a_1 & & & \\ 0 & & a_2 & & \\ \vdots & & & \ddots & \\ 0 & & & & a_n \end{vmatrix}$$

$$= \left(a_0 - \sum_{i=1}^{n} \frac{1}{a_i}\right) \prod_{i=1}^{n} a_i, \quad a_i \neq 0 \ (i = 1, 2, \cdots, n).$$

习 题 2.4

(A)

1. 设 $\alpha, \beta, \gamma_1, \gamma_2$ 都是 3 维列向量, $A = (\alpha, \gamma_1, \gamma_2)$, $B = (\beta, \gamma_1, \gamma_2)$. 已知 $|A| = 5, |B| = 2$, 求 $|A + B|$.

2. 计算行列式:

(1) $\begin{vmatrix} 246 & 427 & 327 \\ 1014 & 543 & 443 \\ -342 & 721 & 621 \end{vmatrix}$; (2) $\begin{vmatrix} 3 & 1 & 1 & 1 \\ 1 & 3 & 1 & 1 \\ 1 & 1 & 3 & 1 \\ 1 & 1 & 1 & 3 \end{vmatrix}$.

(B)

3. 设

$$f(x) = \begin{vmatrix} a_{11}+x & a_{12}+x & a_{13}+x & a_{14}+x \\ a_{21}+x & a_{22}+x & a_{23}+x & a_{24}+x \\ a_{31}+x & a_{32}+x & a_{33}+x & a_{34}+x \\ a_{41}+x & a_{42}+x & a_{43}+x & a_{44}+x \end{vmatrix}.$$

求多项式 $f(x)$ 可能的最高次数.

(C)

4. 设 $f: \mathrm{F}^{n\times n} \to \mathrm{F}$ 是一个映射, 满足对任意的 $A \in \mathrm{F}^{n\times n}$,

(1) $f(E_n) = 1$;

(2) 对换 A 的两列得到 B, 则 $f(B) = -f(A)$;

(3) 将 A 的任一列乘以 $k \in \mathrm{F}$ 得到 B, 则 $f(B) = kf(A)$;

(4) 若 A 的第 i 列可以表示为矩阵 B 与 C 的第 i 列之和, 而 B 与 C 的其他列都与 A 的相应列完全相同, 则 $f(A) = f(B) + f(C)$.

证明: $f(A) = |A|$.

2.5 行列式的计算

利用行列式的性质, 可以简化行列式的计算. 本节将介绍行列式最重要的计算方法——化三角形法.

非空集合 A 到自身的映射称为变换. 各种各样的变换常出现在数学及科学、工程等领域用来将复杂的问题转换成容易处理的问题, 如对数变换、傅里叶变换、洛伦兹变换、拉普拉斯变换等. 初等变换是矩阵理论中最重要的变换, 它常常将一个复杂的矩阵变换成一个相对“简单”的矩阵而保持某些性质不变. 当研究复杂矩阵的这些性质时, 对它施行初等变换得到简单的矩阵, 只需研究所得到的简单矩阵的这些性质就够了, 这大大简化了研究的问题.

定义 2.5.1 数域 F 上矩阵的**初等行变换**有如下三种.

(1) 换法变换: 互换矩阵中两行的位置;

(2) 倍法变换: 以 F 中一个非零的数 k 乘矩阵的某一行;

(3) 消法变换: 把矩阵某一行的 c 倍加到另一行, 这里 c 是 F 中任意一个数.

类似地, 我们可以定义矩阵的**初等列变换**, 它们统称为矩阵的**初等变换**.

由行列式的性质 2.4.2 、性质 2.4.4 、性质 2.4.5 可知, 对 n 阶方阵 A 作一次如上三种初等变换, 所得矩阵的行列式分别为 $-|A|, k|A|$ 和 $|A|$.

定义 2.5.2 **行阶梯形矩阵**是指矩阵中的任一行从第一个元素起至该行的第一个非零元素 (称为该行的**主元**) 所在的下方全为零; 如果该行全为零, 则它下面的行也全为零. 或等价地, 行阶梯形矩阵满足:

(1) 若第 r 行为零行, 则第 $r+1$ 行 (若有的话) 必为零行;

(2) 若第 $r+1$ 行为非零行, 则该行主元所在的列数必大于第 r 行主元所在的列数.

进一步, 如果行阶梯形矩阵中主元等于 1, 而且主元所在的列除主元外全为 0, 则称为**行最简阶梯形**.

例如,

$$\begin{pmatrix} 1 & -1 & -1 & 2 & 4 \\ 0 & 1 & -1 & 5 & 3 \\ 0 & 0 & 0 & 1 & -3 \\ 0 & 0 & 0 & 0 & 0 \end{pmatrix}$$

是行阶梯形矩阵, 而

$$\begin{pmatrix} 1 & 0 & -1 & 0 & 4 \\ 0 & 1 & -1 & 0 & 3 \\ 0 & 0 & 0 & 1 & -3 \\ 0 & 0 & 0 & 0 & 0 \end{pmatrix}$$

是行最简阶梯形矩阵.

定理 2.5.1 任意一个矩阵 $A_{m\times n}$ 经过一系列的初等行变换总能变成阶梯形矩阵.

证明 若 $A=O$, 则结论已证. 假设 A 非零. 如果 $a_{11}\neq 0$, 则将第一行的 $-\dfrac{a_{i1}}{a_{11}}$ 倍加到第 i 行, $i=2,3,\cdots,m$, 得到

$$\begin{pmatrix} a_{11} & \alpha \\ 0 & A_1 \end{pmatrix},$$

其中 α 是 $1\times(n-1)$ 矩阵, A_1 是 $(m-1)\times(n-1)$ 矩阵. 如果 $a_{11}=0$ 但存在 $a_{i1}\neq 0$, 则交换第 1 行与第 i 行, 所得矩阵归结到 $a_{11}\neq 0$ 的情形. 若第一列全为零, 则删除 A 的第一列所得矩阵记为 A_1.

对 A_1 重复以上操作, 经有限步之后即可得行阶梯形矩阵. □

注意到行阶梯形方阵是上三角矩阵, 所以它的行列式等于对角元之积. 这实际上给出了我们计算行列式的一个有效方法.

例 2.5.1 计算

$$D=\begin{vmatrix} -2 & 5 & -1 & 3 \\ 1 & -9 & 13 & 7 \\ 3 & -1 & 5 & -5 \\ 2 & 8 & -7 & -10 \end{vmatrix}.$$

解 原行列式

$$D=-\begin{vmatrix} 1 & -9 & 13 & 7 \\ -2 & 5 & -1 & 3 \\ 3 & -1 & 5 & -5 \\ 2 & 8 & -7 & -10 \end{vmatrix}=-\begin{vmatrix} 1 & -9 & 13 & 7 \\ 0 & -13 & 25 & 17 \\ 0 & 26 & -34 & -26 \\ 0 & 26 & -33 & -24 \end{vmatrix}$$

$$=-\begin{vmatrix} 1 & -9 & 13 & 7 \\ 0 & -13 & 25 & 17 \\ 0 & 0 & 16 & 8 \\ 0 & 0 & 17 & 10 \end{vmatrix}=\begin{vmatrix} 1 & -9 & 13 & 7 \\ 0 & -13 & 25 & 17 \\ 0 & 0 & 1 & 2 \\ 0 & 0 & 16 & 8 \end{vmatrix}$$

$$=\begin{vmatrix} 1 & -9 & 13 & 7 \\ 0 & -13 & 25 & 17 \\ 0 & 0 & 1 & 2 \\ 0 & 0 & 0 & -24 \end{vmatrix}=1\cdot(-13)\cdot 1\cdot(-24)=312.$$

引理 2.5.1
$$\begin{vmatrix} A & O \\ C & B \end{vmatrix} = \begin{vmatrix} a_{11} & \cdots & a_{1k} & 0 & \cdots & 0 \\ \vdots & & \vdots & \vdots & & \vdots \\ a_{k1} & \cdots & a_{kk} & 0 & \cdots & 0 \\ c_{11} & \cdots & c_{1k} & b_{11} & \cdots & b_{1l} \\ \vdots & & \vdots & \vdots & & \vdots \\ c_{l1} & \cdots & c_{lk} & b_{l1} & \cdots & b_{ll} \end{vmatrix} = |A| \cdot |B|.$$

证明 对 A 由下至上作行消法变换与换法变换, 将 A 化为下三角矩阵 (如作换法变换, 则将其中一行乘以 -1 以保持行列式不变), 从而

$$|A| = \begin{vmatrix} p_{11} & & \\ \vdots & \ddots & \\ p_{k1} & \cdots & p_{kk} \end{vmatrix} = p_{11}p_{22}\cdots p_{kk};$$

同样对 B 作列变换, 将 B 化为下三角矩阵. 从而

$$|B| = \begin{vmatrix} q_{11} & & \\ \vdots & \ddots & \\ q_{l1} & \cdots & q_{ll} \end{vmatrix} = q_{11}q_{22}\cdots q_{ll}.$$

因此, 对矩阵 $\begin{pmatrix} A & O \\ C & B \end{pmatrix}$, 前 k 行施行对 A 作行变换, 后 l 列施行对 B 作列变换, 则

$$\begin{vmatrix} A & O \\ C & B \end{vmatrix} = \begin{vmatrix} p_{11} & & & & & \\ \vdots & \ddots & & & & \\ p_{k1} & \cdots & p_{kk} & & & \\ c_{11} & \cdots & c_{1k} & q_{11} & & \\ \vdots & & \vdots & \vdots & \ddots & \\ c_{l1} & \cdots & c_{lk} & q_{l1} & \cdots & q_{ll} \end{vmatrix} = p_{11}\cdots p_{kk}q_{11}\cdots q_{ll} = |A|\cdot|B|. \ \square$$

利用该引理, 我们很容易得到著名的行列式乘法定理. 拉格朗日 (Lagrange) 已经对三阶行列式给出了这个定理, 柯西 (Cauchy) 在他 1815 年的文章里把行列式的元素排成方阵并采用双重足标的记法 (行列式的双竖线是凯莱在 1841 年引进的), 并给出了行列式的第一个系统的、几乎是近代的处理, 其主要结果之一就是

下面的乘法定理. 该定理在 1812 年曾由比内 (Jacques P. M. Binet, 1786—1856) 叙述过但没有令人满意的证明.

定理 2.5.2 (乘法定理) $|AB| = |A| \cdot |B|$.

证明 设

$$D = \begin{pmatrix} a_{11} & \cdots & a_{1n} & & & \\ \vdots & & \vdots & & & \\ a_{n1} & \cdots & a_{nn} & & & \\ -1 & & & b_{11} & \cdots & b_{1n} \\ & \ddots & & \vdots & & \vdots \\ & & -1 & b_{n1} & \cdots & b_{nn} \end{pmatrix} = \begin{pmatrix} A & O \\ -E & B \end{pmatrix},$$

则由引理 2.5.1 知 $|D| = |A||B|$. 在 D 中以 b_{1j} 乘第 1 列, b_{2j} 乘第 2 列, $\cdots$, b_{nj} 乘第 n 列, 分别加到第 $n+j$ 列 $(j = 1, 2, \cdots, n)$, 再取行列式, 得到

$$|D| = \begin{vmatrix} A & AB \\ -E & O \end{vmatrix} = (-1)^n \begin{vmatrix} -E & O \\ A & AB \end{vmatrix} = (-1)^n(-1)^n|AB| = |AB|,$$

即 $|AB| = |A||B|$. □

习 题 2.5

(A)

1. 计算下列行列式:

(1) $\begin{vmatrix} 1 & 2 & 3 & 4 \\ 2 & 3 & 4 & 1 \\ 3 & 4 & 1 & 2 \\ 4 & 1 & 2 & 3 \end{vmatrix}$; (2) $\begin{vmatrix} x & y & x+y \\ y & x+y & x \\ x+y & x & y \end{vmatrix}$.

2. 设 A, B, C 都是 n 阶方阵, 计算:

(1) $\begin{vmatrix} A & B \\ C & O \end{vmatrix}$; (2) $\begin{vmatrix} O & A \\ B & C \end{vmatrix}$.

(B)

3. 设 $A = \begin{pmatrix} 2 & 1 \\ -1 & 2 \end{pmatrix}$, 矩阵 B 满足 $BA = B + 2E_2$, 求 $|B|$.

4. 设 A 为 n 阶方阵, 满足 $AA^{\mathrm{T}} = E$, 且 $|A| < 0$, 求 $|A|$ 及 $|A+E|$.

2.6 行列式按一行 (列) 展开

本节将介绍行列式计算中常用的一个技巧——降阶法. 下面的余子式的概念最早是由西尔维斯特于 1850 年引入的.

定义 2.6.1 在行列式

$$\begin{vmatrix} a_{11} & \cdots & a_{1j} & \cdots & a_{1n} \\ \vdots & & \vdots & & \vdots \\ a_{i1} & \cdots & a_{ij} & \cdots & a_{in} \\ \vdots & & \vdots & & \vdots \\ a_{n1} & \cdots & a_{nj} & \cdots & a_{nn} \end{vmatrix} \tag{2.7}$$

中划去元素 a_{ij} 所在的第 i 行第 j 列, 剩下的 $(n-1)^2$ 个元素按原来的排法构成的 $n-1$ 阶行列式

$$\begin{vmatrix} a_{11} & \cdots & a_{1,j-1} & a_{1,j+1} & \cdots & a_{1n} \\ \vdots & & \vdots & \vdots & & \vdots \\ a_{i-1,1} & \cdots & a_{i-1,j-1} & a_{i-1,j+1} & \cdots & a_{i-1,n} \\ a_{i+1,1} & \cdots & a_{i+1,j-1} & a_{i+1,j+1} & \cdots & a_{i+1,n} \\ \vdots & & \vdots & \vdots & & \vdots \\ a_{n1} & \cdots & a_{n,j-1} & a_{n,j+1} & \cdots & a_{nn} \end{vmatrix},$$

称为 (i,j)-元 a_{ij} 的**余子式**, 记为 M_{ij}. 称 $A_{ij}=(-1)^{i+j}M_{ij}$ 为 (i,j)-元 a_{ij} 的**代数余子式**.

定理 2.6.1 设

$$|A| = \begin{vmatrix} a_{11} & \cdots & a_{1j} & \cdots & a_{1n} \\ \vdots & & \vdots & & \vdots \\ a_{i1} & \cdots & a_{ij} & \cdots & a_{in} \\ \vdots & & \vdots & & \vdots \\ a_{n1} & \cdots & a_{nj} & \cdots & a_{nn} \end{vmatrix}.$$

那么有

$$a_{k1}A_{i1}+a_{k2}A_{i2}+\cdots+a_{kn}A_{in}=\begin{cases} |A|, & k=i, \\ 0, & k\neq i. \end{cases}$$

$$a_{1k}A_{1j}+a_{2k}A_{2j}+\cdots+a_{nk}A_{nj}=\begin{cases}|A|, & k=j,\\ 0, & k\neq j.\end{cases}$$

证明 只证明第一个式子, 第二个类似可证. 首先考虑 $k=i$ 的情形.

(1) 如果对所有的 $l\neq 1$, $a_{1l}=0$, 则由引理 2.5.1 知 $|A|=a_{11}M_{11}=a_{11}A_{11}$.

(2) 如果对所有的 $l\neq j$, $a_{il}=0$, 则第 i 行分别与第 $i-1$ 行, 第 $i-2$ 行, $\cdots$, 第 1 行互换, 然后第 j 列分别与第 $j-1$ 列, 第 $j-2$ 列, $\cdots$, 第 1 列互换, 得到行列式 $|B|=(-1)^{i-1+j-1}|A|=(-1)^{i+j}|A|$, 而且 $|B|$ 中 $(1,1)$-元 a_{ij} 的余子式恰为 $|A|$ 中元素 a_{ij} 的余子式 M_{ij}, 所以由 (1) 得

$$|A|=(-1)^{i+j}|B|=(-1)^{i+j}a_{ij}M_{ij}=a_{ij}A_{ij}.$$

(3) 考虑一般情况. 由行列式性质 2.4.4 及上面的 (2) 知

$$|A|=\begin{vmatrix} a_{11} & \cdots & a_{1j} & \cdots & a_{1n}\\ \vdots & & \vdots & & \vdots\\ a_{i1}+0+\cdots+0 & \cdots & 0+\cdots+a_{ij}+\cdots+0 & \cdots & 0+\cdots+0+a_{in}\\ \vdots & & \vdots & & \vdots\\ a_{n1} & \cdots & a_{nj} & \cdots & a_{nn}\end{vmatrix}$$

$$=\begin{vmatrix} a_{11} & \cdots & a_{1j} & \cdots & a_{1n}\\ \vdots & & \vdots & & \vdots\\ a_{i1} & 0 & \cdots & 0 & \\ \vdots & & \vdots & & \vdots\\ a_{n1} & \cdots & a_{nj} & \cdots & a_{nn}\end{vmatrix}+\cdots+\begin{vmatrix} a_{11} & \cdots & a_{1j} & \cdots & a_{1n}\\ \vdots & & \vdots & & \vdots\\ 0 & \cdots & 0 & \cdots & a_{in}\\ \vdots & & \vdots & & \vdots\\ a_{n1} & \cdots & a_{nj} & \cdots & a_{nn}\end{vmatrix}$$

$$=a_{i1}A_{i1}+a_{i2}A_{i2}+\cdots+a_{in}A_{in}.$$

(4) 再考虑 $k\neq i$ 的情形. 构造第 i 行与第 k 行相等的行列式, 并按第 i 行展开, 由推论 2.4.1可得

$$0=\begin{matrix} \\ \\ i\\ \\ k\\ \\ \\ \end{matrix}\begin{vmatrix} a_{11} & \cdots & a_{1j} & \cdots & a_{1n}\\ \vdots & & \vdots & & \vdots\\ a_{k1} & \cdots & a_{kj} & \cdots & a_{kn}\\ \vdots & & \vdots & & \vdots\\ a_{k1} & \cdots & a_{kj} & \cdots & a_{kn}\\ \vdots & & \vdots & & \vdots\\ a_{n1} & \cdots & a_{nj} & \cdots & a_{nn}\end{vmatrix}=a_{k1}A_{i1}+a_{k2}A_{i2}+\cdots+a_{kn}A_{in}.$$

□

上述定理称为行列式展开定理. 范德蒙德最先给出了用二阶子式和它们的余子式展开行列式的法则. 参照克拉默与贝祖的工作, 拉普拉斯在 1772 年的论文《对积分和世界体系的探讨》中, 证明了范德蒙德的一些法则, 推广了他展开行列式的方法, 现被称为拉普拉斯展开定理, 详见习题 2.6(C)4.

对一般的行列式, 利用定理 2.6.1来计算行列式是相当复杂的, 即使使用当今最快的计算机, 通过行列式依行 (或列) 展开的方法计算一个 25 阶的行列式, 恐怕也要用上万年的时间. 然而, 对于某些行 (或列) 含较多零元的行列式, 该定理提供了计算它的一个常用方法——降阶法: 首先选取 0 较多的行或列, 利用该定理按行 (列) 展开, 从而归结为 $n-1$ 阶行列式; 联合运用行列式的性质, 使得所得行列式的某行 (列) 含有较多的 0, 重复使用该定理, 使行列式的阶数逐步降低, 直至很容易地得到行列式的值.

例 2.6.1　计算行列式

$$D=\begin{vmatrix} 5 & 3 & -1 & 2 & 0 \\ 1 & 7 & 2 & 5 & 2 \\ 0 & -2 & 3 & 1 & 0 \\ 0 & -4 & -1 & 4 & 0 \\ 0 & 2 & 3 & 5 & 0 \end{vmatrix}.$$

解　$D=2\times(-1)^{2+5}\cdot\begin{vmatrix} 5 & 3 & -1 & 2 \\ 0 & -2 & 3 & 1 \\ 0 & -4 & -1 & 4 \\ 0 & 2 & 3 & 5 \end{vmatrix}$

$$=(-2)\times 5\times(-1)^{1+1}\cdot\begin{vmatrix} -2 & 3 & 1 \\ -4 & -1 & 4 \\ 2 & 3 & 5 \end{vmatrix}=(-10)\times\begin{vmatrix} -2 & 3 & 1 \\ 0 & -7 & 2 \\ 0 & 6 & 6 \end{vmatrix}$$

$$=(-10)\times(-2)\times(-1)^{1+1}\cdot\begin{vmatrix} -7 & 2 \\ 6 & 6 \end{vmatrix}$$

$$=-1080.$$

例 2.6.2　证明范德蒙德行列式

$$D_n=\begin{vmatrix} 1 & 1 & 1 & \cdots & 1 \\ a_1 & a_2 & a_3 & \cdots & a_n \\ a_1^2 & a_2^2 & a_3^2 & \cdots & a_n^2 \\ \vdots & \vdots & \vdots & & \vdots \\ a_1^{n-1} & a_2^{n-1} & a_3^{n-1} & \cdots & a_n^{n-1} \end{vmatrix}=\prod_{1\leqslant i<j\leqslant n}(a_j-a_i).$$

证明 对 n 作数学归纳法. $n=2$ 时显然. 假设结论对 $n-1$ 成立. 考虑 n 阶行列式的情形. 从最后一行开始, 每一行减去前一行的 a_1 倍, 得

$$D_n=\begin{vmatrix}1&1&1&\cdots&1\\0&a_2-a_1&a_3-a_1&\cdots&a_n-a_1\\0&a_2(a_2-a_1)&a_3(a_3-a_1)&\cdots&a_n(a_n-a_1)\\\vdots&\vdots&\vdots&&\vdots\\0&a_2^{n-2}(a_2-a_1)&a_3^{n-2}(a_3-a_1)&\cdots&a_n^{n-2}(a_n-a_1)\end{vmatrix}.$$

按第一列展开, 并提取公因子 a_j-a_1, $j=2,3,\cdots,n$, 得

$$D_n=(a_2-a_1)(a_3-a_1)\cdots(a_n-a_1)\begin{vmatrix}1&1&\cdots&1\\a_2&a_3&\cdots&a_n\\a_2^2&a_3^2&\cdots&a_n^2\\\vdots&\vdots&&\vdots\\a_2^{n-2}&a_3^{n-2}&\cdots&a_n^{n-2}\end{vmatrix}.$$

由归纳假设, 得

$$D_n=(a_2-a_1)(a_3-a_1)\cdots(a_n-a_1)\prod_{2\leqslant i<j\leqslant n}(a_j-a_i)=\prod_{1\leqslant i<j\leqslant n}(a_j-a_i).\quad\square$$

例 2.6.3 设

$$D_n=\begin{vmatrix}1&3&5&\cdots&2n-1\\1&2&&&\\1&&3&&\\\vdots&&&\ddots&\\1&&&&n\end{vmatrix},$$

求 $A_{11}+A_{12}+\cdots+A_{1n}$.

解 注意到 A_{1j} $(j=1,2,\cdots,n)$ 与行列式第一行的元素无关, 故

$$A_{11}+A_{12}+\cdots+A_{1n}=\begin{vmatrix}1&1&1&\cdots&1\\1&2&&&\\1&&3&&\\\vdots&&&\ddots&\\1&&&&n\end{vmatrix}$$

$$= \left(1 - \sum_{i=2}^{n} \frac{1}{i}\right) n!.$$

习 题 2.6

(A)

1. 计算行列式:

(1) $\begin{vmatrix} x & y & 0 & \cdots & 0 & 0 \\ 0 & x & y & \cdots & 0 & 0 \\ \vdots & \vdots & \vdots & & \vdots & \vdots \\ 0 & 0 & 0 & \cdots & x & y \\ y & 0 & 0 & \cdots & 0 & x \end{vmatrix}$; (2) $\begin{vmatrix} a_0 & 1 & 1 & \cdots & 1 \\ 1 & a_1 & & & \\ 1 & & a_2 & & \\ \vdots & & & \ddots & \\ 1 & & & & a_n \end{vmatrix}$, $a_1a_2\cdots a_n \neq 0$;

(3) $\begin{vmatrix} x_1 & a & \cdots & a \\ a & x_2 & \cdots & a \\ \vdots & \vdots & & \vdots \\ a & a & \cdots & x_n \end{vmatrix}$, $x_i - a \neq 0, i = 1, 2, \cdots, n$; (4) $\begin{vmatrix} x & b & \cdots & b \\ a & x & \cdots & b \\ \vdots & \vdots & & \vdots \\ a & a & \cdots & x \end{vmatrix}$;

(5) $\begin{vmatrix} 1+a_1 & 1 & \cdots & 1 \\ 1 & 1+a_2 & \cdots & 1 \\ \vdots & \vdots & & \vdots \\ 1 & 1 & \cdots & 1+a_n \end{vmatrix}$, $a_1a_2\cdots a_n \neq 0$.

(B)

2. 设

$$\begin{vmatrix} 3 & -5 & 2 & 1 \\ 1 & 1 & 0 & -5 \\ -1 & 3 & 1 & 3 \\ 2 & -4 & -1 & -3 \end{vmatrix}.$$

求 $A_{11} + 2A_{12} + 3A_{13} + 4A_{14}$ 及 $M_{11} + 2M_{12} + 3M_{13} + 4M_{14}$.

3. 计算 n 阶行列式

(1) $\begin{vmatrix} 1+x^2 & x & & & & \\ x & 1+x^2 & x & & & \\ & x & 1+x^2 & x & & \\ & & \ddots & \ddots & \ddots & \\ & & & x & 1+x^2 & x \\ & & & & x & 1+x^2 \end{vmatrix}$;

(2) $\begin{vmatrix} 1 & a_1 & \cdots & a_1^{k-1} & a_1^{k+1} & \cdots & a_1^n \\ 1 & a_2 & \cdots & a_2^{k-1} & a_2^{k+1} & \cdots & a_2^n \\ \vdots & \vdots & & \vdots & \vdots & & \vdots \\ 1 & a_n & \cdots & a_n^{k-1} & a_n^{k+1} & \cdots & a_n^n \end{vmatrix}$;

(3) $\begin{vmatrix} \alpha+\beta & \beta & & & \\ \alpha & \alpha+\beta & \beta & & \\ & \ddots & \ddots & \ddots & \\ & & \alpha & \alpha+\beta & \beta \\ & & & \alpha & \alpha+\beta \end{vmatrix}$;

(4) $\begin{vmatrix} x & -1 & & & & \\ & x & -1 & & & \\ & & x & -1 & & \\ & & & \ddots & \ddots & \\ & & & & x & -1 \\ a_n & a_{n-1} & a_{n-2} & \cdots & a_2 & a_1+x \end{vmatrix}$;

(5) $\begin{vmatrix} 1 & 2 & 3 & \cdots & n \\ 1 & -1 & & & \\ & 2 & -2 & & \\ & & \ddots & \ddots & \\ & & & n-1 & 1-n \end{vmatrix}$.

(C)

4. (拉普拉斯定理) 任意选定行列式 $|A|$ 的 k 行、k 列, 位于这 k 行、k 列交叉位置的 k^2 个元素按原来的顺序组成的 k 阶行列式 $A\begin{pmatrix} i_1 i_2 \cdots i_k \\ j_1 j_2 \cdots j_k \end{pmatrix}$ 称为行列式 $|A|$ 的一个 **k 阶子式**. 当 $k<n$ 时, 划去这 k 行 k 列后余下的元素按原来的顺序组成的 $n-k$ 阶行列式 $M\begin{pmatrix} i_1 i_2 \cdots i_k \\ j_1 j_2 \cdots j_k \end{pmatrix}$ 称为子式 $A\begin{pmatrix} i_1 i_2 \cdots i_k \\ j_1 j_2 \cdots j_k \end{pmatrix}$ 的**余子式**. $\hat{A}\begin{pmatrix} i_1 i_2 \cdots i_k \\ j_1 j_2 \cdots j_k \end{pmatrix}=(-1)^{p+q}M\begin{pmatrix} i_1 i_2 \cdots i_k \\ j_1 j_2 \cdots j_k \end{pmatrix}$ 称为**子式** $A\begin{pmatrix} i_1 i_2 \cdots i_k \\ j_1 j_2 \cdots j_k \end{pmatrix}$ 的**代数余子式**, 其中, $p=i_1+i_2+\cdots+i_k, q=j_1+j_2+\cdots+j_k$. 证明: 任取 k 行 $i_1, i_2, \cdots, i_k$, 则

$$|A|=\sum_{1\leqslant j_1<j_2<\cdots<j_k\leqslant n} A\begin{pmatrix} i_1 i_2 \cdots i_k \\ j_1 j_2 \cdots j_k \end{pmatrix}\hat{A}\begin{pmatrix} i_1 i_2 \cdots i_k \\ j_1 j_2 \cdots j_k \end{pmatrix}.$$

2.7 可逆矩阵

由于 $AE = EA = A$, 所以单位矩阵 E 在 $\mathrm{F}^{n\times n}$ 中扮演的角色类似于数 "1" 在数域 F 中的角色. 而对每个非零数 $a \in \mathrm{F}$, 都有 $a^{-1} \in \mathrm{F}$ 使得 $aa^{-1} = a^{-1}a = 1$. 类似地, 对于矩阵 A, 是否也存在矩阵 A^{-1} 使得 $AA^{-1} = A^{-1}A = E$ 呢? 如果存在, 则称矩阵 A 是可逆矩阵. 倒数 a^{-1} 的存在, 使得方程 $ax = b$ 有解 $x = a^{-1}b$; 如果 A^{-1} 存在, 那么线性方程组 $Ax = \beta$ (或矩阵方程 $AX = B$) 是否有解 $x = A^{-1}\beta$ (或 $X = A^{-1}B$) 呢? 这是我们讨论逆矩阵的原因之一. 例如, 我们在 2.1 节提到的图像信息伪装, 如果我们希望将一幅轰炸机的灰度图像 A 伪装成一幅风景图像 B, 那么如何求加密矩阵 K 呢? 这就需要解矩阵方程 $AX = B$.

可逆矩阵在矩阵论中扮演着非常重要的角色, 在某种意义下, 可逆矩阵是 $\mathrm{F}^{n\times n}$ 中的 "大多数", 即行列式非零的方阵.

定义 2.7.1 n 阶方阵 A 称为**可逆的**, 如果存在矩阵 B, 使得

$$AB = BA = E_n.$$

注 由 $AB = BA$ 知 B 也为 n 阶方阵. 而且, 满足 $AB = BA = E_n$ 的矩阵 B 是唯一的, 因为若存在 B_1, B_2, 使得 $AB_1 = B_1A = E_n$, $AB_2 = B_2A = E_n$, 那么

$$B_1 = E_nB_1 = (B_2A)B_1 = B_2(AB_1) = B_2E_n = B_2.$$

定义 2.7.2 满足 $AB = BA = E_n$ 的唯一的矩阵 B 称为矩阵 A 的逆矩阵, 记作 A^{-1}.

为了求矩阵 A 的逆矩阵, 我们需要伴随矩阵的概念, 这是由美国数学家 L. E. Dickson 在 1902 年最先引入的.

定义 2.7.3 设

$$A = \begin{pmatrix} a_{11} & a_{12} & \cdots & a_{1n} \\ a_{21} & a_{22} & \cdots & a_{2n} \\ \vdots & \vdots & & \vdots \\ a_{n1} & a_{n2} & \cdots & a_{nn} \end{pmatrix}$$

是数域 F 上的 n 阶方阵, A_{ij} 是元素 a_{ij} 的代数余子式, $i, j = 1, 2, \cdots, n$. 则方阵

A 的伴随矩阵 A^* 定义为

$$A^* = \begin{pmatrix} A_{11} & A_{21} & \cdots & A_{n1} \\ A_{12} & A_{22} & \cdots & A_{n2} \\ \vdots & \vdots & & \vdots \\ A_{1n} & A_{2n} & \cdots & A_{nn} \end{pmatrix}.$$

由定理 2.6.1立即可得

$$AA^* = A^*A = |A|E_n. \tag{2.8}$$

定理 2.7.1 n 阶方阵 A 可逆当且仅当 $|A| \neq 0$. 而且

$$A^{-1} = \frac{A^*}{|A|}.$$

证明 若矩阵 A 可逆, 则存在 A^{-1} 使得 $AA^{-1} = E_n$. 两边取行列式, 得

$$|A| \cdot |A^{-1}| = |E_n| = 1,$$

所以 $|A| \neq 0$.

反过来, 若 $|A| \neq 0$, 则由 (2.8) 立即可得

$$A\left(\frac{A^*}{|A|}\right) = \left(\frac{A^*}{|A|}\right)A = E_n,$$

即 A 可逆, 且 $A^{-1} = \dfrac{A^*}{|A|}$. □

注 如果 $|A| \neq 0$, 那么 A 称为**非奇异的** (或**非退化的**), 否则, A 称为**奇异的** (或**退化的**).

利用求逆公式 $A^{-1} = \dfrac{A^*}{|A|}$ 可以求低阶矩阵的逆矩阵. 然而, 对于高阶矩阵, 由于计算量太大而变得不很实用, 该公式主要用于理论推导.

例 2.7.1 设 $A = \begin{pmatrix} a & b \\ c & d \end{pmatrix}$, 且 $ad - bc = 1$. 求 A^{-1}.

解 $A^{-1} = \dfrac{A^*}{|A|} = A^* = \begin{pmatrix} d & -b \\ -c & a \end{pmatrix}$.

推论 2.7.1 对 n 阶方阵 A, 如果存在矩阵 B, 使得 $AB = E_n$ (或 $BA = E_n$), 那么 A 可逆且 $B = A^{-1}$.

证明 如果存在矩阵 B, 使得 $AB = E_n$, 则 $|A||B| = 1$, 从而 $|A| \neq 0$, A 可逆, 且

$$B = EB = (A^{-1}A)B = A^{-1}(AB) = A^{-1}E = A^{-1}. \qquad \square$$

命题 2.7.1 设 A, B 是数域 F 上的 n 阶方阵, 则

(1) 若 A 可逆, 则 $(A^{-1})^{-1} = A$, $|A^{-1}| = |A|^{-1}$;

(2) 若 A 可逆且 $0 \neq k \in \mathrm{F}$, 则 kA 可逆, 且 $(kA)^{-1} = k^{-1}A^{-1}$;

(3) 若 A, B 可逆, 则 AB 可逆, 且 $(AB)^{-1} = B^{-1}A^{-1}$;

(4) 对任意的矩阵 A, 存在无穷多个 $t \in \mathrm{F}$, 使得 $tE + A$ 可逆.

证明 (1)—(3) 直接验证.

(4) 因为 $|tE + A|$ 是关于 t 的 n 次多项式, 所以至多有 n 个 $t \in \mathrm{F}$, 使得 $|tE + A| = 0$, 从而有无穷多个 $t \in \mathrm{F}$, 使得 $|tE + A| \neq 0$, 即 $tE + A$ 可逆. $\square$

例 2.7.2 设 $A^k = O$, 但 $A^{k-1} \neq O$. 求证 $E - A$ 可逆, 并求 $(E - A)^{-1}$.

证明 因为 $E = E - A^k = (E - A)(E + A + A^2 + \cdots + A^{k-1})$, 所以 $E - A$ 可逆, 并且 $(E - A)^{-1} = E + A + A^2 + \cdots + A^{k-1}$. $\square$

例 2.7.3 设 n 阶方阵 $A = \begin{pmatrix} 1 & 1 & \cdots & 1 \\ & 1 & \cdots & 1 \\ & & \ddots & \vdots \\ & & & 1 \end{pmatrix}$. 求 A^{-1}.

解 设 $N = \begin{pmatrix} 0 & 1 & 0 & \cdots & 0 \\ & 0 & 1 & \cdots & 0 \\ & & \ddots & \ddots & \vdots \\ & & & 0 & 1 \\ & & & & 0 \end{pmatrix}$. 则 $N^n = 0$, 但 $N^{n-1} \neq O$, 且 $A = E + N + N^2 + \cdots + N^{n-1}$. 故 $A^{-1} = E - N = \begin{pmatrix} 1 & -1 & 0 & \cdots & 0 \\ & 1 & -1 & \cdots & 0 \\ & & \ddots & \ddots & \vdots \\ & & & 1 & -1 \\ & & & & 1 \end{pmatrix}$.

例 2.7.4 若 n 阶方阵 A 满足 $A^3 = 3A(A - E)$. 证明: $E - A$ 可逆, 并求 $(E - A)^{-1}$.

证明 (和化积) 因为 $-3A + 3A^2 - A^3 = O$, 所以

$$E - 3A + 3A^2 - A^3 = E.$$

即 $(E-A)^3=(E-A)(E-A)^2=E$. 所以 $E-A$ 可逆, 且 $(E-A)^{-1}=(E-A)^2$. □

拓展阅读 里昂惕夫投入–产出模型[①]

在里昂惕夫 (Wassily Leontief) 获得 1973 年度诺贝尔经济学奖的投入–产出模型的工作中, 线性代数起着重要的作用.

分析一个经济体的一种方法是将其划分为几个部门, 并研究这些部门之间如何相互作用. 例如, 一个简单的经济体可以分为三个部门: 制造业、农业和服务业. 通常, 一个部门会产生一定的产出, 但需要其他部门和自身的投入 (中间需求). 例如, 农业部门可以生产小麦作为产出, 但需要来自制造业的农场机械厂的投入、来自服务业部门的电力, 以及来自农业部门的食物来养活工人. 因此, 我们可以把一个经济体想象成一个投入和产出流入、流出部门的网络; 对这种流动的研究称为投入–产出分析. 投入和产出通常以货币单位 (例如元或百万元) 计量.

一个经济体的大多数部门都会产出商品或服务, 但也可能存在一些部门不生产任何商品或服务, 而仅仅消费商品或服务 (例如, 消费市场). 不产生产出的部门称为开放部门.

设某国的经济体系分为 n 个生产部门, 向量 $x\in\mathbb{R}^n$ 为产出向量, $d\in\mathbb{R}^n$ 为开放部门对各生产部门产出的外部需求向量. 设 c_{ij} 为第 j 个生产部门生产 1 单位产出对第 i 个生产部门所要求的投入 (中间需求), 称为投入系数. 矩阵 $C=(c_{ij})_{n\times n}$ 称为消耗矩阵, 它的每一列表示每生产 1 单位产出所需各部门的投入. 由于生产部门盈利的需要, C 的列和应小于 1. 里昂惕夫思考是否存在某一总产出 x (供给) 满足

$$\text{总产出}=\text{中间需求}+\text{外部最终需求},$$

或用数学的语言表达为

$$x=Cx+d \quad \text{或} \quad (E-C)x=d, \tag{2.9}$$

称为里昂惕夫方程, 其系数矩阵 $E-C$ 称为里昂惕夫矩阵.

例如, 考虑一个简单的经济系统, 一个开放部门和三个生产部门: 制造业、农业和服务业. 消耗矩阵如下:

	制造业	农业	服务业
制造业	0.50	0.40	0.20
农业	0.20	0.30	0.10
服务业	0.10	0.10	0.30

① Lay D C. 线性代数及其应用: 原书第 4 版. 刘深泉, 等译. 北京: 机械工业出版社, 2017.

假设外部最终需求为 $d=(50,30,20)^{\mathrm{T}}$, 则总产出

$$x=(E-C)^{-1}d\approx\begin{pmatrix}226\\119\\78\end{pmatrix}.$$

假设由 d 表示的需求在年初提供给各生产部门, 他们制定产出水平为 $x=d$ 的计划, 它将恰好满足外部最终需求. 对于这些产出需求 d, 他们将提出对原料等的投入需求 Cd; 为满足附加需求 Cd, 生产部门又需要进一步地投入 $C(Cd)=C^2d$; 为满足第二轮的附加需求 C^2d, 又创造了第三轮的附加需求 C^3d……这样, 为了满足所有这些需求的总产出 x 是

$$x=d+Cd+C^2d+C^3d+\cdots=(E+C+C^2+C^3+\cdots)d.$$

由于 C 的列和小于 1, 可以证明 $C^k\to 0(k\to\infty)$. 于是我们可以近似地认为 $C^{n+1}=0$. 由例 2.7.2 知

$$(E-C)^{-1}=E+C+C^2+\cdots+C^n.$$

所以

$$x=(E-C)^{-1}d=(E+C+C^2+\cdots+C^n)d.$$

在实际的投入–产出模型中, 消耗矩阵 C 的幂迅速趋于零, 所以上式实际上给出了求解里昂惕夫方程(2.9)的方法.

习　题　2.7

(A)

1. 设 A,B,C 是 n 阶方阵且满足 $ABC=E$, 则 (　　).
   (A) $ACB=E$;　(B) $BAC=E$;　(C) $CBA=E$;　(D) $CAB=E$.
2. 设 $A=\mathrm{diag}(1,-2,1)$, $A^*BA=2BA-8E$. 求 B.
3. 设实矩阵 A 的伴随矩阵 $A^*=\mathrm{diag}(1,1,1,8)$, $ABA^{-1}=BA^{-1}+3E$. 求 B.
4. 证明: A 与任意 n 阶可逆方阵可交换当且仅当 A 是纯量矩阵.

(B)

5. 设 $A^*=\begin{pmatrix}1&0&0\\1&1&0\\1&1&1\end{pmatrix}$, 且 $A^{-1}XA+XA+2E=O$. 求矩阵 X.

6. 设方阵 A 满足 $A^2-A-2E=0$. 证明: A, $A+2E$ 都可逆, 并求 A^{-1} 与 $(A+2E)^{-1}$.

7. 设 A 是 $n(\geqslant 2)$ 阶方阵, 证明

(1) 若 A 可逆, $|A^*|=|A|^{n-1}$;

(2) $(A^{\mathrm{T}})^*=(A^*)^{\mathrm{T}}$;

(3) 若 A 可逆, 则 $(A^*)^*=|A|^{n-2}A$;

(4) 若 A,B 可逆, 则 $(AB)^*=B^*A^*$.

2.8 初等矩阵与矩阵的逆

求矩阵的逆最简便而又实用的方法是初等变换法. 对矩阵施行初等行 (或列) 变换是线性代数中最常用的操作, 是求解线性代数相关问题的基本工具, 如求逆矩阵、矩阵的秩、解线性方程组、极大线性无关组、矩阵的特征值与特征向量、实对称矩阵的相似对角化及二次型的标准形等等, 几乎贯穿了线性代数的所有内容. 为了记录所施行的这些初等变换, 我们引入初等矩阵的概念.

定义 2.8.1 单位矩阵经过一次初等变换得到的矩阵称为**初等矩阵**.

初等矩阵共有三种:

(1) 换法矩阵 $$P(i,j)=\begin{matrix} \\ \\ i \\ \\ j \\ \\ \\ \end{matrix}\begin{pmatrix} 1 & & & & & & \\ & \ddots & & & & & \\ & & 0 & \cdots & 1 & & \\ & & \vdots & \ddots & \vdots & & \\ & & 1 & \cdots & 0 & & \\ & & & & & \ddots & \\ & & & & & & 1 \end{pmatrix};$$

(2) 倍法矩阵 $$P_i(b)=\begin{matrix} \\ \\ \\ i \\ \\ \\ \\ \end{matrix}\begin{pmatrix} 1 & & & & & & \\ & \ddots & & & & & \\ & & 1 & & & & \\ & & & b & & & \\ & & & & 1 & & \\ & & & & & \ddots & \\ & & & & & & 1 \end{pmatrix},\ 0\neq b\in \mathrm{F};$$

(3) 消法矩阵 $P_{ij}(c) = \begin{pmatrix} 1 & & & & & & \\ & \ddots & & & & & \\ & & 1 & \cdots & c & & \\ & & & \ddots & \vdots & & \\ & & & & 1 & & \\ & & & & & \ddots & \\ & & & & & & 1 \end{pmatrix}\begin{matrix} \\ \\ i \\ \\ j \\ \\ \\ \end{matrix}$, $c \in \mathrm{F}$.

注 (1) 初等矩阵都是可逆矩阵, 其逆矩阵仍是初等矩阵:

$$P(i,j)^{-1} = P(i,j), \quad P_i(b)^{-1} = P_i(b^{-1}), \quad P_{ij}(c)^{-1} = P_{ij}(-c).$$

(2) 注意到

$$P(i,j) = P_j(-1)P_{ij}(1)P_{ji}(-1)P_{ij}(1),$$

即换法矩阵可以写成有限个倍法矩阵与消法矩阵的乘积, 所以施行一次换法变换, 相当于施行有限次倍法变换与消法变换. 这个事实使我们在讨论有关初等变换的问题时只需讨论倍法变换与消法变换就可以了, 从而使讨论得到简化.

初等矩阵的重要性在于它能记录下来对矩阵 A 所施行的初等变换, 即将箭头表达式改写成等号表达式, 为很多问题的处理带来方便. 例如, 初等变换

$$A = \begin{pmatrix} 1 & 2 & 3 & 4 \\ 5 & 6 & 7 & 8 \\ 9 & 10 & 11 & 12 \end{pmatrix} \xrightarrow{r_1 \leftrightarrow r_3} \begin{pmatrix} 9 & 10 & 11 & 12 \\ 5 & 6 & 7 & 8 \\ 1 & 2 & 3 & 4 \end{pmatrix},$$

可以写成

$$P(1,3)A = \begin{pmatrix} 0 & 0 & 1 \\ 0 & 1 & 0 \\ 1 & 0 & 0 \end{pmatrix}\begin{pmatrix} 1 & 2 & 3 & 4 \\ 5 & 6 & 7 & 8 \\ 9 & 10 & 11 & 12 \end{pmatrix} = \begin{pmatrix} 9 & 10 & 11 & 12 \\ 5 & 6 & 7 & 8 \\ 1 & 2 & 3 & 4 \end{pmatrix},$$

即对 A 左乘换法矩阵 $P(1,3)$, 相当于交换 A 的第 1 行与第 3 行. 类似地,

$$AP_{42}(k) = \begin{pmatrix} 1 & 2 & 3 & 4 \\ 5 & 6 & 7 & 8 \\ 9 & 10 & 11 & 12 \end{pmatrix}\begin{pmatrix} 1 & 0 & 0 & 0 \\ 0 & 1 & 0 & 0 \\ 0 & 0 & 1 & 0 \\ 0 & k & 0 & 1 \end{pmatrix}$$

$$=\begin{pmatrix}1 & 2+4k & 3 & 4\\ 5 & 6+8k & 7 & 8\\ 9 & 10+12k & 11 & 12\end{pmatrix},$$

即对 A 右乘消法矩阵 $P_{42}(k)$, 相当于将 A 第 4 列的 k 倍加到第 2 列.

引理 2.8.1 (左乘行变, 右乘列变) 设 A 是 $m\times n$ 矩阵, P,Q 分别是 m,n 阶初等矩阵. 则 PA 相当于对 A 施行 P 所对应的初等行变换, AQ 相当于对 A 施行 Q 所对应的初等列变换.

证明 直接验证即得. □

定义 2.8.2 如果矩阵 A 经过一系列初等变换得到矩阵 B, 则称矩阵 A **相抵** (或等价) 于 B, 记作 $A\to B$.

由引理 2.8.1立即可得如下定理.

定理 2.8.1 矩阵 A 与 B 是相抵的当且仅当存在初等矩阵 $P_1,P_2,\cdots,P_s$ 与初等矩阵 $Q_1,Q_2,\cdots,Q_t$ 使得

$$P_sP_{s-1}\cdots P_1AQ_1Q_2\cdots Q_t=B.$$

注 矩阵的相抵是一种等价关系, 即满足反身性、对称性与传递性.

反身性: $P(1,2)P(1,2)AP(1,2)P(1,2)=A$, 所以 $A\to A$;

对称性: 如果 $A\to B$, 则存在初等矩阵 $P_1,P_2,\cdots,P_s$, $Q_1,Q_2,\cdots,Q_t$, 使得 $P_sP_{s-1}\cdots P_1AQ_1Q_2\cdots Q_t=B$. 因而 $P_1^{-1}P_2^{-1}\cdots P_s^{-1}BQ_t^{-1}\cdots Q_2^{-1}Q_1^{-1}=A$, 由于 P_i^{-1},Q_j^{-1} 也是初等矩阵, 所以 $B\to A$.

传递性: 如果 $A\to B$, $B\to C$, 则存在初等矩阵 $P_1,\cdots,P_s,Q_1,\cdots,Q_t$, $R_1,\cdots,R_k,S_1,\cdots,S_l$ 使得 $P_s\cdots P_1AQ_1\cdots Q_t=B$, $R_k\cdots R_1BS_1\cdots S_l=C$, 于是 $R_k\cdots R_1P_s\cdots P_1AQ_1\cdots Q_tS_1\cdots S_l=C$, 即 $A\to C$.

定理 2.8.2 任意 $m\times n$ 矩阵都相抵于标准形矩阵

$$\begin{pmatrix}E_r & O_{n-r}\\ O_{m-r} & O_{m-r,n-r}\end{pmatrix}.$$

证明 若 $A=O$, 则结论已证. 假设 A 非零. 如果 $a_{11}\neq 0$, 则将第 1 行乘以 $-\dfrac{a_{i1}}{a_{11}}$ 倍加到第 i 行, $i=2,3,\cdots,m$; 再将所得矩阵的第 1 列的 $-\dfrac{a_{1j}}{a_{11}}$ 倍加到第 j 列, $j=2,3,\cdots,n$, 最后第 1 行乘以 $\dfrac{1}{a_{11}}$, 得到

$$\begin{pmatrix}1 & O_{1\times(n-1)}\\ O_{(m-1)\times 1} & A_1\end{pmatrix},$$

其中 A_1 是 $(m-1)\times(n-1)$ 矩阵. 如果 $a_{11}=0$ 但存在 $a_{ij}\neq 0$, 则交换第 1 行与第 i 行, 第 1 列与第 j 列, 所得矩阵归结到 $a_{11}\neq 0$ 的情形.

对 A_1 重复以上操作, 经有限步之后即可得到所要求的矩阵. □

思考　定理 2.8.2 中的矩阵称为矩阵的相抵标准形, 或等价标准形. 该标准形矩阵中的 r 是否唯一?

注意到初等矩阵的乘积是可逆矩阵, 从而

推论 2.8.1　对任意 $m\times n$ 矩阵 A, 存在可逆矩阵 P, Q, 使得

$$PAQ=\begin{pmatrix} E_r & O_{n-r} \\ O_{m-r} & O_{m-r,n-r} \end{pmatrix}.$$

命题 2.8.1　矩阵 A 可逆当且仅当 A 能写成有限个初等矩阵的乘积.

证明　充分性显然.

必要性: 由定理 2.8.2, 存在初等矩阵 $P_1, P_2, \cdots, P_s$, $Q_1, Q_2, \cdots, Q_t$, 使得

$$P_sP_{s-1}\cdots P_1AQ_1Q_2\cdots Q_t=\begin{pmatrix} E_r & O_{n-r} \\ O_{n-r} & O_{n-r,n-r} \end{pmatrix}.$$

若 A 可逆, 则 $P_sP_{s-1}\cdots P_1AQ_1Q_2\cdots Q_t$ 可逆, 从而 $\begin{pmatrix} E_r & O_{n-r} \\ O_{n-r} & O_{n-r,n-r} \end{pmatrix}$ 可逆, 故 $r=n$, 即 $P_sP_{s-1}\cdots P_1AQ_1Q_2\cdots Q_t=E_n$, 则

$$A=P_1^{-1}P_2^{-1}\cdots P_s^{-1}Q_t^{-1}Q_{t-1}^{-1}\cdots Q_1^{-1}.$$ □

推论 2.8.2　可逆矩阵经一系列初等行变换可化为单位矩阵.

注意到 $A^{-1}(AE)=(A^{-1}AA^{-1}E)=(EA^{-1})$, 由推论 2.8.2 知, 存在初等矩阵 $P_1, P_2, \cdots, P_s$, 使得 $A^{-1}=P_sP_{s-1}\cdots P_1$. 从而

$$P_sP_{s-1}\cdots P_1A=E,$$
$$P_sP_{s-1}\cdots P_1E=A^{-1},$$

即对矩阵 A 施行一系列初等行变换化成单位矩阵 E, 这些行初等变换也同时将单位矩阵 E 化为 A^{-1}. 表示如下:

$$(A\ E)\xrightarrow{\text{初等行变换}}(E\ A^{-1}).$$

类似地

$$\begin{pmatrix} A \\ E \end{pmatrix}\xrightarrow{\text{初等列变换}}\begin{pmatrix} E \\ A^{-1} \end{pmatrix}.$$

例 2.8.1 设 $A=\begin{pmatrix} 0 & a_1 & 0 & \cdots & 0 & 0 \\ 0 & 0 & a_2 & \cdots & 0 & 0 \\ \vdots & \vdots & \vdots & & \vdots & \vdots \\ 0 & 0 & 0 & \cdots & 0 & a_{n-1} \\ a_n & 0 & 0 & \cdots & 0 & 0 \end{pmatrix}$, $\prod\limits_{i=1}^{n} a_i \neq 0$. 求 A^{-1}.

解

$$
\begin{aligned}
(A \mid E) &= \left(\begin{array}{cccccc:ccccc} 0 & a_1 & 0 & \cdots & 0 & 0 & 1 & 0 & \cdots & 0 & 0 \\ 0 & 0 & a_2 & \cdots & 0 & 0 & 0 & 1 & \cdots & 0 & 0 \\ \vdots & \vdots & \vdots & & \vdots & \vdots & \vdots & \vdots & & \vdots & \vdots \\ 0 & 0 & 0 & \cdots & 0 & a_{n-1} & 0 & 0 & \cdots & 1 & 0 \\ a_n & 0 & 0 & \cdots & 0 & 0 & 0 & 0 & \cdots & 0 & 1 \end{array}\right) \\
&\to \left(\begin{array}{cccccc:ccccc} a_n & 0 & 0 & \cdots & 0 & 0 & 0 & 0 & \cdots & 0 & 1 \\ 0 & a_1 & 0 & \cdots & 0 & 0 & 1 & 0 & \cdots & 0 & 0 \\ 0 & 0 & a_2 & \cdots & 0 & 0 & 0 & 1 & \cdots & 0 & 0 \\ \vdots & \vdots & \vdots & & \vdots & \vdots & \vdots & \vdots & & \vdots & \vdots \\ 0 & 0 & 0 & \cdots & 0 & a_{n-1} & 0 & 0 & \cdots & 1 & 0 \end{array}\right) \\
&\to \left(\begin{array}{cccccc:ccccc} 1 & 0 & 0 & \cdots & 0 & 0 & 0 & 0 & \cdots & 0 & a_n^{-1} \\ 0 & 1 & 0 & \cdots & 0 & 0 & a_1^{-1} & 0 & \cdots & 0 & 0 \\ 0 & 0 & 1 & \cdots & 0 & 0 & 0 & a_2^{-1} & \cdots & 0 & 0 \\ \vdots & \vdots & \vdots & & \vdots & \vdots & \vdots & \vdots & & \vdots & \vdots \\ 0 & 0 & 0 & \cdots & 0 & 1 & 0 & 0 & \cdots & a_{n-1}^{-1} & 0 \end{array}\right).
\end{aligned}
$$

所以 $A^{-1}=\begin{pmatrix} 0 & 0 & \cdots & 0 & a_n^{-1} \\ a_1^{-1} & 0 & \cdots & 0 & 0 \\ 0 & a_2^{-1} & \cdots & 0 & 0 \\ \vdots & \vdots & & \vdots & \vdots \\ 0 & 0 & \cdots & a_{n-1}^{-1} & 0 \end{pmatrix}$.

上述初等变换也可以推广到分块矩阵的初等变换, 称为分块 (广义) 初等变换.

定义 2.8.3 广义初等矩阵有如下三种

$$\begin{pmatrix} E_{m_1} & & & & & & \\ & \ddots & & & & & \\ & & O & \cdots & E_{m_j} & & \\ & & \vdots & \ddots & \vdots & & \\ & & E_{m_i} & \cdots & O & & \\ & & & & & \ddots & \\ & & & & & & E_{m_s} \end{pmatrix};$$

$$\begin{pmatrix} E_{m_1} & & & & & & \\ & \ddots & & & & & \\ & & E_{m_{i-1}} & & & & \\ & & & M & & & \\ & & & & E_{m_{i+1}} & & \\ & & & & & \ddots & \\ & & & & & & E_{m_s} \end{pmatrix}, \quad M \text{ 可逆};$$

$$\begin{pmatrix} E_{m_1} & & & & & & \\ & \ddots & & & & & \\ & & E_{m_i} & \cdots & N & & \\ & & & \ddots & \vdots & & \\ & & & & E_{m_j} & & \\ & & & & & \ddots & \\ & & & & & & E_{m_s} \end{pmatrix}.$$

类似于引理 2.8.1, 若 A 是 $\underline{m} \times \underline{n}$ 分块矩阵, P, Q 分别是 $\underline{m} \times \underline{m}$ 与 $\underline{n} \times \underline{n}$ 广义初等矩阵. 则 PA 相当于对分块矩阵 A 施行 P 所对应的广义初等行变换, AQ 相当于对 A 施行 Q 所对应的广义初等列变换.

注 第二类广义初等矩阵所乘的矩阵 M 要求是可逆矩阵.

某些特殊的矩阵, 根据矩阵自身的特点先进行分块, 再求逆有时会更方便. 以下分块矩阵的逆矩阵会经常用到.

$$\begin{pmatrix} A & O \\ O & B \end{pmatrix}^{-1} = \begin{pmatrix} A^{-1} & O \\ O & B^{-1} \end{pmatrix}, \qquad \begin{pmatrix} O & A \\ B & O \end{pmatrix}^{-1} = \begin{pmatrix} O & B^{-1} \\ A^{-1} & O \end{pmatrix},$$

$$\begin{pmatrix} A & O \\ C & B \end{pmatrix}^{-1} = \begin{pmatrix} A^{-1} & O \\ -B^{-1}CA^{-1} & B^{-1} \end{pmatrix}, \quad \begin{pmatrix} A & C \\ O & B \end{pmatrix}^{-1} = \begin{pmatrix} A^{-1} & -A^{-1}CB^{-1} \\ O & B^{-1} \end{pmatrix}.$$

例如,

$$\left(\begin{array}{cc:cc} A & O & E & O \\ C & B & O & E \end{array}\right) \to \left(\begin{array}{cc:cc} A & O & E & O \\ O & B & -CA^{-1} & E \end{array}\right) \to \left(\begin{array}{cc:cc} E & O & A^{-1} & O \\ O & E & -B^{-1}CA^{-1} & B^{-1} \end{array}\right),$$

故 $\begin{pmatrix} A & O \\ C & B \end{pmatrix}^{-1} = \begin{pmatrix} A^{-1} & O \\ -B^{-1}CA^{-1} & B^{-1} \end{pmatrix}$.

例 2.8.2 设 $A = \left(\begin{array}{c:ccccc} 0 & a_1 & 0 & \cdots & 0 & 0 \\ 0 & 0 & a_2 & \cdots & 0 & 0 \\ \vdots & \vdots & \vdots & & \vdots & \vdots \\ 0 & 0 & 0 & \cdots & 0 & a_{n-1} \\ \hdashline a_n & 0 & 0 & \cdots & 0 & 0 \end{array}\right)$, $\prod_{i=1}^{n} a_i \neq 0$. 求 A^{-1}.

解 $A^{-1} = \left(\begin{array}{cccc:c} 0 & 0 & \cdots & 0 & a_n^{-1} \\ \hdashline a_1^{-1} & 0 & \cdots & 0 & 0 \\ 0 & a_2^{-1} & \cdots & 0 & 0 \\ \vdots & \vdots & & \vdots & \vdots \\ 0 & 0 & \cdots & a_{n-1}^{-1} & 0 \end{array}\right)$.

例 2.8.3 设 $A = \left(\begin{array}{cc:cc} 1 & 1 & 1 & 1 \\ 1 & -1 & 1 & -1 \\ \hdashline 1 & 1 & -1 & -1 \\ 1 & -1 & -1 & 1 \end{array}\right)$. 求 A^{-1}.

解 设 $B = \begin{pmatrix} 1 & 1 \\ 1 & -1 \end{pmatrix}$, 则 $B^{-1} = \left(-\frac{1}{2}\right)\begin{pmatrix} -1 & -1 \\ -1 & 1 \end{pmatrix} = \frac{1}{2}B$.

$$\left(\begin{array}{cc:cc} B & B & E & O \\ B & -B & O & E \end{array}\right) \to \cdots \to \left(\begin{array}{cc:cc} E & O & \frac{1}{2}B^{-1} & \frac{1}{2}B^{-1} \\ O & E & \frac{1}{2}B^{-1} & -\frac{1}{2}B^{-1} \end{array}\right),$$

所以 $A^{-1}=\frac{1}{4}\begin{pmatrix} B & B \\ B & -B \end{pmatrix}=\frac{1}{4}A.$

习 题 2.8

(A)

1. 求可逆矩阵 P,Q 使得 PAQ 为 A 的相抵标准形.

(1) $A=\begin{pmatrix} 3 & 2 & 1 \\ 2 & 1 & 0 \\ 1 & 0 & 0 \end{pmatrix}$; (2) $A=\begin{pmatrix} 0 & 1 & 1 & 1 \\ 1 & 0 & 1 & 1 \\ 1 & 1 & 0 & 0 \end{pmatrix}$.

(B)

2. 设 A, B, C, D 是 n 阶方阵, $|A|\neq 0$. 证明

(1) 若 $AC=CA$, 则 $\begin{vmatrix} A & B \\ C & D \end{vmatrix}=|AD-CB|$;

(2) 若 $AB=BA$, 则 $\begin{vmatrix} A & B \\ C & D \end{vmatrix}=|DA-CB|$.

3. 设 A,B 分别是 $n\times m$ 与 $m\times n$ 矩阵. 证明

$$|E_n-AB|=\begin{vmatrix} E_m & B \\ A & E_n \end{vmatrix}=|E_m-BA|.$$

(C)

4. 设 A,B 分别是 $n\times m$ 与 $m\times n$ 矩阵, $\lambda\neq 0$. 证明

$$|\lambda E_n-AB|=\lambda^{n-m}|\lambda E_m-BA|.$$

2.9 克拉默法则

我们接下来介绍可逆矩阵及行列式在线性方程组中的应用. 下述定理通常称为克拉默法则, 是由瑞士数学家克拉默最先给出的.

定理 2.9.1 如果线性方程组

$$\begin{cases} a_{11}x_1+a_{12}x_2+\cdots+a_{1n}x_n=b_1, \\ a_{21}x_1+a_{22}x_2+\cdots+a_{2n}x_n=b_2, \\ \qquad\cdots\cdots \\ a_{n1}x_1+a_{n2}x_2+\cdots+a_{nn}x_n=b_n \end{cases} \tag{2.10}$$

的系数矩阵

$$A=\begin{pmatrix} a_{11} & a_{12} & \cdots & a_{1n} \\ a_{21} & a_{22} & \cdots & a_{2n} \\ \vdots & \vdots & & \vdots \\ a_{n1} & a_{n2} & \cdots & a_{nn} \end{pmatrix}$$

的行列式

$$d=|A|\neq 0,$$

那么线性方程组(2.10)有解, 并且解是唯一的, 解可以通过系数表示为

$$x_1=\frac{d_1}{d},\ x_2=\frac{d_2}{d},\ \cdots,x_n=\frac{d_n}{d}, \tag{2.11}$$

其中 d_j 是把矩阵 A 中第 j 列换成方程组的常数项 $b_1,b_2,\cdots,b_n$ 所成的矩阵的行列式.

证明 证法一: 将(2.11)代入第 i 个方程, 得

$$\begin{aligned}\sum_{j=1}^{n}a_{ij}\frac{d_j}{d}&=\frac{1}{d}\sum_{j=1}^{n}a_{ij}d_j\\&=\frac{1}{d}\sum_{j=1}^{n}a_{ij}\sum_{k=1}^{n}b_kA_{kj}\\&=\frac{1}{d}\sum_{k=1}^{n}b_k\sum_{j=1}^{n}a_{ij}A_{kj}\\&=\frac{1}{d}\sum_{k=1}^{n}b_k\delta_{ki}d=\frac{1}{d}b_id=b_i,\end{aligned}$$

其中 δ_{ki} 是克罗内克符号.

另一方面, 设 $(c_1,c_2,\cdots,c_n)$ 是方程组的任一解, 则

$$\sum_{j=1}^{n}a_{ij}c_j=b_i,\quad i=1,2,\cdots,n.$$

分别乘以 A_{ik}, $i=1,2,\cdots,n$, 得

$$A_{ik}\sum_{j=1}^{n}a_{ij}c_j=b_iA_{ik},\quad i=1,2,\cdots,n.$$

加起来, 得

$$\sum_{i=1}^{n} A_{ik} \sum_{j=1}^{n} a_{ij} c_j = \sum_{i=1}^{n} b_i A_{ik}.$$

$$\text{左} = \sum_{j=1}^{n} \sum_{i=1}^{n} a_{ij} A_{ik} c_j = d c_k,$$

$$\text{右} = d_k,$$

所以 $c_k = \dfrac{d_k}{d}$, $k = 1, 2, \cdots, n$. □

线性方程组(2.10)如果利用矩阵的乘法记作

$$Ax = b,$$

那么我们有更为简洁的证法, 这更能体现克拉默法则的本质.

证法二: 由 $Ax = b$ 得 $x = A^{-1}b$. 若 $x = c$ 也是 $Ax = b$ 的解, 则 $Ac = b$, 从而 $A^{-1}(Ac) = A^{-1}b$, 即 $c = A^{-1}b$. 故 $Ax = b$ 有唯一解

$$x = A^{-1}b = \frac{A^* b}{|A|},$$

其中第 j 个分量为

$$x_j = \frac{1}{|A|} \sum_{k=1}^{n} A_{kj} b_k = \frac{d_j}{d}, \quad j = 1, 2, \cdots, n.$$ □

推论 2.9.1　设 A 是 n 阶方阵, 若齐次线性方程组 $Ax = 0$ 有非零解, 则 $|A| = 0$.

利用上述推论, 我们很容易推导出 2.3 节开头用行列式表示的直线、平面方程. 例如, 平面上两个不同的点 $(a_1, a_2), (b_1, b_2)$ 唯一确定一条直线

$$c_1 x + c_2 y + c_3 = 0, \quad c_1, c_2, c_3 \text{ 不全为零}, \tag{2.12}$$

即

$$\begin{aligned} c_1 a_1 + c_2 a_2 + c_3 = 0, \\ c_1 b_1 + c_2 b_2 + c_3 = 0. \end{aligned}$$

将上述三个方程组合在一起, 得

$$\begin{cases} x c_1 + y c_2 + c_3 = 0, \\ a_1 c_1 + a_2 c_2 + c_3 = 0, \\ b_1 c_1 + b_2 c_2 + c_3 = 0. \end{cases}$$

将 c_1, c_2, c_3 看作未知量, 由 (2.12) 知 c_1, c_2, c_3 不全为零, 所以由推论 2.9.1 知系数行列式

$$\begin{vmatrix} x & y & 1 \\ a_1 & a_2 & 1 \\ b_1 & b_2 & 1 \end{vmatrix} = 0.$$

此即过两点的直线方程. 类似地, 平面上不共线的三点 $(a_1, a_2), (b_1, b_2), (c_1, c_2)$ 唯一地确定一个圆

$$u_1(x^2+y^2) + u_2 x + u_3 y + u_4 = 0, \quad u_1, u_2, u_3, u_4 \text{ 不全为零}.$$

代入三个点的坐标, 得

$$\begin{cases} u_1(x^2+y^2) + u_2 x + u_3 y + u_4 = 0, \\ u_1(a_1^2+a_2^2) + u_2 a_1 + u_3 a_2 + u_4 = 0, \\ u_1(b_1^2+b_2^2) + u_2 b_1 + u_3 b_2 + u_4 = 0, \\ u_1(c_1^2+c_2^2) + u_2 c_1 + u_3 c_2 + u_4 = 0, \end{cases}$$

由于 u_1, u_2, u_3, u_4 不全为零. 所以系数行列式

$$\begin{vmatrix} x^2+y^2 & x & y & 1 \\ a_1^2+a_2^2 & a_1 & a_2 & 1 \\ b_1^2+b_2^2 & b_1 & b_2 & 1 \\ c_1^2+c_2^2 & c_1 & c_2 & 1 \end{vmatrix} = 0.$$

此即过平面上三点的圆的方程.

思考 牛顿曾提出并解决了"五点确定一条圆锥曲线"的问题, 你能推导出过平面上的五个点的圆锥曲线方程吗?

与此相关的另一个问题是多项式插值问题. 17、18 世纪, 由于天文、航海等领域的快速发展, 插值逐渐成为数学中的一个很重要的问题. 所谓插值, 就是数值分析中通过已知的离散数据求未知数据的过程或方法. 例如天文学家开普勒观察火星的运行之后的记录如下:

日期	火星与太阳的距离 (单位: 百万千米)
周一	218
周二	224
周三	?
周四	232
周五	239

那么如何补上周三因阴天而导致的未观察到的数据呢？我们知道火星的运行轨迹可以用一个 (多项式) 函数 $y=f(x)$ 来表示. 则上述问题转化为: 已知 $f(1)=218, f(2)=224, f(4)=232, f(5)=239$, 求 $f(3)$.

更一般地, 我们可以考虑如下问题: 如何找到一个 $n-1$ 次多项式, 使它的图像经过 n 个不同的点

$$(x_1,y_1),(x_2,y_2),\cdots,(x_n,y_n),$$

其中, $x_1,x_2,\cdots,x_n$ 两两不等. 我们熟知的两点确定一条直线, 三点确定一条抛物线等都是这类多项式插值问题. 假设

$$f(x)=a_0+a_1x+a_2x^2+\cdots+a_{n-1}x^{n-1},$$

则将 n 个点的坐标 $(x_1,y_1),(x_2,y_2),\cdots,(x_n,y_n)$ 代入, 得

$$\begin{cases} a_0+a_1x_1+a_2x_1^2+\cdots+a_{n-1}x_1^{n-1}=y_1, \\ a_0+a_1x_2+a_2x_2^2+\cdots+a_{n-1}x_2^{n-1}=y_2, \\ \qquad\qquad\cdots\cdots \\ a_0+a_1x_n+a_2x_n^2+\cdots+a_{n-1}x_n^{n-1}=y_n. \end{cases}$$

将 $a_0,a_1,\cdots,a_{n-1}$ 看作未知数, 则上述线性方程组的系数矩阵

$$A=\begin{pmatrix} 1 & x_1 & x_1^2 & \cdots & x_1^{n-1} \\ 1 & x_2 & x_2^2 & \cdots & x_2^{n-1} \\ \vdots & \vdots & \vdots & & \vdots \\ 1 & x_n & x_n^2 & \cdots & x_n^{n-1} \end{pmatrix}$$

是一个范德蒙德矩阵, 由于 $x_1,x_2,\cdots,x_n$ 两两不等, $|A|\neq 0$, 所以由克拉默法则知上述方程组有唯一解, 且由定理 2.9.1 可以解出 $a_0,a_1,\cdots,a_{n-1}$, 从而得到 $f(x)$. 这种插值方法称为多项式插值方法.

事实上, 上面的插值多项式可以表示为

$$f(x)=\sum_{i=1}^{n}\frac{y_i\prod\limits_{j\neq i}(x-x_j)}{\prod\limits_{j\neq i}(x_i-x_j)},$$

称为拉格朗日插值多项式.

利用多项式插值方法, 我们可以求某些定积分的近似解. 例如, 定积分

$$\int_0^1 \sin\left(\frac{\pi x^2}{2}\right) dx,$$

由于被积函数的原函数不能由初等函数表示, 所以我们很难计算上述定积分值. 我们可以在区间 $[0,1]$ 上用多项式 $p(x)$ 来逼近被积函数 $f(x)=\sin\left(\frac{\pi x^2}{2}\right)$, 然后求 $\int_0^1 p(x)d(x)$.

我们将 $[0,1]$ 四等分, 得分点

$$x_1=0,\quad x_2=0.25,\quad x_3=0.5,\quad x_4=0.75,\quad x_5=1,$$

以及

$$f(0)=0,\quad f(0.25)=0.098017,\quad f(0.5)=0.382683,$$
$$f(0.75)=0.77301,\quad f(1)=1.$$

利用上面的方法, 我们可以得到插值多项式

$$p(x)=0.098796x+0.762356x^2+2.14429x^3-2.00544x^4,$$

以及定积分

$$\int_0^1 p(x)dx \approx 0.438501.$$

事实上, 多项式 $p(x)$ 的图像在区间 $[0,1]$ 上非常逼近 $\sin\left(\frac{\pi x^2}{2}\right)$, 因此定积分逼近的效果也非常好. 注意到微积分中的泰勒 (Taylor) 公式只是在某点附近而不是在整个区间 $[0,1]$ 上用多项式逼近 $f(x)$ (图 2.5).

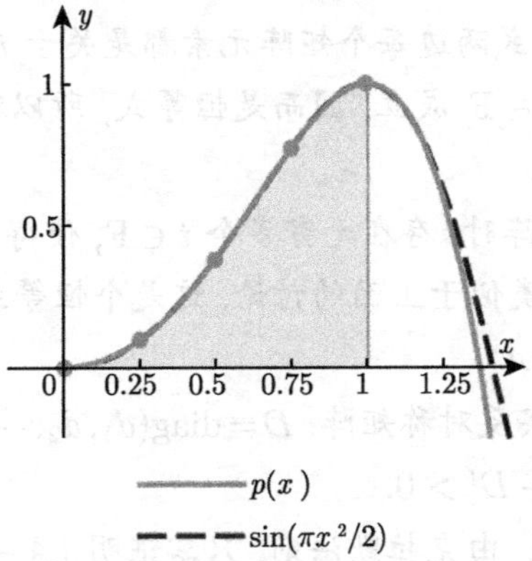

图 2.5

拓展阅读 摄动法

线性代数中许多命题对可逆矩阵而言证明十分容易，然而对一般矩阵 (非可逆) 却可能相当棘手，这时我们常常采用摄动法来解决. 所谓摄动法，就是当一个命题对可逆矩阵容易证明其成立时，对非可逆矩阵 A 加一个“摄动”——$A+tE, t\in \mathrm{F}$—— 使得矩阵 $A+tE$ 可逆，从而对无穷多个 $t\in\mathrm{F}$，命题关于 $A+tE$ 成立；然后利用下述引理，证明对所有的 $t\in\mathrm{F}$ 成立，从而当 $t=0$ 时也成立，这样命题对一般的矩阵 A 也成立.

利用上面所讲的多项式插值方法容易得到下面的结论.

引理 2.9.1 若数域 F 上的 n 次多项式 $f(x)$ 有 $n+1$ 个不同的根，则 $f(x)=0$.

由上述引理立即可得

推论 2.9.2 设 $f(x), g(x)$ 是数域 F 上次数不超过 n 的多项式，如果存在 $n+1$ 个不同的数 $a_0, a_1, \cdots, a_n\in\mathrm{F}$，使得

$$f(a_i)=g(a_i),\quad i=0,1,\cdots,n.$$

则 $f(x)\equiv g(x)$，即 $\forall a\in\mathrm{F}$，有 $f(a)=g(a)$.

例如，我们要证明：对数域 F 上的 n 阶矩阵 A, B，$(AB)^*=B^*A^*$.

若 A, B 可逆，则 AB 可逆，从而

$$(AB)^*=|AB|(AB)^{-1}=(|B|B^{-1})(|A|A^{-1})=B^*A^*.$$

命题借助逆矩阵的性质较容易得到解决. 然而，当 A, B 中只要有一个矩阵不可逆时，这种方法就无法实施. 我们采用摄动法.

若 A 可逆，B 任意，则存在无穷多个 $t\in\mathrm{F}$，使得 $tE+B$ 可逆. 所以 $(A(tE+B))^*=(tE+B)^*A^*$. 等式两边每个矩阵元素都是关于 t 的次数不超过 $n-1$ 的多项式，但对无穷多个 $t\in\mathrm{F}$ 成立，因而是恒等式，所以对任意的 $t\in\mathrm{F}$ 成立. 当 $t=0$ 时，$(AB)^*=B^*A^*$.

若 A, B 都是任意矩阵时，存在无穷多个 $t\in\mathrm{F}$，使得 $tE+A$ 可逆. 则 $((tE+A)B)^*=B^*(tE+A)^*$. 类似于上面的讨论，这是个恒等式，对任意的 $t\in\mathrm{F}$ 成立. 当 $t=0$ 时，$(AB)^*=B^*A^*$.

又如，设 A 是 n 阶实反对称矩阵，$D=\mathrm{diag}(d_1, d_2, \cdots, d_n)$ 是对角矩阵，$d_j>0, j=1,2,\cdots,n$，则 $|A+D|>0$.

先证明 $|A+D|\neq 0$. 由克拉默法则，只需证明 $(A+D)x=0$ 只有零解. 设 $x=(x_1, x_2, \cdots, x_n)^{\mathrm{T}}$ 是 $(A+D)x=0$ 的任一解. 因为 $x^{\mathrm{T}}(A+D)x=0$，转置得

$x^{\mathrm{T}}(-A+D)x=0$. 两式相加, 得 $x^{\mathrm{T}}Dx=0$, 即 $d_1x_1^2+d_2x_2^2+\cdots+d_nx_n^2=0$, 故 $x=0$.

对任意的 $t\in\mathbb{R}$, tA 仍是反对称矩阵, 所以 $|tA+D|\neq 0$. 由于当 $t=0$ 时, $|D|>0$. 由于 $|tA+D|$ 是关于 t 在 $\mathbb{R}$ 上的连续函数, 所以当 $t=1$ 时, $|A+D|>0$ (否则, 将存在 $t_0\in\mathbb{R}$ 使得 $|t_0A+D|=0$).

摄动法的思想是通过添加适当的"摄动"由一般情形过渡到特殊情形, 如上面提到的由一般矩阵 (不可逆) 过渡到可逆矩阵, 后面我们还将看到由一般矩阵过渡到有 n 个不同特征值的矩阵等等. 请同学们在学习中发现更多的摄动方法.

习 题 2.9

(A)

1. 用初等变换法求下列矩阵的逆矩阵:

(1) $A=\begin{pmatrix}3&2&1\\2&1&0\\1&0&0\end{pmatrix}$; (2) $A=\begin{pmatrix}0&1&1\\1&0&1\\1&1&0\end{pmatrix}$.

2. 设 $A=\begin{pmatrix}1&1&\cdots&1\\&1&\cdots&1\\&&\ddots&\vdots\\&&&1\end{pmatrix}$. 求 A 的所有代数余子式之和.

(B)

3. 设 A,B 分别是 $n\times m$ 与 $m\times n$ 矩阵. 证明: 若 E_m-BA 是非奇异阵, 则 E_n-AB 也是非奇异阵, 并求 $(E_n-AB)^{-1}$.

4. 设 A,B 都是 n 阶方阵, 且 $A+B$ 与 $A-B$ 都可逆, 证明

$$\begin{pmatrix}A&B\\B&A\end{pmatrix}$$

可逆, 并求其逆.

(C)

5. 设 n 次多项式 $f(x)=c_0+c_1x+\cdots+c_nx^n$ 有 $n+1$ 个不同的根, 试利用克拉默法则证明 $f(x)$ 是零多项式.

由上题立即可得: 设 $f(x),g(x)$ 是数域 F 上次数不超过 n 的多项式, 如果存在 $n+1$ 个不同的数 $a_0,a_1,\cdots,a_n\in\mathrm{F}$ 使得

$$f(a_i)=g(a_i),\quad i=0,1,\cdots,n,$$

则 $f(x)\equiv g(x)$, 即 $\forall a\in \mathrm{F}, f(a)=g(a)$.

6. 设 A,B 是 n 阶方阵, 证明:

(1) $(A^*)^*=|A|^{n-2}A$;　(2) $(AB)^*=B^*A^*$.

7. (降阶公式) 设 A, B, C, D 是 n 阶方阵. 证明:

(1) 若 $AC=CA$, 则 $\begin{vmatrix} A & B \\ C & D \end{vmatrix}=|AD-CB|$;

(2) 若 $AB=BA$, 则 $\begin{vmatrix} A & B \\ C & D \end{vmatrix}=|DA-CB|$.

2.10 矩阵的秩

矩阵的秩是由弗罗贝尼乌斯在 1879 年引入的, 是矩阵最重要的本质属性之一, 它在初等变换、合同变换、相似变换等矩阵的许多重要变换下都保持不变. 矩阵的秩可以从代数的角度或几何的角度来定义. 本节将介绍矩阵秩的代数定义及其基本性质.

定义 2.10.1 设 A 是数域 F 上的 $m\times n$ 矩阵. 对任意的正整数 $k\leqslant \min\{m,n\}$, 任意选定矩阵 A 的第 $i_1,i_2,\cdots,i_k$ 行、第 $j_1,j_2,\cdots,j_k$ 列, 位于这 k 行、k 列交叉位置的 k^2 个元素按原来的顺序组成的 k 阶行列式称为矩阵 A 的一个**k 阶子式**, 记作 $A\begin{pmatrix} i_1 i_2\cdots i_k \\ j_1 j_2\cdots j_k \end{pmatrix}$.

显然, 矩阵 A 共有 $\begin{pmatrix} m \\ k \end{pmatrix}\begin{pmatrix} n \\ k \end{pmatrix}$ 个 k 阶子式. 在 A 的所有子式中, 非零子式的最高阶数是 A 的一个很重要的量, 称为矩阵的秩. 更具体地, 我们有如下定义.

定义 2.10.2 设 A 是一个 $m\times n$ 矩阵. 如果存在一个 r 阶子式不等于零, 而所有 $r+1$ 阶子式 (如果存在的话) 全等于零, 则称矩阵 A 的**秩**为 r, 记作 $\operatorname{rank}(A)=r$ 或 $r(A)=r$. 零矩阵的秩规定为 0.

显然, $r(A)\leqslant \min\{m,n\}$. 而且, 由定义立即可得

(1) 存在 A 的一个 r 阶子式不等于零 $\Longleftrightarrow r(A)\geqslant r$.

(2) A 的所有 $r+1$ 阶子式全等于零 $\Longleftrightarrow r(A)\leqslant r$.

(3) n 阶方阵 A 可逆 $\Longleftrightarrow r(A)=n$. 此时矩阵 A 称为满秩矩阵.

(4) 子矩阵的秩不大于整体矩阵的秩, 即 $\forall 1\leqslant i\leqslant 4$, $r(A_i)\leqslant r\begin{pmatrix} A_1 & A_2 \\ A_3 & A_4 \end{pmatrix}$.

由行列式的性质, 我们有如下命题.

命题 2.10.1 (1) $r(A^{\mathrm{T}})=r(A)$;

(2) 若 $0\neq k\in \mathrm{F}$, 则 $r(kA)=r(A)$.

命题 2.10.2 行阶梯形矩阵的秩等于该矩阵非零行的数目.

证明 设行阶梯形矩阵 A 的非零行的数目为 r. 取这 r 行非零行与主元所在的列交叉位置所得的子式为上三角行列式, 且主对角元非零, 所以该 r 阶子式非零. 显然, 任意一个 $r+1$ 阶子式 (如果存在的话) 都为零, 因为至少有一行全为零. □

定理 2.10.1 初等变换不改变矩阵的秩.

证明 只考虑初等行变换, 初等列变换可类似讨论. 由于施行一次换法变换相当于施行有限次倍法变换与消法变换, 我们只需考虑施行一次倍法变换与消法变换不改变矩阵的秩. 设 $r(A)=r$, A 经一次初等变换化为 B. 我们证明 B 的任意 $r+1$ 阶子式 $N_{r+1}=0$, 从而 $r(B)\leqslant r=r(A)$.

倍法变换: 设 A 的第 i 行乘以非零常数 b 得到 B. 若子式 N_{r+1} 不包含第 i 行, 则 N_{r+1} 也是 A 的 $r+1$ 阶子式, 从而 $N_{r+1}=0$; 若 N_{r+1} 包含第 i 行, 则 $N_{r+1}=bM_{r+1}$, 其中 M_{r+1} 是 A 中相应的 $r+1$ 阶子式, 从而 $M_{r+1}=0$. 故 $N_{r+1}=bM_{r+1}=0$.

消法变换: 设 A 的第 j 行乘以 c 加到第 i 行得到 B. 考虑以下三种情形:

(1) N_{r+1} 不包含第 i 行;

(2) N_{r+1} 包含第 i 行但不包含第 j 行;

(3) N_{r+1} 包含第 i,j 行.

对于情形 (1), N_{r+1} 也是 A 的 $r+1$ 阶子式, 故 $N_{r+1}=0$;

对于情形 (2), $N_{r+1}=M_{r+1}+cL_{r+1}$, 其中 M_{r+1},L_{r+1} 是将 N_{r+1} 的第 i 行元素分别换成 A 的第 i,j 行相应元素得到的行列式. 由于 M_{r+1} 是 A 的 $r+1$ 阶子式, L_{r+1} 与 A 的某个 $r+1$ 阶子式至多相差一个符号, 所以 $M_{r+1}=L_{r+1}=0$. 故 $N_{r+1}=M_{r+1}+cL_{r+1}=0$.

对于情形 (3), N_{r+1} 是由 A 的 $r+1$ 阶子式 M_{r+1} 经过相同的消法变换得到的, 故 $N_{r+1}=M_{r+1}=0$.

综上所述, $r(B)\leqslant r=r(A)$. 由于初等变换可逆, 矩阵 B 经过一次初等变换又可变为 A, 所以 $r(A)\leqslant r(B)$. 故 $r(A)=r(B)$. □

注 由于广义初等矩阵可逆, 所以每个广义初等矩阵都可以写成有限个初等矩阵的乘积, 从而广义初等变换也不改变矩阵的秩.

命题 2.10.2 与定理 2.10.1 提供了求矩阵秩的基本方法: 利用初等变换将矩

阵 A 化为行 (列) 阶梯形矩阵, 则 $r(A)$ 等于该行 (列) 阶梯形矩阵非零行 (列) 的数目.

例 2.10.1　求矩阵 $A=\begin{pmatrix}1&1&3&1\\1&3&2&5\\2&2&6&7\\2&4&5&6\end{pmatrix}$ 的秩.

解　因为

$$A\to\begin{pmatrix}1&1&3&1\\0&2&-1&4\\0&0&0&5\\0&2&-1&4\end{pmatrix}\to\begin{pmatrix}1&1&3&1\\0&2&-1&4\\0&0&0&5\\0&0&0&0\end{pmatrix},$$

所以 $r(A)=3$.

推论 2.10.1　任意 $m\times n$ 矩阵 A 都相抵于

$$\begin{pmatrix}E_r&O_{n-r}\\O_{m-r}&O_{m-r,n-r}\end{pmatrix},\quad 其中\quad r=r(A).$$

推论 2.10.2　$m\times n$ 阶矩阵 A 相抵于 B 当且仅当 $r(A)=r(B)$.

思考　我们已经知道, 矩阵的相抵是集合 $\mathrm{F}^{m\times n}$ 上的一种等价关系, 而矩阵的秩是初等变换下的不变量. 那么根据矩阵的相抵这一等价关系, 集合 $\mathrm{F}^{m\times n}$ 可以分成多少个等价类? 每个等价类的代表元可以怎样选取?

命题 2.10.3(基本性质)　(1) 设 P,Q 是可逆矩阵, 则 $r(PA)=r(AQ)=r(PAQ)=r(A)$;

(2) $r(AB)\leqslant\min\{r(A),r(B)\}$;

(3) $r(A)+r(B)=r\begin{pmatrix}A&O\\O&B\end{pmatrix}\leqslant r\begin{pmatrix}A&O\\C&B\end{pmatrix}$;

(4) $|r(A)-r(B)|\leqslant r(A\pm B)\leqslant r(A)+r(B)$;

(5) 设 $A_{m\times n}$, $B_{n\times l}$, 则 $r(A)+r(B)\leqslant r(AB)+n$;

(6) 若 $AB=O$, 则 $r(A)+r(B)\leqslant n$.

证明　(1) 由于可逆矩阵可以写成有限个初等矩阵的乘积, 而初等变换不改变矩阵的秩, 故 (1) 得证.

(2) 由于

$$(A,\ AB)\begin{pmatrix} E & -B \\ O & E \end{pmatrix}=(A,\ O),\quad \begin{pmatrix} E & O \\ -A & E \end{pmatrix}\begin{pmatrix} B \\ AB \end{pmatrix}=\begin{pmatrix} B \\ O \end{pmatrix},$$

所以

$$r(AB)\leqslant r(A,\ AB)=r(A,\ O)=r(A),$$

$$r(AB)\leqslant r\begin{pmatrix} B \\ AB \end{pmatrix}=r\begin{pmatrix} B \\ O \end{pmatrix}=r(B),$$

即 $r(AB)\leqslant \min\{r(A),r(B)\}$.

(3) 设 $r(A)=r_1$, $r(B)=r_2$, 则存在可逆矩阵 P_1,Q_1 与 P_2,Q_2 使得

$$P_1AQ_1=\begin{pmatrix} E_{r_1} & \\ & O \end{pmatrix},\qquad P_2BQ_2=\begin{pmatrix} E_{r_2} & \\ & O \end{pmatrix}.$$

从而

$$\begin{pmatrix} P_1 & \\ & P_2 \end{pmatrix}\begin{pmatrix} A & \\ & B \end{pmatrix}\begin{pmatrix} Q_1 & \\ & Q_2 \end{pmatrix}=\left(\begin{array}{cc|cc} E_{r_1} & & & \\ & O & & \\ \hline & & E_{r_2} & \\ & & & O \end{array}\right).$$

所以由 (1) 得

$$r\begin{pmatrix} A & \\ & B \end{pmatrix}=r_1+r_2=r(A)+r(B).$$

另一方面, 由于通过初等变换

$$\begin{pmatrix} A & O \\ C & B \end{pmatrix}\to\left(\begin{array}{cc|cc} E_{r_1} & & & \\ & O & & \\ \hline D_{11} & D_{12} & E_{r_2} & \\ D_{21} & D_{22} & & O \end{array}\right)$$

$$\to\left(\begin{array}{cc|cc} E_{r_1} & & & \\ & O & & \\ \hline O & O & E_{r_2} & \\ O & D & & O \end{array}\right)\to\begin{pmatrix} E_{r_1} & & & \\ & E_{r_2} & & \\ & & D & \\ & & & O \end{pmatrix},$$

所以

$$r\begin{pmatrix} A & O \\ C & B \end{pmatrix} = r_1 + r_2 + r(D) \geqslant r_1 + r_2 = r(A) + r(B).$$

(4) 由于

$$\begin{pmatrix} A & \\ & B \end{pmatrix} \to \begin{pmatrix} A & O \\ A & B \end{pmatrix} \to \begin{pmatrix} A & A \\ A & A+B \end{pmatrix},$$

所以

$$r(A+B) \leqslant r\begin{pmatrix} A & A \\ A & A+B \end{pmatrix} = r\begin{pmatrix} A & \\ & B \end{pmatrix} = r(A) + r(B).$$

同理可得 $r(A-B) \leqslant r(A) + r(-B) = r(A) + r(B)$.

另一方面, 不妨设 $r(A) \geqslant r(B)$, 则由

$$\begin{pmatrix} A+B & \\ & B \end{pmatrix} \to \begin{pmatrix} A+B & B \\ O & B \end{pmatrix} \to \begin{pmatrix} A & B \\ -B & B \end{pmatrix},$$

可得

$$r(A) \leqslant r\begin{pmatrix} A & B \\ -B & B \end{pmatrix} = r\begin{pmatrix} A+B & \\ & B \end{pmatrix} = r(A+B) + r(B),$$

即

$$r(A) - r(B) \leqslant r(A+B).$$

而且

$$r(A) = r(A-B+B) \leqslant r(A-B) + r(B),$$

所以 $r(A) - r(B) \leqslant r(A-B)$. 类似地,

$$r(B) - r(A) \leqslant r(B-A) = r(A-B).$$

所以 $|r(A) - r(B)| \leqslant r(A-B)$, 故

$$|r(A) - r(B)| \leqslant r(A \pm B).$$

(5) 对分块矩阵作广义初等变换

$$\begin{pmatrix} A & O \\ E & B \end{pmatrix} \to \begin{pmatrix} O & -AB \\ E & B \end{pmatrix} \to \begin{pmatrix} O & -AB \\ E & O \end{pmatrix} \to \begin{pmatrix} E & O \\ O & AB \end{pmatrix}.$$

由 (3) 得

$$r(A)+r(B)\leqslant r\begin{pmatrix}A & O\\ E & B\end{pmatrix}=r\begin{pmatrix}E & O\\ O & AB\end{pmatrix}=r(AB)+n,$$

即

$$r(A)+r(B)-n\leqslant r(AB).$$

(6) 由 (5) 即得. □

探索 (1) $r\begin{pmatrix}A & O\\ C & B\end{pmatrix}=r(A)+r(B)$ 成立的条件是什么?

(2) $r(A)+r(B)\leqslant r(AB)+n$ 称为西尔维斯特不等式, 等号成立的条件是什么?

相关拓展 分块矩阵法

分块矩阵法是高等代数中处理矩阵相关问题的主要方法. 分块矩阵法的核心思想是根据具体问题构造适当的分块矩阵, 然后运用广义初等变换, 将某些子块消为零块, 得到特殊的分块矩阵从而解决问题. 该方法几乎贯穿了线性代数的始终, 在矩阵求逆、矩阵秩不等式、行列式、线性方程组、线性变换、二次型等方面有着广泛的应用.

例如, 当证明行列式的乘法公式 $|AB|=|A|\cdot|B|$ 时, 我们就构造了分块矩阵

$$\begin{pmatrix}A & O\\ -E & B\end{pmatrix}.$$

作广义初等变换

$$\begin{pmatrix}A & O\\ -E & B\end{pmatrix}\xrightarrow[c_1\cdot B+c_2]{}\begin{pmatrix}A & AB\\ -E & O\end{pmatrix}\xrightarrow{r_1\leftrightarrow r_2}\begin{pmatrix}-E & O\\ A & AB\end{pmatrix}.$$

取行列式, 得

$$|A|\cdot|B|=\begin{vmatrix}A & O\\ -E & B\end{vmatrix}=(-1)^n\begin{vmatrix}-E & O\\ A & AB\end{vmatrix}=(-1)^n|-E_n|\cdot|AB|,$$

即 $|AB|=|A|\cdot|B|$.

再例如, 利用初等变换将分块矩阵 $\begin{pmatrix}A & B\\ C & D\end{pmatrix}$ 的子块 C 消成 O, 即

$$\begin{pmatrix}A & B\\ C & D\end{pmatrix}\xrightarrow{r_1\cdot -CA^{-1}+r_2}\begin{pmatrix}A & B\\ O & D-CA^{-1}B\end{pmatrix}.$$

得到行列式

$$\begin{vmatrix} A & B \\ C & D \end{vmatrix} = \begin{vmatrix} A & B \\ O & D-CA^{-1}B \end{vmatrix} = |A|\cdot|D-CA^{-1}B|.$$

特别地, 关于矩阵秩的等式或不等式的证明, 分块矩阵法更是大显神通. 不等式 $r(A)+r(B)-n \leqslant r(AB)$ 的证明就是一例. 又如, 对于弗罗贝尼乌斯不等式, 考虑

$$\begin{pmatrix} ABC & O \\ O & B \end{pmatrix} \to \begin{pmatrix} ABC & AB \\ O & B \end{pmatrix} \to \begin{pmatrix} O & AB \\ -BC & B \end{pmatrix} \to \begin{pmatrix} AB & O \\ B & BC \end{pmatrix},$$

于是

$$\begin{aligned} r(ABC)+r(B) &= r\begin{pmatrix} ABC & O \\ O & B \end{pmatrix} = r\begin{pmatrix} AB & O \\ B & BC \end{pmatrix} \\ &\geqslant r\begin{pmatrix} AB & O \\ O & BC \end{pmatrix} = r(AB)+r(BC). \end{aligned}$$

再如, 由

$$\begin{pmatrix} A & O \\ O & E-A \end{pmatrix} \to \begin{pmatrix} A & A \\ O & E-A \end{pmatrix} \to \begin{pmatrix} A & A \\ A & E \end{pmatrix} \to \begin{pmatrix} A-A^2 & O \\ O & E \end{pmatrix},$$

可得 $A^2=A$ 的充要条件是 $r(A)+r(E-A)=n$.

习 题 2.10

(A)

1. 求下列矩阵的秩:

(1) $A=\begin{pmatrix} 3 & -1 & -4 & 2 \\ 1 & 0 & -1 & 1 \\ 1 & 2 & 1 & 3 \end{pmatrix}$; (2) $A=\begin{pmatrix} a & 1 & 1 \\ 1 & a & 1 \\ 1 & 1 & a \end{pmatrix}$.

2. 设 $A=\begin{pmatrix} 1 & 1 & 1 & 1 & 1 \\ 3 & 2 & 1 & -3 & x \\ 0 & 1 & 2 & 6 & 3 \\ 5 & 4 & 3 & -1 & y \end{pmatrix}$, 且 $r(A)=2$. 求 x 与 y 的值.

3. 设 A 是 n 阶方阵, $r(A)\leqslant 1$ 当且仅当 $A=\alpha\beta^{\mathrm{T}}$, 其中 $\alpha=(a_1,a_2,\cdots,a_n)^{\mathrm{T}}, \beta=(b_1,b_2,\cdots,b_n)^{\mathrm{T}}$.

4. 证明: 秩为 r 的 $m\times n$ 矩阵可写为 r 个秩为 1 的矩阵的和.

(B)

5. 方阵 A 称为幂等矩阵如果 $A^2 = A$. 证明: A 是幂等矩阵当且仅当 $r(A)+r(E-A) = n$.

6. 方阵 A 称为对合矩阵如果 $A^2 = E$. 证明: A 是对合矩阵当且仅当 $r(E+A)+r(E-A) = n$.

7. 设 A 是 n 阶方阵. 证明: $r(A^*) = \begin{cases} n, & r(A) = n, \\ 1, & r(A) = n-1, \\ 0, & r(A) < n-1. \end{cases}$

(C)

8. (弗罗贝尼乌斯不等式) 设 A, B, C 分别是 $l \times m, m \times n, n \times s$ 矩阵, 证明:

$$r(AB) + r(BC) \leqslant r(ABC) + r(B).$$

9. 设 A 为 n 阶方阵, 证明存在正整数 m 使得 $r(A^m) = r(A^{m+1}) = \cdots$.

10. 设 A, B, C 分别为 $m \times n, n \times m$ 与 $n \times n$ 矩阵, 则 $r\begin{pmatrix} A & O \\ O & B \end{pmatrix} = r\begin{pmatrix} A & O \\ C & B \end{pmatrix}$ 的充要条件为存在矩阵 X, Y, 使得 $XA - BY = C$.

11. 设 A, B 分别为 $m \times n$ 与 $n \times m$ 矩阵, 则 $r(A) + r(B) = r(AB) + n$ 的充要条件为存在矩阵 X, Y, 使得 $XA - BY = E_n$.

复 习 题 2

1. 设 A 是 n 阶矩阵, α, β 是 n 维列向量. 则

(1) 若 A 可逆, $|A + \alpha\beta^{\mathrm{T}}| = |A|(1 + \beta^{\mathrm{T}} A^{-1} \alpha)$;

(2) 计算 $\begin{vmatrix} 1+2a_1 & a_1+a_2 & \cdots & a_1+a_n \\ a_2+a_1 & 1+2a_2 & \cdots & a_2+a_n \\ \vdots & \vdots & & \vdots \\ a_n+a_1 & a_n+a_2 & \cdots & 1+2a_n \end{vmatrix}$.

2. 设 $A = (a_{ij})_{n\times n}$ 是可逆矩阵, 且 $A^{-1} = (b_{ij})_{n\times n}$, $d_i = \sum\limits_{j=1}^{n} b_{ij} c_j$, $i = 1, 2, \cdots, n$. 令 $C = (a_{ij} + c_i c_j)$. 证明 $|C| = |A| \left(1 + \sum\limits_{j=1}^{n} c_j d_j\right)$.

3. 设 $A = (a_{ij})_{n\times n}$, 证明

$$\begin{vmatrix} a_{11}+x & a_{12}+x & \cdots & a_{1n}+x \\ a_{21}+x & a_{22}+x & \cdots & a_{2n}+x \\ \vdots & \vdots & & \vdots \\ a_{n1}+x & a_{n2}+x & \cdots & a_{nn}+x \end{vmatrix} = |A| + x \sum_{i=1}^{n} \sum_{j=1}^{n} A_{ij}.$$

4. 设 A 是 n 阶方阵, $r(A)=r$. 证明存在可逆矩阵 P, 使得 PAP^{-1} 的后 $n-r$ 行全为零.

5. 设 A 是 $m\times n$ 方阵. 若 $r(A)=m$, 则 A 称为行满秩矩阵; 若 $r(A)=n$, 则 A 称为列满秩矩阵. 证明

(1) A 列满秩 $\Leftrightarrow$ 存在可逆矩阵 P, 使得 $A=P\begin{pmatrix} E_n \\ O \end{pmatrix}$.

(1) A 行满秩 $\Leftrightarrow$ 存在可逆矩阵 Q, 使得 $A=\begin{pmatrix} E_m & O \end{pmatrix}Q$.

6. (满秩分解) 设 A 是 $m\times n$ 方阵. $r(A)=r$. 则

(1) 存在 $m\times r$ 列满秩矩阵 H 与 $r\times n$ 行满秩矩阵 L, 使得 $A=HL$;

(2) 如果 $A=HL=H_1L_1$, 其中 H,H_1 是列满秩矩阵, L,L_1 是行满秩矩阵, 则存在 r 阶可逆矩阵 P 使得 $H=H_1P$, $L=P^{-1}L_1$.

7. 设 $f(x),g(x)$ 是数域 F 上的两个互素多项式, A 是 n 阶方阵. 则 $f(A)g(A)=O$ 当且仅当 $r(f(A))+r(g(A))=n$. (提示: $f(x),g(x)$ 互素的充要条件是存在多项式 $u(x),v(x)$ 使得 $u(x)f(x)+v(x)g(x)=1$.)

8. 求分块矩阵 $\begin{pmatrix} A & B \\ O & C \end{pmatrix}$ 的伴随矩阵.

9. 设 n 阶矩阵

$$M=\begin{matrix} & \begin{matrix} r & n-r \end{matrix} \\ \begin{matrix} r \\ n-r \end{matrix} & \begin{pmatrix} A & B \\ C & D \end{pmatrix} \end{matrix}$$

且 A 与 $D-CA^{-1}B$ 都可逆, 证明 M 可逆并求 M^{-1}.

10. (1) (谢尔曼–莫里森 (Sherman-Morrison) 公式) 设 A 是 n 阶可逆矩阵, α,β 是 n 维列向量, 且 $1+\beta^{\mathrm{T}}A^{-1}\alpha\neq 0$. 证明 $A+\alpha\beta^{\mathrm{T}}$ 可逆, 并求 $(A+\alpha\beta^{\mathrm{T}})^{-1}$.

(2) 设 $a_1a_2\cdots a_n\neq 0$, $n>1$. 证明

$$M=\begin{pmatrix} 0 & a_2 & a_3 & \cdots & a_n \\ a_1 & 0 & a_3 & \cdots & a_n \\ a_1 & a_2 & 0 & \cdots & a_n \\ \vdots & \vdots & \vdots & & \vdots \\ a_1 & a_2 & a_3 & \cdots & 0 \end{pmatrix}$$

可逆, 并求 M^{-1}.

11. (第一降阶定理) 设 A 是可逆矩阵, 证明 $r\begin{pmatrix} A & B \\ C & D \end{pmatrix}=r(A)+r(D-CA^{-1}B)$.

12. (第二降阶定理) 设 A,D 分别是 r,s 阶非奇异矩阵, $B\in \mathrm{F}^{r\times s}$, $C\in \mathrm{F}^{s\times r}$, 则

$$r(D-CA^{-1}B)=r(D)-r(A)+r(A-BD^{-1}C).$$

13. 设 A 是 $m\times n$ 矩阵, 证明

$$r(E_m-AA^{\mathrm{T}})-r(E_n-A^{\mathrm{T}}A)=m-n.$$

14. (迹的特征函数) 设 $A=(a_{ij})$ 是数域 F 上的 n 阶方阵, 则 $\operatorname{Tr}(A)=\sum\limits_{i=1}^{n}a_{ii}$ 称为 A 的迹. 设 $f:\mathrm{F}^{n\times n}\to\mathrm{F}$ 是一个映射, 满足对任意的 $A,B\in\mathrm{F}^{n\times n}$,

(1) $f(E_n)=n$;

(2) $f(A+B)=f(A)+f(B)$;

(3) $f(kA)=kf(A),\forall k\in\mathrm{F}$;

(4) $f(AB)=f(BA)$.

则 $f(A)=\operatorname{Tr}(A)$.

15. (2013 年第四届全国大学生数学竞赛) 设 n 阶实方阵 A 的每个元素的绝对值为 2. 证明: 当 $n\geqslant 3$ 时, $|A|\leqslant\dfrac{1}{3}2^{n+1}n!$.

16. (2017 年第九届全国大学生数学竞赛预赛) 给定 n 阶反对称实矩阵 A 及非零实数 a. 记

$$T=\{(X,Y)\mid X,Y\in\mathbb{R}^{n\times n},XY=aE_n+A\}.$$

求证: $\forall(X,Y),(M,N)\in T$, $XN+Y^{\mathrm{T}}M^{\mathrm{T}}\neq O$.

17. (2014 年第六届全国大学生数学竞赛预赛) 设 m 为给定的正整数. 证明: 对任意的正整数 n,l, 存在 m 阶方阵 X, 使得

$$X^n+X^l=E+\begin{pmatrix}1&0&0&\cdots&0&0\\2&1&0&\cdots&0&0\\3&2&1&\cdots&0&0\\\vdots&\vdots&\vdots&\ddots&\vdots&\vdots\\m-1&m-2&m-3&\cdots&1&0\\m&m-1&m-2&\cdots&2&1\end{pmatrix}.$$

第 3 章 线性空间

本章将用现代的语言阐述线性方程组与线性空间理论. 事实上, 线性空间的现代定义是由佩亚诺 (Peano) 于 1888 年以公理化的方式提出的, 是现代数学最基本的概念之一. 例如, 如果在线性空间里定义范数, 则得到赋范线性空间; 如果定义内积, 就得到内积空间; 赋范线性空间如果满足完备性, 就得到巴拿赫 (Banach) 空间; 内积空间如果满足完备性, 就得到希尔伯特 (Hilbert) 空间; 等等.

3.1 消元法解线性方程组

线性方程组是线性代数主要研究对象之一. 1949 年夏末, 哈佛大学教授里昂惕夫 (Wassily Leontief) 将美国劳动统计局获得的约 25 万多条信息, 通过他发明的投入-产出模型, 简化为包含 42 个未知数的 42 个方程的线性方程组, 并利用 Mark II 计算机运行了 56 小时最终得到了该线性方程组的解, 标志着应用计算机分析大规模数学模型的开始. 里昂惕夫获得了 1973 年度的诺贝尔经济学奖, 打开了研究经济数学模型的新时代的大门. 线性方程组在许多科技领域有着广泛的应用, 如石油勘探、线性规划、电路设计等.

线性方程组的解法早在中国古代的数学著作《九章算术》就有了比较完整的叙述, 所述方法本质上就是本节所讲的高斯消元法. 在西方, 线性方程组的研究是在 17 世纪后期由莱布尼茨开创的, 他曾研究含两个未知量的三个方程组成的线性方程组. 麦克劳林在 18 世纪上半叶研究了含二、三、四个未知量的线性方程组, 得到了现在称为克拉默法则的结果; 克拉默不久后也发表了这个法则. 18 世纪下半叶, 法国数学家贝祖对线性方程组进行了一系列的研究, 给出了由 n 个方程组成的 n 元齐次线性方程组有非零解的充要条件是系数行列式等于零. 19 世纪英国数学家史密斯 (H. Smith) 和道奇森 (C. L. Dodgson) 继续研究线性方程组理论, 前者引入了增广矩阵等概念, 后者证明了线性方程组有解的充要条件 (即系数矩阵的秩等于增广矩阵的秩), 该结果连同线性方程组解的结构理论成为现代线性方程组理论的基石, 也是贯穿线性代数始终的最基本的方法.

定义 3.1.1 形如

$$\begin{cases} a_{11}x_1 + a_{12}x_2 + \cdots + a_{1n}x_n = b_1, \\ a_{21}x_1 + a_{22}x_2 + \cdots + a_{2n}x_n = b_2, \\ \qquad\qquad \cdots\cdots \\ a_{m1}x_1 + a_{m2}x_2 + \cdots + a_{mn}x_n = b_m \end{cases} \tag{3.1}$$

的方程组, 称为 n **元线性方程组**, 其中 $x_1, x_2, \cdots, x_n$ 代表 n 个未知量, m 是方程的个数, $a_{ij}(i=1,2,\cdots,m; j=1,2,\cdots,n)$ 称为方程组的**系数**, $b_i(i=1,2,\cdots,m)$ 称为**常数项**. 如果常数项 $b_i = 0, i = 1,2,\cdots,m$, 那么(3.1)称为**齐次线性方程组**.

例 3.1.1 线性方程组

$$\begin{cases} x + y = 1, \\ x - y = 1 \end{cases}$$

表示两条直线交于一点 $(1,0)$, 如图 3.1 所示.

所以该方程组有唯一解 $x = 1, y = 0$.

线性方程组

$$\begin{cases} x - y = 1, \\ x - y = -1 \end{cases}$$

表示两条直线平行, 如图 3.2 所示.

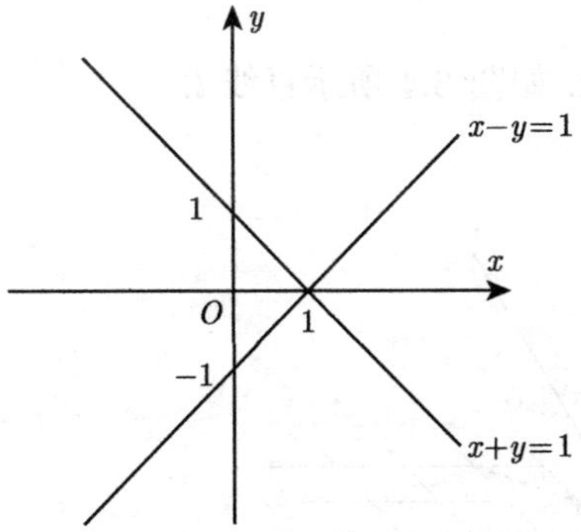

图 3.1

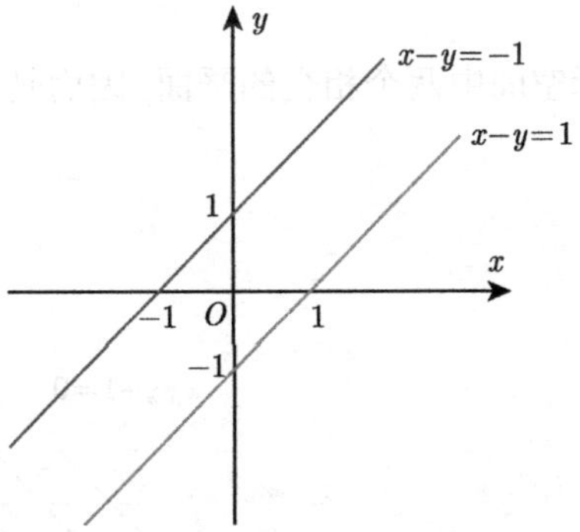

图 3.2

所以该方程组无解.

线性方程组

$$\begin{cases} x - y = 1, \\ 2x - 2y = 2 \end{cases}$$

表示两条重合的直线, 如图 3.3 所示.

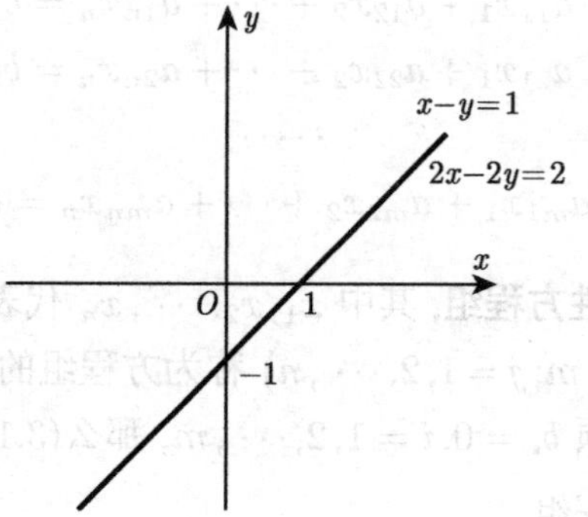

图 3.3

所以该方程组有无穷多解, 可表示为参数形式

$$\begin{cases} x = 1 + t, \\ y = t, \end{cases} \quad t \in \mathbb{R}.$$

线性方程组

$$\begin{cases} x - y + 2z = 0, \\ x + y + 1 = 0 \end{cases}$$

表示空间中两个相交的平面, 因而是一条直线, 如图 3.4 所示直线 l.

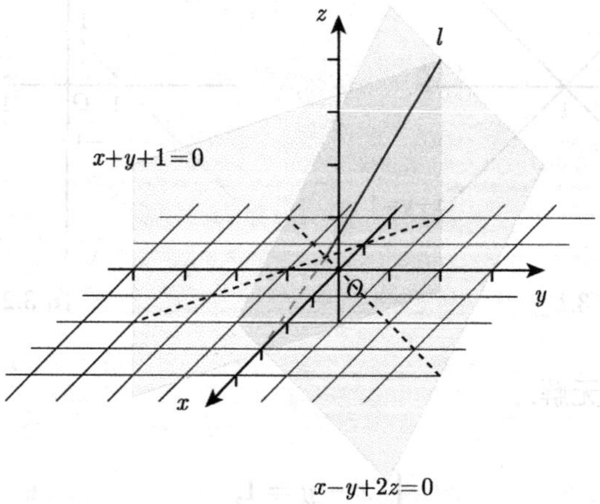

图 3.4

该方程组的解可表示为参数形式

$$\begin{cases} x=-\dfrac{1}{2}-t, \\ y=-\dfrac{1}{2}+t, \\ z=t. \end{cases}$$

除去代表未知量的 $x_1,x_2,\cdots,x_n$ 外, 线性方程(3.1) 可以用下面的矩阵

$$\overline{A}=\begin{pmatrix} a_{11} & a_{12} & \cdots & a_{1n} & b_1 \\ a_{21} & a_{22} & \cdots & a_{2n} & b_2 \\ \vdots & \vdots & & \vdots & \vdots \\ a_{m1} & a_{m2} & \cdots & a_{mn} & b_m \end{pmatrix}$$

来表示, 且此矩阵称为线性方程组(3.1) 的**增广矩阵** (augumented matrix). 增广矩阵的这种记法最早出现在我国著名的数学著作《九章算术》里, 这些系数是按列而不是像今天那样按行排列的. 史密斯 (Henry J. S. Smith, 1826—1883) 在 1861 年的文章中就引入了增广矩阵和非增广矩阵的概念; 在道奇森出版的 *An Elementary Theory of Determinants* (1867) 可发现现代的充要条件: 线性方程组有解当且仅当增广矩阵的秩等于系数矩阵的秩 (19 世纪的数学家们当时还是用增广和非增广行列式来叙述相关结果的), 见定理 3.1.1. 增广矩阵这一术语的实际使用, 似乎是由美国数学家马克西姆 · 布舍尔 (Maxime Bôcher, 1867—1918) 在 1907 年出版的 *Introduction to Higher Algebra* 一书中引入的.

定义 3.1.2 有序数组 $(c_1,c_2,\cdots,c_n)$ 称为线性方程组(3.1) 的一个**解**, 如果未知量 $x_1,x_2,\cdots,x_n$ 分别用 $c_1,c_2,\cdots,c_n$ 代替后, (3.1) 的每个等式变成恒等式. 方程组(3.1) 的解的全体称为它的**解集合**. 如果两个方程组有相同的解集合, 那么它们就称为**同解的**.

在中学使用的加减消元法或代入消元法解二元或三元线性方程组的方法, 本质上是对线性方程组施行以下三种同解变形, 对应于对线性方程组的增广矩阵施行相应的初等行变换 (表 3.1).

表 3.1

	方程组的同解变形	增广矩阵的初等行变换
换法变换	互换两个方程的位置	互换两行
倍法变换	用一非零的数乘某一方程	用一非零的数乘某一行
消法变换	第 j 个方程的 c 倍加到第 i 个方程	第 j 行的 c 倍加到第 i 行

例 3.1.2 用消元法解线性方程组

$$\begin{cases} x_1 - x_2 + x_3 = 1, \\ x_1 - x_2 - x_3 = 3, \\ 2x_1 - 2x_2 - x_3 = 5. \end{cases}$$

解 我们使用消元法解线性方程组, 本质上是对方程组进行同解变形, 或等价地, 对增广矩阵进行相应的行初等变换.

$$\begin{cases} x_1 - x_2 + x_3 = 1, \\ x_1 - x_2 - x_3 = 3, \\ 2x_1 - 2x_2 - x_3 = 5 \end{cases} \iff \begin{pmatrix} 1 & -1 & 1 & 1 \\ 1 & -1 & -1 & 3 \\ 2 & -2 & -1 & 5 \end{pmatrix},$$

$$\downarrow \qquad\qquad \downarrow$$

$$\begin{cases} x_1 - x_2 + x_3 = 1, \\ -2x_3 = 2, \\ -3x_3 = 3 \end{cases} \iff \begin{pmatrix} 1 & -1 & 1 & 1 \\ 0 & 0 & -2 & 2 \\ 0 & 0 & -3 & 3 \end{pmatrix},$$

$$\downarrow \qquad\qquad \downarrow$$

$$\begin{cases} x_1 - x_2 + x_3 = 1, \\ x_3 = -1, \\ -3x_3 = 3 \end{cases} \iff \begin{pmatrix} 1 & -1 & 1 & 1 \\ 0 & 0 & 1 & -1 \\ 0 & 0 & -3 & 3 \end{pmatrix},$$

$$\downarrow \qquad\qquad \downarrow$$

$$\begin{cases} x_1 - x_2 + x_3 = 1, \\ x_3 = -1, \\ 0 = 0 \end{cases} \iff \begin{pmatrix} 1 & -1 & 1 & 1 \\ 0 & 0 & 1 & -1 \\ 0 & 0 & 0 & 0 \end{pmatrix},$$

$$\downarrow \qquad\qquad \downarrow$$

$$\begin{cases} x_1 - x_2 = 2, \\ x_3 = -1, \\ 0 = 0 \end{cases} \iff \begin{pmatrix} 1 & -1 & 0 & 2 \\ 0 & 0 & 1 & -1 \\ 0 & 0 & 0 & 0 \end{pmatrix}.$$

由此可得线性方程组的一般解

$$\begin{cases} x_1 = 2 + x_2, \\ x_3 = -1, \end{cases}$$

其中 x_2 是自由未知量.

上面将增广矩阵化为行阶梯形的过程称为高斯消元法①. 用消元法解线性方程组的过程, 相当于利用初等行变换将增广矩阵化为行阶梯形矩阵的过程, 不妨设 (若需要, 进行有限次初等列对换, 此过程仅仅对调了方程组未知量的位置)

$$\overline{A}=(A\ b)\to\begin{pmatrix} c_{11} & c_{12} & \cdots & c_{1r} & c_{1,r+1} & \cdots & c_{1n} & d_1 \\ & c_{22} & \cdots & c_{2r} & c_{2,r+1} & \cdots & c_{2n} & d_2 \\ & & \ddots & \vdots & \vdots & & \vdots & \vdots \\ & & & c_{rr} & c_{r,r+1} & \cdots & c_{rn} & d_r \\ & & & 0 & 0 & \cdots & 0 & d_{r+1} \\ & & & 0 & 0 & \cdots & 0 & 0 \\ & & & \vdots & \vdots & & \vdots & \vdots \\ & & & 0 & 0 & \cdots & 0 & 0 \end{pmatrix}, \qquad (3.2)$$

其中 $r=r(A)$. 这对应于阶梯形方程组

$$\begin{cases} c_{11}x_1+c_{12}x_2+\cdots+c_{1r}x_r+\cdots+c_{1n}x_n=d_1, \\ c_{22}x_2+\cdots+c_{2r}x_r+\cdots+c_{2n}x_n=d_2, \\ \cdots\cdots \\ c_{rr}x_r+\cdots+c_{rn}x_n=d_r, \\ 0=d_{r+1}, \\ 0=0, \\ \cdots\cdots \\ 0=0, \end{cases}$$

其中 $c_{ii}\neq 0, i=1,2,\cdots,r$. 分两种情况讨论:

(1) 当 $d_{r+1}\neq 0$ 时, $r(\overline{A})\neq r(A)$, (3.1) 含有矛盾方程, 无解. 此时也称线性方程组(3.1)不相容.

(2) 当 $d_{r+1}=0$ 时, $r(\overline{A})=r(A)$, 继续利用初等行变换可以将(3.1) 中的行阶梯形矩阵化为行最简阶梯形矩阵

① 最早出现于《九章算术》.

$$\overline{A} \to \begin{pmatrix} 1 & 0 & \cdots & 0 & d_{1,r+1} & \cdots & d_{1n} & e_1 \\ & 1 & \cdots & 0 & d_{2,r+1} & \cdots & d_{2n} & e_2 \\ & & \ddots & \vdots & \vdots & & \vdots & \vdots \\ & & & 1 & d_{r,r+1} & \cdots & d_{rn} & e_r \\ & & & 0 & 0 & \cdots & 0 & 0 \\ & & & \vdots & \vdots & & \vdots & \vdots \\ & & & 0 & 0 & \cdots & 0 & 0 \end{pmatrix}. \tag{3.3}$$

(i) 当 $r = n$ 时, (3.3) 对应于

$$\begin{cases} x_1 = e_1, \\ x_2 = e_2, \\ \quad \cdots\cdots \\ x_n = e_n \end{cases}$$

是方程组 (3.1) 的唯一解;

(ii) 当 $r < n$ 时, (3.3) 对应于

$$\begin{cases} x_1 = e_1 - d_{1,r+1}x_{r+1} - \cdots - d_{1n}x_n, \\ x_2 = e_2 - d_{2,r+1}x_{r+1} - \cdots - d_{2n}x_n, \\ \qquad \cdots\cdots \\ x_r = e_r - d_{r,r+1}x_{r+1} - \cdots - d_{rn}x_n \end{cases}$$

是线性方程组 (3.1) 的**一般解**, 即任给 $x_{r+1}, \cdots, x_n$ 一组值, 都可以唯一地确定出 $x_1, \cdots, x_r$ 的值, 也就是定出方程组 (3.1) 的一个解, 而 $x_{r+1}, \cdots, x_n$ 称为一组**自由未知量**. 显然, 这时 (3.1) 有无穷多个解.

综上, 我们立即有如下定理.

定理 3.1.1　设 $Ax = b$ 是非齐次线性方程组, 则

(1) $Ax = b$ 无解当且仅当 $r(A) \neq r(\overline{A})$.

(2) $Ax = b$ 有解当且仅当 $r(A) = r(\overline{A})$, 此时,

若 $r(A) = r(\overline{A}) = n$, 方程组有唯一解;

若 $r(A) = r(\overline{A}) < n$, 方程组有无穷多解.

推论 3.1.1　齐次线性方程组 $Ax = 0$ 有非零解的充要条件是 $r(A) < n$.

例 3.1.3 当 λ 取何值时, 线性方程组

$$\begin{cases} x_1+\lambda x_2-x_3=1, \\ 2x_1+3x_2+\lambda x_3=5, \\ x_1+x_2-x_3=1, \end{cases}$$

(1) 有解? (2) 有唯一解? (3) 无解?

解 对增广矩阵作初等行变换, 化为

$$\left(\begin{array}{ccc|c} 1 & \lambda & -1 & 1 \\ 2 & 3 & \lambda & 5 \\ 1 & 1 & -1 & 1 \end{array}\right) \to \left(\begin{array}{ccc|c} 1 & 1 & -1 & 1 \\ 0 & 1 & \lambda+2 & 3 \\ 0 & 0 & (\lambda+2)(1-\lambda) & 3(1-\lambda) \end{array}\right).$$

当 $\lambda \neq 1,-2$ 时, $r(\bar{A})=3=r(A)$, 方程组有解, 且有唯一解;

当 $\lambda=1$ 时, $r(\bar{A})=2, r(A)=2$, 方程组有无穷多解;

当 $\lambda=-2$ 时, $r(A)=2, r(\bar{A})=3$, 方程组无解.

我们仅给出了线性方程组 $Ax=b$ 有解的判定方法, 当 $Ax=b$ 有解时, 如何求出它的所有解, 将需要线性空间的相关知识.

线性方程组的方法可用来解决某些矩阵方程有解的判定问题.

定理 3.1.2 矩阵方程 $AX=B$ 有解的充要条件是 $r(A)=r(A,\ B)$.

证明 设 $r(A)=r$. 记 $X=(X_1,X_2,\cdots,X_s)$, $B=(B_1,B_2,\cdots,B_s)$, 则矩阵方程 $AX=B$ 有解等价于 $AX_i=B_i (i=1,2,\cdots,s)$ 有解.

设用初等行变换将 A 化为阶梯形矩阵 J 的同时, 同样的初等行变换将 B 化为 C. 记 $C=(C_1,C_2,\cdots,C_s)$ 为矩阵 C 的列分块. 由 $AX_i=B_i$ 有解知 C_i 的后 $m-r$ 个分量全为零, $i=1,2,\cdots,s$. 故

$$\begin{aligned} AX=B \text{ 有解} &\Longleftrightarrow AX_i=B_i \text{ 有解}, i=1,2,\cdots,s \\ &\Longleftrightarrow r(A)=r(A,B_i) \\ &\Longleftrightarrow C_i \text{ 的后} m-r \text{ 个分量全为零}, i=1,2,\cdots,s \\ &\Longleftrightarrow C=(C_1,C_2,\cdots,C_s) \text{ 的后 } m-r \text{ 行全为零} \\ &\Longleftrightarrow r(A,B)=r(J,C)=r(J)=r(A). \end{aligned}$$

□

当 A 可逆时, $X=A^{-1}B$ 可由如下初等变换法求出

$$(A,\ B) \xrightarrow{\text{初等行变换}} (E,\ A^{-1}B).$$

类似地, 我们也可以得到 $XA=B$ 以及 $AXB=C$ 的有解判定条件及求法.

思考 对于一些其他类型的矩阵方程, 例如习题 2.10(C)10 就给出了矩阵方程

$$XA - BY = C$$

的有解判定条件, 即 $r\begin{pmatrix} A & O \\ O & B \end{pmatrix} = r\begin{pmatrix} A & O \\ C & B \end{pmatrix}$. 你能探究一下矩阵方程

$$XA + BX = C$$

有解的充要条件吗?

拓展阅读

I) 克拉默悖论与线性方程组

早在 1744 年, 瑞士数学家克拉默注意到, 由贝祖定理, 由两个二元三次方程组成的方程组至多有九组解, 因而两条三次曲线至多有九个交点; 另一方面, 三次曲线的一般方程为

$$x^3 + a_1x^2y + a_2xy^2 + a_3y^3 + a_4x^2 + a_5xy + a_6y^2 + a_7x + a_8y + a_9 = 0,$$

其中 $a_1, a_2, \cdots, a_9$ 为待定系数. 代入平面上 9 个点的坐标 (x_i, y_i), $i = 1, 2, \cdots, 9$ 得到 9 个线性方程, 联立可解出这 9 个未知系数, 从而平面上的 9 个点可唯一地确定一条三次曲线. 这似乎出现了一个悖论"两条三次曲线交于 9 个点"与"9 个点唯一地确定一条三次曲线"不可能同时成立! 在线性代数尚未创立的那个年代, 这是一个匪夷所思的问题, 史称克拉默悖论.

1744 年 9 月 30 日, 克拉默在写给著名数学家欧拉的信中提出了这个问题. 在接下来的几年里, 欧拉一直在寻找这个矛盾产生的源头. 1748 年, 欧拉发表了一篇题为 *Surune contradiction apparente dans la doctrine des lignes courbes* (《关于曲线规律中的一个明显的矛盾》) 的文章, 尝试着解决这一难题. 他发现, 由平面上的 9 个点所得到的 9 个方程不一定是相互独立的, 可能会有冗余方程. 在没有线性代数的年代, 解释这件事情并不容易. 欧拉举了一个简单的例子:

$$\begin{cases} 2x - 3y + 5z = 8, \\ 3x - 5y + 7z = 9, \\ \ \ x - \ \ y + 3z = 7. \end{cases}$$

这是由三个方程、三个未知数组成的方程组, 却没有唯一解, 因为后两个方程之和恰好是第一个方程的 2 倍, 因此第一个方程可以看作是冗余方程, 不能提供任何"新的信息".

对于克拉默悖论，欧拉指出由平面上的 9 个点所得到的 9 个方程也可能存在冗余方程，从而无法“唯一地确定一条三次曲线”. 但究竟什么叫做一个方程“提供了新的信息”，用什么来衡量方程组里的“信息量”，怎样的方程组有唯一解，欧拉也承认，“要想给出一般情况下的公式是很困难的”.

欧拉提出的这些遗留问题太具启发性了，当时的数学研究者们看到之后必然是热血沸腾. 包括克拉默在内的数学家们沿着欧拉的思路继续研究下去，终于逐步揭开了线性方程组中所隐藏的秘密：向量的线性表示、相性相关 (无关) 以及向量组的秩等线性空间理论，一个强大的数学新工具——线性代数，逐渐开始成形并蓬勃发展.

II) 高斯消元法

尽管高斯消元法的版本早就为人所知，但当伟大的德国数学家高斯 (C. F. Gauss) 用它来帮助从有限的数据计算谷神星小行星的轨道时，它在科学计算中的重要性就变得很清楚了. 1801 年 1 月 1 日，西西里岛天文学家、天主教牧师朱塞佩·皮亚齐 (G. Piazzi, 1746—1826) 注意到一个他认为可能是“失踪行星”的暗淡天体，他将这个天体命名为谷神星 (Ceres)，并进行了有限数量的位置观测，但当它接近太阳时，就失去了这个天体. 当时只有 24 岁的高斯利用一种叫做“最小二乘法”(详见 7.6 节) 的技术从有限的数据中计算出谷神星的轨道，并用我们现在称之为“高斯消元法”的方法解出的方程组. 一年后谷神星在处女座以他所预测的几乎精确的位置再次出现时，高斯的工作引起了轰动！该方法的基本思想是由德国工程师若尔当在 1888 年出版的大地测量学的著作 *Houth Buffer-Der-Meunung Sunund* 中进一步推广的，因此也将增广矩阵化为行最简阶梯形的过程称为高斯-若尔当消元法.

III) LU 分解

英国数学家图灵 (A.M. Turing, 1912—1954) 是 20 世纪伟大的天才之一，是人工智能领域的奠基人. 尽管矩阵 LU 分解的思想早就为人所知，但 1948 年图灵在这个问题上做了大量的工作，使 LU 分解算法得到广泛的应用，目前已成为许多计算机算法的基础.

高斯消元法或高斯-若尔当消元法是求解小规模线性方程组的有效方法. 当线性方程组的规模非常大时，由于计算机的舍入误差、内存使用及运算速度等的限制，上述消元法求解线性方程组是不方便的. 我们将介绍用于求解含 n 个未知数、n 个方程的线性方程组的一种新方法，其核心思想是将其系数矩阵分解为上、下三角矩阵的乘积，称为矩阵的 LU 分解.

设线性方程组为 $Ax = b$，假设

$$A = LU,$$

其中 L 是下三角矩阵, U 是上三角矩阵. 则 $Ax = b$ 可写为

$$LUx = b.$$

令 $Ux = y$, 则 $Ax = b$ 可写成两个线性方程组

$$Ly = b,$$
$$Ux = y.$$

注意到 L 是下三角矩阵, 所以利用代入法很容易从 $Ly = b$ 解出 y; 因为 U 是上三角矩阵, 再利用回代, 容易从 $Ux = y$ 解出 x.

例如, 设 $A = \begin{pmatrix} 2 & 6 & 2 \\ -3 & -8 & 0 \\ 4 & 9 & 2 \end{pmatrix}$ 有 LU 分解.

$$A = \begin{pmatrix} 2 & 0 & 0 \\ -3 & 1 & 0 \\ 4 & -3 & 7 \end{pmatrix} \begin{pmatrix} 1 & 3 & 1 \\ 0 & 1 & 3 \\ 0 & 0 & 1 \end{pmatrix},$$

则线性方程组

$$\begin{pmatrix} 2 & 6 & 2 \\ -3 & -8 & 0 \\ 4 & 9 & 2 \end{pmatrix} \begin{pmatrix} x_1 \\ x_2 \\ x_3 \end{pmatrix} = \begin{pmatrix} 2 \\ 2 \\ 3 \end{pmatrix}$$

可重写为

$$\begin{pmatrix} 2 & 0 & 0 \\ -3 & 1 & 0 \\ 4 & -3 & 7 \end{pmatrix} \begin{pmatrix} y_1 \\ y_2 \\ y_3 \end{pmatrix} = \begin{pmatrix} 2 \\ 2 \\ 3 \end{pmatrix}, \tag{3.4}$$

$$\begin{pmatrix} 1 & 3 & 1 \\ 0 & 1 & 3 \\ 0 & 0 & 1 \end{pmatrix} \begin{pmatrix} x_1 \\ x_2 \\ x_3 \end{pmatrix} = \begin{pmatrix} y_1 \\ y_2 \\ y_3 \end{pmatrix}. \tag{3.5}$$

线性方程组(3.4)等价于

$$\begin{cases} 2y_1 = 2, \\ -3y_1 + y_2 = 2, \\ 4y_1 - 3y_2 + 7y_3 = 3. \end{cases}$$

利用代入法可直接解出

$$y_1 = 1, \quad y_2 = 5, \quad y_3 = 2.$$

代入(3.5), 可解出

$$x_1 = 2, \quad x_2 = -1, \quad x_3 = 2.$$

那么如何求矩阵 A 的 LU 分解呢? 我们有如下定理.

定理 3.1.3 若 n 阶方阵 A 只经过倍法变换 $P_i(k)$ 和消法变换 $P_{ij}(k)(i>j)$ 就化为行阶梯形矩阵 U, 则 A 有 LU 分解 $A = LU$, 其中 L 是下三角矩阵.

证明 设

$$P_s \cdots P_2 P_1 A = U,$$

其中 P_i 是题设要求的倍法矩阵或消法矩阵, U 是行阶梯形矩阵. 令

$$P = P_s \cdots P_2 P_1, \quad L = P^{-1},$$

则 P 与 L 都是下三角矩阵, 且 $A = LU$. □

设 A 是 n 阶方阵, 则 A 的第 $1,2,\cdots,k$ 行与第 $1,2,\cdots,k$ 列交叉位置的元素排成的 k 阶行列式称为 A 的 k 阶顺序主子式, 记作 $A(1,2,\cdots,k)$. 我们有如下更一般的定理 (略去证明).

定理 3.1.4 设 A 是 n 阶方阵, $r(A) = r$. 若

$$A(1,2,\cdots,k) \neq 0, \quad k = 1,2,\cdots,r,$$

则 $A = LU$, 其中 L 是下三角矩阵, U 是上三角矩阵.

由定理 3.1.3 的证明过程可以得到用初等变换法求 LU 分解的方法:

$$\begin{pmatrix} A & E \\ E & \end{pmatrix} \xrightarrow{\text{前 } n \text{ 行倍法、消法变换}} \begin{pmatrix} U & P \\ & E \end{pmatrix} \xrightarrow[\text{后 } n \text{ 列初等列变换}]{} \begin{pmatrix} U & E \\ & L \end{pmatrix}.$$

如果 A 不满足定理 3.1.3 的条件, 则在实际应用中我们往往对 A 作 “预调整”, 对 A 预先作一系列的行换法变换, 即左乘

$$Q = Q_t \cdots Q_2 Q_1, \quad Q_i \text{ 是换法矩阵}, \quad i = 1,2,\cdots,s$$

使得 QA 满足定理 3.1.3 的条件, 从而

$$QA = LU.$$

注意到 Q 是置换矩阵, 从而可逆, 因此左乘 Q 不改变线性方程组 $Ax = b$ 的解. 所以求解 $Ax = b$ 相当于求解 $QAx = Qb$ 或 $LUx = Qb$.

习　题　3.1

(A)

1. 用初等变换解方程组:

(1) $\begin{cases} 3x_1+4x_2-5x_3+7x_4=0, \\ 2x_1-3x_2+3x_3-2x_4=0, \\ 4x_1+11x_2-13x_3+16x_4=0, \\ 7x_1-2x_2+x_3+3x_4=0; \end{cases}$　(2) $\begin{cases} 2x_1+x_2-x_3+x_4=1, \\ 3x_1-2x_2+2x_3-3x_4=2, \\ 5x_1+x_2-x_3+2x_4=-1, \\ 2x_1-x_2+x_3-3x_4=4. \end{cases}$

2. 当 λ 取何值时, 线性方程组

$$\begin{cases} \lambda x_1+x_2+x_3=1, \\ x_1+\lambda x_2+x_3=\lambda, \\ x_1+x_2+\lambda x_3=\lambda^2. \end{cases}$$

(1) 有唯一解?　(2) 无解?　(3) 有无穷多解?

3. 设三个平面的位置关系如图 3.5 所示.

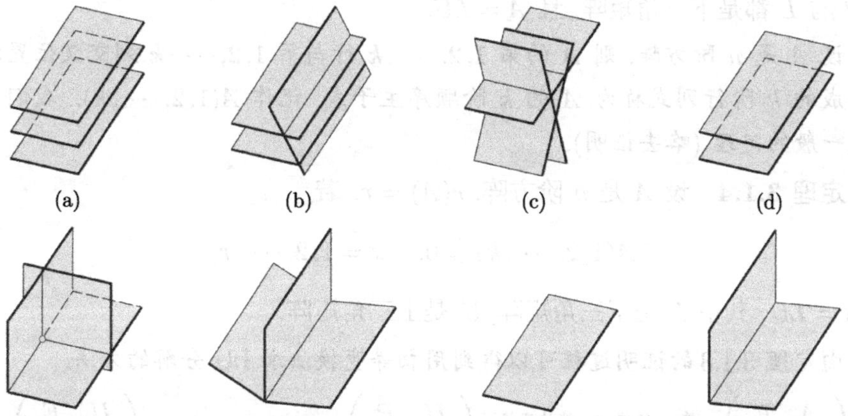

(a)　(b)　(c)　(d)

(e)　(f)　(g)　(h)

图 3.5

其中图 (d) 和 (h) 都有 2 个平面重合, 图 (c) 平面的交线两两平行, 图 (g) 3 个平面重合. 它们的方程分别为

$$a_{i1}x+a_{i2}y+a_{i3}z=d_i \quad (i=1,2,3).$$

对每种情形试计算线性方程组

$$\begin{cases} a_{11}x_1+a_{12}x_2+a_{13}x_3=d_1, \\ a_{21}x_1+a_{22}x_2+a_{23}x_3=d_2, \\ a_{31}x_1+a_{32}x_2+a_{33}x_3=d_3 \end{cases}$$

的系数矩阵与增广矩阵的秩, 并由此讨论解的情况.

3.2 线性空间的定义与基本性质

向量的概念, 即可以代表力、速度或加速度的大小和方向的有向线段的概念. 亚里士多德 (Aristotle) 就知道力可以表示成向量, 两个力的合成可以用著名的平行四边形法则求得; 斯蒂文 (Simon Stevin) 在静力学问题中使用平行四边形法则, 伽利略 (Galileo) 清楚地叙述了这个定律. 英国伟大的数学物理学家麦克斯韦 (J. C. Maxwell, 1831—1879) 基于分开处理由哈密顿 (Hamilton) 发明的四元数的数量部分与向量部分, 揭开了向量分析的序幕. 一个新的独立的课题, 三维向量分析的开创, 以及同四元数的正式分裂, 在 19 世纪 80 年代由耶鲁学院的数学物理教授吉布斯 (J. W. Gibbs) 和工程师赫维赛德 (O. Heaviside) 所独立建立. 1844 年, 德国数学家格拉斯曼 (H. G. Grassmann, 1809—1877) 发表了关于含有 n 个分量的向量 (超复数) 的研究.

在 18、19 世纪中, 使用有序数对和实数三元组表示二维空间和三维空间中的点的思想是众所周知的. 到了 20 世纪初, 数学家和物理学家正在探索"高维"空间在数学和物理学中的应用. 今天, 即使是外行也熟悉时间作为第四维度的概念, 这是爱因斯坦在发展广义相对论时使用的四维时空的概念. 今天, 在"弦理论"领域工作的物理学家们通常使用 11 维空间来寻求一个统一的理论来解释自然界的基本力量是如何工作的. 因此, n 维向量空间的概念得到了广泛的应用.

"抽象向量空间"的概念经过多年的发展, 有许多贡献者. 格拉斯曼在 1862 年出版了《扩张论》, 这是他 1844 年发表的《线性扩张论》的修订版. 他在该书中讨论了不特定元素的抽象系统, 并在这些抽象系统上定义了加法和标量乘法的形式运算. 格拉斯曼的作品颇有争议, 包括柯西在内的其他人对这一观点提出了合理的主张. 在抽象的线性空间里, 向量不再仅仅是"有序数组", 可能是多项式、连续函数、矩阵等不特定的对象.

我们首先介绍 n 维向量及向量空间的概念.

定义 3.2.1 数域 F 上一个 n **维向量**就是由数域 F 中的 n 个数组成的有序数组, 记作

$$\alpha=\begin{pmatrix}a_1\\a_2\\\vdots\\a_n\end{pmatrix}\quad\Big(\text{或 }\alpha=(a_1,a_2,\cdots,a_n)\Big),$$

称为 n 维列向量 (或行向量), 其中 a_i 称为向量 α 的**第 i 个分量**. 分量全为零的

向量称为**零向量**, 记作 0.

如无特殊说明, 本书中的向量总指列向量, 有时简记作 $(a_1, a_2, \cdots, a_n)^{\mathrm{T}}$.

定义 3.2.2　对 $1 \leqslant i \leqslant n$, 向量 $e_i = (0, \cdots, 0, \underset{i}{1}, 0, \cdots, 0)^{\mathrm{T}}$ 称为第 i 个 n **维标准单位向量**. $e_1, e_2, \cdots, e_n$ 称为 n 维标准单位向量组.

例如, 当 $n = 3$ 时, $e_1 = \begin{pmatrix} 1 \\ 0 \\ 0 \end{pmatrix}, e_2 = \begin{pmatrix} 0 \\ 1 \\ 0 \end{pmatrix}, e_3 = \begin{pmatrix} 0 \\ 0 \\ 1 \end{pmatrix}$ 可如图 3.6 所示.

例 3.2.1 (RGB 颜色模型)　RGB (Red, Green, Blue) 颜色模型称为与设备相关的颜色模型, 通常使用于彩色阴极射线管等彩色光栅图形显示设备中, 它采用三维直角坐标系. 红、绿、蓝原色是加性原色, 各个原色混合在一起可以产生复合色, 如图 3.7 所示.

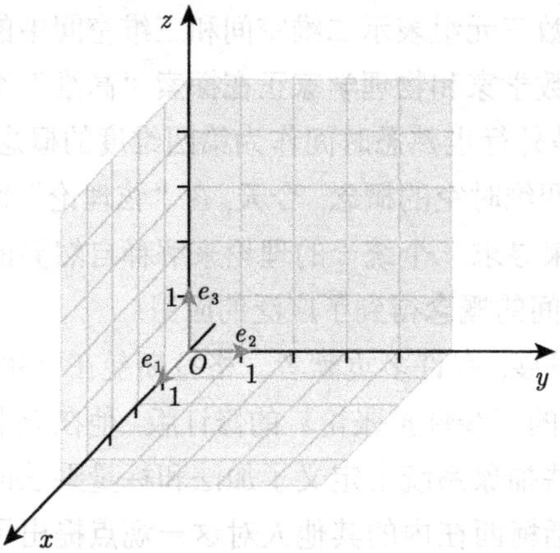

图 3.6

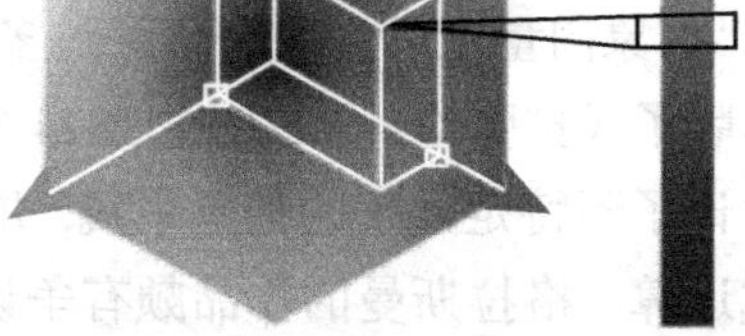

图 3.7

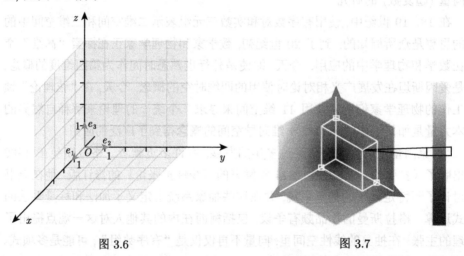

三维空间 $\mathbb{R}^3$ 中的每个向量 $c = (k_1, k_2, k_3)^{\mathrm{T}}$ 都表示一种颜色, 如图 3.8 所示.

例 3.2.2　单色 (黑白) 图像是由 $m \times n$ 个像素 (具有统一灰度级别的正方形面片) 组成的阵列, 有 m 行 n 列. 每个像素位置都有一个灰度或强度值, 0 对应于黑色, 1 对应于亮白色 (也可使用 0—255 内的数). 图像既可以由 $m \times n$ 的矩阵表示, 也可由长度为 mn 的向量表示, 元素在像素位置给出灰度级, 通常按列或行顺序排列. 图 3.9 显示了一个简单的例子, 一个 8×8 的图像 (这是一个非常低的分辨率, m 和 n 的典型值是成百上千的).

按行排列的向量分量, 关联的 64 向量是 $x = (0.65, 0.05, 0.20, \cdots, 0.28, 0.00, 0.90)$. 彩色 $m \times n$ 像素图像由长度为 $3mn$ 的向量描述, 其中以某种商定的顺序

给出每个像素的 R、G 和 B 值的分量.

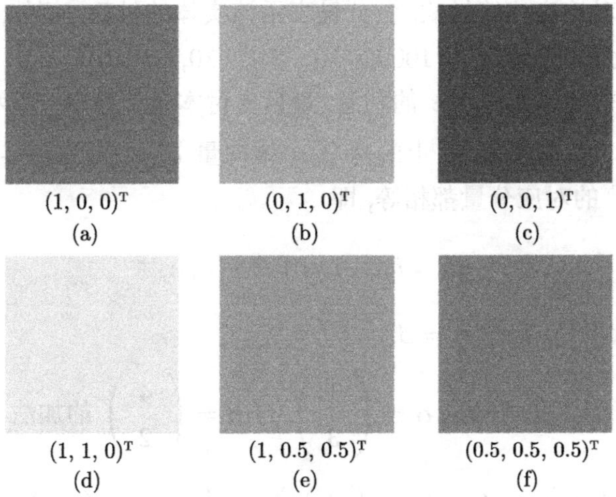

图 3.8

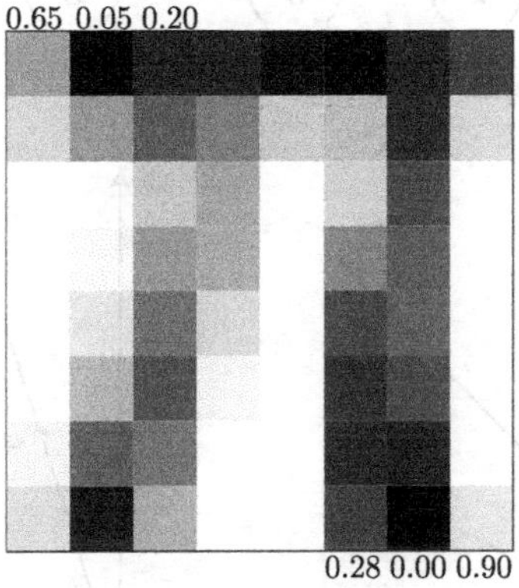

图 3.9

例 3.2.3 一个 n 维向量 $\alpha = (a_1, a_2, \cdots, a_n)^{\mathrm{T}}$ 可以表示一个股票投资组合或对 n 个不同资产的投资, a_i 给出了持有的资产的股份数. 例如, 向量 $\alpha = (100, 50, 20)^{\mathrm{T}}$ 表示由 100 股资产 1、50 股资产 2 和 20 股资产 3 组成的投资组合. 空头头寸 (即欠另一方的股份) 由投资组合向量中的负分量表示.

例 3.2.4 向量也可以表示股票的日回报率, 即股票价值在一天内的微小增加 (如果为负, 则为减少). 例如, 时间序列向量 $\alpha = (-0.022, 0.014, 0.004)^{\mathrm{T}}$ 意味着股价在第一天下跌 2.2%, 第二天上涨 1.4%, 第三天再次上涨 0.4%. 在本例中, 样本在时间上不是均匀分布的; 指数是指交易日, 不包括周末或市场假日. 向量可以表示资产任何其他利息数量 (如价格或数量) 的每日 (或季度、每小时或每分钟) 价值.

例 3.2.5 现金流入和流出一个实体 (例如, 一个公司) 可以用一个向量来表示, 正分量表示对该实体的付款, 负分量表示该实体的付款. 例如, 在每个季度都有现金流的分量下, 向量 $\alpha = (1000, -10, -10, -10, -1010)^{\mathrm{T}}$ 表示 1000 美元的一年期贷款, 每个季度只支付 1% 的利息, 最后支付本金和最后一笔利息.

定义 3.2.3 如果数域 F 上的两个 n 维向量 $\alpha = (a_1, a_2, \cdots, a_n)^{\mathrm{T}}$ 和 $\beta = (b_1, b_2, \cdots, b_n)^{\mathrm{T}}$ 的对应分量都相等, 即

$$a_i = b_i, \quad i = 1, 2, \cdots, n,$$

则称这两个向量相等, 记作 $\alpha = \beta$.

中学阶段我们就知道向量 $\alpha = \begin{pmatrix} 1 \\ 3 \end{pmatrix}$ 与 $\beta = \begin{pmatrix} 4 \\ 2 \end{pmatrix}$ 的加法与数乘

$$\begin{pmatrix} 1 \\ 3 \end{pmatrix} + \begin{pmatrix} 4 \\ 2 \end{pmatrix} = \begin{pmatrix} 5 \\ 5 \end{pmatrix}; \quad 2\begin{pmatrix} 1 \\ 3 \end{pmatrix} = \begin{pmatrix} 2 \\ 6 \end{pmatrix}.$$

从几何上看, 向量的加法满足平行四边形法则, 如图 3.10 所示.

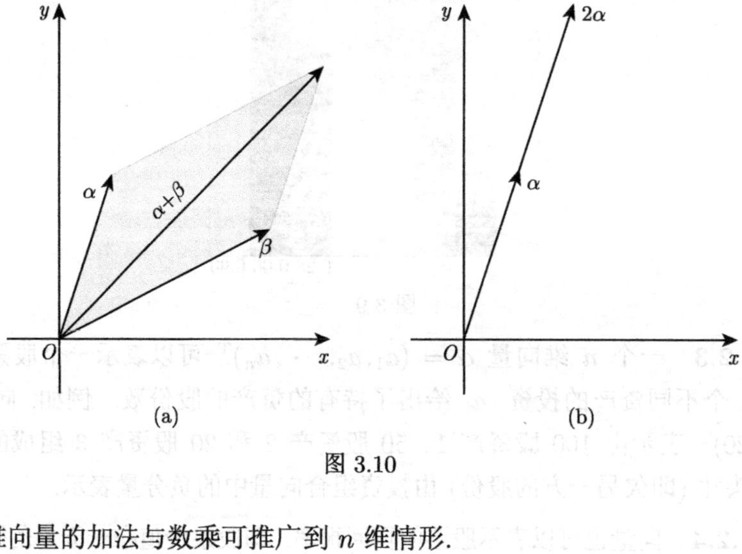

图 3.10

二维向量的加法与数乘可推广到 n 维情形.

定义 3.2.4 向量 $\alpha = (a_1, a_2, \cdots, a_n)^{\mathrm{T}}$ 与 $\beta = (b_1, b_2, \cdots, b_n)^{\mathrm{T}}$, $a_i, b_i \in \mathrm{F}$ 的和定义为向量

$$(a_1 + b_1, a_2 + b_2, \cdots, a_n + b_n)^{\mathrm{T}},$$

记作 $\alpha + \beta$.

向量 $\alpha=(a_1,a_2,\cdots,a_n)^{\mathrm{T}}$ 的**负向量**定义为 $-\alpha=(-a_1,-a_2,\cdots,-a_n)^{\mathrm{T}}$. 由此我们可以定义 $\alpha-\beta:=\alpha+(-\beta)$.

定义 3.2.5 设 $k\in\mathrm{F}$, 向量

$$(ka_1,ka_2,\cdots,ka_n)^{\mathrm{T}}$$

称为向量 $\alpha=(a_1,a_2,\cdots,a_n)^{\mathrm{T}}$ 与数 k 的数量乘积, 简称数乘, 记作 $k\alpha$.

记 $\mathrm{F}^n=\{(a_1,a_2,\cdots,a_n)^{\mathrm{T}}|a_1,a_2,\cdots,a_n\in\mathrm{F}\}$ 为数域 F 上 n 维向量的全体, 则 F^n 中的向量关于加法与数乘满足

(1) $\alpha+\beta=\beta+\alpha$; (2) $(\alpha+\beta)+\gamma=\alpha+(\beta+\gamma)$;

(3) $\alpha+0=\alpha$; (4) $\alpha+(-\alpha)=0$;

(5) $1\alpha=\alpha$; (6) $(kl)\alpha=k(l\alpha)$;

(7) $(k+l)\alpha=k\alpha+l\alpha$; (8) $k(\alpha+\beta)=k\alpha+k\beta$,

其中 $\alpha,\beta,\gamma\in\mathrm{F}^n$, $k,l\in\mathrm{F}$.

定义 3.2.6 集合 F^n 连同如上定义的加法与数乘称为数域 F 上的 n 维向量空间.

n 维向量是中学阶段几何中二维或三维向量的推广. 历史上很长一段时间, 空间的向量结构并未被数学家们所认识, 直到 19 世纪末 20 世纪初, 人们才把空间的性质与向量的运算联系起来, 并开始研究与 F^n 所具有的相同八条运算性质的不特定对象的抽象空间结构. 在这些抽象的空间里, 元素不再仅仅是“有序数组”, 可能是多项式、连续函数、矩阵等不特定的对象. 由于它们具有与 n 维向量 (有序数组) 类似的加法与数乘运算, 以及相同的运算律, 我们也把这些抽象的元素称为“向量”, 它们所形成的集合称为“线性空间”, 或简单地称为向量空间. 这些空间中的向量比几何中的向量要广泛得多, 可以是任意数学对象或物理对象, 从而使线性代数的方法可以应用到更广阔的自然科学、经济学甚至社会科学中.

线性空间的现代定义是由佩亚诺于 1888 年以公理化的方式提出的, 是现代数学最基本的概念之一, 是定义其他概念的基础.

定义 3.2.7 设 V 是一个非空集合, F 是一数域. 定义加法与数量乘法两个运算

$$\begin{aligned}+:\ V\times V&\to V, & \cdot:\ \mathrm{F}\times V&\to V,\\ (\alpha,\beta)&\mapsto\alpha+\beta, & (k,\alpha)&\mapsto k\alpha.\end{aligned}$$

$\forall\alpha,\beta,\gamma\in V$, $k,l\in\mathrm{F}$, 满足

(1) 交换律: $\alpha+\beta=\beta+\alpha$;

(2) 结合律: $(\alpha+\beta)+\gamma=\alpha+(\beta+\gamma)$;

(3) 零元律: $\exists\theta\in V$, s.t. $\theta+\alpha=\alpha,\forall\alpha\in V$;

(4) 负元律: $\forall\alpha\in V,\exists\beta\in V$, s.t. $\alpha+\beta=\theta$;

(5) 幺元律: $1\alpha=\alpha$;

(6) 结合律: $(kl)\alpha=k(l\alpha)$;

(7) 分配律: $(k+l)\alpha=k\alpha+l\alpha$;

(8) 分配律: $k(\alpha+\beta)=k\alpha+k\beta$,

则 V 称为数域 F 上的线性空间, V 中的元素称为向量.

例 3.2.6 $V=\mathrm{F}^n$ 关于向量的加法与数量乘法作成数域 F 上的线性空间; 例如, $\mathbb{R},\mathbb{R}^2,\mathbb{R}^3$ 以及 $\mathbb{R}^n$ 就是最常见的实数域 $\mathbb{R}$ 上的线性空间.

例 3.2.7 $V=\mathrm{F}^{m\times n}$ 关于矩阵的加法与数量乘法作成数域 F 上的线性空间.

例 3.2.8 $V=\mathrm{F}[x]$ 关于多项式的加法与数量乘法作成数域 F 上的线性空间.

例 3.2.9 设集合 $V=C[a,b]$, $C(a,b)$ 或 $C(-\infty,\infty)$ 分别是区间 $[a,b],(a,b)$ 或者 $(-\infty,\infty)$ 上的连续函数的全体, 关于函数的加法与数量乘法作成数域 $\mathbb{R}$ 上的一个线性空间. 如图 3.11 所示.

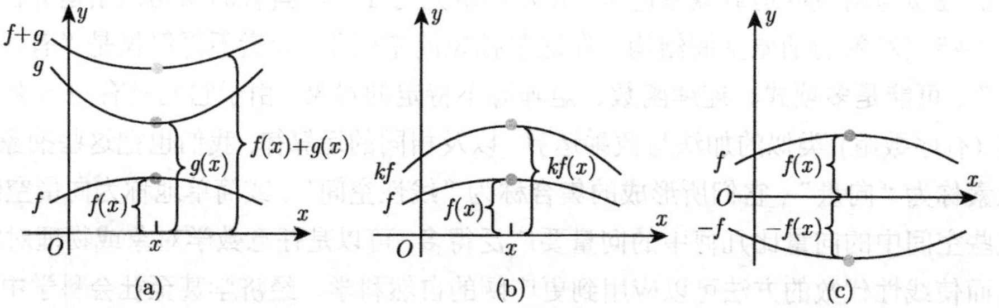

图 3.11

例 3.2.10 设 $V=C^\infty[a,b]$, $C^\infty(a,b)$ 或 $C^\infty(-\infty,\infty)$ 分别是区间 $[a,b],(a,b)$ 或者 $(-\infty,\infty)$ 上的无穷可微函数的全体, 关于函数的加法与数量乘法作成数域 $\mathbb{R}$ 上的线性空间.

例 3.2.11 设 V 是齐次线性方程组 $Ax=0$ 的解集, 则 V 关于向量的加法与数量乘法作成数域 F 上的一个线性空间.

例 3.2.12 设 $V=\mathbb{R}^+$ 为正实数的全体.

(1) 若加法与数量乘法为实数的加法与乘法, V 不能作成 $\mathbb{R}$ 上的线性空间. 因为数乘不封闭.

(2) 若定义加法与数量乘法如下:

$$a \oplus b = ab, \quad k \circ a = a^k,$$

则 $(V, \oplus, \circ)$ 作成 $\mathbb{R}$ 上的一个线性空间. 显然, 加法与数乘封闭; 加法满足交换律与结合律; 1 是零元, a 的负元是 a^{-1}; 而且, $1 \circ a = a^1 = a$, $(kl) \circ a = a^{kl} = (a^l)^k = (l \circ a)^k = k \circ (l \circ a)$, $(k+l) \circ a = a^{k+l} = a^k a^l = a^k \oplus a^l = (k \circ a) \oplus (l \circ a)$, $k \circ (a \oplus b) = k \circ ab = (ab)^k = a^k b^k = (k \circ a) \oplus (k \circ b)$.

例 3.2.13 设 $V = \{(a, b) \mid a, b \in \mathbb{R}\}$.

(1) 若加法与数乘为

$$(a, b) + (c, d) = (a + c, b + d), \quad k(a, b) = (ka, kb),$$

则 V 作成 $\mathbb{R}$ 上的线性空间.

(2) 若加法与数乘定义为

$$(a, b) \oplus (c, d) = (a + c, b + d + ac), \quad k \circ (a, b) = \left(ka, kb + \frac{k(k-1)}{2}a^2\right),$$

则 V 对于加法与数乘封闭, $(0, 0)$ 是零元, (a, b) 的负元是 $(-a, a^2 - b)$, 而且经过验证, 八条运算律成立, 因而 $(V, \oplus, \circ)$ 作成 $\mathbb{R}$ 上的线性空间.

例 3.2.14 关于数的加法与乘法, 复数域 $\mathbb{C}$ 作成实数域 $\mathbb{R}$ 上的线性空间, 但实数域 $\mathbb{R}$ 不能作成复数域 $\mathbb{C}$ 上的线性空间 (因为数乘不封闭).

例 3.2.15 设 $V = \{0\}$. 定义加法与数乘为 $0 + 0 = 0$, $k0 = 0$, $\forall k \in \mathrm{F}$. 则 V 关于以上定义的加法与数乘作成 F 上的线性空间, 称为零空间.

满足定义 3.2.7 中第 (3) 条的向量 θ 称为线性空间 V 的零元; 对 V 的零元 θ, 满足定义 3.2.7 中第 (4) 条的向量 β 称为 α 的负元.

命题 3.2.1 (基本性质) 设 V 是数域 F 上的线性空间, 则

(1) V 中的零元唯一, 且记 V 中零元为 0.

(2) V 中任意元素的负元唯一, $\alpha \in V$ 的唯一的负元记作 $-\alpha$.

(3) $0\alpha = 0$, $k0 = 0$, $(-1)\alpha = -\alpha$.

(4) $k\alpha = 0 \Longleftrightarrow k = 0$ 或 $\alpha = 0$.

证明 (1) 设 $0_1, 0_2$ 是 V 中的两个零元, 则

$$0_1 = 0_2 + 0_1 = 0_1 + 0_2 = 0_2.$$

(2) 假设 β_1, β_2 是 α 的两个负元, 即 $\alpha+\beta_1=0=\alpha+\beta_2$, 则

$$\beta_1=\beta_1+0=\beta_1+(\alpha+\beta_2)=(\beta_1+\alpha)+\beta_2=0+\beta_2=\beta_2.$$

(3) 因为

$$\alpha+0\alpha=1\alpha+0\alpha=(1+0)\alpha=1\alpha=\alpha,$$

等式两边同时加上 $-\alpha$, 得 $0\alpha=0$.

类似地

$$\alpha+(-1)\alpha=1\alpha+(-1)\alpha=(1-1)\alpha=0\alpha=0.$$

等式两边同时加上 $-\alpha$, 得 $(-1)\alpha=-\alpha$.

由于

$$k\alpha+k0=k(\alpha+0)=k\alpha,$$

等式两边同时加上 $-k\alpha$, 得 $k0=0$.

(4) $\Longleftarrow$ 由 (3) 即得.

$\Longrightarrow$ 若 $k\neq 0$, 则

$$\alpha=1\alpha=(k^{-1}k)\alpha=k^{-1}(k\alpha)=k^{-1}0=0.$$ □

注 (4) 的必要性等价于数乘消去律: $k\alpha=k\beta, k\neq 0\Rightarrow \alpha=\beta$.

习 题 3.2

(A)

1. 判断下列集合关于所给的运算是否作成实数域 $\mathbb{R}$ 上的线性空间:

(1) 次数等于 n $(n\geqslant 1)$ 的实系数多项式的全体, 对于多项式的加法与数乘;

(2) 设 A 是 n 阶实方阵, A 的实系数多项式 $f(A)$ 的全体, 对于矩阵的加法与数乘;

(3) 数域 $\mathbb{R}$ 上行列式为 1 的方阵的全体, 对于矩阵的加法与数乘;

(4) n 阶实方阵 A 的中心化子 $C(A)=\{B\in\mathbb{R}^{n\times n}\mid AB=BA\}$, 对于矩阵的加法与数乘.

2. 设 $\mathrm{F}^{\infty}=\{(a_1,a_2,a_3,\cdots)\mid a_i\in\mathrm{F}, i=1,2,3,\cdots\}$ 表示数域 F 上由无限序列组成的集合, 关于如下定义的加法与数乘

$$(a_1,a_2,a_3,\cdots)+(b_1,b_2,b_3,\cdots):=(a_1+b_1,a_2+b_2,a_3+b_3,\cdots),$$
$$k(a_1,a_2,a_3,\cdots):=(ka_1,ka_2,ka_3,\cdots)$$

是否作成 F 上的线性空间?

3. 在数域 F 上的线性空间 V 中证明:

(1) $\forall a,b\in\mathrm{F}, \forall\alpha\in V$, $(a-b)\alpha=a\alpha-b\alpha$;

(2) $\forall k\in\mathrm{F}, \forall\alpha,\beta\in V$, $k(\alpha-\beta)=k\alpha-k\beta$;

(3) $\forall\alpha\in V$, $-(-\alpha)=\alpha$.

(B)

4. 在 $\mathbb{R}^\infty$ 中, 序列 $(a_1, a_2, a_3, \cdots)$ 称为满足柯西条件, 如果任给 $e > 0$, 都存在正整数 N, 使得只要 $m, n > N$, 就有 $|a_m - a_n| < e$. 令

$$W = \{(a_1, a_2, a_3, \cdots) \in \mathbb{R}^\infty \mid (a_1, a_2, a_3, \cdots) \text{ 满足柯西条件}\}.$$

试问: W 关于习题 3.2 (A)2 中定义的加法与数乘是否作成 $\mathbb{R}$ 上的线性空间?

5. 详细验证例 3.2.13 中的 $(V, \oplus, \circ)$ 作成 $\mathbb{R}$ 上的线性空间.

3.3 线性表示

RGB 颜色模型通常采用例 3.2.1图中所示的单位立方体来表示, 三原色红、绿、蓝分别用 $\mathbb{R}^3$ 中的向量 r, g, b 来表示:

R	G	B
$r = \begin{pmatrix} 1 \\ 0 \\ 0 \end{pmatrix}$	$g = \begin{pmatrix} 0 \\ 1 \\ 0 \end{pmatrix}$	$b = \begin{pmatrix} 0 \\ 0 \\ 1 \end{pmatrix}$

任一颜色向量 c 都可以写成

$$c = k_1 r + k_2 g + k_3 b = \begin{pmatrix} k_1 \\ k_2 \\ k_3 \end{pmatrix},$$

其中 $0 \leqslant k_i \leqslant 1$, 表示三原色所占的百分比. 所有颜色向量的集合通常称为 RGB 颜色空间. 在正方体的主对角线上, 各原色的强度相等, 产生由暗到明的白色, 也就是不同的灰度值, (0, 0, 0) 为黑色, (1, 1, 1) 为白色. 正方体的其他六个角点分别为红、黄、绿、青、蓝和品红.

由线性空间的定义容易看出, 数域 F 上的非零线性空间 V 总包含无限多个向量. 能否用 V 中的部分向量 (最好有限个向量) 通过 V 中的加法与数乘运算将 V 中的所有向量都表示出来呢? 本节至 3.7 节将讨论这个问题.

下面定义的线性组合这个术语是由美国数学家希尔 (G. W. Hill, 1838—1914) 在 1900 年发表的一篇关于行星运动的研究论文中引入的.

定义 3.3.1 数域 F 上的线性空间 V 中的向量 α 称为向量组 $\beta_1, \beta_2, \cdots, \beta_s$ 的一个**线性组合**, 或称向量 α 可由向量组 $\beta_1, \beta_2, \cdots, \beta_s$ **线性表示** (或线性表出), 如果存在 $k_1, k_2, \cdots, k_s \in \mathrm{F}$, 使得

$$\alpha = k_1\beta_1 + k_2\beta_2 + \cdots + k_s\beta_s.$$

注 (1) 零向量可由任意向量组线性表示;

(2) n 维向量空间 F^n 中的任一向量可由 n 维标准单位向量组 $e_1, e_2, \cdots, e_n$ 线性表示. 事实上, 任取 $\alpha = (a_1, a_2, \cdots, a_n)^{\mathrm{T}} \in \mathrm{F}^n$,

$$\alpha = a_1e_1 + a_2e_2 + \cdots + a_ne_n.$$

例 3.3.1 (1) 零向量 0 的任意线性组合 $k0 = 0$.

(2) 非零向量 $\alpha \in \mathbb{R}^3$ 的线性组合就是它的倍数 $k\alpha$, 因此 α 的所有线性组合就是 α 所在直线上的所有向量 (图 3.12).

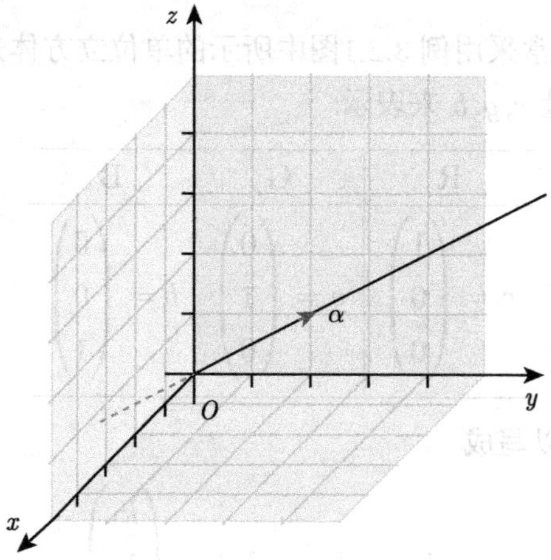

图 3.12

(3) 设 $\alpha = \begin{pmatrix} 1 \\ 2 \end{pmatrix}$ 与 $\beta = \begin{pmatrix} 1 \\ 0 \end{pmatrix}$, 则 α 与 β 的各种线性组合如图 3.13 所示. 事实上, α 与 β 的所有线性组合恰为平面 $\mathbb{R}^2$ 中的所有向量.

(4) 设 $\alpha = \begin{pmatrix} 2 \\ 2 \end{pmatrix}$ 与 $\beta = \begin{pmatrix} -1 \\ -1 \end{pmatrix}$, 由于 α, β 共线, 任意的线性组合 $k\alpha + l\beta = (l-2k)\beta$, 则所有的线性组合都在它们所在的直线上 (图 3.14).

例 3.3.2 设 $f(x) = a_0 + a_1x + \cdots + a_{n-1}x^{n-1} \in \mathrm{F}[x]_n$, 则 $f(x)$ 可由向量组 $1, x, x^2, \cdots, x^{n-1}$ 线性表示.

例 3.3.3 F^3 中的任一向量 $\alpha = (k_1, k_2, k_3)^{\mathrm{T}}$ 均可由向量组

$$\beta_1 = \begin{pmatrix} 1 \\ 0 \\ 0 \end{pmatrix}, \quad \beta_2 = \begin{pmatrix} 1 \\ 1 \\ 0 \end{pmatrix}, \quad \beta_3 = \begin{pmatrix} 1 \\ 1 \\ 1 \end{pmatrix}$$

线性表示, 即 $\alpha=(k_1-k_2)\beta_1+(k_2-k_3)\beta_2+k_3\beta_3$.

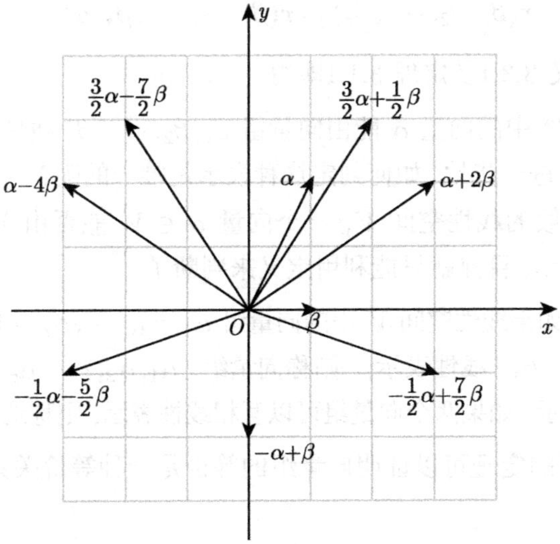

图 3.13

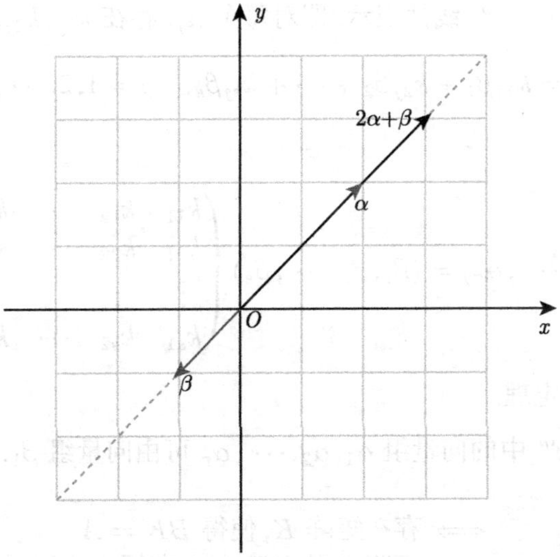

图 3.14

□

一般地, 对于 n 维向量空间 $\mathbf{F}^n$ 中的向量组 $\beta_1,\beta_2,\cdots,\beta_s$, 我们用 $(\beta_1,\beta_2,\cdots,\beta_s)$ 来记以 $\beta_1,\beta_2,\cdots,\beta_s$ 为列所组成的矩阵. 对 $\mathbf{F}^n$ 中向量的线性表示问题, 我们有如下的判定方法.

定理 3.3.1 (判定定理) $\mathbf{F}^n$ 中的向量 α 可由向量组 $\beta_1,\beta_2,\cdots,\beta_s$ 线性表示

$$\Longleftrightarrow \text{线性方程组} x_1\beta_1 + x_2\beta_2 + \cdots + x_s\beta_s = \alpha \text{有解}$$
$$\Longleftrightarrow r(\beta_1, \beta_2, \cdots, \beta_s) = r(\beta_1, \beta_2, \cdots, \beta_s, \alpha).$$

证明 由定义 3.3.1及定理 3.1.1即得. □

思考 如果 F^n 中的向量 α 能由向量组 $\beta_1, \beta_2, \cdots, \beta_s$ 线性表示, 那么该表示方法是否唯一呢? 进一步地, 如何判定这种表示是唯一的呢?

然而, 对于一般的线性空间 V, 一个向量 $\alpha \in V$ 能否由 V 中的向量组 $\beta_1, \beta_2, \cdots, \beta_s$ 线性表示, 目前就只能利用定义来判断了.

定义 3.3.2 如果线性空间 V 中的向量组 $\alpha_1, \alpha_2, \cdots, \alpha_r$ 中的每一个向量可由向量组 $\beta_1, \beta_2, \cdots, \beta_s$ 线性表示, 则称向量组 $\alpha_1, \alpha_2, \cdots, \alpha_r$ 可由向量组 $\beta_1, \beta_2, \cdots, \beta_s$ 线性表示; 如果两个向量组可以互相线性表示, 则称这两个**向量组等价**.

注 利用下面的定理可以证明向量组的等价是一种等价关系, 即具有反身性、对称性和传递性.

设 $\alpha_1, \alpha_2, \cdots, \alpha_r$ 与 $\beta_1, \beta_2, \cdots, \beta_s$ 是 n 维向量空间 F^n 中的两个向量组, 对应的矩阵记为 $A = (\alpha_1, \alpha_2, \cdots, \alpha_r)$ 与 $B = (\beta_1, \beta_2, \cdots, \beta_s)$. 设向量组 $\alpha_1, \alpha_2, \cdots, \alpha_r$ 可由向量组 $\beta_1, \beta_2, \cdots, \beta_s$ 线性表示, 即对每个 α_j, 存在 $k_{1j}, k_{2j}, \cdots, k_{sj} \in \mathrm{F}$ 使得

$$\alpha_j = k_{1j}\beta_1 + k_{2j}\beta_2 + \cdots + k_{sj}\beta_s, \quad j = 1, 2, \cdots, r.$$

从而

$$A = (\alpha_1, \alpha_2, \cdots, \alpha_r) = (\beta_1, \beta_2, \cdots, \beta_s)\begin{pmatrix} k_{11} & k_{12} & \cdots & k_{1r} \\ k_{21} & k_{22} & \cdots & k_{2r} \\ \vdots & \vdots & & \vdots \\ k_{s1} & k_{s2} & \cdots & k_{sr} \end{pmatrix} = BK.$$

由此可得如下判定定理.

定理 3.3.2 F^n 中的向量组 $\alpha_1, \alpha_2, \cdots, \alpha_r$ 可由向量组 $\beta_1, \beta_2, \cdots, \beta_s$ 线性表示

$$\Longleftrightarrow \text{存在矩阵 } K, \text{使得 } BK = A$$
$$\Longleftrightarrow \text{矩阵方程 } BX = A \text{ 有解}$$
$$\Longleftrightarrow r(B) = r(B, A).$$

证明 由前面的分析及定理 3.1.2 即得. □

推论 3.3.1 F^n 中的向量组 $\alpha_1, \alpha_2, \cdots, \alpha_r$ 与 $\beta_1, \beta_2, \cdots, \beta_s$ 等价当且仅当 $r(A) = r(A, B) = r(B)$.

该推论提供了一种利用初等变换法判断两个向量组是否等价的方法.

例 3.3.4 判断 F^3 中的向量组

$$\alpha_1=\begin{pmatrix}1\\2\\3\end{pmatrix},\quad \alpha_2=\begin{pmatrix}1\\0\\2\end{pmatrix}\quad 与\quad \beta_1=\begin{pmatrix}3\\4\\8\end{pmatrix},\quad \beta_2=\begin{pmatrix}2\\2\\5\end{pmatrix},\quad \beta_3=\begin{pmatrix}0\\2\\1\end{pmatrix}$$

是否等价?

解 以 $\alpha_1,\alpha_2,\beta_1,\beta_2,\beta_3$ 为列作矩阵 (A,B) 并施行初等行变换

$$(A,B)=\left(\begin{array}{cc:ccc}1&1&3&2&0\\2&0&4&2&2\\3&2&8&5&1\end{array}\right)\longrightarrow\left(\begin{array}{cc:ccc}1&0&2&1&1\\0&1&1&1&-1\\0&0&0&0&0\end{array}\right),$$

所以 $r(A)=r(A,B)=2$. 又因为二阶子式 $\begin{vmatrix}2&1\\1&1\end{vmatrix}\neq 0$, 所以 $r(B)\geqslant 2$; 而 $r(B)\leqslant r(A,B)=2$, 于是 $r(B)=2$. 所以向量组 α_1,α_2 与 β_1,β_2,β_3 等价.

推论 3.3.2 若 F^n 中的向量组 $\alpha_1,\alpha_2,\cdots,\alpha_r$ 可由向量组 $\beta_1,\beta_2,\cdots,\beta_s$ 线性表示, 则 $r(A)\leqslant r(B)$, 其中 $A=(\alpha_1,\alpha_2,\cdots,\alpha_r)$, $B=(\beta_1,\beta_2,\cdots,\beta_s)$.

证明 由定理 3.3.2 知 $r(B)=r(B,A)$. 又因为 $r(A)\leqslant r(B,A)$, 故 $r(A)\leqslant r(B)$. □

推论 3.3.3 设 $A=BC$, 则 $r(A)\leqslant\min\{r(B),r(C)\}$.

证明 由 $A=BC$ 知 A 的列向量组可由 B 的列向量组线性表示, 故由推论 3.3.2 知 $r(A)\leqslant r(B)$; 另一方面, 由 $A^{\mathrm T}=C^{\mathrm T}B^{\mathrm T}$ 知 $r(A^{\mathrm T})\leqslant r(C^{\mathrm T})$, 因此 $r(A)=r(A^{\mathrm T})\leqslant r(C^{\mathrm T})=r(C)$. 所以 $r(A)\leqslant\min\{r(B),r(C)\}$. □

上面的推论表明某些矩阵的秩的问题可以通过向量组的线性表示得以解决.

习题 3.3

(A)

1. 设 $\alpha_1=\begin{pmatrix}1\\2\\0\end{pmatrix},\alpha_2=\begin{pmatrix}1\\a+2\\-3a\end{pmatrix},\alpha_3=\begin{pmatrix}-1\\-b-2\\a+2b\end{pmatrix},\beta=\begin{pmatrix}1\\3\\-3a\end{pmatrix}$. 试讨论当 a,b 取何值时:

(1) β 不能由 $\alpha_1,\alpha_2,\alpha_3$ 线性表示?

(2) β 能由 $\alpha_1,\alpha_2,\alpha_3$ 唯一线性表示? 并求出表示式.

(3) β 能由 $\alpha_1,\alpha_2,\alpha_3$ 线性表示但表示法不唯一?

2. 设

$$\alpha_1=\begin{pmatrix}1\\-1\\1\\-1\end{pmatrix},\quad \alpha_2=\begin{pmatrix}3\\1\\1\\3\end{pmatrix},\quad \beta_1=\begin{pmatrix}2\\0\\1\\1\end{pmatrix},\quad \beta_2=\begin{pmatrix}1\\1\\0\\2\end{pmatrix},\quad \beta_3=\begin{pmatrix}3\\-1\\2\\0\end{pmatrix}.$$

证明向量组 α_1,α_2 与 β_1,β_2,β_3 等价.

3.4　向量组的线性相关性

RGB 空间中为什么使用的是红 (r)、绿 (g)、蓝 (b)“三原色”而不是“二原色”或“四原色”呢? 也就是说, 我们能否用两种颜色 (比如红和绿) 调配出所有的颜色? 四种可以吗? 事实上, 蓝是不能由红和绿调配出来, 即

$$b\neq k_1r+k_2g,\quad \forall k_1,k_2\in\mathbb{R}.$$

类似地, 红也不能由绿和蓝调配出来, 绿也不能由红和蓝调配出来. 用数学的语言, 就是 r,g,b 中的任一向量都不能由其余向量“线性”地表示出来. 此时我们称红 (r)、绿 (g)、蓝 (b) 是线性无关的.

四种颜色, 比如红 (r)、绿 (g)、蓝 (b) 和黄 (y), 当然可以调配出所有的颜色, 因为前三种就可以了, 而且

$$y=k_1r+k_2g+k_3b.$$

因而黄 (y) 可以认为是多余的, 即 y 可由前三个向量 r,g,b 线性地表示出来. 此时我们称红 (r)、绿 (g)、蓝 (b) 和黄 (y) 是线性相关的. 线性无关与线性相关的概念可以推广到一般的线性空间.

定义 3.4.1　线性空间 V 中的向量组 $\alpha_1,\alpha_2,\cdots,\alpha_s$ 称为**线性相关的**, 如果存在数域 F 中不全为零的数 $k_1,k_2,\cdots,k_s$, 使得

$$k_1\alpha_1+k_2\alpha_2+\cdots+k_s\alpha_s=0.$$

否则, 向量组 $\alpha_1,\alpha_2,\cdots,\alpha_s$ 就称为**线性无关的**, 即由

$$k_1\alpha_1+k_2\alpha_2+\cdots+k_s\alpha_s=0$$

可以推出

$$k_1 = k_2 = \cdots = k_s = 0.$$

例 3.4.1 设 $\alpha_1 = (1, -2, 3)^{\mathrm{T}}, \alpha_2 = (5, 6, -1)^{\mathrm{T}}, \alpha_3 = (3, 2, 1)^{\mathrm{T}} \in \mathbb{R}^3$. 注意到

$$\alpha_1 + \alpha_2 = 2\alpha_3, \quad 即 \quad \alpha_1 + \alpha_2 - 2\alpha_3 = 0,$$

所以 $\alpha_1, \alpha_2, \alpha_3$ 线性相关.

例 3.4.2 设 $e_1 = (1, 0, 0)^{\mathrm{T}}, e_2 = (0, 1, 0)^{\mathrm{T}}, e_3 = (0, 0, 1)^{\mathrm{T}} \in \mathbb{R}^3$. 假设

$$k_1 e_1 + k_2 e_2 + k_3 e_3 = 0,$$

即

$$(k_1, k_2, k_3) = (0, 0, 0),$$

所以 $k_1 = k_2 = k_3 = 0$, 故 e_1, e_2, e_3 线性无关.

类似地, F^n 中的 n 维标准单位向量组 $e_1, e_2, \cdots, e_n$ 线性无关.

例 3.4.3 设 $f_1 = x - \sin^2 x, f_2 = 2\cos^2 x, f_3 = 5x - 5 \in C(-\infty, \infty)$, 由于

$$-2f_1 + f_2 + \frac{2}{5} f_3 = 0,$$

所以 f_1, f_2, f_3 线性相关.

由定义及上面的例子可立即得到下面的性质:

(1) 若一个向量组含有零向量, 则这个向量组必线性相关;

(2) 单个向量 α 线性无关的充分必要条件是 $\alpha \neq 0$;

(3) $\mathbb{R}^n$ 中的向量 α 与 β 线性相关的充分必要条件是它们共线, 即对应分量成比例. 例如, 当 $n = 2$ 时, 如图 3.15 所示.

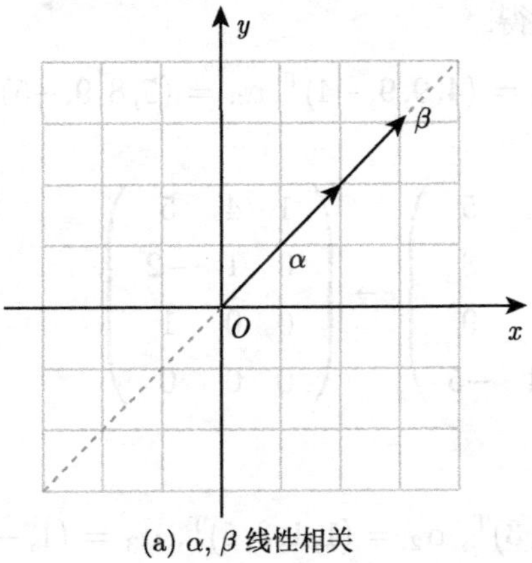

(a) α, β 线性相关

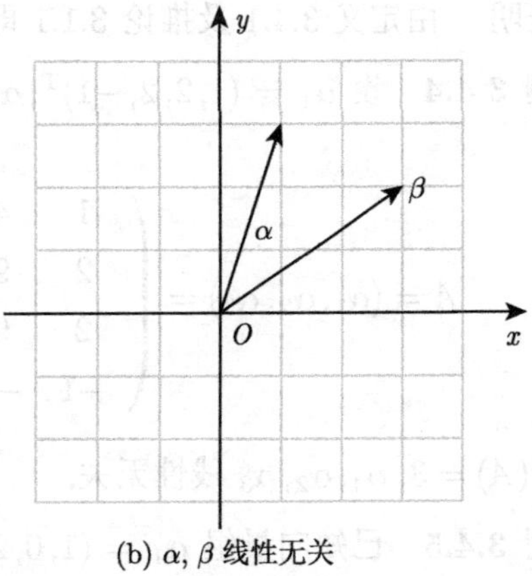

(b) α, β 线性无关

图 3.15

(4) $\mathbb{R}^n$ 中的三个向量线性相关的充要条件是它们共面. 例如, 当 $n=3$ 时, 如图 3.16 所示.

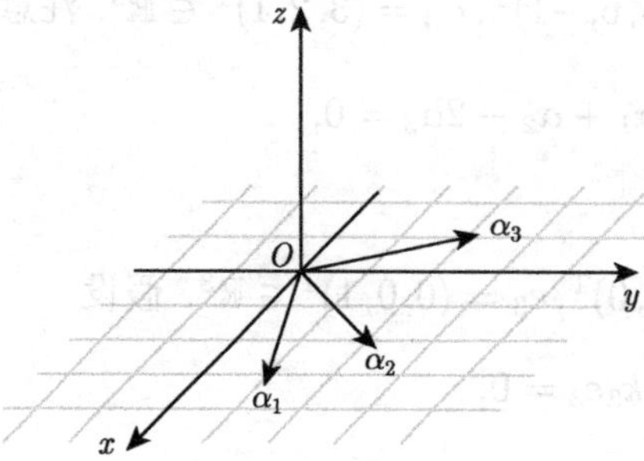

(a) $\alpha_1, \alpha_2, \alpha_3$ 线性相关

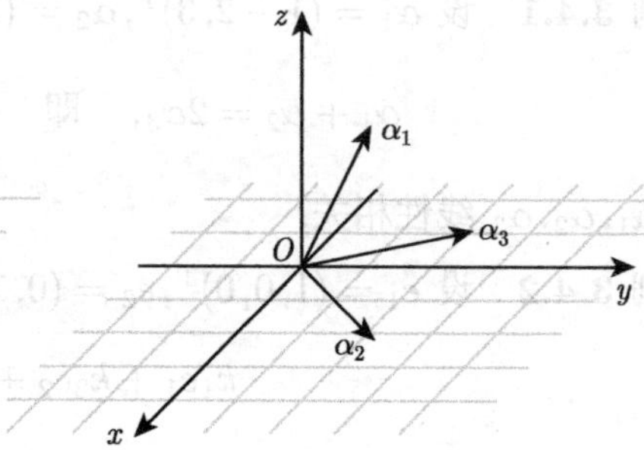

(b) $\alpha_1, \alpha_2, \alpha_3$ 线性无关

图 3.16

对于 n 维向量空间 F^n 中的向量组 $\alpha_1, \alpha_2, \cdots, \alpha_s$, 下面的定理表明, 可以通过该向量组所组成的矩阵的秩来判定它的线性相关性.

定理 3.4.1 (判定定理)　记矩阵 $A=(\alpha_1, \alpha_2, \cdots, \alpha_s)$.

(1)　　向量组 $\alpha_1, \alpha_2, \cdots, \alpha_s$ 线性相关

$\Longleftrightarrow$ 齐次线性方程组 $x_1\alpha_1 + x_2\alpha_2 + \cdots + x_s\alpha_s = 0$ 有非零解

$\Longleftrightarrow r(A) < s$.

(2)　　向量组 $\alpha_1, \alpha_2, \cdots, \alpha_s$ 线性无关

$\Longleftrightarrow$ 齐次线性方程组 $x_1\alpha_1 + x_2\alpha_2 + \cdots + x_s\alpha_s = 0$ 只有零解

$\Longleftrightarrow r(A) = s$.

证明　由定义 3.4.1 及推论 3.1.1 即得. □

例 3.4.4　设 $\alpha_1 = (1,2,2,-1)^{\mathrm{T}}, \alpha_2 = (4,9,9,-4)^{\mathrm{T}}, \alpha_3 = (5,8,9,-5)^{\mathrm{T}}$. 由于

$$A = (\alpha_1, \alpha_2, \alpha_3) = \begin{pmatrix} 1 & 4 & 5 \\ 2 & 9 & 8 \\ 2 & 9 & 9 \\ -1 & -4 & -5 \end{pmatrix} \to \begin{pmatrix} 1 & 4 & 5 \\ 0 & 1 & -2 \\ 0 & 0 & 1 \\ 0 & 0 & 0 \end{pmatrix},$$

所以 $r(A) = 3$, $\alpha_1, \alpha_2, \alpha_3$ 线性无关,

例 3.4.5　已知向量组 $\alpha_1 = (1,0,2,3)^{\mathrm{T}}$, $\alpha_2 = (1,1,3,5)^{\mathrm{T}}$, $\alpha_3 = (1,-1,t+2,1)^{\mathrm{T}}$, $\alpha_4 = (1,2,4,t+9)^{\mathrm{T}}$ 线性相关, 求 t 的值.

解 记 $A=(\alpha_1,\alpha_2,\alpha_3,\alpha_4)$, 由初等行变换得

$$A=\begin{pmatrix}1&1&1&1\\0&1&-1&2\\2&3&t+2&4\\3&5&1&t+9\end{pmatrix}\longrightarrow\begin{pmatrix}1&0&2&-1\\0&1&-1&2\\0&0&t+1&0\\0&0&0&t+2\end{pmatrix},$$

因为 $\alpha_1,\alpha_2,\alpha_3,\alpha_4$ 线性相关, 所以 $r(A)<4$. 从而 $t=-1$ 或 $t=-2$.

对于一般线性空间 V 中的向量组, 则没有这样简洁的判定方法. 一般采用定义法或其他方法来判定其线性相关或线性无关.

例 3.4.6 设

$$A=\begin{pmatrix}1&0\\1&2\end{pmatrix},\quad B=\begin{pmatrix}1&2\\2&1\end{pmatrix},\quad C=\begin{pmatrix}0&1\\2&1\end{pmatrix}\in\mathrm{F}^{2\times2}.$$

假设 $k_1A+k_2B+k_3C=O$, 即

$$\begin{pmatrix}k_1+k_2&2k_2+k_3\\k_1+2k_2+2k_3&2k_1+k_2+k_3\end{pmatrix}=\begin{pmatrix}0&0\\0&0\end{pmatrix},$$

于是得到方程组

$$\begin{cases}k_1+k_2=0,\\2k_2+k_3=0,\\k_1+2k_2+2k_3=0,\\2k_1+k_2+k_3=0.\end{cases}$$

解之, 得 $k_1=k_2=k_3=0$, 所以 A,B,C 线性无关.

例 3.4.7 设 $\mathrm{e}^x,\mathrm{e}^{2x},\mathrm{e}^{3x}\in C^\infty(-\infty,\infty)$. 假设

$$k_1\mathrm{e}^x+k_2\mathrm{e}^{2x}+k_3\mathrm{e}^{3x}=0.$$

求导得

$$k_1\mathrm{e}^x+2k_2\mathrm{e}^{2x}+3k_3\mathrm{e}^{3x}=0,$$

再求导, 得

$$k_1\mathrm{e}^x+4k_2\mathrm{e}^{2x}+9k_3\mathrm{e}^{3x}=0.$$

由此我们得到关于 k_1,k_2,k_3 的线性方程组

$$\begin{cases}k_1\mathrm{e}^x+k_2\mathrm{e}^{2x}+k_3\mathrm{e}^{3x}=0,\\k_1\mathrm{e}^x+2k_2\mathrm{e}^{2x}+3k_3\mathrm{e}^{3x}=0,\\k_1\mathrm{e}^x+4k_2\mathrm{e}^{2x}+9k_3\mathrm{e}^{3x}=0.\end{cases}$$

由于系数矩阵的行列式

$$\begin{vmatrix} e^x & e^{2x} & e^{3x} \\ e^x & 2e^{2x} & 3e^{3x} \\ e^x & 4e^{2x} & 9e^{3x} \end{vmatrix} = e^{3x}\begin{vmatrix} 1 & e^x & e^{2x} \\ 1 & 2e^x & 3e^{2x} \\ 1 & 4e^x & 9e^{2x} \end{vmatrix} = 2e^{6x} \neq 0,$$

所以 e^x, e^{2x}, e^{3x} 线性无关.

该例题给我们提供了一种判定无穷可微函数线性关系的方法——朗斯基 (Wronski) 行列式方法, 详见习题 3.4(C)8.

下面的定理提供了判定一般线性空间 V 中的向量组线性相关 (无关) 的有效方法.

定理 3.4.2 设线性空间 V 中的向量组 $\alpha_1, \alpha_2, \cdots, \alpha_s$ 线性无关, $\beta_j = \sum\limits_{i=1}^{s} c_{ij}\alpha_i$, $j = 1, 2, \cdots, s$, 则 $\beta_1, \beta_2, \cdots, \beta_s$ 线性无关的充要条件是

$$|C| = \begin{vmatrix} c_{11} & c_{12} & \cdots & c_{1s} \\ c_{21} & c_{22} & \cdots & c_{2s} \\ \vdots & \vdots & & \vdots \\ c_{s1} & c_{s2} & \cdots & c_{ss} \end{vmatrix} \neq 0.$$

证明 设

$$x_1\beta_1 + x_2\beta_2 + \cdots + x_s\beta_s = 0, \tag{3.6}$$

则

$$\sum_{j=1}^{s} x_j\beta_j = \sum_{j=1}^{s} x_j \sum_{i=1}^{s} c_{ij}\alpha_i = \sum_{i=1}^{s}\left(\sum_{j=1}^{s} x_j c_{ij}\right)\alpha_i = 0.$$

由 $\alpha_1, \alpha_2, \cdots, \alpha_s$ 线性无关知

$$\sum_{j=1}^{s} x_j c_{ij} = 0, \quad i = 1, 2, \cdots, s. \tag{3.7}$$

所以 $\beta_1, \beta_2, \cdots, \beta_s$ 线性无关当且仅当(3.6)只有零解, 当且仅当(3.7)只有零解, 当且仅当 $|C| \neq 0$. □

例 3.4.8 设 $\alpha_1, \alpha_2, \cdots, \alpha_s$ 线性无关, $\beta_1 = \alpha_1 + \alpha_2, \beta_2 = \alpha_2 + \alpha_3, \cdots, \beta_{s-1} = \alpha_{s-1} + \alpha_s, \beta_s = \alpha_s + \alpha_1$. 试判断 $\beta_1, \beta_2, \cdots, \beta_s$ 的线性相关性.

证明 设 $C=\begin{pmatrix} 1 & 0 & \cdots & 0 & 1 \\ 1 & 1 & \cdots & 0 & 0 \\ \vdots & \vdots & & \vdots & \vdots \\ 0 & 0 & \cdots & 1 & 0 \\ 0 & 0 & \cdots & 1 & 1 \end{pmatrix}$, 则 $(\beta_1,\beta_2,\cdots,\beta_s)=(\alpha_1,\alpha_2,\cdots,\alpha_s)C$.

由于 $|C|=1+(-1)^{s+1}=\begin{cases} 2, & s\text{为奇数}, \\ 0, & s\text{为偶数}. \end{cases}$ 所以由定理 3.4.2 知当 s 是奇数时, $\beta_1,\beta_2,\cdots,\beta_s$ 线性无关; 当 s 是偶数时, $\beta_1,\beta_2,\cdots,\beta_s$ 线性相关. □

接下来我们进一步讨论线性空间 V 中的向量组 $\alpha_1,\alpha_2,\cdots,\alpha_s$ 的线性关系.

命题 3.4.1 设 $\alpha_1,\alpha_2,\cdots,\alpha_s$ 是线性空间 V 中的向量组, 则

(1) 向量组 $\alpha_1,\alpha_2,\cdots,\alpha_s(s\geqslant 2)$ 线性相关的充分必要条件是 $\alpha_1,\alpha_2,\cdots,\alpha_s(s\geqslant 2)$ 中有一个向量可由其余向量线性表示.

(2) 设 β 可由 $\alpha_1,\alpha_2,\cdots,\alpha_s$ 线性表示, 则向量组 $\alpha_1,\alpha_2,\cdots,\alpha_s$ 线性无关的充分必要条件是该表示方法唯一.

(3) 如果向量组 $\alpha_1,\alpha_2,\cdots,\alpha_s$ 线性无关, 而向量组 $\alpha_1,\alpha_2,\cdots,\alpha_s,\beta$ 线性相关, 则 β 可由 $\alpha_1,\alpha_2,\cdots,\alpha_s$ 唯一地线性表示.

(4) 若部分向量组线性相关, 则整个向量组线性相关. 等价地, 线性无关向量组的任一非空的部分组线性无关.

证明 (1) $\Longrightarrow$ 因为向量组 $\alpha_1,\alpha_2,\cdots,\alpha_s$ 线性相关, 所以存在不全为零的数 $k_1,k_2,\cdots,k_s\in\mathrm{F}$, 使得

$$k_1\alpha_1+k_2\alpha_2+\cdots+k_s\alpha_s=0.$$

不妨设 $k_i\neq 0$, 则

$$\alpha_i=-\frac{k_1}{k_i}\alpha_1-\cdots-\frac{k_{i-1}}{k_i}\alpha_{i-1}-\frac{k_{i+1}}{k_i}\alpha_{i+1}-\cdots-\frac{k_s}{k_i}\alpha_s,$$

即 α_i 可由 $\alpha_1,\cdots,\alpha_{i-1},\alpha_{i+1},\cdots,\alpha_{i+1}$ 线性表示.

$\Longleftarrow$ 假设存在 $1\leqslant i\leqslant s$, 使得 α_i 可由 $\alpha_1,\cdots,\alpha_{i-1},\alpha_{i+1},\cdots,\alpha_s$ 线性表示, 即

$$\alpha_i=l_1\alpha_1+\cdots+l_{i-1}\alpha_{i-1}+l_{i+1}\alpha_{i+1}+\cdots+l_s\alpha_s,$$

则

$$l_1\alpha_1+\cdots+l_{i-1}\alpha_{i-1}+(-1)\alpha_i+l_{i+1}\alpha_{i+1}+\cdots+l_s\alpha_s=0,$$

即 $\alpha_1,\alpha_2,\cdots,\alpha_s$ 线性相关.

(2) 设 $\beta=k_1\alpha_1+k_2\alpha_2+\cdots+k_s\alpha_s$.

$\Longrightarrow$ 若还有表示 $\beta=l_1\alpha_1+l_2\alpha_2+\cdots+l_s\alpha_s$, 则

$$(k_1-l_1)\alpha_1+(k_2-l_2)\alpha_2+\cdots+(k_s-l_s)\alpha_s=0.$$

由于 $\alpha_1,\alpha_2,\cdots,\alpha_s$ 线性无关, 所以 $k_i-l_i=0$, 从而 $k_i=l_i$, $i=1,2,\cdots,s$, 即表示方法唯一.

$\Longleftarrow$ 假设 $\alpha_1,\alpha_2,\cdots,\alpha_s$ 线性相关, 则存在不全为零的数 $l_1,l_2,\cdots,l_s$, 使得

$$l_1\alpha_1+l_2\alpha_2+\cdots+l_s\alpha_s=0.$$

所以 $\beta=(k_1+l_1)\alpha_1+(k_2+l_2)\alpha_2+\cdots+(k_s+l_s)\alpha_s$. 不妨设 $l_i\neq 0$, 则 $k_i+l_i\neq k_i$, 所以 β 表示方法不唯一, 矛盾! 故 $\alpha_1,\alpha_2,\cdots,\alpha_s$ 线性无关.

(3) 因为 $\alpha_1,\alpha_2,\cdots,\alpha_s,\beta$ 线性相关, 所以存在不全为零的数 $k_1,k_2,\cdots,k_s,l$, 使得

$$k_1\alpha_1+k_2\alpha_2+\cdots+k_s\alpha_s+l\beta=0.$$

我们断言 $l\neq 0$. 否则, $\alpha_1,\alpha_2,\cdots,\alpha_s$ 线性相关, 与已知矛盾! 故

$$\beta=-\frac{k_1}{l}\alpha_1-\frac{k_2}{l}\alpha_2-\cdots-\frac{k_s}{l}\alpha_s,$$

且由 (2) 知该表示方法唯一.

(4) 不妨设 $\alpha_1,\alpha_2,\cdots,\alpha_s$ 的部分组 $\alpha_1,\alpha_2,\cdots,\alpha_r$ 线性相关, 所以存在不全为零的数 $k_1,k_2,\cdots,k_r$, 使得

$$k_1\alpha_1+k_2\alpha_2+\cdots+k_r\alpha_r=0.$$

从而存在不全为零的数 $k_1,k_2,\cdots,k_r,0,\cdots,0$ 使得

$$k_1\alpha_1+\cdots+k_r\alpha_r+0\alpha_{r+1}+\cdots+0\alpha_s=0,$$

即 $\alpha_1,\alpha_2,\cdots,\alpha_s$ 线性相关. □

定理 3.4.3 n 维向量空间 F^n 中线性相关向量组减少对应分量后, 得到的向量组仍线性相关. 等价地, 线性无关向量组在对应位置增加分量后, 得到的向量组仍线性无关.

证明 设 n 维向量组 $\alpha_1,\alpha_2,\cdots,\alpha_s$ 线性无关, 增加一个分量后得到 $n+1$ 维向量组 $\alpha_1',\alpha_2',\cdots,\alpha_s'$.

因为 $\alpha_1,\alpha_2,\cdots,\alpha_s$ 线性无关, 所以齐次线性方程组

$$x_1\alpha_1+x_2\alpha_2+\cdots+x_n\alpha_n=0 \tag{3.8}$$

只有零解, 而齐次线性方程组

$$x_1\alpha_1'+x_2\alpha_2'+\cdots+x_n\alpha_n'=0 \tag{3.9}$$

的前 n 个方程恰是线性方程组(3.8), 因而(3.9)也只有零解, 故 $\alpha_1',\alpha_2',\cdots,\alpha_s'$ 也线性无关. □

例 3.4.9 已知向量组 $\alpha_1,\alpha_2,\alpha_3$ 线性相关, $\alpha_2,\alpha_3,\alpha_4$ 线性无关. 问

(1) α_1 能否由 α_2,α_3 线性表示? 证明你的结论.

(2) α_4 能否由 $\alpha_1,\alpha_2,\alpha_3$ 线性表示? 证明你的结论.

证明 (1) 能. 因为 $\alpha_2,\alpha_3,\alpha_4$ 线性无关, 所以 α_2,α_3 线性无关. 又 $\alpha_1,\alpha_2,\alpha_3$ 线性相关, 故由命题 3.4.1 知 α_1 能由 α_2,α_3 线性表示.

(2) 不能. 若 α_4 能由 $\alpha_1,\alpha_2,\alpha_3$ 线性表示, 由 (1) 知 α_1 能由 α_2,α_3 线性表示, 从而 α_4 能由 α_2,α_3 线性表示, 故 $\alpha_2,\alpha_3,\alpha_4$ 线性相关, 这与 $\alpha_2,\alpha_3,\alpha_4$ 线性无关相矛盾. □

例 3.4.10 证明: $\alpha_1,\alpha_2,\cdots,\alpha_s$ (其中 $\alpha_1\neq 0$) 线性相关当且仅当存在向量 $\alpha_t(1<t\leqslant s)$, 可以由 $\alpha_1,\alpha_2,\cdots,\alpha_{t-1}$ 线性表示.

证明 充分性由命题 3.4.1(1) 即得.

必要性: 因为 $\alpha_1,\alpha_2,\cdots,\alpha_s$ 线性相关, 所以存在不全为零的数 $k_1,k_2,\cdots,k_s$ 使得 $k_1\alpha_1+k_2\alpha_2+\cdots+k_s\alpha_s=0$. 设 k_t 是 $k_1,k_2,\cdots,k_s$ 中最后一个不为零的数, 即

$$k_1\alpha_1+k_2\alpha_2+\cdots+k_t\alpha_t=0,\quad k_t\neq 0,$$

这里 $t\neq 1$, 否则 $\alpha_1=0$, 矛盾! 所以

$$\alpha_t=-\frac{k_1}{k_t}\alpha_1-\frac{k_2}{k_t}\alpha_2-\cdots-\frac{k_{t-1}}{k_t}\alpha_{t-1},$$

即 $\alpha_t(1<t\leqslant s)$ 可被 $\alpha_1,\alpha_2,\cdots,\alpha_{t-1}$ 线性表示. □

习 题 3.4

(A)

1. 当 a 取何值时, 向量组

$$\alpha_1=\begin{pmatrix}a\\1\\1\end{pmatrix},\quad \alpha_2=\begin{pmatrix}1\\a\\-1\end{pmatrix},\quad \alpha_3=\begin{pmatrix}1\\-1\\a\end{pmatrix}$$

线性无关?

2. 证明实函数空间中 $1, \cos^2 x, \cos 2x$ 线性相关.

3. 设 $t_1, t_2, \cdots, t_r$ 是互不相同的数, $r \leqslant n$. 证明: $\alpha_i = (1, t_i, t_i^2, \cdots, t_i^{n-1})^{\mathrm{T}}, i = 1, 2, \cdots, r$ 线性无关.

4. 设 $\alpha_1, \alpha_2, \cdots, \alpha_s$ 线性无关, $\beta_1 = \alpha_1, \beta_2 = \alpha_1 + \alpha_2, \cdots, \beta_s = \alpha_1 + \alpha_2 + \cdots + \alpha_s$. 试判断 $\beta_1, \beta_2, \cdots, \beta_s$ 的线性相关性.

(B)

5. 证明 $\mathrm{e}^x, x\mathrm{e}^x, x^2\mathrm{e}^x \in C^{\infty}(-\infty, \infty)$ 线性无关.

6. 设 $f_1(x), f_2(x), f_3(x) \in \mathrm{F}[x]$ 互素, 但其中任意两个都不互素, 证明它们线性无关.

7. 设 $A \in \mathrm{F}^{n\times n}$, α 是 n 维列向量. 若 $A^{k-1}\alpha \neq 0$, 但 $A^k\alpha = 0$, 则 $\alpha, A\alpha, A^2\alpha, \cdots, A^{k-1}\alpha$ 线性无关.

(C)

8. 设 $f_1(x), f_2(x), \cdots, f_n(x) \in C^{(n-1)}[a, b]$ 是区间 $[a, b]$ 上的 $n-1$ 次可微函数空间中的 n 个向量, 令

$$W(x) = \begin{vmatrix} f_1(x) & f_2(x) & \cdots & f_n(x) \\ f_1'(x) & f_2'(x) & \cdots & f_n'(x) \\ \vdots & \vdots & & \vdots \\ f_1^{(n-1)}(x) & f_2^{(n-1)}(x) & \cdots & f_n^{(n-1)}(x) \end{vmatrix}$$

称为 $f_1(x), f_2(x), \cdots, f_n(x)$ 的朗斯基行列式. 证明: 如果存在 $x_0 \in [a, b]$ 使得 $W(x_0) \neq 0$, 那么 $f_1(x), f_2(x), \cdots, f_n(x)$ 线性无关.

9. 设 $V = \{(a, b) \mid a, b \in \mathrm{F}\}$ 关于如下定义的加法与数乘作成的线性空间,

$$(a, b) \oplus (c, d) = (a + c, b + d + ac), \quad k \circ (a, b) = \left(ka, kb + \frac{k(k-1)}{2}a^2\right).$$

试讨论向量 $\alpha = (1, 1)$ 与 $\beta = (a, b)$ 的线性相关性.

3.5 向量组的秩和极大无关组

本节继续探讨一个向量组中线性无关的向量.

下面的定理可简单地描述为: 若含向量较多的向量组能由含向量较少的向量组线性表示, 则含向量较多的向量组必线性相关, 即“少表多, 多相关”.

定理 3.5.1 设向量组 $\beta_1, \beta_2, \cdots, \beta_s$ 可以由向量组 $\alpha_1, \alpha_2, \cdots, \alpha_r$ 线性表示. 如果 $s > r$, 则向量组 $\beta_1, \beta_2, \cdots, \beta_s$ 必线性相关.

证明 设 $x_1\beta_1+x_2\beta_2+\cdots+x_s\beta_s=0$, 即

$$(\beta_1,\beta_2,\cdots,\beta_s)\begin{pmatrix}x_1\\x_2\\\vdots\\x_s\end{pmatrix}=0. \tag{3.10}$$

由已知可设

$$(\beta_1,\beta_2,\cdots,\beta_s)=(\alpha_1,\alpha_2,\cdots,\alpha_r)\begin{pmatrix}k_{11}&k_{12}&\cdots&k_{1s}\\k_{21}&k_{22}&\cdots&k_{2s}\\\vdots&\vdots&&\vdots\\k_{r1}&k_{r2}&\cdots&k_{rs}\end{pmatrix}, \tag{3.11}$$

将(3.11) 代入 (3.10), 由于 $r<s$, 所以齐次线性方程组

$$\begin{pmatrix}k_{11}&k_{12}&\cdots&k_{1s}\\k_{21}&k_{22}&\cdots&k_{2s}\\\vdots&\vdots&&\vdots\\k_{r1}&k_{r2}&\cdots&k_{rs}\end{pmatrix}\begin{pmatrix}x_1\\x_2\\\vdots\\x_s\end{pmatrix}=0$$

有非零解, 从而(3.10)也有非零解, 从而 $\beta_1,\beta_2,\cdots,\beta_s$ 线性相关. □

由于 F^n 中的每个向量都可由标准单位向量组 $e_1,e_2,\cdots,e_n$ 线性表示, 故得到如下推论.

推论 3.5.1 向量空间 F^n 中任意 $n+1$ 个向量必线性相关.

定理 3.5.1 的逆否命题可表述为如下推论.

推论 3.5.2 设向量组 $\alpha_1,\alpha_2,\cdots,\alpha_r$ 可以由 $\beta_1,\beta_2,\cdots,\beta_s$ 线性表示. 如果 $\alpha_1,\alpha_2,\cdots,\alpha_r$ 线性无关, 则 $r\leqslant s$.

由该推论立即可得如下推论.

推论 3.5.3 两个等价的线性无关向量组所含向量的个数相等.

定义 3.5.1 向量组的一个部分组 $\alpha_1,\alpha_2,\cdots,\alpha_r$ 称为该向量组的一个**极大线性无关组** (简称极大无关组), 如果

(1) $\alpha_1,\alpha_2,\cdots,\alpha_r$ 线性无关;

(2) 对向量组中任意一个向量 β, 向量组 $\alpha_1,\alpha_2,\cdots,\alpha_r,\beta$ 都线性相关.

注　(a) 由命题 3.4.1(3), 该定义中的 (2) 等价于

(2′) 该向量组的任一向量都能由 $\alpha_1, \alpha_2, \cdots, \alpha_r$ 线性表示.

(b) 由定义直接可得

① 一个线性无关向量组的极大线性无关组就是这个向量组本身.

② 向量组与它的任意一个极大线性无关组等价.

定理 3.5.2　向量组的任意两个极大线性无关组所含向量的个数相等.

证明　向量组的任意两个极大线性无关组等价, 因而由推论 3.5.3 知含有相同个数的向量. □

定义 3.5.2　向量组 $\alpha_1, \alpha_2, \cdots, \alpha_s$ 的极大线性无关组所含向量的个数称为这个向量组的**秩**, 记作 $r(\alpha_1, \alpha_2, \cdots, \alpha_s)$.

注　(1) 全部由零向量组成的向量组没有极大线性无关组, 我们规定这样的向量组的**秩为零**.

(2) 若 $\alpha_i \in \mathrm{F}^n, i = 1, 2, \cdots, s$, 则向量组的秩与由这些列向量组成的矩阵 $(\alpha_1, \alpha_2, \cdots, \alpha_s)$ 的秩相等, 这将在 3.6 节详细讨论, 故此处我们并不区分记号 $r(\alpha_1, \alpha_2, \cdots, \alpha_s)$.

命题 3.5.1　(1) 一个向量组线性无关的充分必要条件是它的秩与它所含向量的个数相等.

(2) 若向量组的秩为 r, 则该向量组任意 r 个线性无关的向量必是一个极大线性无关组.

(3) 如果向量组 I 可以由向量组 II 线性表示, 则 I 的秩不超过 II 的秩.

(4) 等价的向量组必有相同的秩.

(5) 含有非零向量的有限向量组一定有极大线性无关组, 且任意一个线性无关的部分组都可以扩充成一个极大线性无关组.

证明　(1) 向量组 $\alpha_1, \alpha_2, \cdots, \alpha_r$ 线性无关当且仅当 $\alpha_1, \alpha_2, \cdots, \alpha_r$ 本身即为一个极大无关组, 当且仅当它的秩等于它所含向量的个数.

(2) 设 $\alpha_1, \alpha_2, \cdots, \alpha_r$ 是该向量组的一个极大无关组, 任取 r 个线性无关的部分组 $\beta_1, \beta_2, \cdots, \beta_r$, 则对该向量组中任意的向量 γ, 向量组 $\beta_1, \beta_2, \cdots, \beta_r, \gamma$ 可由极大无关组 $\alpha_1, \alpha_2, \cdots, \alpha_r$ 线性表示, 由定理 3.5.1知线性相关. 由于 $\beta_1, \beta_2, \cdots, \beta_r$ 线性无关, 故为该向量组的一个极大无关组.

(3) 设 $\alpha_1, \alpha_2, \cdots, \alpha_r$ 与 $\beta_1, \beta_2, \cdots, \beta_s$ 分别是向量组 I 与 II 的极大无关组, 因而分别与向量组 I 与 II 等价; 因为向量组 I 可由 II 线性表示, 故 $\alpha_1, \alpha_2, \cdots, \alpha_r$ 可由 $\beta_1, \beta_2, \cdots, \beta_s$ 线性表示. 由于 $\alpha_1, \alpha_2, \cdots, \alpha_r$ 线性无关, 所以由推论 3.5.2 知

$r \leqslant s$, 即秩 I$\leqslant$ 秩 II.

(4) 由 (3) 即得.

(5) 设 α_1 是该向量组的任一非零向量. 如果该向量组的任一向量都能由 α_1 线性表示, 则 α_1 是该向量组的一个极大无关组; 否则, 存在非零向量 α_2 不能由 α_1 线性表示, 则 α_1, α_2 线性无关. 如果该向量组的其余向量都能由 α_1, α_2 线性表示, 则 α_1, α_2 是该向量组的一个极大无关组; 否则, 存在非零向量 α_3, 使得 $\alpha_1, \alpha_2, \alpha_3$ 线性无关. 如此继续, 我们可得到 $\alpha_1, \alpha_2, \cdots, \alpha_r$ 线性无关, 且该向量组中的其余向量都能由 $\alpha_1, \alpha_2, \cdots, \alpha_r$ 线性表示, 因而 $\alpha_1, \alpha_2, \cdots, \alpha_r$ 是该向量组的一个极大无关组. □

例 3.5.1 设三个向量组 $\mathrm{I} = \{\alpha_1, \alpha_2, \cdots, \alpha_s\}$; $\mathrm{II} = \{\beta_1, \beta_2, \cdots, \beta_t\}$; $\mathrm{III} = \mathrm{I} \cup \mathrm{II}$ 的秩分别为 r_1, r_2, r_3. 证明

$$\max\{r_1, r_2\} \leqslant r_3 \leqslant r_1 + r_2.$$

证明 因为 $\alpha_1, \alpha_2, \cdots, \alpha_s$ 和 $\beta_1, \beta_2, \cdots, \beta_t$ 都可以由 $\alpha_1, \alpha_2, \cdots, \alpha_s, \beta_1, \beta_2, \cdots, \beta_t$ 线性表示, 所以 $\max\{r_1, r_2\} \leqslant r_3$.

设 $\alpha_{i_1}, \alpha_{i_2}, \cdots, \alpha_{i_{r_1}}$; $\beta_{j_1}, \beta_{j_2}, \cdots, \beta_{j_{r_2}}$; $\gamma_{k_1}, \gamma_{k_2}, \cdots, \gamma_{k_{r_3}}$ 分别为上述三个向量组的一个极大线性无关组, 则 $\gamma_{k_1}, \gamma_{k_2}, \cdots, \gamma_{k_{r_3}}$ 可由 $\alpha_{i_1}, \alpha_{i_2}, \cdots, \alpha_{i_{r_1}}, \beta_{j_1}, \beta_{j_2}, \cdots, \beta_{j_{r_2}}$ 线性表示, 从而 $r_3 \leqslant r_1 + r_2$. □

习 题 3.5

(A)

1. 证明: 两个向量组等价的充要条件是它们的秩相等且其中一个向量组能由另一个向量组线性表示.

2. 设向量 β 可由向量组 $\alpha_1, \alpha_2, \cdots, \alpha_s$ 线性表示, 但不能由 $\alpha_1, \alpha_2, \cdots, \alpha_{s-1}$ 线性表示. 证明 $r(\alpha_1, \alpha_2, \cdots, \alpha_s) = r(\alpha_1, \alpha_2, \cdots, \alpha_{s-1}, \beta)$.

(B)

3. 设向量组 $\alpha_1, \alpha_2, \cdots, \alpha_s$ 的秩为 r, 在其中任取 m 个向量 $\alpha_{i_1}, \alpha_{i_2}, \cdots, \alpha_{i_m}$, 证明: 所取向量组的秩 $\geqslant r + m - s$.

(C)

4. (施泰尼兹替换定理) 如果向量组 $\alpha_1, \alpha_2, \cdots, \alpha_r$ 可以由 $\beta_1, \beta_2, \cdots, \beta_s$ 线性表示, 并且 $\alpha_1, \alpha_2, \cdots, \alpha_r$ 线性无关, 则

(1) $r \leqslant s$;

(2) 对 $\beta_1, \beta_2, \cdots, \beta_s$ 适当重新编号后, 使得用 $\alpha_1, \alpha_2, \cdots, \alpha_r$ 替换 $\beta_1, \beta_2, \cdots, \beta_r$ 后所得向量组 $\alpha_1, \alpha_2, \cdots, \alpha_r, \beta_{r+1}, \cdots, \beta_s$ 与原向量组 $\beta_1, \beta_2, \cdots, \beta_s$ 等价.

3.6 向量组的秩与矩阵的秩

若把矩阵 $A=(a_{ij})$ 的每行 (列) 看成一个向量, 则所得向量组称为矩阵 A 的行 (列) 向量组. 本节将从几何的角度考察矩阵的秩, 这将架起代数方法与几何方法之间的桥梁, 使得许多矩阵的问题可以转化为向量组的问题得到解决, 反之亦然.

定义 3.6.1 矩阵 A 的行向量组的秩称为 A 的**行秩**, 列向量组的秩称为 A 的**列秩**.

定理 2.10.1 表明初等变换不改变矩阵的秩. 事实上, 初等变换也不改变矩阵的行秩与列秩.

引理 3.6.1 初等行变换不改变行向量组的秩.

证明 原向量组与变换后的向量组等价, 因而秩相等. □

注意到齐次线性方程组 $x_1\alpha_1+x_2\alpha_2+\cdots+x_s\alpha_s=0$ 的任一解都可看作向量组 $\alpha_1,\alpha_2,\cdots,\alpha_s$ 的一个**线性关系**. 特别地, 若方程组只有零解, 则向量组 $\alpha_1,\alpha_2,\cdots,\alpha_s$ 线性无关.

引理 3.6.2 初等行变换不改变列向量组的线性关系, 因而不改变列秩.

证明 设经过行初等变换

$$A=(\alpha_1,\alpha_2,\cdots,\alpha_s)\to(\beta_1,\beta_2,\cdots,\beta_s)=B.$$

显然

$$x_1\alpha_1+x_2\alpha_2+\cdots+x_s\alpha_s=0$$

与

$$x_1\beta_1+x_2\beta_2+\cdots+x_s\beta_s=0$$

同解, 所以向量组 $\alpha_1,\alpha_2,\cdots,\alpha_s$ 与 $\beta_1,\beta_2,\cdots,\beta_s$ 有相同的线性关系.

特别地, $\alpha_{i_1},\alpha_{i_2},\cdots,\alpha_{i_r}$ 是 $\alpha_1,\alpha_2,\cdots,\alpha_s$ 的一个极大无关组当且仅当 β_{i_1}, $\beta_{i_2},\cdots,\beta_{i_r}$ 是 $\beta_1,\beta_2,\cdots,\beta_s$ 的极大无关组, 因而有相同的秩. □

由引理 3.6.1 与引理 3.6.2 知, 初等行变换不改变矩阵的行秩与列秩. 类似地, 初等列变换也不改变矩阵的行秩与列秩.

定理 3.6.1 矩阵 A 的行秩等于列秩, 等于 $r(A)$.

证明 设 $r(A)=r$. 则 A 经过初等变换化为

$$B=\begin{pmatrix} E_r & O \\ O & O \end{pmatrix}.$$

显然, B 的行秩 $=B$ 的列秩 $=r=r(A)$. 由于初等变换不改变矩阵的行秩与列秩, 所以 A 的行秩 $=B$ 的行秩 $=r(A)$, A 的列秩 $=B$ 的列秩 $=r(A)$. □

互联网的出现促使人们研究如何在有限带宽的通信线路上传输大量数字信息. 数字信息通常以矩阵形式存储, 而矩阵的秩在某种意义上是"冗余"信息的一种度量方式, 在许多提高传输速度的技术方面都扮演着重要的角色. 如果 A 是秩 r 的 $m\times n$ 矩阵, 则其中的 $m-r$ 个行向量、$n-r$ 个列向量 (可看作冗余数据) 分别可由 r 个线性无关的行向量与列向量线性表示, 所以这 r 个线性无关的行向量或列向量表达了与 A 几乎相同的信息. 在许多数据压缩方案中, 其基本思想就是通过传输包含几乎相同信息的较小秩的数据集来近似原始数据集, 然后在近似集中消除冗余向量以加快传输时间.

定理 3.6.1 为我们提供了求向量组的极大无关组及秩的方法.

设 $\alpha_1,\alpha_2,\cdots,\alpha_s$ 是一组 n 维列向量, 记矩阵 $A=(\alpha_1,\alpha_2,\cdots,\alpha_s)$. 经过初等行变换将 A 化为 (最简) 阶梯形矩阵 B,

$$A=(\alpha_1,\alpha_2,\cdots,\alpha_s)\xrightarrow{\text{初等行变换}}(\beta_1,\beta_2,\cdots,\beta_s)=B.$$

设 B 的主元所在的列为 $j_1,j_2,\cdots,j_r$, 则 $\alpha_{j_1},\alpha_{j_2},\cdots,\alpha_{j_r}$ 为向量组 $\alpha_1,\alpha_2,\cdots,\alpha_s$ 的一个极大无关组.

例 3.6.1 设 $\alpha_1=\begin{pmatrix}2\\1\\4\\3\end{pmatrix}$, $\alpha_2=\begin{pmatrix}-1\\1\\-6\\6\end{pmatrix}$, $\alpha_3=\begin{pmatrix}-1\\-2\\2\\-9\end{pmatrix}$, $\alpha_4=\begin{pmatrix}1\\1\\-2\\7\end{pmatrix}$, $\alpha_5=\begin{pmatrix}2\\4\\4\\9\end{pmatrix}$. 求该向量组的一个极大无关组, 并将其余向量用这个极大无关组表示出来.

解 施行初等行变换

$$A=(\alpha_1,\cdots,\alpha_5)=\begin{pmatrix}2&-1&-1&1&2\\1&1&-2&1&4\\4&-6&2&-2&4\\3&6&-9&7&9\end{pmatrix}$$

$$\to \begin{pmatrix} 1 & 1 & -2 & 1 & 4 \\ 0 & 1 & -1 & 1 & 0 \\ 0 & 0 & 0 & 1 & -3 \\ 0 & 0 & 0 & 0 & 0 \end{pmatrix} \to \begin{pmatrix} 1 & 0 & -1 & 0 & 4 \\ 0 & 1 & -1 & 0 & 3 \\ 0 & 0 & 0 & 1 & -3 \\ 0 & 0 & 0 & 0 & 0 \end{pmatrix},$$

则 $\alpha_1, \alpha_2, \alpha_4$ 是一个极大无关组, 且

$$\alpha_3 = -\alpha_1 - \alpha_2.$$
$$\alpha_5 = 4\alpha_1 + 3\alpha_2 - 3\alpha_4.$$

习 题 3.6

(A)

1. 求向量组

$$\alpha_1 = \begin{pmatrix} 1 \\ -1 \\ 2 \\ 4 \end{pmatrix}, \quad \alpha_2 = \begin{pmatrix} 0 \\ 3 \\ 1 \\ 2 \end{pmatrix}, \quad \alpha_3 = \begin{pmatrix} 3 \\ 0 \\ 7 \\ 14 \end{pmatrix}, \quad \alpha_4 = \begin{pmatrix} 1 \\ -1 \\ 2 \\ 0 \end{pmatrix}, \quad \alpha_5 = \begin{pmatrix} 2 \\ 1 \\ 5 \\ 6 \end{pmatrix}$$

的秩和一个极大无关组, 并将其余向量表示为这个极大无关组的线性组合.

2. 当 a 取何值时, 向量组

$$\alpha_1 = \begin{pmatrix} 1 \\ 0 \\ 2 \end{pmatrix}, \quad \alpha_2 = \begin{pmatrix} 1 \\ 1 \\ 3 \end{pmatrix}, \quad \alpha_3 = \begin{pmatrix} 1 \\ -1 \\ a+2 \end{pmatrix}$$

与向量组

$$\beta_1 = \begin{pmatrix} 1 \\ 2 \\ a+3 \end{pmatrix}, \quad \beta_2 = \begin{pmatrix} 2 \\ 1 \\ a+6 \end{pmatrix}, \quad \beta_3 = \begin{pmatrix} 2 \\ 1 \\ a+4 \end{pmatrix}$$

(1) 等价? (2) 不等价?

(B)

3. 设 $\alpha_1, \alpha_2, \cdots, \alpha_s$ 线性无关,

$$\beta_1 = a_{11}\alpha_1 + a_{21}\alpha_2 + \cdots + a_{s1}\alpha_s,$$
$$\beta_2 = a_{12}\alpha_1 + a_{22}\alpha_2 + \cdots + a_{s2}\alpha_s,$$
$$\cdots\cdots$$
$$\beta_s = a_{1s}\alpha_1 + a_{2s}\alpha_2 + \cdots + a_{ss}\alpha_s,$$

设系数矩阵 $A=(a_{ij})_{s\times s}$, 证明 $r(\beta_1,\beta_2,\cdots,\beta_s)=r(A)$.

4. 设 $\alpha_1,\alpha_2,\cdots,\alpha_s$ 线性无关,

$$\beta_1=\alpha_1-\alpha_2,\beta_2=\alpha_2-\alpha_3,\cdots,\beta_s=\alpha_s-\alpha_1.$$

求 $\beta_1,\beta_2,\cdots,\beta_s$ 的一个极大线性无关组.

(C)

5. 证明反对称矩阵 (即 $A^{\mathrm{T}}=-A$) 的秩为偶数.

3.7 基、维数与坐标

基 (basis) 是线性代数最核心的概念之一, 它架起了数域 F 上的 n 维抽象线性空间 V 与具体的向量空间 F^n 之间的桥梁, 使得在取定 V 的一组基后, 任一 n 维抽象线性空间 V 都同构于具体的向量空间 F^n, 详见 5.2 节. 从几何上看, 基是坐标系在高维线性空间的推广, 取定线性空间 V 的一组基相当于固定它的一个坐标系. 从后面章节的学习中我们将看到, 在取定线性空间 V 的一组基后, 抽象的向量可以用具体的数组 (坐标) 来表示, 抽象的线性变换可以用具体的矩阵来表示, 基成了化抽象为具体的桥梁, 这使得矩阵成为研究线性空间及其上的线性变换的最强有力的工具.

定义 3.7.1 线性空间 V 的子集 $\mathcal{B}=\{\alpha_1,\alpha_2,\cdots,\alpha_n\}$ 称为 V 的一组**基**, 如果

(1) $\alpha_1,\alpha_2,\cdots,\alpha_n$ 线性无关;

(2) V 中的任一向量都可由 $\alpha_1,\alpha_2,\cdots,\alpha_n$ 线性表示.

由定义知线性空间 V 的基就是 V 的一个极大无关组, 因此由定理 3.5.2 知 V 的任意两组基所含向量的个数相等.

定义 3.7.2 如果数域 F 上的非零线性空间 V 的一组基含有 n 个向量, 则称 V 是 n **维线性空间**, 记作 $\dim_{\mathrm{F}}V=n$, 或简记为 $\dim V=n$. 若 V 不存在由有限个元素构成的基, 则称 V 为无限维线性空间.

注 (1) 零空间没有基, 故规定零空间的维数为 0;

(2) 定义 3.7.1中的 (2) 等价于 "(2′) $\forall\beta\in V$, 向量组 $\beta,\alpha_1,\alpha_2,\cdots,\alpha_n$ 线性相关".

例 3.7.1 (1) 一维空间 $\mathbb{R}$ 中的任一非零向量 α 都是它的一组基 (图 3.17);

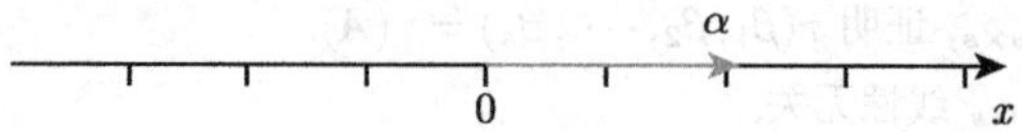

图 3.17

(2) $e_1=\begin{pmatrix}1\\0\end{pmatrix}, e_2=\begin{pmatrix}0\\1\end{pmatrix}\in\mathbb{R}^2$ 显然线性无关, $\forall\alpha=\begin{pmatrix}a\\b\end{pmatrix}\in\mathbb{R}^n$, $\alpha=ae_1+be_2$. 所以 e_1,e_2 是 $\mathbb{R}^2$ 的一组基, $\dim\mathbb{R}^2=2$(图 3.18).

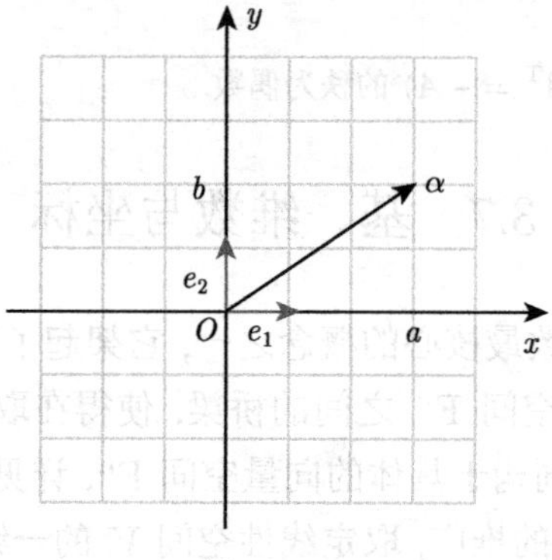

图 3.18

注意到 $e_1=\begin{pmatrix}1\\0\end{pmatrix}, \alpha_2=\begin{pmatrix}1\\1\end{pmatrix}\in\mathbb{R}^2$ 也线性无关, $\forall\beta=\begin{pmatrix}a\\b\end{pmatrix}\in\mathbb{R}^n$, $\beta=(a-b)e_1+b\alpha_2$. 所以 e_1,α_2 也是 $\mathbb{R}^2$ 的一组基. 类似地, 可以证明 $e_1=\begin{pmatrix}1\\0\end{pmatrix}, \alpha_1=\begin{pmatrix}0\\2\end{pmatrix}$ 与 $e_1=\begin{pmatrix}1\\0\end{pmatrix}, \alpha_3=\begin{pmatrix}1\\2\end{pmatrix}$ 都是 $\mathbb{R}^2$ 的基 (图 3.19).

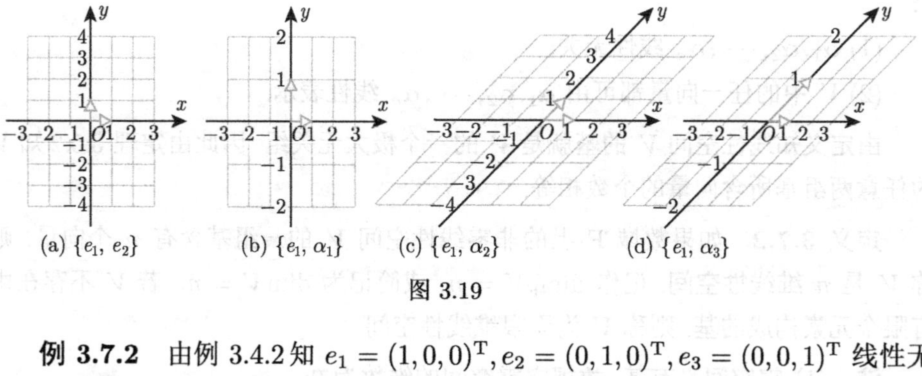

图 3.19

例 3.7.2 由例 3.4.2 知 $e_1=(1,0,0)^{\mathrm{T}}, e_2=(0,1,0)^{\mathrm{T}}, e_3=(0,0,1)^{\mathrm{T}}$ 线性无关, 对任意的 $\alpha=(a,b,c)^{\mathrm{T}}\in\mathbb{R}^3$,

$$\alpha=ae_1+be_2+ce_3.$$

所以 e_1,e_2,e_3 是 $\mathbb{R}^3$ 的一组基, $\dim\mathbb{R}^3=3$(图 3.20).

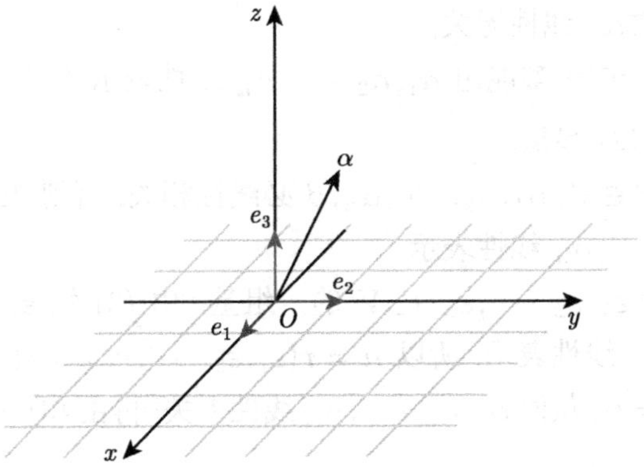

图 3.20

类似可证

$$e_1=\begin{pmatrix}1\\0\\\vdots\\0\end{pmatrix},e_2=\begin{pmatrix}0\\1\\\vdots\\0\end{pmatrix},\cdots,e_n=\begin{pmatrix}0\\0\\\vdots\\1\end{pmatrix}$$

是 $\mathbb{R}^n$ 的一组基, 称为 $\mathbb{R}^n$ 的标准基. 因而 $\dim\mathbb{R}^n=n$.

例 3.7.3 容易验证 $1,x,x^2,\cdots,x^{n-1}$ 是线性空间 $\mathrm{F}[x]_n$ 的一组基, $\dim\mathrm{F}[x]_n=n$.

但线性空间 $\mathrm{F}[x]$ 是数域 F 上的无限维线性空间. 否则, 假设 $\mathrm{F}[x]$ 是 m 维线性空间, 由下面的推论 3.7.1 可知线性无关向量组 $1,x,x^2,\cdots,x^{m-1}$ 是 $\mathrm{F}[x]$ 的一组基. 但 $f(x)=1+x^2+\cdots+x^m$ 却显然不能由该向量组线性表示, 矛盾!

例 3.7.4 容易验证基本矩阵

$$E_{11}=\begin{pmatrix}1&0\\0&0\end{pmatrix},\quad E_{12}=\begin{pmatrix}0&1\\0&0\end{pmatrix},\quad E_{21}=\begin{pmatrix}0&0\\1&0\end{pmatrix},\quad E_{22}=\begin{pmatrix}0&0\\0&1\end{pmatrix}$$

是 $\mathrm{F}^{2\times2}$ 的一组基, 因而 $\dim\mathrm{F}^{2\times2}=4$.

定理 3.7.1 n 维线性空间至多包含 n 个线性无关的向量或等价地, n 维线性空间中任意 $n+1$ 个向量必线性相关.

证明 由定义 3.7.1 与定理 3.5.1 即得. □

推论 3.7.1 设 V 是 n 维线性空间, 则以下叙述等价:

(1) $\alpha_1,\alpha_2,\cdots,\alpha_n$ 是 V 的一组基;

(2) $\alpha_1,\alpha_2,\cdots,\alpha_n$ 线性无关;

(3) V 中的任一向量都能由 $\alpha_1,\alpha_2,\cdots,\alpha_n$ 线性表示.

证明 (1) $\Rightarrow$ (2) 显然.

(2) $\Rightarrow$ (3) $\forall\beta\in V$, $\alpha_1,\alpha_2,\cdots,\alpha_n,\beta$ 必线性相关, 否则 $\dim V>n$, 矛盾. 所以 β 能由 $\alpha_1,\alpha_2,\cdots,\alpha_n$ 线性表示.

(3) $\Rightarrow$ (1) 设 $\varepsilon_1,\varepsilon_2,\cdots,\varepsilon_n$ 是 V 的一组基. 由 (3) 知 $\varepsilon_1,\varepsilon_2,\cdots,\varepsilon_n$ 可由向量组 $\alpha_1,\alpha_2,\cdots,\alpha_n$ 线性表示, 所以 $n=r(\varepsilon_1,\varepsilon_2,\cdots,\varepsilon_n)\leqslant r(\alpha_1,\alpha_2,\cdots,\alpha_n)$, 故 $r(\alpha_1,\alpha_2,\cdots,\alpha_n)=n$, 从而 $\alpha_1,\alpha_2,\cdots,\alpha_n$ 线性无关; 再由 (3) 可知, $\alpha_1,\alpha_2,\cdots,\alpha_n$ 是 V 的一组基. □

思考 若去掉"V 是 n 维线性空间"这一条件, 则 (1) 与 (3) 是否等价?

下面的定理给出了线性空间基的存在性.

定理 3.7.2 (扩充基定理) 设 V 是数域 F 上的 n 维线性空间, 则 V 的任一线性无关组 $\alpha_1,\alpha_2,\cdots,\alpha_r$ 都能扩充为 V 的一组基.

证明 如果 $r=n$, 则 $\alpha_1,\alpha_2,\cdots,\alpha_r$ 已是 V 的一组基. 不妨设 $r<n$, 则存在 α_{r+1} 不能由 $\alpha_1,\alpha_2,\cdots,\alpha_r$ 线性表示, 所以 $\alpha_1,\alpha_2,\cdots,\alpha_r,\alpha_{r+1}$ 线性无关.

如果 $r+1=n$, 则 $\alpha_1,\alpha_2,\cdots,\alpha_r,\alpha_{r+1}$ 是 V 的一组基, 否则, $r+1<n$, 存在 α_{r+2} 不能由 $\alpha_1,\alpha_2,\cdots,\alpha_r,\alpha_{r+1}$ 线性表示, 故 $\alpha_1,\alpha_2,\cdots,\alpha_r,\alpha_{r+1},\alpha_{r+2}$ 线性无关.

如此继续下去, 经过有限步后, 我们最终可以得到 $\alpha_1,\cdots,\alpha_r,\alpha_{r+1},\cdots,\alpha_n$ 线性无关, 从而是 V 的一组基. □

定义 3.7.3 设 $\mathcal{B}=\{\alpha_1,\alpha_2,\cdots,\alpha_n\}$ 是线性空间 V 的一组基. 对任意的 $\alpha\in V$, α 可由基 $\alpha_1,\alpha_2,\cdots,\alpha_n$ 唯一地线性表示, 即

$$\alpha=a_1\alpha_1+a_2\alpha_2+\cdots+a_n\alpha_n.$$

则 n 元数组 $(a_1,a_2,\cdots,a_n)^{\mathrm{T}}$ 称为 α 在基 $\alpha_1,\alpha_2,\cdots,\alpha_n$ 下的**坐标**. 记

$$\alpha=(\alpha_1,\alpha_2,\cdots,\alpha_n)\begin{pmatrix}a_1\\a_2\\\vdots\\a_n\end{pmatrix}\quad\text{或}\quad[\alpha]_{\mathcal{B}}=\begin{pmatrix}a_1\\a_2\\\vdots\\a_n\end{pmatrix}.$$

注意到基 $\mathcal{B}$ 中的向量的排列是有顺序的, 若改变它们的排列顺序, 则 V 中向量的坐标也会随之改变. 因此我们也称 V 的基为定序基. 这样, 通过选取线性空

间 V 的基 $\alpha_1,\alpha_2,\cdots,\alpha_n$, 使得 V 中任一 (抽象的) 向量 α 可以用具体的向量 "n 元数组" $(a_1,a_2,\cdots,a_n)^{\mathrm{T}}$(即坐标) 来表示, 从而达到了化抽象为具体的目的.

例 3.7.5 $\mathbb{C}$ 是 $\mathbb{R}$ 上的 2 维向量空间, $1,\mathrm{i}$ 是它的一组基, $\dim_{\mathbb{R}}\mathbb{C}=2$. $\forall a+b\mathrm{i}\in\mathbb{C}$, 它在基 $1,\mathrm{i}$ 下的坐标是 $(a,b)^{\mathrm{T}}$.

例 3.7.6 复数域 $\mathbb{C}$ 作为 $\mathbb{C}$ 上的线性空间是 1 维的, 因为 $\{1\}$ 是它的一组基, 即 $\dim_{\mathbb{C}}\mathbb{C}=1$.

例 3.7.7 设 $V=\mathrm{F}^{m\times n}$, 则 $\{E_{ij}|i=1,2,\cdots,m,j=1,2,\cdots,n\}$ 是 V 的一组基, $\dim\mathrm{F}^{m\times n}=mn$.

例 3.7.8 设 $H=\left\{\left.\begin{pmatrix}\alpha & \beta\\ -\bar{\beta} & \bar{\alpha}\end{pmatrix}\right|\alpha,\beta\in\mathbb{C}\right\}$, 则 H 关于矩阵的加法与数乘作成实数域 $\mathbb{R}$ 上的线性空间. 历史上, H 中的元素称为 Hamilton 四元数, H 可以看作是复数域的推广, 对加、减、乘、除四则运算封闭, 但乘法不满足交换律. H 中的元素

$$\begin{pmatrix}1 & 0\\ 0 & 1\end{pmatrix},\quad\begin{pmatrix}\mathrm{i} & 0\\ 0 & -\mathrm{i}\end{pmatrix},\quad\begin{pmatrix}0 & 1\\ -1 & 0\end{pmatrix},\quad\begin{pmatrix}0 & \mathrm{i}\\ \mathrm{i} & 0\end{pmatrix}$$

构成 H 的一组基. 向量 $\begin{pmatrix}a+b\mathrm{i} & c+d\mathrm{i}\\ -c+d\mathrm{i} & a-b\mathrm{i}\end{pmatrix}$ 在这组基下的坐标为 $(a,b,c,d)^{\mathrm{T}}$(这也是四元数名称的由来).

思考 H 是否作成复数域 $\mathbb{C}$ 上的线性空间?

例 3.7.9 设 $V=\mathrm{F}^n$,

$$e_1=\begin{pmatrix}1\\0\\ \vdots\\0\end{pmatrix}, e_2=\begin{pmatrix}0\\1\\ \vdots\\0\end{pmatrix},\cdots, e_n=\begin{pmatrix}0\\0\\ \vdots\\1\end{pmatrix},$$

则 $e_1,e_2,\cdots,e_n$ 是 F^n 的一组基. 任取 $\alpha=(a_1,a_2,\cdots,a_n)^{\mathrm{T}}\in\mathrm{F}^n$, 则

$$\alpha=a_1e_1+a_2e_2+\cdots+a_ne_n,$$

故 α 在基 $e_1,e_2,\cdots,e_n$ 下的坐标恰好是 $(a_1,a_2,\cdots,a_n)^{\mathrm{T}}$.

不难证明

$$\epsilon_1 = \begin{pmatrix} 1 \\ 1 \\ \vdots \\ 1 \end{pmatrix}, \epsilon_2 = \begin{pmatrix} 0 \\ 1 \\ \vdots \\ 1 \end{pmatrix}, \cdots, \epsilon_n = \begin{pmatrix} 0 \\ 0 \\ \vdots \\ 1 \end{pmatrix}$$

也是 $\mathbb{F}^n$ 的一组基, 而

$$\alpha = a_1\epsilon_1 + (a_2 - a_1)\epsilon_2 + \cdots + (a_n - a_{n-1})\epsilon_n,$$

故 α 在基 $\epsilon_1, \epsilon_2, \cdots, \epsilon_n$ 下的坐标是 $(a_1, a_2 - a_1, \cdots, a_n - a_{n-1})^{\mathrm{T}}$.

例 3.7.10 设 $V = \mathbb{R}[x]_n$ 是由次数小于 n 的实系数多项式的全体关于多项式的加法与数乘作成的 $\mathbb{R}$ 上的线性空间.

(1) 显然, $1, x, \cdots, x^{n-2}, x^{n-1}$ 是 V 的一组基. 任取 $f(x) = a_0 + a_1x + \cdots + a_{n-2}x^{n-2} + a_{n-1}x^{n-1}$, $f(x)$ 在基 $1, x, \cdots, x^{n-2}, x^{n-1}$ 下的坐标是 $(a_0, a_1, \cdots, a_{n-1})^{\mathrm{T}}$.

(2) 若取 $\alpha_1 = 1, \alpha_2 = x - a, \cdots, \alpha_n = (x-a)^{n-1}$ 为 V 的一组基, 则由泰勒公式知

$$f(x) = f(a) + f'(a)(x-a) + \cdots + \frac{f^{(n-1)}(a)}{(n-1)!}(x-a)^{n-1},$$

故 $f(x)$ 在基 $\alpha_1, \alpha_2, \cdots, \alpha_n$ 下的坐标是

$$\left(f(a), f'(a), \cdots, \frac{f^{(n-1)}(a)}{(n-1)!}\right)^{\mathrm{T}}.$$

例 3.7.11 设 $\omega_1, \omega_2, \cdots, \omega_n$ 是 n 次单位根, 则

$$f_i(x) = (x-\omega_1)\cdots(x-\omega_{i-1})(x-\omega_{i+1})\cdots(x-\omega_n), \quad i = 1, 2, \cdots, n$$

是 $\mathbb{C}[x]_n$ 的一组基. 事实上, 若 $f_1, f_2, \cdots, f_n$ 线性相关, 则存在 f_i 能由其余向量线性表示, 即

$$f_i(x) = a_1f_1(x) + \cdots + a_{i-1}f_{i-1}(x) + a_{i+1}f_{i+1}(x) + \cdots + a_nf_n(x).$$

令 $x = \omega_i$, 则左边 $\neq 0$, 右边 $= 0$, 矛盾! 故 $f_1, f_2, \cdots, f_n$ 线性无关; 又 $\dim\mathbb{C}[x]_n = n$, 故 $f_1, f_2, \cdots, f_n$ 是一组基.

例 3.7.12 设 $a_1, a_2, \cdots, a_n$ 是数域 $\mathbb{F}$ 中两两互异的 n 个数. 令

$$L_i(x) = \prod_{\substack{j=1 \\ j\neq i}}^{n} \frac{x - a_j}{a_i - a_j}, \quad i = 1, 2, \cdots, n.$$

则类似于上例的证法可知 $L_1(x), L_2(x), \cdots, L_n(x)$ 是 $\mathrm{F}[x]_n$ 的一组基.

显然,

$$L_i(a_j) = \begin{cases} 1, & j = i, \\ 0, & j \neq i. \end{cases}$$

设 $b_1, b_2, \cdots, b_n$ 是 F 里的任意 n 个数, 令

$$L(x) = b_1L_1(x) + b_2L_2(x) + \cdots + b_nL_n(x),$$

则 $L(a_i) = b_i,\ i = 1, 2, \cdots, n$. $L(x)$ 是著名的拉格朗日插值多项式.

习 题 3.7

(A)

1. 判断下述向量组是否为 F^4 的一组基

$$\alpha_1 = \begin{pmatrix} 2 \\ -1 \\ 3 \\ 5 \end{pmatrix}, \quad \alpha_2 = \begin{pmatrix} 1 \\ 7 \\ -2 \\ 0 \end{pmatrix}, \quad \alpha_3 = \begin{pmatrix} -3 \\ 0 \\ 4 \\ 1 \end{pmatrix}, \quad \alpha_4 = \begin{pmatrix} 6 \\ 1 \\ 0 \\ -4 \end{pmatrix}.$$

2. 判断下述向量组是否为 F^4 的一组基

$$\alpha_1 = \begin{pmatrix} 0 \\ 0 \\ 0 \\ 1 \end{pmatrix}, \quad \alpha_2 = \begin{pmatrix} 0 \\ 0 \\ 1 \\ 1 \end{pmatrix}, \quad \alpha_3 = \begin{pmatrix} 0 \\ 1 \\ 1 \\ 1 \end{pmatrix}, \quad \alpha_4 = \begin{pmatrix} 1 \\ 1 \\ 1 \\ 1 \end{pmatrix}.$$

如果是, 求 $\beta = (\alpha_1, \alpha_2, \alpha_3, \alpha_4)^{\mathrm{T}}$ 在这组基下的坐标.

(B)

3. 设 $A = \mathrm{diag}(a_1, a_2, \cdots, a_n)$, $a_i \neq a_j\ (i \neq j)$. $\mathrm{F}[A]_n = \{f(A) \mid f(x) \in \mathrm{F}[x]_n\}$.

(1) 证明 $\mathrm{F}[A]_n$ 关于矩阵的加法与数乘作成 F 上的线性空间;

(2) 求 $\mathrm{F}[A]_n$ 的一组基与维数.

4. 设 $A = (a_{ij})_{n\times n}$ 是数域 F 上的 n 阶方阵, 定义 A 的迹

$$\mathrm{Tr}(A) = a_{11} + a_{22} + \cdots + a_{nn}.$$

(1) 证明 $V = \{A \in \mathrm{F}^{n\times n} \mid \mathrm{Tr}(A) = 0\}$ 关于矩阵的加法与数乘作成数域 F 上的线性空间, 并求它的一组基与维数;

(2) 证明 $W = \{A \in \mathbb{C}^{2\times 2} \mid \mathrm{Tr}(A) = 0\}$ 关于矩阵的加法与数乘作成 $\mathbb{R}$ 上的线性空间, 并求它的一组基与维数.

(C)

5. 若 $A=\begin{pmatrix}-1&-2&6\\-1&0&3\\-1&-1&4\end{pmatrix}$, 求 $\mathrm{F}[A]=\{f(A)\mid f(x)\in\mathrm{F}[x]\}$ 的一组基与维数.

3.8 基变换与坐标变换

由例 3.7.9、例 3.7.10 可知, 同一向量在线性空间 V 的不同基下的坐标是不同的. 那么这些坐标之间有什么关系呢?

例如, $e_1=\begin{pmatrix}1\\0\end{pmatrix}, e_2=\begin{pmatrix}0\\1\end{pmatrix}$ 与 $\varepsilon_1=\begin{pmatrix}1\\1\end{pmatrix}, \varepsilon_2=\begin{pmatrix}-1\\1\end{pmatrix}$ 是 $\mathbb{R}^2$ 的两组基, 它们分别定义了坐标系 xOy 与 $x'Oy'$ (图 3.21).

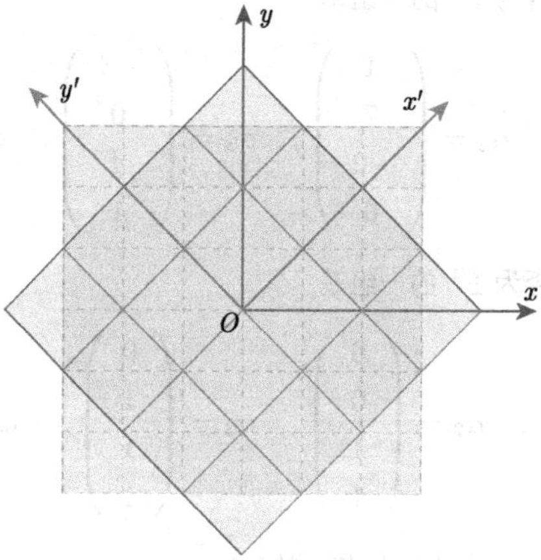

图 3.21

定义 3.8.1 设 V 是 n 维线性空间, $\alpha_1,\alpha_2,\cdots,\alpha_n$ 与 $\beta_1,\beta_2,\cdots,\beta_n$ 是 V 的两组基. 设

$$\beta_1=p_{11}\alpha_1+p_{21}\alpha_2+\cdots+p_{n1}\alpha_n,$$
$$\beta_2=p_{12}\alpha_1+p_{22}\alpha_2+\cdots+p_{n2}\alpha_n,$$
$$\cdots\cdots$$
$$\beta_n=p_{1n}\alpha_1+p_{2n}\alpha_2+\cdots+p_{nn}\alpha_n,$$

即

$$(\beta_1,\beta_2,\cdots,\beta_n)=(\alpha_1,\alpha_2,\cdots,\alpha_n)P,\quad P=(p_{ij}),$$

则矩阵 P 称为从基 $\alpha_1,\alpha_2,\cdots,\alpha_n$ 到 $\beta_1,\beta_2,\cdots,\beta_n$ 的**过渡矩阵**.

定理 3.8.1 设 $\alpha_1,\alpha_2,\cdots,\alpha_n$; $\beta_1,\beta_2,\cdots,\beta_n$ 与 $\gamma_1,\gamma_2,\cdots,\gamma_n$ 是线性空间 V 的三组基, 且

$$(\beta_1,\beta_2,\cdots,\beta_n)=(\alpha_1,\alpha_2,\cdots,\alpha_n)P,$$
$$(\gamma_1,\gamma_2,\cdots,\gamma_n)=(\beta_1,\beta_2,\cdots,\beta_n)Q,$$

则从 $\alpha_1,\alpha_2,\cdots,\alpha_n$ 到 $\gamma_1,\gamma_2,\cdots,\gamma_n$ 的过渡矩阵为 PQ, 即

$$(\gamma_1,\gamma_2,\cdots,\gamma_n)=(\alpha_1,\alpha_2,\cdots,\alpha_n)PQ.$$

证明 设 $P=(p_{ij}),Q=(q_{ij})$. 由题设直接可得

$$\begin{aligned}
&(\gamma_1,\gamma_2,\cdots,\gamma_n)\\
=&(\beta_1,\beta_2,\cdots,\beta_n)Q\\
=&\big[(\alpha_1,\alpha_2,\cdots,\alpha_n)P\big]Q\\
=&\left(\sum_{j=1}^n\alpha_jp_{j1},\sum_{j=1}^n\alpha_jp_{j2},\cdots,\sum_{j=1}^n\alpha_jp_{jn}\right)Q\\
=&\left(\sum_{k=1}^n\sum_{j=1}^n\alpha_jp_{jk}q_{k1},\sum_{k=1}^n\sum_{j=1}^n\alpha_jp_{jk}q_{k2},\cdots,\sum_{k=1}^n\sum_{j=1}^n\alpha_jp_{jk}q_{kn}\right)\\
=&\left(\sum_{j=1}^n\sum_{k=1}^n\alpha_jp_{jk}q_{k1},\sum_{j=1}^n\sum_{k=1}^n\alpha_jp_{jk}q_{k2},\cdots,\sum_{j=1}^n\sum_{k=1}^n\alpha_jp_{jk}q_{kn}\right)\\
=&(\alpha_1,\alpha_2,\cdots,\alpha_n)\begin{pmatrix}\sum\limits_{k=1}^n p_{1k}q_{k1} & \sum\limits_{k=1}^n p_{1k}q_{k2} & \cdots & \sum\limits_{k=1}^n p_{1k}q_{kn}\\ \sum\limits_{k=1}^n p_{2k}q_{k1} & \sum\limits_{k=1}^n p_{2k}q_{k2} & \cdots & \sum\limits_{k=1}^n p_{2k}q_{kn}\\ \vdots & \vdots & & \vdots\\ \sum\limits_{k=1}^n p_{nk}q_{k1} & \sum\limits_{k=1}^n p_{nk}q_{k2} & \cdots & \sum\limits_{k=1}^n p_{nk}q_{kn}\end{pmatrix}\\
=&(\alpha_1,\alpha_2,\cdots,\alpha_n)(PQ).
\end{aligned}$$
□

推论 3.8.1 过渡矩阵是可逆矩阵.

证明 设 $\alpha_1,\alpha_2,\cdots,\alpha_n$ 与 $\beta_1,\beta_2,\cdots,\beta_n$ 是线性空间 V 的两组基, 且

$$(\beta_1,\beta_2,\cdots,\beta_n)=(\alpha_1,\alpha_2,\cdots,\alpha_n)P,$$
$$(\alpha_1,\alpha_2,\cdots,\alpha_n)=(\beta_1,\beta_2,\cdots,\beta_n)Q,$$

则由定理 3.8.1得

$$(\alpha_1,\alpha_2,\cdots,\alpha_n)=(\alpha_1,\alpha_2,\cdots,\alpha_n)PQ,$$

从而

$$(\alpha_1,\alpha_2,\cdots,\alpha_n)(E-PQ)=O.$$

由于 $\alpha_1,\alpha_2,\cdots,\alpha_n$ 线性无关, 所以 $PQ=E$, 从而 P 可逆. □

设 $\xi\in V$, ξ 在两组基 $\alpha_1,\alpha_2,\cdots,\alpha_n$ 与 $\beta_1,\beta_2,\cdots,\beta_n$ 下的坐标分别是

$$\begin{pmatrix}a_1\\a_2\\\vdots\\a_n\end{pmatrix},\quad\begin{pmatrix}b_1\\b_2\\\vdots\\b_n\end{pmatrix},$$

即

$$\xi=(\alpha_1,\alpha_2,\cdots,\alpha_n)\begin{pmatrix}a_1\\a_2\\\vdots\\a_n\end{pmatrix}=(\beta_1,\beta_2,\cdots,\beta_n)\begin{pmatrix}b_1\\b_2\\\vdots\\b_n\end{pmatrix}.$$

设 $(\beta_1,\beta_2,\cdots,\beta_n)=(\alpha_1,\alpha_2,\cdots,\alpha_n)P$. 于是

$$\begin{aligned}(\alpha_1,\alpha_2,\cdots,\alpha_n)\begin{pmatrix}a_1\\a_2\\\vdots\\a_n\end{pmatrix}&=\xi=(\beta_1,\beta_2,\cdots,\beta_n)\begin{pmatrix}b_1\\b_2\\\vdots\\b_n\end{pmatrix}\\&=(\alpha_1,\alpha_2,\cdots,\alpha_n)P\begin{pmatrix}b_1\\b_2\\\vdots\\b_n\end{pmatrix},\end{aligned}$$

故得坐标变换公式

$$\begin{pmatrix}a_1\\a_2\\\vdots\\a_n\end{pmatrix}=P\begin{pmatrix}b_1\\b_2\\\vdots\\b_n\end{pmatrix}\quad\text{或}\quad\begin{pmatrix}b_1\\b_2\\\vdots\\b_n\end{pmatrix}=P^{-1}\begin{pmatrix}a_1\\a_2\\\vdots\\a_n\end{pmatrix}.$$

例 3.8.1 在例 3.7.9 中,

$$(\epsilon_1,\epsilon_2,\cdots,\epsilon_n)=(e_1,e_2,\cdots,e_n)\begin{pmatrix}1&0&\cdots&0\\1&1&\cdots&0\\\vdots&\vdots&&\vdots\\1&1&\cdots&1\end{pmatrix},$$

这里 $P=\begin{pmatrix}1&0&\cdots&0\\1&1&\cdots&0\\\vdots&\vdots&&\vdots\\1&1&\cdots&1\end{pmatrix}$ 是过渡矩阵, 所以 $\alpha=(a_1,a_2,\cdots,a_n)^{\mathrm T}$ 在基 ϵ_1, $\epsilon_2,\cdots,\epsilon_n$ 下的坐标为

$$P^{-1}\begin{pmatrix}a_1\\a_2\\\vdots\\a_n\end{pmatrix}=\begin{pmatrix}1&0&\cdots&0&0\\-1&1&\cdots&0&0\\\vdots&\vdots&&\vdots&\vdots\\0&0&\cdots&1&0\\0&0&\cdots&-1&1\end{pmatrix}\begin{pmatrix}a_1\\a_2\\\vdots\\a_n\end{pmatrix}=\begin{pmatrix}a_1\\a_2-a_1\\\vdots\\a_n-a_{n-1}\end{pmatrix}.$$

例 3.8.2 在例 3.7.11 中, 由于

$$f_i(x)=\frac{x^n-1}{x-\omega_i}=\frac{x^n-\omega_i^n}{x-\omega_i}=x^{n-1}+\omega_ix^{n-2}+\cdots+\omega_i^{n-2}x+\omega_i^{n-1},\quad i=1,2,\cdots,n,$$

所以

$$(f_1(x),f_2(x),\cdots,f_n(x))=(x^{n-1},x^{n-2},\cdots,x,1)\begin{pmatrix}1&1&\cdots&1\\\omega_1&\omega_2&\cdots&\omega_n\\\omega_1^2&\omega_2^2&\cdots&\omega_n^2\\\vdots&\vdots&&\vdots\\\omega_1^{n-1}&\omega_2^{n-1}&\cdots&\omega_n^{n-1}\end{pmatrix}.$$

故 $f(x)=a_0x^{n-1}+a_1x^{n-1}+\cdots+a_{n-2}x+a_{n-1}$ 在基 $f_1(x),f_2(x),\cdots,f_n(x)$ 下

的坐标为

$$\begin{pmatrix} 1 & 1 & \cdots & 1 \\ \omega_1 & \omega_2 & \cdots & \omega_n \\ \omega_1^2 & \omega_2^2 & \cdots & \omega_n^2 \\ \vdots & \vdots & & \vdots \\ \omega_1^{n-1} & \omega_2^{n-1} & \cdots & \omega_n^{n-1} \end{pmatrix}^{-1} \begin{pmatrix} a_0 \\ a_1 \\ \vdots \\ a_{n-1} \end{pmatrix}.$$

例 3.8.3　在 $\mathbb{R}^3$ 中, 已知

$$\alpha_1 = \begin{pmatrix} 1 \\ 0 \\ -1 \end{pmatrix}, \quad \alpha_2 = \begin{pmatrix} 2 \\ 1 \\ 1 \end{pmatrix}, \quad \alpha_3 = \begin{pmatrix} 1 \\ 1 \\ 1 \end{pmatrix},$$

$$\beta_1 = \begin{pmatrix} 0 \\ 1 \\ 1 \end{pmatrix}, \quad \beta_2 = \begin{pmatrix} -1 \\ 1 \\ 0 \end{pmatrix}, \quad \beta_3 = \begin{pmatrix} 1 \\ 2 \\ 1 \end{pmatrix}.$$

(1) 证明 $\alpha_1, \alpha_2, \alpha_3$ 和 $\beta_1, \beta_2, \beta_3$ 都是 $\mathbb{R}^3$ 的基;

(2) 求从基 $\alpha_1, \alpha_2, \alpha_3$ 到基 $\beta_1, \beta_2, \beta_3$ 的过渡矩阵;

(3) 是否存在非零向量 ξ, 使其在基 $\alpha_1, \alpha_2, \alpha_3$ 与 $\beta_1, \beta_2, \beta_3$ 下有相同的坐标?

证明　(1) 由于 $\dim \mathbb{R}^3 = 3$, 又

$$\begin{vmatrix} 1 & 2 & 1 \\ 0 & 1 & 1 \\ -1 & 1 & 1 \end{vmatrix} = -1 \neq 0, \quad \begin{vmatrix} 0 & -1 & 1 \\ 1 & 1 & 2 \\ 1 & 0 & 1 \end{vmatrix} = -2 \neq 0,$$

所以 $\alpha_1, \alpha_2, \alpha_3$ 与 $\beta_1, \beta_2, \beta_3$ 都是 $\mathbb{R}^3$ 的基.

(2) 由于

$$(\alpha_1, \alpha_2, \alpha_3) = (e_1, e_2, e_3) \begin{pmatrix} 1 & 2 & 1 \\ 0 & 1 & 1 \\ -1 & 1 & 1 \end{pmatrix} = (e_1, e_2, e_3)A,$$

$$(\beta_1, \beta_2, \beta_3) = (e_1, e_2, e_3) \begin{pmatrix} 0 & -1 & 1 \\ 1 & 1 & 2 \\ 1 & 0 & 1 \end{pmatrix} = (e_1, e_2, e_3)B,$$

所以

$$(\beta_1,\beta_2,\beta_3)=(e_1,e_2,e_3)B=(\alpha_1,\alpha_2,\alpha_3)A^{-1}B,$$

故从基 $\alpha_1,\alpha_2,\alpha_3$ 到基 β_1,β_2,β_3 的过渡矩阵为

$$A^{-1}B=\begin{pmatrix}0&1&1\\-1&-3&-2\\2&4&4\end{pmatrix}.$$

(3) 设 ξ 在基 $\alpha_1,\alpha_2,\alpha_3$ 与 β_1,β_2,β_3 下的相同的坐标为 $(a_1,a_2,a_3)^{\mathrm{T}}$, 则

$$A^{-1}B\begin{pmatrix}a_1\\a_2\\a_3\end{pmatrix}=\begin{pmatrix}a_1\\a_2\\a_3\end{pmatrix},$$

即 $(a_1,a_2,a_3)^{\mathrm{T}}$ 是齐次线性方程组 $(A^{-1}B-E)x=0$ 的非零解. 由于

$$A^{-1}B-E=\begin{pmatrix}-1&1&1\\-1&-4&-2\\2&4&3\end{pmatrix}\to\begin{pmatrix}1&0&0\\0&1&0\\0&0&1\end{pmatrix},$$

所以 $(A^{-1}B-E)x=0$ 只有零解, 故不存在非零向量 ξ, 使其在基底 $\alpha_1,\alpha_2,\alpha_3$ 与基底 β_1,β_2,β_3 下有相同的坐标. □

我们也可以利用初等变换的方法求向量空间 F^n 的基之间的过渡矩阵. 假设 $\alpha_1,\alpha_2,\cdots,\alpha_n$ 和 $\beta_1,\beta_2,\cdots,\beta_n$ 都是 F^n 的基, 那么如何求从基底 $\alpha_1,\alpha_2,\cdots,\alpha_n$ 到基底 $\beta_1,\beta_2,\cdots,\beta_n$ 的过渡矩阵 P 呢? 我们首先将两组基排成矩阵

$$(A\mid B)=(\alpha_1,\alpha_2,\cdots,\alpha_n\mid\beta_1,\beta_2,\cdots,\beta_n),$$

注意到 $B=AP$, 即 $P=A^{-1}B$. 从而

$$A^{-1}(A\mid B)=(A^{-1}A\mid A^{-1}B)=(E\mid P),$$

所以我们可以对 $(A\mid B)$ 施行初等行变换使得左边的矩阵 A 化成单位矩阵, 同时右边的矩阵 B 化成 P, 则矩阵 P 就是从基 $\alpha_1,\alpha_2,\cdots,\alpha_n$ 到 $\beta_1,\beta_2,\cdots,\beta_n$ 的过渡矩阵, 即

$$(A\mid B)\xrightarrow{\text{初等行变换}}(E\mid P),$$

或描述为

$$(\text{旧基}\mid\text{新基})\xrightarrow{\text{初等行变换}}(E\mid\text{从旧基到新基的过渡矩阵}P).$$

例如, 在例 3.8.3(2) 中,

$$\left(\begin{array}{ccc:ccc}1&2&1&0&-1&1\\0&1&1&1&1&2\\-1&1&1&-1&0&1\end{array}\right)\xrightarrow{\text{初等行变换}}\left(\begin{array}{ccc:ccc}1&0&0&0&1&1\\0&1&0&-1&-3&-2\\0&0&1&2&4&4\end{array}\right),$$

所以从基 $\alpha_1,\alpha_2,\alpha_3$ 到基 β_1,β_2,β_3 的过渡矩阵 $P=\begin{pmatrix}0&1&1\\-1&-3&-2\\2&4&4\end{pmatrix}$.

拓展阅读 雅可比矩阵①

微积分的核心思想之一就是"化曲为直", 化非线性为线性. 雅可比矩阵是线性代数与微积分之间的纽带, 是将非线性问题转化为线性问题的有力工具之一. 例如计算多重积分时使用变量替换, 就要用到雅可比矩阵的行列式.

例如, 计算二重积分 $\iint\limits_D\left(\dfrac{y}{x}\right)^2dxdy$, 其中 D 为由曲线 $y=x$, $y=3x$, $xy=1$, $xy=5$ 所围成的第一象限部分的区域.

计算该积分时, 一般采用坐标变换

$$\begin{cases}u=\dfrac{y}{x},\\ v=xy,\end{cases}$$

将积分区域的边界"化曲为直". 将上述变换改写为

$$\begin{cases}x=\sqrt{\dfrac{v}{u}},\\ y=\sqrt{uv},\end{cases}$$

这是非线性变换. 求全微分, 化非线性为线性, 并写成矩阵的形式

$$\begin{pmatrix}dx\\dy\end{pmatrix}=\begin{pmatrix}-\dfrac{1}{2u}\sqrt{\dfrac{v}{u}}&\dfrac{1}{2\sqrt{uv}}\\\dfrac{1}{2}\sqrt{\dfrac{v}{u}}&\dfrac{1}{2}\sqrt{\dfrac{u}{v}}\end{pmatrix}\begin{pmatrix}du\\dv\end{pmatrix},$$

变换矩阵称为雅可比矩阵, 其行列式

① 任广千, 谢聪, 胡翠芳. 线性代数的几何意义. 西安: 西安电子科技大学出版社, 2015.

$$|J|=\begin{vmatrix} -\dfrac{1}{2u}\sqrt{\dfrac{v}{u}} & \dfrac{1}{2\sqrt{uv}} \\ \dfrac{1}{2}\sqrt{\dfrac{v}{u}} & \dfrac{1}{2}\sqrt{\dfrac{u}{v}} \end{vmatrix}=-\frac{1}{2u},$$

则对应的积分区域 D 变换为

$$D'=\{(u,v)\mid 1\leqslant u\leqslant 3,\ 1\leqslant v\leqslant 5\},$$

所以

$$\begin{aligned}\iint\limits_{D}\left(\frac{y}{x}\right)^2 dxdy&=\iint\limits_{D'}\left(\frac{y(u,v)}{x(u,v)}\right)^2|J|dudv\\&=\iint\limits_{D'}u^2\frac{1}{2u}dudv=\int_1^3\frac{1}{2}udu\int_1^5 dv=8.\end{aligned}$$

由于我们未对积分区域定向, 所以上述积分中使用了雅可比行列式的绝对值.

一般地, 我们作非线性变量替换

$$\begin{cases} x_1=f_1(u_1,u_2,\cdots,u_n),\\ x_2=f_2(u_1,u_2,\cdots,u_n),\\ \quad\cdots\cdots\\ x_n=f_n(u_1,u_2,\cdots,u_n),\end{cases}$$

求全微分, 化非线性为线性, 得

$$\begin{cases} dx_1=\dfrac{\partial f_1}{\partial u_1}du_1+\dfrac{\partial f_1}{\partial u_2}du_2+\cdots+\dfrac{\partial f_1}{\partial u_n}du_n,\\ dx_2=\dfrac{\partial f_2}{\partial u_1}du_1+\dfrac{\partial f_2}{\partial u_2}du_2+\cdots+\dfrac{\partial f_2}{\partial u_n}du_n,\\ \quad\cdots\cdots\\ dx_n=\dfrac{\partial f_n}{\partial u_1}du_1+\dfrac{\partial f_n}{\partial u_2}du_2+\cdots+\dfrac{\partial f_n}{\partial u_n}du_n,\end{cases}$$

这可以看作从 $dx_1,dx_2,\cdots,dx_n$ 到 $du_1,du_2,\cdots,du_n$ 的线性变换, 写成矩阵的形式

$$\begin{pmatrix} dx_1 \\ dx_2 \\ \vdots \\ dx_n \end{pmatrix} = \begin{pmatrix} \dfrac{\partial f_1}{\partial u_1} & \dfrac{\partial f_1}{\partial u_2} & \cdots & \dfrac{\partial f_1}{\partial u_n} \\ \dfrac{\partial f_2}{\partial u_1} & \dfrac{\partial f_2}{\partial u_2} & \cdots & \dfrac{\partial f_2}{\partial u_n} \\ \vdots & \vdots & & \vdots \\ \dfrac{\partial f_n}{\partial u_1} & \dfrac{\partial f_n}{\partial u_2} & \cdots & \dfrac{\partial f_n}{\partial u_n} \end{pmatrix} \begin{pmatrix} du_1 \\ du_2 \\ \vdots \\ du_n \end{pmatrix}, \tag{3.12}$$

这里的变换矩阵称为雅可比矩阵, 记作 J.

注意到微元 $dx_1, dx_2, \cdots, dx_n$ 都是向量, 它们的乘积 $dx_1dx_2\cdots dx_n$ 表示由向量 $dx_1, dx_2, \cdots, dx_n$ 张成的超多面体的 (有向) 体积. 例如, 二元情形 $dxdy$ 可看作向量 dx, dy 的叉积, 表示由向量 dx 与 dy 张成的矩形的 (有向) 面积.

公式(3.12)将 $dx_1dx_2\cdots dx_n$ 变为 $|J|du_1du_2\cdots du_n$, 其几何意义是将原坐标系中的超多面体 (积分微元) 变为新坐标系中的超多面体 (积分微元), 雅可比矩阵的行列式 $|J|$ 的绝对值表示了新旧超多面体 (有向) 体积的比例系数. 例如, 在上面的例子中, 坐标变换 $\begin{cases} u = \dfrac{y}{x}, \\ v = xy \end{cases}$ 将原来的直角坐标系 xOy 变成了直线-曲线坐标系$\left(\text{直线族 } \left\{\dfrac{y}{x} = u \middle| 1 \leqslant u \leqslant 3\right\}\text{与双曲线族 } \{xy = v \mid 1 \leqslant v \leqslant 5\} \text{ 组成的坐标系}\right)$, 同时将标准直角坐标系下的微分矩形 $dxdy$ 变成了曲线坐标系下的微分平行四边形 $dudv$ 了, 面积微元的比率是 $|J|$.

习 题 3.8

(A)

1. 设

$$\alpha_1 = \begin{pmatrix} 1 \\ 2 \\ -1 \\ 0 \end{pmatrix}, \quad \alpha_2 = \begin{pmatrix} 1 \\ -1 \\ 1 \\ 1 \end{pmatrix}, \quad \alpha_3 = \begin{pmatrix} -1 \\ 2 \\ 1 \\ 1 \end{pmatrix}, \quad \alpha_4 = \begin{pmatrix} -1 \\ -1 \\ 0 \\ 1 \end{pmatrix}$$

与

$$\beta_1 = \begin{pmatrix} 2 \\ 1 \\ 0 \\ 1 \end{pmatrix}, \quad \beta_2 = \begin{pmatrix} 0 \\ 1 \\ 2 \\ 2 \end{pmatrix}, \quad \beta_3 = \begin{pmatrix} -2 \\ 1 \\ 1 \\ 2 \end{pmatrix}, \quad \beta_4 = \begin{pmatrix} 1 \\ 3 \\ 1 \\ 3 \end{pmatrix}$$

是 F^4 的两组基.

(1) 求从 $\alpha_1,\alpha_2,\alpha_3,\alpha_4$ 到 $\beta_1,\beta_2,\beta_3,\beta_4$ 的过渡矩阵;

(2) 求 $\alpha=(1,0,0,0)^{\mathrm{T}}$ 分别在这两组基下的坐标;

(3) 求向量 ξ 使其在这两组基下的坐标相同.

2. 设 $\alpha_1,\alpha_2,\cdots,\alpha_n$ 是线性空间 V 的一组基.

(1) 证明 $\beta_1=\alpha_1,\beta_2=\alpha_1+\alpha_2,\cdots,\beta_n=\alpha_1+\alpha_2+\cdots+\alpha_n$ 也是 V 的一组基;

(2) 设向量 ξ 在 $\alpha_1,\alpha_2,\cdots,\alpha_n$ 下的坐标是 $(n,n-1,\cdots,2,1)^{\mathrm{T}}$, 求向量 ξ 在基底 $\{\beta_1,\beta_2,\cdots,\beta_n\}$ 下的坐标.

3.9 线性子空间

研究线性空间的一个重要途径是通过引入线性子空间, 将线性空间 V 分解成有限个维数更低的线性子空间的和来实现的. 所谓 V 的线性子空间, 就是 V 的关于加法与数乘两种运算都封闭的非空子集. 例如三维空间 $\mathbb{R}^3$ 中过原点的任一平面 P 显然是 $\mathbb{R}^3$ 的子集, 且关于向量的加法与数乘两种运算都封闭, 所以是 $\mathbb{R}^3$ 的一个线性子空间.

定义 3.9.1 设 V 是数域 F 上的线性空间, $\varnothing\neq W\subseteq V$. 我们称 W 为 V 的**线性子空间**, 如果 W 关于 V 的加法与数乘运算本身也作成数域 F 上的线性空间, 记作 $W\leqslant V$.

例 3.9.1 $\mathbb{R}$, $\mathbb{R}^2$ 与 $\mathbb{R}^3$ 的线性子空间如表 3.2 所示.

表 3.2

维数	$\mathbb{R}$	$\mathbb{R}^2$	$\mathbb{R}^3$
0	$\{0\}$	$\{0\}$	$\{0\}$
1	$\mathbb{R}$	过原点的直线	过原点的直线
2		$\mathbb{R}^2$	过原点的平面
3			$\mathbb{R}^3$

定理 3.9.1 (判定定理 1) 设 V 是数域 F 上的线性空间, $\varnothing\neq W\subseteq V$, 则 W 是 V 的子空间当且仅当

(1) 加法封闭: $\forall\alpha,\beta\in W$, $\alpha+\beta\in W$;

(2) 数乘封闭: $\forall k\in\mathrm{F}$, $\forall\alpha\in W$, $k\alpha\in W$.

证明 必要性显然, 下证充分性. 条件 (1), (2) 说明 V 上的加法与数乘运算也是 W 上的运算; 由于 $\forall\alpha\in W$, $0\cdot\alpha=0\in W$, $(-1)\alpha=-\alpha\in W$, 所以线性空间定义 3.2.7 中的 (3) 和 (4) 成立, 其余六条运算律在 V 中成立, 在 W 中自然成立, 所以 W 是 V 的子空间. □

将定理中的两个条件合并在一起, 立即可得如下定理.

定理 3.9.2 (判定定理 2) 设 V 是数域 F 上的线性空间, $\varnothing \neq W \subseteq V$, 则 W 是 V 的子空间当且仅当 $\forall k, l \in \mathrm{F}, \forall \alpha, \beta \in W, k\alpha + l\beta \in W$.

例 3.9.2 考虑线性方程组

$$\begin{cases} x_1 - x_2 + 2x_3 = 0, \\ -2x_1 + 2x_2 - 4x_3 = 0, \end{cases}$$

其系数矩阵的行最简阶梯形为

$$\begin{pmatrix} 1 & -1 & 2 \\ -2 & 2 & -4 \end{pmatrix} \to \begin{pmatrix} 1 & -1 & 2 \\ 0 & 0 & 0 \end{pmatrix},$$

所以方程组的解集

$$W = \left\{ \begin{pmatrix} u - 2v \\ u \\ v \end{pmatrix} \middle| u, v \in \mathbb{R} \right\} \subseteq \mathbb{R}^3.$$

任取两个解向量

$$\xi_1 = \begin{pmatrix} u_1 - 2v_1 \\ u_1 \\ v_1 \end{pmatrix}, \quad \xi_2 = \begin{pmatrix} u_2 - 2v_2 \\ u_2 \\ v_2 \end{pmatrix} \in W,$$

则

$$\xi_1 + \xi_2 = \begin{pmatrix} u_1 - 2v_1 \\ u_1 \\ v_1 \end{pmatrix} + \begin{pmatrix} u_2 - 2v_2 \\ u_2 \\ v_2 \end{pmatrix} = \begin{pmatrix} (u_1 + u_2) - 2(v_1 + v_2) \\ u_1 + u_2 \\ v_1 + v_2 \end{pmatrix} \in W,$$

即 W 关于加法封闭; 对任意的 $k \in \mathbb{R}$,

$$k\xi_1 = \begin{pmatrix} ku_1 - 2kv_1 \\ ku_1 \\ kv_1 \end{pmatrix} \in W,$$

即 W 关于数乘封闭, 所以 W 是 $\mathbb{R}^3$ 的线性子空间 (图 3.22).

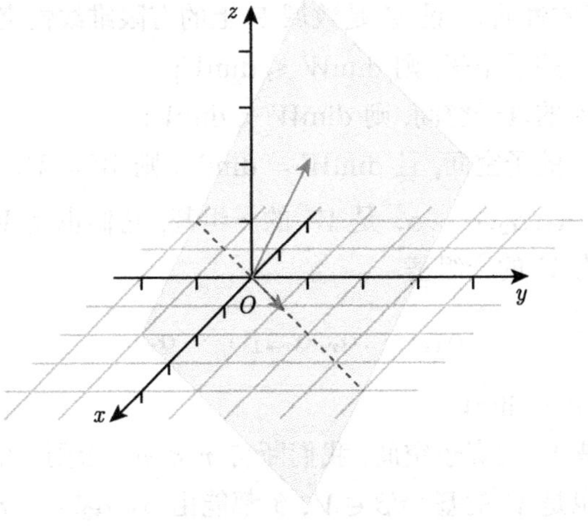

图 3.22

例 3.9.3 设 V 是数域 F 上的线性空间, $\varnothing \neq W \subseteq V$.

(1) 若 $W=\{0\}$, 则 W 是 V 的子空间, 称为零子空间;

(2) 若 $W=V$, 则 W 是 V 的子空间.

这两个子空间称为 V 的平凡子空间, 非平凡子空间称为 V 的真子空间.

例 3.9.4 $H=\left\{\left(\begin{array}{cc}\alpha & \beta \\ -\bar{\beta} & \bar{\alpha}\end{array}\right) \middle| \alpha, \beta \in \mathbb{C}\right\} \subseteq \mathbb{C}^{2\times 2}$ 不是 $\mathbb{C}^{2\times 2}$的子空间, 因为它对数乘不封闭, 即存在 $\left(\begin{array}{cc}\alpha & \beta \\ -\bar{\beta} & \bar{\alpha}\end{array}\right) \in H, \gamma \in \mathbb{C}$, 使得 $\gamma\bar{\alpha} \neq \overline{\gamma\alpha}$ 或者 $\gamma\bar{\beta} \neq \overline{\gamma\beta}$. 例如, 取 $\alpha=1, \beta=0, \gamma=\mathrm{i}$, 所以

$$\mathrm{i}\left(\begin{array}{cc}1 & 0 \\ 0 & 1\end{array}\right)=\left(\begin{array}{cc}\mathrm{i} & 0 \\ 0 & \mathrm{i}\end{array}\right) \notin H.$$

例 3.9.5 设 $A \in \mathrm{F}^{n\times n}$, 则

(1) $C(A)=\{B \in \mathrm{F}^{n\times n} \mid AB=BA\}$ 是 $\mathrm{F}^{n\times n}$ 的子空间;

(2) $\mathrm{F}[A]=\{f(A) \mid f(x) \in \mathrm{F}[x]\}$ 是 $\mathrm{F}^{n\times n}$ 的子空间.

思考 一般地, $\mathrm{F}[A] \subseteq C(A)$. 那么当 A 满足什么条件时, $\mathrm{F}[A]=C(A)$?

例 3.9.6 设 $V=\mathbb{R}^2$ 是二维平面, 则过原点的任一直线 $W=\{(x,y)^{\mathrm{T}} | ax+by=0\}$ 都是 V 的子空间.

思考 直线 $W=\{(x,y)^{\mathrm{T}} \mid x+y+1=0\}$ 是否为 V 的子空间?

例 3.9.7 $\mathrm{F}[x]_n$ 是 $\mathrm{F}[x]$ 的子空间.

命题 3.9.1 (基本性质) 设 V 是数域 F 上的有限维线性空间, $\varnothing \neq W \subseteq V$.

(1) 若 W 是 V 的子空间, 则 $\dim W \leqslant \dim V$;

(2) 若 W 是 V 的真子空间, 则 $\dim W < \dim V$;

(3) 若 W 是 V 的子空间, 且 $\dim W = \dim V$, 则 $W = V$.

证明 (1) 设 $\alpha_1, \alpha_2, \cdots, \alpha_r$ 是 W 的一组基, 它们也是 V 的一个线性无关组, 因而可以扩充为 V 的一组基

$$\alpha_1, \cdots, \alpha_r, \alpha_{r+1}, \cdots, \alpha_n,$$

所以 $\dim W = r \leqslant n = \dim V$.

(2) 如果 W 是 V 的真子空间, 我们断言 $r < n$. 否则, 若 $r = n$, 则 W 的基 $\alpha_1, \alpha_2, \cdots, \alpha_r$ 也是 V 的基. $\forall \beta \in V$, β 都能由 $\alpha_1, \alpha_2, \cdots, \alpha_r$ 线性表示, 因而 $\beta \in W$, 所以 $W = V$, 矛盾! 因而 $\dim W = r < n = \dim V$.

(3) 假设 $W \neq V$, 则 $W \subset V$, 从而是 V 的真子空间; 由 (2) 知 $\dim W < \dim V$, 矛盾! 所以 $W = V$. □

定义 3.9.2 设 $\alpha_1, \alpha_2, \cdots, \alpha_r$ 是线性空间 V 中的一个向量组, 则 V 的非空子集

$$\{k_1\alpha_1 + k_2\alpha_2 + \cdots + k_r\alpha_r \mid k_1, k_2, \cdots, k_r \in \mathrm{F}\}$$

是 V 的子空间, 称为由 $\alpha_1, \alpha_2, \cdots, \alpha_r$ **生成的子空间**, 记作 $L(\alpha_1, \alpha_2, \cdots, \alpha_r)$, 或者记为 $\mathrm{span}(\alpha_1, \alpha_2, \cdots, \alpha_r)$.

例如, 设 $v, v_1, v_2 \in \mathbb{R}^3$, 则 $\mathrm{span}(v)$ 和 $\mathrm{span}(v_1, v_2)$ 如图 3.23 所示.

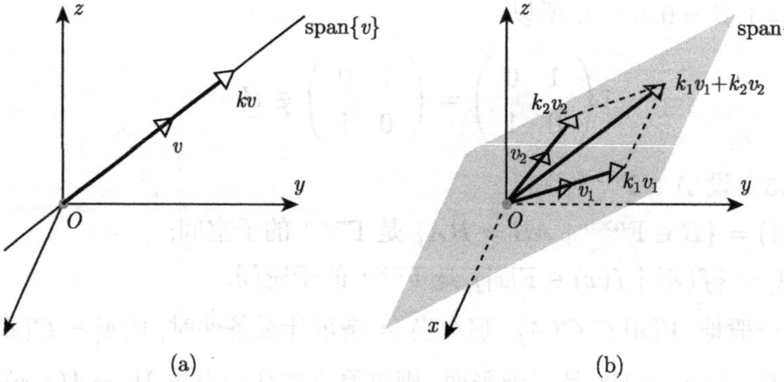

图 3.23

设 $\alpha_1, \alpha_2, \cdots, \alpha_n$ 是 $m \times n$ 矩阵 A 的列向量, 则利用这个定义, 线性方程组 $Ax = \beta$ 有解当且仅当 $\beta \in \mathrm{span}(\alpha_1, \alpha_2, \cdots, \alpha_n)$.

例 3.9.8 设 A 是 $m\times n$ 矩阵.

(1) 实矩阵 A 的行向量张成的 $\mathbb{R}^n$ 的子空间称为 A 的行空间, 记作 $\mathrm{row}(A)$; 矩阵 A 的列向量张成的 $\mathbb{R}^m$ 的子空间称为 A 的列空间, 记作 $\mathrm{col}(A)$; 齐次线性方程组 $Ax=0$ 的解空间是 $\mathbb{R}^n$ 的一个子空间, 称为矩阵 A 的零空间 (null space), 记作 $\mathrm{Null}(A)$, 其维数称为 A 的零度 (nullity). 特别地, 若 $(a_1,a_2,\cdots,a_n)\neq 0$, 则齐次方程的解集 $\{(x_1,x_2,\cdots,x_n)^{\mathrm{T}}\mid a_1x_1+a_2x_2+\cdots+a_nx_n=0\}$ 是 $\mathbb{R}^n$ 的 $n-1$ 维子空间, 称为 $\mathbb{R}^n$ 的超平面.

(2) 非齐次线性方程组 $Ax=\beta$ 的解集是 $\mathbb{R}^n$ 的一个子空间吗?

如果 W 是线性空间 V 的一个子空间, $\alpha_1,\alpha_2,\cdots,\alpha_r$ 是 W 的一组基, 则 $W=\mathrm{span}(\alpha_1,\alpha_2,\cdots,\alpha_r)$. 换言之, 所有的线性子空间都是生成子空间.

定理 3.9.3 设 $\alpha_1,\alpha_2,\cdots,\alpha_r$ 与 $\beta_1,\beta_2,\cdots,\beta_s$ 是线性空间 V 中的两个向量组.

(1) $\mathrm{span}(\alpha_1,\alpha_2,\cdots,\alpha_r)=\mathrm{span}(\beta_1,\beta_2,\cdots,\beta_s)$ 当且仅当向量组 $\alpha_1,\alpha_2,\cdots,\alpha_r$ 与向量组 $\beta_1,\beta_2,\cdots,\beta_s$ 等价;

(2) $\dim\mathrm{span}(\alpha_1,\alpha_2,\cdots,\alpha_r)=r(\alpha_1,\alpha_2,\cdots,\alpha_r)$.

证明 (1) 显然.

(2) 由于 $\alpha_1,\alpha_2,\cdots,\alpha_r$ 的任一极大线性无关组都是 $\mathrm{span}(\alpha_1,\alpha_2,\cdots,\alpha_r)$ 的基, 故 $\dim\mathrm{span}(\alpha_1,\alpha_2,\cdots,\alpha_r)=r(\alpha_1,\alpha_2,\cdots,\alpha_r)$. □

设 A 是一个阶梯形矩阵, 则 A 的非零行向量作成 A 的行空间 $\mathrm{row}(A)$ 的一组基, 而 A 的主元所在的列作成 A 的列空间 $\mathrm{col}(A)$ 的一组基. 这提供了求生成子空间的基的方法, 即 $\alpha_1,\alpha_2,\cdots,\alpha_r$ 的极大无关组就是它生成子空间 $\mathrm{span}(\alpha_1,\alpha_2,\cdots,\alpha_r)$ 的基.

$$(\alpha_1,\alpha_2,\cdots,\alpha_r)\xrightarrow{\text{初等行变换}}\text{行阶梯形},$$

则行阶梯形中主元所在的列 $j_1,j_2,\cdots,j_s$ 所对应的向量 $\alpha_{j_1},\alpha_{j_2},\cdots,\alpha_{j_s}$ 就是子空间 $\mathrm{span}(\alpha_1,\alpha_2,\cdots,\alpha_r)$ 的一组基.

例 3.9.9 求

$$\alpha_1=\begin{pmatrix}1\\-2\\0\\3\end{pmatrix},\quad \alpha_2=\begin{pmatrix}2\\-5\\-3\\6\end{pmatrix},\quad \alpha_3=\begin{pmatrix}0\\1\\3\\0\end{pmatrix},$$

$$\alpha_4=\begin{pmatrix}2\\-1\\4\\-7\end{pmatrix},\quad \alpha_5=\begin{pmatrix}5\\-8\\1\\2\end{pmatrix}$$

生成的子空间的一组基.

解 将 $\alpha_1,\alpha_2,\cdots,\alpha_5$ 排成矩阵, 施行初等行变换, 得

$$\begin{pmatrix}1&2&0&2&5\\-2&-5&1&-1&-8\\0&-3&3&4&1\\3&6&0&-7&2\end{pmatrix}\xrightarrow{\text{初等行变换}}\begin{pmatrix}1&0&2&0&1\\0&1&-1&0&1\\0&0&0&1&1\\0&0&0&0&0\end{pmatrix},$$

则主元位于第 1, 2, 4 列, 所以 $\alpha_1,\alpha_2,\alpha_4$ 是 $\mathrm{span}(\alpha_1,\alpha_2,\alpha_3,\alpha_4,\alpha_5)$ 的一组基.

习 题 3.9

(A)

1. 如果 $c_1\alpha+c_2\beta+c_3\gamma=0$, 且 $c_1c_3\neq 0$. 证明: $\mathrm{span}(\alpha,\beta)=\mathrm{span}(\beta,\gamma)$.

2. 设

$$\alpha_1=\begin{pmatrix}2\\1\\3\\1\end{pmatrix},\quad \alpha_2=\begin{pmatrix}1\\2\\0\\1\end{pmatrix},\quad \alpha_3=\begin{pmatrix}-1\\1\\-3\\0\end{pmatrix},\quad \alpha_4=\begin{pmatrix}1\\1\\1\\1\end{pmatrix},$$

求 $\mathrm{span}(\alpha_1,\alpha_2,\alpha_3,\alpha_4)$ 的维数与一组基.

3. 设 $V=\mathrm{F}^n$, $W=\{(x_1,x_2,\cdots,x_n)^{\mathrm{T}}\in V \mid a_1x_1+a_2x_2+\cdots+a_nx_n=0\}$, 其中 $a_1\neq 0$. 证明 W 是 V 的线性子空间.

(B)

4. 设 A 是数域 F 上的任一 n 阶方阵, 则 A 的中心化子定义为

$$C(A):=\{B\in\mathrm{F}^{n\times n}\mid AB=BA\}.$$

(1) 证明 $C(A)$ 关于矩阵的加法与数乘作成 $\mathrm{F}^{n\times n}$ 的线性子空间;

(2) 设 $A=\mathrm{diag}(a_1,a_2,\cdots,a_n)$, 且 $a_1,a_2,\cdots,a_n\in\mathrm{F}$ 互不相同. 求 $\dim C(A)$.

5. 设 $A=\begin{pmatrix}1&0&0\\0&1&0\\3&1&2\end{pmatrix}$. 求 $\dim C(A)$ 与 $C(A)$ 的一组基.

6. 设 V 是由 n 阶实对称矩阵作成的集合.

(1) 证明 V 关于矩阵的加法与数乘作成 $\mathbb{R}^{n\times n}$ 的子空间, 并求 V 的一组基与维数;

(2) 能否找到 V 的一组全由可逆对称矩阵组成的基?

3.10 线性方程组解的结构

在解析几何中, $\mathbb{R}^2$ 中的直线可由直线上的一点 x_0 与平行于该直线的向量 v 确定, $\mathbb{R}^3$ 中的平面可由平面上的一点 x_0 与该平面上两个不共面的向量 v_1, v_2 确定, 如图 3.24 所示.

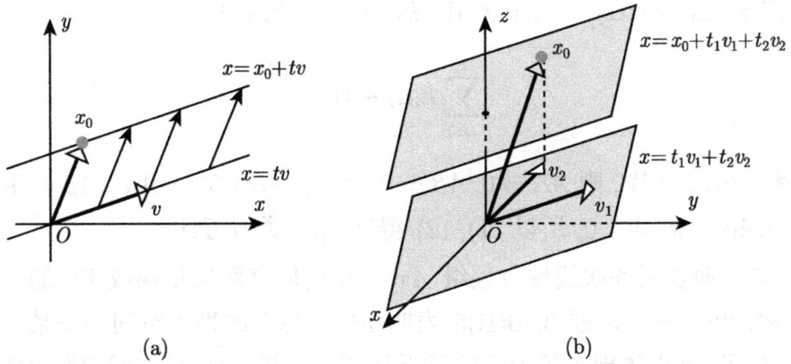

图 3.24

由于 $x - x_0$ 与 v 平行 (线性相关), 所以

$$x - x_0 = tv, \quad t \in \mathbb{R}.$$

类似地, 由于 $x - x_0$ 与 v_1, v_2 共面 (线性相关), 所以

$$x - x_0 = t_1v_1 + t_1v_2, \quad t_1, t_2 \in \mathbb{R}.$$

由此可得直线或平面的参数方程 (表 3.3).

表 3.3

	过原点	不过原点
直线	$x = tv$	$x = x_0 + tv$
平面	$x = t_1v_1 + t_1v_2$	$x = x_0 + t_1v_1 + t_1v_2$

我们已经知道, 空间 $\mathbb{R}^3$ 中任一过原点的直线或平面都是某一 (三元) 齐次线性方程组的解集. 空间 $\mathbb{R}^3$ 中不过原点的直线或平面可以看作过原点的直线或平

面沿某一向量平移得到的, 它们是某一非齐次线性方程组的解集. 由于一般的线性方程组是直线与平面的高维推广, 本节将研究线性方程组解的结构, 将一般线性方程组的解写成表 3.2 的形式.

3.10.1　齐次线性方程组解的结构

定理 3.10.1　设齐次线性方程组 $Ax=0$ 的解组成的集合记为 W, 则 W 具有如下性质:

(1) 对于任意 $\alpha, \beta \in W$, 有 $\alpha+\beta \in W$;

(2) 对于任意 $\alpha \in W, k \in \mathrm{F}$, 有 $k\alpha \in W$;

(3) 对于任意 $\alpha_1, \alpha_2, \cdots, \alpha_s \in W$, $k_1, k_2, \cdots, k_s \in \mathrm{F}$,

$$\sum_{i=1}^{s} k_i \alpha_i \in W.$$

证明　$\forall \alpha, \beta \in W$, 则 $A\alpha=0, A\beta=0$. 所以 $A(\alpha+\beta)=A\alpha+A\beta=0+0=0$, $A(k\alpha)=kA\alpha=k\cdot 0=0$, 所以 (1), (2) 得证. (3) 类似可证. □

注　该定理表明齐次线性方程组 $Ax=0$ 的所有解向量构成 F^n 的一个线性子空间, 称为解空间. 习题 3.10(B)5 表明 F^n 的每个线性子空间都是某一线性方程组的解空间, 这正体现了笛卡儿的解析几何的思想. 例如, 空间 $\mathbb{R}^3$ 中任一过原点的直线或平面 (子空间) 都是某一 (三元) 齐次线性方程组的解集.

解空间的一组基称为齐次线性方程组的一个基础解系, 或等价地, 有如下定义.

定义 3.10.1　齐次线性方程组的一组解 $\eta_1, \eta_2, \cdots, \eta_r$ 称为它的一个**基础解系**, 如果

(1) $\eta_1, \eta_2, \cdots, \eta_r$ 线性无关;

(2) 方程组的任一解都能由 $\eta_1, \eta_2, \cdots, \eta_r$ 线性表示.

下面的定理称为齐次线性方程组解的结构定理, 是线性代数中最基本的定理之一.

定理 3.10.2　设 A 是 $m\times n$ 矩阵, $r(A)=r$, 则齐次线性方程组 $Ax=0$ 解空间 W 的维数 $\dim W=n-r$. 设 $Ax=0$ 的基础解系为 $\xi_1, \xi_2, \cdots, \xi_{n-r}$, 则 $Ax=0$ 的解空间

$$W=\{x=t_1\xi_1+t_2\xi_2+\cdots+t_{n-r}\xi_{n-r} \mid t_1, t_2, \cdots, t_{n-r} \in \mathrm{F}\}.$$

证明　若 $r(A)=n$, 则 $W=0$, 结论成立. 因此不妨设 $r(A)=r<n$.

第一步, 对 A 施行初等行变换化成行最简阶梯形 B, 不妨设 B 的主元位于第 $1,2,\cdots,r$ 列,

$$A \xrightarrow{\text{初等行变换}} \begin{pmatrix} 1 & 0 & \cdots & 0 & b_{1,r+1} & \cdots & b_{1n} \\ & 1 & \cdots & 0 & b_{2,r+1} & \cdots & b_{2n} \\ & & \ddots & \vdots & \vdots & & \vdots \\ & & & 1 & b_{r,r+1} & \cdots & b_{rn} \\ & & & 0 & 0 & \cdots & 0 \\ & & & \vdots & \vdots & & \vdots \\ & & & 0 & 0 & \cdots & 0 \end{pmatrix} = B,$$

因而 $Ax=0$ 的一般解为

$$\begin{cases} x_1 = -b_{1,r+1}x_{r+1} - \cdots - b_{1n}x_n, \\ x_2 = -b_{2,r+1}x_{r+1} - \cdots - b_{2n}x_n, \\ \quad \cdots\cdots \\ x_r = -b_{r,r+1}x_{r+1} - \cdots - b_{rn}x_n, \end{cases} \tag{3.13}$$

其中 $x_{r+1},x_{r+2},\cdots,x_n$ 为自由未知量.

第二步, 让自由未知量 $x_{r+1},x_{r+2},\cdots,x_n$ 分别取下述 $n-r$ 组数

$$\begin{pmatrix} 1 \\ 0 \\ \vdots \\ 0 \end{pmatrix}, \begin{pmatrix} 0 \\ 1 \\ \vdots \\ 0 \end{pmatrix}, \cdots, \begin{pmatrix} 0 \\ 0 \\ \vdots \\ 1 \end{pmatrix}. \tag{3.14}$$

由方程组的一般解(3.13)得到 $n-r$ 个解

$$\xi_1 = \begin{pmatrix} -b_{1,r+1} \\ -b_{2,r+1} \\ \vdots \\ -b_{r,r+1} \\ 1 \\ 0 \\ \vdots \\ 0 \end{pmatrix}, \xi_2 = \begin{pmatrix} -b_{1,r+2} \\ -b_{2,r+2} \\ \vdots \\ -b_{r,r+2} \\ 0 \\ 1 \\ \vdots \\ 0 \end{pmatrix}, \cdots, \xi_{n-r} = \begin{pmatrix} -b_{1n} \\ -b_{2n} \\ \vdots \\ -b_{rn} \\ 0 \\ 0 \\ \vdots \\ 1 \end{pmatrix}. \tag{3.15}$$

由于(3.14)中的向量组线性无关, 所以它们的延长向量组(3.15)也线性无关.

第三步, 取线性方程组 $Ax=0$ 的任一解 $\eta=\begin{pmatrix} c_1 \\ c_2 \\ \vdots \\ c_n \end{pmatrix}$, η 满足一般解(3.13), 即

$$\begin{cases} c_1 = -b_{1,r+1}c_{r+1} - \cdots - b_{1n}c_n, \\ c_2 = -b_{2,r+1}c_{r+1} - \cdots - b_{2n}c_n, \\ \quad \cdots\cdots \\ c_r = -b_{r,r+1}c_{r+1} - \cdots - b_{rn}c_n. \end{cases}$$

从而解向量 η 可写成如下形式

$$\eta = \begin{pmatrix} c_1 \\ \vdots \\ c_r \\ c_{r+1} \\ \vdots \\ c_n \end{pmatrix} = \begin{pmatrix} -b_{1,r+1}c_{r+1} - \cdots - b_{1n}c_n \\ \vdots \\ -b_{r,r+1}c_{r+1} - \cdots - b_{rn}c_n \\ c_{r+1} + 0 + \cdots + 0 \\ \vdots \\ 0 + \cdots + 0 + c_n \end{pmatrix}$$

$$= c_{r+1}\begin{pmatrix} -b_{1,r+1} \\ \vdots \\ -b_{r,r+1} \\ 1 \\ 0 \\ \vdots \\ 0 \end{pmatrix} + \cdots + c_n \begin{pmatrix} -b_{1n} \\ \vdots \\ -b_{rn} \\ 0 \\ 0 \\ \vdots \\ 1 \end{pmatrix}$$

$$= c_{r+1}\xi_1 + \cdots + c_n\xi_{n-r},$$

即方程组的任一解 η 都可由 $\xi_1, \xi_2, \cdots, \xi_{n-r}$ 线性表示, 从而 $\xi_1, \xi_2, \cdots, \xi_{n-r}$ 是一组基础解系, 且 $\dim W = n - r(A)$. □

推论 3.10.1 齐次线性方程组 $Ax=0$ 的任意 $n-r$ 个线性无关的解向量都是它的一个基础解系, 其中 A 是 $m\times n$ 矩阵, $r=r(A)$.

注 (1) 设 A 是 $m\times n$ 矩阵, 则定理 3.10.2表明 $\mathrm{rank}(A)+\mathrm{Null}(A)=n$.

(2) 定理 3.10.2 的证明过程给出了一个具体找基础解系的方法, 即只需写出该证明过程的第一步与第二步.

例 3.10.1 求下列齐次线性方程组的基础解系:

$$\begin{cases} x_1 - x_2 - x_3 + x_4 = 0, \\ x_1 - x_2 + x_3 - 3x_4 = 0, \\ x_1 - x_2 - 2x_3 + 3x_4 = 0. \end{cases}$$

解 对系数矩阵施行初等行变换, 得

$$\begin{pmatrix} 1 & -1 & -1 & 1 \\ 1 & -1 & 1 & -3 \\ 1 & -1 & -2 & 3 \end{pmatrix} \to \begin{pmatrix} 1 & -1 & 0 & -1 \\ 0 & 0 & 1 & -2 \\ 0 & 0 & 0 & 0 \end{pmatrix}.$$

所以齐次线性方程组的一般解为

$$\begin{cases} x_1 = x_2 + x_4, \\ x_3 = 2x_4. \end{cases}$$

从而基础解系为 $\xi_1 = (1,1,0,0)^{\mathrm{T}}$, $\xi_2 = (1,0,2,1)^{\mathrm{T}}$.

例 3.10.2 求以 $\beta_1 = (2,1,0,0,0)^{\mathrm{T}}, \beta_2 = (0,0,1,1,0)^{\mathrm{T}}, \beta_3 = (1,0,-5,0,3)^{\mathrm{T}}$ 为基础解系的齐次线性方程组.

解 设所求的齐次线性方程组为 $Ax = 0$, $B = (\beta_1, \beta_2, \beta_3)$. 则 $AB = O$, 所以 $B^{\mathrm{T}}A^{\mathrm{T}} = O$, 即 A^{T} 的列向量是齐次线性方程组 $B^{\mathrm{T}}y = 0$ 的解向量.

$$B^{\mathrm{T}} = \begin{pmatrix} 2 & 1 & 0 & 0 & 0 \\ 0 & 0 & 1 & 1 & 0 \\ 1 & 0 & -5 & 0 & 3 \end{pmatrix} \to \begin{pmatrix} 1 & 0 & 0 & 5 & 3 \\ 0 & 1 & 0 & -10 & -6 \\ 0 & 0 & 1 & 1 & 0 \end{pmatrix},$$

解得 $B^{\mathrm{T}}y = 0$ 的基础解系为

$$\alpha_1 = \begin{pmatrix} -5 \\ 10 \\ -1 \\ 1 \\ 0 \end{pmatrix}, \quad \alpha_2 = \begin{pmatrix} -3 \\ 6 \\ 0 \\ 0 \\ 1 \end{pmatrix}.$$

令

$$A = \begin{pmatrix} \alpha_1^{\mathrm{T}} \\ \alpha_2^{\mathrm{T}} \end{pmatrix} = \begin{pmatrix} -5 & 10 & -1 & 1 & 0 \\ -3 & 6 & 0 & 0 & 1 \end{pmatrix},$$

则 $Ax=0$ 即为所求.

上面的例题属于齐次线性方程组的反问题: 设 $\beta_1,\beta_2,\cdots,\beta_{n-r}\in \mathbf{F}^n$ 线性无关, 求一齐次线性方程组 $Ax=0$ 以 $\beta_1,\beta_2,\cdots,\beta_{n-r}$ 为基础解系. 我们提供一种简便求法: 令 $B=(\beta_1,\beta_2,\cdots,\beta_{n-r})_{n\times(n-r)}$.

$$(B\mid E_n)\xrightarrow{\text{初等行变换}}\begin{pmatrix} D_{(n-r)\times(n-r)} & * \\ O & A_{r\times n}\end{pmatrix},$$

使得 $r(D_{(n-r)\times(n-r)})=n-r$, 则 $Ax=0$ 即为所求.

思考 你能说明上述方法的原理吗?

利用上述方法, 我们重解例 3.10.2.

$$(B\mid E_5)\to\left(\begin{array}{ccc:ccccc} 1 & 0 & 0 & 0 & 1 & 0 & 0 & 0 \\ 0 & 1 & 0 & 0 & 0 & 0 & 1 & 0 \\ 0 & 0 & 3 & 0 & 0 & 0 & 0 & 1 \\ \hdashline 0 & 0 & 0 & 0 & 0 & 3 & -3 & 5 \\ 0 & 0 & 0 & -3 & 6 & 0 & 0 & 1 \end{array}\right),$$

所以

$$\begin{pmatrix} 0 & 0 & 3 & -3 & 5 \\ -3 & 6 & 0 & 0 & 1 \end{pmatrix}x=0,$$

即为所求. 注意所得齐次线性方程组并不唯一.

3.10.2 非齐次线性方程组解的结构

齐次线性方程组

$$\begin{cases} a_{11}x_1+a_{12}x_2+\cdots+a_{1n}x_n=0, \\ a_{21}x_1+a_{22}x_2+\cdots+a_{2n}x_n=0, \\ \cdots\cdots \\ a_{m1}x_1+a_{m2}x_2+\cdots+a_{mn}x_n=0 \end{cases} \tag{3.16}$$

称为一般线性方程组

$$\begin{cases} a_{11}x_1+a_{12}x_2+\cdots+a_{1n}x_n=b_1, \\ a_{21}x_1+a_{22}x_2+\cdots+a_{2n}x_n=b_2, \\ \cdots\cdots \\ a_{m1}x_1+a_{m2}x_2+\cdots+a_{mn}x_n=b_m \end{cases} \tag{3.17}$$

的**导出组**. 方程组(3.17)的解与导出组(3.16)的解密切相关. 事实上, 任一非齐次线性方程组的解集都是由它的导出组的解空间沿某一向量平移得到的, 这样的子集常称为仿射子空间.

引理 3.10.1 非齐次线性方程组的解与它的导出组的解之间有如下关系:

(1) 非齐次线性方程组的两个解的差是它的导出组的解;

(2) 非齐次线性方程组的一个解与它的导出组的一个解之和是原非齐次线性方程组的解.

证明 (1) 设 γ_1, γ_2 是非齐次线性方程组 $Ax = b$ 的任意两个解, 则 $A\gamma_i = b$, $i = 1, 2$. 于是

$$A(\gamma_1 - \gamma_2) = A\gamma_1 - A\gamma_2 = b - b = 0,$$

即 $\gamma_1 - \gamma_2$ 是 $Ax = b$ 的解.

(2) 设 γ 是非齐次线性方程组 $Ax = b$ 的解, η 是导出组 $Ax = 0$ 的任一解, 则

$$A(\gamma + \eta) = A\gamma + A\eta = b + 0 = b,$$

即 $\gamma + \eta$ 是 $Ax = 0$ 的解. □

注 非齐次线性方程组的两个解之和, 以及一个解的倍数一般不再是该非齐次线性方程组的解. 因此, 非齐次线性方程组的解集一般不构成向量空间. 特别地, 平面 $\mathbb{R}^2$ 上不过原点的直线不是 $\mathbb{R}^2$ 的子空间.

定理 3.10.3 设 γ_0 是线性方程组 $Ax = b$ 的一个特解, 那么线性方程组 $Ax = b$ 的任一个解 γ 都可以表示成

$$\gamma = \gamma_0 + \eta, \tag{3.18}$$

其中 η 是它的导出组 $Ax = 0$ 的一个解. 因此, 如果 $\xi_1, \xi_2, \cdots, \xi_{n-r}$ 是它的导出组 $Ax = 0$ 的一个基础解系, 则

$$\{\gamma_0 + t_1\xi_1 + t_2\xi_2 + \cdots + t_{n-r}\xi_{n-r} \mid t_1, t_2, \cdots, t_r \in \mathrm{F}\}$$

为线性方程组 $Ax = b$ 的解集.

证明 显然, $\gamma = \gamma_0 + (\gamma - \gamma_0)$. 由于

$$A(\gamma - \gamma_0) = A\gamma - A\gamma_0 = b - b = 0,$$

所以 $\gamma - \gamma_0$ 为导出组 $Ax = 0$ 的一个解. 反之, 任取 $Ax = 0$ 的一个解 η, 则 $A(\gamma_0 + \eta) = A\gamma_0 + A\eta = b$, 即 $\gamma_0 + \eta$ 是方程组 $Ax = b$ 的一个解. □

注 设 γ_0 是一般线性方程组 $Ax=b$ 的一个特解, W 是它的导出组 $Ax=0$ 的解空间, 则定理 3.10.3 表明 W 沿 γ_0 平移所得到的仿射子空间

$$\gamma_0+W=\{\gamma_0+\eta\mid\eta\in W\}$$

就是 $Ax=b$ 的解集. 习题 3.10(C)7 给出了这个仿射子空间的"仿射基底".

例 3.10.3 考虑非齐次线性方程组

$$\begin{cases}x_1-3x_2=-3,\\2x_1-6x_2=-6\end{cases}$$

的增广矩阵

$$\overline{A}=\left(\begin{array}{cc:c}1&-3&-3\\2&-6&-6\end{array}\right)\longrightarrow\left(\begin{array}{cc:c}1&-3&-3\\0&0&0\end{array}\right).$$

由此得特解 $\gamma=\begin{pmatrix}-3\\0\end{pmatrix}$, 导出组 $Ax=0$ 的基础解系 $\xi=\begin{pmatrix}3\\1\end{pmatrix}$, 所以原方程组 $Ax=b$ 的解集为

$$\gamma+k\xi,\quad k\in\mathbb{R}.$$

可以看作由 ξ 张成的直线沿 γ 的平移, 如图 3.25 所示.

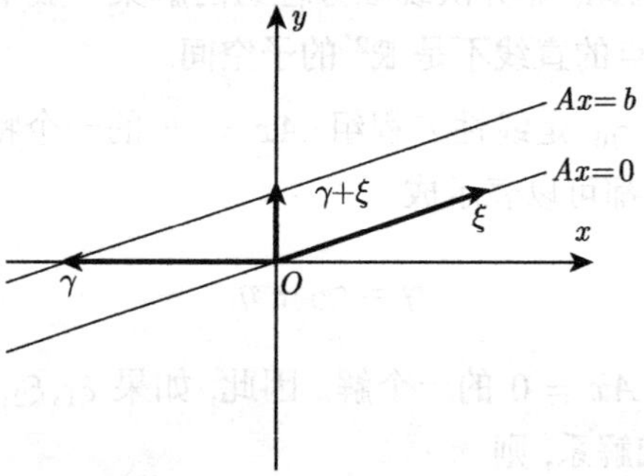

图 3.25

例 3.10.4 考虑非齐次线性方程组

$$\begin{cases}x_1-x_2+2x_3=2,\\-2x_1+2x_2-4x_3=-4.\end{cases}$$

其增广矩阵

$$\left(\begin{array}{ccc:c}1&-1&2&2\\-2&2&-4&-4\end{array}\right)\to\left(\begin{array}{ccc:c}1&-1&2&2\\0&0&0&0\end{array}\right),$$

由此得特解 $\gamma=\begin{pmatrix}2\\0\\0\end{pmatrix}$, 导出组 $Ax=0$ 的基础解系 $\xi_1=\begin{pmatrix}1\\1\\0\end{pmatrix}$, $\xi_2=\begin{pmatrix}-2\\0\\1\end{pmatrix}$, 所以原方程组 $Ax=b$ 的解集为

$$\gamma+k_1\xi_1+k_2\xi_2,\quad k_1,k_2\in\mathbb{R}.$$

可以看作由 ξ_1,ξ_2 张成的平面沿 γ 的平移, 如图 3.26 所示.

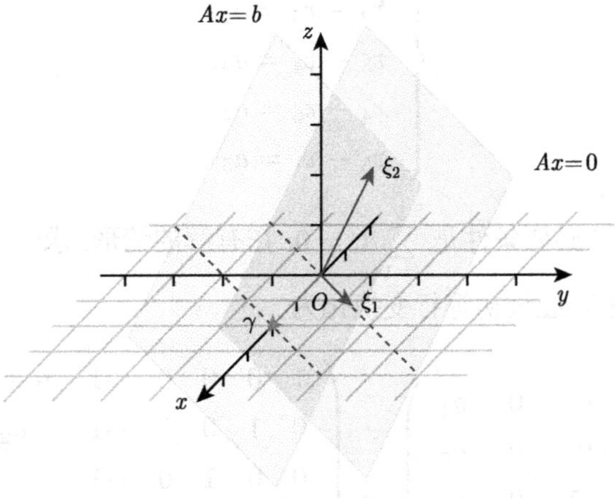

图 3.26

推论 3.10.2 在非齐次线性方程组有解的条件下, 解是唯一的充分必要条件是导出组只有零解.

例 3.10.5 a,b 取什么值时, 线性方程组

$$\begin{cases}x_1+x_2+x_3+x_4+x_5=1,\\3x_1+2x_2+x_3+x_4-3x_5=a,\\x_2+2x_3+2x_4+6x_5=3,\\5x_1+4x_2+3x_3+3x_4-x_5=b\end{cases}$$

有解? 在有解的情形, 求一般解.

解 增广矩阵经过初等行变换化为

$$\left(\begin{array}{ccccc:c}1&1&1&1&1&1\\3&2&1&1&-3&a\\0&1&2&2&6&3\\5&4&3&3&-1&b\end{array}\right)\to\left(\begin{array}{ccccc:c}1&0&-1&-1&-5&a-2\\0&1&2&2&6&3-a\\0&0&0&0&0&a\\0&0&0&0&0&b-2\end{array}\right),$$

故当 $a=0$, $b=2$ 时, 线性方程组有解, 且导出组的一个基础解系为 $\eta_1=(1,-2,1,0,0)^{\mathrm{T}}$, $\eta_2=(1,-2,0,1,0)^{\mathrm{T}}$, $\eta_3=(5,-6,0,0,1)^{\mathrm{T}}$. $\gamma_0=(-2,3,0,0,0)^{\mathrm{T}}$ 为原方程组的一个特解. 所以方程组的通解为

$$\gamma_0+c_1\eta_1+c_2\eta_2+c_3\eta_3,\quad \text{其中 } c_1,c_2,c_3 \text{ 为任意常数.}$$

例 3.10.6 设

$$\begin{cases} x_1-x_2=a_1,\\ x_2-x_3=a_2,\\ x_3-x_4=a_3,\\ x_4-x_5=a_4,\\ x_5-x_1=a_5. \end{cases}$$

证明: 它有解的充分必要条件是 $\sum\limits_{i=1}^{5}a_i=0$. 在有解的情形, 求一般解.

证明 增广矩阵经过初等行变换化为

$$\begin{pmatrix} 1 & -1 & 0 & 0 & 0 & a_1\\ 0 & 1 & -1 & 0 & 0 & a_2\\ 0 & 0 & 1 & -1 & 0 & a_3\\ 0 & 0 & 0 & 1 & -1 & a_4\\ -1 & 0 & 0 & 0 & 1 & a_5 \end{pmatrix} \to \begin{pmatrix} 1 & 0 & 0 & 0 & -1 & a_1+a_2+a_3+a_4\\ 0 & 1 & 0 & 0 & -1 & a_2+a_3+a_4\\ 0 & 0 & 1 & 0 & -1 & a_3+a_4\\ 0 & 0 & 0 & 1 & -1 & a_4\\ 0 & 0 & 0 & 0 & 0 & \sum\limits_{i=1}^{5}a_i \end{pmatrix},$$

从而有解的充分必要条件是 $\sum\limits_{i=1}^{5}a_i=0$.

而且, $\gamma_0=(a_1+a_2+a_3+a_4,a_2+a_3+a_4,a_3+a_4,a_4,0)^{\mathrm{T}}$ 为一个特解, 导出组的基础解系为 $\eta=(1,1,1,1,1)^{\mathrm{T}}$, 所以方程组的通解为

$$\gamma_0+c\eta,\quad c\in \mathrm{F}.$$

□

例 3.10.7 λ 取什么值时下列方程组有解, 并求解.

$$\begin{cases} \lambda x_1+x_2+x_3=1,\\ x_1+\lambda x_2+x_3=\lambda,\\ x_1+x_2+\lambda x_3=\lambda^2. \end{cases}$$

解 方法一: 对增广矩阵作初等行变换, 得

$$\overline{A}=\begin{pmatrix}\lambda & 1 & 1 & 1\\ 1 & \lambda & 1 & \lambda\\ 1 & 1 & \lambda & \lambda^2\end{pmatrix}\to\cdots\to\begin{pmatrix}1 & 1 & \lambda & \lambda^2\\ 0 & \lambda-1 & 1-\lambda & \lambda(1-\lambda)\\ 0 & 0 & (1-\lambda)(2+\lambda) & (1-\lambda)(1+\lambda)^2\end{pmatrix}.$$

当 $\lambda=1$ 时, $r(A)=r(\overline{A})=1<3$, 方程组有无穷多解; 此时一般解为

$$x=\begin{pmatrix}1\\0\\0\end{pmatrix}+c_1\begin{pmatrix}-1\\1\\0\end{pmatrix}+c_2\begin{pmatrix}-1\\0\\1\end{pmatrix},\quad c_1,c_2\in \mathrm{F}.$$

当 $\lambda=-2$ 时, $r(A)=2\neq 3=r(\overline{A})$, 方程组无解;

当 $\lambda\neq 1,-2$ 时, $r(A)=r(\overline{A})=3$, 方程组有唯一解, 其解为

$$x=\left(-\frac{\lambda+1}{\lambda+2},\frac{1}{\lambda+2},\frac{(\lambda+1)^2}{\lambda+2}\right)^{\mathrm{T}}.$$

警告: 对增广矩阵施行初等行变换时, 应避免含参数 λ 的式子作分母!

方法二: $|A|=\begin{vmatrix}\lambda & 1 & 1\\ 1 & \lambda & 1\\ 1 & 1 & \lambda\end{vmatrix}=(\lambda-1)^2(\lambda+2).$

因而, 当 $\lambda\neq 1,-2$ 时, $|A|\neq 0$, 方程组有唯一解

$$x=\left(-\frac{\lambda+1}{\lambda+2},\frac{1}{\lambda+2},\frac{(\lambda+1)^2}{\lambda+2}\right)^{\mathrm{T}}.$$

当 $\lambda=-2$ 时,

$$\overline{A}=\begin{pmatrix}-2 & 1 & 1 & 1\\ 1 & -2 & 1 & -2\\ 1 & 1 & -2 & 4\end{pmatrix}\to\cdots\to\begin{pmatrix}1 & 1 & -2 & 4\\ 0 & 1 & -1 & 2\\ 0 & 0 & 0 & 3\end{pmatrix},$$

$r(A)=2\neq 3=r(\overline{A})$, 方程组无解;

当 $\lambda=1$ 时,

$$\overline{A}=\begin{pmatrix}1 & 1 & 1 & 1\\ 1 & 1 & 1 & 1\\ 1 & 1 & 1 & 1\end{pmatrix}\to\cdots\to\begin{pmatrix}1 & 1 & 1 & 1\\ 0 & 0 & 0 & 0\\ 0 & 0 & 0 & 0\end{pmatrix},$$

$r(A)=r(\overline{A})=1<3$, 方程组有无穷多解; 此时一般解为

$$x=\begin{pmatrix}1\\0\\0\end{pmatrix}+c_1\begin{pmatrix}-1\\1\\0\end{pmatrix}+c_2\begin{pmatrix}-1\\0\\1\end{pmatrix},\quad c_1,c_2\in \mathrm{F}.$$

例 3.10.8 设 A 是数域 F 上的 4 阶方阵, 且 $r(A)=3$. 已知 η_1,η_2,η_3 是非齐次线性方程组 $Ax=b$ 的三个解向量, 且

$$\eta_1+\eta_2+\eta_3=\begin{pmatrix}3\\0\\6\\3\end{pmatrix},\quad \eta_2+2\eta_3=\begin{pmatrix}1\\2\\3\\4\end{pmatrix}.$$

求 $Ax=b$ 的通解.

解 因为 η_1,η_3 是 $Ax=b$ 的解, 所以

$$\eta_1-\eta_3=(\eta_1+\eta_2+\eta_3)-(\eta_2+2\eta_3)=\begin{pmatrix}2\\-2\\3\\-1\end{pmatrix}$$

是导出组 $Ax=0$ 的非零解. 又由于 $r(A)=3$, 所以 $Ax=0$ 的解空间的维数为 $4-r(A)=4-3=1$, 因此 $\eta_1-\eta_3$ 是导出组 $Ax=0$ 的一个基础解系.

由于

$$A(\eta_1+\eta_2+\eta_3)=A\eta_1+A\eta_2+A\eta_3=b+b+b=3b,$$

所以

$$A\left(\frac{\eta_1+\eta_2+\eta_3}{3}\right)=b,$$

即 $\dfrac{1}{3}(\eta_1+\eta_2+\eta_3)=\begin{pmatrix}1\\0\\2\\1\end{pmatrix}$ 是 $Ax=b$ 的一个特解. 所以方程组 $Ax=b$ 的通解为

$$\begin{pmatrix}1\\0\\2\\1\end{pmatrix}+c\begin{pmatrix}2\\-2\\3\\-1\end{pmatrix},\quad \forall c\in \mathrm{F}.$$

习 题 3.10

(A)

1. 线性方程组

$$\begin{cases} x_1+\lambda x_2+\mu x_3+x_4=0, \\ 2x_1+x_2+x_3+2x_4=0, \\ 3x_1+(2+\lambda)x_2+(4+\mu)x_3+4x_4=1. \end{cases}$$

已知 $x=(1,-1,1,-1)^{\mathrm{T}}$ 是该方程组的一个解. 试求

(1) 方程组的全部解;

(2) 该方程组满足 $x_2=x_3$ 的全部解.

2. 设 A 是 $m\times n$ 实矩阵, 求证 $r(AA^{\mathrm{T}})=r(A^{\mathrm{T}}A)=r(A)$. 若 A 是复矩阵, 上述结论是否还成立?

(B)

3. 设 $A=(\alpha_1,\alpha_2,\alpha_3,\alpha_4)$, $\alpha_2,\alpha_3,\alpha_4$ 线性无关, $\alpha_1=2\alpha_2-\alpha_3$, $\beta=\alpha_1+\alpha_2+\alpha_3+\alpha_4$. 求 $Ax=\beta$ 的通解.

4. 设 A 是 4 阶方阵, $r(A)=3$. η_1,η_2,η_3 是 $Ax=\beta$ 的三个解, 且

$$\eta_1=\begin{pmatrix}2\\3\\4\\5\end{pmatrix},\quad \eta_2+\eta_3=\begin{pmatrix}1\\2\\3\\4\end{pmatrix}.$$

求 $Ax=\beta$ 的通解.

5. 证明: 数域 F 上的 n 维向量空间 F^n 的任一子空间 U 是 F 上某一齐次线性方程组的解空间.

6. 证明: 线性方程组

$$\begin{cases} a_{11}x_1+a_{12}x_2+\cdots+a_{1n}x_n=b_1, \\ a_{21}x_1+a_{22}x_2+\cdots+a_{2n}x_n=b_2, \\ \cdots\cdots \\ a_{m1}x_1+a_{m2}x_2+\cdots+a_{mn}x_n=b_m \end{cases} \tag{3.19}$$

有解的充要条件是线性方程组

$$\begin{cases} a_{11}y_1+a_{21}y_2+\cdots+a_{m1}y_m=0, \\ a_{12}y_1+a_{22}y_2+\cdots+a_{m2}y_m=0, \\ \cdots\cdots \\ a_{1n}y_1+a_{2n}y_2+\cdots+a_{mn}y_m=0, \\ b_1y_1+b_2y_2+\cdots+b_my_m=1 \end{cases} \tag{3.20}$$

无解.

(C)

7.(非齐次线性方程组的仿射基) 设 η_0 是非齐次线性方程组 $Ax = b$ 的一个解, $\xi_1, \xi_2, \cdots, \xi_{n-r}$ 是导出组的一个基础解系. 令 $\gamma_0 = \eta_0, \gamma_1 = \eta_0 + \xi_1, \gamma_2 = \eta_0 + \xi_2, \cdots, \gamma_{n-r} = \eta_0 + \xi_{n-r}$. 证明:

(1) $\gamma_0, \gamma_1, \cdots, \gamma_{n-r}$ 线性无关;

(2) 方程组 $Ax = b$ 的任一解 γ 都可表示为

$$\gamma = k_0\gamma_0 + k_1\gamma_1 + \cdots + k_{n-r}\gamma_{n-r}, \quad 其中 \quad \sum_{i=0}^{n-r} k_i = 1.$$

8. 设 $A = (a_{ij})_{(n-1)\times n}$, M_i 是矩阵 A 划去第 i 列后所得 $(n-1)\times(n-1)$ 矩阵的行列式. 证明

(1) $\eta = (M_1, -M_2, \cdots, (-1)^{n-1}M_n)$ 是齐次线性方程组 $Ax = 0$ 的一个解;

(2) 若 $r(A) = n-1$, 则 $Ax = 0$ 的解全是 η 的倍数.

9. 设 $Ax = 0$ 是齐次线性方程组, $r(A_{m\times n}) = r$. 设

$$\begin{pmatrix} A \\ E_n \end{pmatrix} \xrightarrow{\text{初等列变换}} \begin{pmatrix} D_r & O \\ Q_1 & Q_2 \end{pmatrix},$$

其中 $r(D_r) = r$ 是 $m \times r$ 列满秩矩阵. 则 Q_2 的 $n-r$ 个列向量是 $Ax = 0$ 的一个基础解系.

相关拓展 线性方程组方法

线性方程组理论既是线性代数的主要内容, 又是线性代数中处理相关问题的重要工具. 尤其是涉及矩阵的秩的相关问题, 可以利用线性方程组理论将代数问题转化为几何问题, 从而利用几何方法加以解决.

如果 $AB = O$, 则矩阵 B 的列向量都是齐次线性方程组 $Ax = 0$ 的解, 从而架起矩阵问题与线性方程组之间的桥梁, 从而使相关问题得到解决. 例如, 设 A 是秩为 r 的 $m \times n$ 矩阵, 则必存在秩为 $n-r$ 的 $n \times (n-r)$ 的矩阵 B, 使得 $AB = O$. 事实上, 考虑齐次线性方程组 $Ax = 0$, 由于 $r(A) = r$, 所以该方程组解空间的基础解系有 $n-r$ 个向量, 记为 $\beta_1, \beta_2, \cdots, \beta_{n-r}$. 令 $B = (\beta_1, \beta_2, \cdots, \beta_{n-r})$ 是 $n\times(n-r)$ 的矩阵, 则 $AB = O$. 类似可证明: 若 n 阶方阵 A 的秩 $r(A) = n-1$, 则 $r(A^*) = 1$. 因为 $AA^* = |A|E = O$, 所以 A^* 的列向量都是齐次线性方程组 $Ax = 0$ 的解; 但该方程组解空间的维数等于 $n - r(A) = 1$, 所以 A^* 的列向量对应成比例, 从而 $r(A^*) \leqslant 1$. 由于 $r(A) = n-1$, 所以存在 $A_{ij} \neq 0$, 因而 $A^* \neq O$, 所以 $r(A^*) \neq 0$, 故 $r(A^*) = 1$.

利用线性方程组的同解与系数矩阵的秩之间的关系是解决某些问题的重要途径. 例如, 设 A 是 $m \times n$ 实方阵, 则 $r(AA^{\mathrm{T}}) = r(A^{\mathrm{T}}A) = r(A)$. 事实上, 要

证 $r(A^{\mathrm{T}}A)=r(A)$, 只需证 $A^{\mathrm{T}}Ax=0$ 与 $Ax=0$ 同解即可. 由于 $Ax=0$ 的解一定是 $A^{\mathrm{T}}Ax=0$ 的解, 故只需证 $A^{\mathrm{T}}Ax=0$ 的解也是 $Ax=0$ 的解. 设 ξ 是 $A^{\mathrm{T}}Ax=0$ 的任一解, 则 $A^{\mathrm{T}}A\xi=0$, 从而 $\xi^{\mathrm{T}}A^{\mathrm{T}}A\xi=0$, 即 $(A\xi)^{\mathrm{T}}(A\xi)=0$. 所以 $A\xi=0$, 即 ξ 也是 $Ax=0$ 的解. 于是 $r(A^{\mathrm{T}}A)=r(A)$. 因此 $r(AA^{\mathrm{T}})=r\big((A^{\mathrm{T}})^{\mathrm{T}}A^{\mathrm{T}}\big)=r(A^{\mathrm{T}})=r(A)$.

再如, 可以利用线性方程组方法证明严格对角占优矩阵 $A=(a_{ij})\Big($即 $|a_{ii}|>\sum\limits_{\substack{j=1\\j\neq i}}^{n}|a_{ij}|, i=1,2,\cdots,n\Big)$必为满秩矩阵. 这等价于证明齐次线性方程组 $Ax=0$ 只有零解. 反证, 假设有非零解 $(c_1,c_2,\cdots,c_n)$, 不妨设 $|c_k|=\max\{|c_1|,|c_2|,\cdots,|c_n|\}$. 则

$$a_{k1}c_1+\cdots+a_{kk}c_k+\cdots+a_{kn}c_n=0.$$

从而

$$|a_{kk}c_k|=\left|\sum_{j\neq k}a_{kj}c_j\right|\leqslant\sum_{j\neq k}|a_{kj}|\cdot|c_j|\leqslant|c_k|\sum_{j\neq k}|a_{kj}|.$$

故

$$|a_{kk}|\leqslant\sum_{j\neq k}|a_{kj}|.$$

矛盾! 所以 $Ax=0$ 只有零解, 从而 $r(A)=n$.

3.11 子空间的交与和

一个很自然的问题是: 线性空间 V 能否分解成它的有限个线性子空间的并? 遗憾的是这一般不成立. 但 V 可以写成它的有限个子空间的和. 例如, 三维空间 $\mathbb{R}^3$ 可以写成二维子空间 xOy 平面与一维子空间 z 轴的和. 将高维空间分解成有限个低维空间的和是研究线性空间的基本方法.

定义 3.11.1 设 V_1,V_2 是线性空间 V 的两个子空间, 则子集

$$V_1+V_2=\{\alpha_1+\alpha_2\mid\alpha_1\in V_1,\alpha_2\in V_2\}$$

称为 V_1 与 V_2 的和.

定理 3.11.1 设 V_1,V_2 是线性空间 V 的两个子空间, 则 $V_1\cap V_2$ 与 V_1+V_2 都是 V 的子空间.

证明 因为 $0\in V_1\cap V_2$, 所以 $V_1\cap V_2\neq\varnothing$. $\forall\alpha,\beta\in V_1\cap V_2$, $\forall a,b\in\mathrm{F}$, 由于 $V_1\leqslant V$, 所以 $a\alpha+b\beta\in V_1$; 同理, $a\alpha+b\beta\in V_2$, 从而 $a\alpha+b\beta\in V_1\cap V_2$, 即 $V_1\cap V_2\leqslant V$.

因为 $0=0+0\in V_1+V_2$, 所以 $V_1+V_2\neq\varnothing$. $\forall\alpha,\beta\in V_1+V_2$, $\forall a,b\in\mathbb{F}$, 由于

$$\begin{aligned}\alpha&=\alpha_1+\alpha_2,\quad \alpha_1\in V_1,\alpha_2\in V_2,\\ \beta&=\beta_1+\beta_2,\quad \beta_1\in V_1,\beta_2\in V_2,\end{aligned}$$

所以 $a\alpha_1+b\beta_1\in V_1$, $a\alpha_2+b\beta_2\in V_2$, 从而

$$a\alpha+b\beta=(a\alpha_1+b\beta_1)+(a\alpha_2+b\beta_2)\in V_1+V_2,$$

即 $V_1+V_2\leqslant V$. □

注 (1) 子空间的交与和满足

$$\begin{aligned}&V_1\cap V_2=V_2\cap V_1, && V_1+V_2=V_2+V_1;\\ &(V_1\cap V_2)\cap V_3=V_1\cap(V_2\cap V_3), && (V_1+V_2)+V_3=V_1+(V_2+V_3).\end{aligned}$$

由此可定义

$$\bigcap_{i=1}^{s}V_i:=V_1\cap V_2\cap\cdots\cap V_s,\quad \sum_{i=1}^{s}V_i:=V_1+V_2+\cdots+V_s.$$

(2) 若 $W=V_1+V_2$, $U\leqslant W$, 则 $U\cap W=U\cap V_1+U\cap V_2$ 一般不成立. 例如, U,V_1,V_2 分别是 $W=\mathbb{R}^3$ 中过 z 轴的三个不同的平面, 则 $U\cap V_1=U\cap V_2$ 是 z 轴, 所以 $U=U\cap W\neq U\cap V_1+U\cap V_2$.

例 3.11.1 齐次线性方程组

$$\begin{cases}a_{11}x_1+a_{12}x_2+\cdots+a_{1n}x_n=0,\\ a_{21}x_1+a_{22}x_2+\cdots+a_{2n}x_n=0,\\ \qquad\cdots\cdots\\ a_{m1}x_1+a_{m2}x_2+\cdots+a_{mn}x_n=0\end{cases}$$

的解空间可以看作 m 个超平面 ($n-1$ 维子空间)

$$V_i=\left\{(x_1,x_2,\cdots,x_n)^{\mathrm{T}}\,\middle|\,\sum_{j=1}^{n}a_{ij}x_j=0\right\},\quad i=1,2,\cdots,m$$

的交空间 $V_1\cap V_2\cap\cdots\cap V_m$.

例 3.11.2 设 V_1 是齐次线性方程组 $Ax=0$ 的解空间, V_2 是 $Bx=0$ 的解空间, 则 $V_1\cap V_2$ 是 $\begin{pmatrix}A\\B\end{pmatrix}x=0$ 的解空间.

例 3.11.3 设 $V=\mathbb{R}^3$, V_1 是 V 中过原点的一条直线, V_2 是过原点与直线 V_1 垂直的平面. 则 $V_1\cap V_2=0$, $V_1+V_2=V$. 不妨假设 V_1 为 z 轴, 则 V_2 为 xOy 平面. 由于 $\mathbb{R}^3$ 中的任意向量 α 可以分解 V_1 中向量 α_1 与 V_2 中向量 α_2 之和, 则 $\mathbb{R}^3\subseteq V_1+V_2$, 又因为 $V_1+V_2\subseteq\mathbb{R}^3$, 所以 $V_1+V_2=\mathbb{R}^3$, 而且 $V_1\cap V_2$ 表示 z 轴与 xOy 平面的交点, 即为零向量, 如图 3.27(a) 所示.

假设 W_1 为 yOz 平面, W_2 为 xOy 平面, 则 $\mathbb{R}^3$ 中的向量 α 可以分解 W_1 中向量 α_1 与 W_2 中向量 α_2 之和, 因而 $W_1+W_2=\mathbb{R}^3$, 而且 $W_1\cap W_2$ 表示 yOz 平面与 xOy 平面的交线, 即为 y 轴. 如图 3.27(b) 所示.

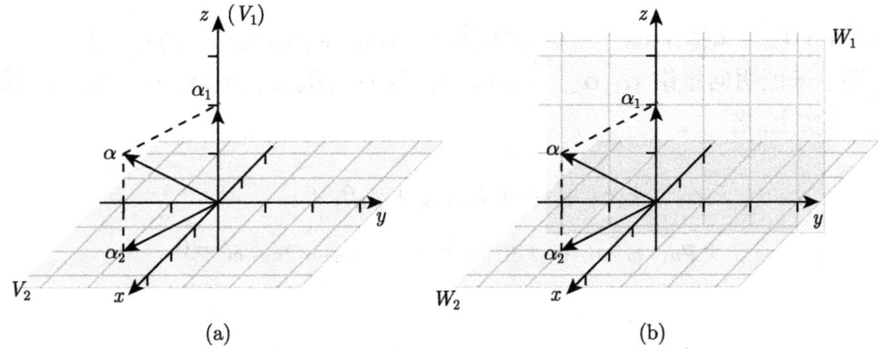

图 3.27

例 3.11.4 设 $V=\mathrm{F}^{n\times n}$, V_1 是 V 中对称矩阵的全体作成的子空间, V_2 是 V 中反对称矩阵的全体作成的子空间, 则 $V_1\cap V_2=0$, $V_1+V_2=V$.

命题 3.11.1 设 $\alpha_1,\alpha_2,\cdots,\alpha_r,\beta_1,\beta_2,\cdots,\beta_s\in V$, 则

$$\mathrm{span}(\alpha_1,\alpha_2,\cdots,\alpha_r)+\mathrm{span}(\beta_1,\beta_2,\cdots,\beta_s)=\mathrm{span}(\alpha_1,\alpha_2,\cdots,\alpha_r,\beta_1,\beta_2,\cdots,\beta_s).$$

证明 记

$$\begin{aligned}V_1&=\mathrm{span}(\alpha_1,\alpha_2,\cdots,\alpha_r),\\V_2&=\mathrm{span}(\beta_1,\beta_2,\cdots,\beta_s),\\W&=\mathrm{span}(\alpha_1,\alpha_2,\cdots,\alpha_r,\beta_1,\beta_2,\cdots,\beta_s).\end{aligned}$$

显然, $V_1\subseteq W$, $V_2\subseteq W$, $\forall\eta=\eta_1+\eta_2\in V_1+V_2$, 所以 $\eta_1,\eta_2\in W$, 从而 $\eta_1+\eta_2\in W$, 即 $V_1+V_2\subseteq W$.

另一方面, 任取 $\xi\in W$, 设 $\xi=\sum\limits_{i=1}^{r}a_i\alpha_i+\sum\limits_{j=1}^{s}b_j\beta_j$, 则 $\sum\limits_{i=1}^{r}a_i\alpha_i\in V_1$, $\sum\limits_{j=1}^{s}b_j\beta_j\in V_2$, 所以 $\xi\in V_1+V_2$, 即 $W\subseteq V_1+V_2$, 故 $V_1+V_2=W$. □

定理 3.11.2 (维数公式)　设 V_1, V_2 是线性空间 V 的两个子空间, 则

$$\dim V_1 + \dim V_2 = \dim(V_1 + V_2) + \dim(V_1 \cap V_2).$$

证明　设 $\dim V_1 = n_1$, $\dim V_2 = n_2$, $\dim(V_1 \cap V_2) = m$. 取 $V_1 \cap V_2$ 的一组基 $\alpha_1, \alpha_2, \cdots, \alpha_m$, 将它分别扩充为 V_1, V_2 的基

$$\alpha_1, \alpha_2, \cdots, \alpha_m, \beta_1, \beta_2, \cdots, \beta_{n_1-m}; \tag{3.21}$$

$$\alpha_1, \alpha_2, \cdots, \alpha_m, \gamma_1, \gamma_2, \cdots, \gamma_{n_2-m}. \tag{3.22}$$

显然, $V_1 + V_2 = L(\alpha_1, \alpha_2, \cdots, \alpha_m, \beta_1, \beta_2, \cdots, \beta_{n_1-m}, \gamma_1, \gamma_2, \cdots, \gamma_{n_2-m})$.

接下来证明向量组 $\alpha_1, \alpha_2, \cdots, \alpha_m, \beta_1, \beta_2, \cdots, \beta_{n_1-m}, \gamma_1, \gamma_2, \cdots, \gamma_{n_2-m}$ 线性无关. 事实上, 若

$$\begin{aligned} &k_1\alpha_1 + k_2\alpha_2 + \cdots + k_m\alpha_m + p_1\beta_1 + \cdots \\ &+ p_{n_1-m}\beta_{n_1-m} + q_1\gamma_1 + \cdots + q_{n_2-m}\gamma_{n_2-m} = 0. \end{aligned}$$

令

$$\begin{aligned} \xi &= k_1\alpha_1 + k_2\alpha_2 + \cdots + k_m\alpha_m + p_1\beta_1 + p_2\beta_2 + \cdots + p_{n_1-m}\beta_{n_1-m} \\ &= -q_1\gamma_1 - q_2\gamma_2 - \cdots - q_{n_2-m}\gamma_{n_2-m}, \end{aligned}$$

则 $\xi \in V_1 \cap V_2$, 因而可由 $\alpha_1, \alpha_2, \cdots, \alpha_m$ 线性表示, 设 $\xi = l_1\alpha_1 + l_2\alpha_2 + \cdots + l_m\alpha_m$, 则

$$l_1\alpha_1 + l_2\alpha_2 + \cdots + l_m\alpha_m + q_1\gamma_1 + q_2\gamma_2 + \cdots + q_{n_2-m}\gamma_{n_2-m} = 0.$$

由(3.22)线性无关知 $l_1 = l_2 = \cdots = l_m = q_1 = q_2 = \cdots = q_{n_2-m} = 0$. 从而 $\xi = 0$. 故

$$k_1\alpha_1 + k_2\alpha_2 + \cdots + k_m\alpha_m + p_1\beta_1 + p_2\beta_2 + \cdots + p_{n_1-m}\beta_{n_1-m} = 0.$$

再由(3.21)线性无关知 $k_1 = k_2 = \cdots = k_m = p_1 = p_2 = \cdots = p_{n_1-m} = 0$. 从而 $\alpha_1, \alpha_2, \cdots, \alpha_m, \beta_1, \beta_2, \cdots, \beta_{n_1-m}, \gamma_1, \gamma_2, \cdots, \gamma_{n_2-m}$ 线性无关. 故 $\dim(V_1 + V_2) = n_1 + n_2 - m$, 从而定理得证. □

例 3.11.5　令 $\mathbb{R}^3$ 的子空间

$$V_1 = \{(x, y, z)^{\mathrm{T}} \in \mathbb{R} \mid x - y + 2z = 0\}, \quad V_2 = \{(x, y, z)^{\mathrm{T}} \in \mathbb{R} \mid x + y = 0\},$$

则 V_1, V_2 分别为图 3.28 所示的平面. V_1 与 V_2 的交空间 $V_1 \cap V_2$ 为两平面方程构成的线性方程组

$$\begin{cases} x - y + 2z = 0, \\ x + y = 0 \end{cases}$$

的解空间, 即为图 3.28 所示两个平面相交形成的过原点的直线 l.

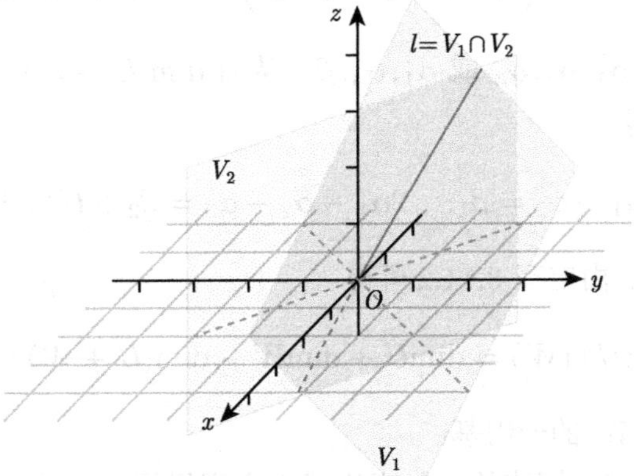

图 3.28

在此例中, V_1, V_2 表示过原点的平面, 故 $\dim V_1 = \dim V_2 = 2$, 而 $V_1 \cap V_2$ 为过原点的一条直线, $\dim V_1 \cap V_2 = 1$. 由于 V_1, V_2 不共面, 则 $V_1 + V_2 = \mathbb{R}^3$, 因而 $\dim(V_1 + V_2) = 3$, 满足 $\dim V_1 + \dim V_2 = \dim(V_1 + V_2) + \dim(V_1 \cap V_2)$.

思考 多个子空间 $V_1, V_2, \cdots, V_s$ 的维数公式是什么样的?

推论 3.11.1 设 V_1, V_2 是 n 维线性空间 V 的两个子空间. 若 $\dim V_1 + \dim V_2 > n$, 则 $V_1 \cap V_2$ 必有非零的向量.

证明 由维数公式知 $\dim(V_1 \cap V_2) > 0$. □

例 3.11.6 在 $\mathbb{R}^4$ 中, 已知

$$\alpha_1 = \begin{pmatrix} 1 \\ 1 \\ 0 \\ 1 \end{pmatrix}, \quad \alpha_2 = \begin{pmatrix} 1 \\ 0 \\ 0 \\ 1 \end{pmatrix}, \quad \alpha_3 = \begin{pmatrix} 1 \\ 1 \\ -1 \\ 1 \end{pmatrix}, \quad \beta_1 = \begin{pmatrix} 1 \\ 2 \\ 0 \\ 1 \end{pmatrix}, \quad \beta_2 = \begin{pmatrix} 0 \\ 1 \\ 1 \\ 0 \end{pmatrix}.$$

设 $U = \operatorname{span}(\alpha_1, \alpha_2, \alpha_3)$, $W = \operatorname{span}(\beta_1, \beta_2)$. 求 $U + W$ 与 $U \cap W$ 的基和维数.

解　(1) 由于 $U+W=\mathrm{span}(\alpha_1,\alpha_2,\alpha_3,\beta_1,\beta_2)$, 故 $U+W$ 的基就是 $\alpha_1,\alpha_2,\alpha_3,\beta_1,\beta_2$ 的极大无关组. 由于

$$(\alpha_1,\alpha_2,\alpha_3,\beta_1,\beta_2)=\begin{pmatrix}1&1&1&1&0\\1&0&1&2&1\\0&0&-1&0&1\\1&1&1&1&0\end{pmatrix}\xrightarrow{\text{行}}\begin{pmatrix}1&0&0&2&2\\0&1&0&-1&-1\\0&0&1&0&-1\\0&0&0&0&0\end{pmatrix},$$

故极大无关组可取 $\alpha_1,\alpha_2,\alpha_3$ 或 $\alpha_1,\alpha_3,\beta_1$, 从而 $\dim(U+W)=3$.

(2) 由 (1) 可得

$$2\alpha_1-\alpha_2=\beta_1,\quad 2\alpha_1-\alpha_2-\alpha_3=\beta_2\in U\cap W,$$

且 β_1,β_2 线性无关. 由定理 3.11.2 可得

$$\dim(U\cap W)=\dim U+\dim W-\dim(U+W)=2,$$

所以 β_1,β_2 是 $U\cap W$ 的一组基.

定理 3.10.2 架起了矩阵的秩与齐次线性方程组解空间的维数之间的桥梁, 利用维数公式, 可以解决很多有关矩阵秩的等式或不等式的问题.

例 3.11.7　设 n 阶矩阵 A,B 满足 $AB=BA$, 求证

$$r(A)+r(B)\geqslant r(A+B)+r(AB).$$

证明　设 U_A,U_B,V,W 分别是齐次线性方程组 $Ax=0,Bx=0,ABx=BAx=0,(A+B)x=0$ 的解空间, 则 $U_A\subseteq V,U_B\subseteq V$, 于是 $U_A+U_B\subseteq V$, 而且 $U_A\cap U_B\subseteq W$. 由定理 3.11.2 知

$$\begin{aligned}\dim U_A+\dim U_B&=\dim(U_A\cap U_B)+\dim(U_A+U_B)\\&\leqslant \dim W+\dim V.\end{aligned}$$

由定理 3.10.2 知

$$n-r(A)+n-r(B)\leqslant n-r(A+B)+n-r(AB),$$

即 $r(A)+r(B)\geqslant r(A+B)+r(AB)$. □

拓展阅读　有限不能覆盖定理

受有限覆盖定理的启发, 数域 F 上的 n 维线性空间能否由它的有限个子空间的并所覆盖呢? 下面的定理回答了这个问题.

定理 3.11.3 数域 F 上的 n 维线性空间 V 不能被它的有限个真子空间覆盖, 即对任意真子空间 $V_1, V_2, \cdots, V_s$, 存在 $\xi \in V$, 使得 $\xi \notin V_i$, $i = 1, 2, \cdots, s$.

证明 证法一：设 $e_1, e_2, \cdots, e_n$ 是 V 的一组基, 令

$$\alpha_i = e_1 + ie_2 + \cdots + i^{n-1}e_n, \quad i = 1, 2, \cdots,$$

由范德蒙德行列式知无穷向量序列 $\alpha_1, \alpha_2, \cdots$ 中的任意 n 个向量均线性无关, 而任一真子空间只能包含有限个 α_i, 从而存在某个 $\alpha_k \notin V_i, i = 1, 2, \cdots, s$.

证法二：对 s 作数学归纳法. 当 $s = 2$ 时, 由于 V_1 是真子空间, 故存在 $\alpha \notin V_1$; 如果 $\alpha \notin V_2$, 则得证; 否则, $\alpha \in V_2$. 由于 V_2 是真子空间, 故存在 $\beta \notin V_2$; 如果 $\beta \notin V_1$, 则得证; 否则, $\beta \in V_1$. 我们首先断言 $\forall k \in \mathrm{F}$, $k\alpha + \beta \notin V_2$. 事实上, 若存在 $k_0 \in \mathrm{F}$ 使得 $k_0\alpha + \beta \in V_2$, 则由 $\alpha \in V_2$ 知 $\beta = (k_0\alpha + \beta) - k_0\alpha \in V_2$, 矛盾. 其次断言至多存在一个 $k \in \mathrm{F}$ 使得 $k\alpha + \beta \in V_1$. 事实上, 假设存在 $k, k' \in \mathrm{F}$ 使得 $k\alpha + \beta, k'\alpha + \beta \in V_1$, 则 $(k\alpha + \beta) - (k'\alpha + \beta) = (k - k')\alpha \in V_1$. 由 $\alpha \notin V_1$ 知 $k = k'$. 故存在 $k \in \mathrm{F}$ 使得 $k\alpha + \beta \notin V_i, i = 1, 2$. 命题对 $s = 2$ 成立.

假设命题对 $s - 1$ 成立, 即 $\exists \alpha \notin V_i, i = 1, 2, \cdots, s - 1$. 现在考虑 s 个真子空间的情形. 若 $\alpha \notin V_s$, 则得证. 否则, 设 $\alpha \in V_s$, 则由 V_s 非平凡知存在 $\beta \notin V_s$, 于是对 $\forall k \in \mathrm{F}$, $k\alpha + \beta \notin V_s$. 又至多存在一个 $k_i \in \mathrm{F}$ 使得 $k_i\alpha + \beta \in V_i, i = 1, 2, \cdots, s - 1$. 取 $k_0 \in \mathrm{F} \setminus \{k_1, k_2, \cdots, k_{s-1}\}$, 则 $k_0\alpha + \beta \notin V_i$, $i = 1, 2, \cdots, s$. □

思考 能否构造 V 的一组基 $\alpha_1, \alpha_2, \cdots, \alpha_n$, 使得每一 $\alpha_i \notin V_1 \cup V_2 \cup \cdots \cup V_s$?

证明 证法一：由定理 3.11.3 证法一知 $V_1 \cup V_2 \cup \cdots \cup V_s$ 仅能包含有限个 α_i, 从而能在无限向量序列 $\alpha_1, \alpha_2, \cdots$ 中找到 n 个 $\alpha_{i_1}, \alpha_{i_2}, \cdots, \alpha_{i_n}$, 使得 $\alpha_{i_k} \notin V_1 \cup V_2 \cup \cdots \cup V_s, k = 1, 2, \cdots, n$.

证法二：由定理 3.11.3 知, 存在 $\alpha_1 \notin V_1 \cup V_2 \cup \cdots \cup V_s$; 由于 $L(\alpha_1)$ 是 V 的真子空间, 所以存在 $\alpha_2 \notin V_1 \cup V_2 \cup \cdots \cup V_s \cup L(\alpha_1)$. 归纳地, 所以存在 $\alpha_n \notin V_1 \cup V_2 \cup \cdots \cup V_s \cup L(\alpha_1, \alpha_2, \cdots, \alpha_{n-1})$. 由于 $\alpha_1, \alpha_2, \cdots, \alpha_n$ 线性无关, 所以是 V 的一组基, 且每一 $\alpha_i \notin V_1 \cup V_2 \cup \cdots \cup V_s$. □

习 题 3.11

(A)

1. 设 V_1, V_2, W 都是线性空间 V 的子空间, 则

(1) 若 $W \subset V_1$, $W \subset V_2$, 则 $W \subset V_1 \cap V_2$.

(2) 若 $W \supset V_1$, $W \supset V_2$, 则 $W \supset V_1 + V_2$.

(3) 以下三个论断等价:

(i) $V_1 \subset V_2$; (ii) $V_1 \cap V_2 = V_1$; (iii) $V_1 + V_2 = V_2$.

(B)

2. 设

$$\alpha_1 = \begin{pmatrix} 1 \\ 2 \\ 1 \\ 0 \end{pmatrix}, \quad \alpha_2 = \begin{pmatrix} -1 \\ 1 \\ 1 \\ 1 \end{pmatrix}, \quad \beta_1 = \begin{pmatrix} 2 \\ -1 \\ 0 \\ 1 \end{pmatrix}, \quad \beta_2 = \begin{pmatrix} 1 \\ -1 \\ 3 \\ 7 \end{pmatrix}.$$

$V_1 = \mathrm{span}(\alpha_1, \alpha_2)$, $V_2 = \mathrm{span}(\beta_1, \beta_2)$. 求 $V_1 + V_2$ 与 $V_1 \cap V_2$ 的基和维数.

3. 在 F^4 中, 设

$$\alpha_1 = \begin{pmatrix} 1 \\ 1 \\ 0 \\ 2 \end{pmatrix}, \quad \alpha_2 = \begin{pmatrix} 1 \\ 1 \\ -1 \\ 3 \end{pmatrix}, \quad \alpha_3 = \begin{pmatrix} 1 \\ 2 \\ 1 \\ -2 \end{pmatrix}, \qquad V_1 = \mathrm{span}(\alpha_1, \alpha_2, \alpha_3)$$

与

$$\beta_1 = \begin{pmatrix} 1 \\ 2 \\ 0 \\ -6 \end{pmatrix}, \quad \beta_2 = \begin{pmatrix} 1 \\ -2 \\ 2 \\ 4 \end{pmatrix}, \quad \beta_3 = \begin{pmatrix} 2 \\ 3 \\ 1 \\ -5 \end{pmatrix}, \quad V_2 = \mathrm{span}(\beta_1, \beta_2, \beta_3).$$

求 $V_1 + V_2$ 与 $V_1 \cap V_2$ 的一组基和维数.

4. 设 $A = \{\alpha_1, \alpha_2, \cdots, \alpha_s\}$, $B = \{\beta_1, \beta_2, \cdots, \beta_t\}$ 是 V 的两组线性无关向量组, $V_1 = \mathrm{span}(A)$, $V_2 = \mathrm{span}(B)$. 证明 $\dim(V_1 \cap V_2)$ 等于齐次线性方程组

$$x_1\alpha_1 + \cdots + x_s\alpha_s + x_{s+1}\beta_1 + \cdots + x_{s+t}\beta_t = 0$$

的解空间 S 的维数.

(C)

5. 设 $V_1, V_2, \cdots, V_s$ 都是 V 的子空间, 则

$$\sum_{i=1}^{s} \dim V_i = \dim\left(\sum_{i=1}^{s} V_i\right) + \sum_{i=2}^{s} \dim\left(\sum_{j=1}^{i-1} V_j \cap V_i\right).$$

6. 设 $V_1, V_2, \cdots, V_s$ 都是 V 的子空间, 记 $V_{s+1} = 0$. 则

$$\sum_{i=1}^{s} \dim V_i = \sum_{i=1}^{s} \dim\left(\bigcap_{j=1}^{i} V_j + V_{i+1}\right).$$

3.12 子空间的直和

当我们将线性空间 V 分解成两个子空间的和 $V=V_1+V_2$ 时, 若这些子空间的交非平凡 (即存在 $V_1\cap V_2\neq\{0\}$), 则这些子空间之间可能因相互“纠缠”而增加了研究的难度. 例如, 3.12 节中的例 3.11.3, $V=\mathbb{R}^3$,

$$W_1=\{(x,y,z)^{\mathrm{T}}\in\mathbb{R}^3\mid x=0\},\quad W_2=\{(x,y,z)^{\mathrm{T}}\in\mathbb{R}^3\mid z=0\},$$

则 $V=W_1+W_2$. 设 $\alpha=(2,-1,2)^{\mathrm{T}}$, 则

$$\alpha=\alpha_1+\alpha_2=\alpha_1'+\alpha_2',$$

表示方法不唯一, 其中

$$\alpha_1=\begin{pmatrix}0\\0\\2\end{pmatrix},\quad \alpha_1'=\begin{pmatrix}0\\1\\2\end{pmatrix}\in W_1,\quad \alpha_2=\begin{pmatrix}2\\-1\\0\end{pmatrix},\quad \alpha_2'=\begin{pmatrix}2\\-2\\0\end{pmatrix}\in W_2.$$

如图 3.29 所示.

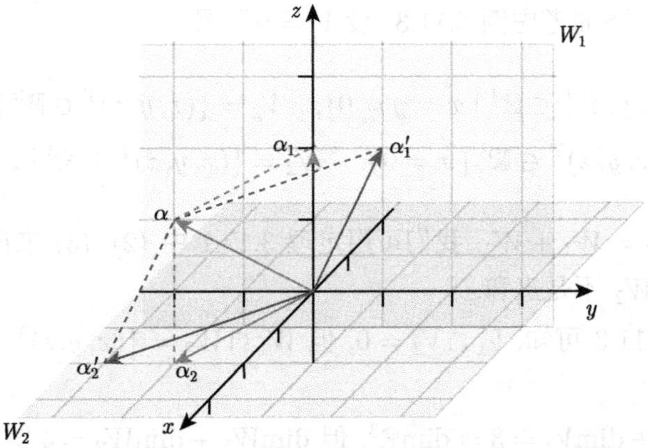

图 3.29

定义 3.12.1 设 V_1,V_2 是线性空间 V 的两个子空间. 若对任意的 $\alpha\in V_1+V_2$, α 的分解 $\alpha=\alpha_1+\alpha_2$ $(\alpha_i\in V_i,\ i=1,2)$ 唯一, 则和空间 V_1+V_2 称为 V_1 与 V_2 的**直和**, 记作 $V_1\oplus V_2$.

定理 3.12.1 设 V_1,V_2 是线性空间 V 的两个子空间, $W=V_1+V_2$, 则以下叙述等价:

(1) $W = V_1 \oplus V_2$;

(2) $\dim W = \dim V_1 + \dim V_2$;

(3) $V_1 \cap V_2 = 0$;

(4) 零向量分解唯一, 即如果 $0 = \alpha_1 + \alpha_2 (\alpha_i \in V_i,\ i = 1, 2)$, 则 $\alpha_1 = \alpha_2 = 0$.

证明 (1) ⇒ (2) $\forall \alpha \in V_1 \cap V_2$, $0 = \alpha + (-\alpha) \in V_1 + V_2$, 由 0 的分解唯一性知 $\alpha = 0$, 即 $V_1 \cap V_2 = 0$. 由维数公式知 $\dim W = \dim V_1 + \dim V_2$.

(2) ⇒ (3) 由维数公式知 $\dim(V_1 \cap V_2) = 0$, 从而 $V_1 \cap V_2 = 0$.

(3) ⇒ (4) 设 $0 = \alpha_1 + \alpha_2$, 其中 $\alpha_1 \in V_1$, $\alpha_2 \in V_2$, 则 $\alpha_1 = -\alpha_2 \in V_1 \cap V_2$, 故 $\alpha_1 = \alpha_2 = 0$, 即 0 有唯一分解.

(4) ⇒ (1) $\forall \alpha \in W$, 假设 α 有两种分解

$$\alpha = \alpha_1 + \alpha_2 = \beta_1 + \beta_2, \quad \alpha_i, \beta_i \in V_i,\ i = 1, 2.$$

则 $0 = (\alpha_1 - \beta_1) + (\alpha_2 - \beta_2)$, 由 (4) 知

$$\alpha_1 = \beta_1, \quad \alpha_2 = \beta_2.$$

□

例 3.12.1 下面考虑例 3.11.3. 设 $V = \mathbb{R}^3$, 且

$$V_1 = \{(x, y, z)^{\mathrm{T}} \in \mathbb{R}^3 \mid x = y = 0\}, \quad V_2 = \{(x, y, z)^{\mathrm{T}} \in \mathbb{R}^3 \mid z = 0\};$$
$$W_1 = \{(x, y, z)^{\mathrm{T}} \in \mathbb{R}^3 \mid x = 0\}, \quad W_2 = \{(x, y, z)^{\mathrm{T}} \in \mathbb{R}^3 \mid z = 0\},$$

则 $V = V_1 + V_2 = W_1 + W_2$. 我们可用定理 3.12.1 中 (2), (3) 来说明 $V_1 + V_2$ 是直和, 但 $W_1 + W_2$ 不是直和.

(1) 由例 3.11.3 可知, $V_1 \cap V_2 = 0$, 但 $W_1 \cap W_2 = \{(x, y, z)^{\mathrm{T}} \in \mathbb{R}^3 \mid x = z = 0\} \neq 0$;

(2) $\dim V_1 + \dim V_2 = 3 = \dim \mathbb{R}^3$, 但 $\dim W_1 + \dim W_2 = 4 > \dim \mathbb{R}^3$;

(3) 如图 3.30 所示, 取 $\mathbb{R}^3$ 中的向量 $\alpha = (2, -1, 2)^{\mathrm{T}}, \alpha$ 在 $V_1 + V_2$ 中的分解式 $\alpha = \alpha_1 + \alpha_2$ 是唯一的, 其中 $\alpha_1 = (0, 0, 2)^{\mathrm{T}} \in V_1, \alpha_2 = (2, -1, 0)^{\mathrm{T}} \in V_2$; 但在 $W_1 + W_2$ 中, $\alpha = \alpha_1 + \alpha_2 = \alpha_1' + \alpha_2'$, 其中 $\alpha_1' = (0, 1, 2)^{\mathrm{T}}, \alpha_2' = (2, -2, 0)^{\mathrm{T}}$, 故分解不唯一, 这说明 $W_1 + W_2$ 不是直和.

定理 3.12.2 设 U 是线性空间 V 的子空间, 则一定存在子空间 W 使得

$$V = U \oplus W.$$

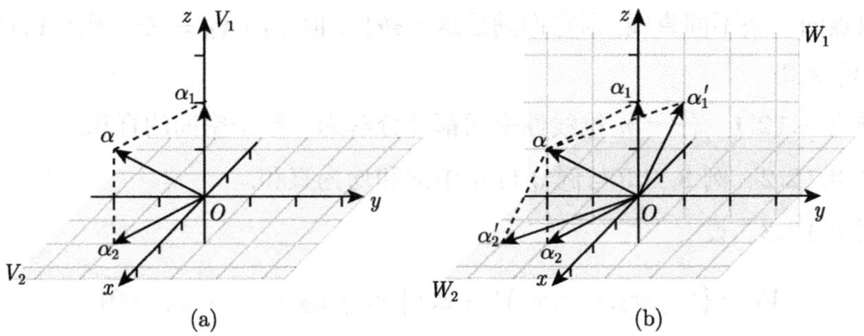

图 3.30

证明 取 U 的一组基 $\alpha_1,\alpha_2,\cdots,\alpha_r$, 将它扩充为 V 的基 $\alpha_1,\cdots,\alpha_r,\alpha_{r+1},\cdots,\alpha_n$. 令 $W=\mathrm{span}(\alpha_{r+1},\cdots,\alpha_n)$, 则由命题 3.11.1 知 $V=U+W$. 又 $\dim V=\dim U+\dim W$, 由定理 3.12.1, $V=U\oplus W$. □

定义 3.12.2 设 U 是 n 维线性空间 V 的子空间. 则满足 $U\oplus W=V$ 的子空间 W 称为子空间 U 在 V 中的**补空间**.

注 子空间 U 在 V 中的补空间一般不唯一. 事实上, 设 $\alpha_1,\alpha_2,\cdots,\alpha_r$ 是 U 的一组基, 将它扩充为 V 的基 $\alpha_1,\cdots,\alpha_r,\alpha_{r+1},\cdots,\alpha_n$, 则 $W=\mathrm{span}(\alpha_{r+1},\cdots,\alpha_n)$ 是 U 的补空间. 由于 $\alpha_1,\alpha_2,\cdots,\alpha_r$ 扩充为 V 的基的方式不唯一, 故 U 在 V 中的补空间也不唯一.

直和的概念可以扩充到多个 (有限个) 子空间的情形. 下面的定理可由数学归纳法得到证明.

定理 3.12.3 设 $W,V_1,V_2,\cdots,V_s$ 是线性空间 V 的子空间, $W=\sum\limits_{i=1}^{s}V_i$, 则以下条件等价:

(1) $V_i\cap\left(\sum\limits_{j\neq i}V_j\right)=0,\ i=1,2,\cdots,s$;

(2) 零向量的分解唯一, 即若 $0=\alpha_1+\alpha_2+\cdots+\alpha_s$, $\alpha_i\in V_i$, 则 $\alpha_i=0, i=1,2,\cdots,s$;

(3) W 中任意向量 $\alpha=\alpha_1+\alpha_2+\cdots+\alpha_s$, $\alpha_i\in V_i$ 的表示法唯一;

(4) $\dim W=\sum\limits_{i=1}^{s}\dim V_i$.

如果上述条件之一成立, 则称 W 是 $V_1,V_2,\cdots,V_s$ 的直和, 记作

$$W=V_1\oplus V_2\oplus\cdots\oplus V_s.$$

注 条件 (1) 并不等价于 "$V_i\cap V_j=0, \forall i\neq j$". 例如, V_1,V_2,V_3 分别是 $\mathbb{R}^2$

中过原点的三条不同直线, 则它们满足这一条件, 但 $V_2+V_3=\mathbb{R}^2$, 因此 $V_1\cap(V_2+V_3)=V_1\neq 0$.

推论 3.12.1 任一 n 维线性空间都能分解为一维子空间的直和.

例 3.12.2 例 3.11.3 与例 3.11.4 中的和均为直和.

例 3.12.3 设

$$
\begin{aligned}
V_1&=\{(x_1,x_2,\cdots,x_n)^{\mathrm{T}}\in\mathbb{R}^n \mid x_1+x_2+\cdots+x_n=0\},\\
V_2&=\{(x_1,x_2,\cdots,x_n)^{\mathrm{T}}\in\mathbb{R}^n \mid x_1=x_2=\cdots=x_n\}.
\end{aligned}
$$

证明 $\mathbb{R}^n=V_1\oplus V_2$.

证明 由于 $V_1\cap V_2$ 是齐次线性方程组

$$
\begin{pmatrix}
1 & 1 & 1 & \cdots & 1 & 1\\
1 & -1 & 0 & \cdots & \cdots & 0\\
0 & 1 & -1 & \ddots & & \vdots\\
\vdots & \ddots & \ddots & \ddots & \ddots & \vdots\\
\vdots & & \ddots & 1 & -1 & 0\\
0 & \cdots & \cdots & 0 & 1 & -1
\end{pmatrix}
\begin{pmatrix}
x_1\\ x_2\\ x_3\\ \vdots\\ x_{n-1}\\ x_n
\end{pmatrix}=0
$$

的解空间. 由于

$$
\begin{vmatrix}
1 & 1 & 1 & \cdots & 1 & 1\\
1 & -1 & 0 & \cdots & \cdots & 0\\
0 & 1 & -1 & \ddots & & \vdots\\
\vdots & \ddots & \ddots & \ddots & \ddots & \vdots\\
\vdots & & \ddots & 1 & -1 & 0\\
0 & \cdots & \cdots & 0 & 1 & -1
\end{vmatrix}\neq 0,
$$

所以该方程组只有零解, 即 $V_1\cap V_2=0$, 从而 $V_1+V_2=V_1\oplus V_2$.

另一方面, $\dim V_1=n-1$, $\dim V_2=1$, 故由维数公式知 $\dim(V_1\oplus V_2)=n=\dim\mathbb{R}^n$. 由于 $V_1\oplus V_2\subseteq\mathbb{R}^n$, 所以 $\mathbb{R}^n=V_1\oplus V_2$. □

习 题 3.12

(A)

1. 证明: 每一 n 维线性空间都可以表示成 n 个 1 维线性子空间的直和.

2. 设 $\alpha_1,\alpha_2,\cdots,\alpha_n$ 是数域 F 上 n 维线性空间 V 的一组基. 令

$$V_1=\operatorname{span}(\alpha_1+\alpha_2+\cdots+\alpha_n),$$
$$V_2=\left\{\sum_{i=1}^{n}k_i\alpha_i\,\middle|\,\sum_{i=1}^{n}k_i=0,k_i\in \mathrm{F},i=1,2,\cdots,n\right\}.$$

(1) 证明 V_2 是 V 的子空间;

(2) 证明 $V=V_1\oplus V_2$.

(B)

3. 设 $V_1,V_2,\cdots,V_s$ 都是数域 F 上线性空间 V 的子空间, 证明: 和 $\sum\limits_{i=1}^{s}V_i$ 是直和的充要条件是

$$V_i\cap\left(\sum_{j=i+1}^{s}V_j\right)=0,\quad i=1,2,\cdots,s-1.$$

4. 设 A 是数域 F 上的 n 阶方阵, 记

$$V_1=\{Ax\mid x\in \mathrm{F}^n\},\quad V_2=\{x\in \mathrm{F}^n\mid Ax=0\}.$$

(1) 证明 V_1,V_2 都是 F^n 的线性子空间;

(2) 若 A 是幂等矩阵, 则 $\mathrm{F}^n=V_1\oplus V_2$.

(C)

5. 设 $M\in \mathrm{F}^{n\times n}$, $f(x),g(x)\in \mathrm{F}[x]$ 且 $(f(x),g(x))=1$. 令 $A=f(M),B=g(M)$, 且 W,W_A,W_B 分别是齐次线性方程组 $ABx=0,Ax=0,Bx=0$ 的解空间. 证明 $W=W_A\oplus W_B$.

复 习 题 3

1. 设 $D=|a_{ij}|_{n\times n}$. 证明

(1) 若 $|a_{ii}|>\sum\limits_{i\neq j}|a_{ij}|$, 则 $D\neq 0$;

(2) 若 $a_{ii}>\sum\limits_{i\neq j}|a_{ij}|$, 则 $D>0$.

2. 证明: 线性方程组

$$\begin{cases}a_{11}x_1+a_{12}x_2+\cdots+a_{1n}x_n=b_1,\\ a_{21}x_1+a_{22}x_2+\cdots+a_{2n}x_n=b_2,\\ \cdots\cdots\\ a_{m1}x_1+a_{m2}x_2+\cdots+a_{mn}x_n=b_m\end{cases}\tag{3.23}$$

有解的充要条件是齐次线性方程组

$$\begin{cases} a_{11}y_1+a_{21}y_2+\cdots+a_{m1}y_m=0,\\ a_{12}y_1+a_{22}y_2+\cdots+a_{m2}y_m=0,\\ \quad\cdots\cdots\\ a_{1n}y_1+a_{2n}y_2+\cdots+a_{mn}y_m=0 \end{cases} \tag{3.24}$$

的任一解都是 $b_1y_1+b_2y_2+\cdots+b_my_m=0$ 的解.

3. 设 n 元齐次线性方程组 $Ax=0$ 与 $Bx=0$ 的解空间分别为 V_A 与 V_B, 证明:

(1) 若 $AB=0$, 则 $\dim V_A+\dim V_B\geqslant n$;

(2) $V_A\subseteq V_B$ 当且仅当存在 Q, 使得 $B=QA$;

(3) $V_A=V_B$ 当且仅当存在 P,Q, 使得 $A=PB,B=QA$, 当且仅当 A 与 B 的行向量组等价.

4. 设 F^4 的两个子空间

$$W_1=\{(x_1,x_2,x_3,x_4)^{\mathrm{T}}\mid 2x_1+x_2=0,x_2+2x_3=0\},$$
$$W_2=\{(x_1,x_2,x_3,x_4)^{\mathrm{T}}\mid x_1+x_2-2x_3=0\}.$$

求 $W_1\cap W_2$ 与 W_1+W_2 的一组基和维数.

5. 设 V 是数域 F 上的 n 阶对称矩阵的全体关于矩阵的加法与数乘作成的线性空间. $V_1=\{A\in V\mid \mathrm{Tr}(A)=0\}$, $V_2=\{\lambda E_n\mid\lambda\in\mathrm{F}\}$.

(1) 证明 V_1,V_2 都是 V 的线性子空间, 并求它们的一组基与维数;

(2) 证明 $V=V_1\oplus V_2$.

6. 设 $A,B\in\mathrm{F}^{n\times n}$, $0\neq\lambda\in P$, $V_\lambda=\{x\in\mathrm{F}^n\mid(\lambda E-AB)x=0\}$, $W_\lambda=\{x\in\mathrm{F}^n\mid(\lambda E-BA)x=0\}$. 证明 $\dim V_\lambda=\dim W_\lambda$.

7. 设 $A\in\mathrm{F}^{n\times n}$,

$$V_1=\{x\in\mathrm{F}^n\mid(A+E)x=0\},\quad V_2=\{x\in\mathrm{F}^n\mid(A-E)x=0\};$$
$$W_1=\{(A+E)x\mid x\in\mathrm{F}^n\},\qquad W_2=\{(A-E)x\mid x\in\mathrm{F}^n\}.$$

证明: (1) $A^2=E$ 当且仅当 $\mathrm{F}^n=V_1\oplus V_2$;

(2) $A^2=E$ 当且仅当 $\mathrm{F}^n=W_1\oplus W_2$.

8. (2009 年第一届全国大学生数学竞赛预赛) 设 n 阶矩阵

$$A=\begin{pmatrix} 0&0&\cdots&0&-a_n\\ 1&0&\cdots&0&-a_{n-1}\\ 0&1&\cdots&0&-a_{n-2}\\ \vdots&\vdots&&\vdots&\vdots\\ 0&0&\cdots&1&-a_1 \end{pmatrix}.$$

(1) 设 $B=(b_{ij})_{n\times n}$, 若 $AB=BA$, 则 $B=b_{n1}A^{n-1}+b_{n-1,1}A^{n-2}+\cdots+b_{21}A+b_{11}E$;

(2) 求 $\mathbb{C}^{n\times n}$ 的子空间 $C(A)=\{X\in\mathbb{C}^{n\times n}\mid AX=XA\}$ 的维数.

9. (2016 年第八届全国大学生数学竞赛预赛) 设 $A_1, A_2, \cdots, A_{2017}$ 是 2016 阶方阵. 证明: 关于 $x_1, x_2, \cdots, x_{2017}$ 的方程

$$\det(x_1A_1 + x_2A_2 + \cdots + x_{2017}A_{2017}) = 0$$

至少有一组非零实数解.

10. (2014 年第六届全国大学生数学竞赛预赛) 设 V 是闭区间 $[0,1]$ 上的全体实函数关于函数的普通加法与数乘作成的线性空间, $f_1, f_2, \cdots, f_n \in V$. 证明: 以下叙述等价

(1) $f_1, f_2, \cdots, f_n$ 线性无关;

(2) 存在 $a_1, a_2, \cdots, a_n \in [0,1]$, 使得 $\det(f_i(a_j)) \neq 0$.

11. (2013 年第五届全国大学生数学竞赛预赛) 设 $B(t) = (b_{ij}(t))$ 与 $b(t) = (b_1(t), b_2(t), \cdots, b_n(t))^{\mathrm{T}}$ 分别为 $n \times n$ 与 $n \times 1$ 矩阵, 其中 $b_{ij}(t), b_i(t)$ 均为实系数多项式, $i, j = 1, 2, \cdots, n$. 记 $d(t) = |B(t)|$, $d_i(t)$ 是用 $b_i(t)$ 替换 $B(t)$ 的第 i 列得到的矩阵的行列式. 若 $d(t)$ 有实根 t_0 使得非齐次线性方程组 $B(t_0)X = b(t_0)$ 有解, 则证明: $d(t), d_1(t), \cdots, d_n(t)$ 必有次数大于等于 1 的公因式.

第 4 章　多　项　式

高等代数主要包括多项式理论与线性代数理论, 矩阵的特征多项式与极小多项式是研究矩阵与线性变换的有力工具. 而且, 多项式在计算机科学、现代通信、编码密码学等许多领域都有广泛应用.

我们在第 1 章以欧氏除法为基础, 研究了多项式的整除理论, 包括多项式整除、最大公因式、互素等内容. 本章继续研究数域 F 上一元多项式环的因式分解理论, 包括多项式的不可约性、重因式、唯一分解定理等内容; 进一步地, 以因式分解定理为桥梁, 研究多项式函数理论, 主要包括多项式的根的概念及性质、有理数域上不可约多项式的判定、整根或有理根的存在性等内容.

4.1　因式分解定理

定义 4.1.1　次数 $\geqslant 1$ 的多项式 $p(x)\in \mathrm{F}[x]$ 称为数域 F 上的**不可约多项式**, 如果它不能表示成两个次数比 $p(x)$ 低的数域 F 上多项式的乘积. 否则, 称 $p(x)$ 为数域 F 上的**可约多项式**.

注　多项式的不可约性与数域 F 有关. 例如 $p(x)=x^2+1$ 在实数域上是不可约多项式, 但在复数域上是可约多项式.

定理 4.1.1　设 $p(x)\in \mathrm{F}[x]$, $\partial(p(x))\geqslant 1$, 则

(1) $p(x)$ 在 F 上不可约当且仅当 $p(x)$ 只有形如 c 与 $cp(x)$ 的因式, 其中 $0\neq c\in \mathrm{F}$;

(2) 若 $p(x)$ 在 F 上不可约, 则对任意 $f(x)\in \mathrm{F}[x]$, 均有 $(p(x),f(x))=1$ 或者 $p(x)\mid f(x)$;

(3) 若 $p(x)$ 在 F 上不可约, $f(x),g(x)\in \mathrm{F}[x]$ 且 $p(x)\mid (f(x)g(x))$, 则 $p(x)\mid f(x)$ 或者 $p(x)\mid g(x)$;

(4) 若 $p(x)$ 在 F 上不可约, 且 $p(x)\mid (f_1(x)f_2(x)\cdots f_s(x))$, 则存在某个 i, $1\leqslant i\leqslant s$, 使得 $p(x)\mid f_i(x)$.

证明　(1) 显然;

(2) 设 $(p(x),f(x))=d(x)\neq 1$, 那么由 $d(x)\mid p(x)$ 知 $d(x)=cp(x)$, 从而 $p(x)\mid f(x)$.

(3) 若 $p(x)\nmid f(x)$, 则 $(p(x),f(x))=1$. 由于 $p(x)\mid(f(x)g(x))$, 故 $p(x)\mid g(x)$.

(4) 由归纳法可得. □

思考 定理 4.1.1中的 (2) 和 (3) 的逆命题是否成立?

例 4.1.1 设 $p(x)\in \mathrm{F}[x]$ 是次数大于零的多项式, 若对任意的 $f(x)\in \mathrm{F}[x]$, 总有 $(p(x),f(x))=1$ 或者 $p(x)\mid f(x)$, 则 $p(x)$ 是不可约多项式.

证明 我们用反证法, 假设 $p(x)$ 不是不可约多项式, 设 $p(x)=p_1(x)p_2(x)$, 且 $\partial(p_i(x))<\partial(p(x))$, $i=1,2$. 取 $f(x)=p_1(x)$, 则 $(p(x),p_1(x))=p_1(x)\neq 1$ 且 $p(x)\nmid p_1(x)$, 矛盾. □

定理 4.1.2 数域 F 上每一个次数 $\geqslant 1$ 的多项式 $f(x)$ 都可以唯一地分解成数域 F 上一些不可约多项式的乘积.

注 唯一性: 指若 $f(x)=p_1(x)p_2(x)\cdots p_s(x)=q_1(x)q_2(x)\cdots q_t(x)$, 则 $s=t$ 且适当调整次序后有 $p_i(x)=c_iq_i(x)$, $i=1,2,\cdots,s$, $c_i\in \mathrm{F}$.

证明 存在性: 设 $\partial(f(x))=n$. 对 n 作归纳. 当 $n=1$ 时, 结论显然. 当 $n>1$ 时, 若 $f(x)$ 不可约, 结论显然; 若 $f(x)$ 可约, 不妨设 $f(x)=f_1(x)f_2(x)$. 由归纳假设, $f_1(x)=g_1(x)g_2(x)\cdots g_s(x)$, $f_2(x)=h_1(x)h_2(x)\cdots h_t(x)$, 其中 $g_i(x)$, $h_j(x)\in \mathrm{F}[x]$ 均不可约, $i=1,2,\cdots,s$, $j=1,2,\cdots,t$. 故

$$f(x)=g_1(x)g_2(x)\cdots g_s(x)h_1(x)h_2(x)\cdots h_t(x).$$

唯一性: 若 $f(x)=p_1(x)p_2(x)\cdots p_s(x)=q_1(x)q_2(x)\cdots q_t(x)$, 其中 $p_i(x)$, $i=1,\cdots,s$; $q_j(x)$, $j=1,\cdots,t$ 均是 $\mathrm{F}[x]$ 上的不可约多项式. 下面对 s 进行归纳. 当 $s=1$ 时, $f(x)$ 不可约, 显然 $f(x)=p_1(x)=q_1(x)$. 当 $s>1$ 时, 由 $p_1(x)|(q_1(x)q_2(x)\cdots q_t(x))$ 知, $p_1(x)$ 必能整除其中的一个. 不妨假设 $p_1(x)|q_1(x)$, 则 $p_1(x)=cq_1(x)$, 其中 $0\neq c\in \mathrm{F}$. 故 $cq_1(x)p_2(x)\cdots p_s(x)=q_1(x)q_2(x)\cdots q_t(x)$, 从而 $cp_2(x)\cdots p_s(x)=q_2(x)\cdots q_t(x)$, 由归纳假设结论成立. □

任给次数 $\geqslant 1$ 的多项式 $f(x)\in \mathrm{F}[x]$,

$$f(x)=cp_1(x)^{r_1}p_2(x)^{r_2}\cdots p_s(x)^{r_s} \tag{4.1}$$

称为 $f(x)$ 的**标准分解式**, 其中 $c\in \mathrm{F}$, $r_i\in \mathbb{N}$, $i=1,2,\cdots,s$, $p_1(x),p_2(x),\cdots,p_s(x)$ 是不同的首一不可约多项式.

设 $f(x),g(x)$ 有标准分解式

$$f(x)=ap_1(x)^{r_1}p_2(x)^{r_2}\cdots p_s(x)^{r_s},\quad g(x)=bp_1(x)^{t_1}p_2(x)^{t_2}\cdots p_s(x)^{t_s},$$

则 $(f(x),g(x))=p_1(x)^{\min\{r_1,t_1\}}p_2(x)^{\min\{r_2,t_2\}}\cdots p_s(x)^{\min\{r_s,t_s\}}$.

注　因式分解与数域 F 有关.

例 4.1.2　设 m 为正整数, $f(x)$ 和 $g(x)$ 为数域 F 上的非零多项式. 求证 $g(x)^m \mid f(x)^m \Leftrightarrow g(x) \mid f(x)$.

证明　充分性显然, 下证必要性. 设 $f(x)$ 和 $g(x)$ 的标准分解式分别为

$$f(x) = ap_1(x)^{r_1}p_2(x)^{r_2}\cdots p_s(x)^{r_s},$$

$$g(x) = bp_1(x)^{t_1}p_2(x)^{t_2}\cdots p_s(x)^{t_s},$$

其中 $r_i, t_i \geqslant 0$. 因此

$$f(x)^m = a^m p_1(x)^{mr_1}p_2(x)^{mr_2}\cdots p_s(x)^{mr_s},$$

$$g(x)^m = b^m p_1(x)^{mt_1}p_2(x)^{mt_2}\cdots p_s(x)^{mt_s}.$$

由 $g(x)^m \mid f(x)^m$ 得

$$t_i \leqslant r_i, \quad 1 \leqslant i \leqslant s,$$

故 $g(x) \mid f(x)$. □

习　题　4.1

(A)

1. 设 $g(x) = ax + b(a \neq 0)$, 则对任意的多项式 $f(x) \in \mathrm{F}[x]$ 及正整数 m, $g(x) \mid f(x)^m$ 当且仅当 $g(x) \mid f(x)$.

2. 证明: 对任意的正整数 m, $(f(x)^m, g(x)^m) = (f(x), g(x))^m$.

3. 设 m 为正整数.

(1) 在 $\mathbb{R}[x]$ 中, $x^4 + m$ 是否可约? 若可约, 试写出它的标准分解式;

(2) 在 $\mathbb{Q}[x]$ 中, 求出 $x^4 + m$ 可约的充分必要条件; 当可约时, 试写出它的标准分解式.

4. 证明: $p(x) \in \mathrm{F}[x]$ 是不可约多项式当且仅当 $p(x)$ 是素多项式, 即对任意 $f(x), g(x) \in \mathrm{F}[x]$, 由 $p(x) \mid f(x)g(x)$ 可以推出 $p(x) \mid f(x)$ 或 $p(x) \mid g(x)$.

(B)

5. 设 $f(x)$ 是次数 >0 的首一多项式. 则以下叙述等价:

(1) $f(x)$ 是一个不可约多项式的方幂;

(2) $\forall g(x) \in \mathrm{F}[x]$, $(f(x), g(x)) = 1$, 或者存在 $m \in \mathbb{Z}^+$ 使得 $f(x) \mid g(x)^m$;

(3) $\forall g(x), h(x) \in \mathrm{F}[x]$, 由 $f(x) \mid g(x)h(x)$ 可以推出 $f(x) \mid g(x)$, 或者存在 $m \in \mathbb{Z}^+$ 使得 $f(x) \mid h(x)^m$.

4.2 重因式与多项式函数

定义 4.2.1 数域 F 上的不可约多项式 $p(x)$ 称为多项式 $f(x)$ 的**k-重因式**, 如果 $p(x)^k \mid f(x)$, 但 $p(x)^{k+1} \nmid f(x)$.

如果 $k=1$, 则称 $p(x)$ 为 $f(x)$ 的单因式.

注 在 $f(x)$ 的标准分解式(4.1)中, $p_i(x)$ 为 $f(x)$ 的 r_i-重因式.

由定义 4.2.1 可以看出: $p(x)$ 是 $f(x)$ 的 k-重因式, 当且仅当 $f(x)=p(x)^k h(x)$ 而且 $(p(x),h(x))=1$. 由于没有多项式因式分解的一般方法, 所以为了讨论多项式的重因式的判定方法, 我们需要将数学分析中实数域 $\mathbb{R}$ 上的多项式函数的导数 $f'(x)$ 的概念推广到一般数域上, 即多项式的形式导数.

定义 4.2.2 设 $f(x)=a_nx^n+a_{n-1}x^{n-1}+\cdots+a_1x+a_0\in \mathrm{F}[x]$, 则 $f(x)$ 的 (形式) 导数定义为

$$f'(x)=na_nx^{n-1}+(n-1)a_{n-1}x^{n-2}+\cdots+2a_2x+a_1.$$

定理 4.2.1 如果不可约多项式 $p(x)$ 是 $f(x)$ 的 k-重因式 $(k\geqslant 1)$, 则它是 (形式) 导数 $f'(x)$ 的 $(k-1)$-重因式.

证明 由题设, $f(x)=p(x)^kg(x)$, $p(x)\nmid g(x)$. 因此

$$f'(x)=p(x)^{k-1}[kg(x)p'(x)+p(x)g'(x)].$$

故 $p(x)^{k-1}\mid f'(x)$. 令

$$h(x)=kg(x)p'(x)+p(x)g'(x),$$

易见 $p(x)\nmid h(x)$, 从而 $p(x)^k\nmid f'(x)$, 即 $p(x)$ 是 $f'(x)$ 的 $(k-1)$-重因式. □

思考 定理 4.2.1的逆命题是否成立?

推论 4.2.1 如果不可约多项式 $p(x)$ 是 $f(x)$ 的 k-重因式 $(k\geqslant 1)$, 则它是 $f(x), f'(x),\cdots,f^{(k-1)}(x)$ 的因式, 但不是 $f^{(k)}(x)$ 的因式.

推论 4.2.2 (判定定理) 不可约多项式 $p(x)$ 是 $f(x)$ 的重因式的充分必要条件是 $p(x)$ 是 $f(x)$ 与 $f'(x)$ 的公因式.

推论 4.2.3 多项式 $f(x)$ 没有重因式的充分必要条件是 $(f(x),f'(x))=1$.

注 (1) 由推论 4.2.2 与推论 4.2.3, 多项式 $f(x)$ 有无重因式可由辗转相除法判断, 因而与数域 F 无关.

(2) 设多项式 $f(x)$ 有标准分解式(4.1), 则

$$(f(x), f'(x)) = p_1(x)^{r_1-1}p_2(x)^{r_2-1}\cdots p_s(x)^{r_s-1},$$

从而

$$\frac{f(x)}{(f(x), f'(x))} = cp_1(x)p_2(x)\cdots p_s(x),$$

即 $f(x)$ 与 $\dfrac{f(x)}{(f(x), f'(x))}$ 有相同的不可约因式.

例 4.2.1 设 n 次非零多项式 $f(x) \in \mathrm{F}[x]$ 满足 $f'(x) \mid f(x)$, 当且仅当 $f(x) = a(x-x_0)^n$, $a \in \mathrm{F}$.

证明 充分性: 显然.

必要性: 由 $f'(x)|f(x)$ 及 $\partial(f(x)) = \partial(f'(x)) + 1$ 得

$$f(x) = b(x-x_0)f'(x),$$

其中 $b, x_0 \in \mathrm{F}$, 故 $(f(x), f'(x)) = cf'(x)$, $\dfrac{f(x)}{(f(x), f'(x))} = \dfrac{b}{c}(x-x_0)$, 所以 $f(x) = a(x-x_0)^n$, $a \in \mathrm{F}$. □

定义 4.2.3 任意的 $f(x) \in \mathrm{F}[x]$, $f(x)$ 都定义了一个数域 F 上的函数 $f(x)$: $\mathrm{F} \to \mathrm{F}$, $a \mapsto f(a)$, 称为**数域 F 上的多项式函数**.

多项式函数 $f(x)$ 与 $g(x)$ 相等如果对任意的 $a \in \mathrm{F}$, $f(a) = g(a)$. 如果 $f(\alpha) = 0$, 则称 α 是 $f(x)$ 的一个根或零点. 显然, 多项式的根与数域 F 有关.

定理 4.2.2 (余数定理) $x-\alpha$ 除多项式 $f(x)$ 所得的余式是函数值 $f(\alpha)$.

证明 由欧氏除法得

$$f(x) = (x-\alpha)q(x) + r,$$

所以 $f(\alpha) = (\alpha-\alpha)q(\alpha) + r = r$, 即 $x-\alpha$ 除多项式 $f(x)$ 所得的余式是函数值 $f(\alpha)$. □

设 $f(x) = a_nx^n + a_{n-1}x^{n-1} + \cdots + a_1x + a_0$. 则由

$$f(x) = (x-\alpha)(b_{n-1}x^{n-1} + \cdots + b_1x + b_0) + f(\alpha),$$

展开并比较两边系数, 可得如下综合除法

	a_n	a_{n-1}	a_{n-2}	$\cdots$	a_1	a_0
α		$b_{n-1}\alpha$	$b_{n-2}\alpha$	$\cdots$	$b_1\alpha$	$b_0\alpha$
	b_{n-1}	b_{n-2}	b_{n-3}	$\cdots$	b_0	$f(\alpha)$

其中第三行由前两行相加而得, 从而可递归地得到

$$b_{n-1}=a_n, b_{n-2}=a_{n-1}+b_{n-1}\alpha, \cdots, b_0=a_1+b_1\alpha, f(\alpha)=a_0+b_0\alpha.$$

这样, 可以比较容易地得到 $x-\alpha$ 除多项式 $f(x)$ 所得的商式 $q(x)=b_{n-1}x^{n-1}+\cdots+b_1x+b_0$ 与余式 $f(\alpha)$.

例 4.2.2 设 $f(x)=x^3+x^2-1$, 则以 $x-1$ 除 $f(x)$ 的综合除法算式为

$$\begin{array}{r|rrrr} & 1 & 1 & 0 & -1 \\ 1 & & 1 & 2 & 2 \\ \hline & 1 & 2 & 2 & 1 \end{array}$$

所以

$$f(x)=(x-1)(x^2+2x+2)+1.$$

由定理 4.2.2 立即可得如下贝祖因式定理.

定理 4.2.3 α 是 $f(x)$ 的一个根当且仅当 $(x-\alpha)\mid f(x)$.

定义 4.2.4 α 是 $f(x)$ 的 k **重根**, 如果 $x-\alpha$ 是 $f(x)$ 的 k-重因式.

定理 4.2.4 α 是 $f(x)$ 的 k 重根当且仅当 $f(\alpha)=f'(\alpha)=\cdots=f^{(k-1)}(\alpha)=0$, 但 $f^{(k)}(\alpha)\neq 0$.

证明 由推论 4.2.1 与定理 4.2.3 即得. □

注 (1) 命题“如果 α 是 $f'(x)$ 的 k 重根, 则 α 是 $f(x)$ 的 $k+1$ 重根”是错误的, 因为 α 不一定是 $f(x)$ 的根.

(2) $f(x)$ 在 $\mathrm{F}[x]$ 中有重因式只是 $f(x)$ 在 F 中有重根的必要条件, 但不是充分条件. 例如, $f(x)=(x^2+1)^2$ 在 $\mathbb{R}[x]$ 中有重因式, 但显然在 $\mathbb{R}$ 中无根, 更没有重根.

定理 4.2.5 $\mathrm{F}[x]$ 中的 n 次多项式在数域 F 中的根不可能多于 n 个 (重根按重数计算).

证明 $f(x)$ 在数域 F 中根的个数等于 $f(x)$ 在数域 F 上的分解式中一次因式的个数, 因而不超过 n. □

定理 4.2.6 如果多项式 $f(x), g(x)$ 的次数都不超过 n, 且满足

$$f(\alpha_i)=g(\alpha_i), \quad i=1,2,\cdots,n+1,$$

其中 $\alpha_1, \alpha_2, \cdots, \alpha_{n+1}$ 是 $n+1$ 个不同的数, 则 $f(x)=g(x)$.

证明 易见 $F(\alpha_i)=f(\alpha_i)-g(\alpha_i)=0, i=1,2,\cdots,n+1$. 若 $F(x)=f(x)-g(x)\neq 0$, 则 $\partial(F(x))\leqslant n$, 与定理 4.2.5 矛盾. □

拉格朗日插值多项式 由定理 4.2.6 知, 给定 F 中的 $n+1$ 个互不相同的数 $a_1, a_2, \cdots, a_{n+1}$ 及 $n+1$ 个不全为 0 的数 $b_1, b_2, \cdots, b_{n+1}$, 至多存在一个 F$[x]$ 中次数不超过 n 的多项式 $L(x)$, 使得

$$L(a_i)=b_i, \quad i=1,2,\cdots,n+1.$$

不难验证

$$L(x)=\sum_{i=1}^{n+1}\frac{b_i f(x)}{(x-a_i)f'(a_i)},$$

满足 $L(a_i)=b_i, i=1,2,\cdots,n+1$, 其中 $f(x)=\prod\limits_{i=1}^{n+1}(x-a_i)$, 称 $L(x)$ 为拉格朗日插值多项式, 参见例 3.7.12.

例 4.2.3 求 t 的值, 使 $f(x)=x^3-3x^2+tx-1$ 有重根.

解 $f'(x)=3x^2-6x+t$, $f(x)=\left(\dfrac{1}{3}x-\dfrac{1}{3}\right)f'(x)+\left(\dfrac{1}{3}t-1\right)(2x+1)$.

由于 $f(x)$ 与 $f'(x)$ 的公共根也是 $r(x)=\left(\dfrac{1}{3}t-1\right)(2x+1)$ 的根, 故

(i) 若 $\dfrac{1}{3}t-1\neq 0$, 则 $r\left(-\dfrac{1}{2}\right)=0$, $f'\left(-\dfrac{1}{2}\right)=\dfrac{15}{4}+t=0$, 所以当 $t=-\dfrac{15}{4}$ 时, $-\dfrac{1}{2}$ 是 $f(x)$ 与 $f'(x)$ 的公共根;

(ii) 当 $\dfrac{1}{3}t-1=0$, 即 $t=3$ 时, $r(x)=0$, $f(x)$ 与 $f'(x)$ 不互素.

综上, 当且仅当 $t=3$ 或 $t=-\dfrac{15}{4}$ 时 $f(x)$ 有重根.

例 4.2.4 求证 $f_n(x)=1+x+\dfrac{x^2}{2!}+\cdots+\dfrac{x^n}{n!}$ 没有重根.

证明 $f_n'(x)=f_{n-1}(x)$, 有 $f_n(x)-f_n'(x)=\dfrac{x^n}{n!}$. 因为 $f_n(0)=1\neq 0$, 故

$$(f_n(x), f_n'(x))=(f_n(x), f_n(x)-f_n'(x))=\left(f_n(x), \frac{x^n}{n!}\right)=1,$$

所以由推论 4.2.3 知 $f(x)$ 无重因式, 因而无重根. □

习 题 4.2

(A)

1. 求多项式 $f(x)=x^3+px+q$ 有重根的条件.

2. 如果 $(x-1)^2|(ax^4+bx^2+1)$, 求 a,b.

3. 如果 a 是 $f'''(x)$ 的 k 重根, 证明 a 是

$$g(x)=\frac{x-a}{2}[f'(x)+f'(a)]-f(x)+f(a)$$

的 $k+3$ 重根.

4. 证明: $a\in \mathrm{F}$ 是 $f(x)\in \mathrm{F}[x]$ 的 k 重根的充要条件是 $f(a)=f'(a)=\cdots=f^{(k-1)}(a)=0$, 但 $f^{(k)}(a)\neq 0$.

(B)

5. 证明: $f'(x)\mid f(x)$ 当且仅当 $f(x)=a(cx+d)^n$, $a,c,d\in \mathrm{F}$.

4.3 复系数与实系数多项式的因式分解

在 19 世纪前求代数方程的根是最重要的课题之一, 因此下面的定理被称为“代数基本定理”, 高斯于 1799 年给出了第一个严格的证明, 随后他又给出了四个证明. 若尔当、外尔等也给出过该定理的证明. 由于这些证明都超出了本书的范围, 这里仅给出该定理而不予证明.

定理 4.3.1 (代数基本定理) 每个次数大于零的复系数多项式在复数域中有一根.

由代数基本定理, 利用数学归纳法容易得到下面的推论.

推论 4.3.1 复数域上不可约多项式只有一次多项式.

推论 4.3.2 每个次数大于零的复系数多项式在复数域上都可以唯一地分解成一次因式的乘积.

推论 4.3.3 复系数多项式 $f(x)$ 具有标准分解式

$$f(x)=a_n(x-\alpha_1)^{r_1}(x-\alpha_2)^{r_2}\cdots(x-\alpha_s)^{r_s}.$$

因此每个 n 次复系数多项式在复数域中恰有 n 个根 (重根按重数计算).

我们接下来讨论实系数多项式的因式分解问题.

引理 4.3.1 实系数多项式的虚根总是成对出现, 即如果 α 是实系数多项式 $f(x)$ 的复根, 则它的共轭 $\bar{\alpha}$ 也是 $f(x)$ 的根.

证明 设 $f(x)=a_nx^n+\cdots+a_1x+a_0\in\mathbb{R}[x]$. 若 α 是 $f(x)$ 的复根, 则 $f(\alpha)=a_n\alpha^n+\cdots+a_1\alpha+a_0=0$. 两边取共轭, 得

$$0=a_n\bar{\alpha}^n+\cdots+a_1\bar{\alpha}+a_0=f(\bar{\alpha}),$$

即 $\bar{\alpha}$ 也是 $f(x)$ 的根. □

定理 4.3.2 每个次数 $\geqslant 1$ 的实系数多项式在实数域上都可以唯一地分解成一次或二次不可约因式的乘积.

证明 对多项式的次数 $n\geqslant 1$ 作归纳. 当 $n=1$ 时, 命题显然成立. 假设命题对次数 $<n$ 的多项式成立. 设 $f(x)\in\mathbb{R}[x]$ 的次数为 n. 由代数基本定理, 不妨假设 α 是 $f(x)$ 在复数域中的一个根.

若 $\alpha\in\mathbb{R}$, 则 $f(x)=(x-\alpha)f_1(x)$, 其中 $f_1(x)\in\mathbb{R}[x]$ 且 $\deg(f_1(x))=n-1$. 若 α 是虚数, 则

$$f(x)=(x-\alpha)(x-\bar{\alpha})f_2(x)=(x^2-(\alpha+\bar{\alpha})x+\alpha\bar{\alpha})f_2(x),$$

其中, $x^2-(\alpha+\bar{\alpha})x+\alpha\bar{\alpha}\in\mathbb{R}[x]$ 在 $\mathbb{R}$ 上不可约, $f_2(x)\in\mathbb{R}[x]$ 且 $\deg(f_2(x))=n-2$. 由归纳假设知, 以上两种情形, $f_1(x)$ 或 $f_2(x)$ 都可唯一地分解成一次或二次不可约因式的乘积, 故 $f(x)$ 亦可如此分解. □

推论 4.3.4 实数域上不可约多项式只有一次多项式与二次多项式, 而且实二次多项式 $f(x)=ax^2+bx+c$ 在实数域上不可约当且仅当 $\Delta=b^2-4ac<0$.

推论 4.3.5 实系数多项式 $f(x)$ 具有标准分解式

$$f(x)=a_n(x-\alpha_1)^{r_1}(x-\alpha_2)^{r_2}\cdots(x-\alpha_s)^{r_s}(x^2+p_1x+q_1)^{t_1}\cdots(x^2+p_kx+q_k)^{t_k},$$

其中 $\alpha_1,\alpha_2,\cdots,\alpha_s$ 是不同的实数, $p_i^2-4q_i<0$, $1\leqslant i\leqslant k$.

例 4.3.1 设 $f(x)\in\mathbb{R}[x]$ 是首一无实根的实系数多项式, 求证存在 $g(x)$, $h(x)\in\mathbb{R}[x]$, 使得

$$f(x)=g(x)^2+h(x)^2.$$

证明 设 $f(x)=(x-\alpha_1)(x-\overline{\alpha}_1)(x-\alpha_2)(x-\overline{\alpha}_2)\cdots(x-\alpha_m)(x-\overline{\alpha}_m)$, 令 $(x-\alpha_1)(x-\alpha_2)\cdots(x-\alpha_m)=g(x)+h(x)\mathrm{i}$, 则 $f(x)=g(x)^2+h(x)^2$. □

习 题 4.3

(A)

1. 证明: $(x^2+1)\mid(x^7+x^6+\cdots+x+1)$.
2. 设 $(x-1)\mid g(x^n)$, 求证 $(x^n-1)\mid g(x^n)$.
3. 设 n 为非负整数, 求证 $(x^2+x+1)\mid[x^{n+2}+(x+1)^{2n+1}]$.
4. 设 $f(x),p(x)\in\mathrm{F}[x]$, 且 $p(x)$ 不可约. 如果 $f(x)$ 与 $p(x)$ 有公共复根, 那么 $p(x)\mid f(x)$.

(B)

5. 若 $0 \neq f(x) \in \mathbb{C}[x]$ 满足 $f(x) \mid f(x^n)$, 则 $f(x)$ 的根只能是零或单位根.
6. 设 $f(x)$ 为复系数多项式, 若存在常数 $c \neq 0$ 使得 $f(x-c) = f(x)$, 则 $f(x)$ 为常数.

(C)

7. 若 $0 \neq f(x) \in \mathbb{R}[x]$ 满足 $f(x) \mid f(x^2+x+1)$, 则 $2 \mid \partial(f(x))$.

4.4 有理系数多项式

有理系数多项式的因式分解问题要比复系数或实系数多项式的因式分解问题困难得多.

定义 4.4.1 如果一个非零的整系数多项式 $g(x) = b_n x^n + b_{n-1}x^{n-1} + \cdots + b_0$ 的系数 $b_n, b_{n-1}, \cdots, b_0$ 互素, 则称 $g(x)$ 是**本原多项式**.

引理 4.4.1 任一有理系数多项式 $f(x)$ 都可唯一 (在相差一正负号的意义下) 地表示为一有理数 r 与一本原多项式 $g(x)$ 的乘积, 即 $f(x) = rg(x)$.

证明 设 $f(x) = a_n x^n + \cdots + a_1 x + a_0 \in \mathbb{Q}[x]$. 适当选取非零整数 c, 使得 $cf(x) \in \mathbb{Z}[x]$. 如果 $cf(x)$ 的系数有最大公因子 d, 则

$$cf(x) = dg(x),$$

这里 $g(x)$ 是本原多项式. 从而 $f(x) = rg(x), r = \dfrac{d}{c}$.

唯一性显然. □

引理 4.4.2 (高斯引理) 两个本原多项式的乘积还是一个本原多项式.

证明 设 $f(x) = \sum\limits_{i=0}^{n} a_i x^i$, $g(x) = \sum\limits_{j=0}^{m} b_j x^j$ 是两个本原多项式, 则

$$f(x)g(x) = \sum_{s=0}^{n+m}\left(\sum_{i+j=s} a_i b_j\right) x^s.$$

若 $f(x)g(x)$ 不是本原多项式, 则存在素数 $p \,\Big|\, \sum\limits_{i+j=s} a_i b_j$, $s = 0, 1, \cdots, n+m$. 由于 $f(x)$ 与 $g(x)$ 都是本原多项式, 所以 p 不能整除每一个 a_i 及每一个 b_j. 令

$$p \mid a_0, \cdots, p \mid a_{i-1}, \; p \nmid a_i,$$

$$p \mid b_0, \cdots, p \mid b_{j-1}, \; p \nmid b_j,$$

又因为

$$p\left|\left(a_ib_j+\sum_{k=1}^{i}a_{i-k}b_{j+k}+\sum_{l=1}^{j}a_{i+l}b_{j-l}\right)\right.,$$

所以 $p\mid a_ib_j$, 这与假设 $p\nmid a_i$ 且 $p\nmid b_j$ 矛盾, 故 $f(x)g(x)$ 是本原多项式. □

定理 4.4.1 如果一个非零的整系数多项式能够分解成两个次数较低的有理系数多项式的乘积, 那么它也能够分解成两个次数较低的整系数多项式的乘积.

证明 设 $f(x)=g(x)h(x)$, 其中 $f(x)$ 是一个非零的整系数多项式, $g(x)$ 和 $h(x)$ 是次数低于 $f(x)$ 的两个有理系数多项式. 由引理 4.4.1, 可令 $f(x)=af_1(x)$, $g(x)=rg_1(x)$, $h(x)=sh_1(x)$, 其中 $a\in\mathbb{Z}$, $r,s\in\mathbb{Q}$, $f_1(x),g_1(x),h_1(x)$ 都是本原多项式. 则 $f(x)=af_1(x)=rs(g_1(x)h_1(x))$. 由于 $g_1(x)h_1(x)$ 也是本原多项式, 故 $a=\pm rs$, 从而 $rs\in\mathbb{Z}$, $f(x)=(rsg_1(x))h_1(x)$, 结论得证. □

推论 4.4.1 任意的 $f(x),g(x)\in\mathbb{Z}[x]$, 若 $f(x)=g(x)h(x)$, 且 $h(x)\in\mathbb{Q}[x]$, $g(x)$ 是本原多项式, 则 $h(x)\in\mathbb{Z}[x]$.

下面的定理提供了计算 $f(x)\in\mathbb{Z}[x]$ 的有理根的方法.

定理 4.4.2 设 $f(x)=a_nx^n+a_{n-1}x^{n-1}+\cdots+a_0\in\mathbb{Z}[x]$, 且 $f\left(\dfrac{r}{s}\right)=0$, $(r,s)=1$. 则必有 $s|a_n$, $r|a_0$. 特别地, 如果 $a_n=1$, 那么 $f(x)$ 的有理根都是整根, 而且都是 a_0 的因子.

证明 因为 $\dfrac{r}{s}$是 $f(x)$ 的一个有理根, 所以 $\left(x-\dfrac{r}{s}\right)\Big| f(x)$, 从而 $(sx-r)\mid f(x)$. 因为 $(r,s)=1$, 所以 $sx-r$ 是本原多项式, 从而由推论 4.4.1 知

$$f(x)=(sx-r)(b_{n-1}x^{n-1}+\cdots+b_1x+b_0),\quad b_{n-1},\cdots,b_1,b_0\in\mathbb{Z}.$$

比较等式两端系数, 可得 $a_n=sb_{n-1}$, $a_0=-rb_0$, 即 $s\mid a_n$, $r\mid a_0$. □

注 (1) 上面的定理不仅提供了整系数多项式的有理根的求解方法, 由引理 4.4.1 可知, 该定理可以用以求解有理系数多项式的有理根.

(2) 该定理给出了判断一个二次或三次整系数多项式在 $\mathbb{Q}$ 上是否可约的方法: *二次或三次整系数多项式在 $\mathbb{Q}$ 上不可约当且仅当它没有有理根*. 然而, 对于四次或四次以上的整系数多项式, 如果它没有有理根, 只能说明它没有一次因式, 并不能说明在 $\mathbb{Q}$ 上不可约, 因为它可能有二次或二次以上的因式. 因此, $f(x)$ 没有有理根只是 $f(x)$ 在 $\mathbb{Q}$ 上不可约的必要条件, 而不是充分条件.

下面来探索本原多项式在 $\mathbb{Q}$ 上不可约的充分条件. 设 $f(x)=a_nx^n+a_{n-1}x^{n-1}+\cdots+a_0$ 是一个本原多项式, 则对任意的素数 p, p 不能整除所有的系数 $a_i,i=$

$0, 1, \cdots, n$. 考虑一个特殊的情形:

$$p \mid a_i, \quad i = 0, 1, \cdots, n-1, \quad 但 \quad p \nmid a_n.$$

假如 $f(x)$ 在 $\mathbb{Q}$ 上可约, 则由定理 4.4.1,

$$f(x) = (b_m x^m + \cdots + b_1 x + b_0)(c_l x^l + \cdots + c_1 x + c_0), \quad b_i, c_j \in \mathbb{Z},$$

且

$$a_n = b_m c_l, \quad a_0 = b_0 c_0.$$

由 $p \mid a_0$ 可知, $p \mid b_0$ 或者 $p \mid c_0$, 不妨设 $p \mid b_0$. 由 $p \nmid a_n$ 知 $p \nmid b_m$ 且 $p \nmid c_l$. 设正整数 $k (0 < k \leqslant m < n)$ 满足

$$p \mid b_0, \, p \mid b_1, \cdots, p \mid b_{k-1}, \quad 但 \quad p \nmid b_k.$$

由于

$$a_k = b_0 c_k + b_1 c_{k-1} + \cdots + b_{k-1} c_1 + b_k c_0,$$

且 $p \mid a_k$, 所以 $p \mid b_k c_0$. 由 $p \nmid b_k$ 知 $p \mid c_0$. 又 $p \mid b_0$, 所以 $p^2 \mid a_0$.

上述分析表明: 如果 $p^2 \nmid a_0$, 那么 $f(x)$ 在 $\mathbb{Q}$ 上不可约. 从而我们得到了一个整系数多项式在 $\mathbb{Q}$ 上不可约的充分条件, 即著名的艾森斯坦 (Eisenstein) 判别法. 艾森斯坦是高斯的学生, 高斯曾认为他未来的成就可能能与牛顿和阿基米德比肩, 可惜艾森斯坦一生健康状况不佳, 30 岁时去世, 所以他的潜力从未实现.

定理 4.4.3 (艾森斯坦判别法) 设

$$f(x) = a_n x^n + a_{n-1} x^{n-1} + \cdots + a_0 \in \mathbb{Z}[x].$$

若存在素数 p, 使得

(1) $p \nmid a_n$;

(2) $p \mid a_{n-1}, a_{n-2}, \cdots, a_0$;

(3) $p^2 \nmid a_0$,

则 $f(x)$ 在有理数域 $\mathbb{Q}$ 上不可约.

证明 若 $f(x) = \left(\sum\limits_{i=0}^{m} b_i x^i\right)\left(\sum\limits_{j=0}^{l} c_j x^j\right)$, 其中 $b_i, c_j \in \mathbb{Z}$, $m + l = n$, 则 $a_n = b_m c_l$, $a_0 = b_0 c_0$. 因为 $p | a_0$, $p^2 \nmid a_0$, 故 p 只能整除 b_0, c_0 中的一个, 不妨设 $p \mid b_0$, $p \nmid c_0$. 又 $p \nmid a_n$, 故 $p \nmid b_m$. 假设 $p \mid b_0, \cdots, p | b_{k-1}, p \nmid b_k$, 则 $p \nmid b_k c_0$, 从而, $p \nmid a_k = \sum\limits_{i+j=k} b_i c_j$, 与条件矛盾. □

推论 4.4.2 有理数域 $\mathbb{Q}$ 上存在任意次数的不可约多项式.

证明 设 $f(x)=x^n+p\in\mathbb{Z}[x]$, 其中 p 是素数. 则由定理 4.4.3 知 $f(x)$ 在 $\mathbb{Q}$ 上不可约. 由 n 的任意性知结论成立. □

遗憾的是, 很多整系数多项式的不可约性不能直接使用艾森斯坦判别法进行判断. 下面的引理提供了通过适当的变量替换使用艾森斯坦判别法的途径.

引理 4.4.3 设 $f(x)$ 是有理系数多项式. 若存在 $a,b\in\mathbb{Q}$, $a\neq 0$, 使得 $f(ax+b)$ 在有理数域上不可约, 则 $f(x)$ 在有理数域上也不可约.

证明 假设 $f(x)=g(x)h(x)\in\mathbb{Q}[x]$, 则 $\forall a,b\in\mathbb{Q}$, $a\neq 0$,

$$f(ax+b)=g(ax+b)h(ax+b)=g_1(x)h_1(x)\in\mathbb{Q}[x],$$

即 $f(ax+b)$ 在有理数域上可约, 矛盾! 所以 $f(x)$ 在 $\mathbb{Q}[x]$ 上不可约. □

例 4.4.1 设 p 为奇素数, 证明 $f(x)=x^p+px+1$ 在有理数域上不可约.

证明 因为

$$f(x-1)=(x-1)^p+p(x-1)+1=x^p-px^{p-1}+\cdots+2px-p,$$

由艾森斯坦判别法知 $f(x-1)$ 在有理数域上不可约, 从而由引理 4.4.3 知 $f(x)$ 在有理数域上不可约. □

习 题 4.4

(A)

1. 求证 $f(x)=x^p+p+1$ (p 为素数) 在 $\mathbb{Q}$ 上不可约.
2. 求证 $f(x)=x^{p-1}+x^{p-2}+\cdots+x+1$ (p 为素数) 在 $\mathbb{Q}$ 上不可约.
3. 若 $f(x)\in\mathbb{Z}[x]$ 且 $f(0)$ 与 $f(1)$ 都是奇数, 则 $f(x)$ 没有整数根.

(B)

4. 若 $f(x)\in\mathbb{Z}[x]$ 且存在偶数 a 及奇数 b 使得 $f(a)$ 与 $f(b)$ 都是奇数, 则 $f(x)$ 没有整数根.
5. 设 $f(x)=x^n+a_1x^{n-1}+\cdots+a_{n-1}x+a_n\in\mathbb{Z}[x]$. 若 n 为偶数, 而 $a_1,a_2,\cdots,a_n$ 都是奇数, 则 $f(x)$ 没有有理根.
6. 设 $f(x)=x^3+ax^2+bx+c\in\mathbb{Z}[x]$, 且 $ac+bc$ 为奇数. 求证 $f(x)$ 在 $\mathbb{Q}$ 上不可约.

(C)

7. 设 $f(x)=(x-a_1)^2(x-a_2)^2\cdots(x-a_n)^2+1$, 其中 $a_1,a_2,\cdots,a_n$ 是互不相同的整数. 求证 $f(x)$ 在 $\mathbb{Q}$ 上不可约.
8. 设 $f(x)=(x-a_1)(x-a_2)\cdots(x-a_n)-1$, 其中 $a_1,a_2,\cdots,a_n$ 是互不相同的整数. 求证 $f(x)$ 在 $\mathbb{Q}$ 上不可约.

复 习 题 4

1. 设 $f(x) \in \mathrm{F}[x]$ 满足 $\partial(f(x)) = n > 1$, 且 $f(0) \neq 0$. 证明: $f(x)$ 在数域 F 上不可约当且仅当 $x^n f\left(\dfrac{1}{x}\right)$ 在数域 F 上不可约.

2. 我们称函数 $f(x)$ 为**周期函数**, 如果存在非零常数 c, 使得 $f(x+c) = f(x)$ 对于任意的 x 都成立. 证明: 任意的次数大于 0 的多项式都不是周期函数.

3. 设 $f(x)$ 是 n 次多项式, 且 $f(k) = \dfrac{k}{k+1}$, 其中 $k = 0, 1, \cdots, n$. 求 $f(x)$.

4. 设实系数多项式 $f(x)$ 的根都是实根, 证明:

(1) $f'(x)$ 的所有根也是实数, 且在 $f(x)$ 两个相邻实根之间, $f'(x)$ 有且仅有一个实根;

(2) 设 $f(x)$ 有 p 个正根, 试讨论 $f'(x)$ 正根的个数.

第 5 章　线性变换

线性变换可以看作是对线性空间中的“对象”所施加的“允许运动”，线性变换的乘积不过是这些“允许运动”的复合. 类似于初等函数的解析表达式, 我们希望抽象的线性变换也有一个显式的表达式. 取定线性空间的一组基后, 线性空间中的向量可以用 n 维数组 (即坐标) 来描述, 而矩阵恰好是线性变换的具体表示.

“线性变换”与“线性变换的一个表示”(即线性变换在一组基下的矩阵) 的关系可以比喻为一个“物体”与该物体 (关于某一角度或参照系) 的一个“照片”. 这个照片是这个物体的一个描述, 但这只是一个片面的描述, 而不是物体本身, 因为换一个角度得到一张不同的照片, 也是这个物体的一个片面的描述. 同样地, 对于一个线性变换, 只要选定一组基, 就可以得到一个矩阵来描述这个线性变换; 换一组基, 又可以得到另一个矩阵同样描述这个线性变换; 所有这些矩阵都是这同一个线性变换的描述, 因此它们是彼此“相似”的, 但又不是线性变换本身. 这正是表示理论的核心思想.

如果给你两张“照片”(矩阵)A 和 B, 则如何判断这是否是同一个“物体”(线性变换) 在不同角度 (不同基) 下的“照片”(矩阵) 呢? 如果能找到一个可逆矩阵 P (从一组基到另一组基的过渡矩阵), 使得 $B = P^{-1}AP$, 就说明这两个矩阵是同一个线性变换在不同基下的表示, 即相似矩阵. 相似矩阵是同一线性变换在不同的基下的不同的表示方式. 如果能够选择一组非常“好”的基, 那么这个线性变换在这个基下的矩阵表示可能会非常“简单”, 即所谓的“相似标准形”, 最常用、也最经典的是若尔当标准形, 此时所选的基称为若尔当基.

5.1　线性映射

设 S,T 是两个非空集合. **映射** $\varphi : S \to T$ 是指一个对应法则, 使得对任意的 $\alpha \in S$, 都存在唯一的 $\beta \in T$ 与之对应, 记作 $\varphi(\alpha) = \beta$ 或 $\varphi : \alpha \mapsto \beta$. 两个映射 $\varphi, \psi : S \to T$ 称为**相等的**, 如果 $\forall \alpha \in S$, 都有 $\varphi(\alpha) = \psi(\alpha)$.

映射 $\varphi : S \to T$ 与映射 $\psi : T \to U$ 的合成定义为 $\psi\varphi : S \to U$, $(\psi\varphi)(\alpha) = \psi(\varphi(\alpha))$. 映射的合成满足结合律.

定义 5.1.1　集合 S 到自身的映射 $\sigma : S \to S$ 称为 S 的一个**变换**.

映射 $\mathrm{id}_S: S \to S, \alpha \mapsto \alpha$ 称为 S 的**恒等映射**或**单位映射**. 显然对任意的映射 $\varphi: S \to T$, $\mathrm{id}_T\varphi = \varphi\mathrm{id}_S = \varphi$.

φ 的像集与元素 $\beta \in T$ 的原像集分别定义为

$$\mathrm{Im}\varphi = \{\varphi(\alpha) \mid \alpha \in S\}, \quad \varphi^{-1}(\beta) = \{\alpha \in S \mid \varphi(\alpha) = \beta\}.$$

设 $\varphi: S \to T$ 是一个映射. 则

(1) φ 称为**单射**, 如果 $\forall \alpha \neq \beta$, $\varphi(\alpha) \neq \varphi(\beta)$;

(2) φ 称为**满射**, 如果 $\forall \beta \in T$, 存在 $\alpha \in S$ 使得 $\varphi(\alpha) = \beta$;

(3) φ 称为**双射**, 如果 φ 既是单射又是满射.

映射 $\varphi: S \to T$ 称为**可逆映射**, 如果存在映射 $\psi: T \to S$ 使得 $\psi\varphi = \mathrm{id}_S$, $\varphi\psi = \mathrm{id}_T$.

定理 5.1.1 映射 $\varphi: S \to T$ 可逆当且仅当 φ 是双射.

证明 必要性: 若 φ 可逆, 则存在映射 $\psi: T \to S$, 使得 $\psi\varphi = \mathrm{id}_S$, $\varphi\psi = \mathrm{id}_T$. 对于任意的 $\beta \in T$, $\psi(\beta) = \alpha \in S$, 所以 $\varphi(\alpha) = \varphi\psi(\beta) = \mathrm{id}_T(\beta) = \beta$, 即 φ 是满射; 对任意的 $\alpha_1 \neq \alpha_2 \in S$, 若 $\varphi(\alpha_1) = \varphi(\alpha_2)$, 则 $\psi\varphi(\alpha_1) = \psi\varphi(\alpha_2)$, 从而 $\alpha_1 = \alpha_2 \in S$, 矛盾, 即 φ 是单射. 所以 φ 是双射.

充分性: 若 φ 是双射, 则定义映射 $\psi: T \to S$, $\beta \mapsto \alpha$, 如果 $\varphi(\alpha) = \beta$. 易验证 ψ 满足要求. □

回忆一下, 齐次线性方程组

$$\begin{cases} a_{11}x_1 + a_{12}x_2 + \cdots + a_{1n}x_n = 0, \\ a_{21}x_1 + a_{22}x_2 + \cdots + a_{2n}x_n = 0, \\ \qquad\qquad \cdots\cdots \\ a_{m1}x_1 + a_{m2}x_2 + \cdots + a_{mn}x_n = 0 \end{cases}$$

可简记为 $AX = 0$, 其中

$$A = \begin{pmatrix} a_{11} & a_{12} & \cdots & a_{1n} \\ a_{21} & a_{22} & \cdots & a_{2n} \\ \vdots & \vdots & & \vdots \\ a_{m1} & a_{m2} & \cdots & a_{mn} \end{pmatrix}, \quad X = \begin{pmatrix} x_1 \\ x_2 \\ \vdots \\ x_n \end{pmatrix}.$$

考虑映射

$$\sigma_A: \mathrm{F}^n \to \mathrm{F}^m, \quad X \mapsto AX,$$

则上述齐次线性方程组的解集可看作是零向量 0 的原像

$$\sigma_A^{-1}(0)=\{X\in \mathrm{F}^n \mid \sigma_A(X)=0\}.$$

映射 σ_A 具有如下性质: $\forall X,Y\in \mathrm{F}^n$, $\forall k\in \mathrm{F}$,

$$\begin{aligned}\sigma_A(X+Y)=A(X+Y)=AX+AY=\sigma_A(X)+\sigma_A(Y),\\ \sigma_A(kX)=A(kX)=kAX=k\sigma_A(X).\end{aligned}$$

具有上述性质的映射称为线性映射. 更一般地, 我们有如下定义.

定义 5.1.2 设 V 和 W 是数域 F 上的两个线性空间. 映射 $\sigma:V\to W$ 称为**线性映射**, 如果对任意 $\alpha,\beta\in V$, 任意 $k\in \mathrm{F}$, 满足

(1) $\sigma(\alpha+\beta)=\sigma(\alpha)+\sigma(\beta)$;

(2) $\sigma(k\alpha)=k\sigma(\alpha)$.

如果 $W=V$, 则 σ 称为 V 上的**线性变换**.

例 5.1.1 设 $A=\begin{pmatrix}1&2\\2&1\end{pmatrix}$, 定义线性变换 $\sigma_A:\mathbb{R}^2\to\mathbb{R}^2, x\mapsto Ax$, 由于

$$A\begin{pmatrix}0\\0\end{pmatrix}=\begin{pmatrix}0\\0\end{pmatrix},\quad A\begin{pmatrix}1\\1\end{pmatrix}=\begin{pmatrix}3\\3\end{pmatrix},\quad A\begin{pmatrix}1\\0\end{pmatrix}=\begin{pmatrix}1\\2\end{pmatrix},$$

所以线性变换 σ_A 将 $\triangle OPQ$ 映成 $\triangle OP'Q'$ (图 5.1).

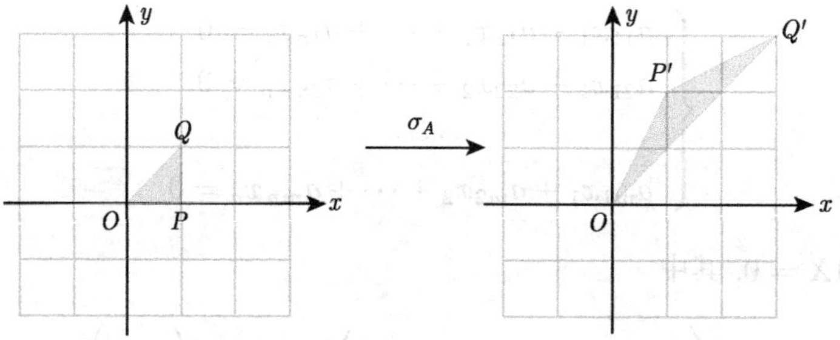

图 5.1

例 5.1.2 类似地, 设 $A=\begin{pmatrix}-1&0\\0&1\end{pmatrix}$, 则线性变换 $\sigma_A:\mathbb{R}^2\to\mathbb{R}^2, x\mapsto Ax$ 描述了平面 $\mathbb{R}^2$ 中关于 y 轴的反射. 同理, 若 $B=\begin{pmatrix}1&0\\0&-1\end{pmatrix}$, 则线性变换 $\sigma_B:\mathbb{R}^2\to\mathbb{R}^2, x\mapsto Bx$ 描述了平面 $\mathbb{R}^2$ 中关于 x 轴的反射. 如图 5.2 所示.

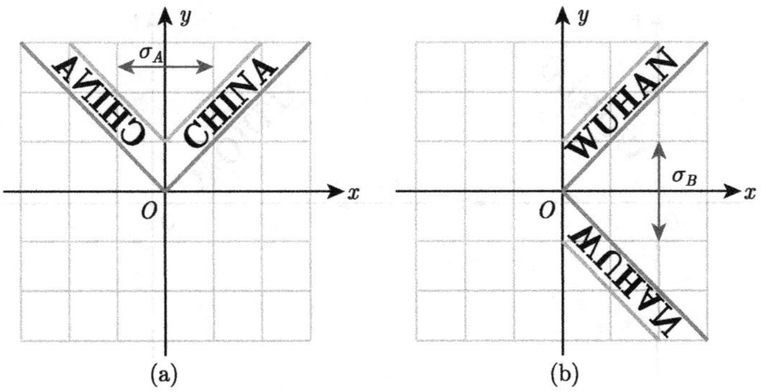

图 5.2

例 5.1.3 若 $A=\begin{pmatrix}1.5 & 0\\ 0 & 2\end{pmatrix}$, 则线性变换 $\sigma_A:\mathbb{R}^2\to\mathbb{R}^2, x\mapsto Ax$ 描述了平面 $\mathbb{R}^2$ 中关于 x 轴放大 1.5 倍、关于 y 轴放大 2 倍的变换 (图 5.3).

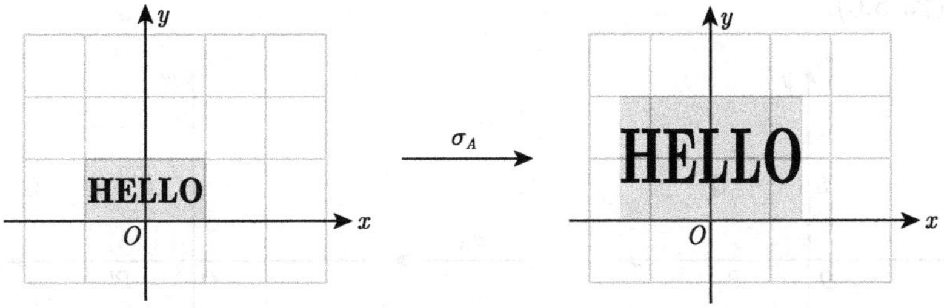

图 5.3

这个线性变换也将单位圆变成了椭圆, 如图 5.4 所示.

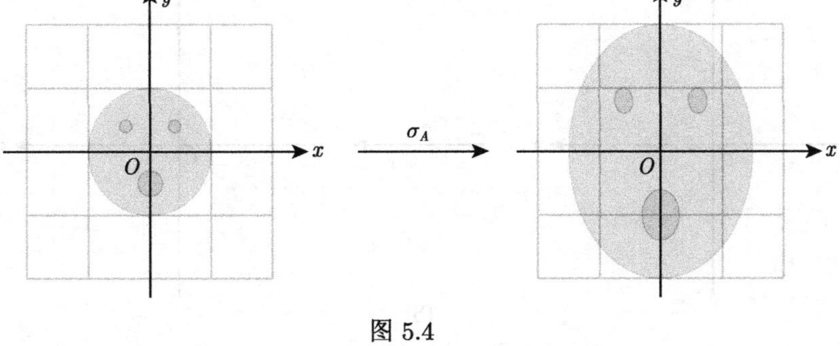

图 5.4

例 5.1.4 若 $A=\begin{pmatrix}0 & -1\\ 1 & 0\end{pmatrix}$, 则线性变换 $\sigma_A:\mathbb{R}^2\to\mathbb{R}^2, x\mapsto Ax$ 描述了平面 $\mathbb{R}^2$ 中逆时针旋转 90° 的变换 (图 5.5).

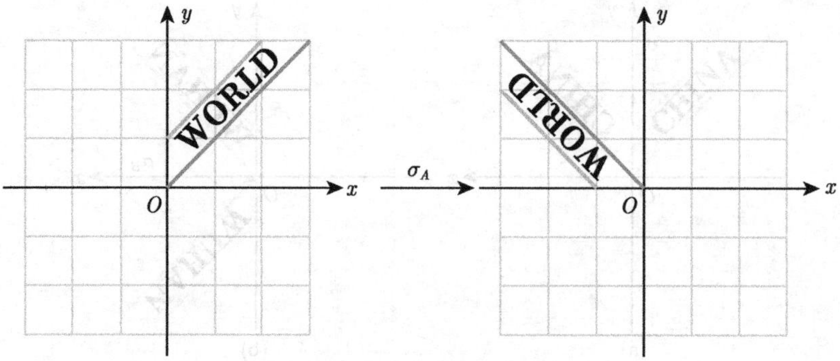

图 5.5

例 5.1.5　若 $A=\begin{pmatrix}1 & 1\\ 0 & 1\end{pmatrix}$, 则线性变换 $\sigma_A:\mathbb{R}^2\to\mathbb{R}^2, x\mapsto Ax$ 描述了平面 $\mathbb{R}^2$ 中的切变变换, 将正方形 $OPQL$ 映成平行四边形 $\Delta OP'Q'L'$, 将单位圆映成椭圆 (图 5.6).

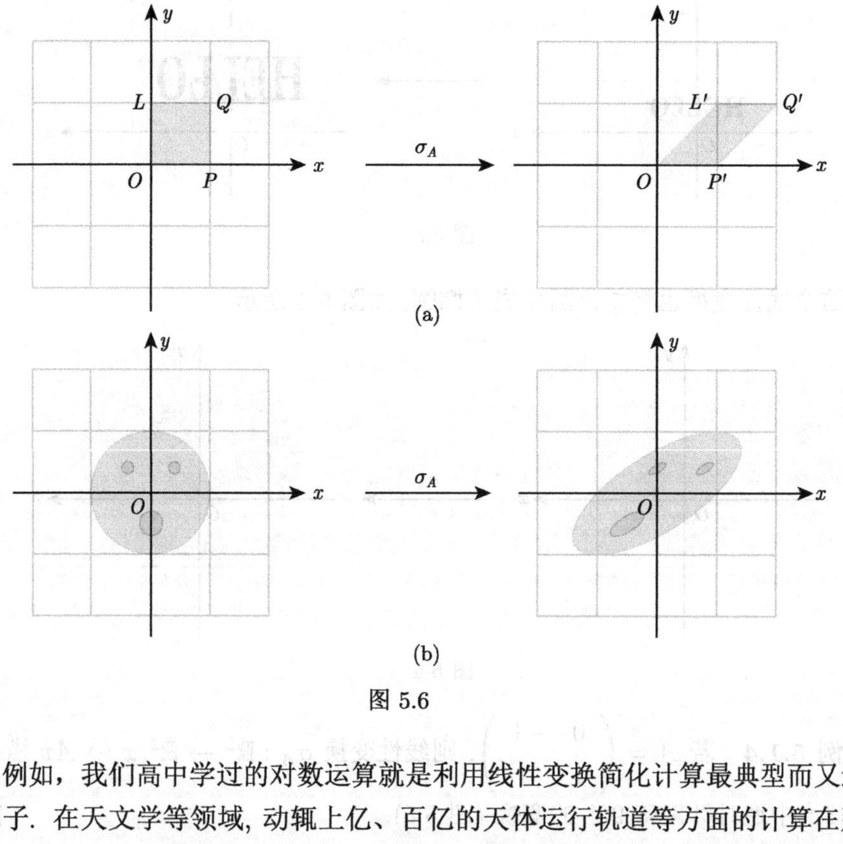

图 5.6

例如，我们高中学过的对数运算就是利用线性变换简化计算最典型而又通俗的例子. 在天文学等领域, 动辄上亿、百亿的天体运行轨道等方面的计算在那个没有电子计算机的年代是令人难以想象的, 计算尺无疑成了那个时代无数工程师与科学家最重要的工具. 比如 20 世纪 30 年代建造的旧金山金门大桥所有桥梁设计数据都是工程师用计算尺计算出来的; 在每次阿波罗登月行动中, Pickett 公司生产的计算尺成了宇航员们携带的最为重要的备用工具; 还有波音 707、纽约帝国大厦、晶体管收音机电路等都是用计算尺作为计算工具设计出来的. 遥想当时工程师付出的艰辛真是非同一般的. 宫崎骏 2014 年的动画电影《起风了》讲述了战斗机设计师堀越二郎的故事, 里面就有大量计算尺的描写. 仔细观察, 我们会发现上面的数字刻度越到后面分布越密, 实际上它是根据对数的关系排列的, 本质上就是两把尺子相比较, 将尺子本身距离的叠加变为读数上的乘积. 四百年前数学家纳皮尔男爵和瑞士工程师比尔吉发明了对数, 以简化计算. 实际上, 对数给出了正实数集合到实数集合的映射, 它将繁杂的乘除运算变换为简单的加减运算, 即对 $a>0, a\neq 1$,

$$\log_a:\mathbb{R}^+\longrightarrow\mathbb{R},\quad x\mapsto\log_a x.$$

如果我们将 $\mathbb{R}^+$ 中的乘法 xy 称为"加法" (记作 $x\oplus y$), 将幂运算 x^k 称为"数乘" (记作 $k\circ x$), 则 $(\mathbb{R}^+,\oplus,\circ)$ 就是例 3.2.12(2) 中所定义的线性空间. 显然,

$$\log_a(x\oplus y)=\log_a(xy)=\log_a x+\log_a y,$$

$$\log_a(k\circ x)=\log_a x^k=k\log_a x.$$

因此对数 $\log_a$ 给出了从线性空间 $\mathbb{R}^+$ 到 $\mathbb{R}$ 的线性映射, 起到了化繁为简的作用. 实际上它还是一个可逆的线性映射, 其逆映射由习题 5.1(A)1 给出. 数学分析中的微分变换、积分变换都是线性变换; 现代科技中使用的许多变换, 如傅里叶变换、拉普拉斯变换等, 也都是线性变换, 达到了化繁为简的目的.

例 5.1.6 设 A 是 $m\times n$ 矩阵, 则 $\sigma_A:\mathrm{F}^n\to\mathrm{F}^m$, $X\mapsto AX$ 是线性映射.

例 5.1.7 转置映射 $(-)^{\mathrm{T}}:\mathrm{F}^{m\times n}\to\mathrm{F}^{n\times m}$, $A\mapsto A^{\mathrm{T}}$ 是线性映射.

例 5.1.8 设线性空间 $V=V_1\oplus V_2$, 则投影映射 $p_1:V\to V_1$, $\alpha_1+\alpha_2\mapsto\alpha_1$ 与嵌入映射 $\iota_1:V_1\to V$, $\alpha_1\mapsto\alpha_1$ 都是线性映射.

例 5.1.9 零映射、恒等映射与数乘映射都是线性空间 V 的线性变换.

例 5.1.10 积分变换 $\sigma:C[a,b]\to C[a,b]$, $f(x)\mapsto\displaystyle\int_a^x f(t)dt$ 是线性变换.

例 5.1.11 求导变换 $\sigma=\dfrac{d}{dx}:\mathbb{R}[x]\to\mathbb{R}[x], f(x)\mapsto f'(x)$ 是线性变换.

例 5.1.12 给定非零向量 $\xi=(a,b)^{\mathrm{T}}\in\mathbb{R}^2$, 定义二维平面 $\mathbb{R}^2$ 上的平移变换

$$\mathscr{T}:\mathbb{R}^2\to\mathbb{R}^2,\quad \alpha\mapsto\alpha+\xi.$$

则 $\mathscr{T}$ 不是线性变换. 事实上, $\mathscr{T}(\alpha+\beta)=\alpha+\beta+\xi\neq\mathscr{T}(\alpha)+\mathscr{T}(\beta)$.

命题 5.1.1 (基本性质)　设 $\sigma:V\to W$ 是一个线性映射, 则

(1) $\sigma(0)=0$, $\sigma(-\alpha)=-\sigma(\alpha)$;

(2) $\sigma(k_1\alpha_1+k_2\alpha_2+\cdots+k_s\alpha_s)=k_1\sigma(\alpha_1)+k_2\sigma(\alpha_2)+\cdots+k_s\sigma(\alpha_s)$;

(3) 若 $\alpha_1,\alpha_2,\cdots,\alpha_s$ 在 V 中线性相关, 则 $\sigma(\alpha_1),\sigma(\alpha_2),\cdots,\sigma(\alpha_s)$ 在 W 中也线性相关;

(4) 设在 W 中 $\sigma(\alpha)$ 可由 $\sigma(\alpha_1),\sigma(\alpha_2),\cdots,\sigma(\alpha_s)$ 线性表示, 若 σ 是单射, 则 α 可由 $\alpha_1,\alpha_2,\cdots,\alpha_s$ 线性表示;

(5) 设 $\alpha_1,\alpha_2,\cdots,\alpha_s$ 在 V 中线性无关, 若 σ 是单射, 则 $\sigma(\alpha_1),\sigma(\alpha_2),\cdots,\sigma(\alpha_s)$ 在线性空间 W 中也线性无关.

证明　(1) 设 $\sigma(0)=\alpha$, 则

$$\alpha=\sigma(0)=\sigma(0+0)=\sigma(0)+\sigma(0)=\alpha+\alpha=2\alpha,$$

所以 $\alpha=0$.

由于 $\sigma(\alpha)+\sigma(-\alpha)=\sigma(\alpha-\alpha)=\sigma(0)=0$, 所以 $\sigma(-\alpha)=-\sigma(\alpha)$.

(2) 由数学归纳法即得.

(3) 若 $\alpha_1,\alpha_2,\cdots,\alpha_s$ 在 V 中线性相关, 则存在不全为零的系数 $k_1,k_2,\cdots,k_s$, 使得 $k_1\alpha_1+k_2\alpha_2+\cdots+k_s\alpha_s=0$. 所以

$$k_1\sigma(\alpha_1)+k_2\sigma(\alpha_2)+\cdots+k_s\sigma(\alpha_s)=\sigma(k_1\alpha_1+k_2\alpha_2+\cdots+k_s\alpha_s)=0,$$

即 $\sigma(\alpha_1),\sigma(\alpha_2),\cdots,\sigma(\alpha_s)$ 在 W 中也线性相关.

(4) 设 $\sigma(\alpha)=k_1\sigma(\alpha_1)+k_2\sigma(\alpha_2)+\cdots+k_s\sigma(\alpha_s)$, 则

$$\sigma(\alpha)=\sigma(k_1\alpha_1+k_2\alpha_2+\cdots+k_s\alpha_s).$$

若 σ 为单射, 则 $\alpha=k_1\alpha_1+k_2\alpha_2+\cdots+k_s\alpha_s$.

(5) 设 $k_1\sigma(\alpha_1)+k_2\sigma(\alpha_2)+\cdots+k_s\sigma(\alpha_s)=0$, 则

$$\sigma(k_1\alpha_1+k_2\alpha_2+\cdots+k_s\alpha_s)=0.$$

若 σ 为单射, 则 $k_1\alpha_1+k_2\alpha_2+\cdots+k_s\alpha_s=0$. 由于 $\alpha_1,\alpha_2,\cdots,\alpha_s$ 在 V 中线性无关, 所以 $k_1=k_2=\cdots=k_s=0$, 从而 $\sigma(\alpha_1),\sigma(\alpha_2),\cdots,\sigma(\alpha_s)$ 在 W 中也线性无关. □

习 题 5.1

(A)

1. 设 $\mathbb{R}^+$ 是例 3.2.12(2) 中定义的线性空间. 判断下述映射

$$a>0, a\neq 1, 令\sigma_a:\mathbb{R}\longrightarrow\mathbb{R}^+,\quad x\mapsto a^x.$$

是否为线性映射?

2. 在线性空间 $\mathrm{F}[x]$ 中, 对任意的 $f(x)\in\mathrm{F}[x]$, 令

$$\mathscr{A}(f(x))=xf(x),\quad \mathscr{D}(f(x))=f'(x).$$

证明: (1) $\mathscr{A}$ 是 $\mathrm{F}[x]$ 上的线性变换;

(2) $\mathscr{D}\mathscr{A}-\mathscr{A}\mathscr{D}=\mathrm{id}$.

(B)

3. 设 $\alpha_1,\alpha_2,\cdots,\alpha_n$ 是数域 F 上 n 维线性空间 V 的一组基, $\mathscr{A}$ 是 V 上的一个线性变换. 证明 $\mathscr{A}$ 可逆当且仅当 $\mathscr{A}\alpha_1,\mathscr{A}\alpha_2,\cdots,\mathscr{A}\alpha_n$ 也是 V 的一组基.

5.2 线性空间的同构

同构是现代数学的重要概念之一, 本节将证明任意抽象的 n 维线性空间 V 都同构于具体的向量空间 F^n, 这样许多 V 中的问题都可以转化为向量空间 F^n 中的相应问题, 从而得到解决. 利用同构的思想解决相关问题是高等代数中最基本的方法之一.

定义 5.2.1 设 V 和 W 是数域 F 上的两个线性空间. 从 V 到 W 的可逆的线性映射 $\sigma:V\to W$ 称为从 V 到 W 的**同构映射**. 如果 $V=W$, 则同构映射 $\sigma:V\to V$ 称为线性空间 V 的**自同构**.

如果存在一个同构映射 $\sigma:V\to W$, 则称 V 与 W 是**同构的**, 记作 $V\cong W$.

注 容易验证同构是一种等价关系. 而且, 同构的线性空间具有几乎完全相同的 (线性运算) 性质, 因而人们在实际应用中常将同构的线性空间视作同一个空间而不加区别.

定理 5.2.1 任意 n 维线性空间 V 都同构于向量空间 F^n.

证明 取 V 的一组基 $\alpha_1,\alpha_2,\cdots,\alpha_n$, 则 $\forall\alpha\in V$, 设向量 α 在这组基下的坐标为 $(a_1,a_2,\cdots,a_n)^{\mathrm{T}}$. 定义映射

$$\sigma:V\to\mathrm{F}^n,\quad \alpha\mapsto(a_1,a_2,\cdots,a_n)^{\mathrm{T}},$$

则容易验证 σ 是同构映射. □

例 5.2.1　设 $H=\left\{\left(\begin{array}{cc}\alpha & \beta \\ -\overline{\beta} & \overline{\alpha}\end{array}\right) \middle| \alpha,\beta\in\mathbb{C}\right\}$ 是 $\mathbb{R}$ 上的线性空间, 则 $H\cong\mathbb{R}^4$.

命题 5.2.1 (基本性质)　设 $\sigma:V\to W$ 是一个同构映射. 则

(1) $\alpha_1,\alpha_2,\cdots,\alpha_s$ 是 V 的基当且仅当 $\sigma(\alpha_1),\sigma(\alpha_2),\cdots,\sigma(\alpha_s)$ 是 W 的基, 从而 $\dim V=\dim W$;

(2) 若 $V_1\leqslant V$, 则 $\sigma(V_1)\leqslant W$, 且 $\dim V_1=\dim\sigma(V_1)$.

证明　(1) 必要性: 设 $\alpha_1,\alpha_2,\cdots,\alpha_s$ 是 V 的一组基. 由于 σ 是单射, 所以由命题 5.1.1(5) 知 $\sigma(\alpha_1),\sigma(\alpha_2),\cdots,\sigma(\alpha_s)$ 在 W 中线性无关; $\forall\beta\in W$, 由于 σ 是满射, 所以存在 $\alpha\in V$ 使得 $\beta=\sigma(\alpha)$. 设 $\alpha=\sum\limits_{i=1}^{s}k_i\alpha_i$, 则

$$\beta=\sigma(\alpha)=\sigma\left(\sum_{i=1}^{s}k_i\alpha_i\right)=\sum_{i=1}^{s}k_i\sigma(\alpha_i),$$

所以 $\sigma(\alpha_1),\sigma(\alpha_2),\cdots,\sigma(\alpha_s)$ 是 W 的基.

充分性类似可证.

(2) $\forall\beta_1=\sigma(\alpha_1),\beta_2=\sigma(\alpha_2)\in\sigma(V_1)$, 其中 $\alpha_1,\alpha_2\in V_1$. 由于 $V_1\leqslant V$, 所以 $\forall k_1,k_2\in\mathrm{F}$, $k_1\alpha_1+k_2\alpha_2\in V_1$. 故

$$k_1\beta_1+k_2\beta_2=k_1\sigma(\alpha_1)+k_2\sigma(\alpha_2)=\sigma(k_1\alpha_1+k_2\alpha_2)\in\sigma(V_1),$$

即 $\sigma(V_1)\leqslant W$.

将 σ 限制在 V_1 上, 则 $\sigma|_{V_1}:V_1\to\sigma(V_1)$ 是同构映射. 由 (1) 得 $\dim V_1=\dim\sigma(V_1)$. □

定理 5.2.2　数域 F 上的两个有限维线性空间同构的充要条件是它们有相同的维数.

证明　必要性由命题 5.2.1 得到, 充分性由定理 5.2.1可得. □

习　题　5.2

(A)

1. 证明: 实数域 $\mathbb{R}$ 作为自身的向量空间与例 3.2.12(2) 中的线性空间 (即 $\mathbb{R}^+$ 关于如下定义的运算

$$a\oplus b:=ab,\quad k\circ a=a^k,\quad a,b\in\mathbb{R}^+,\ k\in\mathbb{R}$$

作成的 $\mathbb{R}$ 上的线性空间) 同构.

2. 设 $L=\left\{\left(\begin{array}{cc} a & b \\ -b & a \end{array}\right) \middle| a,b\in\mathbb{R}\right\}$. 证明

(1) L 是 $\mathbb{R}^{2\times 2}$ 的一个子空间;

(2) L 与 $\mathbb{C}$ 作为实数域 $\mathbb{R}$ 上的线性空间同构, 并写出一个同构映射.

(B)

3. 设 $c_1,c_2,\cdots,c_k$ 是给定的 k 个不同的实数, $k<n$, 令

$$W=\{f(x)\in\mathbb{R}[x]_n \mid f(c_i)=0, i=1,2,\cdots,k\}.$$

证明 W 是 $\mathbb{R}[x]_n$ 的线性子空间, 并求 $\dim W$.

4. 设 $\alpha_1,\alpha_2,\cdots,\alpha_n$ 是数域 F 上 n 维线性空间 V 的一组基, $A\in \mathrm{F}^{n\times s}$. 若

$$(\beta_1,\beta_2,\cdots,\beta_s)=(\alpha_1,\alpha_2,\cdots,\alpha_n)A,$$

证明: $r(\beta_1,\beta_2,\cdots,\beta_s)=r(A)$.

5.3 线性变换的运算

从本节开始, 我们将主要研究线性空间 V 到自身的线性映射, 即 V 上的线性变换. 如同矩阵一样, V 上的线性变换也可以定义加法、数乘、乘法等运算, 并且满足与矩阵运算相似的运算律.

定义 5.3.1 设 V 是数域 F 上的线性空间, $\mathscr{A},\mathscr{B}$ 是 V 上的两个线性变换, $k\in\mathrm{F}$. 定义

$$\begin{array}{rccl|rccl} \mathscr{A}+\mathscr{B}: & V & \to & V, & k\mathscr{A}: & V & \to & V, \\ & \alpha & \mapsto & \mathscr{A}(\alpha)+\mathscr{B}(\alpha), & & \alpha & \mapsto & k(\mathscr{A}(\alpha)). \end{array}$$

命题 5.3.1 $\mathscr{A}+\mathscr{B}, k\mathscr{A}$ 都是 V 上的线性变换.

证明 由定义直接验证. □

记 $\mathscr{L}(V)$ 为线性空间 V 上的线性变换的全体. 其中零变换 $\mathscr{O}:V\to V,\alpha\mapsto 0$, $\mathscr{A}$ 的负变换 $-\mathscr{A}:V\to V,\alpha\mapsto -\mathscr{A}(\alpha)$, 以及恒等变换 $\mathrm{id}:V\to V,\alpha\mapsto\alpha$.

命题 5.3.2 (基本性质) 设 $\mathscr{A},\mathscr{B},\mathscr{C}$ 是 V 上的线性变换, $k,l\in\mathrm{F}$. 则

(1) $\mathscr{A}+\mathscr{B}=\mathscr{B}+\mathscr{A}$;

(2) $(\mathscr{A}+\mathscr{B})+\mathscr{C}=\mathscr{A}+(\mathscr{B}+\mathscr{C})$;

(3) $\mathscr{O}+\mathscr{A}=\mathscr{A}$;

(4) $\mathscr{A}+(-\mathscr{A})=\mathscr{O}$;

(5) $1\mathscr{A}=\mathscr{A}$;

(6) $(kl)\mathscr{A}=k(l\mathscr{A})$;

(7) $(k+l)\mathscr{A}=k\mathscr{A}+l\mathscr{A}$;

(8) $k(\mathscr{A}+\mathscr{B})=k\mathscr{A}+k\mathscr{B}$.

因此, $\mathscr{L}(V)$ 关于定义 5.3.1 中的加法与数乘作成数域 F 上的线性空间.

证明　直接验证. □

定义 5.3.2　设 V 是数域 F 上的线性空间, $\mathscr{A},\mathscr{B}$ 是 V 上的两个线性变换. 定义 $\mathscr{A}$ 与 $\mathscr{B}$ 的乘积

$$\mathscr{A}\mathscr{B}:V\to V,\quad \alpha\mapsto\mathscr{A}(\mathscr{B}(\alpha)).$$

$\forall\alpha,\beta\in V$, $\forall k,l\in \mathrm{F}$, 由于 $\mathscr{A}\mathscr{B}(k\alpha+l\beta)=\mathscr{A}(\mathscr{B}(k\alpha+l\beta))=\mathscr{A}(k\mathscr{B}\alpha+l\mathscr{B}\beta)=k\mathscr{A}(\mathscr{B}\alpha)+l\mathscr{A}(\mathscr{B}\beta)=k\mathscr{A}\mathscr{B}\alpha+l\mathscr{A}\mathscr{B}\beta$, 所以 $\mathscr{A}\mathscr{B}$ 也是 V 上的线性变换.

命题 5.3.3 (基本性质)　设 $\mathscr{A},\mathscr{B},\mathscr{C}$ 是 V 上的线性变换, $k,l\in\mathrm{F}$, 则

(1)　$(\mathscr{A}\mathscr{B})\mathscr{C}=\mathscr{A}(\mathscr{B}\mathscr{C})$;

(2)　$\mathscr{A}(\mathscr{B}+\mathscr{C})=\mathscr{A}\mathscr{B}+\mathscr{A}\mathscr{C},(\mathscr{B}+\mathscr{C})\mathscr{A}=\mathscr{B}\mathscr{A}+\mathscr{C}\mathscr{A}$;

(3)　$k(\mathscr{A}\mathscr{B})=(k\mathscr{A})\mathscr{B}=\mathscr{A}(k\mathscr{B})$.

证明　直接验证. □

注　线性变换的乘法一般不满足交换律. 例如, 设线性变换

$$\mathscr{D}:\mathbb{R}\to\mathbb{R},\quad f(x)\mapsto f'(x);$$

$$\mathscr{S}:\mathbb{R}\to\mathbb{R},\quad f(x)\mapsto\int_0^x f(t)dt.$$

则 $\mathscr{D}\mathscr{S}=\mathrm{id}$, 但一般 $\mathscr{S}\mathscr{D}\neq\mathrm{id}$. 再如, 如图 5.7 所示. 表达了线性变换 $\tau\sigma$, 其中 σ 表示逆时针旋转 90°, τ 表示关于 x 轴的反射. 然而 $\sigma\tau$ 表示的线性变换却是图 5.8, 最后的结果是不同的, 所以 $\sigma\tau\neq\tau\sigma$.

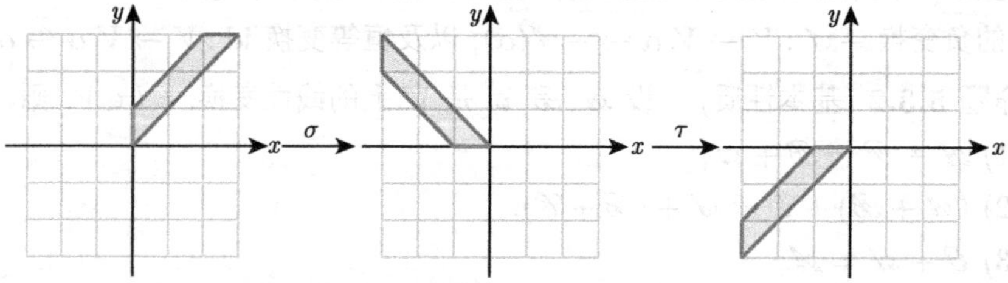

图 5.7

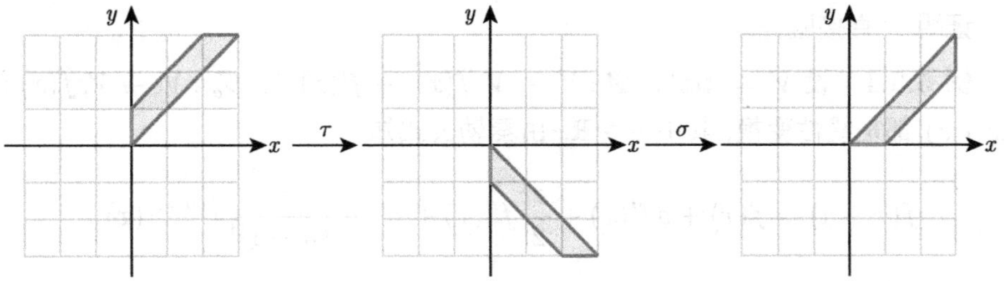

图 5.8

定义 5.3.3 线性变换 $\mathscr{A}: V \to V$ 称为**可逆的**, 如果存在 V 上的变换 $\mathscr{B}$, 使得

$$\mathscr{A}\mathscr{B} = \mathscr{B}\mathscr{A} = \mathrm{id}.$$

注意到如果变换 $\mathscr{B}$ 存在, 则 $\mathscr{B}$ 也是 V 上的线性变换. 事实上, 对任意的 $\alpha, \beta \in V$, $k, l \in \mathrm{F}$, 因为 $(\mathscr{A}\mathscr{B})(k\alpha + l\beta) = \mathrm{id}(k\alpha + l\beta) = k\alpha + l\beta$, $\mathscr{A}(k\mathscr{B}\alpha + l\mathscr{B}\beta) = k\mathscr{A}\mathscr{B}\alpha + l\mathscr{A}\mathscr{B}\beta = k\alpha + l\beta$, 所以 $(\mathscr{A}\mathscr{B})(k\alpha + l\beta) = \mathscr{A}(k\mathscr{B}\alpha + l\mathscr{B}\beta)$. 由于 $\mathscr{A}$ 是单射, 所以 $\mathscr{B}(k\alpha + l\beta) = k\mathscr{B}\alpha + l\mathscr{B}\beta$, 即 $\mathscr{B}$ 是 V 上的线性变换. 而且, 这样的 $\mathscr{B}$ 也是唯一的, 因为若存在变换 $\mathscr{B}_1, \mathscr{B}_2$, 使得 $\mathscr{A}\mathscr{B}_1 = \mathscr{B}_1\mathscr{A} = \mathrm{id}$, $\mathscr{A}\mathscr{B}_2 = \mathscr{B}_2\mathscr{A} = \mathrm{id}$, 则

$$\mathscr{B}_1 = \mathscr{B}_1\mathrm{id} = \mathscr{B}_1(\mathscr{A}\mathscr{B}_2) = (\mathscr{B}_1\mathscr{A})\mathscr{B}_2 = \mathrm{id}\mathscr{B}_2 = \mathscr{B}_2.$$

这个唯一的线性变换 $\mathscr{B}$ 称为 $\mathscr{A}$ 的逆变换, 记为 $\mathscr{A}^{-1}$.

定义 5.3.4 设 n 为自然数, 线性变换 $\mathscr{A}$ 的 n 次幂定义为

$$\mathscr{A}^n := \underbrace{\mathscr{A}\mathscr{A}\cdots\mathscr{A}}_{n}, \quad \mathscr{A}^0 := \mathrm{id}, \text{ 当 } \mathscr{A} \text{ 可逆时}, \mathscr{A}^{-n} := (\mathscr{A}^{-1})^n.$$

从而, 若 $f(x) = a_m x^m + \cdots + a_1 x + a_0 \in \mathrm{F}[x]$, 则

$$f(\mathscr{A}) = a_m\mathscr{A}^m + \cdots + a_1\mathscr{A} + a_0\mathrm{id}$$

称为**线性变换 $\mathscr{A}$ 的多项式**. 记

$$\mathrm{F}[\mathscr{A}] = \{f(\mathscr{A}) \in \mathscr{L}(V) \mid f(x) \in \mathrm{F}[x]\}$$

为线性变换 $\mathscr{A}$ 的多项式的全体.

命题 5.3.4 设 $\mathscr{A}$ 是 V 上的线性变换. 则

(1) $\mathscr{A}^r\mathscr{A}^s = \mathscr{A}^{r+s}$, $(\mathscr{A}^r)^s = \mathscr{A}^{rs}$;

(2) $\forall f(x), g(x) \in \mathrm{F}[x], f(\mathscr{A})g(\mathscr{A}) = g(\mathscr{A})f(\mathscr{A})$.

证明　直接验证. □

例 5.3.1　设 $V=\mathbb{R}[x]_n$, $\mathscr{D}:V\to V, f(x)\mapsto f'(x)$ 与 $\mathscr{T}_a:V\to V, f(x)\mapsto f(x+a)$ 都是线性变换, 其中 $a\in\mathbb{R}$. 由泰勒公式知

$$f(x+a)=f(x)+af'(x)+\frac{a^2}{2!}f''(x)+\cdots+\frac{a^{n-1}}{(n-1)!}f^{(n-1)}(x),$$

因此, $\mathscr{T}_a$ 是 $\mathscr{D}$ 的多项式, 即

$$\mathscr{T}_a=\mathrm{id}+a\mathscr{D}+\frac{a^2}{2!}\mathscr{D}^2+\cdots+\frac{a^{n-1}}{(n-1)!}\mathscr{D}^{n-1}.$$

思考　记 $C(\mathscr{A})=\{\mathscr{B}\in\mathscr{L}(V)\mid \mathscr{A}\mathscr{B}=\mathscr{B}\mathscr{A}\}$ 为与线性变换 $\mathscr{A}$ 可交换的线性变换的全体. 你能给出 $C(\mathscr{A})=\mathrm{F}[\mathscr{A}]$ 的充要条件吗?

习　题　5.3

(A)

1. 设 $\mathscr{A}$ 是数域 F 上 n 维线性空间 V 上的线性变换. 证明: 对 $\xi\in V$, 如果 $\mathscr{A}^{n-1}\xi\neq 0$, 但 $\mathscr{A}^n\xi=0$, 那么 $\xi,\mathscr{A}\xi,\cdots,\mathscr{A}^{n-1}\xi$ 线性无关.

2. 设 $\mathscr{A},\mathscr{B}$ 是数域 F 上线性空间 V 上的幂等线性变换, 即 $\mathscr{A}^2=\mathscr{A},\mathscr{B}^2=\mathscr{B}$. 证明:

(1) $\mathscr{A}+\mathscr{B}$ 是幂等变换当且仅当 $\mathscr{A}\mathscr{B}=\mathscr{B}\mathscr{A}=0$;

(2) 如果 $\mathscr{A}\mathscr{B}=\mathscr{B}\mathscr{A}$, 那么 $\mathscr{A}+\mathscr{B}-\mathscr{A}\mathscr{B}$ 也是幂等变换.

(B)

3. 若 $\mathscr{A}\mathscr{B}-\mathscr{B}\mathscr{A}=\mathrm{id}$, 则 $\mathscr{A}^k\mathscr{B}-\mathscr{B}\mathscr{A}^k=k\mathscr{A}^{k-1}$, $k>1$.

4. 设 $\mathscr{A}$ 是数域 F 上 n 维线性空间 V 上的线性变换. 如果对任意的 $\alpha\in V$, 都存在正整数 m, 使得 $\mathscr{A}^m\alpha=0$. 证明 $\mathrm{id}-\mathscr{A}$ 是 V 的自同构.

5.4　线性变换的值域与核

本节将讨论线性变换的基本定理, 即秩与零度定理. 从更高的观点看, 它本质上是线性空间同态基本定理的推论, 这将在抽象代数课程里学习.

定义 5.1.2 前的引例表明齐次线性方程组 $AX=0$ 的解空间相当于线性映射 $\sigma_A:\mathrm{F}^n\to\mathrm{F}^m$, $X\mapsto AX$ 的零向量的原像

$$\sigma_A^{-1}(0)=\{X\in\mathrm{F}^n\mid\sigma_A(X)=0\}.$$

这个集合称为线性映射 σ_A 的核. 更一般地, 我们有如下定义.

定义 5.4.1 设 $\mathscr{A}$ 是数域 F 上的线性空间 V 到 W 的线性映射. 集合

$$\{\mathscr{A}\alpha \in W \mid \alpha \in V\} \subseteq W$$

称为 $\mathscr{A}$ 的值域, 记作 $\mathrm{Im}\mathscr{A}$ 或 $\mathscr{A}V$; 集合

$$\{\alpha \in V \mid \mathscr{A}\alpha = 0\} \subseteq V$$

称为 $\mathscr{A}$ 的核, 记作 $\mathrm{Ker}\mathscr{A}$ 或 $\mathscr{A}^{-1}(0)$ (图 5.9).

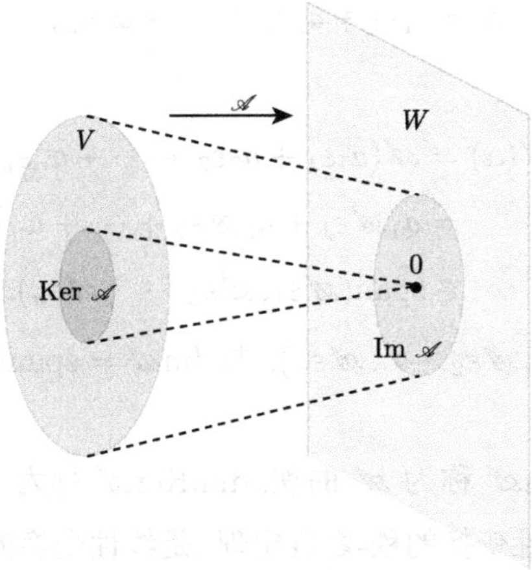

图 5.9

命题 5.4.1 线性映射 $\mathscr{A}$ 的值域是 W 的子空间, 核是 V 的子空间.

证明 由于 $0 = \mathscr{A}(0) \in \mathrm{Im}\mathscr{A}$, 所以 $\mathrm{Im}\mathscr{A} \neq \varnothing$. 设 $\forall \xi, \eta \in \mathrm{Im}\mathscr{A}$, $\forall a, b \in \mathrm{F}$, 存在 $\alpha, \beta \in V$, 使得 $\mathscr{A}(\alpha) = \xi, \mathscr{A}(\beta) = \eta$, 因而

$$a\xi + b\eta = a\mathscr{A}(\alpha) + b\mathscr{A}(\beta) = \mathscr{A}(a\alpha + b\beta) \in \mathrm{Im}\mathscr{A},$$

所以 $\mathrm{Im}\mathscr{A}$ 是 W 的子空间.

由于 $0 \in \mathrm{Ker}\mathscr{A}$, 所以 $\mathrm{Ker}\mathscr{A} \neq \varnothing$. $\forall \xi, \eta \in \mathrm{Ker}\mathscr{A}$, $\forall a, b \in \mathrm{F}$, 由于

$$\mathscr{A}(a\xi + b\eta) = a\mathscr{A}(\xi) + b\mathscr{A}(\eta) = 0,$$

所以 $a\xi + b\eta \in \mathrm{Ker}\mathscr{A}$, 从而 $\mathrm{Ker}\mathscr{A}$ 是 V 的子空间. □

注 由命题 5.4.1, 线性映射 $\mathscr{A}$ 的值域又称为 $\mathscr{A}$ 的像空间, $\mathscr{A}$ 的核又称为 $\mathscr{A}$ 的核空间.

定理 5.4.1 设 $\mathscr{A}$ 是线性空间 V 的线性变换, 且 $\varepsilon_1,\varepsilon_2,\cdots,\varepsilon_n$ 是 V 的一组基, 则像空间 $\mathrm{Im}\mathscr{A}=\mathrm{span}(\mathscr{A}\varepsilon_1,\mathscr{A}\varepsilon_2,\cdots,\mathscr{A}\varepsilon_n)$.

证明 $\forall a_1\mathscr{A}\varepsilon_1+a_2\mathscr{A}\varepsilon_2+\cdots+a_n\mathscr{A}\varepsilon_n\in\mathrm{span}(\mathscr{A}\varepsilon_1,\mathscr{A}\varepsilon_2,\cdots,\mathscr{A}\varepsilon_n)$, 由于

$$a_1\mathscr{A}\varepsilon_1+a_2\mathscr{A}\varepsilon_2+\cdots+a_n\mathscr{A}\varepsilon_n=\mathscr{A}(a_1\varepsilon_1+a_2\varepsilon_2+\cdots+a_n\varepsilon_n)\in\mathrm{Im}\mathscr{A},$$

所以 $\mathrm{span}(\mathscr{A}\varepsilon_1,\mathscr{A}\varepsilon_2,\cdots,\mathscr{A}\varepsilon_n)\subseteq\mathrm{Im}\mathscr{A}$.

$\forall\xi\in\mathrm{Im}\mathscr{A}$, 存在 $\alpha\in V$ 使得 $\mathscr{A}(\alpha)=\xi$. 设

$$\alpha=a_1\varepsilon_1+a_2\varepsilon_2+\cdots+a_n\varepsilon_n,$$

则

$$\begin{aligned}\xi=\mathscr{A}(\alpha)&=\mathscr{A}(a_1\varepsilon_1+a_2\varepsilon_2+\cdots+a_n\varepsilon_n)\\&=a_1\mathscr{A}\varepsilon_1+a_2\mathscr{A}\varepsilon_2+\cdots+a_n\mathscr{A}\varepsilon_n\\&\in\mathrm{span}(\mathscr{A}\varepsilon_1,\mathscr{A}\varepsilon_2,\cdots,\mathscr{A}\varepsilon_n).\end{aligned}$$

从而 $\mathrm{Im}\mathscr{A}\subseteq\mathrm{span}(\mathscr{A}\varepsilon_1,\mathscr{A}\varepsilon_2,\cdots,\mathscr{A}\varepsilon_n)$. 故 $\mathrm{Im}\mathscr{A}=\mathrm{span}(\mathscr{A}\varepsilon_1,\mathscr{A}\varepsilon_2,\cdots,\mathscr{A}\varepsilon_n)$. □

定义 5.4.2 $\dim\mathrm{Im}\mathscr{A}$ 称为 $\mathscr{A}$ 的秩; $\dim\mathrm{Ker}\mathscr{A}$ 称为 $\mathscr{A}$ 的零度.

下面的定理称为线性变换的秩-零度定理, 是线性变换的最基本的定理之一.

定理 5.4.2 (秩-零度定理) 设 $\mathscr{A}$ 是 n 维线性空间 V 的线性变换, 则

$$\dim\mathrm{Im}\mathscr{A}+\dim\mathrm{Ker}\mathscr{A}=n.$$

证明 设 $\beta_1,\beta_2,\cdots,\beta_r$ 是 $\mathrm{Im}\mathscr{A}$ 的一组基, 且 $\mathscr{A}\alpha_i=\beta_i$, $i=1,2,\cdots,r$. 任取 $\mathrm{Ker}\mathscr{A}$ 的一组基 $\gamma_1,\gamma_2,\cdots,\gamma_s$. 只需证明 $\alpha_1,\alpha_2,\cdots,\alpha_r,\gamma_1,\gamma_2,\cdots,\gamma_s$ 为 V 的一组基.

一方面, $\forall\xi\in V$, 则 $\mathscr{A}\xi\in\mathrm{Im}\mathscr{A}$, 所以

$$\mathscr{A}\xi=k_1\beta_1+k_2\beta_2+\cdots+k_r\beta_r,\quad k_i\in\mathrm{F}.$$

由 $\mathscr{A}\alpha_i=\beta_i$ 知

$$\mathscr{A}\xi=\mathscr{A}(k_1\alpha_1+k_2\alpha_2+\cdots+k_r\alpha_r),$$

从而 $\mathscr{A}(\xi-k_1\alpha_1-k_2\alpha_2-\cdots-k_r\alpha_r)=0$, 即 $\xi-k_1\alpha_1-k_2\alpha_2-\cdots-k_r\alpha_r\in\mathrm{Ker}\mathscr{A}$. 故

$$\xi-k_1\alpha_1-k_2\alpha_2-\cdots-k_r\alpha_r=l_1\gamma_1+l_2\gamma_2+\cdots+l_s\gamma_s,\quad l_i\in\mathrm{F},$$

即

$$\xi = k_1\alpha_1 + k_2\alpha_2 + \cdots + k_r\alpha_r + l_1\gamma_1 + l_2\gamma_2 + \cdots + l_s\gamma_s.$$

另一方面, 可证 $\alpha_1, \alpha_2, \cdots, \alpha_r, \gamma_1, \gamma_2, \cdots, \gamma_s$ 线性无关. 设

$$k_1\alpha_1 + k_2\alpha_2 + \cdots + k_r\alpha_r + l_1\gamma_1 + l_2\gamma_2 + \cdots + l_s\gamma_s = 0.$$

作用 $\mathscr{A}$ 得

$$k_1\mathscr{A}\alpha_1 + k_2\mathscr{A}\alpha_2 + \cdots + k_r\mathscr{A}\alpha_r = 0,$$

即 $k_1\beta_1 + k_2\beta_2 + \cdots + k_r\beta_r = 0$, 从而 $k_1 = k_2 = \cdots = k_r = 0$. 故

$$l_1\gamma_1 + l_2\gamma_2 + \cdots + l_s\gamma_s = 0.$$

从而 $l_1 = l_2 = \cdots = l_s = 0$, 即 $\alpha_1, \alpha_2, \cdots, \alpha_r, \gamma_1, \gamma_2, \cdots, \gamma_s$ 线性无关, 因而是 V 的一组基, 所以 $\dim\mathrm{Im}\mathscr{A} + \dim\mathrm{Ker}\mathscr{A} = n$. □

推论 5.4.1 设 $\mathscr{A}$ 是 n 维线性空间 V 的线性变换, 则

(1) $\mathscr{A}$ 是单射当且仅当 $\mathrm{Ker}\mathscr{A} = 0$;

(2) $\mathscr{A}$ 是满射当且仅当 $\mathrm{Im}\mathscr{A} = V$;

(3) $\mathscr{A}$ 是单射当且仅当 $\mathscr{A}$ 是满射当且仅当 $\mathscr{A}$ 是双射.

证明 (1) 必要性显然, 只需证充分性. 如果 $\mathscr{A}\alpha_1 = \mathscr{A}\alpha_2$, 那么 $\mathscr{A}(\alpha_1 - \alpha_2) = 0$, 从而 $\alpha_1 - \alpha_2 \in \mathrm{Ker}\mathscr{A} = 0$, 所以 $\alpha_1 - \alpha_2 = 0$, 即 $\alpha_1 = \alpha_2$. 故 $\mathscr{A}$ 是单射.

(2) 显然.

(3) 由定理 5.4.2 即得. □

注 一般地, $V \neq \mathrm{Im}\mathscr{A} \oplus \mathrm{Ker}\mathscr{A}$. 例如, 线性变换 $\mathscr{D}: \mathbb{R}[x]_n \to \mathbb{R}[x]_n$, $f(x) \mapsto f'(x)$. 我们有 $\mathscr{D}\mathbb{R}[x]_n = \mathbb{R}[x]_{n-1}$, $\mathscr{D}^{-1}(0) = \mathbb{R}$. 显然 $\mathbb{R}[x]_n \neq \mathscr{D}V \oplus \mathscr{D}^{-1}(0)$.

探究 你能给出 $V = \mathrm{Im}\mathscr{A} \oplus \mathrm{Ker}\mathscr{A}$ 或等价地, $\mathrm{Im}\mathscr{A} \cap \mathrm{Ker}\mathscr{A} = 0$ 的充要条件吗?

很显然,

$$\mathrm{Ker}\mathscr{A} \subseteq \mathrm{Ker}\mathscr{A}^2 \subseteq \mathrm{Ker}\mathscr{A}^3 \subseteq \cdots.$$

我们有如下的引理.

引理 5.4.1 若存在正整数 m 使得 $\mathrm{Ker}\mathscr{A}^m = \mathrm{Ker}\mathscr{A}^{m+1}$, 则

$$\mathrm{Ker}\mathscr{A}^m = \mathrm{Ker}\mathscr{A}^{m+1} = \mathrm{Ker}\mathscr{A}^{m+2} = \cdots.$$

证明 我们证明对任意的正整数 k, $\mathrm{Ker}\mathscr{A}^{m+k}=\mathrm{Ker}\mathscr{A}^{m+k+1}$.

事实上, 显然有 $\mathrm{Ker}\mathscr{A}^{m+k}\subseteq\mathrm{Ker}\mathscr{A}^{m+k+1}$; 另一方面, 任取 $\xi\in\mathrm{Ker}\mathscr{A}^{m+k+1}$, 则 $\mathscr{A}^{m+1}(\mathscr{A}^k\xi)=\mathscr{A}^{m+k+1}(\xi)=0$, 所以 $\mathscr{A}^k\xi\in\mathrm{Ker}\mathscr{A}^{m+1}=\mathrm{Ker}\mathscr{A}^m$, 即

$$\mathscr{A}^m(\mathscr{A}^k\xi)=\mathscr{A}^{m+k}(\xi)=0,\quad \xi\in\mathrm{Ker}\mathscr{A}^{m+k}.$$

故 $\mathrm{Ker}\mathscr{A}^{m+k+1}\subseteq\mathrm{Ker}\mathscr{A}^{m+k}$, 进而 $\mathrm{Ker}\mathscr{A}^{m+k+1}=\mathrm{Ker}\mathscr{A}^{m+k}$. □

对于 n 维线性空间 V, 我们有如下命题.

命题 5.4.2 设 $\mathscr{A}$ 是数域 F 上 n 维线性空间 V 的线性变换, 则

$$V=\mathrm{Ker}\mathscr{A}^n\oplus\mathrm{Im}\mathscr{A}^n.$$

证明 若 $\mathrm{Ker}\mathscr{A}=\{0\}$, 则 $\mathrm{Ker}\mathscr{A}^n=\{0\}$, 命题显然成立. 故不妨设 $\mathrm{Ker}\mathscr{A}\neq\{0\}$. 我们首先断言: $\mathrm{Ker}\mathscr{A}^n=\mathrm{Ker}\mathscr{A}^{n+1}=\cdots$. 事实上, 若 $\mathrm{Ker}\mathscr{A}^n\neq\mathrm{Ker}\mathscr{A}^{n+1}$, 则由引理 5.4.1 知

$$\mathrm{Ker}\mathscr{A}\subsetneq\mathrm{Ker}\mathscr{A}^2\subsetneq\cdots\subsetneq\mathrm{Ker}\mathscr{A}^n\subsetneq\mathrm{Ker}\mathscr{A}^{n+1}.$$

由于上述升链的每个严格包含关系处维数至少增加 1, 所以 $\dim\mathrm{Ker}\mathscr{A}^{n+1}\geqslant n+1$, 这与 $\dim V=n$ 矛盾! 所以 $\mathrm{Ker}\mathscr{A}^n=\mathrm{Ker}\mathscr{A}^{n+1}$. 从而由引理 5.4.1 知对任意的正整数 k, $\mathrm{Ker}\mathscr{A}^{n+k}=\mathrm{Ker}\mathscr{A}^{n+k+1}$.

其次证明 $\mathrm{Ker}\mathscr{A}^n\cap\mathrm{Im}\mathscr{A}^n=0$. 任取 $\alpha\in\mathrm{Ker}\mathscr{A}^n\cap\mathrm{Im}\mathscr{A}^n$, 则 $\mathscr{A}^n(\alpha)=0$, 且存在 $\beta\in V$ 使得 $\alpha=\mathscr{A}^n(\beta)$. 从而 $0=\mathscr{A}^n(\alpha)=\mathscr{A}^{2n}(\beta)$, 由前述证明即知 $\beta\in\mathrm{Ker}\mathscr{A}^{2n}=\mathrm{Ker}\mathscr{A}^n$. 故 $\alpha=\mathscr{A}^n(\beta)=0$.

最后, 由于 $\mathrm{Ker}\mathscr{A}^n+\mathrm{Im}\mathscr{A}^n$ 是直和, 所以由定理 5.4.2 知

$$\dim(\mathrm{Ker}\mathscr{A}^n\oplus\mathrm{Im}\mathscr{A}^n)=\dim\mathrm{Ker}\mathscr{A}^n+\dim\mathrm{Im}\mathscr{A}^n=\dim V.$$

从而 $V=\mathrm{Ker}\mathscr{A}^n\oplus\mathrm{Im}\mathscr{A}^n$. □

例 5.4.1 设 $\mathscr{A}$ 是数域 F 上 n 维线性空间 V 的线性变换, W 是 V 的子空间, 则

$$\dim\mathscr{A}W+\dim(\mathrm{Ker}\mathscr{A}\cap W)=\dim W.$$

证明 设 $\dim W=m$, $\dim(\mathrm{Ker}\mathscr{A}\cap W)=r$. 取 $\mathrm{Ker}\mathscr{A}\cap W$ 的一组基 $\alpha_1,\alpha_2,\cdots,\alpha_r$, 将它扩充为 W 的一组基 $\alpha_1,\alpha_2,\cdots,\alpha_r,\alpha_{r+1},\cdots,\alpha_m$. 下证

(1) $\mathscr{A}W$ 可由 $\mathscr{A}\alpha_{r+1},\cdots,\mathscr{A}\alpha_m$ 线性表出.

(2) $\mathscr{A}\alpha_{r+1},\cdots,\mathscr{A}\alpha_m$ 线性无关.

事实上, $\forall \beta = \mathscr{A}\alpha \in \mathscr{A}W$, $\alpha \in W$, 设

$$\alpha = k_1\alpha_1 + \cdots + k_r\alpha_r + k_{r+1}\alpha_{r+1} + \cdots + k_m\alpha_m,$$

则

$$\begin{aligned}\beta = \mathscr{A}\alpha &= \mathscr{A}(k_1\alpha_1 + \cdots + k_r\alpha_r + k_{r+1}\alpha_{r+1} + \cdots + k_m\alpha_m)\\ &= k_1\mathscr{A}\alpha_1 + \cdots + k_r\mathscr{A}\alpha_r + k_{r+1}\mathscr{A}\alpha_{r+1} + \cdots + k_m\mathscr{A}\alpha_m\\ &= k_{r+1}\mathscr{A}\alpha_{r+1} + \cdots + k_m\mathscr{A}\alpha_m.\end{aligned}$$

因而 (1) 得证.

设 $k_{r+1}\mathscr{A}\alpha_{r+1} + \cdots + k_m\mathscr{A}\alpha_m = 0$, 则 $\mathscr{A}(k_{r+1}\alpha_{r+1} + \cdots + k_m\alpha_m) = 0$, 所以 $k_{r+1}\alpha_{r+1} + \cdots + k_m\alpha_m \in \mathrm{Ker}\mathscr{A}$. 又因为 $k_{r+1}\alpha_{r+1} + \cdots + k_m\alpha_m \in W$, 所以 $k_{r+1}\alpha_{r+1} + \cdots + k_m\alpha_m \in \mathrm{Ker}\mathscr{A} \cap W$, 因此

$$k_{r+1}\alpha_{r+1} + \cdots + k_m\alpha_m = l_1\alpha_1 + \cdots + l_r\alpha_r,$$

即

$$l_1\alpha_1 + \cdots + l_r\alpha_r - k_{r+1}\alpha_{r+1} - \cdots - k_m\alpha_m = 0.$$

由于 $\alpha_1, \alpha_2, \cdots, \alpha_r, \alpha_{r+1}, \cdots, \alpha_m$ 线性无关, 所以 $k_{r+1} = \cdots = k_m = 0$, 我们可以得到 $\mathscr{A}\alpha_{r+1}, \cdots, \mathscr{A}\alpha_m$ 线性无关, (2) 得证.

综上, $\dim\mathscr{A}W + \dim(\mathrm{Ker}\mathscr{A} \cap W) = \dim W$. □

习 题 5.4

(A)

1. 设 $\mathscr{A}$ 是数域 F 上 n 维线性空间 V 的线性变换, 则以下叙述等价:

(1) $\mathscr{A}$ 是可逆变换;

(2) 对 V 中任意非零向量 α, $\mathscr{A}\alpha \neq 0$;

(3) 若 $V = V_1 \oplus V_2$, 则 $V = \mathscr{A}V_1 \oplus \mathscr{A}V_2$.

(B)

2. 设 $\mathscr{A}$ 是数域 F 上 n 维线性空间 V 的线性变换, W 是 V 的子空间, 证明:

(1) $\dim W - \dim\mathrm{Ker}\mathscr{A} \leqslant \dim\mathscr{A}W \leqslant \dim W$;

(2) $\mathscr{A}^{-1}(W)$ 是 V 的一个子空间, 且 $\dim\mathscr{A}^{-1}(W) \leqslant \dim W + \dim\mathrm{Ker}\mathscr{A}$;

(3) 若 $W \subseteq \mathscr{A}V$, 则 $\dim\mathscr{A}^{-1}(W) \geqslant \dim W$.

3. 设 $\mathscr{A}$ 是数域 F 上 n 维线性空间 V 的线性变换, 若 $\mathscr{A}$ 是幂等变换 (即 $\mathscr{A} = \mathscr{A}^2$), 则 $V = \mathrm{Im}\mathscr{A} \oplus \mathrm{Ker}\mathscr{A}$.

(C)

4. 设 $\mathscr{A}^2=\mathscr{A},\mathscr{B}^2=\mathscr{B}$. 证明

(1) $\mathrm{Im}\mathscr{A}=\mathrm{Im}\mathscr{B}$ 当且仅当 $\mathscr{A}\mathscr{B}=\mathscr{B}$, $\mathscr{B}\mathscr{A}=\mathscr{A}$.

(2) $\mathrm{Ker}\mathscr{A}=\mathrm{Ker}\mathscr{B}$ 当且仅当 $\mathscr{A}\mathscr{B}=\mathscr{A}$, $\mathscr{B}\mathscr{A}=\mathscr{B}$.

5. 设 $\mathscr{A}$ 是数域 F 上 n 维线性空间 V 的线性变换, 则 $V=\mathrm{Im}\mathscr{A}\oplus\mathrm{Ker}\mathscr{A}$ 当且仅当 $r(\mathscr{A})=r(\mathscr{A}^2)$.

5.5 线性变换的矩阵表示

线性空间 V 上的线性变换是 V 到自身的映射, 一般地, 它相对抽象而难以描述或研究. 如果能像函数的解析表达式那样给出线性变换的显式表达式, 将会给研究带来极大的方便. 本节将探讨在取定 V 的一组基的情形下线性变换的矩阵表示.

设 σ 是将平面 $\mathbb{R}^2$ 中的向量逆时针旋转 30° 的线性映射. 那么如何求 $\sigma\begin{pmatrix}2\\3\end{pmatrix}$ 呢? 我们取 $\mathbb{R}^2$ 的一组基 $e_1=\begin{pmatrix}1\\0\end{pmatrix},e_2=\begin{pmatrix}0\\1\end{pmatrix}$, 则

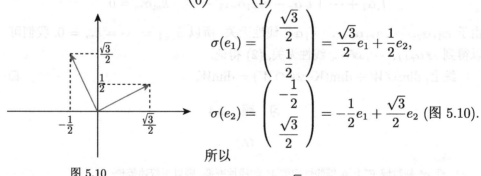

$$\sigma(e_1)=\begin{pmatrix}\dfrac{\sqrt{3}}{2}\\[2mm]\dfrac{1}{2}\end{pmatrix}=\frac{\sqrt{3}}{2}e_1+\frac{1}{2}e_2,$$

$$\sigma(e_2)=\begin{pmatrix}-\dfrac{1}{2}\\[2mm]\dfrac{\sqrt{3}}{2}\end{pmatrix}=-\frac{1}{2}e_1+\frac{\sqrt{3}}{2}e_2 \text{ (图 5.10)}.$$

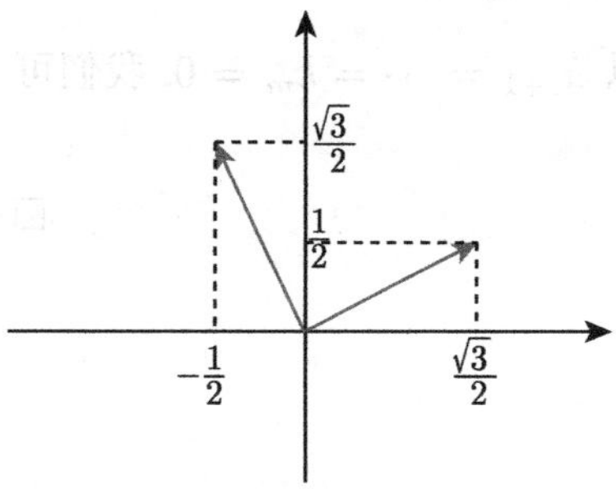

图 5.10

所以

$$(\sigma(e_1),\sigma(e_2))=(e_1,e_2)\begin{pmatrix}\dfrac{\sqrt{3}}{2}&-\dfrac{1}{2}\\[2mm]\dfrac{1}{2}&\dfrac{\sqrt{3}}{2}\end{pmatrix}.$$

从而

$$\begin{aligned}\sigma\begin{pmatrix}2\\3\end{pmatrix}&=\sigma(2e_1+3e_2)=2\sigma(e_1)+3\sigma(e_2)=(\sigma(e_1),\sigma(e_2))\begin{pmatrix}2\\3\end{pmatrix}\\&=(e_1,e_2)\begin{pmatrix}\dfrac{\sqrt{3}}{2}&-\dfrac{1}{2}\\[2mm]\dfrac{1}{2}&\dfrac{\sqrt{3}}{2}\end{pmatrix}\begin{pmatrix}2\\3\end{pmatrix}=(e_1,e_2)\begin{pmatrix}\sqrt{3}-\dfrac{3}{2}\\[2mm]1+\dfrac{3\sqrt{3}}{2}\end{pmatrix}.\end{aligned}$$

这表明取定 $\mathbb{R}^2$ 的基 e_1, e_2 后, 线性变换 σ 完全由它作用在基 e_1, e_2 上所得的矩阵 $A = \begin{pmatrix} \dfrac{\sqrt{3}}{2} & -\dfrac{1}{2} \\ \dfrac{1}{2} & \dfrac{\sqrt{3}}{2} \end{pmatrix}$ 确定, 即 $\forall \alpha \in \mathbb{R}^2, \sigma(\alpha) = A\alpha$. 因此, 矩阵 A 可以看作是线性变换 σ 的表达式 (表 5.1).

表 5.1

$\mathbb{R}$上的线性函数	$\mathbb{R}^2$上的线性变换
$f(x) = ax$	$\sigma(x) = Ax$

这可以推广到更一般的情形.

引理 5.5.1 设 $\alpha_1, \alpha_2, \cdots, \alpha_n$ 是线性空间 V 的一组基. 则

(1) 设 $\mathscr{A}, \mathscr{B}$ 是 V 上的两个线性变换, 若 $\mathscr{A}\alpha_i = \mathscr{B}\alpha_i$, $i = 1, 2, \cdots, n$, 则 $\mathscr{A} = \mathscr{B}$;

(2) 对任意的 $\beta_1, \beta_2, \cdots, \beta_n \in V$, 一定存在一个线性变换 $\mathscr{A}$, 使得 $\mathscr{A}\alpha_i = \beta_i$, $i = 1, 2, \cdots, n$.

证明 (1) 任取 $\xi \in V$, 设 $\xi = (\alpha_1, \alpha_2, \cdots, \alpha_n)\begin{pmatrix} x_1 \\ x_2 \\ \vdots \\ x_n \end{pmatrix}$. 由于

$$\begin{aligned} \mathscr{A}\xi &= x_1\mathscr{A}\alpha_1 + x_2\mathscr{A}\alpha_2 + \cdots + x_n\mathscr{A}\alpha_n \\ &= x_1\mathscr{B}\alpha_1 + x_2\mathscr{B}\alpha_2 + \cdots + x_n\mathscr{B}\alpha_n \\ &= \mathscr{B}\xi. \end{aligned}$$

故 $\mathscr{A} = \mathscr{B}$.

(2) 对任意的 $\xi \in V$, 设 $\xi = (\alpha_1, \alpha_2, \cdots, \alpha_n)\begin{pmatrix} x_1 \\ x_2 \\ \vdots \\ x_n \end{pmatrix} = \sum\limits_{i=1}^{n} x_i\alpha_i$. 定义

$$\mathscr{A} : V \to V, \quad \xi \mapsto \sum_{i=1}^{n} x_i\beta_i.$$

容易验证 $\mathscr{A}$ 是满足要求的线性变换. □

该引理表明线性变换由其在 V 的基上的作用唯一确定, 即如下定理.

定理 5.5.1　设 $\alpha_1,\alpha_2,\cdots,\alpha_n$ 是线性空间 V 的一组基, 对任意的 $\beta_1,\beta_2,\cdots,\beta_n\in V$, 一定存在唯一的线性变换 $\mathscr{A}$, 使得 $\mathscr{A}\alpha_i=\beta_i$, $i=1,2,\cdots,n$.

定义 5.5.1　设 $\alpha_1,\alpha_2,\cdots,\alpha_n$ 是数域 F 上 n 维线性空间 V 的一组基, $\mathscr{A}$ 是 V 的一个线性变换. 设

$$\begin{cases}\mathscr{A}\alpha_1=a_{11}\alpha_1+a_{21}\alpha_2+\cdots+a_{n1}\alpha_n,\\ \mathscr{A}\alpha_2=a_{12}\alpha_1+a_{22}\alpha_2+\cdots+a_{n2}\alpha_n,\\ \qquad\cdots\cdots\\ \mathscr{A}\alpha_n=a_{1n}\alpha_1+a_{2n}\alpha_2+\cdots+a_{nn}\alpha_n\end{cases}$$

或

$$\mathscr{A}(\alpha_1,\alpha_2,\cdots,\alpha_n)=(\alpha_1,\alpha_2,\cdots,\alpha_n)A,\quad A=\begin{pmatrix}a_{11}&a_{12}&\cdots&a_{1n}\\a_{21}&a_{22}&\cdots&a_{2n}\\\vdots&\vdots&&\vdots\\a_{n1}&a_{n2}&\cdots&a_{nn}\end{pmatrix}.$$

矩阵 A 称为$\mathscr{A}$ **在基** $\alpha_1,\alpha_2,\cdots,\alpha_n$ **下的矩阵**.

注　设 $\mathscr{A}:V\to W$ 是有限维线性空间之间的线性映射. 如果分别取定 V 和 W 的一组基 $\alpha_1,\alpha_2,\cdots,\alpha_n$ 和 $\beta_1,\beta_2,\cdots,\beta_m$, 则我们可以类似于定义 5.5.1 定义的线性映射 $\mathscr{A}$ 的矩阵表示

$$\mathscr{A}(\alpha_1,\alpha_2,\cdots,\alpha_n)=(\beta_1,\beta_2,\cdots,\beta_m)A,\quad A\in\mathrm{F}^{m\times n}.$$

为简便, 本书仅考虑线性变换的矩阵表示.

作为例子, 我们考虑二维情形下几何上常用的变换的矩阵表达.

例 5.5.1 (缩放 (dilation))　设 σ 是将平面 $\mathbb{R}^2$ 中的向量沿 x 轴方向缩放 d_1 倍, 沿 y 轴方向缩放 d_2 倍的线性变换. 取 $\mathbb{R}^2$ 的标准基 $e_1=\begin{pmatrix}1\\0\end{pmatrix},e_2=\begin{pmatrix}0\\1\end{pmatrix}$. 由于

$$\sigma(e_1)=d_1e_1,\quad \sigma(e_2)=d_2e_2,$$

所以 σ 在基 e_1,e_2 下的矩阵为

$$\begin{pmatrix}d_1&0\\0&d_2\end{pmatrix}.$$

如果 $|d_i|<1$, 则表示图形的缩小；如果 $|d_i|>1$, 则表示图形的放大. 另外, 如果 $d_i<0$, 则表示图形关于对应坐标轴的翻转.

例 5.5.2 (旋转 (rotation)) 设 σ 是将平面 $\mathbb{R}^2$ 中的向量逆时针旋转 θ 的线性变换, 取 $\mathbb{R}^2$ 的标准基 $e_1=\begin{pmatrix}1\\0\end{pmatrix}, e_2=\begin{pmatrix}0\\1\end{pmatrix}$. 由于

$$\sigma(e_1)=\cos\theta e_1+\sin\theta e_2,\quad \sigma(e_2)=-\sin\theta e_1+\cos\theta e_2,$$

所以 σ 在基 e_1,e_2 下的矩阵为

$$\begin{pmatrix}\cos\theta & -\sin\theta\\ \sin\theta & \cos\theta\end{pmatrix}.$$

例 5.5.3 (反射 (reflection)) 设 l 是过原点且与 x 轴正向夹角为 θ 的直线, σ 是平面 $\mathbb{R}^2$ 中关于直线 l 的反射. 如图 5.11 所示.

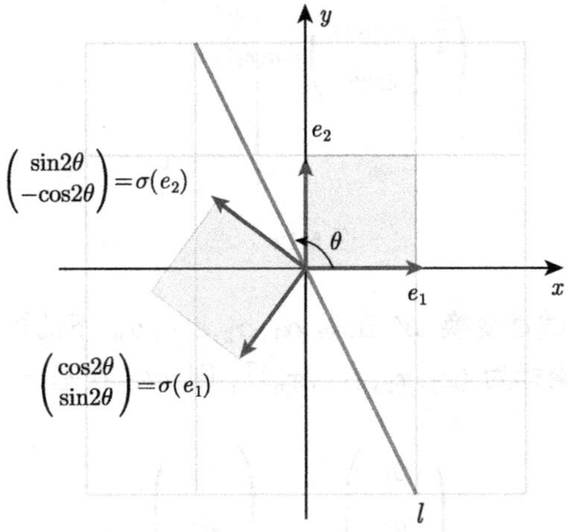

图 5.11

由于

$$\sigma(e_1)=\cos2\theta e_1+\sin2\theta e_2,\quad \sigma(e_2)=\sin2\theta e_1-\cos2\theta e_2,$$

所以 σ 在基 e_1,e_2 下的矩阵为

$$\begin{pmatrix}\cos2\theta & \sin2\theta\\ \sin2\theta & -\cos2\theta\end{pmatrix}.$$

例 5.5.4 (投影 (projection)) 设 l 是过原点且与 x 轴正向夹角为 θ 的直线, σ 是将平面 $\mathbb{R}^2$ 中的向量向直线 l 的投影变换. 如图 5.12 所示.

由于

$$\sigma(e_1)=\frac{1}{2}(1+\cos2\theta)e_1+\frac{1}{2}\sin2\theta e_2,\quad \sigma(e_2)=\frac{1}{2}\sin2\theta e_1+\frac{1}{2}(1-\cos2\theta)e_2,$$

所以 σ 在基 e_1, e_2 下的矩阵为

$$\begin{pmatrix} \frac{1}{2}(1+\cos 2\theta) & \frac{1}{2}\sin 2\theta \\ \frac{1}{2}\sin 2\theta & \frac{1}{2}(1-\cos 2\theta) \end{pmatrix}.$$

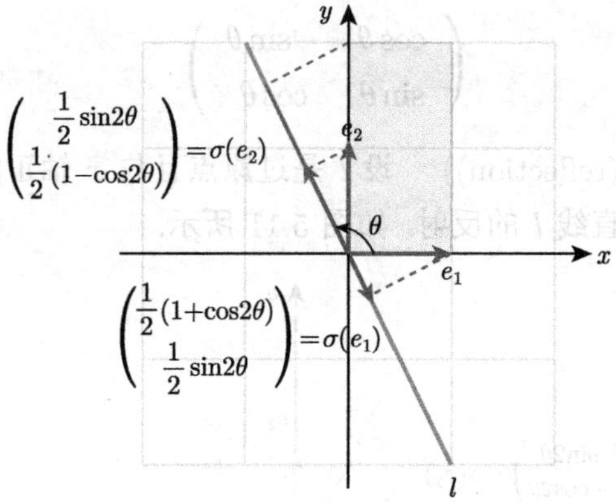

图 5.12

定理 5.5.2 设线性变换 $\mathscr{A}$ 在基 $\alpha_1, \alpha_2, \cdots, \alpha_n$ 下的矩阵是 A. 若 ξ 在基 $\alpha_1, \alpha_2, \cdots, \alpha_n$ 下的坐标为 $(x_1, x_2, \cdots, x_n)^{\mathrm{T}}$, 则 $\mathscr{A}\xi$ 在基 $\alpha_1, \alpha_2, \cdots, \alpha_n$ 下的坐标为

$$\begin{pmatrix} y_1 \\ y_2 \\ \vdots \\ y_n \end{pmatrix} = A \begin{pmatrix} x_1 \\ x_2 \\ \vdots \\ x_n \end{pmatrix}.$$

证明 由于

$$\begin{aligned}(\alpha_1, \alpha_2, \cdots, \alpha_n)\begin{pmatrix} y_1 \\ y_2 \\ \vdots \\ y_n \end{pmatrix} &= \mathscr{A}\xi = \mathscr{A}(\alpha_1, \alpha_2, \cdots, \alpha_n)\begin{pmatrix} x_1 \\ x_2 \\ \vdots \\ x_n \end{pmatrix} \\ &= (\alpha_1, \alpha_2, \cdots, \alpha_n)A\begin{pmatrix} x_1 \\ x_2 \\ \vdots \\ x_n \end{pmatrix},\end{aligned}$$

因为 $\alpha_1, \alpha_2, \cdots, \alpha_n$ 线性无关, 所以

$$A\begin{pmatrix} x_1 \\ x_2 \\ \vdots \\ x_n \end{pmatrix} = \begin{pmatrix} y_1 \\ y_2 \\ \vdots \\ y_n \end{pmatrix}.$$

□

该定理表明, 一旦取定 V 的一组基 $S = \{\alpha_1, \alpha_2, \cdots, \alpha_n\}$, 则 V 中的向量 α 都可以由它的坐标 $(a_1, a_2, \cdots, a_n)^{\mathrm{T}}$ 来表示, 而 V 上的线性变换 $\mathscr{A}$ 则可以由它在这组基下的矩阵 A 来表示, 即

$$[\mathscr{A}\alpha]_S = A[\alpha]_S = A\begin{pmatrix} a_1 \\ a_2 \\ \vdots \\ a_n \end{pmatrix}.$$

这相当于给出了 $\mathscr{A}$ 的显式表达式.

例 5.5.5 设 $V = \mathbb{R}[x]_n$, $\mathscr{D}: V \to V, f(x) \mapsto f'(x)$ 是 V 的一个线性变换. 取 V 的一组基 $1, x, x^2, \cdots, x^{n-1}$, 求 $\mathscr{D}$ 在这组基下的矩阵.

解 因为

$$\begin{aligned}
&\mathscr{D}(1) = 0 = 0\cdot 1 + 0\cdot x + \cdots + 0\cdot x^{n-1},\\
&\mathscr{D}(x) = 1 = 1\cdot 1 + 0\cdot x + \cdots + 0\cdot x^{n-1},\\
&\mathscr{D}(x^2) = 2x = 0\cdot 1 + 2\cdot x + \cdots + 0\cdot x^{n-1},\\
&\qquad\qquad\cdots\cdots\\
&\mathscr{D}(x^{n-1}) = (n-1)x^{n-2} = 0\cdot 1 + 0\cdot x + \cdots + (n-1)\cdot x^{n-2} + 0\cdot x^{n-1},
\end{aligned}$$

故 $\mathscr{D}$ 在这组基下的矩阵为

$$D = \begin{pmatrix} 0 & 1 & 0 & \cdots & 0 \\ 0 & 0 & 2 & \cdots & 0 \\ \vdots & \vdots & \vdots & \ddots & \vdots \\ 0 & 0 & 0 & \cdots & n-1 \\ 0 & 0 & 0 & \cdots & 0 \end{pmatrix}.$$

例 5.5.6 设 $V = \mathrm{F}^{2\times 2}$, 求线性变换 $\mathscr{T}: V \to V, A \mapsto A^{\mathrm{T}}$ 在基 $E_{11}, E_{12}, E_{21}, E_{22}$ 下的矩阵.

解　因为

$$\begin{aligned}
\mathscr{T}(E_{11}) &= E_{11} = 1\cdot E_{11}+0\cdot E_{12}+0\cdot E_{21}+0\cdot E_{22},\\
\mathscr{T}(E_{12}) &= E_{21} = 0\cdot E_{11}+0\cdot E_{12}+1\cdot E_{21}+0\cdot E_{22},\\
\mathscr{T}(E_{21}) &= E_{12} = 0\cdot E_{11}+1\cdot E_{12}+0\cdot E_{21}+0\cdot E_{22},\\
\mathscr{T}(E_{22}) &= E_{22} = 0\cdot E_{11}+0\cdot E_{12}+0\cdot E_{21}+1\cdot E_{22},
\end{aligned}$$

故 $\mathscr{T}$ 在这组基下的矩阵为

$$T=\begin{pmatrix}1&0&0&0\\0&0&1&0\\0&1&0&0\\0&0&0&1\end{pmatrix}.$$

例 5.5.7　设 $\sigma:\mathrm{F}^3\to\mathrm{F}^3,(x_1,x_2,x_3)^{\mathrm{T}}\mapsto(2x_1-x_2,x_2+x_3,x_1)^{\mathrm{T}}$. 求 σ 在标准基 e_1,e_2,e_3 下的矩阵.

解　因为 $\sigma(e_1)=(2,0,1)^{\mathrm{T}}$, $\sigma(e_2)=(-1,1,0)^{\mathrm{T}}$, $\sigma(e_3)=(0,1,0)^{\mathrm{T}}$, 所以

$$\sigma(e_1,e_2,e_3)=(e_1,e_2,e_3)\begin{pmatrix}2&-1&0\\0&1&1\\1&0&0\end{pmatrix}.$$

例 5.5.8　设 $V=\mathrm{F}^{2\times2}$, $A=\begin{pmatrix}a&b\\c&d\end{pmatrix}$. 求线性变换 $\mathscr{B}:V\to V,X\mapsto AXA$ 在基 $E_{11},E_{12},E_{21},E_{22}$ 下的矩阵.

解　因为

$$\begin{aligned}
\mathscr{B}(E_{11}) &= \begin{pmatrix}a^2&ab\\ac&bc\end{pmatrix} = a^2\cdot E_{11}+ab\cdot E_{12}+ac\cdot E_{21}+bc\cdot E_{22},\\
\mathscr{B}(E_{12}) &= \begin{pmatrix}ac&ad\\c^2&cd\end{pmatrix} = ac\cdot E_{11}+ad\cdot E_{12}+c^2\cdot E_{21}+cd\cdot E_{22},\\
\mathscr{B}(E_{21}) &= \begin{pmatrix}ab&b^2\\ad&bd\end{pmatrix} = ab\cdot E_{11}+b^2\cdot E_{12}+ad\cdot E_{21}+bd\cdot E_{22},\\
\mathscr{B}(E_{22}) &= \begin{pmatrix}bc&bd\\cd&d^2\end{pmatrix} = bc\cdot E_{11}+bd\cdot E_{12}+cd\cdot E_{21}+d^2\cdot E_{22},
\end{aligned}$$

故 $\mathscr{B}$ 在这组基下的矩阵为

$$B=\begin{pmatrix} a^2 & ac & ab & bc \\ ab & ad & b^2 & bd \\ ac & c^2 & ad & cd \\ bc & cd & bd & d^2 \end{pmatrix}.$$

下面的定理给出了 n 维线性空间 V 上的线性变换与 n 阶矩阵之间的对应关系, 使得我们能将对抽象的线性变换的研究转化为对具体的矩阵的研究, 是线性代数的基本定理之一.

定理 5.5.3 设 $\alpha_1,\alpha_2,\cdots,\alpha_n$ 是数域 F 上 n 维线性空间 V 的一组基.

(1) 映射 $\Theta:\mathscr{L}(V)\to \mathrm{F}^{n\times n}$, $\mathscr{A}\mapsto A$ 是同构映射, 其中 A 是线性变换 $\mathscr{A}$ 在基 $\alpha_1,\alpha_2,\cdots,\alpha_n$ 下的矩阵;

(2) $\Theta(\mathscr{A}\mathscr{B})=AB$;

(3) 若 $\mathscr{A}$ 可逆, 则 $\Theta(\mathscr{A}^{-1})=A^{-1}$.

证明 (1) 由于

$$\begin{aligned}(\mathscr{A}+\mathscr{B})(\alpha_1,\alpha_2,\cdots,\alpha_n)&=\mathscr{A}(\alpha_1,\alpha_2,\cdots,\alpha_n)+\mathscr{B}(\alpha_1,\alpha_2,\cdots,\alpha_n)\\&=(\alpha_1,\alpha_2,\cdots,\alpha_n)A+(\alpha_1,\alpha_2,\cdots,\alpha_n)B\\&=(\alpha_1,\alpha_2,\cdots,\alpha_n)(A+B);\end{aligned}$$

$$\begin{aligned}(k\mathscr{A})(\alpha_1,\alpha_2,\cdots,\alpha_n)&=k\mathscr{A}(\alpha_1,\alpha_2,\cdots,\alpha_n)\\&=k(\alpha_1,\alpha_2,\cdots,\alpha_n)A\\&=(\alpha_1,\alpha_2,\cdots,\alpha_n)kA.\end{aligned}$$

所以 $\Theta(\mathscr{A}+\mathscr{B})=A+B$, $\Theta(k\mathscr{A})=kA$, 故 Θ 是线性映射.

$\forall A\in \mathrm{F}^{n\times n}$, $\forall\alpha=\sum\limits_{i=1}^{n}x_i\alpha_i\in V$, 设 $A\begin{pmatrix}x_1\\x_2\\\vdots\\x_n\end{pmatrix}=\begin{pmatrix}y_1\\y_2\\\vdots\\y_n\end{pmatrix}$. 定义

$$\mathscr{A}:V\to V,\quad \alpha\mapsto\sum_{i=1}^{n}y_i\alpha_i.$$

则 $\mathscr{A}\in\mathscr{L}(V)$. 定义

$$\Psi:\mathrm{F}^{n\times n}\to\mathscr{L}(V),\quad A\mapsto\mathscr{A}.$$

容易验证 $\Theta\Psi = \mathrm{id}_{\mathbb{F}^{n\times n}}$, $\Psi\Theta = \mathrm{id}_{\mathscr{L}(V)}$. 所以 Θ 是同构映射.

(2) 由于

$$\begin{aligned}(\mathscr{A}\mathscr{B})(\alpha_1, \alpha_2, \cdots, \alpha_n) &= \mathscr{A}(\mathscr{B}(\alpha_1, \alpha_2, \cdots, \alpha_n)) \\ &= \mathscr{A}((\alpha_1, \alpha_2, \cdots, \alpha_n)B) \\ &= \mathscr{A}(\alpha_1, \alpha_2, \cdots, \alpha_n)B \\ &= (\alpha_1, \alpha_2, \cdots, \alpha_n)AB,\end{aligned}$$

所以 $\Theta(\mathscr{A}\mathscr{B}) = AB$.

(3) 因为

$$\begin{aligned}(\alpha_1, \alpha_2, \cdots, \alpha_n) &= (\mathscr{A}^{-1}\mathscr{A})(\alpha_1, \alpha_2, \cdots, \alpha_n) \\ &= \mathscr{A}^{-1}(\mathscr{A}(\alpha_1, \alpha_2, \cdots, \alpha_n)) \\ &= \mathscr{A}^{-1}(\alpha_1, \alpha_2, \cdots, \alpha_n)A,\end{aligned}$$

所以

$$\mathscr{A}^{-1}(\alpha_1, \alpha_2, \cdots, \alpha_n) = (\alpha_1, \alpha_2, \cdots, \alpha_n)A^{-1},$$

即 $\Theta(\mathscr{A}^{-1}) = A^{-1}$. □

推论 5.5.1 设 A 是线性变换 $\mathscr{A}$ 在基 $\alpha_1, \alpha_2, \cdots, \alpha_n$ 下的矩阵, 则

(1) $\dim\mathrm{Im}\mathscr{A} = r(A)$;

(2) $\dim\mathrm{Ker}\mathscr{A} = n - r(A)$.

证明 (1) 由于

$$(\mathscr{A}\alpha_1, \mathscr{A}\alpha_2, \cdots, \mathscr{A}\alpha_n) = (\alpha_1, \alpha_2, \cdots, \alpha_n)A,$$

所以 $r(\mathscr{A}\alpha_1, \mathscr{A}\alpha_2, \cdots, \mathscr{A}\alpha_n) = r(A)$. 另一方面, 由于

$$\mathrm{Im}\mathscr{A} = L(\mathscr{A}\alpha_1, \mathscr{A}\alpha_2, \cdots, \mathscr{A}\alpha_n),$$

所以 $\dim\mathrm{Im}\mathscr{A} = r(\mathscr{A}\alpha_1, \mathscr{A}\alpha_2, \cdots, \mathscr{A}\alpha_n)$. 故 $\dim\mathrm{Im}\mathscr{A} = r(A)$.

(2) 由定理 5.4.2 得 $\dim\mathrm{Ker}\mathscr{A} = \dim V - \dim\mathrm{Im}\mathscr{A} = n - r(A)$. □

例 5.5.9 设 $\mathscr{D}$ 是例 5.5.5 中的求导变换, $\mathscr{D}$ 在基 $1, x, x^2, \cdots, x^{n-1}$ 下的矩阵为

$$D = \begin{pmatrix} 0 & 1 & 0 & \cdots & 0 \\ 0 & 0 & 2 & \cdots & 0 \\ \vdots & \vdots & \vdots & \ddots & \vdots \\ 0 & 0 & 0 & \cdots & n-1 \\ 0 & 0 & 0 & \cdots & 0 \end{pmatrix}.$$

所以由推论 5.5.1知 $\dim\mathrm{Im}\mathscr{D}=r(D)=n-1$, $\dim\mathrm{Ker}\mathscr{D}=n-(n-1)=1$.

例 5.5.10 设 $\mathbb{R}^2$ 上的线性变换 σ 在基 e_1,e_2 下的矩阵是 $A=\begin{pmatrix}3&2\\2&3\end{pmatrix}$. 则 σ 将 e_1,e_2 分别映为 $\alpha_1=\begin{pmatrix}3\\2\end{pmatrix},\alpha_2=\begin{pmatrix}2\\3\end{pmatrix}$, 因此 σ 将由 e_1,e_2 张成的平行四边形映成由 α_1,α_2 张成的平行四边形. 由于 e_1,e_2 与 α_1,α_2 张成的平行四边形的有向面积分别是 1 和 5, 而 $|A|=5$, 所以 $|A|$ 可以看作是线性变换 σ 的缩放系数. 更恰切地, 我们有如下命题.

命题 5.5.1 设线性变换 $\sigma:\mathbb{R}^2\to\mathbb{R}^2$ 在标准基 e_1,e_2 下的矩阵是 A. 若 S 是 $\mathbb{R}^2$ 中的一个平行四边形, 则

$$\sigma(S)\text{的面积}=|A|\cdot S\text{的面积}.$$

证明 设 S 是由矩阵 $B=(\beta_1,\beta_2)$ 确定的顶点在原点的平行四边形, 即

$$S=\{k_1\beta_1+k_2\beta_2\mid 0\leqslant k_1\leqslant 1,0\leqslant k_2\leqslant 1\}.$$

则 S 的像 $\sigma(S)$ 也是平行四边形, 且由 $(A\beta_1,A\beta_2)=AB$ 确定, 即

$$\sigma(S)=\{k_1A\beta_1+k_2A\beta_2\mid 0\leqslant k_1\leqslant 1,0\leqslant k_2\leqslant 1\}.$$

所以由命题 2.3.1 知

$$\begin{aligned}\sigma(S)\text{的面积}&=|AB|=|A|\cdot|B|\\&=|A|\cdot S\text{的面积}.\end{aligned}$$

对于 $\mathbb{R}^2$ 中的一般平行四边形 $\alpha+S$, σ 将它变为 $\sigma(\alpha)+\sigma(S)$. 由于平移不改变一个图形的面积, 所以

$$\begin{aligned}\sigma(\alpha+S)\text{ 的面积}&=\sigma(\alpha)+\sigma(S)\text{ 的面积}\\&=\sigma(S)\text{ 的面积}\\&=|A|\cdot S\text{ 的面积}\\&=|A|\cdot(\alpha+S\text{ 的面积}).\end{aligned}$$

因此定理对任意的平行四边形都成立. □

类似地, $\mathbb{R}^3$ 上的线性变换 σ 在标准基 e_1,e_2,e_3 下的矩阵 $A=(\alpha_1,\alpha_2,\alpha_3)$, 则线性变换 σ 将 e_1,e_2,e_3 张成的平行六面体映成由 $\alpha_1,\alpha_2,\alpha_3$ 张成的平行六面体, 所以 A 的行列式 $|A|$ 可以看作是 σ 的缩放系数. 更一般地, 若 n 维线性空间上的

线性变换 σ 在某一基下的矩阵是 A, 则 A 的行列式可以解释为线性变换 σ 的缩放系数.

拓展阅读 线性变换在计算机图形学中的应用[①]

计算机图形学 (如动漫、工业设计、电影特技、游戏制作、虚拟现实以及现代药物设计中模拟生物分子模型的化学反应等) 中的数学与线性变换或矩阵运算关系密切. 计算机图形学中的标准变换, 如旋转、镜面反射、透视投影、缩放等. 这些变换的研究打开了虚拟现实、电影特技、游戏制作等最新和最激动人心的应用的研究之门.

例如, 最简单的二维图形符号 (比如一个字母), 可以用它的顶点以及连接顶点的直线来表示. 将这些顶点的坐标存储在一个数据矩阵中. 由于线性变换将线段映射为线段, 当描述该图形的顶点被变换时, 它们的像用适当的直线连接起来就得到变换后的图形. 实现这个变换的工具就是对图形的数据矩阵左乘一个 2×2 的变换矩阵.

从本节的引例中我们知道二阶矩阵

$$\begin{pmatrix} \cos\theta & \sin\theta \\ -\sin\theta & \cos\theta \end{pmatrix}$$

表示绕原点逆时针旋转 θ 角的旋转变换; 而对角矩阵

$$\begin{pmatrix} a & 0 \\ 0 & b \end{pmatrix}$$

表示的是分别沿 x 轴、y 轴缩放 a 倍、b 倍的缩放变换. 然而, 屏幕上物体的平移却不是 $\mathbb{R}^2$ 上的线性变换, 见例 5.1.12. 将一个图形沿某一向量平移, 只需将这个图形上每一点的坐标都加上平移向量的坐标, 或等价地, 对图形的数据矩阵的每一个列向量都加上固定的平移向量, 这不是通过对图形的数据矩阵左乘一个矩阵得到的. 但实际应用中经常对一个图形作一系列的线性变换, 这表现为对应变换矩阵的乘法, 例如, 对一个图形先旋转再缩放, 只需对图形的数据矩阵先左乘一个旋转矩阵再左乘一个缩放矩阵即可. 由于平移变换不是通过对图形的数据矩阵左乘一个矩阵得到的, 这样的处理是不方便的.

如何将平移变换也实现为对图形的数据矩阵左乘一个移位矩阵呢? 数学家们想到了齐次坐标的方法. 例如, 我们可以将一维直线 $\mathbb{R}$ 中的点对应于二维平面上过原点的直线, 如直线 $y=2x$ 上点的坐标可表示为 $\{(a,2a)^{\mathrm{T}} \mid a\in\mathbb{R}\}$, 取

① Lay D C. 线性代数及其应用: 原书第 4 版. 刘深泉, 等译. 北京: 机械工业出版社, 2017.

$\left(\frac{1}{2},1\right)^{\mathrm{T}}$ 作代表元, 记作

$$\left[\left(\frac{1}{2},1\right)^{\mathrm{T}}\right]=\left\{a\left(\frac{1}{2},1\right)^{\mathrm{T}}\middle|a\in\mathbb{R}\right\}.$$

此时我们说 $\left(\frac{1}{2},1\right)^{\mathrm{T}}$ 是 $\mathbb{R}$ 中的点 $\frac{1}{2}$ 的齐次坐标. 一般地, $\mathbb{R}$ 中的点 x 有齐次坐标 $(x,1)^{\mathrm{T}}$. 当然, $(ax,a)^{\mathrm{T}},a\neq 0$ 都是点 x 的齐次坐标. 类似地, $\mathbb{R}^2$ 中的点 $(x,y)^{\mathrm{T}}$ 有齐次坐标 $(x,y,1)^{\mathrm{T}}$, $\mathbb{R}^3$ 中的点 $(x,y,z)^{\mathrm{T}}$ 有齐次坐标 $(x,y,z,1)^{\mathrm{T}}$, 等等.

引入齐次坐标之后, 平移变换可以通过矩阵的乘法来实现. 例如, 例 5.1.12 中的平移变换可以写成

$$\begin{pmatrix}1&0&a\\0&1&b\\0&0&1\end{pmatrix}\begin{pmatrix}x\\y\\1\end{pmatrix}=\begin{pmatrix}x+a\\y+b\\1\end{pmatrix}.$$

$\mathbb{R}^2$ 中的任意变换也可以通过齐次坐标乘以分块矩阵 $\begin{pmatrix}A_{2\times 2}&O\\O&1\end{pmatrix}$ 实现, 如

$$\begin{pmatrix}\cos\theta&-\sin\theta&0\\\sin\theta&\cos\theta&0\\0&0&1\end{pmatrix},\quad\begin{pmatrix}0&1&0\\1&0&0\\0&0&1\end{pmatrix},\quad\begin{pmatrix}a&0&0\\0&b&0\\0&0&1\end{pmatrix}$$

分别表示绕原点逆时针旋转 θ 角、关于直线 $y=x$ 的对称、分别沿 x 轴、y 轴缩放 a 倍与 b 倍的线性变换. 对齐次坐标进行多个变换的复合对应于相应的变换矩阵相乘.

三维物体在二维计算机屏幕上的表示方法是将它投影到一个可视平面上. 为简便起见, 假设 yOz 平面表示计算机屏幕, 某一观察者的眼睛沿 x 轴的负方向看去, 眼睛的位置 (称为透视中心) 是 $(d,0,0)^{\mathrm{T}}$, 透视投影将每个点 $(x,y,z)^{\mathrm{T}}$ 映射为点 $(0,y^*,z^*)^{\mathrm{T}}$, 使这两点与透视中心共线. 如图 5.13 所示.

由相似三角形的性质知

$$\frac{d-x}{d}=\frac{y}{y^*},\quad 即\quad y^*=\frac{dy}{d-x}=\frac{y}{1-\dfrac{x}{d}}.$$

类似可得

$$z^*=\frac{dz}{d-x}=\frac{z}{1-\dfrac{x}{d}}.$$

因此得到透视点的齐次坐标为

$$\left(0, \frac{y}{1-x/d}, \frac{z}{1-x/d}, 1\right)^{\mathrm{T}} \quad 或 \quad \left(0, y, z, \frac{1-x}{d}\right)^{\mathrm{T}}.$$

由此可求得透视投影变换的齐次坐标矩阵表示

$$\begin{pmatrix} 0 & 0 & 0 & 0 \\ 0 & 1 & 0 & 0 \\ 0 & 0 & 1 & 0 \\ -\dfrac{1}{d} & 0 & 0 & 1 \end{pmatrix} \begin{pmatrix} x \\ y \\ z \\ 1 \end{pmatrix} = \begin{pmatrix} 0 \\ y \\ z \\ 1-\dfrac{x}{d} \end{pmatrix}.$$

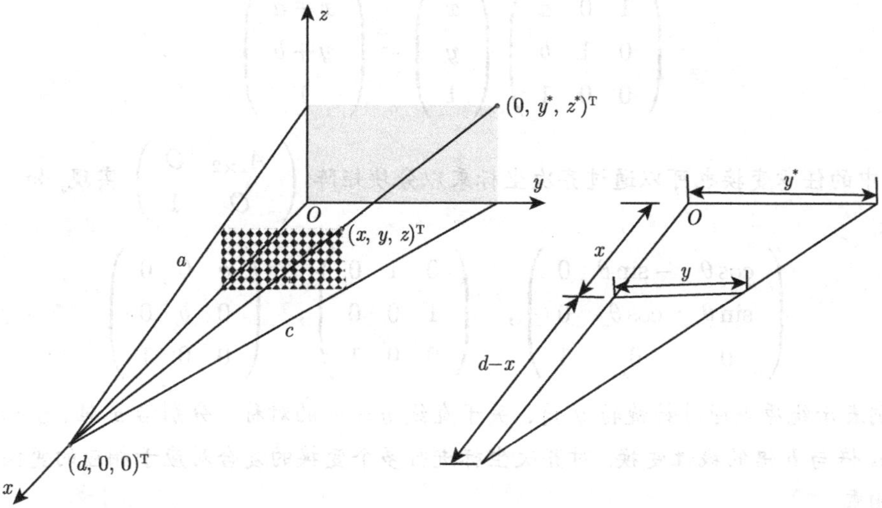

图 5.13

习　题　5.5

(A)

1. 设 $\mathscr{A}$ 是 F^3 上的线性变换,

$$\mathscr{A}\begin{pmatrix} x_1 \\ x_2 \\ x_3 \end{pmatrix} = \begin{pmatrix} x_1+2x_2 \\ x_1-x_2 \\ x_2-x_3 \end{pmatrix}.$$

求 $\mathscr{A}$ 在标准基 e_1, e_2, e_3 下的矩阵.

2. 设 $\mathscr{A}: \mathrm{F}[x]_n \to \mathrm{F}[x]_n$, $f(x) \mapsto f(x+1)-f(x)$. 求 $\mathscr{A}$ 在基

$$\alpha_0(x)=1, \quad \alpha_i(x)=\frac{x(x-1)\cdots(x-i+1)}{i!}, \quad i=1,2,\cdots,n-1$$

下的矩阵.

3. 设 $\mathscr{T}: \mathrm{F}^{n\times n} \to \mathrm{F}^{n\times n}$, $A \mapsto A^{\mathrm{T}}$. 求 V 的一组基, 使得 $\mathscr{T}$ 在这组基下的矩阵是对角元为 ± 1 的对角矩阵, 并求 1 和 -1 的个数.

(B)

4. 设 $\mathscr{A}^{n-1}\xi \neq 0$ 但 $\mathscr{A}^n\xi = 0$, 求 V 的一组基使得 $\mathscr{A}$ 在该基下的矩阵是

$$J_n(0)=\begin{pmatrix} 0 & & & & \\ 1 & 0 & & & \\ & \ddots & \ddots & & \\ & & 1 & 0 & \\ & & & 1 & 0 \end{pmatrix}.$$

5.6 相似矩阵

取定线性空间的一组基后, 抽象的线性变换可以用具体的矩阵来表示, 这个矩阵可以看作线性变换从取定的基的角度拍的一张“照片”. 如果取两组不同的基, 则同一个线性变换在这两组基下得到的两张不同的“照片”应该是“相似”的. 从数学上看, 这同一个线性变换在不同基下的两个矩阵应该有什么样的关系呢?

定理 5.6.1 设从线性空间 V 的基 $\alpha_1,\alpha_2,\cdots,\alpha_n$ 到另一组基 $\beta_1,\beta_2,\cdots,\beta_n$ 的过渡矩阵为 P, 线性变换 $\mathscr{A}$ 在这两组基下的矩阵分别为 A,B, 则 $B=P^{-1}AP$.

证明 由于

$$\begin{aligned}\mathscr{A}(\alpha_1,\alpha_2,\cdots,\alpha_n)&=(\alpha_1,\alpha_2,\cdots,\alpha_n)A,\\ \mathscr{A}(\beta_1,\beta_2,\cdots,\beta_n)&=(\beta_1,\beta_2,\cdots,\beta_n)B,\\ (\beta_1,\beta_2,\cdots,\beta_n)&=(\alpha_1,\alpha_2,\cdots,\alpha_n)P,\end{aligned}$$

所以

$$\begin{aligned}(\beta_1,\beta_2,\cdots,\beta_n)B&=\mathscr{A}(\beta_1,\beta_2,\cdots,\beta_n)\\ &=\mathscr{A}[(\alpha_1,\alpha_2,\cdots,\alpha_n)P]\\ &=[\mathscr{A}(\alpha_1,\alpha_2,\cdots,\alpha_n)]P\\ &=(\alpha_1,\alpha_2,\cdots,\alpha_n)AP\\ &=(\beta_1,\beta_2,\cdots,\beta_n)P^{-1}AP.\end{aligned}$$

由 $\beta_1,\beta_2,\cdots,\beta_n$ 线性无关知 $B=P^{-1}AP$. □

定义 5.6.1　设 A,B 是数域 $\mathbb{F}$ 上的两个 n 阶方阵, 如果存在可逆矩阵 P, 使得 $B=P^{-1}AP$, 则称 A **相似于** B, 记作 $A\sim B$.

注　(1) 像矩阵论的许多其他概念一样, 相似矩阵的概念起源于行列式的早期研究工作, 如柯西与魏尔斯特拉斯的工作, 他们证明相似矩阵具有相同的特征方程, 因而有相同的不变因子与初等因子, 见 6.3 节、6.4 节.

(2) 容易验证相似是一种等价关系, 即满足自反性、对称性与传递性.

定理 5.6.2　$A\sim B$ 当且仅当 A,B 是同一个线性变换在两组基下对应的矩阵.

证明　充分性：定理 5.6.1已证.

必要性：若 $A\sim B$, 则存在可逆矩阵 P 使得 $B=P^{-1}AP$. 设线性变换 $\mathscr{A}$ 在基 $\alpha_1,\alpha_2,\cdots,\alpha_n$ 下的矩阵为 A, $(\beta_1,\beta_2,\cdots,\beta_n)=(\alpha_1,\alpha_2,\cdots,\alpha_n)P$. 则

$$\begin{aligned}&\mathscr{A}(\beta_1,\beta_2,\cdots,\beta_n)\\=&\mathscr{A}[(\alpha_1,\alpha_2,\cdots,\alpha_n)P]\\=&[\mathscr{A}(\alpha_1,\alpha_2,\cdots,\alpha_n)]P\\=&(\alpha_1,\alpha_2,\cdots,\alpha_n)AP\\=&(\beta_1,\beta_2,\cdots,\beta_n)P^{-1}AP\\=&(\beta_1,\beta_2,\cdots,\beta_n)B,\end{aligned}$$

即 $\mathscr{A}$ 在基 $\beta_1,\beta_2,\cdots,\beta_n$ 下的矩阵是 B. □

例 5.6.1　设

$$A=\begin{pmatrix}\frac{1}{2}&\frac{3}{2}\\\frac{3}{2}&\frac{1}{2}\end{pmatrix},\quad B=\begin{pmatrix}-1&0\\0&2\end{pmatrix},\quad P=\begin{pmatrix}1&1\\-1&1\end{pmatrix},$$

则矩阵 A,B,P 满足 $A=PBP^{-1}$. 由于 P 为可逆矩阵, 则

$$\mathcal{B}=\left\{\varepsilon_1=\begin{pmatrix}1\\-1\end{pmatrix},\varepsilon_2=\begin{pmatrix}1\\1\end{pmatrix}\right\}$$

也是 $\mathbb{R}^2$ 的一组基, 且矩阵 P 为图 5.14 中标准坐标系 xOy 到 $\mathcal{B}$ 确定的新坐标系 $x'Oy'$ 的过渡矩阵.

任取向量 $\alpha=\begin{pmatrix}0\\-2\end{pmatrix},\beta=\begin{pmatrix}-2\\-2\end{pmatrix}$, 我们考虑等式 $P^{-1}A(\alpha,\beta)=BP^{-1}(\alpha,\beta)$. 等式左边 $P^{-1}A(\alpha,\beta)$, 即为向量 $A\alpha=\begin{pmatrix}-3\\-1\end{pmatrix},A\beta=\begin{pmatrix}-4\\-4\end{pmatrix}$ 在新基

$\mathcal{B}$ 下的坐标 $[A\alpha]_{\mathcal{B}}=\begin{pmatrix}-1\\-2\end{pmatrix}, [A\beta]_{\mathcal{B}}=\begin{pmatrix}0\\-4\end{pmatrix}$. 同理, 等式右边中 $P^{-1}(\alpha,\beta)$ 即为向量 α,β 在新基 $\mathcal{B}$ 下的坐标 $[\alpha]_{\mathcal{B}}=\begin{pmatrix}1\\-1\end{pmatrix}, [\beta]_{\mathcal{B}}=\begin{pmatrix}0\\-2\end{pmatrix}$.

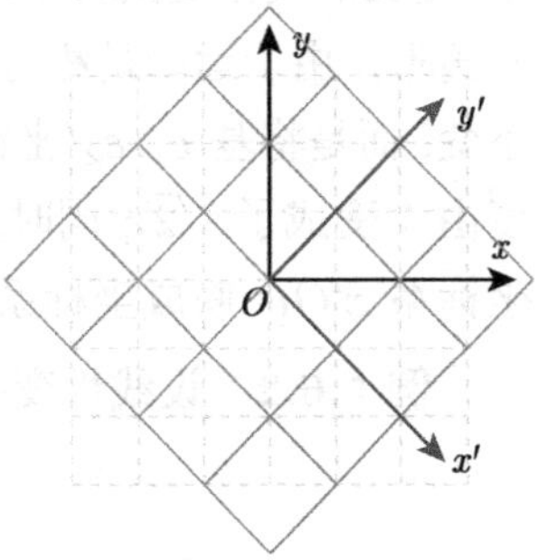

图 5.14

等式 $P^{-1}A(\alpha,\beta)=BP^{-1}(\alpha,\beta)$ 表明：如图 5.15 所示, 在标准坐标系 xOy 中, 矩阵 A 定义的线性变换将 (a) 中的三角形映为 (b) 中的三角形, 而同样这个变换在坐标系 $x'Oy'$ 中, 则是由矩阵 B 表示的; 而坐标系 xOy 到坐标系 $x'Oy'$ 的过渡矩阵是 P.

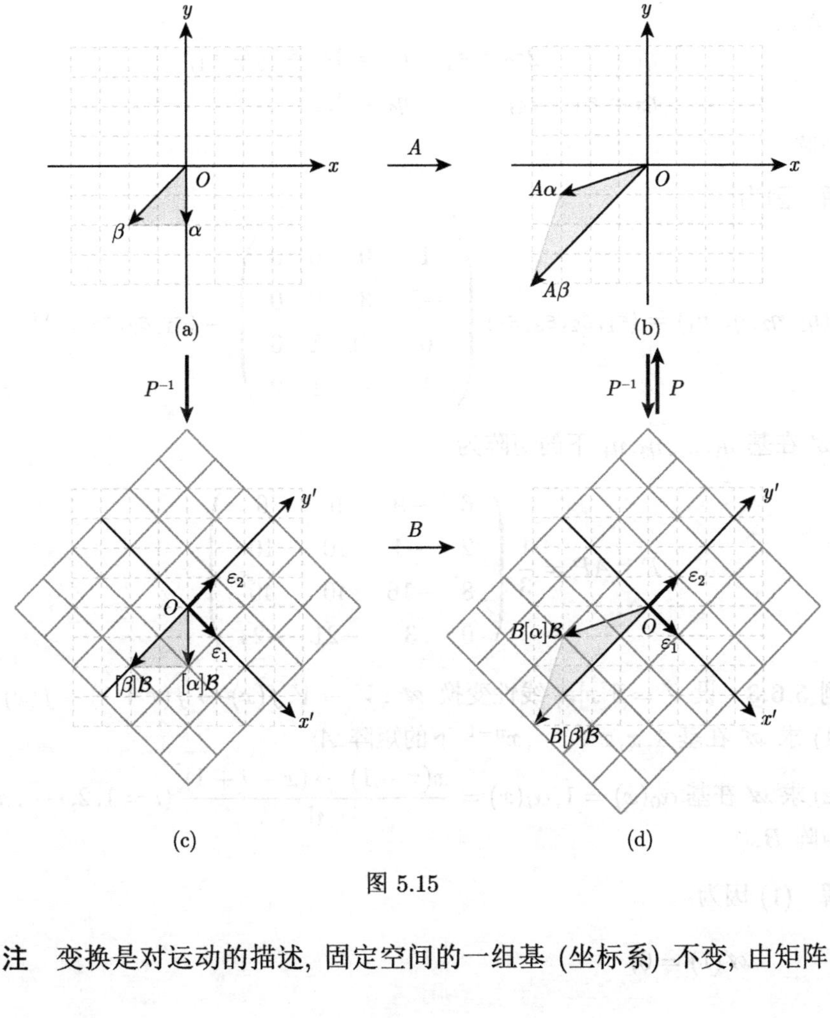

图 5.15

注 变换是对运动的描述, 固定空间的一组基 (坐标系) 不变, 由矩阵 A(或

B) 定义的线性变换将 (a) 中的 (或 (c) 中的) 三角形变为 (b) 中的 (或 (d) 中的) 三角形；由于运动是相对的, 可逆矩阵 P^{-1} 定义的线性变换保持 (a) 中的三角形不变, 而是将基 e_1, e_2(坐标系 xOy) 映成基 $\varepsilon_1, \varepsilon_2$(坐标系 $x'Oy'$, 坐标系的单位长度由 1 变成了 $\sqrt{2}$); 同时, P 定义的线性变换保持 (d) 中的三角形不变, 而是将基坐标系 $x'Oy'$ 映成坐标系 xOy.

例 5.6.2　设线性变换 $\mathscr{A}$ 在 4 维线性空间 V 的基 $\varepsilon_1, \varepsilon_2, \varepsilon_3, \varepsilon_4$ 下的矩阵是

$$A=\begin{pmatrix} 1 & 0 & 2 & 1 \\ -1 & 2 & 1 & 3 \\ 1 & 2 & 5 & 5 \\ 2 & -2 & 1 & -2 \end{pmatrix}.$$

求 $\mathscr{A}$ 在基

$$\eta_1=\varepsilon_1-2\varepsilon_2+\varepsilon_4,\quad \eta_2=3\varepsilon_2-\varepsilon_3-\varepsilon_4,$$
$$\eta_3=\varepsilon_3+\varepsilon_4,\qquad \eta_4=2\varepsilon_4$$

下的矩阵.

解　因为

$$(\eta_1,\eta_2,\eta_3,\eta_4)=(\varepsilon_1,\varepsilon_2,\varepsilon_3,\varepsilon_4)\begin{pmatrix} 1 & 0 & 0 & 0 \\ -2 & 3 & 0 & 0 \\ 0 & -1 & 1 & 0 \\ 1 & -1 & 1 & 2 \end{pmatrix}=(\varepsilon_1,\varepsilon_2,\varepsilon_3,\varepsilon_4)P,$$

所以 $\mathscr{A}$ 在基 $\eta_1, \eta_2, \eta_3, \eta_4$ 下的矩阵为

$$P^{-1}AP=\frac{1}{3}\begin{pmatrix} 6 & -9 & 9 & 6 \\ 2 & -4 & 10 & 10 \\ 8 & -16 & 40 & 40 \\ 0 & 3 & -21 & -24 \end{pmatrix}.$$

例 5.6.3　设 $V=\mathrm{F}[x]_n$, 线性变换 $\mathscr{A}: V\to V, f(x)\mapsto f(x+1)-f(x)$.

(1) 求 $\mathscr{A}$ 在基 $1, x, x^2, \cdots, x^{n-1}$ 下的矩阵 A;

(2) 求 $\mathscr{A}$ 在基 $\alpha_0(x)=1, \alpha_i(x)=\dfrac{x(x-1)\cdots(x-i+1)}{i!}$ $(i=1,2,\cdots,n-1)$ 下的矩阵 B.

解　(1) 因为

$$\mathscr{A}(1)=0,$$

$$\mathscr{A}(x)=1,$$
$$\mathscr{A}(x^2)=1+2x,$$
$$\cdots\cdots$$
$$\mathscr{A}(x^{n-1})=1+\binom{n-1}{1}x+\binom{n-1}{2}x^2+\cdots+\binom{n-1}{n-2}x^{n-2},$$

其中, $\binom{n-1}{k}$ 表示从 $n-1$ 个数中任取 k 个数的组合数, 所以 $\mathscr{A}$ 在基 $1,x,x^2,\cdots,x^{n-1}$ 下的矩阵

$$A=\begin{pmatrix} 0 & 1 & 1 & \cdots & 1 \\ 0 & 0 & 2 & \cdots & \binom{n-1}{1} \\ 0 & 0 & 0 & \cdots & \binom{n-1}{2} \\ \vdots & \vdots & \vdots & & \vdots \\ 0 & 0 & 0 & \cdots & \binom{n-1}{n-2} \\ 0 & 0 & 0 & \cdots & 0 \end{pmatrix}.$$

(2) 因为 $\mathscr{A}\alpha_0(x)=0, \mathscr{A}\alpha_i(x)=\alpha_{i-1}(x), i=1,2,\cdots,n-1$, 所以 $\mathscr{A}$ 在基 $\alpha_0(x),\alpha_1(x),\cdots,\alpha_{n-1}(x)$ 下的矩阵

$$B=\begin{pmatrix} 0 & 1 & 0 & \cdots & 0 \\ 0 & 0 & 1 & \cdots & 0 \\ \vdots & \vdots & \vdots & & \vdots \\ 0 & 0 & 0 & \cdots & 1 \\ 0 & 0 & 0 & \cdots & 0 \end{pmatrix}.$$

例 5.6.3 表明线性变换 $\mathscr{A}$ 在基 $\alpha_0(x)=1, \alpha_i(x)=\dfrac{x(x-1)\cdots(x-i+1)}{i!}$ $(i=1, 2, \cdots, n-1)$ 下的矩阵 B 的形式更为简单. 一个自然的问题是: 如何寻找线性空间 V 的一组基, 使得线性变换 $\mathscr{A}$ 在该基下的矩阵的形式最简单?

相关拓展 相似与数域无关

相似与数域无关. 更具体地说, 设数域 $\mathrm{F}\subseteq K$, 若方阵 A,B 在数域 K 上相似, 则它们必在 F 上相似. 事实上, 令

$$U_{\mathrm{F}}=\{S\in \mathrm{F}^{n\times n}\mid AS=SB\},$$
$$U_K=\{S\in K^{n\times n}\mid AS=SB\},$$

则 $\dim_{\mathrm{F}} U_{\mathrm{F}} = \dim_K U_K$. 取 $X_1, X_2, \cdots, X_r$ 是 U_{F} 的一组基, 也可以看作是 U_K 的基. 因为 A, B 在 K 中相似, 故存在不全为零的 $a_1, a_2, \cdots, a_r \in K$, 使得 $S = a_1X_1 + a_2X_2 + \cdots + a_rX_r \in U_K$ 可逆. 考察多元多项式

$$f(t_1, t_2, \cdots, t_r) = \det(t_1X_1 + t_2X_2 + \cdots + t_rX_r).$$

由于 $f(a_1, a_2, \cdots, a_r) \neq 0$, 所以 $f(t_1, t_2, \cdots, t_r)$ 不是零多项式, 因而存在不全为零的 $b_1, b_2, \cdots, b_r \in \mathrm{F}$, 使得 $f(b_1, b_2, \cdots, b_r) \neq 0$ (否则, 由于 F 包含无穷多个元素, 固定 F 的 $r-1$ 个变量, 则关于 t_i 的一元多项式 $f(b_1, \cdots, b_{i-1}, t_i, b_{i+1}, \cdots, b_r)$ 是零多项式), 即存在 $T = b_1X_1 + b_2X_2 + \cdots + b_rX_r \in U_{\mathrm{F}}$ 可逆, 使得 $T^{-1}AT = B$.

习 题 5.6

(A)

1. 设 e_1, e_2, e_3, e_4 是 F^4 的一组标准基, 线性变换 $\mathscr{A}$ 在这组基下的矩阵

$$A = \begin{pmatrix} 1 & 0 & 2 & 1 \\ -1 & 2 & 1 & 3 \\ 1 & 2 & 5 & 5 \\ 2 & -2 & 1 & -2 \end{pmatrix}.$$

(1) 求 $\mathrm{Ker}\mathscr{A}$ 与 $\mathrm{Im}\mathscr{A}$ 的一组基;

(2) 在 $\mathrm{Ker}\mathscr{A}$ 中选一组基, 将它扩充为 V 的基, 求 $\mathscr{A}$ 在这组基下的矩阵;

(3) 在 $\mathrm{Im}\mathscr{A}$ 中选一组基, 将它扩充为 V 的基, 求 $\mathscr{A}$ 在这组基下的矩阵.

2. 设 $\mathscr{A}$ 是数域 F 上的 n 维线性空间 V 的一个线性变换. 证明: 如果 $\mathscr{A}$ 在任意一组基下的矩阵都相同, 则 $\mathscr{A}$ 是数乘变换.

3. 证明: 如果 $A \sim B, C \sim D$, 则 $\begin{pmatrix} A & O \\ O & C \end{pmatrix} \sim \begin{pmatrix} B & O \\ O & D \end{pmatrix}$.

4. 如果 A 可逆, 则 AB 与 BA 相似.

5.7 特征值与特征向量 I: 定义与求法

相似矩阵是同一线性变换在不同基下的矩阵. 那么有两个自然的问题:

一是相似矩阵有哪些相同的性质? 这本质上是寻找相似不变量, 例如, 行列式、秩等. 事实上, 矩阵的特征值也是矩阵的相似不变量.

二是能否选择一组非常“好”的基, 使得线性变换在这组基下的矩阵有非常“简单”的形式, 即所谓的“相似标准形”? 事实上, 由特征向量构成 (或扩充成) 的基就具有这样的性质.

不仅如此, 矩阵的特征值与特征向量在现代科技的诸多分支都有广泛的应用. 例如, 我们在 2.1 节介绍的谷歌 PageRank 算法, 如何求稳定向量 $p=\lim\limits_{n\to\infty}G^np_0$ 呢? 实际上, p 就是方阵 G 属于最大绝对特征值 1 的特征向量. 特征值与特征向量也被应用于计算机人脸识别领域. 最新的研究表明种族群体中的每个人脸都是几十种主要形状的组合. 例如, 洛克菲勒大学的研究人员通过对许多人脸的三维扫描分析, 得出了一组白种人的平均头型和一组标准化的头型变化, 称为特征头, 人脸形状在数学上表示为特征头的线性组合. 之所以这样命名, 是因为它们是存储数字化面部信息的某个矩阵的特征向量. 本节首先引入特征值与特征向量的概念, 并介绍它们的求法.

定义 5.7.1 设 $\mathscr{A}$ 是数域 F 上线性空间 V 的一个线性变换. 对于 $\lambda\in\mathrm{F}$, 若存在一个非零向量 $\alpha\in V$, 使得

$$\mathscr{A}\alpha=\lambda\alpha,$$

则 λ 称为 $\mathscr{A}$ 的一个**特征值**, 而 α 称为 $\mathscr{A}$ 的属于特征值 λ 的**特征向量**.

从几何上看, 线性变换沿特征向量 α 方向的作用仅仅表现为向量的伸缩变换, 而没有产生旋转效果, 伸缩的比例就是特征值 λ.

例 5.7.1 设 $A=\begin{pmatrix}0.7&0.3\\0.3&0.7\end{pmatrix}$, 则线性变换 $\mathscr{A}:\mathbb{R}^2\to\mathbb{R}^2, x\mapsto Ax$ 描述了平面 $\mathbb{R}^2$ 中的变换. 如图 5.16 所示, 变换 $\mathscr{A}$ 将圆映为椭圆, 将圆上的向量 $\alpha=(\sqrt{2},\sqrt{2})^{\mathrm{T}}$ 映射为 α 本身, 即 $\mathscr{A}\alpha=\alpha$, 则 $\lambda=1$ 为 $\mathscr{A}$ 的特征值, α 为 $\mathscr{A}$ 的属于特征值 1 的特征向量. 同理, 向量 $\beta=(-\sqrt{2},\sqrt{2})^{\mathrm{T}}$ 满足 $\mathscr{A}\beta=0.4\beta$, 因而 $\lambda=0.4$ 为 $\mathscr{A}$ 的特征值, β 为 $\mathscr{A}$ 的属于特征值 0.4 的特征向量. 从而

$$\mathscr{A}(\alpha,\beta)=(\alpha,\beta)\begin{pmatrix}1&0\\0&0.4\end{pmatrix},$$

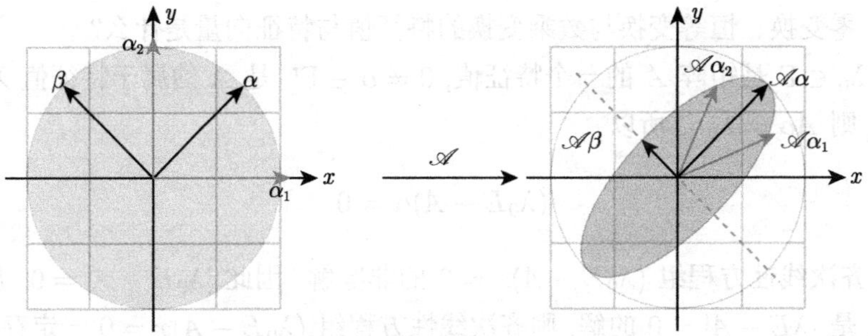

图 5.16

即如果取 $\mathbb{R}^2$ 的由特征向量 α,β 组成的基, 则线性变换 $\mathscr{A}$ 在该基下的矩阵是对角矩阵, 这回答了本节开头的第二个问题.

例 5.7.2 设 $C^1(-\infty,\infty)$ 是 $(-\infty,\infty)$ 上可微函数的全体关于函数的加法与数乘作成的 $\mathbb{R}$ 上的线性空间, $\mathscr{D}: C^1(-\infty,\infty)\to C^1(-\infty,\infty)$ 是求导变换. 由于

$$\mathscr{D}(\mathrm{e}^{\lambda x})=\lambda\mathrm{e}^{\lambda x},$$

所以 λ 是 $\mathscr{D}$ 的一个特征值, $\mathrm{e}^{\lambda x}$ 是对应的特征向量. 这表明任意实数都是 $\mathscr{D}$ 的特征值, 注意到这里的线性空间是无限维线性空间.

设 $\varepsilon_1,\varepsilon_2,\cdots,\varepsilon_n$ 是线性空间 V 的一组基, $\mathscr{A}$ 在这组基下的矩阵是 A, α 关于这组基的坐标为 $(x_1,x_2,\cdots,x_n)^{\mathrm{T}}$. 则由定理 5.5.2 知 $\mathscr{A}\alpha$ 关于这组基的坐标是 $A(x_1,x_2,\cdots,x_n)^{\mathrm{T}}$, 即

$$A\begin{pmatrix}x_1\\x_2\\\vdots\\x_n\end{pmatrix}=\lambda\begin{pmatrix}x_1\\x_2\\\vdots\\x_n\end{pmatrix}.$$

定义 5.7.2 设 A 是数域 F 上的 n 阶方阵. 对于 $\lambda\in\mathrm{F}$, 若存在一个非零向量 $x\in\mathrm{F}^n$, 使得

$$Ax=\lambda x,$$

则 λ 称为矩阵 A 的一个**特征值**, 而 x 称为 A 的属于特征值 λ 的**特征向量**.

思考 (1) 线性变换 $\mathscr{A}$ 在数域 F 上是否一定有特征值和特征向量?

(2) 线性变换 $\mathscr{A}$ 的属于特征值 λ 的特征向量是否唯一? 一个向量能否属于两个不同的特征值?

(3) 特征向量的和 (或线性组合) 还是特征向量吗?

(4) 零变换、恒等变换与数乘变换的特征值与特征向量是什么?

设 $\lambda_0\in\mathrm{F}$ 是矩阵 A 的一个特征值, $0\neq\alpha\in\mathrm{F}^n$ 是 A 的属于特征值 λ_0 的特征向量, 则 $A\alpha=\lambda_0\alpha$, 所以

$$(\lambda_0E-A)\alpha=0,$$

即 α 是齐次线性方程组 $(\lambda_0E-A)x=0$ 的非零解. 因此 $|\lambda_0E-A|=0$. 反过来, 如果 λ_0 是 $|\lambda E-A|=0$ 的解, 则齐次线性方程组 $(\lambda_0E-A)x=0$ 一定存在非零解, 不妨设 α 是一个非零解, 则 $(\lambda_0E-A)\alpha=0$, 即 $A\alpha=\lambda_0\alpha$. 故 $\lambda_0\in\mathrm{F}$ 是矩

阵 A 的特征值当且仅当 $|\lambda_0 E - A| = 0$. 这给了我们求矩阵 A 的特征值与特征向量的方法.

定义 5.7.3 设 A 是数域 F 上 n 阶方阵. 数域 F 上关于文字 λ 的 n 次多项式

$$f_A(\lambda) = |\lambda E - A| = \begin{vmatrix} \lambda - a_{11} & -a_{12} & \cdots & -a_{1n} \\ -a_{21} & \lambda - a_{22} & \cdots & -a_{2n} \\ \vdots & \vdots & & \vdots \\ -a_{n1} & -a_{n2} & \cdots & \lambda - a_{nn} \end{vmatrix}$$

称为 A 的**特征多项式**. 齐次线性方程组

$$(\lambda E_n - A)x = 0$$

称为 A 的**特征方程**.

注 特征方程的概念最初隐含在欧拉的著作中, 1774 年拉格朗日在关于线性微分方程组的著作中明确地提出了这一概念. 柯西从欧拉、拉格朗日和拉普拉斯的著作中认识到了共同的特征值问题, 开始着手研究特征值. 取定矩阵 A 的 $i_1, i_2, \cdots, i_l$ 行, $i_1, i_2, \cdots, i_l$ 列, 位于这 l 行 l 列交叉位置的 l^2 个元素按原来的顺序组成的 l 阶行列式称为 A 的 l 阶主子式, 记作 $A(i_1, i_2, \cdots, i_l)$. 特别地, $A(i) = a_{ii}$, $A(1, 2, \cdots, n) = |A|$. 根据特征多项式的定义以及行列式的性质 2.4.4 有

$$f_A(\lambda) = |\lambda E - A| = \lambda^n + \sum_{l=1}^{n} (-1)^l \sum_{1 \leqslant i_1 < i_2 < \cdots < i_l \leqslant n} A(i_1, i_2, \cdots, i_l) \lambda^{n-l}.$$

这一事实首先是由泰伯 (Henry Taber) 宣称, 后由梅茨勒 (Willam Henry Metzler) 给出证明的.

由定义 5.7.3 之前的分析立即可得如下定理.

定理 5.7.1 矩阵 A 的特征多项式 $|\lambda E - A|$ 在数域 F 中的根是 A 在数域 F 中的全部特征值; 而对于特征值 λ_0, 特征方程 $(\lambda_0 E - A)x = 0$ 的非零解是属于特征值 λ_0 的特征向量.

求 $\mathscr{A}$ 的特征值与特征向量的**方法步骤**:

(1) 取 V 的一组基 $\alpha_1, \alpha_2, \cdots, \alpha_n$, 写出 $\mathscr{A}$ 在这组基下的矩阵 A;

(2) 求特征多项式 $f_A(\lambda) = |\lambda E - A|$ 在数域 F 中的全部根, 这就是 $\mathscr{A}$ 在数域 F 中的全部特征值 $\lambda_1, \lambda_2, \cdots, \lambda_s$;

(3) 对每一个特征值 λ_i, 求 $(\lambda_i E - A)x = 0$ 的一个基础解系, 它的非零线性组合即为属于特征值 λ_i 的全部特征向量.

例 5.7.3 设 $V=\mathbb{R}[x]_n$, $\mathscr{D}: V\to V, f(x)\mapsto f'(x)$ 是 V 的一个线性变换. $\mathscr{D}$ 在基 $1,x,x^2,\cdots,x^{n-1}$ 下的矩阵为

$$D=\begin{pmatrix} 0 & 1 & 0 & \cdots & 0 \\ 0 & 0 & 2 & \cdots & 0 \\ \vdots & \vdots & \vdots & \ddots & \vdots \\ 0 & 0 & 0 & \cdots & n-1 \\ 0 & 0 & 0 & \cdots & 0 \end{pmatrix}.$$

故

$$|\lambda E-D|=\begin{vmatrix} \lambda & -1 & 0 & \cdots & 0 & 0 \\ 0 & \lambda & -2 & \cdots & 0 & 0 \\ \vdots & \vdots & \vdots & \ddots & \vdots & \vdots \\ 0 & 0 & 0 & \cdots & \lambda & 1-n \\ 0 & 0 & 0 & \cdots & 0 & \lambda \end{vmatrix}=\lambda^n$$

的根为 0 (n 重). 所以 $\mathscr{D}$ 的特征值为 0, 所有非零常数都是它的特征向量.

例 5.7.4 设 $V=\mathbb{R}^2$, $\mathscr{R}_\theta$ 是平面上绕原点逆时针旋转 θ 角的线性变换. 该变换在基 $e_1=(1,0)^{\mathrm{T}}, e_2=(0,1)^{\mathrm{T}}$ 下的矩阵为

$$A=\begin{pmatrix} \cos\theta & -\sin\theta \\ \sin\theta & \cos\theta \end{pmatrix}.$$

当 $\theta\neq k\pi$ 时, 特征多项式

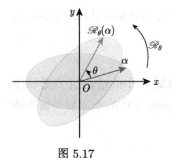

$$|\lambda E-A|=\begin{vmatrix} \lambda-\cos\theta & \sin\theta \\ -\sin\theta & \lambda-\cos\theta \end{vmatrix}=\lambda^2-2\lambda\cos\theta+1$$

没有实根. 因而当 $\theta\neq k\pi$ 时, $\mathscr{R}_\theta$ 没有特征向量. 这在几何上看是很清楚的, $\mathscr{R}_\theta$ 将每个向量 α 都旋转了 θ 角, 因而 $\mathscr{R}_\theta(\alpha)$ 不可能与 α 共线 (图 5.17).

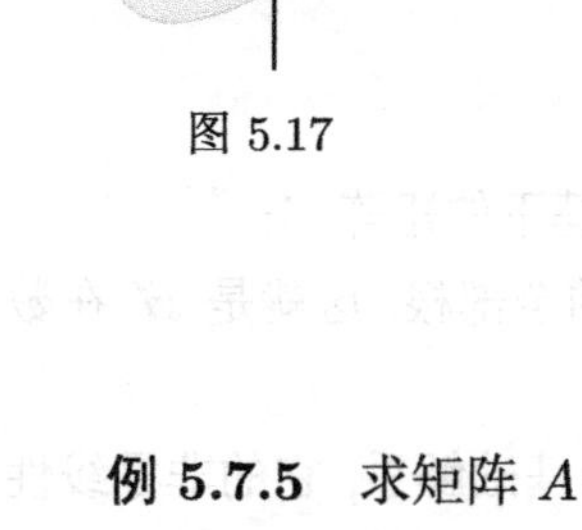

图 5.17

然而, A 在复数域 $\mathbb{C}$ 内是有特征值的. 例如, 当 $\theta=60^\circ$ 时, 特征多项式 $f(\lambda)=\lambda^2-\lambda+1$ 有根 $\dfrac{1\pm\sqrt{3}\mathrm{i}}{2}$.

例 5.7.5 求矩阵 $A=\begin{pmatrix} 1 & 2 & 2 \\ 2 & 1 & 2 \\ 2 & 2 & 1 \end{pmatrix}$ 的特征值与特征向量.

解 A 的特征多项式

$$|\lambda E-A|=\begin{vmatrix}\lambda-1 & -2 & -2\\ -2 & \lambda-1 & -2\\ -2 & -2 & \lambda-1\end{vmatrix}\xlongequal{r_1\cdot(-1)+r_3}\begin{vmatrix}\lambda-1 & -2 & -2\\ -2 & \lambda-1 & -2\\ -(\lambda+1) & 0 & \lambda+1\end{vmatrix}$$

$$\xlongequal{c_3\cdot 1+c_1}\begin{vmatrix}\lambda-3 & -2 & -2\\ -4 & \lambda-1 & -2\\ 0 & 0 & \lambda+1\end{vmatrix}=(\lambda+1)[(\lambda-3)(\lambda-1)-8]$$

$$=(\lambda+1)^2(\lambda-5),$$

故 A 的特征值为 $\lambda_1=-1$, $\lambda_2=5$.

对于 $\lambda_1=-1$, 解齐次线性方程组

$$\begin{pmatrix}-2 & -2 & -2\\ -2 & -2 & -2\\ -2 & -2 & -2\end{pmatrix}\begin{pmatrix}x_1\\ x_2\\ x_3\end{pmatrix}=\begin{pmatrix}0\\ 0\\ 0\end{pmatrix},$$

得基础解系

$$\xi_1=\begin{pmatrix}-1\\ 1\\ 0\end{pmatrix},\quad \xi_2=\begin{pmatrix}-1\\ 0\\ 1\end{pmatrix},$$

故属于特征值 -1 的特征向量为 $k_1\xi_1+k_2\xi_2$, 其中 k_1,k_2 不同时为 0.

对于 $\lambda_1=5$, 解齐次线性方程组

$$\begin{pmatrix}4 & -2 & -2\\ -2 & 4 & -2\\ -2 & -2 & 4\end{pmatrix}\begin{pmatrix}x_1\\ x_2\\ x_3\end{pmatrix}=\begin{pmatrix}0\\ 0\\ 0\end{pmatrix},$$

得基础解系

$$\eta=\begin{pmatrix}1\\ 1\\ 1\end{pmatrix},$$

故属于特征值 5 的特征向量为 $k\eta(k\neq 0)$.

小技巧

在求三阶或四阶矩阵的特征值时, 为避免三次或四次多项式直接因式分解的困难, 我们一般利用初等行 (或列) 变换将特征矩阵的某一行化为只剩一个非零元 (含 λ), 然后按该行展开, 则得出特征多项式的一个因式. 以此类推, 即可得到特征多项式的因式分解, 从而求出全部特征值.

拓展阅读　特征值、特征向量在微分方程中的应用[①]

在物理、工程、生态学及动力系统等诸多领域常用到如下的线性微分方程组

$$\begin{cases} x_1'(t) = a_{11}x_1(t) + a_{12}x_2(t) + \cdots + a_{1n}x_n(t), \\ x_2'(t) = a_{21}x_1(t) + a_{22}x_2(t) + \cdots + a_{2n}x_n(t), \\ \qquad\qquad\cdots\cdots \\ x_n'(t) = a_{n1}x_1(t) + a_{n2}x_2(t) + \cdots + a_{nn}x_n(t), \end{cases}$$

为了方便, 记

$$x(t) = \begin{pmatrix} x_1(t) \\ x_2(t) \\ \vdots \\ x_n(t) \end{pmatrix}, \quad x'(t) = \begin{pmatrix} x_1'(t) \\ x_2'(t) \\ \vdots \\ x_n'(t) \end{pmatrix}, \quad A = \begin{pmatrix} a_{11} & a_{12} & \cdots & a_{1n} \\ a_{21} & a_{22} & \cdots & a_{2n} \\ \vdots & \vdots & & \vdots \\ a_{n1} & a_{n2} & \cdots & a_{nn} \end{pmatrix},$$

则上述微分方程组可简记为

$$x'(t) = Ax(t) \quad 或 \quad x' = Ax. \tag{5.1}$$

容易验证, 微分方程组 $x' = Ax$ 的解关于加法与数乘运算封闭, 因而作成线性空间, 称为 $x' = Ax$ 的解空间. 标准的微分方程教材证明了(5.1)一定存在基础解系.

当 $A = \mathrm{diag}(\lambda_1, \lambda_2, \cdots, \lambda_n)$ 是对角矩阵时, (5.1)可写成

$$x_i'(t) = \lambda_i x(t), \quad i = 1, 2, \cdots, n.$$

于是它的解可写为

$$x(t) = \begin{pmatrix} c_1\mathrm{e}^{\lambda_1 t} \\ c_2\mathrm{e}^{\lambda_2 t} \\ \vdots \\ c_n\mathrm{e}^{\lambda_n t} \end{pmatrix} = \sum_{i=1}^{n} c_i\mathrm{e}^{\lambda_i t} e_i,$$

① Lay D C. 线性代数及其应用：原书第 4 版. 刘深泉, 等译. 北京：机械工业出版社, 2017.

其中 $e_i=(0,\cdots,0,1,0,\cdots,0)^{\mathrm{T}}(i=1,2,\cdots,n)$ 是 $\mathbb{R}^n$ 的标准基.

由此我们可以猜想, (5.1) 的解可能是形如

$$x(t)=v\mathrm{e}^{\lambda t} \tag{5.2}$$

的函数的线性组合, 其中 v 是向量, $\lambda\in\mathbb{R}$. 对(5.2)分别作对 t 求导与左乘矩阵 A 的操作, 可得

$$x'(t)=\lambda v\mathrm{e}^{\lambda t},$$
$$Ax(t)=Av\mathrm{e}^{\lambda t}.$$

因为 $\mathrm{e}^{\lambda t}\neq 0$, 所以 $x'(t)=Ax(t)$ 当且仅当 $Av\mathrm{e}^{\lambda t}=\lambda v\mathrm{e}^{\lambda t}$, 当且仅当 λ 是 A 的特征值, v 是 A 的属于特征值 λ 的特征向量. 因此矩阵 A 的每一对特征值–特征向量都提供了微分方程组(5.1)的一个解(5.2), 称为(5.1)的特征函数.

习 题 5.7

(A)

1. 求下列矩阵的特征值与特征向量.

(1) $\begin{pmatrix} 3 & 4 \\ 5 & 2 \end{pmatrix}$; (2) $\begin{pmatrix} 0 & 0 & 1 \\ 0 & 1 & 0 \\ 1 & 0 & 0 \end{pmatrix}$; (3) $\begin{pmatrix} 1 & 1 & 1 & 1 \\ 1 & 1 & -1 & -1 \\ 1 & -1 & 1 & -1 \\ 1 & -1 & -1 & 1 \end{pmatrix}$.

2. 设 $B=\begin{pmatrix} B_{11} & B_{12} & \cdots & B_{1s} \\ & B_{22} & \cdots & B_{2s} \\ & & \ddots & \vdots \\ & & & B_{ss} \end{pmatrix}$ 是分块上三角矩阵, 证明

$$f_B(\lambda)=\prod_{i=1}^{s} f_{B_{ii}}(\lambda).$$

(B)

3. 设弗罗贝尼乌斯矩阵

$$C=\begin{pmatrix} 0 & 1 & 0 & \cdots & 0 & 0 \\ 0 & 0 & 1 & \cdots & 0 & 0 \\ \vdots & \vdots & \vdots & & \vdots & \vdots \\ 0 & 0 & 0 & \cdots & 0 & 1 \\ -a_0 & -a_1 & -a_2 & \cdots & -a_{n-2} & -a_{n-1} \end{pmatrix}.$$

(1) 证明 C 的特征多项式为 $f_C(\lambda)=\lambda^n+a_{n-1}\lambda^{n-1}+\cdots+a_1\lambda+a_0$;

(2) 设 C 的特征值为 $\lambda_1,\lambda_2,\cdots,\lambda_n$, 求属于特征值 $\lambda_i(1\leqslant i\leqslant n)$ 的特征向量.

4. 求矩阵 $C=\begin{pmatrix} 0 & 1 & 0 & \cdots & 0 & 0\\ 0 & 0 & 1 & \cdots & 0 & 0\\ \vdots & \vdots & \vdots & & \vdots & \vdots\\ 0 & 0 & 0 & \cdots & 0 & 1\\ 1 & 0 & 0 & \cdots & 0 & 0\end{pmatrix}$ 的特征值与特征向量.

5.8 特征值与特征向量 II: 性质

本节将继续讨论特征值与特征向量的重要性质.

定理 5.8.1 相似矩阵具有相同的特征多项式, 从而有相同的特征值.

证明 设 $A\sim B$, 存在可逆矩阵 P 使得 $B=P^{-1}AP$. 从而

$$|\lambda E-B|=|\lambda P^{-1}EP-P^{-1}AP|=|P|^{-1}|\lambda E-A||P|=|\lambda E-A|.\qquad\square$$

早在 1837 年, 雅可比证明了任何复矩阵都可以相似于上三角矩阵, 可以粗略地看作复方阵的相似标准形. 舒尔 (Schur) 得到了更强的结果: 任何复矩阵 A 都可以酉相似于上三角矩阵, 即存在酉矩阵①U, 使得 U^*AU 是上三角矩阵.

定理 5.8.2 任意复数域 $\mathbb{C}$ 上的 n 阶方阵 A 都相似于上三角矩阵, 即存在可逆矩阵 T 使得

$$T^{-1}AT=\begin{pmatrix}\lambda_1 & * & * & *\\ & \lambda_2 & * & *\\ & & \ddots & \vdots\\ & & & \lambda_n\end{pmatrix}$$

是上三角矩阵, 其中 $\lambda_1,\lambda_2,\cdots,\lambda_n$ 是 A 的全部特征值.

证明 对 n 作数学归纳. 当 $n=1$ 时显然, 假设定理对 $n-1$ 成立, 考虑 n 阶矩阵 A. 设 $A\alpha_1=\lambda_1\alpha_1$, $\alpha_1\neq 0$, 即 α_1 是 A 的属于特征值 λ_1 的特征向量. 将特征向量 α_1 扩充为线性空间 $\mathbb{C}^n$ 的一组基 $\alpha_1,\alpha_2,\cdots,\alpha_n$, 令 $P=(\alpha_1,\alpha_2,\cdots,\alpha_n)$, 则

$$AP=P\begin{pmatrix}\lambda_1 & *\\ 0 & A_1\end{pmatrix},$$

其中 A_1 是 $n-1$ 阶矩阵. 由归纳假设, 存在可逆矩阵 Q 使得

① 酉矩阵 U 指的是满足 $U^*U=E$ 的复矩阵, 其中 $U^*=(\overline{U})^{\mathrm{T}}$ 表示 U 的共轭转置.

$$Q^{-1}A_1Q = \begin{pmatrix} \lambda_2 & * & * & * \\ & \lambda_3 & * & * \\ & & \ddots & \vdots \\ & & & \lambda_n \end{pmatrix}$$

是上三角矩阵. 令 $T = P\begin{pmatrix} 1 & \\ & Q \end{pmatrix}$, 则

$$T^{-1}AT = \begin{pmatrix} \lambda_1 & * & * & * \\ & \lambda_2 & * & * \\ & & \ddots & \vdots \\ & & & \lambda_n \end{pmatrix}$$

是上三角矩阵. 由定理 5.8.1知 $\lambda_1, \lambda_2, \cdots, \lambda_n$ 是 A 的全部特征值. □

定义 5.8.1 设 $A = (a_{ij})$ 是数域 F 上的 n 阶方阵, 则对角线上的元素之和 $a_{11} + a_{22} + \cdots + a_{nn}$ 称为矩阵 A 的迹, 记作 $\mathrm{Tr}(A)$.

注 容易验证, $\mathrm{Tr}(A)$ 具有如下性质:

(1) $\mathrm{Tr}(A+B) = \mathrm{Tr}(A) + \mathrm{Tr}(B)$;

(2) $\mathrm{Tr}(kA) = k\mathrm{Tr}(A), k \in \mathrm{F}$;

(3) $\mathrm{Tr}(AB) = \mathrm{Tr}(BA)$.

定理 5.8.3 (基本性质) 设 $A \in \mathrm{F}^{n\times n}$, $\lambda_1, \lambda_2, \cdots, \lambda_n$ 是 A 的全部特征值. 则

(1) $\lambda_1 + \lambda_2 + \cdots + \lambda_n = \mathrm{Tr}(A)$, $\lambda_1\lambda_2\cdots\lambda_n = |A|$;

(2) 若 A 可逆, 则 $\lambda_i \neq 0$, $i = 1, 2, \cdots, n$, 且 $\lambda_1^{-1}, \lambda_2^{-1}, \cdots, \lambda_n^{-1}$ 是 A^{-1} 的全部特征值;

(3) 若 A 可逆, 则 $|A|\lambda_1^{-1}, |A|\lambda_2^{-1}, \cdots, |A|\lambda_n^{-1}$ 是伴随矩阵 A^* 的全部特征值;

(4) 设 $g(x) \in \mathrm{F}[x]$, 则 $g(\lambda_1), g(\lambda_2), \cdots, g(\lambda_n)$ 是 $g(A)$ 的全部特征值.

证明 (1) 由 $f_A(\lambda) = (\lambda - \lambda_1)(\lambda - \lambda_2)\cdots(\lambda - \lambda_n)$ 及韦达定理即得.

(2) 设 α_i 是 A 的属于特征值 λ_i 的特征向量. 若 A 可逆, 则由 (1) 得 $\lambda_1\lambda_2\cdots\lambda_n = |A| \neq 0$, 所以 $\lambda_i \neq 0$, $i = 1, 2, \cdots, n$. 由 $A\alpha_i = \lambda_i\alpha_i$ 可得 $A^{-1}\alpha_i = \lambda_i^{-1}\alpha_i$, 即 λ_i^{-1} 是 A^{-1} 的特征值, $i = 1, 2, \cdots, n$.

(3) 若 A 可逆, 则 $A^* = |A|A^{-1}$, 从而由 (2) 得 $|A|\lambda_1^{-1}, |A|\lambda_2^{-1}, \cdots, |A|\lambda_n^{-1}$ 是 A^* 的全部特征值.

(4) 由定理 5.8.2 可设 $A = PUP^{-1}$, 其中 P 是可逆矩阵,

$$U = \begin{pmatrix} \lambda_1 & * & * & * \\ & \lambda_2 & * & * \\ & & \ddots & \vdots \\ & & & \lambda_n \end{pmatrix}$$

是上三角矩阵. 则由习题 2.2(B)5 知

$$g(A) = Pg(U)P^{-1} = P \begin{pmatrix} g(\lambda_1) & * & * & * \\ & g(\lambda_2) & * & * \\ & & \ddots & \vdots \\ & & & g(\lambda_n) \end{pmatrix} P^{-1}.$$

因此 (4) 由定理 5.8.1 即得. □

注 性质 (4) 常称为谱映照定理. 上述基本性质可归纳如表 5.2 所示.

表 5.2

矩阵	A	kA	A^k	$f(A) = \sum\limits_{i=0}^{m} a_i A^i$	A^{-1}	A^*	A^{T}
特征值	λ	$k\lambda$	λ^k	$f(\lambda) = \sum\limits_{i=0}^{m} a_i \lambda^i$	λ^{-1}	$\|A\|\lambda^{-1}$	λ
特征向量	x	x	x	x	x	x	

推论 5.8.1 相似矩阵具有相同的特征多项式、特征值、行列式、迹以及秩.

思考 推论 5.8.1 的逆是否成立?

例 5.8.1 设三阶矩阵 A 的特征值为 $1, 2, 3$, 求 $\left|3A^{-1} + \frac{1}{2}A^2\right|$.

解 设 λ 是 A 的任一特征值, α 是对应的特征向量, 则由定理 5.8.3 知

$$\left(3A^{-1} + \frac{1}{2}A^2\right)\alpha = 3A^{-1}\alpha + \frac{1}{2}A^2\alpha = 3\lambda^{-1}\alpha + \frac{1}{2}\lambda^2\alpha = \left(3\lambda^{-1} + \frac{1}{2}\lambda^2\right)\alpha,$$

即 $3\lambda^{-1} + \frac{1}{2}\lambda^2$ 是 $3A^{-1} + \frac{1}{2}A^2$ 的特征值. 从而 $3A^{-1} + \frac{1}{2}A^2$ 的特征值分别为

$$3 \times 1 + \frac{1}{2} \times 1^2 = \frac{7}{2},$$
$$3 \times \frac{1}{2} + \frac{1}{2} \times 2^2 = \frac{7}{2},$$
$$3 \times \frac{1}{3} + \frac{1}{2} \times 3^2 = \frac{11}{2},$$

所以由定理 5.8.3 知

$$\left|3A^{-1}+\frac{1}{2}A^2\right|=\frac{7}{2}\times\frac{7}{2}\times\frac{11}{2}=\frac{539}{8}.$$

定理 5.8.4 属于不同特征值的特征向量线性无关.

证明 设 $\lambda_1,\lambda_2,\cdots,\lambda_s$ 是矩阵 A 的不同的特征值, $\alpha_1,\alpha_2,\cdots,\alpha_s$ 是 A 的分别属于 $\lambda_1,\lambda_2,\cdots,\lambda_s$ 的特征向量.

当 $s=2$ 时, 设

$$k_1\alpha_1+k_2\alpha_2=0. \tag{5.3}$$

两边左乘 A 得

$$k_1\lambda_1\alpha_1+k_2\lambda_2\alpha_2=0.$$

(5.3)式两边乘 λ_2 得

$$k_1\lambda_2\alpha_1+k_2\lambda_2\alpha_2=0.$$

两式相减得 $k_1(\lambda_1-\lambda_2)\alpha_1=0$. 由于 $\lambda_1\neq\lambda_2$, $\alpha_1\neq 0$, 所以 $k_1=0$. 由 (5.3) 知 $k_2=0$. 从而 α_1,α_2 线性无关.

假设命题对 $s-1$ 成立. 设

$$k_1\alpha_1+k_2\alpha_2+\cdots+k_s\alpha_s=0. \tag{5.4}$$

两边左乘 A 得

$$k_1\lambda_1\alpha_1+k_2\lambda_2\alpha_2+\cdots+k_s\lambda_s\alpha_s=0.$$

式(5.4)两边乘 λ_s 得

$$k_1\lambda_s\alpha_1+k_2\lambda_s\alpha_2+\cdots+k_s\lambda_s\alpha_s=0.$$

两式相减得

$$k_1(\lambda_1-\lambda_s)\alpha_1+\cdots+k_{s-1}(\lambda_{s-1}-\lambda_s)\alpha_{s-1}=0.$$

由归纳假设知 $k_i(\lambda_i-\lambda_s)=0$, 从而 $k_i=0$, $i=1,2,\cdots,s-1$. 代入(5.4)知 $k_s=0$. 由归纳法命题得证. □

推论 5.8.2 设 $\lambda_1,\lambda_2,\cdots,\lambda_t$ 是 n 阶方阵 A 的所有不同的特征值, $\alpha_{i1},\alpha_{i2},\cdots,\alpha_{is_i}$ 是齐次线性方程组 $(\lambda_iE-A)x=0$ 的基础解系. 则向量组

$$\alpha_{11},\alpha_{12},\cdots,\alpha_{1s_1},\alpha_{21},\alpha_{22},\cdots,\alpha_{2s_2},\cdots,\alpha_{t1},\alpha_{t2},\cdots,\alpha_{ts_t} \tag{5.5}$$

线性无关.

证明 设

$$a_{11}\alpha_{11}+a_{12}\alpha_{12}+\cdots+a_{1s_1}\alpha_{1s_1}+\cdots+a_{t1}\alpha_{t1}+a_{t2}\alpha_{t2}+\cdots+a_{ts_t}\alpha_{ts_t}=0.$$

令 $\xi_i=a_{i1}\alpha_{i1}+a_{i2}\alpha_{i2}+\cdots+a_{is_i}\alpha_{is_i}$, $i=1,2,\cdots,t$. 则 $\xi_i=0$, 或者 ξ_i 是属于特征值 λ_i 的特征向量, 所以由定理 5.8.4 及

$$\xi_1+\xi_2+\cdots+\xi_t=0$$

知 $\xi_i=0,\ i=1,2,\cdots,t$. 再由题设知 $a_{i1}=a_{i2}=\cdots=a_{is_i}=0,\ i=1,2,\cdots,t$. 故向量组(5.5)线性无关. □

拓展阅读 矩阵的迹与特征多项式

设 $\lambda_1,\lambda_2,\cdots,\lambda_n$ 是矩阵 A 的全部特征值, σ_k 是 $\lambda_1,\lambda_2,\cdots,\lambda_n$ 的 k 次初等对称多项式, 则 A 的特征多项式为

$$f_A(x)=x^n-\sigma_1x^{n-1}+\cdots+(-1)^n\sigma_n.$$

容易验证 $\mathrm{Tr}(A^k)=\lambda_1^k+\lambda_2^k+\cdots+\lambda_n^k=s_k,\ k=1,2,\cdots,n$. 则 A 的特征多项式由 $\mathrm{Tr}(A),\mathrm{Tr}(A^2),\cdots,\mathrm{Tr}(A^n)$ 唯一确定. 事实上, 由牛顿恒等式

$$\begin{cases}\sigma_1 & & & & & =s_1,\\ s_1\sigma_1 & -2\sigma_2 & & & & =s_2,\\ s_2\sigma_1 & -s_1\sigma_2 & +3\sigma_3 & & & =s_3,\\ & & \cdots\cdots & & & \\ s_{n-1}\sigma_1 & -s_{n-2}\sigma_2 & +s_{n-3}\sigma_3 & +\cdots & +(-1)^{n-1}n\sigma_n & =s_n.\end{cases}$$

看作关于 $\sigma_1,\sigma_2,\cdots,\sigma_n$ 的线性方程组, 由于系数矩阵

$$D=\begin{vmatrix}1 & & & & \\ s_1 & -2 & & & \\ s_2 & -s_1 & 3 & & \\ \vdots & \vdots & \vdots & \ddots & \\ s_{n-1} & -s_{n-2} & s_{n-3} & \cdots & (-1)^{n-1}n\end{vmatrix}$$

的行列式 $|D|=(-1)^{\frac{n(n-1)}{2}}n!\neq0$, 所以由 Cramer 法则可得

$$\sigma_k=(-1)^{\frac{k(k-1)}{2}}\frac{1}{k!}\begin{vmatrix}1 & 0 & \cdots & 0 & 0 & s_1\\ s_1 & -2 & \cdots & 0 & 0 & s_2\\ s_2 & -s_1 & \ddots & 0 & 0 & s_3\\ \vdots & \vdots & \ddots & \ddots & \vdots & \vdots\\ s_{k-2} & -s_{k-3} & \cdots & (-1)^{k-3}s_1 & (-1)^{k-2}k-1 & s_{k-1}\\ s_{k-1} & -s_{k-2} & \cdots & (-1)^{k-3}s_2 & (-1)^{k-2}s_1 & s_k\end{vmatrix}.$$

从而 $s_1,s_2,\cdots,s_n$ 完全确定了 $\sigma_1,\sigma_2,\cdots,\sigma_n$, 也就完全确定了矩阵 A 的特征多项式.

由此我们可以得到: 矩阵 A 是幂零矩阵当且仅当 A 的特征值全为零.

习 题 5.8

(A)

1. 设 λ 与 μ 是矩阵 A 的两个不同的特征值, α 与 β 是 A 的分别属于 λ 与 μ 的特征向量. 证明: $\alpha+\beta$ 不是 A 的特征向量.

2. 证明幂等矩阵 (即 $A^2=A$) 的特征值是 0 或 1.

(B)

3. 设 A 是数域 F 上的 n 阶方阵, 如果 F^n 中的每个非零向量都是 A 的特征向量, 则 A 是数量矩阵.

4. 设 $\alpha=(a_1,a_2,\cdots,a_n)^{\mathrm{T}}$ 是 n 维实向量, $a_1\neq 0$ 且 $\alpha^{\mathrm{T}}\alpha=1$. 求矩阵 $A=E_n-2\alpha\alpha^{\mathrm{T}}$ 的特征值与特征向量.

5. 设 A 是 $m\times n$ 矩阵, B 是 $n\times m$ 矩阵. 证明 AB 与 BA 有相同的非零特征值.

6. 求矩阵 $C=\begin{pmatrix} a_1 & a_2 & a_3 & \cdots & a_n \\ a_n & a_1 & a_2 & \cdots & a_{n-1} \\ \vdots & \vdots & \vdots & & \vdots \\ a_2 & a_3 & a_4 & \cdots & a_1 \end{pmatrix}$ 的特征值与特征向量.

(C)

7. (圆盘定理) 设 $A=(a_{ij})$ 是 n 阶矩阵, 复平面上的圆

$$|z-a_{ii}|=R_i, \quad 其中 \quad R_i=\sum_{j\neq i}|a_{ij}|, \quad i=1,2,\cdots,n$$

称为矩阵 A 的盖尔圆. 则 A 的任一特征值都在 A 的某个盖尔圆的内部或边界上.

8. 设 A,B 分别是数域 F 上的 n 阶与 m 阶矩阵, $0<r\leqslant\min\{n,m\}$. 证明: 如果 $AX-XB=O$ 有秩为 r 的矩阵解, 则 A 与 B 至少有 r 个公共特征值 (重根按重数计算).

9. 设 A,B 分别是数域 F 上的 n 阶与 m 阶矩阵, $0<r\leqslant\min\{n,m\}$. 证明: 如果 A 与 B 有 r 个两两不同的公共特征值, 则 $AX-XB=O$ 有秩为 r 的矩阵解.

5.9 相似对角化

在 5.7 节指出, 是否能找到 V 的一组"好基"使得线性变换 $\mathscr{A}$ 在该基下的矩阵具有最简单的形式? 如果 V 中有一组全由 $\mathscr{A}$ 的特征向量组成的基, 不妨设 $\alpha_1,\alpha_2,\cdots,\alpha_n$, 对应于特征值 $\lambda_1,\lambda_2,\cdots,\lambda_n$, 则

$$\mathscr{A}(\alpha_1,\alpha_2,\cdots,\alpha_n)=(\alpha_1,\alpha_2,\cdots,\alpha_n)\begin{pmatrix} \lambda_1 & & & \\ & \lambda_2 & & \\ & & \ddots & \\ & & & \lambda_n \end{pmatrix}, \tag{5.6}$$

即 $\mathscr{A}$ 在该基下的矩阵是对角矩阵. 一般地, 我们有如下定义.

定义 5.9.1 设 $\mathscr{A}$ 是数域 F 上 n 维线性空间 V 的线性变换. 若存在 V 的一组基使得 $\mathscr{A}$ 在该基下的矩阵是对角矩阵, 则称 $\mathscr{A}$ 是可 (相似) 对角化的线性变换.

利用矩阵的语言, 上述定义可等价地叙述为如下定义.

定义 5.9.2 若数域 F 上 n 阶矩阵 A 相似于一个对角矩阵, 则称 A 是可 (相似) 对角化的矩阵.

由前面的分析我们立即可得如下定理.

定理 5.9.1 线性变换 $\mathscr{A}$ 可对角化当且仅当 V 中有一组全由 $\mathscr{A}$ 的特征向量组成的基.

证明 充分性已证, 只需证必要性. 假设线性变换 $\mathscr{A}$ 可对角化, 即存在 V 的一组基 $\alpha_1, \alpha_2, \cdots, \alpha_n$ 使得(5.6)成立. 从而

$$\mathscr{A}\alpha_i = \lambda_i \alpha_i, \quad i = 1, 2, \cdots, n.$$

由于 $\alpha_i \neq 0$, 所以是 $\mathscr{A}$ 的特征向量, 即 V 中有一组全由 $\mathscr{A}$ 的特征向量组成的基. □

接下来我们寻求线性变换 $\mathscr{A}$(或等价地, 矩阵 A) 可相似对角化的更为简便的判定方法, 为此我们首先引入特征子空间的概念.

定义 5.9.3 设 λ 是矩阵 A 的特征值. 子空间 $V_\lambda = \{\alpha \in \mathrm{F}^n \mid A\alpha = \lambda\alpha\}$ 称为 A 的属于特征值 λ 的特征子空间.

特征子空间 V_λ 的维数称为特征值 λ 的几何重数, 特征值 λ 作为特征多项式 $f_A(x)$ 的根的重数称为特征值 λ 的代数重数.

定理 5.9.2 对 A 的每个特征值 λ_0, λ_0 的几何重数 $\leqslant \lambda_0$ 的代数重数.

证明 设 λ_0 的几何重数为 s_0, λ_0 的代数重数为 n_0. 取 $\alpha_1, \alpha_2, \cdots, \alpha_{s_0}$ 为 V_{λ_0} 的一组基, 将它扩充为 V 的一组基 $\alpha_1, \alpha_2, \cdots, \alpha_{s_0}, \alpha_{s_0+1}, \cdots, \alpha_n$. 记 $P = (\alpha_1, \alpha_2, \cdots, \alpha_{s_0}, \alpha_{s_0+1}, \cdots, \alpha_n)$, 则

$$P^{-1}AP = \begin{pmatrix} \lambda_0 E_{s_0} & * \\ 0 & B \end{pmatrix}.$$

从而

$$f_A(\lambda) = |\lambda E - A| = \left| \lambda E - \begin{pmatrix} \lambda_0 E_{s_0} & * \\ 0 & B \end{pmatrix} \right| = (\lambda - \lambda_0)^{s_0} |\lambda E - B|,$$

故 $s_0 \leqslant n_0$. □

定理 5.9.3 设 A 是数域 F 上 n 阶矩阵. 则以下叙述等价:

(1) A 可对角化;

(2) A 有 n 个线性无关的特征向量;

(3) 特征多项式 $f_A(\lambda)$ 的根 λ_i 都在 F 中, 且每个 λ_i 的代数重数等于几何重数;

(4) $\mathrm{F}^n = V_{\lambda_1} \oplus V_{\lambda_2} \oplus \cdots \oplus V_{\lambda_t}$, 其中 $\lambda_1, \lambda_2, \cdots, \lambda_t$ 是 A 在 F 中的所有不同的特征值.

证明 (1) $\Rightarrow$ (2) 若存在可逆矩阵 P, 使得

$$P^{-1}AP = \Lambda = \begin{pmatrix} \lambda_1 & & & \\ & \lambda_2 & & \\ & & \ddots & \\ & & & \lambda_n \end{pmatrix},$$

记 $P = (\alpha_1, \alpha_2, \cdots, \alpha_n)$, 则 $AP = P\Lambda$, 即

$$A\alpha_i = \lambda_i \alpha_i, \quad i = 1, 2, \cdots, n.$$

由于 P 可逆, 所以 $\alpha_1, \alpha_2, \cdots, \alpha_n$ 是 A 的 n 个线性无关的特征向量.

(2) $\Rightarrow$ (3) 设 $\lambda_1, \lambda_2, \cdots, \lambda_t$ 是 n 阶方阵 A 的所有不同的特征值, 对每个 λ_i, 设 λ_i 的几何重数为 s_i, λ_i 的代数重数为 n_i, 所以

$$n = \sum_{i=1}^{t} s_i \leqslant \sum_{i=1}^{t} n_i \leqslant n.$$

因此, 由 $s_i \leqslant n_i$ 知 $s_i = n_i$, $i = 1, 2, \cdots, t$, 所以 $\sum\limits_{i=1}^{t} n_i = n$, 从而 $f_A(x) = \prod\limits_{i=1}^{t}(x - \lambda_i)^{n_i}$, 即 A 的特征值都在 F 中.

(3) $\Rightarrow$ (4) 设 $0 = \sum\limits_{i=1}^{t} \alpha_i \in \sum\limits_{i=1}^{t} V_{\lambda_i}$, 其中 $\alpha_i \in V_{\lambda_i}$. 由定理 5.8.4 知 $\alpha_i = 0$, $i = 1, 2, \cdots, t$. 因此 $\sum\limits_{i=1}^{t} V_{\lambda_i} = V_{\lambda_1} \oplus V_{\lambda_2} \oplus \cdots \oplus V_{\lambda_t} \subseteq \mathrm{F}^n$. 由 (3) 知 $\sum\limits_{i=1}^{t} \mathrm{dim} V_{\lambda_i} = \sum\limits_{i=1}^{t} n_i = n$, 所以 $\mathrm{F}^n = V_{\lambda_1} \oplus V_{\lambda_2} \oplus \cdots \oplus V_{\lambda_t}$.

(4) $\Rightarrow$ (1) 取 V_{λ_i} 的一组基 $\alpha_{i1}, \alpha_{i2}, \cdots, \alpha_{is_i}$, $i = 1, 2, \cdots, t$, 则

$$P = (\alpha_{11}, \alpha_{12}, \cdots, \alpha_{1s_1}, \alpha_{21}, \alpha_{22}, \cdots, \alpha_{2s_2}, \cdots, \alpha_{t1}, \alpha_{t2}, \cdots, \alpha_{ts_t})$$

可逆, 且

$$P^{-1}AP=\begin{pmatrix}\lambda_1E_{s_1} & & & \\ & \lambda_2E_{s_2} & & \\ & & \ddots & \\ & & & \lambda_tE_{s_t}\end{pmatrix}. \qquad \square$$

推论 5.9.1　若 A 有 n 个不同的特征值, 则 A 可对角化.

注　(1) 定理 5.9.2、定理 5.9.3 的结论对 $\mathscr{A}$ 仍然成立.

(2) 线性变换或矩阵的对角化与数域有关. 例如矩阵 $A=\begin{pmatrix}0 & 1\\ -1 & 0\end{pmatrix}$ 在实数域上不可对角化, 因为 A 的特征多项式

$$f_A(\lambda)=|\lambda E-A|=\begin{vmatrix}\lambda & -1\\ 1 & \lambda\end{vmatrix}=\lambda^2+1$$

在实数域 $\mathbb{R}$ 上没有特征值, 但在复数域 $\mathbb{C}$ 上有 2 个不同的特征值 $\pm\mathrm{i}$, 所以由推论 5.9.1知 A 在复数域 $\mathbb{C}$ 上可以对角化.

(3) 由于矩阵 A 的属于特征值 λ_i 的特征子空间是齐次线性方程组 $(\lambda_iE-A)x=0$ 的解空间, 所以 λ_i 的几何重数等于 $n-r(\lambda_iE-A)$, 因此 λ_i 的几何重数等于代数重数 n_i 等价于

$$n-r(\lambda_iE-A)=n_i.$$

故判断 A 是否可对角化的步骤:

(1) 计算 A 的特征多项式 $f_A(\lambda)=|\lambda E-A|$;

(2) 求出 $f_A(\lambda)$ 的所有根, 若不是所有根都在 F 中, 则 A 在 F 中不可对角化;

(3) 若 $f_A(\lambda)$ 的所有根都在 F 中, 但存在 λ_i, 使得 $n-r(\lambda_iE-A)$ 不等于 λ_i 的代数重数 n_i, 则 A 在 F 中不可对角化;

(4) 若 $f_A(\lambda)$ 的所有根都在 F 中, 且对每个特征值 λ_i, $n-r(\lambda_iE-A)=n_i$, $i=1,2,\cdots,t$, 则 A 在 F 中可对角化. 对每个不同特征值 λ_i, 解得齐次线性方程组 $(\lambda_iE-A)x=0$ 的基础解系 $\alpha_{i1},\alpha_{i2},\cdots,\alpha_{in_i}$, $i=1,2,\cdots,t$, 令

$$P=(\alpha_{11},\alpha_{12},\cdots,\alpha_{1n_1},\alpha_{21},\alpha_{22},\cdots,\alpha_{2n_2},\cdots,\alpha_{t1},\alpha_{t2},\cdots,\alpha_{tn_t}),$$

则 P 可逆, 且

$$P^{-1}AP=\begin{pmatrix}\lambda_1E_{n_1} & & & \\ & \lambda_2E_{n_2} & & \\ & & \ddots & \\ & & & \lambda_tE_{n_t}\end{pmatrix}.$$

小技巧

由定理 5.9.2 知, 对于 $f_A(\lambda)$ 的单根 λ_i, 几何重数 $n-r(\lambda_iE-A)$ 一定等于代数重数 1, 所以只需对 $f_A(\lambda)$ 的重根 λ_i 判断 $n-r(\lambda_iE-A)$ 是否等于 n_i 即可. 这时可利用初等行变换将 λ_iE-A 化为行阶梯形, 由于 $r(\lambda_iE-A)$ 等于行阶梯形中非零行的数目, 所以只需判断 λ_iE-A 的行阶梯形中零行的数目是否等于 n_i 即可.

例 5.9.1 判断下述矩阵是否可对角化.

$$(1)\begin{pmatrix}0&0&1\\0&1&0\\1&0&0\end{pmatrix};\qquad (2)\begin{pmatrix}3&1&0\\-4&-1&0\\4&-8&-2\end{pmatrix}.$$

解 (1) $|\lambda E-A|=\begin{vmatrix}\lambda&0&-1\\0&\lambda-1&0\\-1&0&\lambda\end{vmatrix}=(\lambda-1)^2(\lambda+1)$, 所以特征值为 $\lambda_1=\lambda_2=1$, $\lambda_3=-1$.

对于 $\lambda_1=\lambda_2=1$,

$$E-A=\begin{pmatrix}1&0&-1\\0&0&0\\-1&0&1\end{pmatrix}\to\begin{pmatrix}1&0&-1\\0&0&0\\0&0&0\end{pmatrix},$$

n_i	阶梯形中零行数
2	2

所以 $r(E-A)=1$. 故 $3-r(E-A)=2$. 故 A 可对角化.

(2) $|\lambda E-A|=\begin{vmatrix}\lambda-3&-1&0\\4&\lambda+1&0\\-4&8&\lambda+2\end{vmatrix}=(\lambda-1)^2(\lambda+2)$, 所以特征值为 $\lambda_1=\lambda_2=1$, $\lambda_3=-2$.

对于 $\lambda_1=\lambda_2=1$, 由于

$$E-A=\begin{pmatrix}-2&-1&0\\4&2&0\\-4&8&3\end{pmatrix}\to\begin{pmatrix}2&1&0\\0&10&3\\0&0&0\end{pmatrix},$$

n_i	阶梯形中零行数
2	1

所以 $3-r(E-A)=1\neq 2$, A 不可对角化.

例 5.9.2 设 $A=\begin{pmatrix}0&0&-2\\1&2&1\\1&0&3\end{pmatrix}$.

(1) 求可逆矩阵 P, 使得 $P^{-1}AP=B$ 是对角矩阵;

(2) 求 A^{13}.

解　(1) 由于

$$|\lambda E-A|=\begin{vmatrix}\lambda & 0 & 2\\ -1 & \lambda-2 & -1\\ -1 & 0 & \lambda-3\end{vmatrix}=(\lambda-2)^2(\lambda-1),$$

所以 A 的特征值为 $2,2,1$. 进一步可求得对应的线性无关的特征向量

$$\alpha_1=\begin{pmatrix}-1\\0\\1\end{pmatrix},\quad \alpha_2=\begin{pmatrix}0\\1\\0\end{pmatrix},\quad \alpha_3=\begin{pmatrix}-2\\1\\1\end{pmatrix}.$$

所以令

$$P=\begin{pmatrix}-1 & 0 & -2\\ 0 & 1 & 1\\ 1 & 0 & 1\end{pmatrix},$$

则

$$P^{-1}AP=\begin{pmatrix}2 & & \\ & 2 & \\ & & 1\end{pmatrix}=B.$$

(2) 由 (1) 知 $A=PBP^{-1}$, 所以

$$A^{13}=(PBP^{-1})^{13}=PB^{13}P^{-1}=\begin{pmatrix}-8190 & 0 & -16382\\ 8191 & 8192 & 8191\\ 8191 & 0 & 16383\end{pmatrix}.$$

拓展阅读　特征值、特征向量在微分方程中的应用 (续)

对于线性微分方程组 $x'(t)=Ax(t)$, 系数矩阵 A 的特征值-特征向量提供了它的特征函数, 为求解微分方程组提供了方法.

当 A 可相似对角化时, 我们能够求出 $x'(t)=Ax(t)$ 的基础解系. 设存在可逆矩阵 $P=(v_1,v_2,\cdots,v_n)$, 使得

$$P^{-1}AP=\begin{pmatrix}\lambda_1 & & & \\ & \lambda_2 & & \\ & & \ddots & \\ & & & \lambda_n\end{pmatrix}=D,$$

则 $x'(t)=Ax(t)$ 的特征函数为

$$v_1\mathrm{e}^{\lambda_1 t}, v_2\mathrm{e}^{\lambda_2 t}, \cdots, v_n\mathrm{e}^{\lambda_n t}.$$

作变量替换 $y(t)=P^{-1}x(t)$, 代入 $x'(t)=Ax(t)$, 得

$$Py'(t)=\frac{d}{dt}(Py(t))=A(Py(t))=(PDP^{-1})Py(t)=PDy(t),$$

从而得 $y'(t)=Dy(t)$, 即

$$y_i'(t)=\lambda_i y_i(t), \quad i=1,2,\cdots,n.$$

因此解得

$$y(t)=\begin{pmatrix} c_1\mathrm{e}^{\lambda_1 t} \\ c_2\mathrm{e}^{\lambda_2 t} \\ \vdots \\ c_n\mathrm{e}^{\lambda_n t} \end{pmatrix},$$

从而得到 $x'(t)=Ax(t)$ 的一般解

$$x(t)=Py(t)=(v_1,v_2,\cdots,v_n)y(t)=\sum_{i=1}^{n} c_i v_i \mathrm{e}^{\lambda_i t}.$$

习 题 5.9

(A)

1. 已知矩阵 $A=\begin{pmatrix} -2 & 0 & 0 \\ 2 & x & 2 \\ 3 & 1 & 1 \end{pmatrix}$ 与 $B=\begin{pmatrix} -1 & & \\ & 2 & \\ & & y \end{pmatrix}$ 相似.

(1) 求 x, y 的值;

(2) 求可逆矩阵 T, 使得 $T^{-1}AT=B$.

2. 设 $\mathscr{D}:\mathbb{R}[x]_n\to\mathbb{R}[x]_n, f(x)\mapsto f'(x)$. 求 $\mathscr{D}$ 的特征多项式, 并证明 $\mathscr{D}$ 不可对角化.

(B)

3. 设 A 为 n 阶方阵, 满足 $A^2-3A+2E=0$, 求可逆矩阵 T, 使得 $T^{-1}AT=\Lambda$ 为对角矩阵.

4. 设 $\alpha=(a_1,a_2,\cdots,a_n)$, $a_i\neq 0, i=1,2,\cdots,n$. 设 $B=\alpha^{\mathrm{T}}\alpha$. 则

(1) $\forall m\in\mathbb{N}$, $\exists k\in\mathrm{F}$, s.t. $B^m=kB$;

(2) 求可逆矩阵 T, 使得 $T^{-1}BT$ 为对角矩阵.

5.10 不变子空间

如果线性变换 $\mathscr{A}$ 不可对角化, 即我们找不到一组全部由 $\mathscr{A}$ 的特征向量组成的基, 则退而求其次, 我们希望找到一组基, 使得 $\mathscr{A}$ 在该基下的矩阵为对角分块矩阵. 为此我们需要引入如下定义.

定义 5.10.1 设 $\mathscr{A}$ 是数域 F 上线性空间 V 的线性变换, W 是 V 的子空间. 如果 $\forall \alpha \in W$, $\mathscr{A}\alpha \in W$, 则称 W 是 $\mathscr{A}$-不变子空间, 简称 $\mathscr{A}$-子空间.

定义 5.10.2 设 W 是线性变换 $\mathscr{A}$ 的不变子空间, 则线性变换 $\mathscr{A}|_W : W \to W, \alpha \mapsto \mathscr{A}\alpha$ 称为线性变换 $\mathscr{A}$ 在 W 上的限制.

例 5.10.1 (1) V 的平凡子空间是任意线性变换 $\mathscr{A}$ 的不变子空间;

(2) $\mathrm{Im}\mathscr{A}$ 与 $\mathrm{Ker}\mathscr{A}$ 都是 $\mathscr{A}$ 的不变子空间;

(3) 设 $\lambda_0 \in \mathrm{F}$ 是 $\mathscr{A}$ 的一个特征值, 则特征子空间 V_{λ_0} 是 $\mathscr{A}$ 的不变子空间. 而且, $\mathscr{A}|_{V_{\lambda_0}} = \lambda_0 \mathrm{id}$ 是数乘变换;

(4) 若 $\mathscr{A}\mathscr{B} = \mathscr{B}\mathscr{A}$, 则 $\mathrm{Im}\mathscr{B}$ 与 $\mathrm{Ker}\mathscr{B}$ 都是 $\mathscr{A}$ 的不变子空间. 特别地, $\forall f(x) \in \mathrm{F}[x]$, $\mathrm{Im}f(\mathscr{A})$ 与 $\mathrm{Ker}f(\mathscr{A})$ 都是 $\mathscr{A}$-子空间.

命题 5.10.1 (1) $\mathscr{A}$ 的不变子空间的和与交仍是 $\mathscr{A}$ 的不变子空间.

(2) 设 $W = \mathrm{span}(\alpha_1, \alpha_2, \cdots, \alpha_r) \leqslant V$, 则 W 是 $\mathscr{A}$-子空间当且仅当

$$\mathscr{A}\alpha_1, \mathscr{A}\alpha_2, \cdots, \mathscr{A}\alpha_r \in W.$$

证明 (1) 直接验证.

(2) 必要性显然. 充分性: $\forall \beta \in W$, 设 $\beta = \sum\limits_{i=1}^{r} k_i\alpha_i$, 则

$$\mathscr{A}\beta = \mathscr{A}\left(\sum_{i=1}^{r} k_i\alpha_i\right) = \sum_{i=1}^{r} k_i \mathscr{A}\alpha_i \in W,$$

所以 W 是 $\mathscr{A}$-子空间. □

命题 5.10.2 设 $\mathscr{A}$ 是数域 F 上 n 维线性空间 V 的线性变换.

(1) 如果 W 是 $\mathscr{A}$-子空间, 则存在 V 的一组基 $\varepsilon_1, \cdots, \varepsilon_r, \varepsilon_{r+1}, \cdots, \varepsilon_n$, 使得 $\mathscr{A}$ 在这组基下的矩阵为

$$\begin{pmatrix} A_1 & A_3 \\ & A_2 \end{pmatrix},$$

其中, A_1 是 $\mathscr{A}|_W$ 在 W 的基 $\varepsilon_1, \cdots, \varepsilon_r$ 下的矩阵.

(2) 如果 $V = W_1 \oplus W_2 \oplus \cdots \oplus W_s$, 其中 W_i 是 $\mathscr{A}$-子空间, 则存在 V 的一组基 $\varepsilon_{11}, \cdots, \varepsilon_{1r_1}, \cdots, \varepsilon_{s1}, \cdots, \varepsilon_{sr_s}$, 使得 $\mathscr{A}$ 在这组基下的矩阵为

$$\begin{pmatrix} A_1 & & & \\ & A_2 & & \\ & & \ddots & \\ & & & A_s \end{pmatrix},$$

其中, A_i 是 $\mathscr{A}|_{W_i}$ 在 W_i 的基 $\varepsilon_{i1}, \cdots, \varepsilon_{ir_i}$ 下的矩阵, $i = 1, 2, \cdots, s$.

证明 (1) 若 W 是 $\mathscr{A}$-子空间, 则取 W 的一组基 $\varepsilon_1, \cdots, \varepsilon_r$, 将它扩充为 V 的基 $\varepsilon_1, \cdots, \varepsilon_r, \varepsilon_{r+1}, \cdots, \varepsilon_n$, 从而得

$$\begin{aligned}
\mathscr{A}\varepsilon_1 &= a_{11}\varepsilon_1 + \cdots + a_{r1}\varepsilon_r, \\
&\cdots\cdots \\
\mathscr{A}\varepsilon_r &= a_{1r}\varepsilon_1 + \cdots + a_{rr}\varepsilon_r, \\
\mathscr{A}\varepsilon_{r+1} &= a_{1,r+1}\varepsilon_1 + \cdots + a_{r,r+1}\varepsilon_r + a_{r+1,r+1}\varepsilon_{r+1} + \cdots + a_{n,r+1}\varepsilon_n, \\
&\cdots\cdots \\
\mathscr{A}\varepsilon_n &= a_{1n}\varepsilon_1 + \cdots + a_{rn}\varepsilon_r + a_{r+1,n}\varepsilon_{r+1} + \cdots + a_{nn}\varepsilon_n,
\end{aligned}$$

所以 $\mathscr{A}$ 在这组基下的矩阵为

$$\begin{pmatrix} A_1 & A_3 \\ & A_2 \end{pmatrix}.$$

(2) 与 (1) 类似可证. □

当线性变换 $\mathscr{A}$ 没有足够多的特征向量 (即没有 n 个线性无关的特征向量) 时, $\mathscr{A}$ 不可对角化, 等价地, V 不能分解成 $\mathscr{A}$ 的特征子空间的直和. 下面我们引入广义特征向量与广义特征子空间将改善这种局面.

定义 5.10.3 设 $\mathscr{A}$ 是数域 F 上 n 维线性空间 V 的线性变换, $\lambda \in \mathrm{F}$ 是 $\mathscr{A}$ 的特征值. 非零向量 $\alpha \in V$ 称为 $\mathscr{A}$ 的属于特征值 λ 的广义特征向量如果存在正整数 j 使得 $(\lambda \mathrm{id} - \mathscr{A})^j(\alpha) = 0$.

$\mathscr{A}$ 的属于特征值 λ 的广义特征向量的全体与零向量的并集称为 $\mathscr{A}$ 的属于特征值 λ 的广义特征子空间 (或根子空间), 记作 V^λ.

我们也类似地定义 n 阶矩阵 A 的属于特征值 λ 的广义特征向量与广义特征子空间. 显然, 对 $\mathscr{A}$ 或 A 的任意特征值 λ, $V_\lambda \subseteq V^\lambda$.

定理 5.10.1　设 $\mathscr{A}$ 是数域 F 上 n 维线性空间 V 的线性变换, $\lambda \in \mathrm{F}$ 是 $\mathscr{A}$ 的特征值, 则

$$V^\lambda = \mathrm{Ker}(\lambda \mathrm{id} - \mathscr{A})^n.$$

因此, V^λ 是 V 的 $\mathscr{A}$-不变子空间.

证明　由定义知 $\mathrm{Ker}(\lambda \mathrm{id} - \mathscr{A})^n \subseteq V^\lambda$.

由命题 5.4.2的证明过程知

$$\begin{aligned}&\mathrm{Ker}(\lambda \mathrm{id} - \mathscr{A}) \subseteq \mathrm{Ker}(\lambda \mathrm{id} - \mathscr{A})^2 \subseteq \cdots \subseteq \mathrm{Ker}(\lambda \mathrm{id} - \mathscr{A})^n\\ =\ &\mathrm{Ker}(\lambda \mathrm{id} - \mathscr{A})^{n+1} = \cdots,\end{aligned}$$

所以, 任取 $\alpha \in V^\lambda$, 存在正整数 j, 使得 $(\lambda \mathrm{id} - \mathscr{A})^j(\alpha) = 0$, 即

$$\alpha \in \mathrm{Ker}(\lambda \mathrm{id} - \mathscr{A})^j \subseteq \mathrm{Ker}(\lambda \mathrm{id} - \mathscr{A})^n.$$

故 $V^\lambda = \mathrm{Ker}(\lambda \mathrm{id} - \mathscr{A})^n$.　□

注　由定义 5.9.3 知 $\dim V_\lambda = \lambda$ 的几何重数; 由后面的命题 6.5.1 知 $\dim V^\lambda = \lambda$ 的代数重数.

定理 5.8.4 表明属于不同特征值的特征向量线性无关, 下面我们对广义特征向量证明类似的结果.

定理 5.10.2　设 $\mathscr{A}$ 是数域 F 上 n 维线性空间 V 的线性变换, $\lambda_1, \lambda_2, \cdots, \lambda_m$ 是 $\mathscr{A}$ 的不同特征值, $\alpha_1, \alpha_2, \cdots, \alpha_m$ 分别为相应的广义特征向量, 则 $\alpha_1, \alpha_2, \cdots, \alpha_m$ 线性无关.

证明　设

$$a_1\alpha_1 + a_2\alpha_2 + \cdots + a_m\alpha_m = 0, \quad a_i \in \mathrm{F}. \tag{5.7}$$

设 k 是使得 $(\lambda_1 \mathrm{id} - \mathscr{A})^k(\alpha_1) \neq 0$ 成立的最大非负整数, 令 $\beta = (\lambda_1 \mathrm{id} - \mathscr{A})^k(\alpha_1)$, 则

$$(\lambda_1 \mathrm{id} - \mathscr{A})\beta = (\lambda_1 \mathrm{id} - \mathscr{A})^{k+1}\alpha_1 = 0,$$

所以 $\mathscr{A}\beta = \lambda_1\beta$. 于是, 对任意的 $\lambda \in \mathrm{F}$, $(\lambda \mathrm{id} - \mathscr{A})\beta = (\lambda - \lambda_1)\beta$. 因此, 对任意的 $\lambda \in \mathrm{F}$,

$$(\lambda \mathrm{id} - \mathscr{A})^n\beta = (\lambda - \lambda_1)^n\beta.$$

将 $(\lambda_1 \mathrm{id} - \mathscr{A})^k(\lambda_2 \mathrm{id} - \mathscr{A})^n \cdots (\lambda_m \mathrm{id} - \mathscr{A})^n$ 作用到(5.7)得

$$\begin{aligned}0 &= a_1(\lambda_1 \mathrm{id} - \mathscr{A})^k(\lambda_2 \mathrm{id} - \mathscr{A})^n \cdots (\lambda_m \mathrm{id} - \mathscr{A})^n\alpha_1\\ &= a_1(\lambda_2 \mathrm{id} - \mathscr{A})^n \cdots (\lambda_m \mathrm{id} - \mathscr{A})^n\beta\\ &= a_1(\lambda_2 - \lambda_1)^n \cdots (\lambda_m - \lambda_1)^n\beta,\end{aligned}$$

所以 $a_1=0$. 类似可证 $a_2=\cdots=a_m=0$, 因此 $\alpha_1,\alpha_2,\cdots,\alpha_m$ 线性无关. □

对 V 上的线性变换 $\mathscr{A}$, 尽管一般情况下 V 并不能分解成 $\mathscr{A}$ 的特征子空间的直和, 但下面的定理表明 V 可以分解为 $\mathscr{A}$ 的广义特征子空间 (或根子空间) 的直和, 常被称为线性空间的准素分解定理.

定理 5.10.3 设 $\mathscr{A}$ 是复数域 $\mathbb{C}$ 上 n 维线性空间 V 的线性变换, $\lambda_1,\lambda_2,\cdots,\lambda_m$ 是 $\mathscr{A}$ 的所有不同特征值, 则 $V=V^{\lambda_1}\oplus V^{\lambda_2}\oplus\cdots\oplus V^{\lambda_m}$.

证明 对 V 的维数 n 作归纳. 当 $n=1$ 时显然成立；假设 $n>1$ 且结果对所有更小维数的向量空间都成立.

由于 V 是复向量空间, 所以 $\mathscr{A}$ 一定有特征值, 于是 $m\geqslant 1$. 将命题 5.4.2 应用到 $\lambda_1\mathrm{id}-\mathscr{A}$, 得到

$$V=V^{\lambda_1}\oplus U,\quad 其中\quad V^{\lambda_1}=\mathrm{Ker}(\lambda_1\mathrm{id}-\mathscr{A})^n,\quad U=\mathrm{Im}(\lambda_1\mathrm{id}-\mathscr{A})^n. \tag{5.8}$$

由于 $V^{\lambda_1}\neq 0$, 所以 $\mathscr{A}$-不变子空间 U 的维数 $\dim U<n$, 于是可对 $\mathscr{A}|_U$ 应用归纳假设.

注意到 $\mathscr{A}$ 的所有属于 λ_1 的广义特征向量都在 V^{λ_1} 中, 因此 $\mathscr{A}|_U$ 没有属于 λ_1 的广义特征向量, 于是 $\mathscr{A}|_U$ 的特征值都在 $\{\lambda_2,\cdots,\lambda_m\}$ 中.

由归纳假设, $U=U^{\lambda_2}\oplus\cdots\oplus U^{\lambda_m}$, 其中 U^{λ_k} 是 $\mathscr{A}|_U$ 的属于特征值 λ_k 的广义特征子空间. 为完成证明, 结合(5.8), 只需证明 $U^{\lambda_k}=V^{\lambda_k}$, $k=2,3,\cdots,m$.

取定 $k\in\{2,3,\cdots,m\}$, 显然 $U^{\lambda_k}\subset V^{\lambda_k}$. 另一方面, 任取 $\xi\in V^{\lambda_k}$, 由(5.8)有 $\xi=\alpha+\beta$, 其中 $\alpha\in V^{\lambda_1},\beta\in U$. 由归纳假设,

$$\beta=\beta_2+\cdots+\beta_m,\quad \beta_k\in U^{\lambda_k}\subset V^{\lambda_k}.$$

于是 $\xi=\alpha+\beta_2+\cdots+\beta_m$, 从而

$$\alpha+\beta_2+\cdots+\beta_k-\xi+\cdots+\beta_m=0.$$

由定理 5.10.2 知 $\alpha,\beta_2,\cdots,\beta_k-\xi,\cdots,\beta_m$ 线性无关, 所以 $\beta_k-\xi=0$, 即 $\xi=\beta_k\in U^{\lambda_k}$. 故 $V^{\lambda_k}\subset U^{\lambda_k}$, 于是 $U^{\lambda_k}=V^{\lambda_k}$. □

推论 5.10.1 设 $\mathscr{A}$ 是复数域 $\mathbb{C}$ 上 n 维线性空间 V 的线性变换, 则 V 有一组由 $\mathscr{A}$ 的广义特征向量组成的基.

习 题 5.10

(A)

1. 设线性变换 $\mathscr{A}$ 在向量空间 F^4 的基 $\alpha_1,\alpha_2,\alpha_3,\alpha_4$ 下的矩阵是

$$A=\begin{pmatrix}1 & 0 & 2 & -1\\ 0 & 1 & 4 & -2\\ 2 & -1 & 0 & 1\\ 2 & -1 & -1 & 2\end{pmatrix}.$$

证明: $W=\mathrm{span}(\alpha_1+2\alpha_2,\alpha_2+\alpha_3+2\alpha_4)$ 是 $\mathscr{A}$ 的不变子空间.

2. 若 $\mathscr{A}\mathscr{B}=\mathscr{B}\mathscr{A}$, 则 $\mathrm{Im}\mathscr{B}$ 与 $\mathrm{Ker}\mathscr{B}$ 都是 $\mathscr{A}$ 的不变子空间. 特别地, $\forall f(x)\in \mathrm{F}[x]$, $\mathrm{Im}f(\mathscr{A})$ 与 $\mathrm{Ker}f(\mathscr{A})$ 都是 $\mathscr{A}$-子空间.

(B)

3. 设 $\mathscr{A},\mathscr{B}:V\to V$ 是线性变换, 且 $\mathscr{A}\mathscr{B}=\mathscr{B}\mathscr{A}$.

(1) 若 λ_0 是 $\mathscr{A}$ 的一个特征值, 则 V_{λ_0} 是 $\mathscr{B}$-不变子空间;

(2) $\mathscr{A},\mathscr{B}$ 至少有一个公共特征向量.

(C)

4. 设 $\mathscr{A}$ 是数域 F 上 n 维线性空间 V 的线性变换, 在 $\mathrm{F}[x]$ 中, $f(x)=f_1(x)f_2(x)\cdots f_s(x)$, 其中 $f_1(x),f_2(x),\cdots,f_s(x)$ 两两互素. 证明

$$\mathrm{Ker}f(\mathscr{A})=\mathrm{Ker}f_1(\mathscr{A})\oplus\mathrm{Ker}f_2(\mathscr{A})\oplus\cdots\oplus\mathrm{Ker}f_s(\mathscr{A}).$$

5. 设 $\mathscr{A},\mathscr{B}$ 是复数域上 n 维线性空间 V 的线性变换, 且 $\mathscr{A}\mathscr{B}=\mathscr{B}\mathscr{A}$. 则存在 V 的一组基, 使得 $\mathscr{A},\mathscr{B}$ 在该基下的矩阵同时为上三角矩阵.

6. 设 $\mathscr{A}\mathscr{B}=\mathscr{B}\mathscr{A}$, $\mathscr{A},\mathscr{B}$ 都可对角化. 证明存在 V 的一组基, 使得 $\mathscr{A},\mathscr{B}$ 在该基下的矩阵同时为对角矩阵.

5.11 凯莱-哈密顿定理与极小多项式

设 $\mathscr{A}$ 是 n 维线性空间 V 的线性变换. 当 $\mathscr{A}$ 不可对角化时, 为了寻找 V 的一组“好基”使得 $\mathscr{A}$ 在这组基下的矩阵具有简单的形式 (比如分块对角矩阵), 我们期望将 V 分解成 $\mathscr{A}$ 的不变子空间的直和. 通过研究 $\mathscr{A}$ 的广义特征向量, 定理 5.10.3提供了一种这样的分解. 一般情况下, 我们如何将 V 分解成 $\mathscr{A}$ 的不变子空间的直和呢?

对任意的多项式 $f(x)\in\mathrm{F}[x]$, $\mathscr{A}f(\mathscr{A})=f(\mathscr{A})\mathscr{A}$, 从而由例 5.10.1可知, 子空间 $\mathrm{Ker}f(\mathscr{A})$ 是 $\mathscr{A}$-不变子空间. 由习题 5.10(C)4 知

$$\mathrm{Ker}f(\mathscr{A})=\mathrm{Ker}f_1(\mathscr{A})\oplus\mathrm{Ker}f_2(\mathscr{A})\oplus\cdots\oplus\mathrm{Ker}f_s(\mathscr{A}).$$

由于 $\mathrm{Ker}\mathscr{O}=V$, 所以只要找到多项式 $f(x)$ 使得 $f(\mathscr{A})=\mathscr{O}$ (满足该性质的多项式称为 $\mathscr{A}$ 的零化多项式), 将 $f(x)$ 分解成两两互素的多项式的乘积, 我们就可以将 V 分解成 $\mathscr{A}$ 的不变子空间的直和.

给定 n 阶矩阵 A, 若多项式 $f(x)$ 使得 $f(A)=O$, 则称 $f(x)$ 为 A 的零化多项式 (annihilating polynomial). 由于 $\mathrm{F}^{n\times n}$ 是 n^2 维的线性空间, 所以 n^2+1 个矩阵构成的集合 $\{E,A,A^2,\cdots,A^{n^2}\}$ 必线性相关, 从而存在不全为零的系数 $a_0,a_1,a_2,\cdots,a_{n^2}\in\mathrm{F}$ 使得

$$a_0E_n+a_1A+a_2A^2+\cdots+a_{n^2}A^{n^2}=O,$$

即存在多项式 $f(x)=a_0+a_1x+\cdots+a_{n^2}x^{n^2}\in\mathrm{F}[x]$ 使得 $f(A)=O$. 注意这里仅给出了矩阵 A 的零化多项式的存在性, 但没有给出矩阵 A 的零化多项式的具体构造. 著名的凯莱-哈密顿定理给出了矩阵 A 的零化多项式的具体构造——A 的特征多项式. 在 1858 年的文章中, 凯莱宣告了这一结果. 哈密顿与这一定理的关系是基于如下事实: 在他 1853 年的《四元数讲义》中引进线性向量函数的概念时, 他证明所涉及的三个变量的线性变换的矩阵满足它的特征方程, 虽然他不想正式用矩阵语言来描述.

定理 5.11.1 (凯莱-哈密顿定理) 设 $A\in\mathrm{F}^{n\times n}$, 则 $f_A(A)=0$.

证明 我们仅考虑 $\mathrm{F}=\mathbb{C}$ 的情形. 对矩阵的阶 n 作归纳法. 假设对 $n-1$ 阶矩阵命题成立. 考虑 n 阶矩阵 A. 设 $\varepsilon_1,\varepsilon_2,\cdots,\varepsilon_n$ 是线性空间 V 的一组基, 定义线性变换 $\mathscr{A}:V\to V$, $\mathscr{A}(\varepsilon_1,\varepsilon_2,\cdots,\varepsilon_n)=(\varepsilon_1,\varepsilon_2,\cdots,\varepsilon_n)A$. 设 α_1 是 $\mathscr{A}$ 的属于特征值 λ 的特征向量, 将它扩充为 V 的一组基 $\alpha_1,\alpha_2,\cdots,\alpha_n$, 则 $\mathscr{A}$ 在这组基下的矩阵为

$$B=\begin{pmatrix}\lambda & * \\ 0 & C\end{pmatrix}.$$

设

$$(\alpha_1,\alpha_2,\cdots,\alpha_n)=(\varepsilon_1,\varepsilon_2,\cdots,\varepsilon_n)T,$$

则 $B=T^{-1}AT$, 且 $f_A(x)=f_B(x)=(x-\lambda)f_C(x)$. 由归纳假设 $f_C(C)=O$. 所以

$$\begin{aligned}f_A(A)&=Tf_A(B)T^{-1}=T(B-\lambda E_n)f_C(B)T^{-1}\\&=T\begin{pmatrix}0 & * \\ 0 & C-\lambda E_{n-1}\end{pmatrix}\begin{pmatrix}f_C(\lambda) & * \\ 0 & 0\end{pmatrix}T^{-1}=O.\end{aligned}$$ □

凯莱-哈密顿定理的重要性体现在矩阵 A 的高次幂 ($>n$ 次) 与 A^{-1} 均可表为 A 的低次幂.

例 5.11.1 设 $A=\begin{pmatrix}1 & a & b \\ 0 & \omega & c \\ 0 & 0 & \omega^2\end{pmatrix}$, 其中 a,b,c 是任意复数, $\omega=\dfrac{-1+\sqrt{-3}}{2}$.

求 A^{2017} 及 A^{-1}.

解 由于 $f_A(\lambda)=(\lambda-1)(\lambda-\omega)(\lambda-\omega^2)=\lambda^3-1$, 所以 $A^3=E$. 从而

$$A^{2017}=A^{3\times 672+1}=A,\quad A^{-1}=A^2.$$

该例提供了利用凯莱-哈密顿定理计算矩阵高次幂的方法, 即 A 的高于 n 次的幂可由其低于 n 次的幂的线性组合给出, 故对任意自然数 m,

$$A^m\in\operatorname{span}(E,A,A^2,\cdots,A^{n-1}).$$

然而, 凯莱-哈密顿定理仅仅将 n 次幂简化为 $n-1$ 次幂和较低次幂的线性组合, 并非快速计算模式. 下面的定义 5.11.1 将提供计算矩阵高次幂的更快速的降幂方法.

例 5.11.2 设复数域上的矩阵 A,B 没有公共特征值, 则矩阵方程 $AX=XB$ 只有零解.

证明 由 $AX=XB$ 知 $A^kX=XB^k$, $\forall k\in\mathbb{N}$. 因此对任意的多项式 $f(x)$, $f(A)X=Xf(B)$. 特别地, $f_A(A)X=Xf_A(B)$. 由凯莱-哈密顿定理, $f_A(A)=O$. 由定理 5.8.2, 存在可逆矩阵 T, 使得

$$T^{-1}BT=C=\begin{pmatrix}\lambda_1 & * & * & *\\ & \lambda_2 & * & *\\ & & \ddots & \vdots\\ & & & \lambda_n\end{pmatrix},$$

则 $B=TCT^{-1}$, 且

$$f_A(B)=Tf_A(C)T^{-1}=T\begin{pmatrix}f_A(\lambda_1) & * & * & *\\ & f_A(\lambda_2) & * & *\\ & & \ddots & \vdots\\ & & & f_A(\lambda_n)\end{pmatrix}T^{-1}.$$

由于 A,B 没有公共特征值, 而 λ_i 为 B 的特征值, 则 $f_A(\lambda_i)\neq O$. 因此 $f_A(B)$ 可逆. 从而 $Xf_A(B)=O$ 只有零解, 所以矩阵方程 $AX=XB$ 只有零解. □

记 $\operatorname{Ann}(A)=\{f(x)\in\mathrm{F}[x]\mid f(A)=O\}$. 由定理 5.11.1知 $\operatorname{Ann}(A)$ 非空. 矩阵 A 的次数最低的零化多项式是非常重要的, 我们有如下定义.

定义 5.11.1 $\operatorname{Ann}(A)$ 中次数最低的首一多项式称为矩阵 A 的极小 (最小) 多项式, 记作 $m_A(x)$.

注 弗罗贝尼乌斯首先注意到矩阵的极小多项式是特征多项式的因式, 且是唯一的. 直到 1904 年, 亨泽尔 (Kurt Hensel) 才证明了弗罗贝尼乌斯的唯一性结论, 以及定理 5.11.2 中的性质 (2).

定理 5.11.2 (基本性质) 设 $m_A(x)$ 是矩阵 A 的极小多项式. 则

(1) 矩阵 A 的极小多项式唯一;

(2) $f(x) \in \mathrm{Ann}(A)$ 当且仅当 $m_A(x)|f(x)$;

(3) 若 $A = \begin{pmatrix} A_1 & \\ & A_2 \end{pmatrix}$, 则 $m_A(x) = \mathrm{lcm}(m_{A_1}(x), m_{A_2}(x))$, lcm 表示最小公倍式;

(4) 设 $J = \begin{pmatrix} \lambda_0 & 1 & & & \\ & \lambda_0 & 1 & & \\ & & \ddots & \ddots & \\ & & & \lambda_0 & 1 \\ & & & & \lambda_0 \end{pmatrix}_{n\times n}$, 则 J 的极小多项式 $m_J(x) = (x-\lambda_0)^n$.

证明 (1), (2) 由带余除法即得.

(3) 设 $m(x) = \mathrm{lcm}[m_{A_1}(x), m_{A_2}(x)]$. 由于

$$m_A(A) = \begin{pmatrix} m_A(A_1) & \\ & m_A(A_2) \end{pmatrix} = O,$$

所以 $m_A(A_1) = O, m_A(A_2) = O$, 故 $m_{A_1}(x)|m_A(x), m_{A_2}(x)|m_A(x)$, 从而 $m(x)|m_A(x)$.

另一方面, 由于

$$m(A) = \begin{pmatrix} m(A_1) & \\ & m(A_2) \end{pmatrix} = O,$$

所以 $m_A(x)|m(x)$. 由于 $m_A(x), m(x)$ 都是首一多项式, 所以 $m_A(x) = m(x)$.

(4) 显然. □

作为凯莱-哈密顿定理的一个应用, 我们给出定理 5.10.3 的另一证明.

定理 5.10.3 的证明 设 $f(\lambda) = f_A(\lambda) = (\lambda-\lambda_1)^{n_1}(\lambda-\lambda_2)^{n_2}\cdots(\lambda-\lambda_s)^{n_s}$, 是 A 的特征多项式, $f_i(\lambda) = \dfrac{f(\lambda)}{(\lambda-\lambda_i)^{n_i}}$. 令 $V_i = f_i(\mathscr{A})V$, 则由凯莱-哈密顿定理可知

$$(\mathscr{A} - \lambda_i \mathrm{id})^{n_i} V_i = f(\mathscr{A})V = 0.$$

所以 $V_i \subseteq V^{\lambda_i}$.

(1) $V^{\lambda_1}+V^{\lambda_2}+\cdots+V^{\lambda_s}$ 是直和, 即证明 0 的表示方法唯一. 设

$$0=\beta_1+\beta_2+\cdots+\beta_s,\quad \beta_i\in V^{\lambda_i}. \tag{5.9}$$

对任意的 $1\leqslant i\leqslant s$, 若 $j\neq i$, 因为 $(\lambda-\lambda_j)^{n_j}|f_i(\lambda)$, 所以 $f_i(\mathscr{A})\beta_j=0$. 用 $f_i(\mathscr{A})$ 作用(5.9)得

$$f_i(\mathscr{A})\beta_i=0. \tag{5.10}$$

另一方面, $((\lambda-\lambda_i)^{n_i},f_i(\lambda))=1$, 所以存在 $u(\lambda),v(\lambda)\in \mathrm{F}[\lambda]$, 使得 $u(\lambda)(\lambda-\lambda_i)^{n_i}+v(\lambda)f_i(\lambda)=1$. 所以对任意的 $1\leqslant i\leqslant s$

$$\beta_i=\mathrm{id}(\beta_i)=u(\mathscr{A})(\mathscr{A}-\lambda_i\mathrm{id})^{n_i}\beta_i+v(\mathscr{A})f_i(\mathscr{A})\beta_i=0+0=0,$$

这里第一个和项为 0 是因为 $\beta_i\in V^{\lambda_i}=\mathrm{Ker}(\mathscr{A}-\lambda_i\mathrm{id})^{n_i}$, 第二个和项为 0 是因为(5.10).

(2) 下证 $V=V^{\lambda_1}\oplus V^{\lambda_2}\oplus\cdots\oplus V^{\lambda_s}$. 由于 $V^{\lambda_1}\oplus V^{\lambda_2}\oplus\cdots\oplus V^{\lambda_s}\subseteq V$, 故只需证 $V\subseteq V^{\lambda_1}\oplus V^{\lambda_2}\oplus\cdots\oplus V^{\lambda_s}$. 因为 $(f_1(\lambda),f_2(\lambda),\cdots,f_s(\lambda))=1$, 所以存在 $u_i(\lambda)\in \mathrm{F}[\lambda]$ 使得 $\sum\limits_{i=1}^{s}u_i(\lambda)f_i(\lambda)=1$. 从而

$$\sum_{i=1}^{s}u_i(\mathscr{A})f_i(\mathscr{A})=\mathrm{id}.$$

所以, $\forall\alpha\in V$,

$$\begin{aligned}\alpha=\mathrm{id}(\alpha)&=\sum_{i=1}^{s}u_i(\mathscr{A})f_i(\mathscr{A})(\alpha)=\sum_{i=1}^{s}f_i(\mathscr{A})\big(u_i(\mathscr{A})\alpha\big)\\&\in V_1+V_2+\cdots+V_s\subseteq V^{\lambda_1}\oplus V^{\lambda_2}\oplus\cdots\oplus V^{\lambda_s}.\end{aligned}$$

□

注　(1) 在上述证明中, 对于任意的 $i=1,2,\cdots,s$, 我们有 $V_i=V^{\lambda_i}$. 由于 $V_i\subseteq V^{\lambda_i}$, 因而只需证 $V^{\lambda_i}\subseteq V_i$. 事实上, 任取 $\alpha\in V^{\lambda_i}$, $\alpha=\alpha_1+\alpha_2+\cdots+\alpha_s$, $\alpha_i\in V_i$, 则

$$0=\alpha_1+\cdots+\alpha_i-\alpha+\cdots+\alpha_s\in\bigoplus_{i=1}^{s}V^{\lambda_i}.$$

所以 $\alpha_i-\alpha=0$, 即 $\alpha=\alpha_i\in V_i$.

(2) 定理 5.10.3 的证明过程中仅用到线性变换 $\mathscr{A}$ 的特征多项式 $f_{\mathscr{A}}(\lambda)$ 是 $\mathscr{A}$ 的零化多项式及 $f_{\mathscr{A}}(\lambda)$ 的准素分解

$$f_{\mathscr{A}}(\lambda)=(\lambda-\lambda_1)^{n_1}(\lambda-\lambda_2)^{n_2}\cdots(\lambda-\lambda_s)^{n_s}.$$

所以我们有如下推论.

推论 5.11.1 设线性变换 $\mathscr{A}$ 的任一零化多项式 $f(\lambda)$ 的准素分解为

$$f(\lambda)=(\lambda-\lambda_1)^{r_1}(\lambda-\lambda_2)^{r_2}\cdots(\lambda-\lambda_s)^{r_s},$$

则 $V=\bigoplus_{i=1}^{s}R(\lambda_i)$, 其中 $R(\lambda_i)=\mathrm{Ker}(\mathscr{A}-\lambda_i\mathrm{id})^{r_i}$, $i=1,2,\cdots,s$.

推论 5.11.2 数域 F 上的 n 阶矩阵 A 可对角化的充要条件是 A 的极小多项式是数域 F 上互素的一次因式的乘积.

证明 $\Longrightarrow$ 由定理 5.11.2 (3) 可得.

$\Longleftarrow$ 设 $m_A(\lambda)=\prod_{i=1}^{s}(\lambda-\lambda_i)$, 由推论 5.11.1知 $V=V_{\lambda_1}\oplus V_{\lambda_2}\oplus\cdots\oplus V_{\lambda_s}$. 由定理 5.9.3 即得. □

习 题 5.11

(A)

1. 设 $A=\begin{pmatrix}1&1&-1\\0&2&0\\1&1&3\end{pmatrix}$.

(1) 求矩阵 A 的极小多项式;

(2) 求 $\mathrm{F}[A]=\{f(A)\in\mathrm{F}^{3\times3}\mid f(x)\in\mathrm{F}[x]\}$ 的一组基与维数.

2. 矩阵 A 可逆当且仅当存在 $f(x)\in\mathrm{Ann}(A)$ 使得 $f(x)$ 的常数项非零.

(B)

3. 求弗罗贝尼乌斯矩阵

$$C=\begin{pmatrix}0&1&0&\cdots&0&0\\0&0&1&\cdots&0&0\\\vdots&\vdots&\vdots&&\vdots&\vdots\\0&0&0&\cdots&0&1\\-a_0&-a_1&-a_2&\cdots&-a_{n-2}&-a_{n-1}\end{pmatrix}$$

的极小多项式.

4. 设 A 是数域 F 上的 n 阶方阵, $m(x)$ 是 A 的极小多项式. 设 $\mathrm{F}[A]=\{f(A)\mid f(x)\in\mathrm{F}[x]\}$. 证明: $\dim\mathrm{F}[A]=\deg(m(x))$.

5. 设 A 是 n 阶方阵, 证明:

(1) $\forall s\geqslant n$, $\exists g(x)\in\mathrm{F}[x]$, $\deg(g(x))\leqslant n-1$, s.t. $A^s=g(A)$;

(2) 若 A 可逆, 则存在次数不超过 $n-1$ 的多项式 $h(x)$, 使得 $A^{-1}=h(A)$.

6. 设 $\mathscr{A}$ 是 n 维线性空间 V 上的线性变换, 如果 $\mathscr{A}$ 可对角化, 那么对于 V 的任一 $\mathscr{A}$-不变子空间 W, $\mathscr{A}|_W$ 也可对角化.

复习题 5

1. 设 V 是复数域上的 n 维线性空间, 线性变换 $\mathscr{A}$ 在基 $\varepsilon_1, \varepsilon_2, \cdots, \varepsilon_n$ 下的矩阵是

$$\begin{pmatrix} \lambda & & & & \\ 1 & \lambda & & & \\ & \ddots & \ddots & & \\ & & 1 & \lambda & \\ & & & 1 & \lambda \end{pmatrix}$$

证明

(1) V 中包含 ε_1 的 $\mathscr{A}$-子空间只有 V 自身;

(2) V 中任一非零 $\mathscr{A}$-子空间都包含 ε_n;

(3) V 不能分解成两个非平凡的 $\mathscr{A}$-子空间的直和.

2. 设 $\mathscr{D}: \mathbb{R}[x]_n \longrightarrow \mathbb{R}[x]_n, f(x) \mapsto f'(x)$ 是多项式的求导变换. 证明: $\mathbb{R}[x]_n$ 的任一 k- 维 $\mathscr{D}$-不变子空间必为 $\operatorname{span}(1, x, \cdots, x^{k-1})$.

3. 设 V 是复数域上的 n 维线性空间, 线性变换 $\mathscr{A}$ 在基 $\varepsilon_1, \varepsilon_2, \cdots, \varepsilon_n$ 下的矩阵是

$$\begin{pmatrix} \lambda & & & & \\ 1 & \lambda & & & \\ & \ddots & \ddots & & \\ & & 1 & \lambda & \\ & & & 1 & \lambda \end{pmatrix}.$$

求 V 的所有 $\mathscr{A}$-不变子空间.

4. 设 $\mathscr{A}_1, \mathscr{A}_2, \cdots, \mathscr{A}_s$ 是 n 维线性空间 V 的 s 个两两不同的线性变换, 则存在 $\alpha \in V$, 使得 $\mathscr{A}_1\alpha, \mathscr{A}_2\alpha, \cdots, \mathscr{A}_s\alpha$ 也两两不同.

5. 设 $\mathscr{A}$ 是数域 F 上 n 维线性空间 V 上的线性变换. 证明: 存在正整数 m, 使得 $\operatorname{Im}\mathscr{A}^m = \operatorname{Im}\mathscr{A}^{m+1} = \cdots, \operatorname{Ker}\mathscr{A}^m = \operatorname{Ker}\mathscr{A}^{m+1} = \cdots, V = \operatorname{Im}\mathscr{A}^m \oplus \operatorname{Ker}\mathscr{A}^m$.

6. 设 A 是数域 F 上的 n 阶方阵, k 是任意的正整数, 求证

$$r(A^k) - r(A^{k+1}) \geqslant r(A^{k+1}) - r(A^{k+2}).$$

7. (2010 年第一届全国大学生数学竞赛) 设 V 是复数域 $\mathbb{C}$ 上的 n 维线性空间, $f_1, f_2 : V \to \mathbb{C}$ 是非零的线性无关的线性函数. 证明: 任意 $\alpha \in V$ 都可分解为 $\alpha = \alpha_1 + \alpha_2$, 使得 $f_1(\alpha) = f_1(\alpha_2), f_2(\alpha) = f_2(\alpha_1)$.

8. (2011 年第一届全国大学生数学竞赛) 设 $A \in \mathbb{C}^{n\times n}$, 定义线性变换 $\sigma_A : \mathbb{C}^{n\times n} \to \mathbb{C}^{n\times n}$, $X \mapsto AX - XA$. 证明: 当 A 可对角化时, σ_A 也可对角化.

9. (2012 年第三届全国大学生数学竞赛) 设 A, B 分别是 3×2 和 2×3 实矩阵, $AB = \begin{pmatrix} 8 & 0 & -4 \\ -\dfrac{3}{2} & 9 & -6 \\ -2 & 0 & 1 \end{pmatrix}$. 求 BA.

10. (2012 年第三届全国大学生数学竞赛) 设 $\{A_i\}_{i\in I}$, $\{B_i\}_{i\in I}$ 是数域 F 上的两个方阵的集合. 称它们在 F 上相似, 如果存在 F 上与 $i\in I$ 无关的可逆矩阵 P, 使得 $P^{-1}A_iP=B_i$, $\forall i\in I$. 证明: 有理数域 $\mathbb{Q}$ 上的两个方阵集合 $\{A_i\}_{i\in I}$, $\{B_i\}_{i\in I}$, 如果它们在实数域 $\mathbb{R}$ 上相似, 则它们在 $\mathbb{Q}$ 上相似.

11. (2014 年第五届全国大学生数学竞赛) 设 n 阶实方阵

$$A=\begin{pmatrix} a_1 & b_1 & 0 & \cdots & 0 & 0 \\ * & a_2 & b_2 & \cdots & 0 & 0 \\ * & * & a_3 & \cdots & 0 & 0 \\ \vdots & \vdots & \vdots & & \vdots & \vdots \\ * & * & * & \cdots & a_{n-1} & b_{n-1} \\ * & * & * & \cdots & * & a_n \end{pmatrix}$$

有 n 个线性无关的特征向量, $b_1,b_2,\cdots,b_{n-1}$ 均不为零. 证明 $W=\{X\in\mathbb{R}^{n\times n}\mid AX=XA\}$ 是实数域 $\mathbb{R}$ 上的线性空间, 且 $E,A,A^2,\cdots,A^{n-1}$ 是它的一组基.

12. 设 A,B 是 n 阶方阵, $r(ABA)=r(B)$. 求证: $AB\sim BA$.

13. (2016 年第七届全国大学生数学竞赛) 设 A,B 为 n 阶实对称矩阵, 则

$$\mathrm{Tr}((AB)^2)\leqslant \mathrm{Tr}(A^2B^2).$$

14. (2017 年第九届全国大学生数学竞赛) 设 $\gamma=\{W_1,W_2,\cdots,W_r\}$ 为 r 个互不相同的 n 阶可逆复方阵组成的集合, 且对乘法封闭 (即 $\forall W_i,W_j\in\Gamma, W_iW_j\in\Gamma$). 证明: $\sum\limits_{i=1}^{r}W_i=O$ 当且仅当 $\sum\limits_{i=1}^{r}\mathrm{Tr}(W_i)=0$.

15. (2015 年第六届全国大学生数学竞赛) 设 A 是 n 阶实对称矩阵, $r(A)=n-1$, 且 A 的每行元素之和均为 0. 设 $2,3,\cdots,n$ 是 A 的非零特征值, 求 a_{11} 的代数余子式 A_{11}.

16. (2009 年第一届全国大学生数学竞赛预赛) 设 V 是复数域 $\mathbb{C}$ 上的 $n(>0)$ 维线性空间, f,g 是 V 上的线性变换. 如果 $fg-gf=f$, 证明: f 的特征值都是 0, 且 f,g 有公共特征向量.

17. (2011 年第三届全国大学生数学竞赛预赛) 设 $\sigma:\mathrm{F}^n\to\mathrm{F}^n$ 是 F^n 上的线性变换, 满足对 $\forall A\in\mathrm{F}^{n\times n}$, $\sigma(A\alpha)=A\sigma(\alpha)$, $\forall\alpha\in\mathrm{F}^n$. 证明: $\sigma=\lambda\mathrm{id}$, $\lambda\in\mathrm{F}$.

18. (2011 年第三届全国大学生数学竞赛预赛) 设 A 是数域 F 上的 n 阶方阵, 证明: $A\sim\begin{pmatrix} B & O \\ O & C\end{pmatrix}$, 其中 B 是可逆矩阵, C 是幂零矩阵.

19. (2015 年第七届全国大学生数学竞赛预赛) 设 A 是四阶复方阵, 满足 $\mathrm{Tr}(A^i)=i$, $i=1,2,3,4$. 求 $|A|$.

20. (2015 年第七届全国大学生数学竞赛预赛) 设 A 是 n 阶实方阵, 其 n 个特征值皆为偶数. 证明: 关于 X 的矩阵方程 $X+AX-XA^2=O$ 只有零解.

21. (2013 年第五届全国大学生数学竞赛预赛) 设 $\Gamma_r=\{A\in\mathbb{R}^{n\times n}\mid r(A)=r\}$, $r=0,1,\cdots,n$, $\phi:\mathbb{R}^{n\times n}\to\mathbb{R}^{n\times n}$ 是可乘映射, 即 $\phi(AB)=\phi(A)\phi(B)$, $\forall A,B\in\mathbb{R}^{n\times n}$. 证明:

(1) $\forall A, B \in \Gamma_r, r(\phi(A)) = r(\phi(B))$;

(2) 若 $\phi(O) = O$, 且存在 $W \in \Gamma_1$ 使得 $\phi(W) \neq O$, 则必存在可逆方阵 R 使得 $\phi(E_{ij}) = RE_{ij}R^{-1}, i, j = 1, 2, \cdots, n$.

22. 设 A 是一个 n 阶实矩阵, 其有 n 个绝对值小于 1 的实特征值, 证明:

$$\ln\det(E - A) = \sum_{k=1}^{\infty} \frac{1}{k}\mathrm{Tr}(A^k).$$

第 6 章　相似不变量与相似标准形

在第 5 章我们已经知道, 相似矩阵是同一个线性变换在不同基下的矩阵表示. 通过寻找一组“好基”, 我们可以得到矩阵相似类中形状“最简单”的矩阵, 称为矩阵的相似标准形. 例如, 定理 5.9.1 表明若能找到一组完全由特征向量组成的基, 则矩阵相似于对角矩阵; 定理 5.10.3 表明线性空间 V 可分解为线性变换 $\mathscr{A}$ 的广义特征子空间的直和, 因此我们只需从每个广义特征子空间里取一组“好基”组合成 V 的一组基, 则 $\mathscr{A}$ 在这组基下的矩阵是形状比较简单的分块对角矩阵. 例如, 我们可以将广义特征子空间继续分解成循环子空间的直和, 从每个循环子空间取一组循环基组合成 V 的一组若尔当基, 从而得到若尔当标准形. 这种几何方法的优点是既找到了相似标准形, 也找到了变换矩阵; 缺点是这只是理论上的推导, 且非常复杂, 缺少实际的操作方法.

本章将通过矩阵的完全相似不变量来确定相似标准形. 具体地说, 就是对矩阵 A 的特征矩阵 $\lambda E-A$ 通过初等变换化为史密斯标准形 (法式), 得到 A 的不变因子与初等因子, 从而构造 A 的弗罗贝尼乌斯标准形与若尔当标准形. 这种方法具有很好的操作性, 容易得到矩阵的相似标准形, 但难以得到变换矩阵. 弗罗贝尼乌斯标准形与若尔当标准形是高等代数最重要的主题, 也是线性代数发展的顶峰, 是线性代数发展完善的主要标志之一.

6.1　λ-矩阵的相抵标准形

矩阵 A 的特征矩阵 $\lambda E-A$ 蕴含了 A 的很多信息, 例如它的行列式 $f_A(\lambda)=|\lambda E-A|$ 是 A 的相似不变量. 特征矩阵 $\lambda E-A$ 的元素是关于 λ 的一元多项式, 这样的矩阵我们称为 λ-矩阵. 本章的目的是将数字矩阵 A 的相似问题转化为它的特征矩阵 $\lambda E-A$ 的相抵问题, 而任一 λ-方阵都相抵于对角 λ-矩阵——史密斯标准形, 这为解决 A 的相似标准形问题打开了一扇新的大门.

定义 6.1.1　设 $\mathrm{F}[\lambda]$ 是数域 F 上的一元多项式环. 元素取自 $\mathrm{F}[\lambda]$ 的矩阵 $A(\lambda)=(a_{ij}(\lambda))$ 称为 λ-矩阵. 如果 $a_{ij}(\lambda)=a_{ij}\in\mathrm{F}$, 则称 $A=(a_{ij})$ 为数字矩阵.

对于 λ-矩阵, 我们有行列式、子式、秩、可逆矩阵、初等变换等概念. 例如

定义 6.1.2　如果 λ-矩阵 $A(\lambda)$ 有一个 $r(r\geqslant 1)$ 阶子式非零, 而所有的 $r+1$ 阶子式 (如果有的话) 全为零, 则称 $A(\lambda)$ 的秩为 r, 记作 $r(A(\lambda))=r$.

例 6.1.1　矩阵 $A=\begin{pmatrix}1&2\\2&1\end{pmatrix}$ 的特征矩阵 $\lambda E-A=\begin{pmatrix}\lambda-1&-2\\-2&\lambda-1\end{pmatrix}$ 是 λ-矩阵, 由于

$$|\lambda E-A|=\begin{vmatrix}\lambda-1&-2\\-2&\lambda-1\end{vmatrix}=\lambda^2-2\lambda-3\neq 0,$$

所以 $r(\lambda E-A)=2$.

一般地, n 阶矩阵 A 的特征矩阵 $\lambda E-A$ 的秩为 n, 因为特征多项式 $|\lambda E-A|$ 是 n 次多项式, 这是一个非零的 n 阶子式.

定义 6.1.3　λ-矩阵 $A(\lambda)$ 称为**可逆的**, 如果存在 λ-矩阵 $B(\lambda)$, 使得

$$A(\lambda)B(\lambda)=B(\lambda)A(\lambda)=E,$$

这里的 $B(\lambda)$ 唯一, 记作 $A^{-1}(\lambda)$.

定理 6.1.1　λ-矩阵 $A(\lambda)$ 可逆当且仅当 $|A(\lambda)|$ 是一个非零常数.

证明　必要性：若 λ-矩阵 $A(\lambda)$ 可逆, 则存在 λ-矩阵 $B(\lambda)$, 使得

$$A(\lambda)B(\lambda)=B(\lambda)A(\lambda)=E.$$

取行列式得

$$|A(\lambda)|\cdot|B(\lambda)|=1,$$

故 $\deg|A(\lambda)|=0$, 即 $|A(\lambda)|$ 是一个非零常数.

充分性：若 $|A(\lambda)|=d\neq 0$, 则由 $A(\lambda)A(\lambda)^*=A(\lambda)^*A(\lambda)=|A(\lambda)|E$ 得

$$A(\lambda)\frac{1}{d}A(\lambda)^*=\frac{1}{d}A(\lambda)^*A(\lambda)=E,$$

所以 $A(\lambda)$ 可逆.　□

定义 6.1.4　以下三种变换称为 λ-矩阵的初等变换：

(1) 交换矩阵的两行 (列);

(2) 矩阵的某一行 (列) 乘非零常数 c;

(3) 矩阵的某一行 (列) 的 $\varphi(\lambda)$ 倍加到矩阵的另一行 (列), 这里 $\varphi(\lambda)\in\mathrm{F}[\lambda]$.

相应地, 单位矩阵经过一次上述初等变换所得的 λ-矩阵称为初等 λ-矩阵. 注意到初等 λ-矩阵都可逆. 而且, 对 λ-矩阵施行一次初等行变换, 相当于左乘一个相应的初等 λ-矩阵; 对 λ-矩阵施行一次初等列变换, 相当于右乘一个相应的初等 λ-矩阵.

定义 6.1.5 如果 λ-矩阵 $A(\lambda)$ 经过有限次行和列的初等变换得到 $B(\lambda)$, 则称 $A(\lambda)$ **相抵** (**或等价**) 于 $B(\lambda)$, 记作 $A(\lambda)\to B(\lambda)$.

注意到 λ-矩阵的相抵是一种等价关系, 即满足反身性、对称性与传递性.

为讨论 λ-矩阵在相抵关系下的标准形, 先给出如下引理.

引理 6.1.1 任一非零 λ-矩阵 $A(\lambda)$ 都相抵于 λ-矩阵 $B(\lambda)=(b_{ij}(\lambda))$, $B(\lambda)$ 满足 $b_{11}(\lambda)\neq 0$ 且 $b_{11}(\lambda)$ 整除 $B(\lambda)$ 中的任意元素.

证明 因为 $A(\lambda)\neq O$, 我们总可以经过一系列的行列互换使得第 $(1,1)$-元非零. 因此, 不妨设 $a_{11}(\lambda)\neq 0$. 记 $\deg(a_{11}(\lambda))=r$.

如果 $a_{11}(\lambda)$ 已整除所有的 $a_{ij}(\lambda)$, 则令 $B(\lambda)=A(\lambda)$ 即可. 特别地, 若 $r=0$, 则 $a_{11}(\lambda)$ 为非零常数, 从而可逆, 显然整除所有的 $a_{ij}(\lambda)$. 下面我们对 $(1,1)$-元的次数 r 进行归纳. 现在设存在 $a_{ij}(\lambda)$ 不能被 $a_{11}(\lambda)$ 整除.

(1) 若 $j=1$, 则 $a_{i1}(\lambda)=q(\lambda)a_{11}(\lambda)+r(\lambda)$, 其中 $\deg(r(\lambda))<r$. 将 $A(\lambda)$ 的第一行乘以 $-q(\lambda)$ 加到第 i 行, 然后再互换第 1 行与第 i 行, 所得矩阵的第 $(1,1)$-元是 $r(\lambda)$. 由归纳假设可得结论.

(2) 若 $i=1$, 与情形 (1) 同理可证.

(3) 若 $i,j\neq 1$, 设 $a_{k1}(\lambda)=q_{k1}(\lambda)a_{11}(\lambda)$, $k=2,3,\cdots,m$. 则由消法变换可得

$$A(\lambda)\to\begin{pmatrix} a_{11}(\lambda) & 0 & \cdots & 0\\ 0 & b_{22}(\lambda) & \cdots & b_{2n}(\lambda)\\ \vdots & \vdots & & \vdots\\ 0 & b_{m2}(\lambda) & \cdots & b_{mn}(\lambda)\end{pmatrix},$$

其中 $b_{kl}(\lambda)=a_{kl}(\lambda)-q_{k1}(\lambda)a_{1l}(\lambda)$, $k=2,3,\cdots,m$; $l=2,3,\cdots,n$. 我们有 $b_{ij}(\lambda)$ 不能被 $a_{11}(\lambda)$ 整除, 将上述矩阵的第 j 列加到第 1 列, 归结到情形 (1). □

下面的定理将给出 λ-矩阵的相抵标准形——史密斯标准形, 也称为 λ-矩阵的法式.

定理 6.1.2 设 $A(\lambda)$ 是任一 $m\times n$ 矩阵且 $r(A(\lambda))=r$, 则

$$A(\lambda)\to\begin{pmatrix} d_1(\lambda) & & & & & \\ & \ddots & & & & \\ & & d_r(\lambda) & & & \\ & & & 0 & & \\ & & & & \ddots & \\ & & & & & 0\end{pmatrix},$$

其中 $d_i(\lambda), i=1,2,\cdots,r$ 是首一多项式, 且 $d_i(\lambda) \mid d_{i+1}(\lambda)$.

证明 由引理 6.1.1,

$$A(\lambda) \to B(\lambda) = (b_{ij}(\lambda)), \quad 0 \neq b_{11}(\lambda) \mid b_{ij}(\lambda).$$

设 $b_{ij}(\lambda) = b_{11}(\lambda) q_{ij}(\lambda)$, 则将第一行的 $-q_{i1}(\lambda)$ 倍加到第 i 行 $(i=2,3,\cdots,m)$, 再将第一列的 $-q_{1j}(\lambda)$ 倍加到第 j 列 $(j=2,3,\cdots,n)$, 得到

$$B(\lambda) \to \begin{pmatrix} b_{11}(\lambda) & 0 & \cdots & 0 \\ 0 & c_{22}(\lambda) & \cdots & c_{2n}(\lambda) \\ \vdots & \vdots & & \vdots \\ 0 & c_{m2}(\lambda) & \cdots & c_{mn}(\lambda) \end{pmatrix} = \begin{pmatrix} b_{11}(\lambda) & O \\ O & C_1(\lambda) \end{pmatrix},$$

其中 $c_{ij}(\lambda) = b_{ij}(\lambda) - q_{i1}(\lambda) b_{1j}(\lambda), 2 \leqslant i \leqslant m, 2 \leqslant j \leqslant n$. 记 $b_{11}(\lambda)$ 的首项系数为 b, 令 $d_1(\lambda) = \dfrac{1}{b} b_{11}(\lambda)$, 则 $d_1(\lambda)$ 整除所有的 $c_{ij}(\lambda)$.

对 $(m-1)\times(n-1)$ 矩阵 $C_1(\lambda)$ 重复上面的过程, 可以得到

$$A(\lambda) \to \begin{pmatrix} d_1(\lambda) & & \\ & d_2(\lambda) & \\ & & C_2(\lambda) \end{pmatrix},$$

其中 $d_1(\lambda) \mid d_2(\lambda)$ 是首一多项式, 且 $d_2(\lambda)$ 整除 $C_2(\lambda)$ 的所有元素. 重复以上过程, 由于初等变换不改变 λ-矩阵的秩, 最终我们可以得到

$$A(\lambda) \to \begin{pmatrix} d_1(\lambda) & & & & & \\ & \ddots & & & & \\ & & d_r(\lambda) & & & \\ & & & 0 & & \\ & & & & \ddots & \\ & & & & & 0 \end{pmatrix},$$

其中 $d_i(\lambda)$ 是首一多项式, 且 $d_i(\lambda) \mid d_{i+1}(\lambda), i=1,2,\cdots,r$. □

注 λ-矩阵 $A(\lambda)$ 的法式的唯一性见定理 6.3.2.

命题 6.1.1 任一 n 阶可逆 λ-矩阵都可以写成有限个初等 λ-矩阵的乘积.

证明 设 $A(\lambda)$ 可逆, 所以 $r(A(\lambda)) = n$. 由定理 6.1.2 可知, 存在初等 λ-矩阵 $P_1(\lambda), P_2(\lambda), \cdots, P_s(\lambda), Q_1(\lambda), Q_2(\lambda), \cdots, Q_t(\lambda)$, 使得

$$P_s(\lambda)P_{s-1}(\lambda)\cdots P_1(\lambda)A(\lambda)Q_1(\lambda)Q_2(\lambda)\cdots Q_t(\lambda)=\begin{pmatrix} d_1(\lambda) & & & \\ & d_2(\lambda) & & \\ & & \ddots & \\ & & & d_n(\lambda) \end{pmatrix}.$$

由于等式左边的矩阵可逆, 行列式为非零常数, 所以 $d_i(\lambda)=1,\ i=1,2,\cdots,n$. 从而

$$A(\lambda)=P_1(\lambda)^{-1}P_2(\lambda)^{-1}\cdots P_s(\lambda)^{-1}Q_t(\lambda)^{-1}\cdots Q_2(\lambda)^{-1}Q_1(\lambda)^{-1}.$$

由于初等 λ-矩阵的逆仍是初等 λ-矩阵, 结论得证. □

命题 6.1.2 数域 F 上的矩阵 A 的特征矩阵 $\lambda E-A$ 的法式为

$$\mathrm{diag}(d_1(\lambda),d_2(\lambda),\cdots,d_n(\lambda)),$$

其中 $d_i(\lambda)(i=1,2,\cdots,n)$ 是首一多项式且 $d_i(\lambda)|d_{i+1}(\lambda),i=1,2,\cdots,n-1$.

证明 注意到 $r(\lambda E-A)=n$, 由定理 6.1.2 即得. □

例 6.1.2 设 $A=\begin{pmatrix} 1 & 0 & 0 \\ 0 & 2 & 1 \\ 0 & 0 & 2 \end{pmatrix}$, 则特征矩阵

$$\lambda E-A=\begin{pmatrix} \lambda-1 & 0 & 0 \\ 0 & \lambda-2 & -1 \\ 0 & 0 & \lambda-2 \end{pmatrix}\to\begin{pmatrix} 0 & \lambda-2 & -1 \\ \lambda-1 & 0 & 0 \\ 0 & 0 & \lambda-2 \end{pmatrix}$$
$$\to\begin{pmatrix} -1 & \lambda-2 & 0 \\ 0 & 0 & \lambda-1 \\ \lambda-2 & 0 & 0 \end{pmatrix}\to\begin{pmatrix} -1 & \lambda-2 & 0 \\ 0 & 0 & \lambda-1 \\ 0 & (\lambda-2)^2 & 0 \end{pmatrix}$$
$$\to\begin{pmatrix} 1 & 0 & 0 \\ 0 & 0 & \lambda-1 \\ 0 & (\lambda-2)^2 & 0 \end{pmatrix}\to\begin{pmatrix} 1 & 0 & 0 \\ 0 & \lambda-1 & 0 \\ 0 & 0 & (\lambda-2)^2 \end{pmatrix}.$$

注意到最后的这个 λ-矩阵不是 $\lambda E-A$ 的法式, 因为 $(\lambda-1)\nmid(\lambda-2)^2$. 继续进行初等变换, 可得

$$\to\begin{pmatrix} 1 & 0 & 0 \\ 0 & \lambda-1 & 0 \\ 0 & (\lambda-2)^2 & (\lambda-2)^2 \end{pmatrix}\to\begin{pmatrix} 1 & 0 & 0 \\ 0 & \lambda-1 & 0 \\ 0 & 1 & (\lambda-2)^2 \end{pmatrix}$$

$$\to\begin{pmatrix}1&0&0\\0&1&(\lambda-2)^2\\0&\lambda-1&0\end{pmatrix}\to\begin{pmatrix}1&0&0\\0&1&(\lambda-2)^2\\0&0&-(\lambda-1)(\lambda-2)^2\end{pmatrix}$$

$$\to\begin{pmatrix}1&0&0\\0&1&0\\0&0&(\lambda-1)(\lambda-2)^2\end{pmatrix},$$

故 $\lambda E-A$ 的法式为

$$\begin{pmatrix}1&0&0\\0&1&0\\0&0&(\lambda-1)(\lambda-2)^2\end{pmatrix}.$$

习 题 6.1

(A)

1. 求下列矩阵的法式.

(1) $A(\lambda)=\begin{pmatrix}1-\lambda&2\lambda-1&\lambda\\\lambda&\lambda^2&-\lambda\\1+\lambda^2&\lambda^3+\lambda-1&-\lambda^2\end{pmatrix}$;

(2) $A(\lambda)=\begin{pmatrix}1-\lambda&\lambda^2&\lambda\\\lambda&\lambda&-\lambda\\1+\lambda^2&\lambda^2&-\lambda^2\end{pmatrix}$.

2. 设 $(f(\lambda),g(\lambda))=1$. 证明:

$$\begin{pmatrix}f(\lambda)&0\\0&g(\lambda)\end{pmatrix}\to\begin{pmatrix}g(\lambda)&0\\0&f(\lambda)\end{pmatrix}\to\begin{pmatrix}1&0\\0&f(\lambda)g(\lambda)\end{pmatrix}.$$

3. 证明: 若 λ-矩阵 $A(\lambda)$ 与 $B(\lambda)$ 相抵, 则 $A(\lambda)$ 与 $B(\lambda)$ 的秩相等. 但逆命题不成立.

6.2 矩阵相似的条件

给定数字矩阵 A 和 B, 如何判断 A 和 B 是否相似呢? 我们知道, 即使 A 和 B 的特征值、特征多项式、行列式、迹、秩等这些相似不变量都相等, 也不能保证 A 和 B 相似. 例如 $A=\begin{pmatrix}2&1\\0&2\end{pmatrix}$ 和 $B=\begin{pmatrix}2&0\\0&2\end{pmatrix}$, 它们有相同的特征值、特征多项式、行列式、迹、秩, 但它们并不相似. 本节将证明数字矩阵 A,B 相似的充要条件是它们的特征矩阵 $\lambda E-A$ 与 $\lambda E-B$ 相抵, 后者可通过初等变换来判断.

注意到任一 λ-矩阵都可以写成矩阵系数的多项式, 例如

$$\begin{pmatrix} \lambda^2-2\lambda+2 & \lambda^3-1 \\ 3 & 2\lambda^2+\lambda+1 \end{pmatrix} = \begin{pmatrix} 0 & 1 \\ 0 & 0 \end{pmatrix}\lambda^3 + \begin{pmatrix} 1 & 0 \\ 0 & 2 \end{pmatrix}\lambda^2 + \begin{pmatrix} -2 & 0 \\ 0 & 1 \end{pmatrix}\lambda + \begin{pmatrix} 2 & -1 \\ 3 & 1 \end{pmatrix}.$$

因此我们有如下关于矩阵系数多项式的欧氏除法.

引理 6.2.1 对于任意非零数字矩阵 A 及 λ-矩阵 $U(\lambda), V(\lambda)$, 存在 λ-矩阵 $Q(\lambda), R(\lambda)$ 以及数字矩阵 U_0, V_0 满足

$$U(\lambda) = (\lambda E - A)Q(\lambda) + U_0,$$
$$V(\lambda) = R(\lambda)(\lambda E - A) + V_0.$$

证明 只证明第一式, 第二式类似. 将 $U(\lambda)$ 写成矩阵系数的多项式

$$U(\lambda) = M_m\lambda^m + \cdots + M_1\lambda + M_0,$$

其中 $M_m \neq O$.

我们对 m 作数学归纳法. $m = 0$ 时显然成立. 假设对次数小于 m 的所有 λ-矩阵结论成立. 由于

$$U(\lambda)-(\lambda E-A)(M_m\lambda^{m-1}) = (M_{m-1}+AM_m)\lambda^{m-1}+M_{m-2}\lambda^{m-2}+\cdots+M_1\lambda+M_0$$

是次数小于 m 的 λ-矩阵, 所以由归纳假设, 存在 λ-矩阵 $Q_1(\lambda)$ 及数字矩阵 U_0 满足

$$U(\lambda) - (\lambda E - A)(M_m\lambda^{m-1}) = (\lambda E - A)Q_1(\lambda) + U_0.$$

所以

$$U(\lambda) = (\lambda E - A)(M_m\lambda^{m-1} + Q_1(\lambda)) + U_0,$$

则 $Q(\lambda) = M_m\lambda^{m-1} + Q_1(\lambda)$ 满足要求. □

定理 6.2.1 数字矩阵 A, B 相似的充要条件是它们的特征矩阵 $\lambda E - A$ 与 $\lambda E - B$ 相抵.

证明 必要性: 若 A 相似于 B, 则存在可逆数字矩阵 P, 使得 $P^{-1}AP = B$, 因而

$$P^{-1}(\lambda E - A)P = \lambda E - P^{-1}AP = \lambda E - B,$$

即 $\lambda E - A$ 与 $\lambda E - B$ 相抵.

充分性: 若 $\lambda E - A$ 与 $\lambda E - B$ 相抵, 则存在可逆 λ-矩阵 $U(\lambda)$ 和 $V(\lambda)$, 使得

$$\lambda E - A = U(\lambda)(\lambda E - B)V(\lambda). \tag{6.1}$$

由引理 6.2.1, 存在 λ-矩阵 $Q(\lambda), R(\lambda)$ 以及数字矩阵 U_0, V_0 满足

$$U(\lambda) = (\lambda E - A)Q(\lambda) + U_0, \tag{6.2}$$

$$V(\lambda) = R(\lambda)(\lambda E - A) + V_0. \tag{6.3}$$

将(6.1)改写成

$$U(\lambda)^{-1}(\lambda E - A) = (\lambda E - B)V(\lambda).$$

代入(6.3)并移项得

$$\left[U(\lambda)^{-1} - (\lambda E - B)R(\lambda)\right](\lambda E - A) = (\lambda E - B)V_0. \tag{6.4}$$

假设 $V_0 = O$, 则由矩阵系数多项式 $\lambda E - A$ 的次数是一次的且首项系数为 E, 可得 $U(\lambda)^{-1} - (\lambda E - B)R(\lambda) = O$, 即

$$U(\lambda)(\lambda E - B)R(\lambda) = E.$$

取行列式, 得 $|U(\lambda)| \cdot |\lambda E - B| \cdot |R(\lambda)| = 1$, 则有

$$\deg(|U(\lambda)|) + \deg(|\lambda E - B|) + \deg(|R(\lambda)|) = 0.$$

注意到 $\deg(|U(\lambda)|) = 0$, $\deg(|\lambda E - B|) \geqslant 1$, $\deg(|R(\lambda)|) \geqslant 0$, 矛盾! 所以 $V_0 \neq O$, 则式(6.4)右端作为矩阵系数多项式的次数为 1, 所以 $U(\lambda)^{-1} - (\lambda E - B)R(\lambda)$ 是 0 次的, 即为数字矩阵, 记作 T, 从而

$$T(\lambda E - A) = (\lambda E - B)V_0.$$

下证 T 可逆. 由 T 的定义可得

$$\begin{aligned} E &= U(\lambda)T + U(\lambda)(\lambda E - B)R(\lambda) \\ &= U(\lambda)T + (\lambda E - A)V(\lambda)^{-1}R(\lambda) \\ &= [(\lambda E - A)Q(\lambda) + U_0]T + (\lambda E - A)V(\lambda)^{-1}R(\lambda) \\ &= U_0T + (\lambda E - A)[Q(\lambda)T + V(\lambda)^{-1}R(\lambda)]. \end{aligned}$$

右端第二个和项为零, 否则它的次数至少是 1, 与 E, U_0T 是数字矩阵矛盾! 所以 $U_0T = E$, 即 T 可逆. 因而

$$\lambda E - A = T^{-1}(\lambda E - B)V_0 = \lambda T^{-1}V_0 - T^{-1}BV_0,$$

故 $T^{-1}V_0 = E$, $A = T^{-1}BV_0$, 从而 $A = T^{-1}BT$, 即 A 与 B 相似. □

习 题 6.2

(A)

1. 判断下述矩阵是否相似.

(1) $A=\begin{pmatrix}-1&1&0\\-4&3&0\\1&0&2\end{pmatrix}$; (2) $B=\begin{pmatrix}3&0&8\\3&-1&6\\-2&0&-5\end{pmatrix}$; (3) $C=\begin{pmatrix}2&0&0\\0&1&1\\1&0&1\end{pmatrix}$.

6.3 不变因子与弗罗贝尼乌斯标准形

我们知道, 矩阵的秩、迹、行列式、特征值以及特征多项式等都是矩阵的相似不变量. 然而, 即使两个矩阵具有完全相同的上述性质, 甚至对每个特征值, 其代数重数与几何重数都相同, 它们也未必相似. 例如

$$A=\begin{pmatrix}2&1&0&0\\0&2&1&0\\0&0&2&0\\0&0&0&2\end{pmatrix}\quad 和\quad B=\begin{pmatrix}2&1&0&0\\0&2&0&0\\0&0&2&1\\0&0&0&2\end{pmatrix}$$

具有相同的秩、迹、行列式、特征值 (代数重数与几何重数) 以及特征多项式, 但显然 A 和 B 不相似. 本节开始, 我们将寻找矩阵相似的完全不变量, 即 A 和 B 相似当且仅当 A 和 B 具有这种相似不变量. 我们主要讨论行列式因子、不变因子以及初等因子等三种矩阵相似的完全不变量.

定义 6.3.1 设 λ-矩阵的秩为 r, 则对正整数 $1\leqslant k\leqslant r$, $A(\lambda)$ 的全部 k 阶子式的首一最大公因式 $D_k(\lambda)$ 称为 $A(\lambda)$ 的 k **阶行列式因子**.

由定义, $A(\lambda)$ 的行列式因子是首一多项式, 而且由行列式的展开定理 2.6.1 知

$$D_i(\lambda)\mid D_{i+1}(\lambda),\quad i=1,2,\cdots,r-1.$$

例如, 矩阵 $A=\begin{pmatrix}1&2\\2&1\end{pmatrix}$ 的特征矩阵 $\lambda E-A=\begin{pmatrix}\lambda-1&-2\\-2&\lambda-1\end{pmatrix}$ 的秩为 2, 一阶子式共四个: $\lambda-1,-2,-2,\lambda-1$, 它们的首一最大公因式显然是 1; 二阶子式就一个 $|\lambda E-A|=\lambda^2-2\lambda-3$, 所以它的行列式因子为 $1,\lambda^2-2\lambda-3$.

例 6.3.1 考虑对角 λ-矩阵

$$\operatorname{diag}(d_1(\lambda),d_2(\lambda),\cdots,d_r(\lambda),0,\cdots,0),$$

其中 $d_i(\lambda)(i=1,2,\cdots,r)$ 为首一多项式, 且 $d_i(\lambda)|d_{i+1}(\lambda), i=1,2,\cdots,r-1$. 容易计算该 λ-矩阵的 k 阶行列式因子

$$D_k(\lambda)=d_1(\lambda)d_2(\lambda)\cdots d_k(\lambda),\quad k=1,2,\cdots,r.$$

下面的定理表明, $A(\lambda)$ 的行列式因子在初等变换下保持不变.

定理 6.3.1 相抵的 λ-矩阵具有相同的行列式因子.

证明 只需证明行列式因子在任意的初等变换下保持不变. 设 $A(\lambda)$ 经一次初等变换变为 $B(\lambda)$.

(1) 换法变换：$A(\lambda)$ 与 $B(\lambda)$ 的 $s(1\leqslant s\leqslant n)$ 阶子式至多改变符号; 由于行列式因子是首一多项式, 所以行列式因子保持不变;

(2) 倍法变换：$A(\lambda)$ 与 $B(\lambda)$ 的 $s(1\leqslant s\leqslant n)$ 阶子式至多相差一个非零常数倍; 由于行列式因子是首一多项式, 所以保持不变;

(3) 消法变换：假设将 $A(\lambda)$ 的第 j 行乘以 $\varphi(\lambda)$ 加到第 i 行得到 $B(\lambda)$.

(a) 如果 $B(\lambda)$ 的 $s(1\leqslant s\leqslant n)$ 阶子式不含第 i 行, 或同时包含第 i,j 行, 则它等于 $A(\lambda)$ 的一个相应的 s 阶子式;

(b) 如果 $B(\lambda)$ 的 $s(1\leqslant s\leqslant n)$ 阶子式包含第 i 行但不含第 j 行, 则它等于 $A(\lambda)$ 的一个相应的 s 阶子式加 (减) $\varphi(\lambda)$ 乘以 $A(\lambda)$ 的另一个 s 阶子式.

这两种情形, s 阶行列式因子都保持不变. □

定理 6.3.2 λ-矩阵 $A(\lambda)$ 的法式唯一.

证明 设 $A(\lambda)$ 的法式为

$$B(\lambda)=\mathrm{diag}(d_1(\lambda),d_2(\lambda),\cdots,d_r(\lambda),0,\cdots,0).$$

由于 $A(\lambda)$ 与 $B(\lambda)$ 相抵, 所以它们有相同的秩与行列式因子. 因此 $A(\lambda)$ 的 k 阶行列式因子为

$$D_k(\lambda)=d_1(\lambda)d_2(\lambda)\cdots d_k(\lambda),\quad k=1,2,\cdots,r.$$

从而 $A(\lambda)$ 的法式的对角元

$$d_1(\lambda)=D_1(\lambda),d_2(\lambda)=\frac{D_2(\lambda)}{D_1(\lambda)},\cdots,d_r(\lambda)=\frac{D_r(\lambda)}{D_{r-1}(\lambda)}\tag{6.5}$$

完全由 $A(\lambda)$ 的行列式因子唯一确定. □

定义 6.3.2 λ-矩阵 $A(\lambda)$ 的法式

$$\mathrm{diag}(d_1(\lambda),d_2(\lambda),\cdots,d_r(\lambda),0,\cdots,0)$$

的非零主对角元 $d_1(\lambda),d_2(\lambda),\cdots,d_r(\lambda)$ 称为 $A(\lambda)$ 的**不变因子**.

由定理 6.3.1及该定义立即可得

定理 6.3.3 设 $A(\lambda)$ 与 $B(\lambda)$ 是 $m \times n$ 矩阵, 则以下叙述等价:

(1) $A(\lambda)$ 与 $B(\lambda)$ 相抵;

(2) $A(\lambda)$ 与 $B(\lambda)$ 有相同的行列式因子;

(3) $A(\lambda)$ 与 $B(\lambda)$ 有相同的不变因子;

(4) $A(\lambda)$ 与 $B(\lambda)$ 有相同的法式.

定义 6.3.3 数域 F 上 n 阶方阵 A 的特征矩阵 $\lambda E - A$ 的行列式因子与不变因子也分别称为矩阵 A 的行列式因子与不变因子.

注 矩阵 A 的行列式因子与不变因子在基域扩张下不变, 即设数域 $\mathrm{F} \subseteq \mathrm{E}$, $A(\lambda) \in \mathrm{F}[\lambda]^{m\times n}$, 作为 $\mathrm{F}[\lambda]$ 上的矩阵如果 $A(\lambda)$ 的不变因子是 $d_1(\lambda), d_2(\lambda), \cdots, d_r(\lambda)$, 则作为 $\mathrm{E}[\lambda]$ 上的矩阵, $A(\lambda)$ 的不变因子也是 $d_1(\lambda), d_2(\lambda), \cdots, d_r(\lambda)$.

命题 6.3.1 对于 n 阶方阵 A 与 B, 以下叙述等价:

(1) A 与 B 相似;

(2) A 与 B 有相同的行列式因子;

(3) A 与 B 有相同的不变因子.

定义 6.3.4 对数域 F 上的首一多项式

$$d(\lambda) = \lambda^r + a_{r-1}\lambda^{r-1} + \cdots + a_1\lambda + a_0,$$

称方阵

$$C(d(\lambda)) = \begin{pmatrix} 0 & 0 & \cdots & 0 & -a_0 \\ 1 & 0 & \cdots & 0 & -a_1 \\ 0 & 1 & \cdots & 0 & -a_2 \\ \vdots & \vdots & & \vdots & \vdots \\ 0 & 0 & \cdots & 1 & -a_{r-1} \end{pmatrix}$$

为多项式 $d(\lambda)$ 的**友阵**或**弗罗贝尼乌斯块**.

引理 6.3.1 记 $C = C(d(\lambda))$, 则

(1) C 的行列式因子为 $1, \cdots, 1, d(\lambda)$;

(2) C 的不变因子为 $1, \cdots, 1, d(\lambda)$;

(3) C 的特征多项式为 $d(\lambda)$;

(4) C 的极小多项式为 $d(\lambda)$.

证明 (1) $\lambda E - C$ 的第 $(1, r)$-元的余子式等于 1, 所以 C 的 $(r-1)$-阶行列式因子 $D_{r-1}(\lambda) = 1$. 由于

$$D_i(\lambda) \mid D_{i+1}(\lambda), \quad i=1,2,\cdots,r-2,$$

所以 $D_i(\lambda)=1, i=1,2,\cdots,r-1$, 且

$$D_r(\lambda)=|\lambda E-C|=d(\lambda).$$

(2) 由公式(6.5)即得.

(3) $|\lambda E-C|=d(\lambda)$.

(4) 由凯莱-哈密顿定理知 $d(C)=O$. 假设极小多项式

$$m(\lambda)=\lambda^s+b_{s-1}\lambda^{s-1}+\cdots+b_1\lambda+b_0, \quad s<r$$

使得 $m(C)=O$. 由于 $Ce_1=e_2, C^2e_1=e_3,\cdots,C^se_1=e_{s+1}$, 所以

$$m(C)e_1=e_{s+1}+b_{s-1}e_s+\cdots+b_1e_2+b_0e_1=(b_0,b_1,\cdots,b_{s-1},1,0,\cdots,0)^{\mathrm{T}}\neq 0,$$

与 $m(C)=O$ 矛盾, 故 $d(\lambda)$ 是 C 的极小多项式. □

定理 6.3.4 设数域 F 上 n 阶方阵 A 的不变因子为

$$\underbrace{1,\cdots,1}_{n-k},d_1(\lambda),\cdots,d_k(\lambda),$$

则 A 必唯一地相似于

$$C=\operatorname{diag}(C(d_1(\lambda)),C(d_2(\lambda)),\cdots,C(d_k(\lambda))),$$

称为 A 的**有理标准形**或**弗罗贝尼乌斯标准形**.

证明 由引理 6.3.1知

$$\begin{aligned}\lambda E-C\to&\ \operatorname{diag}(1,\cdots,1,d_1(\lambda),\cdots,1,\cdots,1,d_k(\lambda))\\ \to&\ \operatorname{diag}(1,\cdots,1,d_1(\lambda),\cdots,d_k(\lambda)).\end{aligned}$$

由于 $d_i(\lambda)\mid d_{i+1}(\lambda), i=1,2,\cdots,k-1$, 所以 C 的不变因子也为

$$1,\cdots,1,d_1(\lambda),\cdots,d_k(\lambda),$$

从而 $A\sim C$.

由于 C 是由 A 的不变因子唯一确定的, 所以唯一性得证. □

下面的定理常称为弗罗贝尼乌斯定理.

定理 6.3.5 设数域 F 上 n 阶方阵 A 的不变因子为

$$\underbrace{1,\cdots,1}_{n-k},d_1(\lambda),\cdots,d_k(\lambda).$$

则 A 的特征多项式与极小多项式分别为

$$
\begin{aligned}
f_A(\lambda) &= d_1(\lambda)d_2(\lambda)\cdots d_k(\lambda),\\
m_A(\lambda) &= d_k(\lambda).
\end{aligned}
$$

因此 $f_A(\lambda)$ 在 F 上的任一不可约因式都是 $m_A(\lambda)$ 的因式.

证明 因为 A 相似于

$$C = \mathrm{diag}(C(d_1(\lambda)), C(d_2(\lambda)), \cdots, C(d_k(\lambda))),$$

记 $C_i = C(d_i(\lambda))$, $i = 1, 2, \cdots, k$, 则由引理 6.3.1 知

$$f_{C_i}(\lambda) = m_{C_i}(\lambda) = d_i(\lambda), \quad i = 1, 2, \cdots, k.$$

由于相似矩阵具有相同的特征多项式与极小多项式, 所以

$$
\begin{aligned}
f_A(\lambda) &= f_{C_1}(\lambda)f_{C_2}(\lambda)\cdots f_{C_k}(\lambda) = d_1(\lambda)d_2(\lambda)\cdots d_k(\lambda),\\
m_A(\lambda) &= \mathrm{lcm}(m_{C_1}(\lambda), \cdots, m_{C_k}(\lambda)) = d_k(\lambda).
\end{aligned}
$$

注意到 $d_1(\lambda) \mid d_2(\lambda) \mid \cdots \mid d_k(\lambda)$, 所以 $f_A(\lambda)$ 在 F 上的任一不可约因式都是 $m_A(\lambda)$ 的因式. □

例 6.3.2 设数域 F 上的 n 阶矩阵 A 的不变因子为

$$1, 1, \cdots, 1, f_A(\lambda) = |\lambda E - A|.$$

若 n 阶矩阵 B 满足 $AB = BA$, 则存在 $n-1$ 次多项式 $g(x) \in \mathrm{F}[x]$, 使得 $B = g(A)$.

证明 由定理 6.3.4 知存在可逆阵 P, 使得 $P^{-1}AP = C$ 为弗罗贝尼乌斯块. 记 $P^{-1}BP = B_1$, 则由 $AB = BA$ 知 $CB_1 = B_1C$. 由于 $C^{i-1}e_1 = e_i$, $i = 2, 3, \cdots, n$, 所以

$$
\begin{aligned}
B_1 &= B_1E = B_1(e_1, e_2, \cdots, e_n) = B_1(e_1, Ce_1, \cdots, C^{n-1}e_1)\\
&= (B_1e_1, B_1Ce_1, \cdots, B_1C^{n-1}e_1)\\
&= (B_1e_1, CB_1e_1, \cdots, C^{n-1}B_1e_1).
\end{aligned}
$$

设 $B_1e_1 = (b_1, b_2, \cdots, b_n)^{\mathrm{T}}$, 则 $B_1e_1 = \sum\limits_{i=1}^{n} b_ie_i$. 于是上式变为

$$B_1 = \left(\sum_{i=1}^{n} b_ie_i, C\left(\sum_{i=1}^{n} b_ie_i\right), \cdots, C^{n-1}\left(\sum_{i=1}^{n} b_ie_i\right)\right)$$

$$
\begin{aligned}
&= \sum_{i=1}^{n} b_i \left(e_i, Ce_i, \cdots, C^{n-1}e_i\right) \\
&\xlongequal{e_i=C^{i-1}e_1} \sum_{i=1}^{n} b_i \left(C^{i-1}e_1, CC^{i-1}e_1, \cdots, C^{n-1}C^{i-1}e_1\right) \\
&= \sum_{i=1}^{n} b_i C^{i-1} \left(e_1, Ce_1, \cdots, C^{n-1}e_1\right) \\
&= \sum_{i=1}^{n} b_i C^{i-1} (e_1, e_2, \cdots, e_n) \\
&= \sum_{i=1}^{n} b_i C^{i-1} := g(C),
\end{aligned}
$$

其中, $g(x) = \sum\limits_{i=1}^{n} b_i x^{i-1}$. 所以

$$
B = PB_1P^{-1} = Pg(C)P^{-1} = g(PCP^{-1}) = g(A). \qquad \square
$$

相关探索 矩阵换位子与迹

设 A 与 B 是数域 F 上的 n 阶方阵, 矩阵

$$
[A, B] = AB - BA
$$

称为 A, B 的换位子矩阵.

一个矩阵 C 是否换位子矩阵与它的迹有紧密的关系. 事实上, 由于 $\mathrm{Tr}(AB) = \mathrm{Tr}(BA)$, 所以换位子矩阵的迹为零. 但反之呢? 我们有如下结论.

定理 6.3.6 矩阵 C 是换位子的充要条件是 $\mathrm{Tr}(C) = 0$.

你能运用弗罗贝尼乌斯标准形理论证明上述定理吗?

习 题 6.3

(A)

1. 求下列矩阵的行列式因子与不变因子, 以及它们的弗罗贝尼乌斯标准形.

(1) $A = \begin{pmatrix} -1 & 1 & 0 \\ -4 & 3 & 0 \\ 1 & 0 & 2 \end{pmatrix}$; (2) $A = \begin{pmatrix} 1 & 3 & 3 \\ 3 & 1 & 3 \\ -3 & -3 & -5 \end{pmatrix}$.

2. 设 λ_0 是 n 阶复方阵 A 的一个特征值, 且 $\lambda E - A$ 的不变因子为 $d_1(\lambda), d_2(\lambda), \cdots, d_n(\lambda)$. 证明: $r(\lambda_0 E - A) = r$ 的充要条件为 $(\lambda - \lambda_0) \nmid d_r(\lambda)$, 但 $(\lambda - \lambda_0) \mid d_{r+1}(\lambda)$.

6.4 初等因子

对于数域 F 上的 n 阶方阵 A, 6.3 节我们根据 $\lambda E-A$ 的不变因子构造了矩阵 A 的弗罗贝尼乌斯标准形. 如果数域 F 是复数域 $\mathbb{C}$, 那么可以构造更为简洁的相似标准形——若尔当标准形, 这需要另一个相似不变量——初等因子.

不变因子和初等因子的概念是从西尔维斯特和魏尔斯特拉斯的行列式的工作中产生的, 后被弗罗贝尼乌斯引入矩阵理论中. 弗罗贝尼乌斯在他 1878 年的文章中对不变因子做了进一步的工作, 然后以合乎逻辑的形式整理了不变因子和初等因子的理论. 这篇文章中的工作使弗罗贝尼乌斯给出了凯莱-哈密顿定理的第一个一般性的证明.

设复数域 $\mathbb{C}$ 上 n 阶方阵 A 的不变因子为

$$\underbrace{1,\cdots,1}_{n-k},d_1(\lambda),\cdots,d_k(\lambda).$$

将 $d_1(\lambda),\cdots,d_k(\lambda)$ 分解成一次因式方幂的乘积

$$\begin{aligned}
d_1(\lambda)&=(\lambda-\lambda_1)^{e_{11}}(\lambda-\lambda_2)^{e_{12}}\cdots(\lambda-\lambda_s)^{e_{1s}},\\
d_2(\lambda)&=(\lambda-\lambda_1)^{e_{21}}(\lambda-\lambda_2)^{e_{22}}\cdots(\lambda-\lambda_s)^{e_{2s}},\\
&\cdots\cdots\\
d_k(\lambda)&=(\lambda-\lambda_1)^{e_{k1}}(\lambda-\lambda_2)^{e_{k2}}\cdots(\lambda-\lambda_s)^{e_{ks}},
\end{aligned}$$

其中 $0\leqslant e_{1j}\leqslant e_{2j}\leqslant\cdots\leqslant e_{kj}, j=1,2,\cdots,s$.

定义 6.4.1 上述分解式中满足 $e_{ij}>0$ 的全部因式 $(\lambda-\lambda_j)^{e_{ij}}$ (相同的按重数计算) 称为 A 的**初等因子**.

例如, 8 阶矩阵 A 的不变因子为

$$1,\cdots,1,\lambda+1,(\lambda+1)(\lambda-1),(\lambda+1)(\lambda-1)^2(\lambda^2+1),$$

则初等因子为

$$\lambda+1,\quad \lambda+1,\quad \lambda+1,\quad \lambda-1,\quad \lambda+i,\quad \lambda-i,\quad (\lambda-1)^2.$$

由定义, 矩阵 A 的初等因子由不变因子完全确定. 另一方面, 假设 A 的不变因子 $d_1(\lambda),d_2(\lambda),\cdots,d_n(\lambda)$ 已知, 由于 $d_i(\lambda)|d_{i+1}(\lambda)$, 于是

$$e_{1j}\leqslant e_{2j}\leqslant\cdots\leqslant e_{nj},\quad j=1,2,\cdots,s.$$

所以每个初等因子 $(\lambda-\lambda_j)^{e_{ij}}$ 出现在不变因子中的位置也是唯一确定的, 故 A 的不变因子也由初等因子完全确定. 假设 A 的初等因子 $(\lambda-\lambda_j)^{e_{ij}}, e_{ij}>0$ 已知, 如果必要, 适当补充一些 $e_{ij}=0$ 的因式, 我们可以将它们按降幂排列

$$\begin{array}{llll}(\lambda-\lambda_1)^{e_{n1}}, & (\lambda-\lambda_1)^{e_{n-1,1}}, & \cdots, & (\lambda-\lambda_1)^{e_{11}},\\ (\lambda-\lambda_2)^{e_{n2}}, & (\lambda-\lambda_2)^{e_{n-1,2}}, & \cdots, & (\lambda-\lambda_2)^{e_{12}},\\ & \cdots\cdots & & \\ (\lambda-\lambda_s)^{e_{ns}}, & (\lambda-\lambda_s)^{e_{n-1,s}}, & \cdots, & (\lambda-\lambda_s)^{e_{1s}}.\end{array}$$

令

$$\begin{aligned}d_n(\lambda)&=(\lambda-\lambda_1)^{e_{n1}}(\lambda-\lambda_2)^{e_{n2}}\cdots(\lambda-\lambda_s)^{e_{ns}},\\ d_{n-1}(\lambda)&=(\lambda-\lambda_1)^{e_{n-1,1}}(\lambda-\lambda_2)^{e_{n-1,2}}\cdots(\lambda-\lambda_s)^{e_{n-1,s}},\\ &\cdots\cdots\\ d_1(\lambda)&=(\lambda-\lambda_1)^{e_{11}}(\lambda-\lambda_2)^{e_{12}}\cdots(\lambda-\lambda_s)^{e_{1s}}.\end{aligned}$$

则 $d_i(\lambda)|d_{i+1}(\lambda),\ i=1,2,\cdots,n-1$, 所以 $d_1(\lambda),d_2(\lambda),\cdots,d_n(\lambda)$ 是 A 的不变因子.

例如, 如果 A 的初等因子为

$$\lambda+1,\lambda+1,\lambda+1,\lambda-1,\lambda+i,\lambda-i,(\lambda-1)^2.$$

则初等因子可排列如下

$$\begin{array}{llllll}(\lambda+1), & (\lambda+1), & (\lambda+1), & 1, & \cdots, & 1\\ (\lambda-1)^2, & (\lambda-1), & 1, & 1, & \cdots, & 1\\ \lambda+i, & 1, & 1, & 1, & \cdots, & 1\\ \lambda-i, & 1, & 1, & 1, & \cdots, & 1\end{array}$$

由此可得 A 的不变因子为

$$1,\cdots,1,\lambda+1,(\lambda+1)(\lambda-1),(\lambda+1)(\lambda-1)^2(\lambda+i)(\lambda-i).$$

由于初等因子完全由不变因子决定, 所以我们有如下定理.

定理 6.4.1　复数域 $\mathbb{C}$ 上的 n 阶方阵 A 与 B 相似当且仅当它们有相同的初等因子.

由定义, A 的初等因子的求法是先求特征矩阵 $\lambda E-A$ 的法式, 再将对角元分解成一次方幂的乘积. 然而, 我们下面将给出 A 的初等因子更简便的求法：只需将特征矩阵 $\lambda E-A$ 通过初等变换化成对角矩阵 (不必要是法式, 即对角元不必要有整除的性质), 再将对角元分解成一次方幂的乘积即可. 我们需要下面的引理.

引理 6.4.1 设 $f_1(\lambda), f_2(\lambda), g_1(\lambda), g_2(\lambda) \in \mathrm{F}[\lambda]$. 若 $(f_i(\lambda), g_j(\lambda)) = 1$, $i, j = 1, 2$, 则

$$\begin{pmatrix} f_1(\lambda)g_1(\lambda) & 0 \\ 0 & f_2(\lambda)g_2(\lambda) \end{pmatrix} \to \begin{pmatrix} f_2(\lambda)g_1(\lambda) & 0 \\ 0 & f_1(\lambda)g_2(\lambda) \end{pmatrix}.$$

证明 记

$$A(\lambda) = \begin{pmatrix} f_1(\lambda)g_1(\lambda) & 0 \\ 0 & f_2(\lambda)g_2(\lambda) \end{pmatrix}, \quad B(\lambda) = \begin{pmatrix} f_2(\lambda)g_1(\lambda) & 0 \\ 0 & f_1(\lambda)g_2(\lambda) \end{pmatrix}.$$

显然, $A(\lambda)$ 与 $B(\lambda)$ 有相同的二阶行列式因子; 它们的一阶行列式因子分别为

$$D_{11}(\lambda) = (f_1(\lambda)g_1(\lambda), f_2(\lambda)g_2(\lambda))$$

与

$$D_{12}(\lambda) = (f_2(\lambda)g_1(\lambda), f_1(\lambda)g_2(\lambda)),$$

由习题 1.6(B)6 知

$$(f_1(\lambda)g_1(\lambda), f_2(\lambda)g_2(\lambda)) = (f_1(\lambda), f_2(\lambda)) \cdot (g_1(\lambda), g_2(\lambda)),$$

从而 $D_{11}(\lambda) = D_{12}(\lambda)$, 所以 $A(\lambda)$ 与 $B(\lambda)$ 有相同的行列式因子, 因而 $A(\lambda) \to B(\lambda)$. □

下面的定理给出了初等因子的求法.

定理 6.4.2 设 A 是复数域 $\mathbb{C}$ 上的 n 阶方阵. 若

$$\lambda E - A \to \mathrm{diag}(g_1(\lambda), g_2(\lambda), \cdots, g_n(\lambda)),$$

且 $g_i(\lambda)$ 有分解式

$$g_i(\lambda) = (\lambda - \lambda_1)^{e_{i1}}(\lambda - \lambda_2)^{e_{i2}} \cdots (\lambda - \lambda_s)^{e_{is}}, \quad i = 1, 2, \cdots, n.$$

则 $(\lambda - \lambda_j)^{e_{ij}}, e_{ij} > 0$ (重复的按重数计算, $i = 1, 2, \cdots, n, j = 1, 2, \cdots, s$) 是 A 的初等因子.

证明 我们将反复运用引理 6.4.1调节 $g_1(\lambda), g_2(\lambda), \cdots, g_n(\lambda)$ 的因式, 使得它们具有整除的性质, 以便得到 $\lambda E - A$ 的法式.

首先调节因式 $(\lambda - \lambda_1)^{e_{i1}}$：令

$$g_i(\lambda) = (\lambda - \lambda_1)^{e_{i1}} h_i(\lambda), \quad i = 1, 2, \cdots, n.$$

假设

$$e_{i_1 1} \leqslant e_{i_2 1} \leqslant \cdots \leqslant e_{i_n 1}.$$

令

$$f_k(\lambda) = (\lambda - \lambda_1)^{e_{i_k 1}} h_k(\lambda), \quad k = 1, 2, \cdots, n.$$

则反复运用引理 6.4.1可得

$$\lambda E - A \to \operatorname{diag}(f_1(\lambda), f_2(\lambda), \cdots, f_n(\lambda)).$$

对 $\lambda - \lambda_2, \lambda - \lambda_3, \cdots, \lambda - \lambda_s$, 重复上面的过程, 最后得到 $\lambda E - A$ 的法式, 其对角元分解式中一次因式的方幂与 $g_1(\lambda), g_2(\lambda), \cdots, g_n(\lambda)$ 的分解式中一次因式的方幂相同. □

相关探索 矩阵的双中心化子

设 A 是数域 F 上的 n 阶方阵, A 的中心化子

$$\mathcal{C}(A) = \{B \in \mathrm{F}^{n\times n} \mid AB = BA\}.$$

而由 A 生成的 $\mathrm{F}^{n\times n}$ 的子环 $\mathrm{F}[A]$ 为 A 的多项式的全体, 即

$$\mathrm{F}[A] = \{f(A) \mid f(x) \in \mathrm{F}[x]\}.$$

这两个集合关于矩阵的加法与数乘都作成数域 F 上的线性空间. 你能计算出它们的维数吗?

如果矩阵 A 可逆, 那么 A^{-1} 可以写成矩阵 A 的多项式, 即 $A^{-1} \in \mathrm{F}[A]$; 进一步, 对任一方阵 A, A 的伴随矩阵 $A^* \in \mathrm{F}[A]$. 你能证明这些结论吗?

显然, $\mathrm{F}[A] \subseteq \mathcal{C}(A)$. 如果 A 有 n 个互不相同的特征值, 可以证明 $\mathcal{C}(A) = \mathrm{F}[A]$. 更一般地, 我们有如下定理.

定理 6.4.3 $\mathcal{C}(A) = \mathrm{F}[A]$ 当且仅当 A 的每个特征值的几何重数等于 1.

你能证明这个结论吗?

设 $S \subseteq \mathrm{F}^{n\times n}$ 是一个方阵的集合, 定义

$$\mathcal{C}(S) = \{B \in \mathrm{F}^{n\times n} \mid AB = BA, \forall A \in S\}.$$

尽管 $\mathcal{C}(A) = \mathrm{F}[A]$ 一般不成立, 但我们有如下所谓“双中心化子”定理.

定理 6.4.4 设 A 是数域 F 上的 n 阶矩阵, 则 $\mathcal{C}(\mathcal{C}(\mathrm{F}[A])) = \mathrm{F}[A]$.

你能利用弗罗贝尼乌斯标准形或下一节的若尔当标准形证明这一定理吗?

习 题 6.4

(A)

1. 求下列矩阵的初等因子:

(1) $\begin{pmatrix} -1 & -2 & 6 \\ -1 & 0 & 3 \\ -1 & -1 & 4 \end{pmatrix}$; (2) $\begin{pmatrix} 1 & 2 & 3 & 4 \\ & 1 & 2 & 3 \\ & & 1 & 2 \\ & & & 1 \end{pmatrix}$.

2. 求矩阵

$$A = \begin{pmatrix} 0 & 1 & 0 & \cdots & 0 & 0 \\ 0 & 0 & 1 & \cdots & 0 & 0 \\ \vdots & \vdots & \vdots & & \vdots & \vdots \\ 0 & 0 & 0 & \cdots & 0 & 1 \\ 1 & 0 & 0 & \cdots & 0 & 0 \end{pmatrix}$$

的初等因子.

6.5 若尔当标准形

初等因子的重要性在于可以由它来构造复数域 $\mathbb{C}$ 上的方阵 A 的更为简洁的相似标准形——若尔当标准形, 在矩阵方程论、矩阵函数论以及矩阵分解理论等诸多领域有着广泛的应用.

定义 6.5.1 对于 $(\lambda-\lambda_0)^k$, k 阶矩阵

$$J_k(\lambda_0) = \begin{pmatrix} \lambda_0 & & & & \\ 1 & \lambda_0 & & & \\ & \ddots & \ddots & & \\ & & 1 & \lambda_0 & \\ & & & 1 & \lambda_0 \end{pmatrix}$$

称为 k 阶若尔当块, 其中 $\lambda_0 \in \mathbb{C}$. 准对角矩阵

$$J = \begin{pmatrix} J_{k_1}(\lambda_1) & & & \\ & J_{k_2}(\lambda_2) & & \\ & & \ddots & \\ & & & J_{k_s}(\lambda_s) \end{pmatrix}$$

称为若尔当形矩阵, 其中 $\lambda_1, \lambda_2, \cdots, \lambda_s \in \mathbb{C}$.

下面的定理称为若尔当标准形定理, 是 1870 年由法国数学家若尔当 (M. E. C. Jordan, 1838—1922) 得到的, 已成为线性代数发展完善的重要标志之一.

定理 6.5.1 复数域上任意 n 阶方阵 A 都相似于一个若尔当形矩阵, 且在不计若尔当块的顺序意义下唯一.

证明 设 A 的初等因子为

$$\begin{aligned}&(\lambda-\lambda_1)^{e_{n1}},\quad(\lambda-\lambda_1)^{e_{n-1,1}},\quad\cdots,\quad(\lambda-\lambda_1)^{e_{k_1 1}},\\&(\lambda-\lambda_2)^{e_{n2}},\quad(\lambda-\lambda_2)^{e_{n-1,2}},\quad\cdots,\quad(\lambda-\lambda_2)^{e_{k_2 2}},\\&\cdots\cdots\\&(\lambda-\lambda_s)^{e_{ns}},\quad(\lambda-\lambda_s)^{e_{n-1,s}},\quad\cdots,\quad(\lambda-\lambda_s)^{e_{k_s s}}.\end{aligned}\tag{6.6}$$

对于每个初等因子 $(\lambda-\lambda_j)^{e_{ij}}$, 容易计算若尔当块 $J_{e_{ij}}(\lambda_j)$ 的不变因子为

$$1,1,\cdots,1,(\lambda-\lambda_j)^{e_{ij}},$$

从而初等因子为

$$(\lambda-\lambda_j)^{e_{ij}}.$$

所以

$$\begin{aligned}\lambda E-J=&\operatorname{diag}(\lambda E_{e_{n1}}-J_{e_{n1}}(\lambda_1),\cdots,\lambda E_{e_{k_s s}}-J_{e_{k_s s}}(\lambda_s))\\\to&\operatorname{diag}(1,\cdots,1,(\lambda-\lambda_1)^{e_{n1}},\cdots,1,\cdots,1,(\lambda-\lambda_s)^{e_{k_s s}})\end{aligned}$$

有初等因子(6.6), 这与 $\lambda E-A$ 的初等因子相同, 故

$$A\sim J=\operatorname{diag}(J_{e_{n1}}(\lambda_1),\cdots,J_{e_{k_s}}(\lambda_s)).$$

如果 A 相似于另一若尔当形矩阵 J', 则 J 与 J' 相似, 因而具有相同的初等因子, 从而除若尔当块的顺序外, 二者相同. 唯一性得证. □

注 如果我们考虑的不是复矩阵, 而是数域 F 上的 n 阶方阵 A, 则有如下的若尔当-谢瓦莱分解定理: 数域 F 上的 n 阶方阵 A 可以分解成 $A=D+N$, 其中 D 是可对角化矩阵, N 是幂零矩阵, 且 $DN=ND$.

定理 6.5.2 设矩阵 A 的初等因子为(6.6), 特征多项式与极小多项式为

$$\begin{aligned}f_A(\lambda)&=(\lambda-\lambda_1)^{n_1}(\lambda-\lambda_2)^{n_2}\cdots(\lambda-\lambda_s)^{n_s},\\m_A(\lambda)&=(\lambda-\lambda_1)^{r_1}(\lambda-\lambda_2)^{r_2}\cdots(\lambda-\lambda_s)^{r_s},\end{aligned}$$

则

$$\begin{aligned}n_j&=\text{对应于特征值 }\lambda_j\text{ 的若尔当块的阶数之和}\\&=e_{nj}+e_{n-1,j}+\cdots+e_{k_j j};\\r_j&=\text{对应于特征值 }\lambda_j\text{ 的最大若尔当块的阶数}\\&=\max\{e_{nj},e_{n-1,j},\cdots,e_{k_j j}\}.\end{aligned}$$

证明 不妨假设(6.6)中的幂指数按降幂排列, 且适当补充 0 后

$$e_{nj} \geqslant e_{n-1,j} \geqslant \cdots \geqslant e_{2j} \geqslant e_{1j}, \quad j = 1, 2, \cdots, s,$$

所以

$$d_i(\lambda) = \prod_{j=1}^{s}(\lambda - \lambda_j)^{e_{ij}}, \quad i = 1, 2, \cdots, n.$$

由定理 6.3.5 可得

$$\begin{aligned} f_A(\lambda) &= \prod_{i=1}^{n} d_i(\lambda) = \prod_{i=1}^{n}\prod_{j=1}^{s}(\lambda - \lambda_j)^{e_{ij}} \\ &= \prod_{j=1}^{s}(\lambda - \lambda_j)^{\sum\limits_{i=1}^{n} e_{ij}}; \end{aligned}$$

$$m_A(\lambda) = d_n(\lambda) = \prod_{j=1}^{s}(\lambda - \lambda_j)^{e_{nj}}. \qquad \square$$

注 r_j 常称为特征值 λ_j 的指数, $j = 1, 2, \cdots, s$. 因此矩阵 A 的极小多项式的次数是 A 的全部特征值的指数之和.

推论 6.5.1 n 阶复方阵可相似对角化当且仅当 A 的极小多项式 $m_A(\lambda)$ 没有重根.

回顾一下, 由定义 5.10.3、定理 5.10.1 以及定理 6.5.2 知对应于特征值 λ_i 的广义特征子空间

$$V^{\lambda_i} = \mathrm{Ker}(\mathscr{A} - \lambda_i \mathrm{id})^{n_i}.$$

命题 6.5.1 对于特征值 $\lambda_i, i = 1, 2, \cdots, s$,

(1) $\dim V^{\lambda_i} = \lambda_i$ 的代数重数 $=$ 对应于特征值 λ_i 的若尔当块阶数之和;

(2) $\dim V_{\lambda_i} = \lambda_i$ 的几何重数 $=$ 对应于特征值 λ_i 的若尔当块的数目.

证明 设矩阵 A 相似于若尔当形矩阵 $J = \mathrm{diag}(J(\lambda_1), J(\lambda_2), \cdots, J(\lambda_s))$, 其中

$$J(\lambda_j) = \mathrm{diag}(J_{e_{nj}}(\lambda_j), J_{e_{n-1,j}}(\lambda_j), \cdots, J_{e_{k_j j}}(\lambda_j)).$$

(1) 由于

$(J - \lambda_i E)^{n_i}$

$$= \begin{pmatrix} J(\lambda_1 - \lambda_i)^{n_i} & & & & & \\ & \ddots & & & & \\ & & J(\lambda_{i-1} - \lambda_i)^{n_i} & & & \\ & & & O & & \\ & & & & J(\lambda_{i+1} - \lambda_i)^{n_i} & & \\ & & & & & \ddots & \\ & & & & & & J(\lambda_s - \lambda_i)^{n_i} \end{pmatrix},$$

由于当 $j \neq i$ 时, $\lambda_j - \lambda_i \neq 0$, 故下三角矩阵的方幂 $J(\lambda_j - \lambda_i)^{n_i}$ 满秩. 所以 $\dim V^{\lambda_i} = n - r\big(J - \lambda_i E\big)^{n_i} = n_i$.

(2) 注意到 $r(J - \lambda_i E) = n-$ 对应于特征值 λ_i 的若尔当块的数目, 所以 $\dim V_{\lambda_i} = n - r(A - \lambda_i E) =$ 对应于特征值 λ_i 的若尔当块的数目. □

推论 6.5.2　设复方阵 A 相似于若尔当形矩阵 J, 则 A 的线性无关特征向量的数目等于 J 中若尔当块的数目.

证明　A 的线性无关特征向量的数目等于 $\sum\limits_{i=1}^{s} \dim V_{\lambda_i}$, 由命题 6.5.1知, 它等于 J 中若尔当块的数目. □

推论 6.5.3　复数域上的 n 阶方阵可相似对角化当且仅当 $V_{\lambda_i} = V^{\lambda_i}$, $i = 1, 2, \cdots, s$.

证明　必要性: 由定理 5.9.3 及定理 5.10.3 知

$$\begin{aligned} V &= V_{\lambda_1} \oplus V_{\lambda_2} \oplus \cdots \oplus V_{\lambda_s} \\ &= V^{\lambda_1} \oplus V^{\lambda_2} \oplus \cdots \oplus V^{\lambda_s}. \end{aligned}$$

又 $V_{\lambda_i} \subseteq V^{\lambda_i}$, 所以 $V_{\lambda_i} = V^{\lambda_i}$, $i = 1, 2, \cdots, s$.

充分性: 由定理 5.10.3 及定理 5.9.3 即得. □

例 6.5.1　设 A 是复数域上的 n 阶方阵, 则 A 可对角化当且仅当 $\forall \lambda \in \mathbb{C}$, $r(\lambda E - A) = r((\lambda E - A)^2)$.

证明　必要性显然, 下证充分性.

由定理 6.5.1知 A 相似于若尔当形矩阵 J. 若存在若尔当块 $J_k(\lambda)$ 使得 $k > 1$, 则 $r(\lambda E_n - J) > r(\lambda E_n - J)^2$, 从而 $r(\lambda E - A) > r(\lambda E - A)^2$, 矛盾. 故 J 中的若尔当块都是一阶的, 即 J 为对角矩阵. □

例 6.5.2　设 n 阶复矩阵 A, B 满足 $AB = BA = O, r(A) = r(A^2)$, 则 $r(A+B) = r(A) + r(B)$.

证明　因为 $r(A) = r(A^2)$, 所以类似于上题的分析, 特征值为 0 的若尔当块都是一阶的, 于是由定理 6.5.1, 存在可逆矩阵 P, 使得

$$P^{-1}AP = \begin{pmatrix} C_{r\times r} & O \\ O & O \end{pmatrix} = A_1, \quad r(A) = r(C).$$

由于 $AB = BA = O$, 设 $P^{-1}BP = B_1$, 则 $A_1 B_1 = B_1 A_1 = O$, 于是 B_1 形如

$$B_1 = \begin{pmatrix} O & O \\ O & D_{(n-r)\times(n-r)} \end{pmatrix},$$

且 $r(B)=r(B_1)=r(D)$, 故

$$r(A+B)=r(P^{-1}(A+B)P)=r(A_1+B_1)=r\begin{pmatrix} C_{r\times r} & O \\ O & D_{(n-r)\times(n-r)} \end{pmatrix}$$
$$=r(C)+r(D)=r(A)+r(B).$$
□

例 6.5.3 设 A 是复数域上的 n 阶方阵, 则 A 与 A^{T} 相似.

证明 证法一：由若尔当标准形定理, 设 $A\sim\bigoplus_{i=1}^{k}J_{n_i}(\lambda_i)$. 令

$$N_i=\begin{pmatrix} & & & 1 \\ & & 1 & \\ & \cdot^{\cdot^{\cdot}} & & \\ 1 & & & \end{pmatrix},$$

则 $N_i^{-1}J_{n_i}(\lambda_i)N_i=J_{n_i}(\lambda_i)^{\mathrm{T}}$, 所以令 $N=\mathrm{diag}(N_1,N_2,\cdots,N_k)$, 则 $N^{-1}AN=A^{\mathrm{T}}$.

证法二：显然 A 与 A^{T} 有相同的行列式因子, 因而它们相似. □

相关探索 矩阵交换性与相似性的度量[①]

设 A 与 B 是数域 F 上的 n 与 m 阶方阵, 定义

$$\mathrm{Hom}_{\mathrm{F}}(A,B):=\{X\in\mathrm{F}^{n\times m}\mid AX=XB\}.$$

容易验证, $\mathrm{Hom}_{\mathrm{F}}(A,B)$ 是 F-线性空间. 特别地, $C(A):=\mathrm{Hom}_{\mathrm{F}}(A,A)$ 称为 A 的中心化子.

利用线性方程组理论, 不难证明下述结论.

命题 6.5.2 设 $\mathrm{F}\subset K$, 则 $\mathrm{dimHom}_{\mathrm{F}}(A,B)=\mathrm{dimHom}_{K}(A,B)$.

证明 设 $X=(x_{ij})_{n\times m}$, 则由 $AX=XB$ 可得齐次线性方程组

$$\sum_{k=1}^{n}a_{ik}x_{kj}-\sum_{l=1}^{m}x_{il}b_{lj}=0,\quad i=1,2,\cdots,n;\ j=1,2,\cdots,m.$$

则 $\mathrm{dimHom}_{\mathrm{F}}(A,B)=$ 该方程组解空间的维数 $=mn-r(A\otimes E-E\otimes B^{\mathrm{T}})$. 这里

$$A\otimes E_n=\begin{pmatrix} a_{11}E_n & a_{12}E_n & \cdots & a_{1n}E_n \\ a_{21}E_n & a_{22}E_n & \cdots & a_{2n}E_n \\ \vdots & \vdots & & \vdots \\ a_{n1}E_n & a_{n2}E_n & \cdots & a_{nn}E_n \end{pmatrix}$$

① Xida,《高等代数葵花宝典》(网上资料).

为矩阵 A 与 E_n 的张量积. 设 $C_1, C_2, \cdots, C_s \in \mathrm{F}^{n\times m}$, $s = mn - r(A\otimes E - E\otimes B^{\mathrm{T}})$, 是 $AX = XB$ 的一组基础解系, 则

$$\begin{aligned}\mathrm{Hom}_{\mathrm{F}}(A,B) &= \{a_1C_1 + a_2C_2 + \cdots + a_sC_s \mid a_1, a_2, \cdots, a_s \in \mathrm{F}\},\\ \mathrm{Hom}_K(A,B) &= \{a_1C_1 + a_2C_2 + \cdots + a_sC_s \mid a_1, a_2, \cdots, a_s \in K\},\end{aligned}$$

所以 $\dim\mathrm{Hom}_{\mathrm{F}}(A,B) = \dim\mathrm{Hom}_K(A,B)$. □

由上述命题, 不难推出相似性与数域 F 无关. 即

命题 6.5.3 设 $\mathrm{F} \subset K$. 如果 A, B 在 K 上相似, 则它们在数域 F 上也相似.

证明 若 A, B 在数域 K 上相似, 则存在可逆矩阵 $P \in \mathrm{Hom}_K(A,B)$, 进而存在 $a_1, a_2, \cdots, a_n \in K$, 使得

$$\det(a_1C_1 + a_2C_2 + \cdots + a_sC_s) \neq 0.$$

令多项式 $f(x_1, x_2, \cdots, x_s) = \det(x_1C_1 + x_2C_2 + \cdots + x_sC_s) \in \mathrm{F}[x_1, x_2, \cdots, x_s]$, 则 $f(x_1, x_2, \cdots, x_s) \neq 0$. 因此, 存在 $b_1, b_2, \cdots, b_s \in \mathrm{F}$, 使得 $f(b_1, b_2, \cdots, b_s) \neq 0$, 即存在可逆矩阵 $Q = b_1C_1 + b_2C_2 + \cdots + b_sC_s \in \mathrm{Hom}_{\mathrm{F}}(A,B)$, 即 $Q^{-1}AQ = B$. □

命题 6.5.4 $\mathrm{Hom}_{\mathrm{F}}(A,B) = 0$ 的充要条件是 A, B 没有公共特征值.

证明 设 A 的特征值为 $\lambda_1, \lambda_2, \cdots, \lambda_n$, B 特征值为 $\mu_1, \mu_2, \cdots, \mu_m$, 则矩阵 $A\otimes E_n - E_m \otimes B^{\mathrm{T}}$ 的特征值为

$$\lambda_i - \mu_j, \quad i = 1, 2, \cdots, n;\ j = 1, 2, \cdots, m,$$

则 A, B 没有公共特征值 $\Longleftrightarrow \det(A\otimes E_n - E_m\otimes B^{\mathrm{T}}) \neq 0 \Longleftrightarrow \mathrm{Hom}_{\mathrm{F}}(A,B) = 0$. □

由于 $\dim\mathrm{Hom}_{\mathrm{F}}(A,B)$ 不依赖于数域 F, 所以我们可以考虑 $\mathrm{F} = \mathbb{C}$ 时的情形.

定理 6.5.3 $\dim\mathrm{Hom}_{\mathbb{C}}(A,B) = \sum\limits_{i,j} \deg\gcd(f_i(x), g_j(x))$, 其中 $f_i(x), g_j(x)$ 分别取遍 A, B 的初等因子.

证明 设 A, B 的若尔当标准形分别为 J_A, J_B, 即存在可逆矩阵 P, Q, 使得

$$\begin{aligned}P^{-1}AP &= J_A = (\lambda_1E_{n_1} + N_{n_1}) \oplus \cdots \oplus (\lambda_sE_{n_s} + N_{n_s}),\\ Q^{-1}BQ &= J_B = (\mu_1E_{m_1} + N_{m_1}) \oplus \cdots \oplus (\mu_tE_{m_t} + N_{m_t}),\end{aligned}$$

其中, N_k 记特征值为 0 的 k 阶若尔当块, 矩阵 C 与 D 的直和 $C\oplus D$ 表示分块对角矩阵 $\begin{pmatrix} C & O \\ O & D \end{pmatrix}$. 所以

$$AX = XB \to (PJ_AP^{-1}X = X(QJ_BQ^{-1})) \to J_A(P^{-1}XQ) = (P^{-1}XQ)J_B.$$

令 $P^{-1}XQ=Y$, 则 $\dim\mathrm{Hom}_{\mathbb{C}}(A,B)=\dim\mathrm{Hom}_{\mathbb{C}}(J_A,J_B)$.

将 $n\times m$ 矩阵 Y 的行按 J_A 的分法、列按 J_B 的分法分块

$$Y=\begin{pmatrix} Y_{11} & Y_{12} & \cdots & Y_{1t}\\ Y_{21} & Y_{22} & \cdots & Y_{2t}\\ \vdots & \vdots & & \vdots\\ Y_{s1} & Y_{s2} & \cdots & Y_{st}\end{pmatrix},\quad Y_{ij}\text{是 } n_i\times m_j \text{ 矩阵},$$

则 $J_AY=YJ_B$ 等价于 st 个方程

$$(\lambda_iE_{n_i}+N_{n_i})Y_{ij}=Y_{ij}(\mu_jE_{m_j}+N_{m_j}),\quad i=1,2,\cdots,s;\ j=1,2,\cdots,t.$$

当 $\lambda_i\neq\mu_j$ 时, 由命题 6.5.4 知 $Y_{ij}=0$.

当 $\lambda_i=\mu_j$ 时, 上述方程变为 $N_{n_i}Y_{ij}=Y_{ij}N_{m_j}$. 直接计算可得

$$Y_{ij}=\begin{cases}\begin{pmatrix} y_1 & y_2 & y_3 & \cdots & y_{n_i-1} & y_{n_i}\\ & y_1 & y_2 & \cdots & y_{n_i-2} & y_{n_i-1}\\ & & y_1 & \ddots & y_{n_i-3} & y_{n_i-2}\\ & & & \ddots & \ddots & \vdots\\ & & & & y_1 & y_2\\ & & & & & y_1\end{pmatrix}, & n_i=m_j,\\ \begin{pmatrix} 0 & \cdots & 0 & y_1 & y_2 & \cdots & y_{n_i}\\ & & & & y_1 & \cdots & y_{n_i-1}\\ & & & & & \ddots & \vdots\\ & & & & & & y_1\end{pmatrix}, & n_i<m_j,\\ \begin{pmatrix} y_1 & y_2 & \cdots & y_{m_j}\\ & y_1 & \cdots & y_{m_j-1}\\ & & \ddots & \vdots\\ & & & y_1\\ & & & 0\\ & & & \vdots\\ & & & 0\end{pmatrix}, & n_i>m_j,\end{cases}$$

即当 $\lambda_i=\mu_j$ 时, $(\lambda_iE_{n_i}+N_{n_i})Y_{ij}=Y_{ij}(\mu_jE_{n_j}+N_{n_j})$ 的线性无关解的个数为

$\min\{n_i, m_j\}$, 故

$$\dim\mathrm{Hom}_{\mathbb{C}}(J_A, J_B) = \sum_{i=1}^{s}\sum_{j=1}^{t}\min\{n_i, m_j\}\delta_{\lambda_i,\mu_j}.$$

由于若尔当块 $\lambda_i E_{n_i} + N_{n_i}$ 对应于 A 的初等因子 $(\lambda-\lambda_i)^{n_i}$, 而且

$$\deg\gcd((\lambda-\lambda_i)^{n_i}, (\lambda-\mu_j)^{m_j}) = \begin{cases} \min\{n_i, m_j\}, & \lambda_i = \mu_j, \\ 0, & \lambda_i \neq \mu_j. \end{cases}$$

故

$$\dim\mathrm{Hom}_{\mathbb{C}}(A, B) = \dim\mathrm{Hom}_{\mathbb{C}}(J_A, J_B) = \sum_{i,j}\deg\gcd(f_i(x), g_j(x)),$$

其中 $f_i(x), g_j(x)$ 分别取遍 A, B 的初等因子. □

由不变因子与初等因子相互唯一决定的关系立即可得如下推论.

推论 6.5.4 $\dim\mathrm{Hom}_{\mathbb{F}}(A, B) = \sum\limits_{i,j}\deg\gcd(f_i(x), g_j(x))$, 其中 $f_i(x), g_j(x)$ 分别取遍 A, B 的不变因子.

注意到 A 与 B 的相似程度越高, 则 $\dim\mathrm{Hom}(A, B)$ 越大. 因而 $\dim\mathrm{Hom}(A, B)$ 可以看作 A 与 B 的相似程度的一种度量方式.

推论 6.5.5 设 A 的若尔当标准形

$$J = \bigoplus_{j=1}^{s} J(\lambda_j) = \bigoplus_{j=1}^{s}\bigoplus_{i=1}^{r_j} J_{n_{ij}}(\lambda_j),$$

其中 $n_{1j} \geqslant n_{2j} \geqslant \cdots \geqslant n_{r_j j}$, $j = 1, 2, \cdots, s$. 则

$$\dim C(A) = \sum_{j=1}^{s}\sum_{i=1}^{r_j}(2i-1)n_{ij}.$$

注意到矩阵 A 的中心化子 $C(A)$ 的维数 $\dim C(A)$ 可以看作是 A 的交换能力的一种度量方式. $\dim C(A)$ 越大, 表明 A 的交换能力越强, 即能与越多的矩阵乘法可交换. 纯量矩阵 aE_n 能与所有的方阵可交换, $\dim C(aE_n) = n^2$ 最大.

猜想 对任意的 n 阶方阵 A, B,

$$\dim\mathrm{Hom}(A, B) \leqslant \max\{\dim C(A), \dim C(B)\},$$

且等号成立当且仅当 A 相似于 B.

由上述猜想, 矩阵 A, B 的相似程度是否可以用

$$\mu(A, B) = \frac{2\dim\mathrm{Hom}(A, B)}{\dim C(A) + \dim C(B)}$$

来度量呢?

习 题 6.5

(A)

1. 求下列矩阵的若尔当标准形:

(1) $\begin{pmatrix} -1 & -2 & 6 \\ -1 & 0 & 3 \\ -1 & -1 & 4 \end{pmatrix}$; (2) $\begin{pmatrix} 1 & 2 & 3 & 4 \\ & 1 & 2 & 3 \\ & & 1 & 2 \\ & & & 1 \end{pmatrix}$.

2. 设 $A = \begin{pmatrix} 0 & 1 & 0 \\ 0 & 0 & 1 \\ -2 & 3 & -1 \end{pmatrix}$.

(1) 若 A 看作有理数域上的矩阵, A 是否可对角化? 写出理由;

(2) 若 A 看作复数域上的矩阵, A 是否可对角化? 请写出理由.

(B)

3. 设 $\mathbb{C}$ 上的 n 阶方阵 A 满足 $A^2 = O$, $r(A) = r > 0$, 求 A 的初等因子.

4. 设 $A \neq E$ 是 n 阶非零方阵, 满足 $A^2 = A$, $r(A) = r$. 求 A 的若尔当标准形.

5. 设 $A \neq E$ 是 n 阶对合矩阵 (即 $A^2 = E_n$), $r(E + A) = r$ 求 A 的若尔当标准形.

(C)

6. 证明: $\mathbb{C}$ 上的任一方阵都可分解为两个对称矩阵的乘积, 其中一个是可逆矩阵.

7. 设 $\mathscr{A}$ 是数域 F 上 n 维线性空间 V 上的线性变换, 且 $r(\mathscr{A}) < n$. 证明 $V = \mathrm{Im}(\mathscr{A}) \oplus \mathrm{Ker}(\mathscr{A})$ 的充要条件是 0 是 $\mathscr{A}$ 的极小多项式的单根.

6.6 线性空间的分解①

当研究数域 F 上 n 维线性空间 V 上的线性变换 $\mathscr{A}$ 较为复杂时, 通常的做法是将 V 分解成有限个 $\mathscr{A}$-子空间的直和

$$V = V_1 \oplus V_2 \oplus \cdots \oplus V_r,$$

每个直和项 V_i 都有更低的维数, 使得 $\mathscr{A}|_{V_i}$ 研究起来更为简单.

6.6.1 基于弗罗贝尼乌斯标准形的分解

定义 6.6.1 设 $\mathscr{A}$ 是数域 F 上 n 维线性空间 V 上的线性变换, $\alpha \in V$, 满足 $g(\mathscr{A})\alpha = 0$ 的次数最低的首一多项式 $g(\lambda)$ 称为 $\mathscr{A}$ 在 α 的**局部极小多项式**.

① 本节为选学内容.

引理 6.6.1 设 $m_{\mathscr{A}}(\lambda)$ 是 $\mathscr{A}$ 的极小多项式, $g(\lambda)$ 是 $\mathscr{A}$ 在 $\alpha \in V$ 的局部极小多项式. 如果多项式 $h(\lambda) \in \mathrm{F}[\lambda]$ 满足 $h(\mathscr{A})\alpha = 0$, 则 $g(\lambda) \mid h(\lambda)$. 特别地, $g(\lambda) \mid m_{\mathscr{A}}(\lambda)$.

证明 由欧氏除法, 设 $h(\lambda) = q(\lambda)g(\lambda) + r(\lambda)$, 其中 $0 \leqslant \deg(r(\lambda)) < \deg(g(\lambda))$ 或 $r(\lambda) = 0$. 若 $r(\lambda) \neq 0$, 则

$$0 = h(\mathscr{A})\alpha = q(\mathscr{A})g(\mathscr{A})\alpha + r(\mathscr{A})\alpha = r(\mathscr{A})\alpha.$$

这与 $g(\lambda)$ 的定义矛盾. 所以 $r(\lambda) = 0$, 从而 $g(\lambda) \mid h(\lambda)$.

特别地, 由于 $m_{\mathscr{A}}(\mathscr{A}) = 0$, 所以 $m_{\mathscr{A}}(\mathscr{A})\alpha = 0$. 从而 $g(\lambda) \mid m_{\mathscr{A}}(\lambda)$. □

定义 6.6.2 V 的 r 维子空间 W 称为线性变换 $\mathscr{A}$ 的**循环子空间**, 如果存在 $\alpha \in W$, 使得 $\alpha, \mathscr{A}\alpha, \cdots, \mathscr{A}^{r-1}\alpha$ 是 W 的一组基. 此时, 称 $\alpha, \mathscr{A}\alpha, \cdots, \mathscr{A}^{r-1}\alpha$ 是 W 的一组**循环基**, 并记 $W = \mathcal{C}(\alpha, \mathscr{A})$.

定义 6.6.3 设 $\mathscr{A}$ 是数域 F 上 n 维线性空间 V 上的线性变换, $f(\lambda) \in \mathrm{F}[\lambda]$. V 的子空间

$$\mathcal{S}(f(\lambda), \mathscr{A}) := \bigcup_{i=1}^{\infty} \mathrm{Ker} f(\mathscr{A})^i$$

称为 $\mathscr{A}$ 的**属于 $f(\lambda)$ 的谱子空间**, 或**属于 $f(\lambda)$ 的根子空间**.

设 $\mathscr{A}$ 是数域 F 上 n 维线性空间 V 上的线性变换, 在基 $\varepsilon_1, \varepsilon_2, \cdots, \varepsilon_n$ 下的矩阵是 A. 设 A 的不变因子为

$$\underbrace{1, \cdots, 1}_{n-k}, d_1(\lambda), \cdots, d_k(\lambda). \tag{6.7}$$

则由定理 6.3.4 知 A 必唯一地相似于弗罗贝尼乌斯标准形

$$C = \mathrm{diag}(C(d_1(\lambda)), C(d_2(\lambda)), \cdots, C(d_k(\lambda))).$$

由命题 5.10.2 知存在 $\mathscr{A}$-不变子空间 $W_1, W_2, \cdots, W_k$, 使得

$$V = W_1 \oplus W_2 \oplus \cdots \oplus W_k, \quad \mathscr{A}_i = \mathscr{A}\mid_{W_i} \tag{6.8}$$

以及 W_i 的一组基 $\xi_{i1}, \xi_{i2}, \cdots, \xi_{is_i}$ 满足

$$\mathscr{A}_i(\xi_{i1}, \xi_{i2}, \cdots, \xi_{is_i}) = (\xi_{i1}, \xi_{i2}, \cdots, \xi_{is_i})C(d_i(\lambda)), \quad i = 1, 2, \cdots, k.$$

设 $d_i(\lambda) = x^{s_i} + c_{s_i-1}x^{s_i-1} + \cdots + c_1 x + c_0$. 注意到

$$\begin{aligned}
&\mathscr{A}\xi_{i1} = \xi_{i2},\\
&\mathscr{A}^2\xi_{i1} = \mathscr{A}\xi_{i2} = \xi_{i3},\\
&\cdots\cdots\\
&\mathscr{A}^{s_i-1}\xi_{i1} = \xi_{is_i},\\
&\mathscr{A}^{s_i}\xi_{i1} = -c_0\xi_{i1} - c_1\mathscr{A}\xi_{i1} - \cdots - c_{s_i-1}\mathscr{A}^{s_i-1}\xi_{i1}.
\end{aligned}$$

因此 $\xi_{i1}, \mathscr{A}\xi_{i1}, \cdots, \mathscr{A}^{s_i-1}\xi_{i1}$ 是 W_i 的一组循环基, 因而 $W_i = \mathcal{C}(\xi_{i1}, \mathscr{A})$.

定理 6.6.1 (第一循环分解) 设 $\mathscr{A}$ 是数域 F 上 n 维线性空间 V 上的线性变换, 不变因子为(6.7). 则

$$V = \mathcal{C}(\xi_{11}, \mathscr{A}) \oplus \mathcal{C}(\xi_{21}, \mathscr{A}) \oplus \cdots \oplus \mathcal{C}(\xi_{k1}, \mathscr{A}).$$

而且, $\mathscr{A}_i = \mathscr{A}|_{\mathcal{C}(\xi_{i1},\mathscr{A})}$ 的极小多项式为 $d_i(\lambda)$.

设 $d_i(x)$ 在 F 上有标准分解

$$d_i(\lambda) = p_1(\lambda)^{e_{i1}} p_2(\lambda)^{e_{i2}} \cdots p_r(\lambda)^{e_{ir}},$$

其中 $p_1(\lambda), p_2(\lambda), \cdots, p_r(\lambda)$ 是两两互素的首一不可约多项式, 那么

$$C(d_i(\lambda)) \sim \operatorname{diag}(C(p_1(\lambda)^{e_{i1}}), C(p_2(\lambda)^{e_{i2}}), \cdots, C(p_r(\lambda)^{e_{ir}})),$$

这是因为, 由引理 6.4.1, 它们有相同的不变因子. 所以存在 $\mathscr{A}$-子空间 W_{ij}, 使得

$$\mathcal{C}(\xi_{i1}, \mathscr{A}) = W_{i1} \oplus W_{i2} \oplus \cdots \oplus W_{ir}, \quad \mathscr{A}_{ij} = \mathscr{A}\,|_{W_{ij}},\ j = 1, 2, \cdots, r.$$

类似于上面的分析, W_{ij}, $j = 1, 2, \cdots, r$ 是 $\mathscr{A}$-循环不变子空间, 且 $\mathscr{A}_{ij}$ 在循环基下的矩阵为 $C(p_j(\lambda)^{e_{ij}})$. 这样, 我们由 $\mathscr{A}$ 的不变因子(6.7)或弗罗贝尼乌斯标准形得到了线性空间 V 的第二循环分解定理.

定理 6.6.2 (第二循环分解) 设 $\mathscr{A}$ 是数域 F 上 n 维线性空间 V 上的线性变换, 不变因子为(6.7). 设

$$\begin{aligned}
d_1(\lambda) &= p_1(\lambda)^{e_{11}} p_2(\lambda)^{e_{12}} \cdots p_r(\lambda)^{e_{1r}},\\
d_2(\lambda) &= p_1(\lambda)^{e_{21}} p_2(\lambda)^{e_{22}} \cdots p_r(\lambda)^{e_{2r}},\\
&\cdots\cdots\\
d_k(\lambda) &= p_1(\lambda)^{e_{k1}} p_2(\lambda)^{e_{k2}} \cdots p_r(\lambda)^{e_{kr}},
\end{aligned}$$

则

$$V = \bigoplus_{i=1}^{k}\bigoplus_{j=1}^{r} W_{ij} = \bigoplus_{j=1}^{r}\bigoplus_{i=1}^{k} W_{ij},$$

其中当 $e_{ij} = 0$ 时, $W_{ij} = 0$; 当 $e_{ij} > 0$ 时, $W_{ij}\ (i = 1, 2, \cdots, s, j = 1, 2, \cdots, r)$ 是 $\mathscr{A}$-循环不变子空间.

令 $V_j=\bigoplus_{i=1}^k W_{ij}$, $j=1,2,\cdots,r$, 则有如下引理.

引理 6.6.2 $V_j=\operatorname{Ker}p_j(\mathscr{A})^{e_{kj}}=\mathcal{S}(p_j(\lambda),\mathscr{A})$.

证明 首先证明 $V_j\subseteq\operatorname{Ker}p_j(\mathscr{A})^{e_{kj}}$. 注意到 $p_j(\lambda)^{e_{ij}}$ 是 $\mathscr{A}_{ij}$ 的极小多项式, 所以任取 $\alpha=\alpha_1+\alpha_2+\cdots+\alpha_k\in\bigoplus_{i=1}^k W_{ij}$, 由于 $p_j(\mathscr{A})^{e_{ij}}\alpha_i=0$. 所以 $p_j(\mathscr{A})^{e_{kj}}\alpha=0$. 故 $\alpha\in\operatorname{Ker}p_j(\mathscr{A})^{e_{kj}}$.

接下来证明 $V_j\supseteq\operatorname{Ker}p_j(\mathscr{A})^{e_{kj}}$. 任取 $\alpha\in\operatorname{Ker}p_j(\mathscr{A})^{e_{kj}}$, 设 $\alpha=\alpha_1+\alpha_2+\cdots+\alpha_r\in\bigoplus_{l=1}^r V_l=V$. 我们证明当 $l\neq j$ 时, $\alpha_l=0$. 假设 $\alpha_l\neq 0$. 因为 V_l 是 $\mathscr{A}$-不变子空间, 所以也是 $p_j(\mathscr{A})^{e_{kj}}$-不变子空间. 由于 $p_j(\mathscr{A})^{e_{kj}}\alpha=0$, 所以 $p_j(\mathscr{A})^{e_{kj}}\alpha_l=0$, 从而 $\mathscr{A}$ 在 α_l 的局部极小多项式是 $p_j(\lambda)^{e_{kj}}$ 的因子, 不妨设为 $p_j(\lambda)^h$. 由于 $\mathscr{A}_l=\mathscr{A}|_{V_l}$ 的极小多项式为 $p_l(\lambda)^{e_{kl}}$, 所以 $p_j(\lambda)^h\mid p_l(\lambda)^{e_{kl}}$, 这与 $p_j(\lambda)$ 与 $p_l(\lambda)$ 互素矛盾. 所以当 $l\neq j$ 时, $\alpha_l=0$. 从而 $\alpha=\alpha_j\in V_j$.

由上述证明可以看出, 对任意 $e>e_{kj}$, $\operatorname{Ker}p_j(\mathscr{A})^e=V_j$, 所以 $V_j=\mathcal{S}(p_j(\lambda),\mathscr{A})$. □

该引理表明 $V_j(j=1,2,\cdots,r)$ 是属于 $p_j(\lambda)$ 的根子空间, 所以我们得到准素分解定理.

定理 6.6.3 (准素分解) 设 $\mathscr{A}$ 是数域 F 上 n 维线性空间 V 上的线性变换, 不变因子为(6.7). 设

$$m_{\mathscr{A}}(\lambda)=d_k(\lambda)=p_1(\lambda)^{e_{k1}}p_2(\lambda)^{e_{k2}}\cdots p_r(\lambda)^{e_{kr}},$$

则

$$V=V_1\oplus V_2\oplus\cdots\oplus V_r,$$

其中 $V_j=\mathcal{S}(p_j(\lambda),\mathscr{A})(j=1,2,\cdots,r)$ 是属于 $p_j(\lambda)$ 的根子空间.

6.6.2 基于若尔当标准形的分解

现在我们假定数域 $\mathrm{F}=\mathbb{C}$. 设 $\mathscr{A}$ 的初等因子为

$$\begin{array}{llll}(\lambda-\lambda_1)^{e_{11}}, & (\lambda-\lambda_1)^{e_{21}}, & \cdots, & (\lambda-\lambda_1)^{e_{k_1 1}},\\ (\lambda-\lambda_2)^{e_{12}}, & (\lambda-\lambda_2)^{e_{22}}, & \cdots, & (\lambda-\lambda_2)^{e_{k_2 2}},\\ & \cdots\cdots & & \\ (\lambda-\lambda_s)^{e_{1s}}, & (\lambda-\lambda_s)^{e_{2s}}, & \cdots, & (\lambda-\lambda_s)^{e_{k_s s}},\end{array}\tag{6.9}$$

其中 $0\leqslant e_{1j}\leqslant e_{2j}\leqslant\cdots\leqslant e_{k_j j}$, $j=1,2,\cdots,s$, 则存在 V 的一组基 $\eta_1,\eta_2,\cdots,\eta_n$ 使得 $\mathscr{A}$ 在该基下的矩阵为

$$J=\bigoplus_{j=1}^{s}\bigoplus_{i=1}^{k_j}J_{e_{ij}}(\lambda_j).$$

令 $V(\lambda_1,e_{11})=\mathrm{span}(\eta_1,\eta_2,\cdots,\eta_{e_{11}})$, 则

$$\begin{aligned}\mathscr{A}(\eta_1)&=\lambda_1\eta_1+\eta_2,\\ \mathscr{A}(\eta_2)&=\lambda_1\eta_2+\eta_3,\\ &\cdots\cdots\\ \mathscr{A}(\eta_{e_{11}-1})&=\lambda_1\eta_{e_{11}-1}+\eta_{e_{11}},\\ \mathscr{A}(\eta_{e_{11}})&=\lambda_1\eta_{e_{11}}.\end{aligned}\tag{6.10}$$

显然, $\mathscr{A}(V(\lambda_1,e_{11}))\subseteq V(\lambda_1,e_{11})$, 即 $V(\lambda_1,e_{11})$ 是 $\mathscr{A}$-不变子空间. 由上式得

$$\begin{aligned}(\mathscr{A}-\lambda_1\mathrm{id}_V)(\eta_1)&=\eta_2,\\ (\mathscr{A}-\lambda_1\mathrm{id}_V)(\eta_2)&=\eta_3,\\ &\cdots\cdots\\ (\mathscr{A}-\lambda_1\mathrm{id}_V)(\eta_{e_{11}-1})&=\eta_{e_{11}},\\ (\mathscr{A}-\lambda_1\mathrm{id}_V)(\eta_{e_{11}})&=0.\end{aligned}$$

记 $\alpha=\eta_1$, $\mathfrak{A}=\mathscr{A}-\lambda_1\mathrm{id}_V$, 则

$$\mathfrak{A}\alpha=\eta_2,\mathfrak{A}^2\alpha=\eta_3,\cdots,\mathfrak{A}^{e_{11}-1}\alpha=\eta_{e_{11}},\mathfrak{A}^{e_{11}}\alpha=0.$$

所以 $\alpha,\mathfrak{A}\alpha,\cdots,\mathfrak{A}^{e_{11}-1}\alpha$ 是 $V(\lambda_1,e_{11})$ 的一组循环基, 因而

$$V(\lambda_1,e_{11})=\mathcal{C}(\alpha,\mathscr{A}-\lambda_1\mathrm{id}_V).$$

类似地, 令

$$V(\lambda_j,e_{ij})=\mathrm{span}(\eta_{t+1},\cdots,\eta_{t+e_{ij}}),\quad 1\leqslant j\leqslant s,1\leqslant i\leqslant k_j,$$

其中 $t=\sum\limits_{l=1}^{j-1}\sum\limits_{h=1}^{k_l}e_{hl}+(e_{1j}+\cdots+e_{i-1,j})$. 类似于上述讨论, 每个 $V(\lambda_j,e_{ij})$ 都是 $\mathfrak{A}_j=\mathscr{A}-\lambda_j\mathrm{id}_V$ 的循环子空间, 而且 $\mathscr{A}\,|_{V(\lambda_j,e_{ij})}$ 在循环基

$$\eta_{t+1},\mathfrak{A}_j\eta_{t+1},\cdots,\mathfrak{A}_j^{e_{ij}-1}\eta_{t+1}$$

下的矩阵是若尔当块 $J_{e_{ij}}(\lambda_j)$. 由复习题 5 第 1 题知, $V(\lambda_j,e_{ij})$ 不能分解成两个非零 $\mathscr{A}$-不变子空间的直和. 进一步, 我们有如下循环分解定理.

定理 6.6.4 (循环分解) 设 $\mathscr{A}$ 是复数域 $\mathbb{C}$ 上 n 维线性空间 V 上的线性变换, 且 $\mathscr{A}$ 的初等因子为(6.9), 特征多项式

$$f_{\mathscr{A}}(\lambda)=\prod_{j=1}^{s}\prod_{i=1}^{k_j}(\lambda-\lambda_j)^{e_{ij}},$$

则

$$V=\bigoplus_{j=1}^{s}\bigoplus_{i=1}^{k_j}V(\lambda_j,e_{ij}),$$

其中, $V(\lambda_j,e_{ij})$ 是 $\mathscr{A}-\lambda_j\mathrm{id}_V$ 的循环子空间, $\dim V(\lambda_j,e_{ij})=e_{ij}$. 而且, 每个 $V(\lambda_j,e_{ij})$ 是 $\mathscr{A}$-不变子空间, 且不能分解成两个非零 $\mathscr{A}$-不变子空间的直和.

进一步, 令

$$R(\lambda_j)=\bigoplus_{i=1}^{k_j}V(\lambda_j,e_{ij}),\quad j=1,2,\cdots,s.$$

记 $n_j=\dim R(\lambda_j)$, 则 $n_j=\sum\limits_{i=1}^{k_j}e_{ij}$ 显然是 λ_j 的代数重数. 并且 $\mathscr{A}|_{R(\lambda_j)}$ 的矩阵为 $J(n_j,\lambda_j)=\bigoplus_{i=1}^{k_j}J_{e_{ij}}(\lambda_j)$. 类似于引理 6.6.2 的证明, 我们有如下引理.

引理 6.6.3 $R(\lambda_j)=\mathrm{Ker}(\mathscr{A}-\lambda_j\mathrm{id}_V)^{e_{k_jj}}$.

易见, 对任意 $e>e_{k_jj}$, $\mathrm{Ker}(\mathscr{A}-\lambda_j\mathrm{id}_V)^e=\mathrm{Ker}(\mathscr{A}-\lambda_j\mathrm{id}_V)^{e_{k_jj}}$. 因而 $R(\lambda_j)=\mathcal{S}(\lambda-\lambda_j,\mathscr{A})$ 是属于特征值 λ_j 的根子空间, 也是属于特征值 λ_j 的广义特征子空间. 我们又重新得到 V 的准素分解定理.

定理 6.6.5 (准素分解) 设 $\mathscr{A}$ 是复数域 $\mathbb{C}$ 上 n 维线性空间 V 上的线性变换, 且 $\mathscr{A}$ 的特征多项式与极小多项式分别为

$$f_{\mathscr{A}}(\lambda)=\prod_{j=1}^{s}(\lambda-\lambda_j)^{n_j},\quad m_{\mathscr{A}}(\lambda)=\prod_{j=1}^{s}(\lambda-\lambda_j)^{e_{k_jj}},$$

则

$$V=\bigoplus_{j=1}^{s}R(\lambda_j),$$

其中 $R(\lambda_j)=\mathcal{S}(\lambda-\lambda_j,\mathscr{A})$ 是属于特征值 λ_j 的根子空间, $\dim R(\lambda_j)=n_j=\lambda_j$ 的代数重数.

下面讨论特征子空间与根子空间的关系. 由于 $V_{\lambda_j}=\mathrm{Ker}(\mathscr{A}-\lambda_j\mathrm{id}_V)$, 所以 $V_{\lambda_j}\subseteq R(\lambda_j)$. 下面寻找 V_{λ_j} 的一组基. 为简便, 不妨设 $j=1$.

由 (6.10) 知 $V(\lambda_1,e_{11})$ 是 $\mathscr{A}$-不变子空间. 令 $\mathscr{A}_{11}=\mathscr{A}|_{V(\lambda_1,e_{11})}$, 则

$$\mathscr{A}_{11}(\eta_1,\eta_2,\cdots,\eta_{e_{11}})=(\eta_1,\eta_2,\cdots,\eta_{e_{11}})J_{e_{11}}(\lambda_1)$$

且 $\eta_{e_{11}}$ 是 $\mathscr{A}$ 的属于特征值 λ_1 的特征向量. 由于 $r(\lambda_1E-J_{e_{11}}(\lambda_1))=e_{11}-1$, 所以 $\eta_{e_{11}}$ 是 $V(\lambda_1,e_{11})$ 中唯一的属于特征值 λ_1 的线性无关的特征向量. 类似地, $V(\lambda_1,e_{i1})\,(1\leqslant i\leqslant k_1)$ 中也只有一个线性无关的特征向量, 从而 $\eta_{e_{11}}$, $\eta_{e_{11}+e_{21}}$,

$\cdots,\eta_{e_{11}+e_{21}+\cdots+e_{k_1 1}}$ 是分别取自 $R(\lambda_1)$ 的不同直和项的特征向量, 因而是 $\mathscr{A}$ 的属于特征值 λ_1 的线性无关的特征向量. 又因为对任意若尔当块 $J_{e_{ij}}(\lambda_j)$,

$$r(\lambda_1 E_{e_{ij}} - J_{e_{ij}}(\lambda_j)) = \begin{cases} e_{ij}-1, & j=1, \\ e_{ij}, & j\neq 1, \end{cases}$$

所以 $r(\lambda_1 E-J)=n-k_1$. 故 $\dim V_{\lambda_1}=k_1$, 从而 $\eta_{e_{11}},\eta_{e_{11}+e_{21}},\cdots,\eta_{e_{11}+e_{21}+\cdots+e_{k_1 1}}$ 是 V_{λ_1} 的一组基. 同样地分析, 我们有

$$\lambda_j \text{ 的几何重数} = \dim V_{\lambda_j} = J \text{ 中属于特征值 } \lambda_j \text{ 的若尔当块的个数}.$$

当若尔当标准形 J 中每个若尔当块都是 1 阶若尔当块时, $\mathscr{A}$ 可对角化. 因而我们有如下命题.

命题 6.6.1 $\mathscr{A}$ 可对角化当且仅当 $\mathscr{A}$ 的每个特征值 λ_j 的代数重数等于几何重数, 当且仅当 $R(\lambda_j)=V_{\lambda_j}$, $j=1,2,\cdots,s$.

习 题 6.6

(A)

1. 设 $A=\begin{pmatrix} -1 & -2 & 6 \\ -1 & 0 & 3 \\ -1 & -1 & 4 \end{pmatrix}$, 求可逆矩阵 P, 使得 $P^{-1}AP$ 为 A 的若尔当标准形.

2. 设线性变换 $\sigma:\mathbb{C}^5\to\mathbb{C}^5$ 在基 e_1,e_2,e_3,e_4,e_5 下的矩阵是 $\begin{pmatrix} 0 & & & & \\ 1 & 0 & & & \\ & 1 & 0 & & \\ & & 1 & 0 & \\ & & & 1 & 0 \end{pmatrix}$, 求 σ^2 的若尔当标准形.

(C)

3. 如果 A 的特征多项式等于 A 的极小多项式, 则称 A 是 nonderogatory 矩阵. 证明以下叙述等价:

(1) A 是 nonderogatory 矩阵;

(2) A 只有一个次数大于零的不变因子;

(3) A 的弗罗贝尼乌斯标准形是一个弗罗贝尼乌斯块;

(4) A 有一个 n 阶循环向量, 即存在 $v\in V$, 使得 $v,Av,\cdots,A^{n-1}v$ 线性无关;

如果数域 $\mathrm{F}=\mathbb{C}$, 则进一步有

(5) 对每个特征值 λ_i, A 的若尔当标准形中仅有一个对应的若尔当块;

(6) 对每个特征值 λ_i, λ_i 的几何重数 $\dim V_{\lambda_i}=1$.

复习题 6

1. (2015 年第六届全国大学生数学竞赛) 设 $\Gamma=\left\{\left(\begin{array}{cc} z_1 & z_2 \\ -\bar{z}_2 & \bar{z}_1 \end{array}\right) \middle| z_1,z_2\in\mathbb{C}\right\}$. 证明: $\forall A\in\Gamma$, A 的若尔当标准形 $J_A\in\Gamma$, 且存在可逆矩阵 $P\in\Gamma$, 使得 $P^{-1}AP=J_A$.

2. (2010 年第二届全国大学生数学竞赛预赛) 设 $B=\begin{pmatrix} 0 & 10 & 20 \\ 0 & 0 & 2010 \\ 0 & 0 & 0 \end{pmatrix}$, 证明: 矩阵方程 $X^2=B$ 无解.

3. 设 n 为奇数, A,B 为两个 n 阶实方阵, 且 $BA=O$. 记 J_A,J_B 分别为 A,B 的若尔当标准形, S_A,S_B 分别为 $A+J_A,B+J_B$ 的特征值的集合. 证明: $0\in S_A\cup S_B$.

4. n 阶矩阵 C 称为换位子, 如果存在 n 阶方阵 A,B, 使得 $C=AB-BA$. 证明: 矩阵 C 是换位子的充要条件是 $\mathrm{Tr}(C)=0$.

5. 设 A 是数域 F 上的 n 阶方阵,

$$C(A)=\{B\in \mathrm{F}^{n\times n}\mid AB=BA\},$$

称为 A 的中心化子. 设 A 的若尔当标准形

$$J=\bigoplus_{j=1}^{s}J(\lambda_j)=\bigoplus_{j=1}^{s}\bigoplus_{i=1}^{r_j}J_{n_{ij}}(\lambda_j),$$

则

$$\dim C(A)=\sum_{j=1}^{s}\sum_{i=1}^{r_j}(2i-1)n_{ij}.$$

6. 证明 $C(A)=\mathrm{F}[A]$ 当且仅当 A 的特征多项式等于极小多项式.

7. 设 A 是 n 阶矩阵, J 是 A 的若尔当标准形. $P(\lambda)$ 和 $Q(\lambda)$ 是 n 阶可逆 λ-矩阵, 且

$$Q(\lambda)(\lambda E-A)P(\lambda)=\lambda E-J.$$

如果 $P(\lambda)=U(\lambda)(\lambda E-J)+P$, P 是数字矩阵, 则 $P^{-1}AP=J$.

8. 设 n 阶复方阵 A 相似于若尔当形矩阵 J, 且 A 的不同特征值为 $\lambda_1,\lambda_2,\cdots,\lambda_s$. 证明: 对每一个 $j=1,2,\cdots,s$.

(1) 特征值 λ_j 的指数 $r_j=\min\{k\mid (A-\lambda_jE)^k=(A-\lambda_jE)^{k+1}\}$;

(2) 对应于特征值 λ_j 的 k 阶若尔当块 $J_k(\lambda_j)$ 的数目记作 $N_j(k)$, 则

$$N_j(k)=r(A-\lambda_jE)^{k+1}+r(A-\lambda_jE)^{k-1}-2r(A-\lambda_jE)^k,\quad 1\leqslant k\leqslant r_j.$$

第 7 章　欧氏空间

到目前为止，由于线性空间中尚未定义向量的长度、夹角等概念，因而几何意义尚不明显. 本章将通过内积这一概念来定义线性空间中向量的长度、夹角、垂直等概念，从而赋予实数域上的线性空间更强的几何直观，这就是所谓的欧氏空间.

7.1　内积与欧氏空间

相信大家对网易云音乐很熟悉吧？你是否曾被网易云音乐推荐的歌单是如此的对你的口味所惊艳？当你上网购买商品时，你是否会经常看到“喜欢这个商品的人，还喜欢……”等的推荐？这就是无处不在的推荐算法，其核心是“n 维线性空间中两个向量夹角的余弦公式”. 目前广泛使用的文本信息检索的“向量空间模型”也是基于这一算法. 在解析几何中，向量的长度、夹角等度量性质可以通过内积来表示，内积是一个基本的概念.

定义 7.1.1　设 V 是实数域 $\mathbb{R}$ 上的线性空间，映射 $(-,-): V\times V\to\mathbb{R}$ 称为 V 上的**内积**，如果对任意的 $\alpha,\beta,\gamma\in V$, $c\in\mathbb{R}$，都有

(1) $(\alpha,\beta)=(\beta,\alpha)$;

(2) $(\alpha+\beta,\gamma)=(\alpha,\gamma)+(\beta,\gamma)$;

(3) $(c\alpha,\beta)=c(\alpha,\beta)$;

(4) $(\alpha,\alpha)\geqslant 0$，而且 $(\alpha,\alpha)=0$ 当且仅当 $\alpha=0$，

带有内积的 $\mathbb{R}$-线性空间 V 称为**欧氏空间**.

例 7.1.1　设 $V=\mathbb{R}^n$，对任意的 $\alpha=(a_1,a_2,\cdots,a_n)^{\mathrm{T}},\beta=(b_1,b_2,\cdots,b_n)^{\mathrm{T}}\in V$，定义

(1) $(\alpha,\beta)=a_1b_1+a_2b_2+\cdots+a_nb_n$;

(2) $(\alpha,\beta)=w_1a_1b_1+w_2a_2b_2+\cdots+w_na_nb_n$，其中 $w_1,w_2,\cdots,w_n$ 是正整数;

(3) 给定 n 阶矩阵 C，定义 $(\alpha,\beta)=\alpha^{\mathrm{T}}(C^{\mathrm{T}}C)\beta$，见习题 7.1(A)1(3).

容易验证，以上定义了 $\mathbb{R}^n$ 上的三种内积. (1) 中的内积是解析几何中普通点积的推广，称为欧氏内积，最初是由美国数学物理学家吉布斯在 19 世纪 80 年代引入的; (2) 中的内积可看作是一种加权内积 (w_i 称为权重)，在概率论与数理统计等领域有广泛应用; (3) 中的内积常称为矩阵内积，(1) 和 (2) 的内积都是 (3) 中

$C=E$ 和 $C=\operatorname{diag}(\sqrt{w_1},\sqrt{w_2},\cdots,\sqrt{w_n})$ 时的特殊情形. 如无特殊说明, 欧氏空间 $\mathbb{R}^n$ 总指 (1) 中定义的内积.

当赋予向量实际意义时, 向量的内积也有相应的实际意义.

例 7.1.2 设 $c=(c_1,c_2,\cdots,c_n)^{\mathrm{T}}$ 表示现金流的 n 维向量, c_i 为第 i 期收到的现金 (当 $c_i>0$ 时). 设 n 维向量

$$d=\left(1,\frac{1}{1+r},\cdots,\frac{1}{(1+r)^{n-1}}\right)^{\mathrm{T}},$$

其中 $r\geqslant 0$ 表示利率. 那么

$$(c,d)=c_1+c_2\frac{1}{1+r}+\cdots+c_n\frac{1}{(1+r)^{n-1}}$$

表示现金流的贴现总额, 即净现值 (net present value).

例 7.1.3 假设 $r=(r_1,r_2,\cdots,r_n)^{\mathrm{T}}$ 是一段时间内 n 项资产 (部分) 收益的向量, 即资产相对价格改变

$$r_i=\frac{p_i^{\text{final}}-p_i^{\text{initial}}}{p_i^{\text{initial}}},\quad i=1,2,\cdots,n,$$

其中, p_i^{initial} 和 p_i^{final} 是资产 i 在初始与最终时的价格. 如果一个投资组合向量用 n 维向量 $h=(h_1,h_2,\cdots,h_n)^{\mathrm{T}}$ 表示, 其中 h_i 表示所持有的资产 i 的美元价值, 那么内积 (r,h) 是投资组合在这段时间内的总回报, 单位为美元. 如果 w 代表我们投资组合的部分 (美元) 持有量, 则 (r,w) 表示投资组合的总回报. 例如, 如果 $(r,w)=0.09$, 那么我们的投资组合回报率为 9%. 如果我们当初投资 10000 美元, 我们就能赚 900 美元.

例 7.1.4 设 $V=\mathbb{R}^{n\times n}$. 则 V 关于如下定义的内积

$$(A,B)=\operatorname{Tr}(A^{\mathrm{T}}B),\quad \forall A,B\in V$$

作成欧氏空间.

例 7.1.5 设 $V=\mathbb{R}[x]_n$. 任取 $p(x)=\sum\limits_{i=0}^{n-1}a_ix^i, q(x)=\sum\limits_{i=0}^{n-1}b_ix^i\in V$, 定义

(1) $(p(x),q(x))=\sum\limits_{i=0}^{n-1}a_ib_i$, 称为 $\mathbb{R}[x]_n$ 上的标准内积;

(2) $(p(x),q(x))=\sum\limits_{k=0}^{n-1}p(t_k)q(t_k)$, 其中 $t_0,t_1,\cdots,t_{n-1}\in\mathbb{R}$ 是预先给定的数, 由于该内积可以看作 $\mathbb{R}^n$ 中向量 $(p(t_0),p(t_1),\cdots,p(t_{n-1}))^{\mathrm{T}}$ 与 $(q(t_0),q(t_1),\cdots,q(t_{n-1}))^{\mathrm{T}}$ 的欧氏内积, 故该内积称为 $\mathbb{R}[x]_n$ 上的欧氏内积, 见习题 7.1(A)1(4).

例 7.1.6 设 $V = C[a,b]$, 对任意的 $f(x), g(x) \in V$, 定义

$$(f(x), g(x)) = \int_a^b f(x)g(x)dx.$$

则 V 关于如上定义的内积作成欧氏空间.

由内积的定义立即可得如下命题.

命题 7.1.1 设 V 是欧氏空间, $\alpha, \beta, \gamma, \alpha_i, \beta_j \in V$, $c, a_i, b_j \in \mathbb{R}$. 则

(1) $(0, \alpha) = 0$;

(2) $(\alpha, \beta + \gamma) = (\alpha, \beta) + (\alpha, \gamma)$;

(3) $(\alpha, c\beta) = c(\alpha, \beta)$;

(4) $\left(\sum\limits_{i=1}^{s} a_i\alpha_i, \sum\limits_{j=1}^{t} b_j\beta_j\right) = \sum\limits_{i=1}^{s}\sum\limits_{j=1}^{t} a_ib_j(\alpha_i, \beta_j)$.

定义 7.1.2 设 V 是欧氏空间, $\alpha \in V$. 则 $|\alpha| = \sqrt{(\alpha, \alpha)}$ 称为向量 α 的**范数**或**长度**.

长度为 1 的向量称为**单位向量**. 对任意的非零向量 α, 易见 $\dfrac{\alpha}{|\alpha|}$ 是单位向量. 从 α 到 $\dfrac{\alpha}{|\alpha|}$ 的过程称为向量的**单位化**.

定义 7.1.3 向量 α, β 的距离 $d(\alpha, \beta)$ 定义为

$$d(\alpha, \beta) = |\alpha - \beta|.$$

注 长度与距离的概念依赖于内积的选取. 例如, 向量 $e_1 = (1,0)^{\mathrm{T}}$, $e_2 = (0,1)^{\mathrm{T}} \in \mathbb{R}^2$, 若使用例 7.1.1(1) 的内积, 则

$$|e_1| = \sqrt{1^2 + 0^2} = 1, \quad d(e_1, e_2) = |e_1 - e_2| = \sqrt{1^2 + (-1)^2} = \sqrt{2}.$$

若使用例 7.1.1(2) 的内积, 如取 $(\alpha, \beta) = 3a_1b_1 + 2a_2b_2$, 则

$$|e_1| = \sqrt{(e_1, e_1)} = \sqrt{3 \cdot 1 \cdot 1 + 2 \cdot 0 \cdot 0} = \sqrt{3}, \quad d(e_1, e_2) = |e_1 - e_2| = \sqrt{5}.$$

我们知道, $\mathbb{R}^2$ 中的单位圆是由 $\mathbb{R}^2$ 中的单位向量作成的集合, 即

$$S = \{u \in \mathbb{R}^2 \mid |u| = 1\}.$$

若使用例 7.1.1(1) 的内积, 则

$$S = \{(x, y)^{\mathrm{T}} \mid x^2 + y^2 = 1\}.$$

若使用内积 $(\alpha,\beta)=\frac{1}{9}a_1b_1+\frac{1}{4}a_2b_2$, 则

$$S=\left\{(x,y)^{\mathrm{T}}\left|\frac{x^2}{9}+\frac{y^2}{4}=1\right.\right\},$$

即椭圆 $\frac{x^2}{9}+\frac{y^2}{4}=1$ 上的点与原点在如上加权内积下的距离等于 1.

警告

设线性空间 $C[a,b]$ 上的内积取例 7.1.6 定义的内积, 则任取 $f(x)\in C[a,b]$, $f(x)$ 的长度为

$$|f(x)|=\sqrt{\int_a^b (f(x))^2dx}.$$

细心的读者会发现, 这与微积分中曲线段 $y=f(x)$ 的长度

$$L=\int_a^b \sqrt{1+[f'(x)]^2}dx$$

是不同的两个概念. 前者是将 $f(x)$ 看作欧氏空间 $C[a,b]$ 中的一个“向量”在例 7.1.6 所定义的内积下的一种度量, 称为“范数”或“长度”; 而后者是通常意义下平面上曲线段的长度.

为了定义向量的夹角, 我们需要如下的柯西-施瓦茨 (Cauchy-Schwarz) 不等式.

命题 7.1.2 设 V 是欧氏空间, 对任意的 $\alpha,\beta\in V$,

$$(\alpha,\beta)^2\leqslant(\alpha,\alpha)(\beta,\beta).$$

等号成立当且仅当 α,β 线性相关.

证明 当 $\alpha=0$ 时等号显然成立.

当 $\alpha\neq 0$ 时, 考虑向量 $\beta-t\alpha$,

$$0\leqslant(\beta-t\alpha,\beta-t\alpha)=(\beta,\beta)-2t(\alpha,\beta)+t^2(\alpha,\alpha),$$

这是一个关于 t 的二次三项式, 判别式

$$\Delta=[-2(\alpha,\beta)]^2-4(\alpha,\alpha)(\beta,\beta)\leqslant 0,$$

即

$$(\alpha,\beta)^2\leqslant(\alpha,\alpha)(\beta,\beta).$$

等号成立当且仅当 $\beta-t\alpha=0$, 当且仅当 α,β 线性相关. □

注 将柯西-施瓦茨不等式变形, 得

$$\frac{(\alpha,\beta)^2}{(\beta,\beta)} \leqslant (\alpha,\alpha), \quad \text{即} \quad \frac{(\alpha,\beta)}{|\beta|} \leqslant |\alpha|$$

$\dfrac{(\alpha,\beta)}{|\beta|}$ 表示向量 α 在向量 β上的投影的长度. 因此，柯西–施瓦茨不等式的几何意义是“直角三角形的直角边长不大于斜边长”(图 7.1).

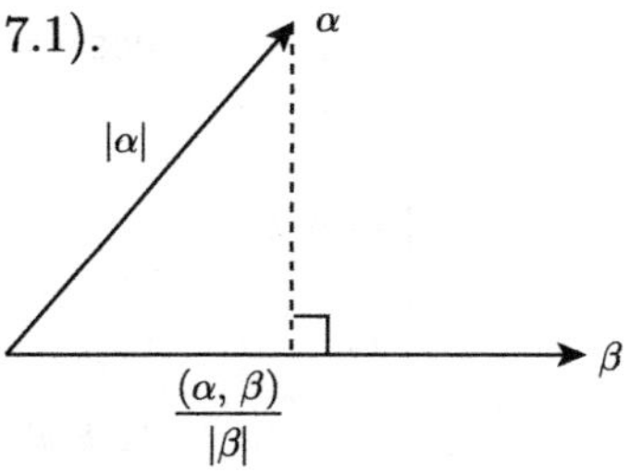

图 7.1

柯西–施瓦茨不等式根据欧氏空间的不同表现为不同的具体形式, 如柯西不等式、施瓦茨不等式, 甚至布尼亚科夫斯基 (Bunyakovsky) 不等式. 布尼亚科夫斯基是俄国数学家, 他曾于 1859 年发表了他的不等式版本, 早于施瓦茨不等式的发表约 25 年.

推论 7.1.1 (柯西不等式) 对任意的 $a_1,a_2,\cdots,a_n;b_1,b_2,\cdots,b_n\in\mathbb{R}$,

$$(a_1b_1+a_2b_2+\cdots+a_nb_n)\leqslant\sqrt{a_1^2+a_2^2+\cdots+a_n^2}\sqrt{b_1^2+b_2^2+\cdots+b_n^2},$$

等号成立当且仅当 $(a_1,a_2,\cdots,a_n)^{\mathrm{T}}$ 与 $(b_1,b_2,\cdots,b_n)^{\mathrm{T}}$ 线性相关.

由命题 7.1.2 可得 $|(\alpha,\beta)|\leqslant|\alpha||\beta|$, 于是我们可得施瓦茨不等式.

推论 7.1.2 (施瓦茨不等式) 对任意的 $f(x),g(x)\in C[a,b]$,

$$\left|\int_a^b f(x)g(x)d(x)\right|\leqslant\sqrt{\int_a^b f(x)^2dx}\sqrt{\int_a^b g(x)^2dx},$$

等号成立当且仅当 $f(x)$ 与 $g(x)$ 线性相关.

由柯西–施瓦茨不等式知

$$-1\leqslant\frac{(\alpha,\beta)}{|\alpha|\cdot|\beta|}\leqslant 1.$$

从而我们有如下定义.

定义 7.1.4 设 V 是欧氏空间, $0\neq\alpha,\beta\in V$, 则 α,β 的夹角 θ 由

$$\cos(\alpha,\beta)=\cos\theta=\frac{(\alpha,\beta)}{|\alpha|\cdot|\beta|}$$

所确定. 特别地, 当 $(\alpha,\beta)=0$, 即 $\theta=\dfrac{\pi}{2}$ 时, 我们称 α 与 β **正交或垂直**, 记作 $\alpha\perp\beta$.

例 7.1.7 设 $u_1=(k,0,0)^{\mathrm{T}}, u_2=(0,k,0)^{\mathrm{T}}, u_3=(0,0,k)^{\mathrm{T}}$ 张成了一个立方体, 向量

$$d=(k,k,k)^{\mathrm{T}}=u_1+u_2+u_3$$

是该立方体的对角线. 则 d 与 u_1 的夹角 θ 满足

$$\cos\theta=\frac{(u_1,d)}{|u_1||d|}=\frac{k^2}{k\cdot\sqrt{3k^2}}=\frac{1}{\sqrt{3}},$$

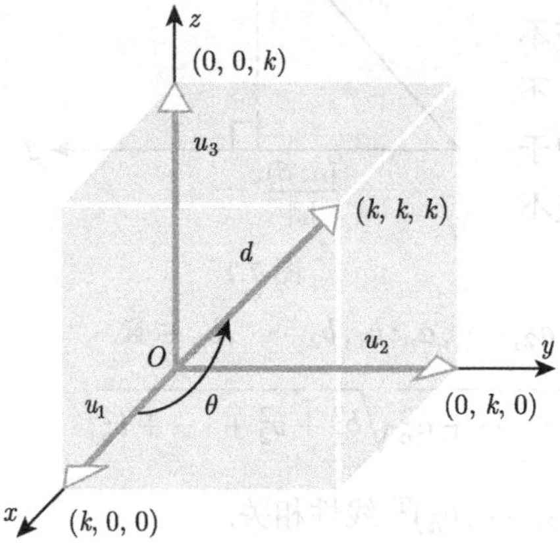

图 7.2

由此得 $\theta=\arccos\dfrac{1}{\sqrt{3}}\approx 54.74^\circ$(图 7.2).

在解析几何中, $\mathbb{R}^2$ 中的直线由直线上的一点 P_0 与该直线的斜率确定, $\mathbb{R}^3$ 中的平面也是由平面上的一点 P_0 与平面的倾斜度来确定的, 而描述直线的斜率或平面的倾斜度的方法是利用与该直线或平面垂直的向量——法向量 n. 例如, 图 7.3 中描述的是过点 $P_0(x_0,y_0)$、法向量 $n=(a,b)$ 的直线, 以及过点 $P_0(x_0,y_0,z_0)$、法向量 $n=(a,b,c)$ 的平面.

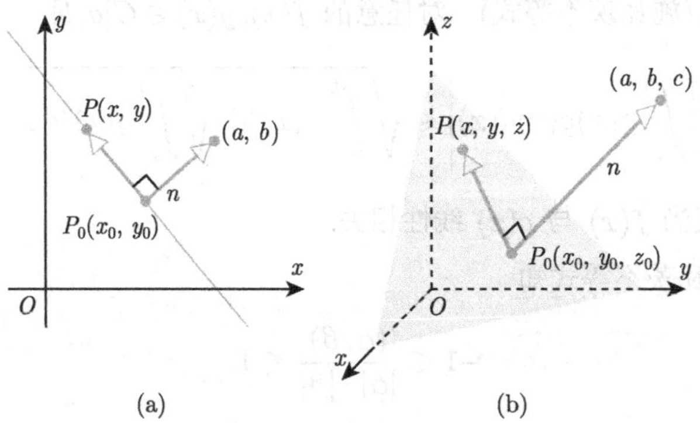

图 7.3

它们的方程可表示为

$$n\cdot\overrightarrow{P_0P}=0,$$

其中 $P(x,y)$ 是直线或平面上的任意点. 向量 $\overrightarrow{P_0P}$ 可表示

$$\overrightarrow{P_0P}=(x-x_0,y-y_0)\ (\text{直线}),\quad \overrightarrow{P_0P}=(x-x_0,y-y_0,z-z_0)\ (\text{平面}),$$

故直线和平面的点法式方程分别为

$$\begin{aligned} &\text{直线:}\quad a(x-x_0)+b(y-y_0)=0,\\ &\text{平面:}\quad a(x-x_0)+b(y-y_0)+c(z-z_0)=0. \end{aligned}$$

由此可得直线的一般方程 $ax+by+c=0$ 或平面的一般方程 $ax+by+cz+d=0$, 向量 $n=(a,b,c)^{\mathrm{T}}$ 是该平面的法向量.

作为应用, 向量的夹角常作为相似性的度量方式. 如图 7.4 所示.

图 7.4

按照例 3.2.2 中的方法, 可以将四幅图片对应到高维向量, 如示意图 7.5 所示, 前两幅图的向量 α 与 β 的夹角小, 即相似程度高; 而后两幅图对应的向量 α 与 γ 夹角大, 表示相似程度低.

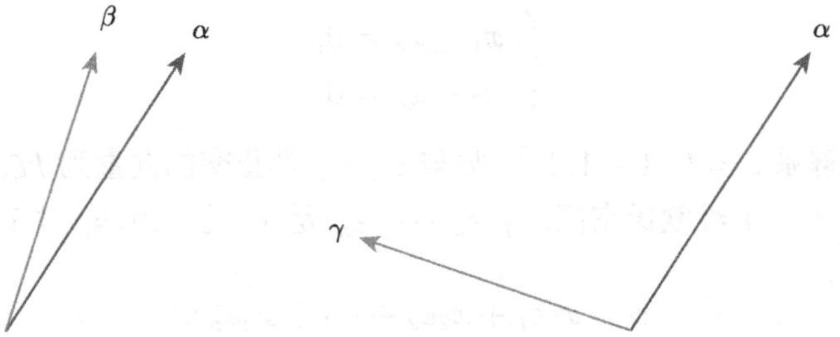

(a) α, β 相似程度高　　(b) α, γ 相似程度低

图 7.5

接下来我们介绍一下网易云音乐的歌单推荐算法. 假设一个人对某一首歌的喜欢程度作如下划分：单曲循环 $=5$, 分享 $=4$, 收藏 $=3$, 主动播放 $=2$, 听完 $=1$, 跳过 $=-1$, 拉黑 $=-5$. 我们假设有 n 首歌曲, 为简单起见, 设 $n=3$:《小苹果》、《晴天》、*Hero*. 听众 A 收藏了《小苹果》, 而遇到《晴天》、*Hero* 则总是跳过; B 经常单曲循环播放《小苹果》.《晴天》会播放完, 而 *Hero* 则拉黑了; C 拉黑了《小苹果》, 而《晴天》、*Hero* 都收藏了. 如何量化 A, B, C 对歌曲口

味的相似程度呢？我们首先将 A, B, C 对歌曲的喜欢程度写成向量

$$A=\begin{pmatrix}3\\-1\\-1\end{pmatrix},\quad B=\begin{pmatrix}5\\1\\-5\end{pmatrix},\quad C=\begin{pmatrix}-5\\3\\3\end{pmatrix}.$$

如果两个向量的夹角为 0°, 则表示两向量的相似度完全相同, 若夹角为 180°, 则表示相似度截然相反. 我们来计算它们之间夹角的余弦值:

$$\cos(A,B)=\frac{(A,B)}{|A|\cdot|B|}=\frac{19}{\sqrt{561}},$$
$$\cos(A,C)=\frac{(A,C)}{|A|\cdot|C|}=\frac{-21}{\sqrt{473}},$$
$$\cos(B,C)=\frac{(B,C)}{|B|\cdot|C|}=\frac{-37}{\sqrt{2193}}.$$

显然 A, B 的相似度较大. 当网易云音乐发现 A 还喜欢《最炫民族风》而 B 居然没听过时, 自然就会向 B 推荐这首歌曲了.

例 7.1.8 求 $\mathbb{R}^3$ 中与 $\alpha_1=(1,0,1)^{\mathrm{T}}$, $\alpha_2=(0,1,1)^{\mathrm{T}}$ 都正交的向量.

解 设 $X=(x_1,x_2,x_3)^{\mathrm{T}}$ 与 α_1,α_2 都正交, 所以

$$\begin{cases}x_1+x_3=0,\\ x_2+x_3=0.\end{cases}$$

解之, 得基础解系 $\xi=(-1,-1,1)^{\mathrm{T}}$, 故与 α_1,α_2 都正交的向量为 $k\xi, k\in\mathbb{R}$.

设 V 是一个 n 维欧氏空间, $\varepsilon_1,\varepsilon_2,\cdots,\varepsilon_n$ 是 V 的一组基, 对 V 中任意两个向量

$$\alpha=x_1\varepsilon_1+x_2\varepsilon_2+\cdots+x_n\varepsilon_n,$$
$$\beta=y_1\varepsilon_1+y_2\varepsilon_2+\cdots+y_n\varepsilon_n,$$

则

$$(\alpha,\beta)=\sum_{i=1}^{n}\sum_{j=1}^{n}x_iy_j(\varepsilon_i,\varepsilon_j).$$

令

$$A=\begin{pmatrix}(\varepsilon_1,\varepsilon_1)&(\varepsilon_1,\varepsilon_2)&\cdots&(\varepsilon_1,\varepsilon_n)\\(\varepsilon_2,\varepsilon_1)&(\varepsilon_2,\varepsilon_2)&\cdots&(\varepsilon_2,\varepsilon_n)\\\vdots&\vdots&&\vdots\\(\varepsilon_n,\varepsilon_1)&(\varepsilon_n,\varepsilon_2)&\cdots&(\varepsilon_n,\varepsilon_n)\end{pmatrix}.$$

由于 $(\varepsilon_i,\varepsilon_j)=(\varepsilon_j,\varepsilon_i)$, A 是对称矩阵. 于是

$$(\alpha,\beta)=\sum_{i=1}^{n}\sum_{j=1}^{n}a_{ij}x_iy_j=X^{\mathrm{T}}AY,$$

其中

$$a_{ij}=(\varepsilon_i,\varepsilon_j),\quad X=\begin{pmatrix}x_1\\x_2\\\vdots\\x_n\end{pmatrix},\quad Y=\begin{pmatrix}y_1\\y_2\\\vdots\\y_n\end{pmatrix}.$$

矩阵 A 称为基 $\varepsilon_1,\varepsilon_2,\cdots,\varepsilon_n$ 的度量矩阵.

定义 7.1.5 n 阶实对称矩阵 A 称为**正定的**, 如果对任意的非零列向量 $X\in\mathbb{R}^n$, 恒有 $X^{\mathrm{T}}AX>0$.

定理 7.1.1 设 A 是 n 维欧氏空间 V 的基 $\varepsilon_1,\varepsilon_2,\cdots,\varepsilon_n$ 的度量矩阵, 则 A 是正定矩阵.

证明 若 A 是欧氏空间 V 的基 $\varepsilon_1,\varepsilon_2,\cdots,\varepsilon_n$ 的度量矩阵, 对任意的非零向量 $\alpha\in V$, 设 α 在该基下的坐标为 $X\in\mathbb{R}^n$, 则

$$X^{\mathrm{T}}AX=(\alpha,\alpha)>0,$$

所以 A 是正定矩阵. □

反过来, 若 A 是正定矩阵, 对任意的向量 $\alpha,\beta\in V$, 设 α,β 在基 $\varepsilon_1,\varepsilon_2,\cdots,\varepsilon_n$ 下的坐标分别为 $X,Y\in\mathbb{R}^n$, 定义

$$(\alpha,\beta)=X^{\mathrm{T}}AY.$$

设 $A=(a_{ij})$, $X=(x_1,x_2,\cdots,x_n)^{\mathrm{T}}$, $Y=(y_1,y_2,\cdots,y_n)^{\mathrm{T}}$, 则

$$(\alpha,\beta)=X^{\mathrm{T}}AY=\sum_{i,j=1}^{n}a_{ij}x_iy_j=Y^{\mathrm{T}}AX=(\beta,\alpha);$$

对任意的 $\alpha_1,\alpha_2,\beta\in V$, 设它们的坐标分别为 $X_1,X_2,Y\in\mathbb{R}^n$, $a,b\in\mathbb{R}$.

$$(a\alpha_1+b\alpha_2,\beta)=(aX_1+bX_2)^{\mathrm{T}}AY=aX_1^{\mathrm{T}}AY+bX_2^{\mathrm{T}}AY=a(\alpha_1,\beta)+b(\alpha_2,\beta);$$

由 A 正定知 $(\alpha,\alpha)=X^{\mathrm{T}}AX\geqslant 0$, 且等号成立当且仅当 $\alpha=0$. 所以 $(-,-)$ 是 V 的内积, 且 $A=\big((\varepsilon_i,\varepsilon_j)\big)$ 是对应的度量矩阵.

设 $\eta_1,\eta_2,\cdots,\eta_n$ 是 V 的另一组基, 且

$$(\eta_1,\eta_2,\cdots,\eta_n)=(\varepsilon_1,\varepsilon_2,\cdots,\varepsilon_n)C,$$

则

$$(\eta_i,\eta_j)=\left(\sum_{k=1}^{n}c_{ki}\varepsilon_k,\sum_{l=1}^{n}c_{lj}\varepsilon_l\right)=\sum_{k=1}^{n}\sum_{l=1}^{n}c_{ki}(\varepsilon_k,\varepsilon_l)c_{lj},$$

所以

$$B=((\eta_i,\eta_j))=C^{\mathrm{T}}AC.$$

定义 7.1.6 设 A,B 是数域 F 上的 n 阶矩阵, 若存在可逆矩阵 C, 使得 $B=C^{\mathrm{T}}AC$, 则称 A **合同于**B, 记作 $A\simeq B$.

注 (1) 合同是 n 阶矩阵间的一种等价关系.

(2) 若 $A\simeq B,C\simeq D$, 则 $\begin{pmatrix}A&0\\0&C\end{pmatrix}\simeq\begin{pmatrix}B&0\\0&D\end{pmatrix}$.

上面的推理表明欧氏空间的同一内积关于不同基的度量矩阵是合同的.

拓展阅读 文本相似度检测①

在我们日常阅读中, 经常会遇到相似内容文章的推荐、论文查重、网页去重以及相似度很高的新闻的过滤等, 这些都要用到文本的相似度检测. 文本相似度检测的基本思想就是首先将文本向量化, 然后计算向量间的欧氏距离或夹角的余弦.

“向量空间模型” (vector space model, VSM) 是 20 世纪 70 年代提出并得到成功应用的一个信息检索模型. 为了简便, 我们只考虑以短句为背景的向量构建和相似度计算问题.

分词 中文分词是将文章或语句中连续的汉字切分为一系列单独且有含义的“词”. 英文词语之间有空格作为天然分割符号, 而中文词语之间没有分隔, 因此将文本信息分割为基本表示单元的“词”成为文本信息向量化及深入分析的基础, 基本原理如下所示.

线性/ 代数/ 的/ 主要/ 内容/ 是/ 讲述/ 线性/ 空间/ 及其/ 线性/ 变换/

词频 是指某个词语在文章或语句中出现的次数, 可以作为词语重要性的一种度量手段. 在实际应用中为排除介词、副词、助词等虚词干扰, 一般只统计名词、动词、数词、形容词等实词, 同时为处理不同长度文章在词频上的差异问题会采用归一化处理手段. 因为只是简单衡量短句之间的相似程度, 所以直接统计实词的词频即可, 例如, 上面的语句的词频统计如下:

① 文军, 屈龙江, 易东云. 线性代数课程教学案例建设研究. 大学数学, 2016, 32(6): 46-52.

线性 3/ 代数 1/ 主要 1/ 内容 1/ 是 1/ 讲述 1/ 空间 1/ 变换 1/

词典 文本分析中的词典是为了将文本向量化而提出的一种解决方案. 通常按照研究的实际问题, 指定一定数量的词语建立词典, 在完成分词后只统计词典中词语的词频来建立向量. 例如选定“线性、代数、主要、内容、是、讲述、空间、变换、方程组、之一”作为词典, 两个语句“线性代数的主要内容是讲述线性空间及其线性变换”和“线性方程组是线性代数的主要内容之一”, 完成分词和词频统计的结果如下所示.

短句 1: 线性 3/ 代数 1/ 主要 1/ 内容 1/ 是 1/ 讲述 1/ 空间 1/ 变换 1/方程组 0/ 之一 0/

短句 2: 线性 2/ 代数 1/ 主要 1/ 内容 1/ 是 1/ 讲述 0/ 空间 0/ 变换 0/方程组 1/ 之一 1/

这两个语句分别对应了两个 10 维的向量 $\alpha=(3,1,1,1,1,1,1,1,0,0)^{\mathrm{T}}$ 和 $\beta=(2,1,1,1,1,0,0,0,1,1)^{\mathrm{T}}$. 这两个向量的夹角的余弦值的大小就度量了这两个语句的相似程度.

习 题 7.1

(A)

1. 判断如下定义的二元函数是否为相应实线性空间上的内积?

(1) 在 $\mathbb{R}^{n\times n}$ 中定义

$$(A,B)=\mathrm{Tr}(AB).$$

(2) 在 $\mathbb{R}^2$ 中, $\alpha=(x_1,x_2)^{\mathrm{T}},\beta=(y_1,y_2)^{\mathrm{T}}$, 定义

$$(\alpha,\beta)=x_1y_1-x_1y_2-x_2y_1+4x_2y_2.$$

(3) 给定实可逆矩阵 C, 在 $\mathbb{R}^n$ 中定义

$$(X,Y)=X^{\mathrm{T}}C^{\mathrm{T}}CY,\quad X,Y\in\mathbb{R}^n.$$

(4) 在 $\mathbb{R}[x]_n$ 中, 给定互异的 $t_0,t_1,\cdots,t_{n-1}\in\mathbb{R}$, 对任意的 $f(x),g(x)\in\mathbb{R}[x]_n$, 定义内积

$$(f(x),g(x))=\sum_{k=0}^{n-1}f(t_k)g(t_k).$$

2. 设 $V=\mathbb{R}[x]$, 对于 $f(x)=\sum\limits_{i=0}^{n}a_ix^i$, $g(x)=\sum\limits_{i=0}^{m}b_ix^i$, 定义

$$(f(x),g(x))=\sum_{i=0}^{n}\sum_{j=0}^{m}\frac{a_ib_j}{i+j+1}.$$

证明: (1) (,) 是 $\mathbb{R}[x]$ 上的一个内积;

(2) 求上述内积限制在 $\mathbb{R}[x]_n$ 的基 $1, x, x^2, \cdots, x^{n-1}$ 下的度量矩阵.

3. 在欧氏空间 V 中, 证明

(1) (三角不等式) $\forall \alpha, \beta \in V$, $|\alpha+\beta| \leqslant |\alpha|+|\beta|$;

(2) (勾股定理) 如果 α 与 β 正交, 那么 $|\alpha+\beta|^2=|\alpha|^2+|\beta|^2$;

(3) (余弦定理) 如果非零向量满足 $\gamma=\beta-\alpha$, 那么

$$|\gamma|^2=|\alpha|^2+|\beta|^2-2|\alpha| \cdot |\beta| \cos (\alpha, \beta);$$

(4) (极化恒等式) $(\alpha, \beta)=\dfrac{1}{4}|\alpha+\beta|^2-\dfrac{1}{4}|\alpha-\beta|^2$.

(B)

4. 设 $\alpha_1, \alpha_2, \cdots, \alpha_m$ 是 n 维欧氏空间 V 的一个向量组, 矩阵

$$G=G(\alpha_1, \alpha_2, \cdots, \alpha_m)=\begin{pmatrix}(\alpha_1, \alpha_1) & (\alpha_1, \alpha_2) & \cdots & (\alpha_1, \alpha_m) \\ (\alpha_2, \alpha_1) & (\alpha_2, \alpha_2) & \cdots & (\alpha_2, \alpha_m) \\ \vdots & \vdots & & \vdots \\ (\alpha_m, \alpha_1) & (\alpha_m, \alpha_2) & \cdots & (\alpha_m, \alpha_m)\end{pmatrix}$$

称为向量组 $\alpha_1, \alpha_2, \cdots, \alpha_m$ 的 Gram 矩阵. 证明 $\alpha_1, \alpha_2, \cdots, \alpha_m$ 线性无关当且仅当 $|G| \neq 0$.

7.2 标准正交基

由 7.1 节我们知道, 选定欧氏空间 V 的一组基 $\varepsilon_1, \varepsilon_2, \cdots, \varepsilon_n$, 它的内积由度量矩阵 A 决定, 而且给出了计算内积的公式. 显然, 度量矩阵越简单, V 中内积的计算越简单. 如果 $A=E$, 则内积变为

$$(\alpha, \beta)=X^{\mathrm{T}} Y.$$

此时基 $\varepsilon_1, \varepsilon_2, \cdots, \varepsilon_n$ 是标准正交向量组, 即

$$(\varepsilon_i, \varepsilon_j)=\begin{cases}1, & i=j, \\ 0, & i \neq j\end{cases}$$

称为 V 的标准正交基. 在解析几何中, 直角坐标系扮演着极其重要的角色. 本节所研究的标准正交基正是直角坐标系的高维推广.

定义 7.2.1 如果 n 维欧氏空间 V 中的非零向量组 $\alpha_1, \alpha_2, \cdots, \alpha_m$ 两两正交, 则称为**正交向量组**; 而且, 如果 $|\alpha_i|=1, i=1,2, \cdots, m$, 则称该向量组为**标准正交向量组**.

定理 7.2.1 非零正交向量组必线性无关.

证明 设 $\alpha_1,\alpha_2,\cdots,\alpha_m$ 是正交向量组, 且

$$k_1\alpha_1+k_2\alpha_2+\cdots+k_m\alpha_m=0.$$

对 $i=1,2,\cdots,m$, 用 α_i 与上式作内积, 得

$$k_i(\alpha_i,\alpha_i)=0.$$

由 $\alpha_i\neq 0$ 知 $(\alpha_i,\alpha_i)\neq 0$, 所以 $k_i=0,\ i=1,2,\cdots,m$, 即 $\alpha_1,\alpha_2,\cdots,\alpha_m$ 线性无关. □

定义 7.2.2 在 n 维欧氏空间 V 中, 由 n 个向量组成的正交向量组称为**正交基**, 由 n 个单位向量组成的正交向量组称为**标准正交基**.

例 7.2.1 标准单位向量组 $e_1,e_2,\cdots,e_n$ 显然是 $\mathbb{R}^n$ 的一个标准正交基, 而向量组 $e_1,2e_2,\cdots,ne_n$ 是正交基, 但不是标准正交基.

$$\beta_1=\begin{pmatrix}1\\0\\0\\\vdots\\0\end{pmatrix},\beta_2=\begin{pmatrix}1\\1\\0\\\vdots\\0\end{pmatrix},\cdots,\beta_n=\begin{pmatrix}1\\1\\1\\\vdots\\1\end{pmatrix}$$

是 $\mathbb{R}^n$ 的一组基, 既不是正交基, 也不是标准正交基.

例 7.2.2 取 $\mathrm{F}[x]_n$ 中的标准内积, 见例 7.1.5(1). 则基 $1,x,x^2,\cdots,x^{n-1}$ 是 $\mathrm{F}[x]_n$ 的一组标准正交基.

例 7.2.3 考虑 $[-\pi,\pi]$ 上的函数 $1,\cos x,\sin x,\cos 2x,\sin 2x,\cdots$. 根据例 7.1.6 定义的内积, $\int_{-\pi}^{\pi}1\cdot\cos mxdx=0$, $\int_{-\pi}^{\pi}1\cdot\sin nxdx=0$, 且当 $m\neq n$ 时,

$$\int_{-\pi}^{\pi}\sin nx\sin mxdx=0,\ \int_{-\pi}^{\pi}\sin nx\cos mxdx=0,\ \int_{-\pi}^{\pi}\cos nx\cos mxdx=0.$$

由傅里叶级数的展开定理知, $1,\cos x,\sin x,\cos 2x,\sin 2x,\cdots$ 构成周期为 2π 的连续函数 (且 $[-\pi,\pi]$ 上仅有有限个极值点) 空间的正交基. 但由于

$$\int_{-\pi}^{\pi}1^2dx=2\pi,\ \int_{-\pi}^{\pi}\cos^2 mxdx=\pi,\ \int_{-\pi}^{\pi}\sin^2 nxdx=\pi,$$

所以它不是标准正交基. 将它们单位化, 就得到标准正交基

$$\frac{1}{\sqrt{2\pi}}, \frac{1}{\sqrt{\pi}}\cos x, \frac{1}{\sqrt{\pi}}\sin x, \frac{1}{\sqrt{\pi}}\cos 2x, \frac{1}{\sqrt{\pi}}\sin 2x, \cdots.$$

所谓傅里叶展开, 不过是将周期为 2π 的连续函数 $f(x)$(且在一个周期上不做无限次振动) 表示为这组正交基的线性组合罢了. 如何求这样的函数 $f(x)$ 在这组正交基下的坐标呢? 设

$$f(x) = a_0 + \sum_{n=1}^{\infty}(a_n \cos nx + b_n \sin nx).$$

由下面的注 (1) 知

$$a_0 = \frac{(f(x),1)}{(1,1)} = \frac{1}{2\pi}\int_{-\pi}^{\pi} f(x)dx,$$

$$a_n = \frac{(f(x),\cos nx)}{(\cos nx,\cos nx)} = \frac{1}{\pi}\int_{-\pi}^{\pi} f(x)\cos nxdx,$$

$$b_n = \frac{(f(x),\sin nx)}{(\sin nx,\sin nx)} = \frac{1}{\pi}\int_{-\pi}^{\pi} f(x)\sin nxdx.$$

注 (1) 设 $\varepsilon_1, \varepsilon_2, \cdots, \varepsilon_n$ 是 V 的一个标准正交基. 任取 $\alpha \in V$, 设

$$\alpha = a_1\varepsilon_1 + a_2\varepsilon_2 + \cdots + a_n\varepsilon_n = (\varepsilon_1, \varepsilon_2, \cdots, \varepsilon_n)\begin{pmatrix} a_1 \\ a_2 \\ \vdots \\ a_n \end{pmatrix},$$

则 $a_i = (\alpha, \varepsilon_i)$, $i = 1, 2, \cdots, n$. 从而

$$\alpha = (\alpha, \varepsilon_1)\varepsilon_1 + (\alpha, \varepsilon_2)\varepsilon_2 + \cdots + (\alpha, \varepsilon_n)\varepsilon_n.$$

(2) (帕塞瓦尔等式) $\forall \alpha, \beta \in V$,

$$(\alpha, \beta) = (\alpha, \varepsilon_1)(\beta, \varepsilon_1) + (\alpha, \varepsilon_2)(\beta, \varepsilon_2) + \cdots + (\alpha, \varepsilon_n)(\beta, \varepsilon_n).$$

(3) $\varepsilon_1, \varepsilon_2, \cdots, \varepsilon_n$ 是 V 的一个标准正交基当且仅当

$$(\varepsilon_i, \varepsilon_j) = \delta_{ij} = \begin{cases} 1, & i = j, \\ 0, & i \neq j, \end{cases} \quad i, j = 1, 2, \cdots, n.$$

下面的定理提供了将线性无关向量组化为正交向量组的方法, 称为格拉姆-施密特 (Gram-Schmidt) 正交化过程. 德国数学家施密特 (E. Schmidt, 1850—1916) 在 1907 年发表的一篇关于积分方程的论文中首次描述了以他的名字命名的过程. 格拉姆是丹麦精算师, 他在哈夫尼亚人寿保险公司工作期间获得了数学博士学位, 在那里他专门研究意外保险数学. 正是在他的论文中, 他对格拉姆-施密特过程作出了贡献.

定理 7.2.2 设 $\alpha_1, \alpha_2, \cdots, \alpha_m$ 是欧氏空间 V 的线性无关向量组, 则存在标准正交向量组 $\gamma_1, \gamma_2, \cdots, \gamma_m$, 使得对任意的 $r(1 \leqslant r \leqslant m)$, 总有

$$\mathrm{span}(\alpha_1, \alpha_2, \cdots, \alpha_r) = \mathrm{span}(\gamma_1, \gamma_2, \cdots, \gamma_r).$$

证明 设

$$\begin{aligned}
\beta_1 &= \alpha_1, \\
\beta_2 &= \alpha_2 - \frac{(\alpha_2, \beta_1)}{(\beta_1, \beta_1)}\beta_1, \\
&\cdots\cdots \\
\beta_r &= \alpha_r - \frac{(\alpha_r, \beta_1)}{(\beta_1, \beta_1)}\beta_1 - \frac{(\alpha_r, \beta_2)}{(\beta_2, \beta_2)}\beta_2 - \cdots - \frac{(\alpha_r, \beta_{r-1})}{(\beta_{r-1}, \beta_{r-1})}\beta_{r-1},
\end{aligned} \tag{7.1}$$

则

$$(\alpha_1, \alpha_2, \cdots, \alpha_r) = (\beta_1, \beta_2, \cdots, \beta_r)\begin{pmatrix} 1 & t_{12} & t_{13} & \cdots & t_{1r} \\ 0 & 1 & t_{23} & \cdots & t_{2r} \\ 0 & 0 & 1 & \cdots & t_{3r} \\ \vdots & \vdots & \vdots & \ddots & \vdots \\ 0 & 0 & 0 & \cdots & 1 \end{pmatrix},$$

其中 $t_{ij} = \dfrac{(\alpha_j, \beta_i)}{(\beta_i, \beta_i)}$. 显然

$$T = \begin{pmatrix} 1 & t_{12} & t_{13} & \cdots & t_{1r} \\ 0 & 1 & t_{23} & \cdots & t_{2r} \\ 0 & 0 & 1 & \cdots & t_{3r} \\ \vdots & \vdots & \vdots & \ddots & \vdots \\ 0 & 0 & 0 & \cdots & 1 \end{pmatrix}$$

可逆, 所以向量组 $\alpha_1, \alpha_2, \cdots, \alpha_r$ 与 $\beta_1, \beta_2, \cdots, \beta_r$ 等价, 即 $\mathrm{span}(\alpha_1, \alpha_2, \cdots, \alpha_r) = \mathrm{span}(\beta_1, \beta_2, \cdots, \beta_r)$. 下证 $\beta_1, \beta_2, \cdots, \beta_r$ 两两正交.

对 r 用数学归纳法. 当 $r=2$ 时, $(\beta_1,\beta_2)=\left(\beta_1,\alpha_2-\dfrac{(\alpha_2,\beta_1)}{(\beta_1,\beta_1)}\beta_1\right)=(\beta_1,\alpha_2)-\dfrac{(\alpha_2,\beta_1)}{(\beta_1,\beta_1)}(\beta_1,\beta_1)=(\beta_1,\alpha_2)-(\alpha_2,\beta_1)=0.$

假设上述结论对 $r-1$ 成立, 即 $\beta_1,\beta_2,\cdots,\beta_{r-1}$ 两两正交, 则对任意的 $j(<r)$,

$$\begin{aligned}(\beta_j,\beta_r)&=\left(\beta_j,\alpha_r-\sum_{k=1}^{r-1}\frac{(\alpha_r,\beta_k)}{(\beta_k,\beta_k)}\beta_k\right)\\&=(\beta_j,\alpha_r)-\sum_{k=1}^{r-1}\frac{(\alpha_r,\beta_k)}{(\beta_k,\beta_k)}(\beta_j,\beta_k)\\&=(\beta_j,\alpha_r)-\frac{(\alpha_r,\beta_j)}{(\beta_j,\beta_j)}(\beta_j,\beta_j)\\&=0,\end{aligned}$$

所以 $\beta_1,\beta_2,\cdots,\beta_r$ 两两正交.

令

$$\gamma_1=\frac{\beta_1}{|\beta_1|},\gamma_2=\frac{\beta_2}{|\beta_2|},\cdots,\gamma_r=\frac{\beta_r}{|\beta_r|},$$

则 $\gamma_1,\gamma_2,\cdots,\gamma_r$ 是标准正交向量组, 且

$$\mathrm{span}(\alpha_1,\alpha_2,\cdots,\alpha_r)=\mathrm{span}(\gamma_1,\gamma_2,\cdots,\gamma_r).$$ □

注 公式 (7.1) 称为施密特正交化过程, 它有着明确的几何意义.

在 $\mathbb{R}^2$ 中, 设 $\alpha_1,\alpha_2\in\mathbb{R}^2$ 线性无关, 则 $\beta_1=\alpha_1$, β_2 是向量 α_2 与其在 $\beta_1=\alpha_1$ 上的投影 $\dfrac{(\alpha_2,\beta_1)}{(\beta_1,\beta_1)}\beta_1$ 向量之差, 即施密特正交化过程如图 7.6 所示.

同理, 在 $\mathbb{R}^3$ 中, 设 $\alpha_1,\alpha_2,\alpha_3$ 线性无关, 则 $\beta_1=\alpha_1$, β_2 为 α_2 减去其在 α_1 方向上的投影向量 γ_2 得到的向量, 而向量 β_3 为 α_3 减去其在 β_1,β_2 所确定的平面上的投影, 即在 β_1 方向上的投影向量 γ_{32} 与在 β_2 方向上的投影向量 γ_{31} 之和, 则 β_1,β_2,β_3 为正交向量. 如图 7.7 所示.

更高维线性空间中的施密特正交化过程的几何解释见习题 7.6(C)6.

推论 7.2.1 有限维欧氏空间必存在标准正交基.

推论 7.2.2 有限维欧氏空间 V 的任一正交向量组都能扩充为 V 的正交基.

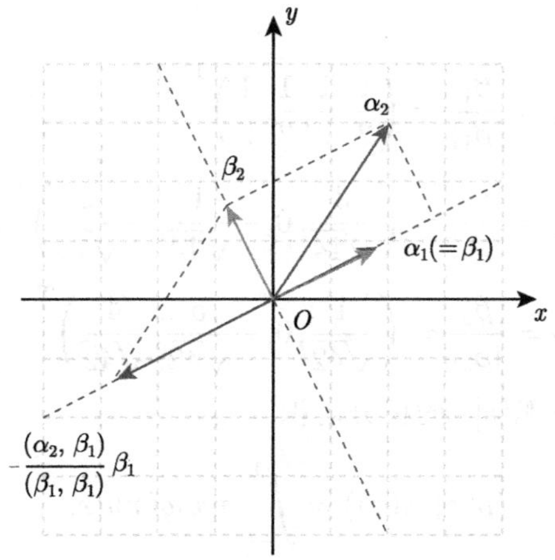

图 7.6

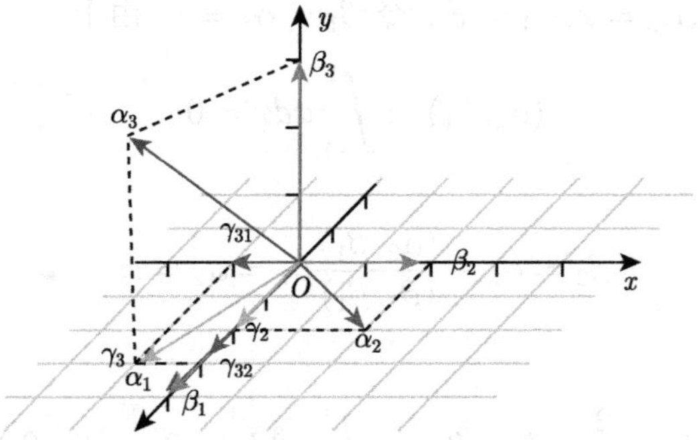

图 7.7

例 7.2.4 将向量组

$$\alpha_1=\begin{pmatrix}1\\1\\1\\1\end{pmatrix},\quad \alpha_2=\begin{pmatrix}1\\-2\\-3\\-4\end{pmatrix},\quad \alpha_3=\begin{pmatrix}1\\2\\2\\3\end{pmatrix}$$

标准正交化.

解 利用施密特正交化过程, 正交化得

$$\beta_1=\alpha_1,$$
$$\beta_2=\alpha_2-\frac{(\alpha_2,\beta_1)}{(\beta_1,\beta_1)}\beta_1=(3,0,-1,-2)^{\mathrm{T}},$$
$$\beta_3=\alpha_3-\frac{(\alpha_3,\beta_1)}{(\beta_1,\beta_1)}\beta_1-\frac{(\alpha_3,\beta_2)}{(\beta_2,\beta_2)}\beta_2=\frac{1}{14}(1,0,-5,4)^{\mathrm{T}}.$$

继续标准化, 得

$$\gamma_1 = \frac{\beta_1}{|\beta_1|} = \left(\frac{1}{2}, \frac{1}{2}, \frac{1}{2}, \frac{1}{2}\right)^{\mathrm{T}},$$

$$\gamma_2 = \frac{\beta_2}{|\beta_2|} = \left(\frac{3}{\sqrt{14}}, 0, -\frac{1}{\sqrt{14}}, -\frac{2}{\sqrt{14}}\right)^{\mathrm{T}},$$

$$\gamma_3 = \frac{\beta_3}{|\beta_3|} = \left(\frac{1}{\sqrt{42}}, 0, -\frac{5}{\sqrt{42}}, \frac{4}{\sqrt{42}}\right)^{\mathrm{T}}.$$

例 7.2.5 取 $V = \mathbb{R}[x]_3$ 的积分内积

$$(p(x), q(x)) = \int_{-1}^{1} p(x)q(x)dx.$$

利用格拉姆-施密特正交化过程将基 $1, x, x^2$ 正交化.

解 设 $\alpha_1 = 1, \alpha_2 = x, \alpha_3 = x^2$. 令 $\beta_1 = \alpha_1 = 1$. 由于

$$(\alpha_2, \beta_1) = \int_{-1}^{1} xdx = 0,$$

所以

$$\beta_2 = \alpha_2 - \frac{(\alpha_2, \beta_1)}{(\beta_1, \beta_1)}\beta_1 = \alpha_2 = x.$$

由于

$$(\alpha_3, \beta_1) = \int_{-1}^{1} x^2dx = \frac{2}{3}, \quad (\alpha_3, \beta_2) = \int_{-1}^{1} x^3dx = 0, \quad (\beta_1, \beta_1) = \int_{-1}^{1} 1dx = 2,$$

所以

$$\beta_3 = \alpha_3 - \frac{(\alpha_3, \beta_1)}{(\beta_1, \beta_1)}\beta_1 - \frac{(\alpha_3, \beta_2)}{(\beta_2, \beta_2)}\beta_2 = x^2 - \frac{1}{3}.$$

如果将 β_3 乘以 $\frac{3}{2}$, 则得到著名的勒让德 (Legendre) 多项式的前三个多项式

$$1,\ x,\ \frac{1}{2}(3x^2 - 1),$$

它们在很多领域有着广泛的应用.

设 $\varepsilon_1, \varepsilon_2, \cdots, \varepsilon_n$ 是欧氏空间 V 的一组标准正交基, 则

$$\forall \alpha \in V, \quad \alpha = a_1\varepsilon_1 + a_2\varepsilon_2 + \cdots + a_n\varepsilon_n.$$

这定义了一个从 V 到 $\mathbb{R}^n$ 的双射

$$\sigma : V \to \mathbb{R}^n, \quad \alpha \mapsto (a_1, a_2, \cdots, a_n)^{\mathrm{T}}.$$

容易验证, 这是一个线性映射, 而且, $\forall\beta = b_1\varepsilon_1 + b_2\varepsilon_2 + \cdots + b_n\varepsilon_n \in V$,

$$(\sigma(\alpha), \sigma(\beta)) = \sum_{i=1}^{n} a_i b_i = \sum_{i,j=1}^{n} a_i b_j (\varepsilon_i, \varepsilon_j) = (\alpha, \beta),$$

即 σ 保持内积.

定义 7.2.3 设 V 与 W 是实数域 $\mathbb{R}$ 上的两个欧氏空间, 如果存在双射 $\sigma: V \to W$, 使得 $\forall\alpha, \beta \in V$, $\forall k \in \mathbb{R}$,

(1) $\sigma(\alpha + \beta) = \sigma(\alpha) + \sigma(\beta)$, $\sigma(k\alpha) = k\sigma(\alpha)$;

(2) $(\sigma(\alpha), \sigma(\beta)) = (\alpha, \beta)$,

则称 σ 为欧氏空间 V 到 W 的**同构映射**. 此时称 V 与 W 同构, 记作 $V \cong W$.

注 欧氏空间的同构是一种等价关系, 即满足反身性、对称性与传递性.

命题 7.2.1 任意 n 维欧氏空间 V 都同构于 $\mathbb{R}^n$.

证明 定义 7.2.3 前的映射 σ 给出了欧氏空间 V 到 $\mathbb{R}^n$ 的同构映射. □

定理 7.2.3 两个有限维欧氏空间同构当且仅当它们有相同的维数.

证明 设 $V \cong V'$, 且 $\dim V = m$, $\dim V' = n$, 则 $V \cong \mathbb{R}^m$, $V' \cong \mathbb{R}^n$. 所以 $\mathbb{R}^m \cong \mathbb{R}^n$, 从而 $m = n$.

反过来, 如果 $\dim V = \dim V' = n$, 那么 $V \cong \mathbb{R}^n$, $V' \cong \mathbb{R}^n$, 所以 $V \cong V'$. □

拓展阅读 正交基

图像处理的研究基本上是对图像的像素点矩阵数据进行处理, 一个像素点对应一个灰度值, 一幅图像就对应一个二维数值矩阵. 现在要使用二元函数表达它, 目的是能够对它进行稀疏表达, 从而为数据压缩、噪声去除、边缘检测、目标分割、物体识别等服务. 但是图像内容实在太丰富了, 有复杂的纹理、简洁的线条、光滑的曲线、凌乱的噪声, 所以用来表示图像的函数往往也是相当复杂的.

如何高效地表达欧氏空间 $C[-\pi, \pi]$ 中的一个函数 $f(x)$ 呢? 通常的做法是根据函数 $f(x)$ 的特点选取一组合适的正交基, 使得 $f(x)$ 在这组基下的坐标是稀疏的. 例如, 想表达 $f(x) = \cos^2 x$, 我们选取例 7.2.3中的正交基, 则 $f(x) = \cos^2 x$ 在这组基下的坐标 $\left(\frac{1}{2}, 0, 0, \frac{1}{2}, 0, \cdots\right)$ 是一个稀疏表达. 如果选取下面的切比雪夫正交多项式 $\{T_n(x)\}$, 则 $f(x) = \cos^2 x$ 在这组基下的坐标 $(0, 0, 1, 0, \cdots)$ 也是一个稀疏表达. 但若要表达函数

$$f(x) = \begin{cases} 1, & x \in [-1, 1], \\ 0, & x \in [-\pi, -1) \cup (1, \pi]. \end{cases}$$

如果选取例 7.2.3 中的正交基, 则很难得到稀疏表达坐标.

连续函数空间 $C[a,b]$ 的正交基函数有无穷多, 比如埃尔米特正交多项式

$$H_n(x)=(-1)^n e^{x^2}\frac{d^n}{dx^x}(e^{-x^2}),\quad n=0,1,2,\cdots.$$

在区间 $(-\infty,+\infty)$ 上关于内积

$$(f(x),g(x))=\int_{-\infty}^{\infty}f(x)g(x)e^{-x^2}dx$$

是正交组.

切比雪夫正交多项式

$$T_n(x)=\cos(n\arccos x),\quad n=0,1,2,\cdots,$$

即多项式

$$\begin{aligned}&T_0(x)=1,\qquad T_1(x)=x,\\&T_{n+1}(x)=2xT_n(x)-T_{n-1(x)},\quad n=1,2,\cdots\end{aligned}$$

在区间 $[-1,1]$ 上关于内积

$$(f(x),g(x))=\int_{-1}^{1}f(x)g(x)\frac{1}{\sqrt{1-x^2}}dx$$

是正交组.

拉盖尔正交多项式

$$L_n(x)=e^x\frac{d^n}{dx^n}(x^n e^{-x}),\quad n=0,1,2,\cdots,$$

在区间 $[0,\infty)$ 上关于内积

$$(f(x),g(x))=\int_{0}^{\infty}f(x)g(x)e^{-x}dx$$

是正交组.

勒让德正交多项式

$$P_0(x)=1,\quad P_n(x)=\frac{1}{2^n n!}\frac{d^n}{dx^n}\Big((x^2-1)^n\Big),\quad n=1,2,\cdots.$$

在区间 $[-1,1]$ 上关于内积

$$(f(x),g(x))=\int_{-1}^{1}f(x)g(x)dx$$

是正交组. 这些多项式组都可以作为连续函数空间中的正交基函数.

习题 7.2

(A)

1. 设 $\varepsilon_1,\varepsilon_2,\cdots,\varepsilon_5$ 是 5 维欧氏空间 V 的一组标准正交基,

$$\alpha_1=\varepsilon_1+\varepsilon_5,$$
$$\alpha_2=\varepsilon_1-\varepsilon_2+\varepsilon_4,$$
$$\alpha_3=2\varepsilon_1+\varepsilon_2+\varepsilon_3.$$

令 $W=\mathrm{span}(\alpha_1,\alpha_2,\alpha_3)$. 求 W 的一组标准正交基.

2. 设 V 是 n 维欧氏空间, $0\neq\alpha\in V$. 令

$$W=\{x\in V\mid(x,\alpha)=0\}.$$

(1) 证明 W 是 V 的一个线性子空间;

(2) 求 $\dim W$ 及 W 的一组基;

(3) 当 $n=4$ 时, 设 $\alpha=(1,1,1,1)^{\mathrm{T}}$, 求 W 的一组标准正交基.

(B)

3. 设 V 是 3 维欧氏空间, V 中指定的内积在基 $\alpha_1,\alpha_2,\alpha_3$ 下的度量矩阵为

$$A=\begin{pmatrix}1&0&1\\0&10&-2\\1&-2&2\end{pmatrix}.$$

求 V 的一组标准正交基.

4. 设 V 是由 3 阶实反对称矩阵的全体组成的线性子空间, 对于 $A,B\in V$, 定义

$$(A,B)=\frac{1}{2}\mathrm{Tr}(AB^{\mathrm{T}}).$$

映射 $\sigma:\mathbb{R}^3\to V$ 由

$$\begin{pmatrix}x_1\\x_2\\x_3\end{pmatrix}\mapsto\begin{pmatrix}0&x_1&x_2\\-x_1&0&x_3\\-x_2&-x_3&0\end{pmatrix}$$

给出. 证明

(1) (,) 是 V 上的一个内积;

(2) σ 是 $\mathbb{R}^3$ 到 V 的一个同构映射, 并求 V 的一组标准正交基.

(C)

5. (里斯 (Riesz) 表示定理) 数域 F 上的线性空间 V 到 F 的线性映射称为 V 上的线性泛函. 设 f 是 n 维欧氏空间 V 上的线性泛函, 则存在唯一的向量 $\alpha \in V$, 使得对任意的 $x \in V$,

$$f(x) = (\alpha, x).$$

6. 记 V^* 是由 V 上的所有线性泛函关于映射的加法与数乘作成的 F 上的线性空间, 称为 V 的对偶空间. 定义

$$\phi : V \to V^*, \quad \alpha \mapsto \phi_\alpha,$$

其中 $\phi_\alpha \in V^*$ 定义为

$$\phi_\alpha(x) = (\alpha, x), \quad \forall x \in V.$$

证明：若 V 是有限维的, 则 ϕ 是从 V 到 V^* 的同构映射.

7.3 正交矩阵

虽然正交矩阵这一术语早在 1854 年就由埃尔米特使用了, 但直到 1878 年才由弗罗贝尼乌斯发表正式的定义.

设 $\varepsilon_1, \varepsilon_2, \cdots, \varepsilon_n$ 与 $\eta_1, \eta_2, \cdots, \eta_n$ 是 n 维欧氏空间 V 的两组标准正交基, 且

$$(\eta_1, \eta_2, \cdots, \eta_n) = (\varepsilon_1, \varepsilon_2, \cdots, \varepsilon_n)Q.$$

设 $Q = (q_{ij})$, 则

$$\begin{aligned}\delta_{ij} &= (\eta_i, \eta_j) \\ &= \left(\sum_{k=1}^n q_{ki}\varepsilon_k, \sum_{l=1}^n q_{lj}\varepsilon_l\right) \\ &= \sum_{k=1}^n \sum_{l=1}^n q_{ki}q_{lj}(\varepsilon_k, \varepsilon_l) \\ &= \sum_{k=1}^n q_{ki}q_{kj}.\end{aligned}$$

所以 $Q^{\mathrm{T}}Q = E$.

定义 7.3.1 n 阶实方阵 Q 称为**正交矩阵**如果 $Q^{\mathrm{T}}Q = E$.

上面的分析表明, 欧氏空间中从标准正交基到标准正交基的过渡矩阵是正交矩阵. 进一步, 我们有如下定理.

定理 7.3.1 Q 是正交矩阵当且仅当 Q 是从标准正交基到标准正交基的过渡矩阵.

证明 充分性由定义 7.3.1前的分析即得.

$\Longrightarrow$ 设 $\varepsilon_1,\varepsilon_2,\cdots,\varepsilon_n$ 是 n 维欧氏空间 V 的一组标准正交基,

$$(\eta_1,\eta_2,\cdots,\eta_n)=(\varepsilon_1,\varepsilon_2,\cdots,\varepsilon_n)Q,$$

且 $Q=(q_{ij})$ 是正交矩阵, 则

$$\begin{aligned}(\eta_i,\eta_j)&=\left(\sum_{k=1}^n q_{ki}\varepsilon_k,\sum_{l=1}^n q_{lj}\varepsilon_l\right)\\&=\sum_{k=1}^n\sum_{l=1}^n q_{ki}q_{lj}(\varepsilon_k,\varepsilon_l)\\&=\sum_{k=1}^n q_{ki}q_{kj}=\delta_{ij}.\end{aligned}$$

所以 $\eta_1,\eta_2,\cdots,\eta_n$ 是 V 的标准正交基. □

由定义不难得出正交矩阵的如下刻画.

定理 7.3.2 Q 是正交矩阵当且仅当 Q 的行 (列) 向量组是标准正交向量组.

证明 只考虑列向量组的情形.

设 $Q=(\alpha_1,\alpha_2,\cdots,\alpha_n)$, 则

$$Q^{\mathrm{T}}Q=E\Longleftrightarrow\alpha_i^{\mathrm{T}}\alpha_j=\delta_{ij}\Longleftrightarrow(\alpha_i,\alpha_j)=\delta_{ij}.$$

注意到由 $Q^{\mathrm{T}}Q=E$ 得 $QQ^{\mathrm{T}}=E$, 则行向量组类似可证. □

命题 7.3.1 设 A,B 是正交矩阵, 则

(1) AB 是正交矩阵;

(2) $|A|=\pm1$;

(3) A 可逆且 A^{-1} 也是正交矩阵;

(4) $A^{-1}=A^{\mathrm{T}}$;

(5) A 的特征值的模为 1, 特别地, A 的实特征值为 ±1.

证明 (1) 由于 $(AB)^{\mathrm{T}}(AB)=B^{\mathrm{T}}A^{\mathrm{T}}AB=B^{\mathrm{T}}B=E$, 所以 AB 也是正交矩阵.

(2) 由于 $A^{\mathrm{T}}A=E$, 所以 $|A^{\mathrm{T}}|\cdot|A|=1$, 即 $|A|^2=1$, 所以 $|A|=\pm1$.

(3) 由 (2) 知 A 可逆. 由于

$$(A^{-1})^{\mathrm{T}}A^{-1}=(A^{\mathrm{T}})^{-1}A^{-1}=(AA^{\mathrm{T}})^{-1}=E^{-1}=E,$$

所以 A^{-1} 也是正交矩阵.

(4) 由定义 $A^{\mathrm{T}}A=E$ 即得 $A^{-1}=A^{\mathrm{T}}$.

(5) 设 λ 是 A 的任一特征值, α 是对应的特征向量, 则

$$A\alpha=\lambda\alpha,$$

从而

$$\overline{A\alpha}=A\overline{\alpha}=\overline{\lambda}\overline{\alpha},\quad \overline{\alpha}^{\mathrm{T}}A^{\mathrm{T}}=\overline{\lambda}\overline{\alpha}^{\mathrm{T}}.$$

所以

$$\overline{\alpha}^{\mathrm{T}}\alpha=\overline{\alpha}^{\mathrm{T}}A^{\mathrm{T}}A\alpha=(\overline{\lambda}\overline{\alpha}^{\mathrm{T}})(\lambda\alpha)=\overline{\lambda}\lambda\overline{\alpha}^{\mathrm{T}}\alpha.$$

由 $\alpha\neq 0$ 知 $\overline{\alpha}^{\mathrm{T}}\alpha\neq 0$, 所以

$$\overline{\lambda}\lambda-1=0,$$

即 $|\lambda|=1$.

特别地, 如果 λ 是实数, 则 $\lambda^2=1$, 从而 $\lambda=\pm 1$. □

习 题 7.3

(A)

1. 设 A 是 n 阶正交矩阵. 证明:

(1) 若 $|A|=1$, n 是奇数, 则 $|E-A|=0$;

(2) 若 $|A|=-1$, 则 $|E+A|=0$.

2. 如果 n 阶正交矩阵 A 是上三角矩阵, 则 A 是主对角元为 ± 1 的对角矩阵.

3. 设 A 是二阶正交矩阵, 证明

$$A=\begin{pmatrix}\cos\theta & -\sin\theta\\ \sin\theta & \cos\theta\end{pmatrix}\ \text{或}\ \begin{pmatrix}\cos\theta & \sin\theta\\ \sin\theta & -\cos\theta\end{pmatrix}.$$

(B)

4. (QR 分解) 设 A 是 n 阶可逆实方阵, 则存在唯一的正交矩阵 Q 与对角元为正数的上三角矩阵 R 使得 $A=QR$.

7.4 正交变换

设 $\varepsilon_1,\varepsilon_2,\cdots,\varepsilon_n$ 与 $\eta_1,\eta_2,\cdots,\eta_n$ 是 n 维欧氏空间 V 的两组标准正交基, 且

$$(\eta_1,\eta_2,\cdots,\eta_n)=(\varepsilon_1,\varepsilon_2,\cdots,\varepsilon_n)Q.$$

设 $\mathscr{A}: V \to V$ 是 V 上的线性变换, 且

$$\mathscr{A}(\varepsilon_1, \varepsilon_2, \cdots, \varepsilon_n) = (\varepsilon_1, \varepsilon_2, \cdots, \varepsilon_n)A,$$
$$\mathscr{A}(\eta_1, \eta_2, \cdots, \eta_n) = (\eta_1, \eta_2, \cdots, \eta_n)B,$$

则 $B = Q^{-1}AQ = Q^{\mathrm{T}}AQ$.

定义 7.4.1 设 A, B 是 n 阶实方阵, 如果存在正交矩阵 Q, 使得

$$B = Q^{-1}AQ = Q^{\mathrm{T}}AQ,$$

则称 A 正交相似于 B.

易见, 正交相似是一种等价关系, 因而考虑实方阵的正交相似标准形或正交相似不变量是一个重要而又有意义的问题. 然而, 该问题却不像矩阵的相似标准形 (不变量) 那样容易做到, 所以我们不得不考虑一些特殊的线性变换 —— 正交变换与对称变换.

定义 7.4.2 设 $\mathscr{A}$ 是 n 维欧氏空间 V 的线性变换, 如果 $\mathscr{A}$ 保持内积, 即对任意的 $\alpha, \beta \in V$,

$$(\mathscr{A}\alpha, \mathscr{A}\beta) = (\alpha, \beta),$$

则称 $\mathscr{A}$ 是正交变换.

定理 7.4.1 设 $\mathscr{A}$ 是 n 维欧氏空间 V 的线性变换, 则以下条件等价:

(1) $\mathscr{A}$ 是正交变换;

(2) $\mathscr{A}$ 保持长度不变, 即 $\forall \alpha \in V$, $|\mathscr{A}\alpha| = |\alpha|$;

(3) $\mathscr{A}$ 将 V 的标准正交基变为标准正交基;

(4) $\mathscr{A}$ 在 V 的标准正交基下的矩阵是正交矩阵.

证明 (2) $\Rightarrow$ (1) 由 (2) 知 $(\mathscr{A}\alpha, \mathscr{A}\alpha) = (\alpha, \alpha)$, $(\mathscr{A}\beta, \mathscr{A}\beta) = (\beta, \beta)$. 又

$$\begin{aligned}(\mathscr{A}(\alpha+\beta), \mathscr{A}(\alpha+\beta)) &= (\mathscr{A}\alpha, \mathscr{A}\alpha) + 2(\mathscr{A}\alpha, \mathscr{A}\beta) + (\mathscr{A}\beta, \mathscr{A}\beta) \\ &= (\alpha, \alpha) + 2(\mathscr{A}\alpha, \mathscr{A}\beta) + (\beta, \beta).\end{aligned}$$

另一方面

$$(\mathscr{A}(\alpha+\beta), \mathscr{A}(\alpha+\beta)) = (\alpha+\beta, \alpha+\beta) = (\alpha, \alpha) + 2(\alpha, \beta) + (\beta, \beta).$$

所以, $(\mathscr{A}\alpha, \mathscr{A}\beta) = (\alpha, \beta)$.

(1) $\Rightarrow$ (3) 设 $\varepsilon_1, \varepsilon_2, \cdots, \varepsilon_n$ 是 V 的标准正交基, 则

$$(\mathscr{A}\varepsilon_i, \mathscr{A}\varepsilon_j) = (\varepsilon_i, \varepsilon_j) = \delta_{ij}.$$

所以 $\mathscr{A}\varepsilon_1,\mathscr{A}\varepsilon_2,\cdots,\mathscr{A}\varepsilon_n$ 也是 V 的标准正交基.

(3) $\Rightarrow$ (4) 设 $\varepsilon_1,\varepsilon_2,\cdots,\varepsilon_n$ 是 V 的标准正交基, 则由 (3) 知 $\mathscr{A}\varepsilon_1,\mathscr{A}\varepsilon_2,\cdots,\mathscr{A}\varepsilon_n$ 也是 V 的标准正交基. 设

$$(\mathscr{A}\varepsilon_1,\mathscr{A}\varepsilon_2,\cdots,\mathscr{A}\varepsilon_n)=(\varepsilon_1,\varepsilon_2,\cdots,\varepsilon_n)A,$$

则由定理 7.3.1 知过渡矩阵 A 是正交矩阵.

(4) $\Rightarrow$ (2) 设 $\varepsilon_1,\varepsilon_2,\cdots,\varepsilon_n$ 是V 的标准正交基, 则由 (4) 及定理 7.3.1知向量组 $\mathscr{A}\varepsilon_1,\mathscr{A}\varepsilon_2,\cdots,\mathscr{A}\varepsilon_n$ 也是 V 的标准正交基.

对任意的 $\alpha\in V$, 设 $\alpha=\sum\limits_{i=1}^n a_i\varepsilon_i$, 则 $\mathscr{A}\alpha=\sum\limits_{i=1}^n a_i\mathscr{A}\varepsilon_i$. 所以

$$\begin{aligned}(\mathscr{A}\alpha,\mathscr{A}\alpha)&=\left(\sum_{i=1}^n a_i\mathscr{A}\varepsilon_i,\sum_{j=1}^n a_j\mathscr{A}\varepsilon_j\right)\\&=\sum_{i=1}^n\sum_{j=1}^n a_ia_j(\mathscr{A}\varepsilon_i,\mathscr{A}\varepsilon_j)\\&=\sum_{i=1}^n a_i^2,\\(\alpha,\alpha)&=\left(\sum_{i=1}^n a_i\varepsilon_i,\sum_{j=1}^n a_j\varepsilon_j\right)\\&=\sum_{i=1}^n\sum_{j=1}^n a_ia_j(\varepsilon_i,\varepsilon_j)\\&=\sum_{i=1}^n a_i^2,\end{aligned}$$

故 $(\mathscr{A}\alpha,\mathscr{A}\alpha)=(\alpha,\alpha)$, 即 $|\mathscr{A}\alpha|=|\alpha|$, $\mathscr{A}$ 保持长度不变. □

注 保持内积的变换一定是线性变换, 见习题 7.4(A)2, 但保持长度的变换未必是线性变换, 例如几何中的平移变换, 所以如果去掉定理的前提条件"$\mathscr{A}$ 是线性变换", 则 (1) 与 (2) 未必等价.

命题 7.4.1 正交变换 $\mathscr{A}$ 保持两个非零向量的夹角不变.

证明 设 $0\neq\alpha,\beta\in V$, 则 $\mathscr{A}\alpha\neq0,\mathscr{A}\beta\neq0$. 由于

$$\cos(\mathscr{A}\alpha,\mathscr{A}\beta)=\frac{(\mathscr{A}\alpha,\mathscr{A}\beta)}{|\mathscr{A}\alpha||\mathscr{A}\beta|}=\frac{(\alpha,\beta)}{|\alpha||\beta|}=\cos(\alpha,\beta),$$

所以夹角保持不变. □

设 $\varepsilon_1,\varepsilon_2,\cdots,\varepsilon_n$ 是 V 的标准正交基, $\mathscr{A}$ 是 V 的正交变换, 且

$$\mathscr{A}(\varepsilon_1,\varepsilon_2,\cdots,\varepsilon_n)=(\varepsilon_1,\varepsilon_2,\cdots,\varepsilon_n)A,$$

则 A 是正交矩阵, 由命题 7.3.1知 $|A|=\pm1$.

(1) 若 $|A|=1$, 则称 $\mathscr{A}$ 为第一类正交变换;

(2) 若 $|A|=-1$, 则称 $\mathscr{A}$ 为第二类正交变换;

例 7.4.1 设线性变换

$$\mathscr{A}(\varepsilon_1,\varepsilon_2)=(\varepsilon_1,\varepsilon_2)A.$$

如果 $A=\begin{pmatrix}\cos\theta & -\sin\theta\\ \sin\theta & \cos\theta\end{pmatrix}$, 则 $\mathscr{A}$ 是绕原点逆时针旋转 θ 角的正交变换, 是第一类正交变换, 如图 7.8 所示.

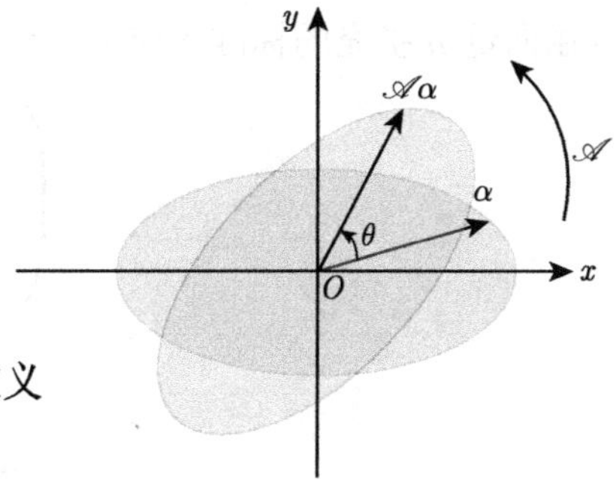

图 7.8

例 7.4.2 设 η 是 V 中任意单位向量, 定义

$$\begin{aligned}\mathscr{A}:V &\to V,\\ \alpha &\mapsto \alpha-2(\eta,\alpha)\eta,\end{aligned}$$

则 $\mathscr{A}$ 是正交变换, 称为镜面反射. 事实上, $\forall\alpha,\beta\in V$, $\forall a,b\in\mathbb{R}$, 由定义,

$$\begin{aligned}\mathscr{A}(a\alpha+b\beta)&=a\alpha+b\beta-2(\eta,a\alpha+b\beta)\eta\\ &=a\alpha-2(\eta,a\alpha)\eta+b\beta-2(\eta,b\beta)\eta\\ &=a\big(\alpha-2(\eta,\alpha)\eta\big)+b\big(\beta-2(\eta,\beta)\eta\big)\\ &=a\mathscr{A}\alpha+b\mathscr{A}\beta,\end{aligned}$$

所以 $\mathscr{A}$ 是 V 的线性变换. 又由于

$$\begin{aligned}(\mathscr{A}\alpha,\mathscr{A}\beta)&=(\alpha-2(\eta,\alpha)\eta,\beta-2(\eta,\beta)\eta)\\ &=(\alpha,\beta)-2(\eta,\beta)(\alpha,\eta)-2(\eta,\alpha)(\eta,\beta)+4(\eta,\alpha)(\eta,\beta)(\eta,\eta)\\ &=(\alpha,\beta),\end{aligned}$$

所以 $\mathscr{A}$ 是正交变换.

我们将 η 扩充为 V 的标准正交基 $\eta,\varepsilon_2,\cdots,\varepsilon_n$, 则

$$\begin{aligned}\mathscr{A}\eta&=\eta-2(\eta,\eta)\eta=-\eta,\\ \mathscr{A}\varepsilon_2&=\varepsilon_2-2(\eta,\varepsilon_2)\eta=\varepsilon_2,\\ &\cdots\cdots\\ \mathscr{A}\varepsilon_n&=\varepsilon_n-2(\eta,\varepsilon_n)\eta=\varepsilon_n.\end{aligned}$$

所以

$$\mathscr{A}(\eta,\varepsilon_2,\cdots,\varepsilon_n)=(\eta,\varepsilon_2,\cdots,\varepsilon_n)\begin{pmatrix}-1&&&\\&1&&\\&&\ddots&\\&&&1\end{pmatrix}$$

所以镜面反射 $\mathscr{A}$ 是第二类正交变换.

$\mathbb{R}^3$ 中的镜面反射如图 7.9 所示, 其中平面 U 是以 η 为法向量的镜面, 线性变换 $\mathscr{A}$ 的作用是将向量 α 关于镜面 U 作镜面反射. 而且, 如图 7.9 所示, $\eta,\varepsilon_2,\varepsilon_3$ 为由向量 η 扩充的标准正交基, $\mathscr{A}$ 在 $\eta,\varepsilon_2,\varepsilon_3$ 下的矩阵为

$$\begin{pmatrix}-1&&\\&1&\\&&1\end{pmatrix}.$$

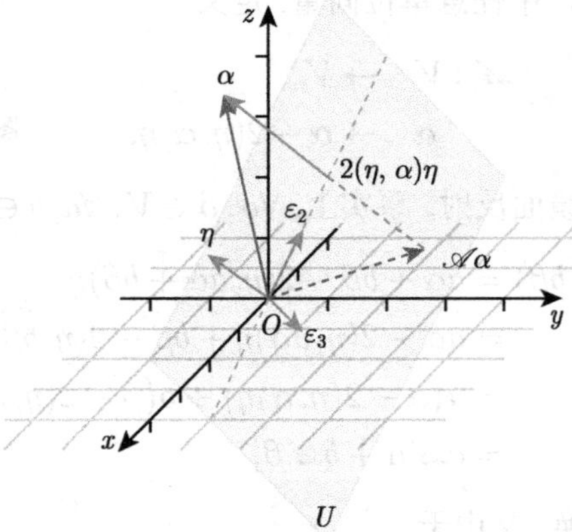

图 7.9

注　注意到

$$\mathscr{A}(\alpha)=\alpha-2(\eta,\alpha)\eta=(E-2\eta\eta^{\mathrm{T}})\alpha,$$

所以镜面反射 $\mathscr{A}$ 的矩阵为 $E-2\eta\eta^{\mathrm{T}}$. 一般地, 当 η 不是单位向量时, 上面镜面反射的矩阵表示为

$$H=E_n-\frac{2}{(\eta,\eta)}\eta\eta^{\mathrm{T}},$$

通常也称为关于超平面 $\eta^{\perp}=\{\alpha\in V\mid(\alpha,\eta)=0\}$ 的豪斯霍尔德 (A. S. Householder, 1904—1993) 反射. 这是为纪念美国数学家豪斯霍尔德而命名. 豪斯霍尔

德反射在数值算法, 特别是 QR 分解的大规模实现中是重要的, 因为它们可以用于将给定的向量转换成具有指定零分量的向量, 同时保持其他分量不变, 见习题 7.4(C)5.

思考 正交矩阵的正交相似标准形是什么?

习 题 7.4

(A)

1. 设 $\mathscr{A}$ 是实数域 $\mathbb{R}$ 上的 n 维欧氏空间 V 的正交变换. 如果 $\mathscr{A}$ 有实特征值, 那么 $\mathscr{A}$ 的实特征值必为 1 或 -1.

2. n 维欧氏空间 V 上的保持内积不变的变换 $\mathscr{A}$(即 $\forall\alpha,\beta\in V,(\mathscr{A}\alpha,\mathscr{A}\beta)=(\alpha,\beta)$) 一定是线性变换, 因而是正交变换.

(B)

3. 设 $\mathscr{A}$ 是 n 维欧氏空间 V 的正交变换, 则 $\mathscr{A}$ 是镜面反射当且仅当 1 是 $\mathscr{A}$ 的特征值且它的几何重数是 $n-1$.

4. 设 $\alpha_1,\alpha_2,\cdots,\alpha_m$ 与 $\beta_1,\beta_2,\cdots,\beta_m$ 是 n 维欧氏空间 V 的两个向量组. 证明：存在正交变换 $\mathscr{A}$ 使得 $\mathscr{A}\alpha_i=\beta_i(i=1,2,\cdots,m)$ 的充要条件是

$$(\alpha_i,\alpha_j)=(\beta_i,\beta_j),\quad i,j=1,2,\cdots,m.$$

(C)

5. 设 α,β 是 n 维欧氏空间 V 的两个不同的单位向量, 则一定存在一个镜面反射 $\mathscr{A}$, 使得 $\mathscr{A}\alpha=\beta$.

6. n 维欧氏空间 V 的正交变换一定能够分解成有限个镜面反射的乘积.

7.5 对称矩阵与对称变换

对称矩阵是一类重要的矩阵, 在现代科技中扮演着重要的角色. 例如概率统计中的协方差矩阵就是对称矩阵, 而在人口统计学、分子动力学、数学建模、数理分析、图像处理, 以及量化投资等学科中均有广泛应用的多变量分析方法——主成分分析法 (PCA), 本质上就是将协方差矩阵正交相似对角化, 见定理 7.5.3.

定义 7.5.1 设 $\mathscr{A}$ 是 n 维欧氏空间 V 的线性变换, 如果对任意的 $\alpha,\beta\in V$,

$$(\mathscr{A}\alpha,\beta)=(\alpha,\mathscr{A}\beta),$$

则称 $\mathscr{A}$ 是 V 的对称变换.

定理 7.5.1 设 $\mathscr{A}$ 是 n 维欧氏空间 V 的线性变换, 则以下条件等价:

(1) $\mathscr{A}$ 是对称变换;

(2) 设 V 的标准正交基为 $\varepsilon_1,\varepsilon_2,\cdots,\varepsilon_n$, 则 $(\mathscr{A}\varepsilon_i,\varepsilon_j)=(\varepsilon_i,\mathscr{A}\varepsilon_j)$, $i,j=1,2,\cdots,n$;

(3) $\mathscr{A}$ 在 V 的标准正交基下的矩阵是对称矩阵.

证明 (1) $\Rightarrow$ (2) 显然.

(2) $\Rightarrow$ (3) 设 $\varepsilon_1,\varepsilon_2,\cdots,\varepsilon_n$ 是 V 的标准正交基, 且

$$\mathscr{A}(\varepsilon_1,\varepsilon_2,\cdots,\varepsilon_n)=(\varepsilon_1,\varepsilon_2,\cdots,\varepsilon_n)A.$$

设 $A=(a_{ij})$, 则

$$(\mathscr{A}\varepsilon_i,\varepsilon_j)=\left(\sum_{k=1}^n a_{ki}\varepsilon_k,\varepsilon_j\right)=\sum_{k=1}^n a_{ki}(\varepsilon_k,\varepsilon_j)=a_{ji},$$

$$(\varepsilon_i,\mathscr{A}\varepsilon_j)=\left(\varepsilon_i,\sum_{k=1}^n a_{kj}\varepsilon_k\right)=\sum_{k=1}^n a_{kj}(\varepsilon_i,\varepsilon_k)=a_{ij}.$$

由于 $(\mathscr{A}\varepsilon_i,\varepsilon_j)=(\varepsilon_i,\mathscr{A}\varepsilon_j)$, 所以 $a_{ji}=a_{ij}$, 即 $A^{\mathrm{T}}=A$ 是对称矩阵.

(3) $\Rightarrow$ (2) 上述过程逆过去即得.

(2) $\Rightarrow$ (1) $\forall\alpha,\beta\in V$, 设 $\alpha=\sum\limits_{i=1}^n a_i\varepsilon_i$, $\beta=\sum\limits_{j=1}^n b_j\varepsilon_j$, 则

$$\begin{aligned}(\mathscr{A}\alpha,\beta)&=\left(\sum_{i=1}^n a_i\mathscr{A}\varepsilon_i,\sum_{j=1}^n b_j\varepsilon_j\right)\\&=\sum_{i,j=1}^n a_ib_j(\mathscr{A}\varepsilon_i,\varepsilon_j)\\&=\sum_{i,j=1}^n a_ib_j(\varepsilon_i,\mathscr{A}\varepsilon_j)\\&=\left(\sum_{i=1}^n a_i\varepsilon_i,\sum_{j=1}^n b_j\mathscr{A}\varepsilon_j\right)\\&=(\alpha,\mathscr{A}\beta).\end{aligned}$$

□

1861 年, 克勒布施 (Clebsch) 从定理 (埃尔米特矩阵的特征值是实数) 推导出反对称实矩阵的特征值是零或纯虚数, 后来, Arthur Bouchheim 于 1885 年证明了实对称矩阵的特征值是实数, 即定理 7.5.2.

定理 7.5.2 设 A 是实对称矩阵, 则

(1) A 的特征值全为实数;

(2) A 的属于不同特征值的特征向量相互正交.

证明 (1) 设 λ 是 A 的任一特征值, α 为对应的特征向量. 由 $A\alpha=\lambda\alpha$ 知 $\overline{A\alpha}=\overline{\lambda\alpha}$, 即 $A\bar{\alpha}=\bar{\lambda}\bar{\alpha}$, 故

$$\lambda\alpha^{\mathrm{T}}\bar{\alpha}=(\lambda\alpha^{\mathrm{T}})\bar{\alpha}=(A\alpha)^{\mathrm{T}}\bar{\alpha}=(\alpha^{\mathrm{T}}A)\bar{\alpha}=\alpha^{\mathrm{T}}(A\bar{\alpha})=\alpha^{\mathrm{T}}(\bar{\lambda}\bar{\alpha})=\bar{\lambda}\alpha^{\mathrm{T}}\bar{\alpha}.$$

所以 $(\lambda-\bar{\lambda})\alpha^{\mathrm{T}}\bar{\alpha}=0$. 因为 $\alpha^{\mathrm{T}}\bar{\alpha}>0$, 所以 $\lambda-\bar{\lambda}=0$, 即 $\lambda=\bar{\lambda}$ 为实数.

(2) 设 $\lambda_1,\lambda_2,\cdots,\lambda_s$ 是 A 的全部互异的特征值, $\alpha_1,\alpha_2,\cdots,\alpha_s$ 是对应的特征向量. 对任意 $i\neq j$,

$$\begin{aligned}\lambda_i(\alpha_i,\alpha_j)&=(\lambda_i\alpha_i,\alpha_j)=(A\alpha_i,\alpha_j)=(A\alpha_i)^{\mathrm{T}}\alpha_j\\&=\alpha_i^{\mathrm{T}}A^{\mathrm{T}}\alpha_j=\alpha_i^{\mathrm{T}}(A\alpha_j)=(\alpha_i,A\alpha_j)=(\alpha_i,\lambda_j\alpha_j)=\lambda_j(\alpha_i,\alpha_j),\end{aligned}$$

即 $(\lambda_i-\lambda_j)(\alpha_i,\alpha_j)=0$. 由于 $\lambda_i\neq\lambda_j$, 所以 $(\alpha_i,\alpha_j)=0$, 即 $\alpha_1,\alpha_2,\cdots,\alpha_s$ 两两正交. □

例 7.5.1 设三阶实对称矩阵的特征值为 $1,1,10$, 属于特征值 1 的线性无关的特征向量为

$$\xi_1=\begin{pmatrix}0\\1\\1\end{pmatrix},\quad \xi_2=\begin{pmatrix}2\\-1\\0\end{pmatrix},$$

求矩阵 A.

解 设 $\xi_3=(x_1,x_2,x_3)^{\mathrm{T}}$ 是属于特征值 10 的特征向量, 则 ξ_3 与 ξ_1,ξ_2 正交, 所以

$$\begin{cases}x_2+x_3=0,\\2x_1-x_2=0.\end{cases}$$

解之, 得基础解系 $(1,2,-2)^{\mathrm{T}}$. 令

$$P=\begin{pmatrix}0&2&1\\1&-1&2\\1&0&-2\end{pmatrix},\quad \Lambda=\begin{pmatrix}1&&\\&1&\\&&10\end{pmatrix},$$

则 $P^{-1}AP=\Lambda$, 从而

$$A=P\Lambda P^{-1}=\begin{pmatrix}2&2&-2\\2&5&-4\\-2&-4&5\end{pmatrix}.$$

下面的定理给出实对称矩阵的正交相似标准形.

定理 7.5.3 设 A 是 n 阶实对称矩阵, 则存在正交矩阵 Q 使得

$$Q^{-1}AQ = Q^{\mathrm{T}}AQ = \begin{pmatrix} \lambda_1 & & & \\ & \lambda_2 & & \\ & & \ddots & \\ & & & \lambda_n \end{pmatrix},$$

其中 $\lambda_1, \lambda_2, \cdots, \lambda_n$ 是 A 的全部特征值.

证明 对 n 作数学归纳法. $n=1$ 显然成立. 假设命题对 $n-1$ 阶对称矩阵成立, 考虑 n 阶对称矩阵 A. 由定理 7.5.2 (1) 知 A 有实特征值 λ_1, 对应的特征向量为 α_1, 单位化 $\varepsilon_1 = \dfrac{\alpha_1}{|\alpha_1|}$. 将 ε_1 扩充为标准正交基 $\varepsilon_1, \varepsilon_2, \cdots, \varepsilon_n$, 则

$$A(\varepsilon_1, \varepsilon_2, \cdots, \varepsilon_n) = (\varepsilon_1, \varepsilon_2, \cdots, \varepsilon_n) \begin{pmatrix} \lambda_1 & \xi^{\mathrm{T}} \\ & A_1 \end{pmatrix},$$

其中 $\xi \in \mathbb{R}^{n-1}$ 是列向量. 记 $R = (\varepsilon_1, \varepsilon_2, \cdots, \varepsilon_n)$, 则 R 为正交矩阵, 且

$$R^{-1}AR = R^{\mathrm{T}}AR = \begin{pmatrix} \lambda_1 & \xi^{\mathrm{T}} \\ & A_1 \end{pmatrix}.$$

因为 $A^{\mathrm{T}} = A$, 所以 $(R^{\mathrm{T}}AR)^{\mathrm{T}} = R^{\mathrm{T}}AR$, 因此

$$\begin{pmatrix} \lambda_1 & \xi^{\mathrm{T}} \\ 0 & A_1 \end{pmatrix}^{\mathrm{T}} = \begin{pmatrix} \lambda_1 & 0 \\ \xi & A_1^{\mathrm{T}} \end{pmatrix} = \begin{pmatrix} \lambda_1 & \xi^{\mathrm{T}} \\ 0 & A_1 \end{pmatrix}.$$

所以 $\xi = 0$ 且 $A_1^{\mathrm{T}} = A_1$ 是对称矩阵. 由归纳假设, 存在正交矩阵 P_1 使得

$$P_1^{-1}A_1P_1 = P_1^{\mathrm{T}}A_1P_1 = \mathrm{diag}(\lambda_2, \lambda_3, \cdots, \lambda_n).$$

令 $P = \begin{pmatrix} 1 & \\ & P_1 \end{pmatrix}$, $Q = RP$, 则 Q 为正交矩阵, 且

$$Q^{-1}AQ = Q^{\mathrm{T}}AQ = \mathrm{diag}(\lambda_1, \lambda_2, \cdots, \lambda_n).$$ □

注 (1) 定理 7.5.3 有一个加强版本, 即 A 正交相似于对角矩阵当且仅当 A 是对称矩阵, 当且仅当 A 有 n 个两两正交的特征向量.

(2) 在定理 7.5.3 中, 令 $Q=(\alpha_1,\alpha_2,\cdots,\alpha_n)$, 则 $\alpha_1,\alpha_2,\cdots,\alpha_n$ 是 $\mathbb{R}^n$ 的一组标准正交基. 对称矩阵 A 可以写成

$$A=\lambda_1\alpha_1\alpha_1^{\mathrm{T}}+\lambda_2\alpha_2\alpha_2^{\mathrm{T}}+\cdots+\lambda_n\alpha_n\alpha_n^{\mathrm{T}}$$

称为 A 的**谱分解**, 因为 A 的特征值集合 $\{\lambda_1,\lambda_2,\cdots,\lambda_n\}$ 常称为 A 的谱. 由于 α_i 是单位向量, 7.6 节将证明 $\alpha_i\alpha_i^{\mathrm{T}}$ 表示向一维子空间 $\mathrm{span}(\alpha_i)$ 的正交投影矩阵. 因此, 对任意 $x\in\mathbb{R}^n$, Ax 表示 x 向各坐标轴 α_i 投影的 λ_i 倍之和.

(3) 定理 7.5.2 与定理 7.5.3 都有对应的线性变换版本. 设 $\mathscr{A}$ 是 n 维欧氏空间 V 的对称变换, 则

(a) $\mathscr{A}$ 的特征值全为实数;

(b) $\mathscr{A}$ 的属于不同特征值的特征向量相互正交;

(c) 存在 V 的一组标准正交基, 使得 $\mathscr{A}$ 在该基下的矩阵是对角矩阵, 且主对角元素为 $\mathscr{A}$ 的特征值.

例 7.5.2 设 $A=\begin{pmatrix}1&2\\2&1\end{pmatrix}$. 由于

$$|\lambda E-A|=\begin{vmatrix}\lambda-1&-2\\-2&\lambda-1\end{vmatrix}=(\lambda-3)(\lambda+1),$$

所以 A 的特征值为 $-1,3$, 对应的特征向量为

$$\eta_1=\begin{pmatrix}\dfrac{\sqrt{2}}{2}\\-\dfrac{\sqrt{2}}{2}\end{pmatrix},\quad \eta_2=\begin{pmatrix}\dfrac{\sqrt{2}}{2}\\\dfrac{\sqrt{2}}{2}\end{pmatrix}.$$

令 $Q=\begin{pmatrix}\dfrac{\sqrt{2}}{2}&\dfrac{\sqrt{2}}{2}\\-\dfrac{\sqrt{2}}{2}&\dfrac{\sqrt{2}}{2}\end{pmatrix}$, 则

$$Q^{-1}AQ=\begin{pmatrix}-1&0\\0&3\end{pmatrix}=\Lambda,\quad 从而\quad A=Q\begin{pmatrix}-1&0\\0&3\end{pmatrix}Q^{\mathrm{T}}.$$

由于 Q 表示平面 $\mathbb{R}^2$ 中顺时针旋转 45° 的线性变换, 而 Q^{T} 表示逆时针旋转 45° 的线性变换, 则 $A=Q\Lambda Q^{\mathrm{T}}$ 表示的变换如图 7.10 所示.

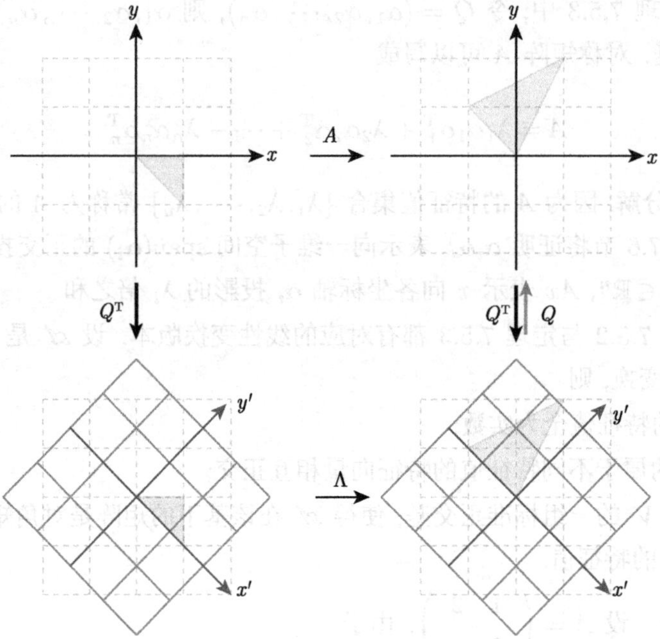

图 7.10

由图 7.10 可以看出, 矩阵 A 与 Λ 都对左侧三角形作了相同的变换, 只不过是在不同的坐标系罢了.

根据上面的讨论, 实对称矩阵正交相似标准形的求法可按如下步骤进行:

(1) 求出 A 的全部互不相同的特征值 $\lambda_1, \lambda_2, \cdots, \lambda_s$;

(2) 对于每个 λ_i, 解齐次线性方程组

$$(\lambda_i E - A)x = 0,$$

得到基础解系 $\xi_{i1}, \xi_{i2}, \cdots, \xi_{ik_i}$, 通过施密特正交化、单位化得 $\eta_{i1}, \eta_{i2}, \cdots, \eta_{ik_i}$;

(3) 由于 $\lambda_1, \lambda_2, \cdots, \lambda_s$ 互异, 所以 $\eta_{11}, \eta_{12}, \cdots, \eta_{1k_1}, \cdots, \eta_{s1}, \eta_{s2}, \cdots, \eta_{sk_s}$ 相互正交, 因而作成 $\mathbb{R}^n$ 的标准正交基. 令

$$Q = (\eta_{11}, \eta_{12}, \cdots, \eta_{1k_1}, \cdots, \eta_{s1}, \eta_{s2}, \cdots, \eta_{sk_s}),$$

则 $Q^{-1}AQ = Q^{\mathrm{T}}AQ = \mathrm{diag}(\lambda_1, \lambda_2, \cdots, \lambda_n)$.

例 7.5.3 设

$$A = \begin{pmatrix} 2 & 2 & -2 \\ 2 & 5 & -4 \\ -2 & -4 & 5 \end{pmatrix}.$$

求正交矩阵 Q, 使得 $Q^{-1}AQ$ 为对角矩阵.

解 (1) 首先, 解 $|\lambda E-A|=(\lambda-1)^2(\lambda-10)=0$ 得 $\lambda_1=\lambda_2=1, \lambda_3=10$;

(2) 对 $\lambda_1=\lambda_2=1$, 解齐次线性方程组 $(E-A)X=0$ 得基础解系

$$\xi_1=\begin{pmatrix}0\\1\\1\end{pmatrix},\quad \xi_2=\begin{pmatrix}2\\-1\\0\end{pmatrix},$$

正交化、标准化得

$$\varepsilon_1=\begin{pmatrix}0\\\frac{1}{\sqrt{2}}\\\frac{1}{\sqrt{2}}\end{pmatrix},\quad \varepsilon_2=\begin{pmatrix}\frac{4}{\sqrt{18}}\\-\frac{1}{\sqrt{18}}\\\frac{1}{\sqrt{18}}\end{pmatrix};$$

对 $\lambda_3=10$, 解齐次线性方程组 $(10E-A)X=0$ 得基础解系 $\varepsilon_3=\begin{pmatrix}-\frac{1}{3}\\-\frac{2}{3}\\\frac{2}{3}\end{pmatrix}$.

(3) 令 $Q=(\varepsilon_1,\varepsilon_2,\varepsilon_3)$, 则 Q 是正交矩阵, 且

$$Q^{-1}AQ=Q^{\mathrm{T}}AQ=\begin{pmatrix}1&&\\&1&\\&&10\end{pmatrix}.$$

值得注意的是, 我们通常可以根据实对称矩阵 A 的特征值及部分特征向量的信息重构矩阵 A.

例 7.5.4 设 A 是三阶实对称矩阵, 特征值为 $2,2,8$, 属于特征值 2 的特征向量为

$$\xi_1=\begin{pmatrix}-1\\1\\0\end{pmatrix},\quad \xi_2=\begin{pmatrix}-1\\0\\1\end{pmatrix}.$$

求矩阵 A.

解 因为 A 是实对称矩阵, 所以属于不同特征值的特征向量彼此正交, 设 $\xi_3=(x_1,x_2,x_3)^{\mathrm{T}}$ 是属于特征值 8 的特征向量, 则

$$\begin{cases} -x_1+x_2=0, \\ -x_1+x_3=0, \end{cases}$$

解得基础解系 $\xi_3=(1,1,1)^{\mathrm{T}}$, 将其单位化, 得

$$\eta_3=\begin{pmatrix} \dfrac{1}{\sqrt{3}} \\ \dfrac{1}{\sqrt{3}} \\ \dfrac{1}{\sqrt{3}} \end{pmatrix}.$$

将 ξ_1,ξ_2 正交化、单位化得

$$\eta_1=\begin{pmatrix} -\dfrac{1}{\sqrt{2}} \\ \dfrac{1}{\sqrt{2}} \\ 0 \end{pmatrix}, \quad \eta_2=\begin{pmatrix} -\dfrac{1}{\sqrt{6}} \\ -\dfrac{1}{\sqrt{6}} \\ \dfrac{2}{\sqrt{6}} \end{pmatrix}.$$

令 $Q=(\eta_1,\eta_2,\eta_3)$, 则 Q 为正交矩阵, 且

$$Q^{\mathrm{T}}AQ=\operatorname{diag}(2,2,8).$$

所以

$$A=Q\begin{pmatrix} 2 & & \\ & 2 & \\ & & 8 \end{pmatrix}Q^{\mathrm{T}}=\begin{pmatrix} 4 & 2 & 2 \\ 2 & 4 & 2 \\ 2 & 2 & 4 \end{pmatrix}.$$

注 2019 年 11 月中旬, 由菲尔兹奖得主陶哲轩及三位物理学家在 2019 年 8 月挂在预印本网站上的一篇论文 *Eigenvectors from eigenvalues* 一度刷爆了朋友圈, 该文表明对称矩阵的特征向量可由它的特征值以及它的子矩阵的特征值得到, 因而对称矩阵及其子矩阵的特征值可以重构该对称矩阵. 随后网友发现类似的结果已出现在北京大学徐树方老师的《矩阵计算的理论与方法》(1995) 里了.

设 A 是 n 阶实对称矩阵, 特征值为 $\lambda_1(A),\lambda_2(A),\cdots,\lambda_n(A)$, 对应的标准正交特征向量分别为 $v_1,v_2,\cdots,v_n$. 设 $v_i=(v_{i1},v_{i2},\cdots,v_{in})^{\mathrm{T}}$. 设 M_j 是删除 A 的第 j 行、第 j 列得到的 $n-1$ 阶子矩阵, M_j 的特征值记为 $\lambda_k(M_j),k=1,2,\cdots,n-1$.

引理 7.5.1 设 n 阶实对称矩阵 A 有一个特征值为零, 不妨设 $\lambda_n(A)=0$, 则对任意的 $n\times(n-1)$ 矩阵 B,

$$\prod_{i=1}^{n-1}\lambda_i(A)|B,v_n|^2=|B^{\mathrm{T}}AB|. \tag{7.2}$$

证明 由于存在正交矩阵 Q, 使得 $A=QDQ^{\mathrm{T}}$, 其中 $D=\mathrm{diag}(\lambda_1(A),\lambda_2(A),\cdots,\lambda_n(A))$. 因此, 由变换 $A\mapsto Q^{\mathrm{T}}A$, $v_n\mapsto Q^{\mathrm{T}}v_n$, 我们不妨设 $A=D, v_n=e_n=(0,\cdots,0,1)^{\mathrm{T}}$. 写 $B=\begin{pmatrix}B'\\ \beta_n\end{pmatrix}$, 其中 B' 是 B 的 $n-1$ 阶子矩阵, β_n 是 B 的最后一行. 按最后一列展开,

$$|B,e_n|=\begin{vmatrix}B' & O\\ X & 1\end{vmatrix}=|B'|.$$

所以(7.2)的左边 $=\prod\limits_{i=1}^{n-1}\lambda_i(A)|B'|^2=$ (7.2)的右边. □

下面的定理表明 A 的特征向量 $v_i=(v_{ij})_{j=1}^n$ 可由 A 及子矩阵 M_j 的特征值决定.

定理 7.5.4 对 $i,j=1,2,\cdots,n$,

$$|v_{ij}|^2\prod_{k=1,k\neq i}^{n}(\lambda_i(A)-\lambda_k(A))=\prod_{k=1}^{n-1}(\lambda_i(A)-\lambda_k(M_j)). \tag{7.3}$$

证明 不失一般性, 设 $j=1, i=n$. 并将 $A-\lambda_n(A)E_n$ 代替 A, 则 $\lambda_n(A)=0$, 且上式变为

$$|v_{n1}|^2\prod_{k=1}^{n-1}\lambda_k(A)=\prod_{k=1}^{n-1}\lambda_k(M_1). \tag{7.4}$$

显然上式右边 $=|M_1|$. 取 $B=\begin{pmatrix}O\\ E_{n-1}\end{pmatrix}$, 应用引理 7.5.1, 则等式(7.2)的左边 $=\prod\limits_{i=1}^{n-1}|v_{n1}|^2$, 而(7.2)的右边 $=|M_1|$. 因此(7.4)成立. □

拓展阅读 主成分分析法①

在用统计方法分析多变量的数据集时, 变量太多往往会大大增加问题的复杂性, 变量之间的 (线性) 相关性又会造成不同变量所代表的数据信息的相互重叠. 一个自然的想法是: 能否使用较少的且无相关性的变量来获取尽可能多的原始数据的信息呢? 主成分分析法是最好的解决方法之一.

主成分分析法 (principal component analysis, PCA) 是人口统计学、分子动力学、数学建模、数理分析、图像处理、机器学习以及量化投资等诸多学科中均有广泛应用的多变量分析方法. 它从原始变量出发, 通过线性变换 (即原始变量的线性组合) 构建出一组新的、互不相关的新变量, 这些变量尽可能多地解释原始数据之间的差异性 (即数据内在的结构).

例如为了监控某塑料材料的生产过程, 我们抽取 n 个样本, 对每个样本我们进行熔化点、密度、黏性、抗拉强度等 m 个维度的测试, 因此每个样本数据都是一个 m 维的列向量, 这 n 个 m 维的列向量排成的矩阵

$$(X_1, X_2, \cdots, X_n)$$

称为观测矩阵. 观测向量 $X_1, X_2, \cdots, X_n$ 的样本均值

$$M = \frac{1}{n}(X_1 + X_2 + \cdots + X_n).$$

令

$$\hat{X}_i = X_i - M, \quad i = 1, 2, \cdots, n.$$

则矩阵

$$B = (\hat{X}_1, \hat{X}_2, \cdots, \hat{X}_n)$$

具有零样本均值, 称为平均偏差形式.

$n \times n$ 对称矩阵

$$C = \frac{1}{n-1}B^{\mathrm{T}}B = \begin{pmatrix} c_{11} & c_{12} & \cdots & c_{1n} \\ c_{21} & c_{22} & \cdots & c_{2n} \\ \vdots & \vdots & & \vdots \\ c_{n1} & c_{n2} & \cdots & c_{nn} \end{pmatrix}$$

称为样本 $X_1, X_2, \cdots, X_n$ 的协方差矩阵.

① Lay D C. 线性代数及其应用: 原书第 4 版. 刘深泉, 等译. 北京: 机械工业出版社, 2017.

为简便起见, 不妨假设观测矩阵 $(X_1, X_2, \cdots, X_n) = (x_{ij})_{m\times n}$ 已经是平均偏差形式. 设 X 是观测向量集合中变化的向量, $x_1, x_2, \cdots, x_m$ 是 X 的坐标 (即样本的 m 个观测维度). 则 (样本) 方差

$$c_{ii} = \mathrm{Var}(x_i) = \frac{1}{n-1}\sum_{j=1}^{n} x_{ij}^2$$

表示变量 x_i 的偏离程度 (或数据点在 x_i 维度上的区分度); (样本) 协方差

$$c_{ij} = \mathrm{Cov}(x_i, x_j) = \frac{1}{n-1}\sum_{k=1}^{n} x_{ik}x_{jk} \quad (\text{类比内积})$$

一定程度上体现了变量 x_i 与 x_j 的 (线性) 相关性, c_{ij} 越大, 表明 x_i 与 x_j 相关性越强, 从而这两个维度的数据冗余度 (或噪声) 越高. 回顾一下, x_i 与 x_j 的相关系数

$$\rho_{ij} = \frac{\mathrm{Cov}(x_i, x_j)}{\sqrt{c_{ii}}\sqrt{c_{jj}}} \quad (\text{类比夹角公式})$$

表达了变量 x_i 与 x_j 的 (线性) 相关性. 主成分分析的目的就是通过线性变换重新得到新的变量, 使得新变量更有区分度 (即方差最大) 且尽可能地剔除冗余信息 (即新变量的协方差为 0). 用数学的语言来说, 就是将协方差矩阵 C 相似对角化.

由定理 7.5.3, 设存在正交矩阵 Q, 使得

$$Q^{-1}CQ = Q^{\mathrm{T}}CQ = \begin{pmatrix} \lambda_1 & & & \\ & \lambda_2 & & \\ & & \ddots & \\ & & & \lambda_m \end{pmatrix} = D,$$

其中 $\lambda_1 \geqslant \lambda_2 \geqslant \cdots \geqslant \lambda_m$. 设 $Q = (q_1, q_2, \cdots, q_m)$, 则变量的正交变换 $X = QY$ 说明, 每一个观测向量 X_i 得到一个新向量 $Y_i = Q^{-1}X_i = Q^{\mathrm{T}}X_i$, 且 Y 的坐标 $y_1, y_2, \cdots, y_m$ 满足

$$\begin{pmatrix} x_1 \\ x_2 \\ \vdots \\ x_m \end{pmatrix} = Q\begin{pmatrix} y_1 \\ y_2 \\ \vdots \\ y_m \end{pmatrix}.$$

由

$$CQ = C(q_1, q_2, \cdots, q_m) = (q_1, q_2, \cdots, q_m) \begin{pmatrix} \lambda_1 & & & \\ & \lambda_2 & & \\ & & \ddots & \\ & & & \lambda_m \end{pmatrix}$$

得 $Cq_i = \lambda_i q_i$, $i = 1, 2, \cdots, m$, 即 $q_1, q_2, \cdots, q_m$ 是协方差矩阵 C 的特征向量, 称为 (观测矩阵中的) 数据的**主成分**. **第一主成分**是 C 中最大特征值对应的特征向量, **第二主成分**是 C 中第二大特征值对应的特征向量, 以此类推.

$Y = Q^{\mathrm{T}} X$ 表明主成分 q_i 可用来得到新变量

$$y_i = q_i^{\mathrm{T}} X = q_{1i} x_1 + q_{2i} x_2 + \cdots + q_{mi} x_m, \quad q_i = (q_{1i},\ q_{2i}, \cdots, q_{mi})^{\mathrm{T}},$$

即新变量 (所得数据的新观测维度) y_i 是变量 $x_1, x_2, \cdots, x_m$ 的线性组合. 由于 $Y_1, Y_2, \cdots, Y_n$ 的协方差矩阵 $Q^{\mathrm{T}} C Q$ 是对角矩阵, 所以新变量 $y_1, y_2, \cdots, y_m$ 两两不相关 (即 y_i 与 y_j 的协方差为 0).

习 题 7.5

(A)

1. 证明反对称实矩阵的特征值是零或纯虚数.

2. 设

$$A = \begin{pmatrix} 2 & -2 & 0 \\ -2 & 1 & -2 \\ 0 & -2 & 0 \end{pmatrix}.$$

求正交矩阵 Q, 使得 $Q^{-1} A Q$ 为对角矩阵.

3. 设 A, B 是 n 阶实对称矩阵. 证明: $A \sim B$ 当且仅当 A, B 有相同的特征多项式.

4. 设 A 是 4 阶实对称矩阵, 其特征值为 0, 0, 0, 4, 且属于特征值 0 的线性无关的特征向量为

$$\alpha_1 = \begin{pmatrix} -1 \\ 1 \\ 0 \\ 0 \end{pmatrix}, \quad \alpha_2 = \begin{pmatrix} -1 \\ 0 \\ 1 \\ 0 \end{pmatrix}, \quad \alpha_3 = \begin{pmatrix} -1 \\ 0 \\ 0 \\ 1 \end{pmatrix}.$$

求矩阵 A.

(B)

5. n 阶实矩阵 A 正交相似于上三角矩阵的充要条件是 A 的特征值全是实数.

6. 如果 n 阶实矩阵 A 的特征值全是实数, 且 $AA^{\mathrm{T}} = A^{\mathrm{T}} A$, 那么 A 为实对称矩阵.

7.6 正交补与正交投影

大家或许还记得科幻电影《三体》中的“降维攻击”吧？降维攻击使周围的高维空间向低维跌落，即低维化，并且三维降至二维的逃逸速度为光速，除非被攻击文明拥有可以达到光速的飞船，否则任何物体均无法幸免；降维还出现在“蓝色空间”号发现的四维碎块附近，在这里四维跌落至三维. 这些毕竟是小说或电影中的桥段，但降维的思想却真实地出现在我们的生活中，在机器学习、图像压缩、数据分析、模式识别、动漫设计等领域有重要应用，最常用的方法就是将 n 维空间中的向量正交投影到更低的 m 维子空间. 我们需要下面的概念.

定义 7.6.1 设 V 是实数域 $\mathbb{R}$ 上的欧氏空间，S 是 V 的非空子集，则

$$S^{\perp}=\{\alpha\in V \mid (\alpha,x)=0,\forall x\in S\}$$

称为 S 的**正交补**.

显然，$0\in S^{\perp}$. 容易验证，$S^{\perp}$ 是 V 的子空间，且 V 的内积限制到 $S^{\perp}$ 上，也是 $S^{\perp}$ 上的一个内积.

例如，在 $\mathbb{R}^2$ 与 $\mathbb{R}^3$ 中子空间 W 的正交补空间 $W^{\perp}$ 如图 7.11 所示.

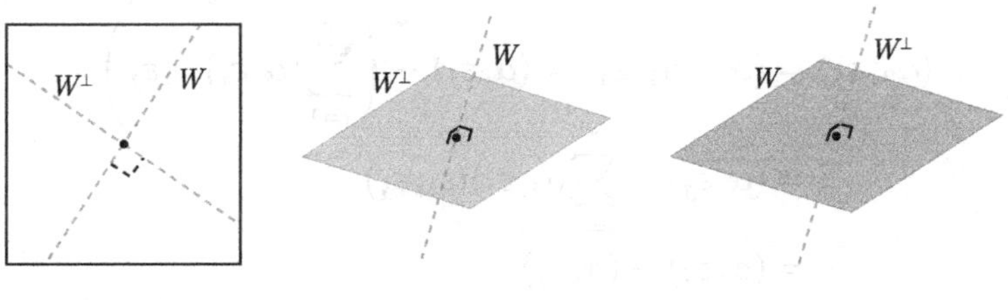

图 7.11

命题 7.6.1 设 V_1,V_2 是欧氏空间 V 的两个子空间，则

(1) $(V_1^{\perp})^{\perp}=V_1$;

(2) 若 $V_1\subseteq V_2$，则 $V_2^{\perp}\subseteq V_1^{\perp}$;

(3) $(V_1+V_2)^{\perp}=V_1^{\perp}\cap V_2^{\perp}$;

(4) $(V_1\cap V_2)^{\perp}=V_1^{\perp}+V_2^{\perp}$.

证明 (1) 由下面的定理 7.6.1 直接可得.

(2) 可根据定义直接验证.

(3) 设 $\alpha\in(V_1+V_2)^{\perp}$，即 $\alpha\perp(V_1+V_2)$. 任取 $\beta_1\in V_1\subset V_1+V_2$，有 $\alpha\perp\beta_1$，从而 $\alpha\in V_1^{\perp}$. 同理可证 $\alpha\in V_2^{\perp}$，所以 $\alpha\in V_1^{\perp}\cap V_2^{\perp}$，即 $(V_1+V_2)^{\perp}\subset V_1^{\perp}\cap V_2^{\perp}$.

反过来, 设 $\alpha \in V_1^{\perp} \cap V_2^{\perp}$, 则 $\alpha \in V_1^{\perp}$ 且 $\alpha \in V_2^{\perp}$, 即 $\alpha \perp V_1$ 且 $\alpha \perp V_2$. 任取 $\beta \in V_1 + V_2$, 有 $\beta = \beta_1 + \beta_2\,(\beta_1 \in V_1, \beta_2 \in V_2)$, 于是

$$(\alpha,\beta) = (\alpha,\beta_1+\beta_2) = (\alpha,\beta_1) + (\alpha,\beta_2) = 0 + 0 = 0,$$

即 $\alpha \perp \beta$. 由 β 的任意性知 $\alpha \perp (V_1+V_2)$, 即 $\alpha \in (V_1+V_2)^{\perp}$, 从而 $V_1^{\perp} \cap V_2^{\perp} \subset (V_1+V_2)^{\perp}$.

综上即得 $V_1^{\perp} \cap V_2^{\perp} = (V_1+V_2)^{\perp}$.

(4) 以 $V_i^{\perp}$ 替换 V_i, $i=1,2$, 由 (3) 得

$$(V_1^{\perp} + V_2^{\perp})^{\perp} = (V_1^{\perp})^{\perp} \cap (V_2^{\perp})^{\perp} = V_1 \cap V_2,$$

由 (1) 得

$$V_1^{\perp} + V_2^{\perp} = (V_1 \cap V_2)^{\perp}.$$

□

定理 7.6.1 设 U 是欧氏空间 V 的一个有限维子空间, 则 $V = U \oplus U^{\perp}$.

证明 先证 $V = U + U^{\perp}$. 取定 U 的一组标准正交基 $\varepsilon_1, \varepsilon_2, \cdots, \varepsilon_r$, $\forall \alpha \in V$, 令

$$\alpha_1 = \sum_{i=1}^{r} (\alpha, \varepsilon_i)\varepsilon_i \in U, \quad \alpha_2 = \alpha - \alpha_1.$$

我们断言 $\alpha_2 \in U^{\perp}$. 事实上, $\forall j = 1, 2, \cdots, r$,

$$\begin{aligned}(\alpha_2, \varepsilon_j) &= (\alpha - \alpha_1, \varepsilon_j) = (\alpha, \varepsilon_j) - \left(\sum_{i=1}^{r} (\alpha, \varepsilon_i)\varepsilon_i, \varepsilon_j\right) \\ &= (\alpha, \varepsilon_j) - \sum_{i=1}^{r} (\alpha, \varepsilon_i)(\varepsilon_i, \varepsilon_j) \\ &= (\alpha, \varepsilon_j) - (\alpha, \varepsilon_j) \\ &= 0.\end{aligned}$$

所以 $\alpha_2 \perp U$, 即 $\alpha_2 \in U^{\perp}$. 于是

$$\alpha = \alpha_1 + \alpha_2 \in U + U^{\perp}.$$

再证 $U \cap U^{\perp} = 0$. $\forall \xi \in U \cap U^{\perp}$, 则 $\xi \in U$ 且 $\xi \perp U$, 即 $(\xi, \xi) = 0$, 所以 $\xi = 0$. 从而 $V = U \oplus U^{\perp}$. □

考虑齐次线性方程组

$$\begin{cases} a_{11}x_1 + a_{12}x_2 + \cdots + a_{1n}x_n = 0, \\ a_{21}x_1 + a_{22}x_2 + \cdots + a_{2n}x_n = 0, \\ \qquad \cdots\cdots \\ a_{m1}x_1 + a_{m2}x_2 + \cdots + a_{mn}x_n = 0 \end{cases}$$

的系数矩阵 A 的行向量组 $\alpha_1, \alpha_2, \cdots, \alpha_m$, 记

$$U = \text{span}(\alpha_1^{\text{T}}, \alpha_2^{\text{T}}, \cdots, \alpha_m^{\text{T}}).$$

设 β 是该方程组的任一解, 则

$$(\alpha_i^{\text{T}}, \beta) = 0, \quad i = 1, 2, \cdots, m,$$

即 $\beta \in U^{\perp}$, 所以该齐次线性方程组的解空间 (Null(A)) 恰好是系数矩阵 A 的行空间的正交补, 即

$$\text{Null}(A) = \text{row}(A)^{\perp}. \tag{7.5}$$

这给出了求由 $\alpha_1^{\text{T}}, \alpha_2^{\text{T}}, \cdots, \alpha_m^{\text{T}}$ 生成子空间的正交补的方法.

例如考虑 $\mathbb{R}$ 上的齐次线性方程组

$$\begin{cases} x + y = 0, \\ -2x + z = 0, \end{cases}$$

则 $\beta \in \mathbb{R}^3$ 是方程组的解, 当且仅当 β 满足 $(\alpha_1^{\text{T}}, \beta) = 0 = (\alpha_2^{\text{T}}, \beta)$, 当且仅当 $\beta \in U^{\perp}$, 其中 $U = \text{span}(\alpha_1^{\text{T}}, \alpha_2^{\text{T}})$ 且

$$\alpha_1 = (1, 1, 0), \quad \alpha_2 = (-2, 0, 1).$$

如图 7.12 所示, $U = \text{span}(\alpha_1^{\text{T}}, \alpha_2^{\text{T}})$ 表示由 $\alpha_1^{\text{T}}, \alpha_2^{\text{T}}$ 所在的平面 U, 而线性方程组的解空间 S 为平面 U 的正交补空间 $U^{\perp}$, 即为图中 β 所在直线上的所有向量. 从解析几何方面来说, 该齐次线性方程组的解即为平面 $x + y = 0$ 与平面 $-2x + z = 0$ 的交空间所形成的直线, 也就是 β 所在的直线.

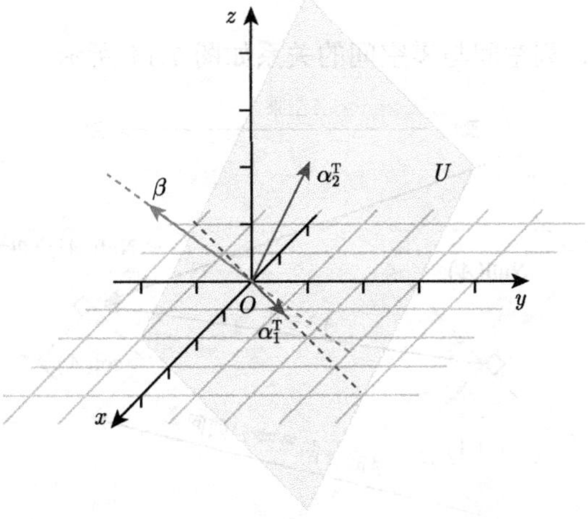

图 7.12

(7.5)提供了另一个角度理解线性映射. 设 A 是一个 $m\times n$ 实矩阵, $\sigma_A:\mathbb{R}^n\to\mathbb{R}^m$, $x\mapsto Ax$. 则

$$\begin{aligned}\mathrm{Ker}(\sigma_A)&=\mathrm{Null}(A)=\mathrm{row}(A)^{\perp},\\ \mathrm{Im}(\sigma_A)&=\mathrm{span}(Ae_1,Ae_2,\cdots,Ae_n)=\mathrm{col}(A).\end{aligned}$$

类似地, A^{T} 定义了线性映射 $\sigma_{A^{\mathrm{T}}}:\mathbb{R}^m\to\mathbb{R}^n, y\mapsto A^{\mathrm{T}}y$, 则由 $\mathrm{row}(A)=\mathrm{col}(A^{\mathrm{T}})$ 知

$$\begin{aligned}\mathrm{Ker}(\sigma_{A^{\mathrm{T}}})&=\mathrm{Null}(A^{\mathrm{T}})=\mathrm{row}(A^{\mathrm{T}})^{\perp}=\mathrm{col}(A)^{\perp},\\ \mathrm{Im}(\sigma_{A^{\mathrm{T}}})&=\mathrm{col}(A^{\mathrm{T}})=\mathrm{row}(A).\end{aligned}$$

由此即得

$$\mathbb{R}^n=\mathrm{Ker}(\sigma_A)\oplus\mathrm{Im}(\sigma_{A^{\mathrm{T}}}),\quad \mathbb{R}^m=\mathrm{Ker}(\sigma_{A^{\mathrm{T}}})\oplus\mathrm{Im}(\sigma_A).$$

如图 7.13 所示.

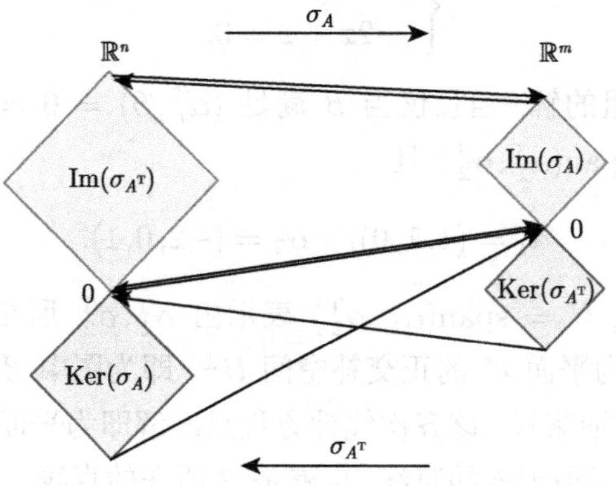

图 7.13

矩阵的行空间、列空间与零空间的关系如图 7.14 所示.

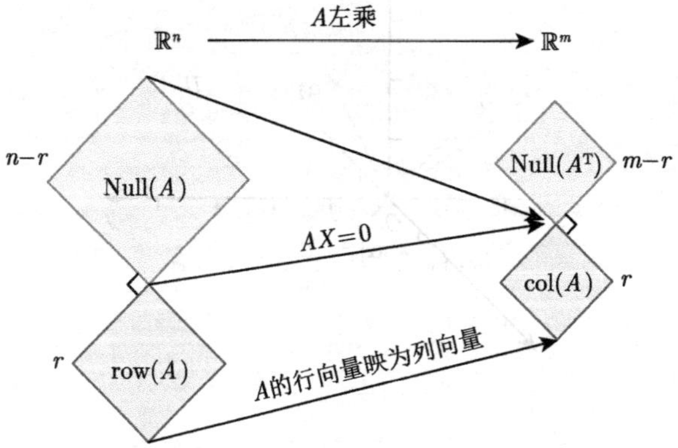

图 7.14

由于 $\dim\text{Im}(\sigma_A) = \dim\text{col}(A) = \dim\text{row}(A) = \dim\text{Im}(\sigma_{A^{\mathrm{T}}})$, 所以

$$\dim\text{Ker}(\sigma_A) + \dim\text{Im}(\sigma_A) = \dim\mathbb{R}^n = n.$$

我们重新得到了秩-零度定理.

定义 7.6.2 设 U 是 n 维欧氏空间 V 的一个非零子空间. $\forall\alpha \in V$, 设 $\alpha = \alpha_1 + \alpha_2 \in U \oplus U^{\perp}$, 定义线性变换

$$\mathscr{P}_U : V \to V, \quad \alpha \mapsto \alpha_1,$$

则 $\mathscr{P}_U$ 称为 V 在 U 上的**正交投影**, 或**内投影**.

注 由定义, 若 $V = U \oplus U^{\perp}$, 则 $\mathscr{P}_U + \mathscr{P}_{U^{\perp}} = \text{id}$.

由定理 7.6.1 的证明过程立即可得如下命题.

命题 7.6.2 (1) α_1 是 $\alpha \in V$ 在 U 上的正交投影当且仅当 $\alpha - \alpha_1 \in U^{\perp}$.

(2) 如 $\varepsilon_1, \varepsilon_2, \cdots, \varepsilon_r$ 是子空间 U 的一组标准正交基, 那么 $\alpha \in V$ 在 U 上的正交投影为

$$\alpha_1 = \sum_{i=1}^{r} (\alpha, \varepsilon_i)\varepsilon_i.$$

我们回到本节开头的问题. 不妨设 A 列满秩, 则 A 的列向量 $\alpha_1, \alpha_2, \cdots, \alpha_m$ 作成列空间 U 的一组基. 我们将向 A 的列空间的投影变换记为 $\mathscr{P}_A$, $\mathscr{P}_A(\beta) = b$. 设 $b = \sum\limits_{i=1}^{m} x_i\alpha_i = Ax \in U$, 则 $e = \beta - b = \beta - Ax \in U^{\perp}$, 所以 $A^{\mathrm{T}}e = 0$, 即

$$A^{\mathrm{T}}Ax = A^{\mathrm{T}}\beta, \quad x = (A^{\mathrm{T}}A)^{-1}A^{\mathrm{T}}\beta.$$

所以

$$\mathscr{P}_A(\beta) = b = Ax = A(A^{\mathrm{T}}A)^{-1}A^{\mathrm{T}}\beta,$$

即投影到 A 的列空间的投影矩阵为

$$P_A = A(A^{\mathrm{T}}A)^{-1}A^{\mathrm{T}}.$$

容易验证, P_A 是一个幂等对称矩阵 (图 7.15).

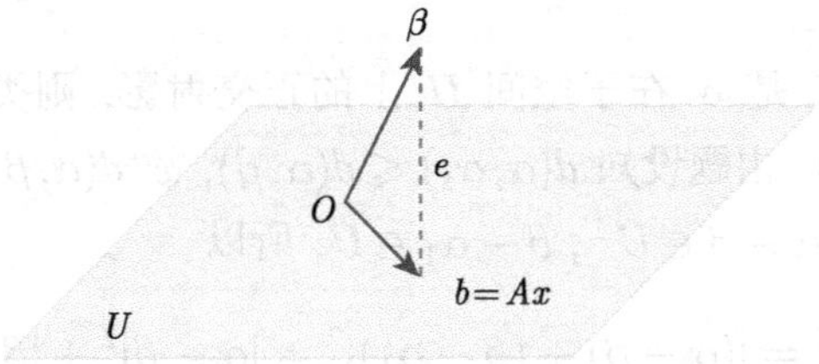

图 7.15

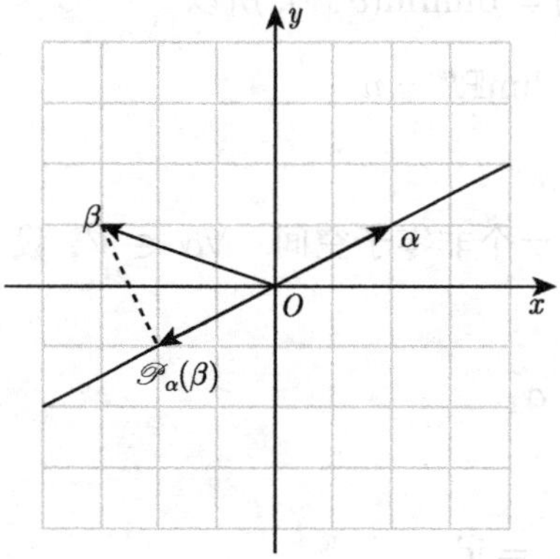

图 7.16

特别地, 向向量 α 的投影矩阵为 (图 7.16)

$$P_\alpha = \frac{\alpha\alpha^{\mathrm{T}}}{\alpha^{\mathrm{T}}\alpha} = \frac{\alpha\alpha^{\mathrm{T}}}{(\alpha,\alpha)},$$

即

$$\mathscr{P}_\alpha(\beta) = \frac{\alpha\alpha^{\mathrm{T}}}{(\alpha,\alpha)}\beta = \frac{(\beta,\alpha)}{(\alpha,\alpha)}\alpha.$$

下面的定理表明向量到子空间各向量的距离以垂线段最短.

定理 7.6.2 设 U 是欧氏空间 V 的子空间, 则 $\alpha_1 \in U$ 是 $\alpha \in V$ 在 U 上的正交投影当且仅当

$$d(\alpha,\alpha_1) \leqslant d(\alpha,\gamma), \quad \forall \gamma \in U.$$

而且, 在此情形下, 等号成立当且仅当 $\alpha_1 = \gamma$ (图 7.17).

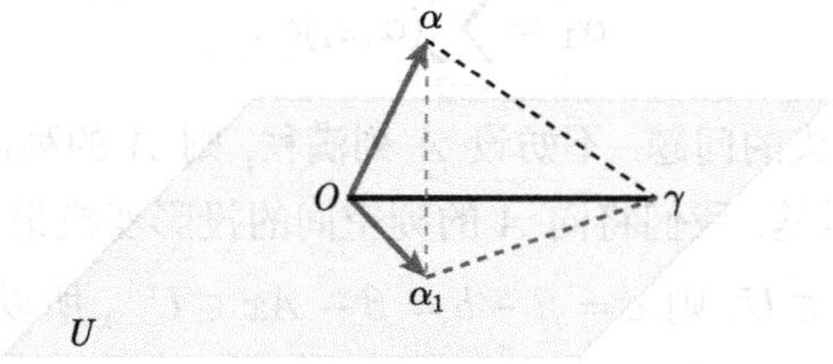

图 7.17

证明 $\Longrightarrow$ 设 $\alpha_1 \in U$ 是 α 在子空间 U 上的正交射影, 则 $\alpha - \alpha_1 \in U^{\perp}$, 即 $(\alpha-\alpha_1)\perp U$, 所以 $\forall \gamma \in U$, $(\alpha-\alpha_1)\perp(\alpha_1-\gamma)$. 从而由勾股定理得

$$\begin{aligned} d(\alpha,\gamma)^2 = |\alpha-\gamma|^2 &= |(\alpha-\alpha_1)+(\alpha_1-\gamma)|^2 \\ &= |\alpha-\alpha_1|^2 + |\alpha_1-\gamma|^2 \\ &\geqslant |\alpha-\alpha_1|^2 = d(\alpha,\alpha_1)^2, \end{aligned}$$

即 $d(\alpha,\alpha_1) \leqslant d(\alpha,\gamma)$.

$\Longleftarrow$ 设 $\beta \in U$ 是 α 在子空间 U 上的正交射影, 则类似于必要性证明可知 $d(\alpha,\beta) \leqslant d(\alpha,\alpha_1)$. 由题设知 $d(\alpha,\alpha_1) \leqslant d(\alpha,\beta)$, 故 $d(\alpha,\beta) = d(\alpha,\alpha_1)$.

另一方面, 由于 $\alpha-\beta \in U^{\perp}$, $\beta-\alpha_1 \in U$, 所以

$$|\alpha-\alpha_1|^2 = |(\alpha-\beta)+(\beta-\alpha_1)|^2 = |\alpha-\beta|^2 + |\beta-\alpha_1|^2,$$

故 $|\beta-\alpha_1|^2 = 0$, 从而 $\alpha_1 = \beta$ 是 α 在 U 上的正交投影. □

上面的定理常用来解决极小化 (或函数最佳逼近) 问题：给定 V 的子空间 U 和向量 $\alpha \in V$, 求向量 $\beta \in U$ 使得 $d(\alpha, \beta)$ 最小. 由上述定理, 取 $\beta = \mathscr{P}_U(\alpha)$ 即可解决这个极小化问题.

例 7.6.1 求一个次数不超过 5 的实系数多项式 $f(x)$ 使其在区间 $[-\pi, \pi]$ 上尽量好地逼近 $\sin x$, 即使得

$$\int_{-\pi}^{\pi} (\sin x - f(x))^2 dx$$

最小, 并比较该结果与泰勒级数逼近.

解 设 $C[-\pi, \pi]$ 表示由 $[-\pi, \pi]$ 上的实值连续函数构成的欧氏空间, 其内积为

$$(f(x), g(x)) = \int_{-\pi}^{\pi} f(x)g(x)dx.$$

令 $U = \mathbb{R}[x]_6$ 是 $C[-\pi, \pi]$ 的子空间.

取 U 的基 $1, x, x^2, x^3, x^4, x^5$, 应用施密特正交化方法, 得到 U 的标准正交基 $e_1, e_2, \cdots, e_6$, 则由命题 7.6.2 可得

$$\begin{aligned} f(x) = \mathscr{P}_U(\sin x) &= \sum_{i=1}^{6} (\sin x, e_i)e_i \\ &= 0.987862x - 0.155271x^3 + 0.00564312x^5. \end{aligned}$$

这个逼近非常精确, 在区间 $[-\pi, \pi]$ 上两个图形几乎完全重合. 而经典的泰勒级数逼近

$$x - \frac{x^3}{3!} + \frac{x^5}{5!}$$

只在 0 点附近对 $\sin x$ 有很好的逼近 (图 7.18).

在科学研究或生产实践中, 应用更为广泛的是用三角函数来逼近一般的 (周期) 函数, 即所谓的傅里叶展开.

例 7.6.2 设 $U_n = \text{span}(1, \cos x, \sin x, \cdots, \cos nx, \sin nx)$ 是 $C[0, 2\pi]$ 的子空间. 求函数 $f(x) \in U_n$, 使得 $f(x)$ 是 $y = x$ 的最佳逼近.

解 由 7.2 节的内容知 $1, \cos x, \sin x, \cdots, \cos nx, \sin nx$ 是 U_n 的一组正交基. 设

$$f(x) = a_0 + \sum_{k=1}^{n} (a_k \cos kx + b_k \sin kx).$$

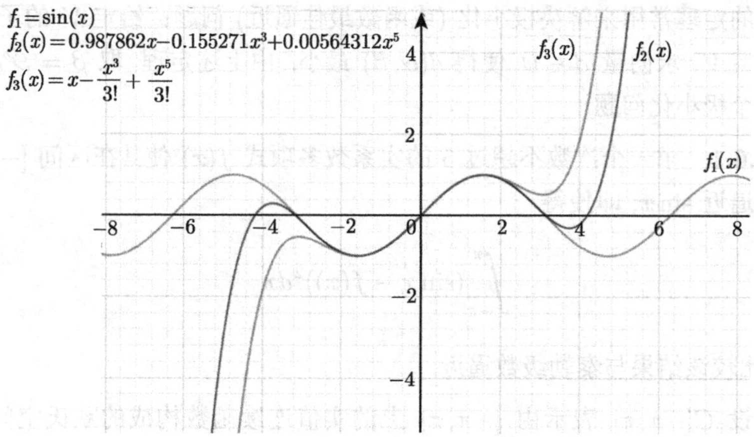

图 7.18

则

$$a_0=\frac{1}{2\pi}\int_0^{2\pi}x\cdot 1dx=\pi,$$
$$a_k=\frac{1}{\pi}\int_0^{2\pi}x\cdot\cos kxdx=0,$$
$$b_k=\frac{1}{\pi}\int_0^{2\pi}x\cdot\sin kxdx=-\frac{2}{k},$$

所以

$$f(x)=\pi-2\sum_{k=1}^{n}\frac{\sin kx}{k}\quad(\text{图}7.19).$$

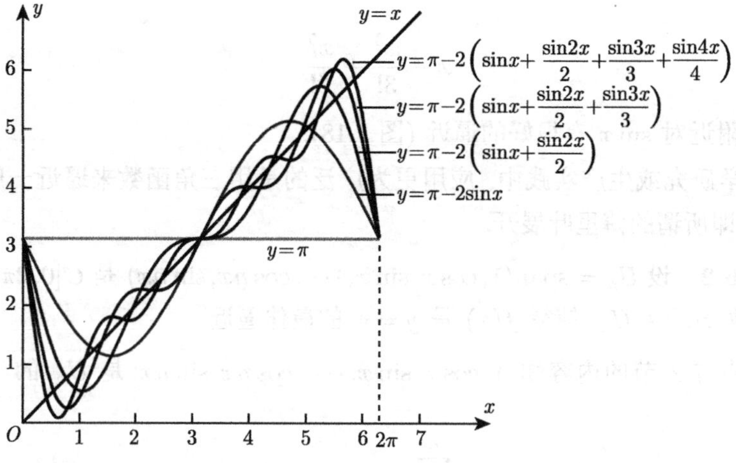

图 7.19

习 题 7.6

(A)

1. 设 $\alpha_1=(1,1,2,1)^{\mathrm{T}},\alpha_2=(1,0,0,-2)^{\mathrm{T}}\in\mathbb{R}^4$, $U=\mathrm{span}(\alpha_1,\alpha_2)$ 是欧氏空间 $\mathbb{R}^4$ 的子空间.

(1) 求 $U^{\perp}$ 的维数与一组标准正交基;

(2) 求 $\alpha=(1,-3,2,2)^{\mathrm{T}}$ 在 U 上的正交投影.

2. 设 $\mathscr{A}$ 是 n 维欧氏空间 V 的线性变换, U 是 $\mathscr{A}$-不变子空间, 证明

(1) 如果 $\mathscr{A}$ 是正交变换, 则 $U^{\perp}$ 也是 $\mathscr{A}$-不变子空间;

(2) 如果 $\mathscr{A}$ 是对称变换, 则 $U^{\perp}$ 也是 $\mathscr{A}$-不变子空间;

(3) 如果 $\mathscr{A}$ 是反对称变换 (即 $(\mathscr{A}\alpha,\beta)=-(\alpha,\mathscr{A}\beta)$), 则 $U^{\perp}$ 也是 $\mathscr{A}$-不变子空间.

(B)

3. 证明：欧氏空间 $\mathbb{R}^n$ 的任一子空间 U 都是某一齐次线性方程组的解空间.

4. 设 V 是 n 维欧氏空间, U 是 V 的子空间. 证明：正交投影 $\mathscr{P}_U$ 是对称变换.

5. 设欧氏空间 $\mathbb{R}^{n\times n}$ 上的内积定义为

$$(A,B)=\mathrm{Tr}(AB^{\mathrm{T}}).$$

设 U 是由全体对称矩阵组成的线性子空间, 求 $U^{\perp}$.

(C)

6. (施密特正交化过程的几何解释) 设 $\alpha_1,\alpha_2,\cdots,\alpha_m$ 线性无关, 令

$$W_1=0,\quad W_i=\mathrm{span}(\alpha_1,\alpha_2,\cdots,\alpha_{i-1}),\quad i=2,3,\cdots,m.$$

记 $\mathscr{P}_i=\mathscr{P}_{W_i}$, $\hat{\mathscr{P}}_i=\mathscr{P}_{W_i^{\perp}}=\mathrm{id}-\mathscr{P}_i$. 令

$$\beta_i=\hat{\mathscr{P}}_i(\alpha_i),$$

则 $\beta_1,\beta_2,\cdots,\beta_m$ 是对 $\alpha_1,\alpha_2,\cdots,\alpha_m$ 施行施密特正交化后得到的正交向量组.

7.7 最小二乘法

例 7.6.1 与例 7.6.2 可以称为最小二乘逼近问题, 即设 U 是欧氏空间 V 的子空间, $\beta\in V$, 求向量 $\alpha\in U$ 使得

$$d(\beta,\alpha)^2=|\beta-\alpha|^2=(\beta-\alpha,\beta-\alpha)$$

最小. 事实上, $\alpha=\mathscr{P}_U(\beta)$ 是 β 在子空间 U 上的投影向量, 称为 β 关于 U 的最小二乘逼近 (least square approximation).

本节我们将介绍另一个涉及正交投影的问题就是线性方程组的**最小二乘解问题**. 我们知道, 现实中用到的线性方程组往往是通过大量的统计数据或测量数据得到的, 由于误差的存在, 这些方程组往往无解. 因此我们需要寻找这些方程组的最优近似解——最小二乘解. 回顾一下, 设 $A=(\alpha_1,\alpha_2,\cdots,\alpha_m)$ 是 $m\times n$ 矩阵, 非齐次线性方程组 $Ax=\beta$ 有解当且仅当 β 属于 A 的列空间 $U=\mathrm{span}(\alpha_1,\alpha_2,\cdots,\alpha_n)$, 即 $\beta\in U$. 如果 $Ax=\beta$ 无解, 我们如何求它的最优近似解呢? 一个常用的方法就是将 β 向 A 的列空间投影, 则得到的投影向量 b 属于 A 的列空间, 因而线性方程组 $Ax=b$ 有解, 称为线性方程组 $Ax=\beta$ 的最小二乘解.

在许多实际问题中都需要研究变量 y 与变量 $x_1,x_2,\cdots,x_n$ 之间的依赖关系. 假如经过测量与分析, 发现变量 y 与变量 $x_1,x_2,\cdots,x_n$ 之间呈线性关系 ①

$$y=k_1x_1+k_2x_2+\cdots+k_nx_n.$$

为确定未知系数 $k_1,k_2,\cdots,k_n$, 经过 m 次观测, 所得数据为

y	x_1	x_2	$\cdots$	x_n
b_1	a_{11}	a_{12}	$\cdots$	a_{1n}
$\vdots$	$\vdots$	$\vdots$		$\vdots$
b_m	a_{m1}	a_{m2}	$\cdots$	a_{mn}

如果观测绝对精确, 那么只需 $m=n$ 次观测, 通过线性方程组即可求得 $k_1,k_2,\cdots,k_n$. 然而任何观测都会有误差, 因此需要更多的观测数据, 即 $m>n$. 于是得到线性方程组

$$Ax=\beta,\quad A=\begin{pmatrix}a_{11}&a_{12}&\cdots&a_{1n}\\a_{21}&a_{22}&\cdots&a_{2n}\\\vdots&\vdots&&\vdots\\a_{m1}&a_{m2}&\cdots&a_{mn}\end{pmatrix},\quad \beta=\begin{pmatrix}b_1\\b_2\\\vdots\\b_m\end{pmatrix}. \tag{7.6}$$

由于误差的原因, 上述方程组可能无解. 在这种情况下, 我们希望找到最好 (误差最小) 的近似解, 即找到 $\xi=(c_1,c_2,\cdots,c_n)^{\mathrm{T}}$, 使得

$$\sum_{i=1}^{m}\left(\sum_{j=1}^{n}a_{ij}c_j-b_i\right)^2$$

① Lay D C. 线性代数及其应用: 原书第 4 版. 刘深泉, 等译. 北京：机械工业出版社, 2017.

最小, 即

$$\sum_{i=1}^{m}\left(\sum_{j=1}^{n}a_{ij}c_j-b_i\right)^2\leqslant\sum_{i=1}^{m}\left(\sum_{j=1}^{n}a_{ij}d_j-b_i\right)^2,\quad \forall d_1,d_2,\cdots,d_n\in\mathbb{R},$$

或用距离的概念,

$$|A\xi-\beta|^2\leqslant|Ax-\beta|^2,\quad \forall x\in\mathbb{R}^n.$$

此时, 我们称 ξ 为上述线性方程组的**最小二乘解**.

如何求方程组 (7.6) 的最小二乘解呢? 下面的定理给出了求解最小二乘解的方法.

定理 7.7.1 设 $A=(\alpha_1,\alpha_2,\cdots,\alpha_n)$ 是 $m\times n$ 矩阵, 则 ξ 是非齐次线性方程组 $Ax=\beta$ 的最小二乘解当且仅当 ξ 是线性方程组 $A^{\mathrm{T}}Ax=A^{\mathrm{T}}\beta$ 的解.

证明 令 $U=\mathrm{span}(\alpha_1,\alpha_2,\cdots,\alpha_n)$, 则对任意的 $x\in\mathbb{R}^n$, $Ax\in U$. 从而

$$\begin{aligned}
&\xi\ \text{是}Ax=\beta\text{的最小二乘解}\\
\iff&|A\xi-\beta|^2\leqslant|Ax-\beta|^2,\ \forall x\in\mathbb{R}^n\\
\iff&d(A\xi,\beta)\leqslant d(\gamma,\beta),\forall\gamma\in U\\
\iff&\mathscr{P}_U(\beta)=A\xi\\
\iff&(\beta-A\xi)\in U^{\perp}\\
\iff&(\beta-A\xi,\alpha_j)=0,\ j=1,2,\cdots,n\\
\iff&\alpha_j^{\mathrm{T}}(\beta-A\xi)=0,\ j=1,2,\cdots,n\\
\iff&A^{\mathrm{T}}(\beta-A\xi)=0\\
\iff&A^{\mathrm{T}}A\xi=A^{\mathrm{T}}\beta\\
\iff&\xi\ \text{是线性方程组}A^{\mathrm{T}}Ax=A^{\mathrm{T}}\beta\ \text{的解}.
\end{aligned}$$

□

由于

$$r(A^{\mathrm{T}}A)\leqslant r(A^{\mathrm{T}}A,A^{\mathrm{T}}\beta)=r(A^{\mathrm{T}}(A,\beta))\leqslant r(A^{\mathrm{T}})=r(A^{\mathrm{T}}A),$$

所以 $r(A^{\mathrm{T}}A,A^{\mathrm{T}}\beta)=r(A^{\mathrm{T}}A)$, 从而方程组 $A^{\mathrm{T}}Ax=A^{\mathrm{T}}\beta$ 一定有解, 且其解即为 $Ax=\beta$ 的最小二乘解. 而且, 当 $A_{m\times n}$ 为列满秩矩阵时, 即 $m\geqslant n$ 且 $r(A)=n$, 则 n 阶方阵 $A^{\mathrm{T}}A$ 是可逆矩阵, 此时 $A^{\mathrm{T}}Ax=A^{\mathrm{T}}\beta$ 有唯一解, 即存在唯一的最小二乘解 $\xi=(A^{\mathrm{T}}A)^{-1}A^{\mathrm{T}}\beta$. 我们有以下定理.

定理 7.7.2 设 A 是 $m\times n$ 矩阵, 则非齐次线性方程组 $Ax=\beta$ 的最小二乘解一定存在. 而且, 当 A 为列满秩矩阵时, $Ax=\beta$ 有唯一的最小二乘解

$$\xi=(A^{\mathrm{T}}A)^{-1}A^{\mathrm{T}}\beta.$$

例 7.7.1 利用最小二乘法寻找直线 L: $y = ax + b$, 使得四点

$$A(0,1), \quad B(1,3), \quad C(2,4), \quad D(3,4)$$

与直线 L 的误差最小.

解 设直线 $y = ax + b$ 过点 A, B, C, D, 则

$$\begin{cases} 0a + b = 1, \\ 1a + b = 3, \\ 2a + b = 4, \\ 3a + b = 4, \end{cases}$$

即 $(a, b)^{\mathrm{T}}$ 满足非齐次线性方程组 $AX = \beta$, 其中

$$A = \begin{pmatrix} 0 & 1 \\ 1 & 1 \\ 2 & 1 \\ 3 & 1 \end{pmatrix}, \quad \beta = \begin{pmatrix} 1 \\ 3 \\ 4 \\ 4 \end{pmatrix}.$$

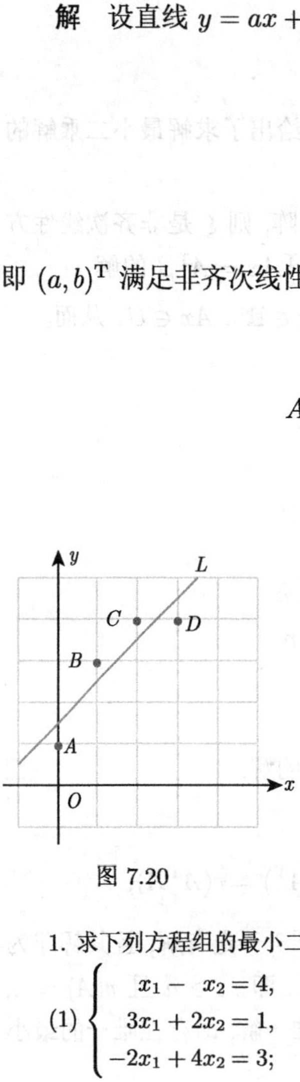

图 7.20

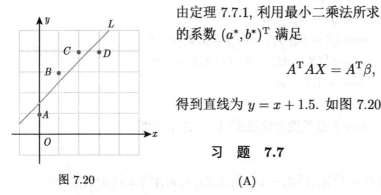

由定理 7.7.1, 利用最小二乘法所求直线 $y = a^*x + b^*$ 的系数 $(a^*, b^*)^{\mathrm{T}}$ 满足

$$A^{\mathrm{T}}AX = A^{\mathrm{T}}\beta,$$

得到直线为 $y = x + 1.5$. 如图 7.20 所示.

习 题 7.7

(A)

1. 求下列方程组的最小二乘解:

(1) $\begin{cases} x_1 - x_2 = 4, \\ 3x_1 + 2x_2 = 1, \\ -2x_1 + 4x_2 = 3; \end{cases}$

(2) $\begin{cases} x_1 \qquad - x_3 = 6, \\ 2x_1 + x_2 - 2x_3 = 0, \\ x_1 + x_2 \qquad = 9, \\ x_1 + x_2 - x_3 = 3. \end{cases}$

复习题 7

1. 证明：n 维欧氏空间 V 中至多有 $n+1$ 个两两夹角为钝角的向量.

2. 设 $\mathscr{A}$ 是 n 维欧氏空间 V 的一个正交变换, 则存在 V 的一个标准正交基, 使得 $\mathscr{A}$ 在这组标准正交基下的矩阵具有形式

$$\begin{pmatrix} E_r & & & & \\ & -E_s & & & \\ & & R_1 & & \\ & & & \ddots & \\ & & & & R_t \end{pmatrix},$$

其中 $R_i = \begin{pmatrix} \cos\theta_i & -\sin\theta_i \\ \sin\theta_i & \cos\theta \end{pmatrix}, i=1,2,\cdots,t.$

3. 设 $\mathscr{A}$ 是 n 维欧氏空间 V 的一个线性变换, 如果对任意的 $\alpha,\beta\in V$, 有

$$(\mathscr{A}\alpha,\beta) = -(\alpha,\mathscr{A}\beta),$$

则称 $\mathscr{A}$ 是反对称线性变换. 证明：存在 V 的一个标准正交基, 使得 $\mathscr{A}$ 在这组标准正交基下的矩阵具有形式

$$\begin{pmatrix} A_1 & & & \\ & \ddots & & \\ & & A_s & \\ & & & O \end{pmatrix},$$

其中 $A_i = \begin{pmatrix} 0 & a_i \\ -a_i & 0 \end{pmatrix}, i=1,2,\cdots,s.$

4. 设 $\mathscr{A}$ 是 n 维欧氏空间 V 的一个线性变换, 证明：$\mathscr{A}$ 可对角化当且仅当对任意的 $\mathscr{A}$-不变子空间 W, 存在 $\mathscr{A}$-不变补子空间 W'.

5. 设 A,B 是两个 n 阶实对称矩阵, 且 B 是正定矩阵, 证明：存在可逆矩阵 P, 使得 $P^{-1}AP$ 与 $P^{-1}BP$ 同时为对角矩阵.

6. (2011 年第二届大学生数学竞赛) 设 $\varphi:\mathbb{R}^{n\times n}\to\mathbb{R}$ 是非零线性映射, 满足 $\varphi(XY)=\varphi(YX), \forall X,Y\in\mathbb{R}^{n\times n}$. 定义双线性型 $(-,-):\mathbb{R}^{n\times n}\times\mathbb{R}^{n\times n}\to\mathbb{R}$, $(X,Y)\mapsto\varphi(XY)$.

(1) 证明 $(-,-)$ 是非退化的, 即若 $(X,Y)=0, \forall Y\in\mathbb{R}^{n\times n}$, 则 $X=0$;

(2) 设 $A_1,A_2,\cdots,A_{n^2}$ 是 $\mathbb{R}^{n\times n}$ 的一组基, $B_1,B_2,\cdots,B_{n^2}$ 是对应的对偶基 (即满足 $(A_i,B_j)=\delta_{ij}$), 证明：$\sum\limits_{i=1}^{n^2} A_iB_i$ 是数量矩阵.

第 8 章 二 次 型

在 7.1 节我们已经看到, 取定欧氏空间 V 的一组基后, 其内积由度量矩阵 A 确定, 这是一个对称的正定矩阵, 且不同基下的度量矩阵是合同的. 此时, 若设向量 $\alpha \in V$ 的坐标为 $X=(x_1,x_2,\cdots,x_n)^{\mathrm{T}}$, 则 α 的长度可描述为

$$|\alpha|=\sqrt{X^{\mathrm{T}}AX} \quad 或 \quad |\alpha|^2=X^{\mathrm{T}}AX,$$

这里 $X^{\mathrm{T}}AX$ 可以看作关于 $x_1,x_2,\cdots,x_n$ 的二次齐次 n-元多项式, 称为二次型.

二次型 (quadratic form) 也称“二次形式”, 从 18 世纪开始, 人们为了讨论二次曲线和二次曲面的分类, 将它们的一般方程变形, 并选主轴方向为坐标轴的方向以简化方程, 从而得到标准方程. 柯西最先注意到标准形中二次项的符号可用来对二次曲线和二次曲面分类, 西尔维斯特给出了实二次型的惯性定理, 回答了二次型在化标准形的过程中正、负项不变的问题, 但没有给出证明. 这个定理后被雅可比重新发现并证明. 1801 年, 高斯在《算术研究》中引进了二次型的正定、负定、半正定和半负定等术语, 这在数学分析中被用来解决极大值、极小值问题. 二次型理论在概率论与数理统计 (如置信椭圆体)、经济学 (如效用函数)、物理学 (如势能和动能)、微分几何 (如曲线的法曲率)、密码学与编码学等领域也有重要应用.

8.1 二次型及其矩阵表示

回忆一下, 在解析几何中, 用一个平面截圆锥曲面所得的截面称为圆锥曲线, 包括椭圆 (圆)、抛物线、双曲线等 (图 8.1).

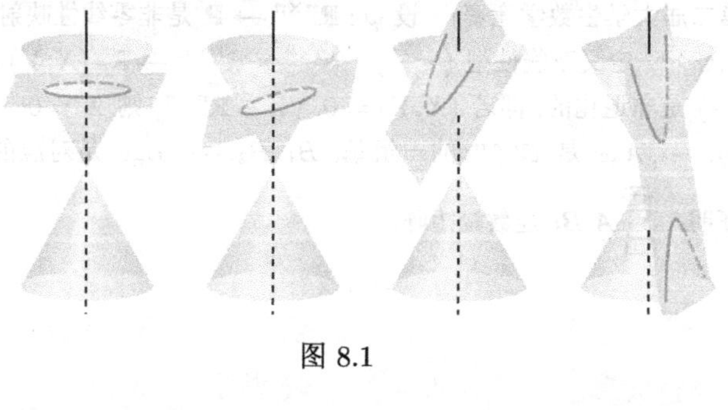

图 8.1

它们的一般方程为

$$ax^2 + 2bxy + cy^2 + dx + ey + f = 0.$$

如果曲线的中心位于坐标原点, 则它们的方程没有一次项, 即

$$ax^2 + 2bxy + cy^2 = k, \quad k = -f.$$

用矩阵的语言可表示为

$$(x \quad y)\begin{pmatrix} a & b \\ b & c \end{pmatrix}\begin{pmatrix} x \\ y \end{pmatrix} = k.$$

我们将圆锥曲线方程推广到一般情形.

定义 8.1.1 数域 F 上的关于 $x_1, x_2, \cdots, x_n$ 的二次齐次多项式

$$\begin{aligned} f(x_1, x_2, \cdots, x_n) = a_{11}x_1^2 & +2a_{12}x_1x_2 +2a_{13}x_1x_3 + \cdots +2a_{1n}x_1x_n \\ & +a_{22}x_2^2 \quad +2a_{23}x_2x_3 + \cdots +2a_{2n}x_2x_n \\ & \qquad\qquad +a_{33}x_3^2 \quad + \cdots +2a_{3n}x_3x_n \\ & \qquad\qquad\qquad\qquad \ddots \quad \vdots \\ & \qquad\qquad\qquad\qquad\qquad +a_{nn}x_n^2 \end{aligned}$$

称为数域 F 上的一个 n **元二次型**, 简称二次型.

如果令 $a_{ji} = a_{ij}$, 则上述二次型可改写为

$$\begin{aligned} f(x_1, x_2, \cdots, x_n) = a_{11}x_1^2 & \quad +a_{12}x_1x_2 \quad +a_{13}x_1x_3 + \cdots +a_{1n}x_1x_n \\ +a_{21}x_2x_1 & \quad +a_{22}x_2^2 \quad +a_{23}x_2x_3 + \cdots +a_{2n}x_2x_n \\ \vdots \quad & \qquad \vdots \qquad\qquad \vdots \qquad\qquad\qquad \vdots \\ +a_{n1}x_nx_1 & \quad +a_{n2}x_nx_2 \quad +a_{n3}x_nx_3 + \cdots +a_{nn}x_n^2. \end{aligned}$$

取对称矩阵

$$A = \begin{pmatrix} a_{11} & a_{12} & \cdots & a_{1n} \\ a_{21} & a_{22} & \cdots & a_{2n} \\ \vdots & \vdots & & \vdots \\ a_{n1} & a_{n2} & \cdots & a_{nn} \end{pmatrix}, \quad a_{ij} = a_{ji}, \quad X = \begin{pmatrix} x_1 \\ x_2 \\ \vdots \\ x_n \end{pmatrix}.$$

则二次型 $f(x_1, x_2, \cdots, x_n)$ 可以记作

$$f(X) = X^{\mathrm{T}}AX.$$

定义 8.1.2 对称矩阵 A 称为二次型 $f(x_1,x_2,\cdots,x_n)$ 的矩阵. 矩阵 A 的秩也称为二次型 $f(x_1,x_2,\cdots,x_n)$ 的秩.

定义 8.1.3 关系式

$$\begin{cases} x_1 = c_{11}y_1 + c_{12}y_2 + \cdots + c_{1n}y_n, \\ x_2 = c_{21}y_1 + c_{22}y_2 + \cdots + c_{2n}y_n, \\ \cdots\cdots \\ x_n = c_{n1}y_1 + c_{n2}y_2 + \cdots + c_{nn}y_n \end{cases} \tag{8.1}$$

称为由变量 $x_1,x_2,\cdots,x_n$ 到变量 $y_1,y_2,\cdots,y_n$ 的线性替换.

记

$$C = \begin{pmatrix} c_{11} & c_{12} & \cdots & c_{1n} \\ c_{21} & c_{22} & \cdots & c_{2n} \\ \vdots & \vdots & & \vdots \\ c_{n1} & c_{n2} & \cdots & c_{nn} \end{pmatrix}, \quad X = \begin{pmatrix} x_1 \\ x_2 \\ \vdots \\ x_n \end{pmatrix}, \quad Y = \begin{pmatrix} y_1 \\ y_2 \\ \vdots \\ y_n \end{pmatrix},$$

则(8.1)可表示为

$$X = CY.$$

当 C 是可逆矩阵时, (8.1)称为可逆 (或非奇异、非退化) 线性替换.

二次型 $f(x_1,x_2,\cdots,x_n)$ 经可逆线性替换 $X=CY$ 变为

$$f(x_1,x_2,\cdots,x_n) = X^{\mathrm{T}}AX = (CY)^{\mathrm{T}}A(CY) = Y^{\mathrm{T}}(C^{\mathrm{T}}AC)Y = Y^{\mathrm{T}}BY,$$

其中 $B=C^{\mathrm{T}}AC$ 也是对称矩阵, 即 A 合同于 B (见定义 7.1.6). 由 B 定义的二次型记为

$$g(y_1,y_2,\cdots,y_n) = Y^{\mathrm{T}}BY.$$

定义 8.1.4 如果二次型

$$f(x_1,x_2,\cdots,x_n) = X^{\mathrm{T}}AX$$

经可逆线性替换 $X=CY$ 化为二次型

$$g(y_1,y_2,\cdots,y_n) = Y^{\mathrm{T}}BY,$$

则称二次型 $f(x_1,x_2,\cdots,x_n)=X^{\mathrm{T}}AX$ 与 $g(y_1,y_2,\cdots,y_n)=Y^{\mathrm{T}}BY$ 等价.

定理 8.1.1 二次型 $f(x_1,x_2,\cdots,x_n)=X^{\mathrm{T}}AX$ 与 $g(y_1,y_2,\cdots,y_n)=Y^{\mathrm{T}}BY$ 等价当且仅当 $A\simeq B$.

思考 对称矩阵的合同标准形是什么?

习 题 8.1

(A)

1. 写出下列二次型的矩阵, 并求二次型的秩.

(1) $-4x_1x_2+2x_1x_3+2x_2x_3$;

(2) $x_1^2-3x_2^2-2x_1x_2+2x_1x_3-6x_2x_3$.

2. 设 $a_1,a_2,\cdots,a_n$ 不全为零. 写出二次型

$$f(x_1,x_2,\cdots,x_n)=(a_1x_1+a_2x_2+\cdots+a_nx_n)^2$$

的矩阵, 并求二次型的秩.

3. 设 $f(x_1,x_2,x_3)=x_1^2+4x_2^2+4x_3^2-4x_1x_2+2ax_1x_3+2bx_2x_3$ 的秩为 1, 求 a,b 的值.

(B)

4. 设 $A=(a_{ij})$ 是 n 阶实矩阵, 实二次型

$$f(x_1,x_2,\cdots,x_n)=\sum_{i=1}^{n}(a_{i1}x_1+a_{i2}x_2+\cdots+a_{in}x_n)^2.$$

(1) 写出二次型的矩阵 B;

(2) 证明二次型的秩等于 $r(A)$.

8.2 标 准 形

数域 F 上的 n 元二次型能否等价于一个只含平方项的二次型? 容易看出, 二次型只含平方项等价于它的矩阵是对角矩阵. 因此, 用矩阵的术语, 上述问题是: 数域 F 上的 n 阶对称矩阵能否合同于对角矩阵? 事实上, 定理 7.5.3 基本上已经回答了这一问题, 即任一 n 阶实对称矩阵都正交合同于对角矩阵. 下面的定理给出了利用初等变换法将数域 F 上的 n 阶对称矩阵合同于对角矩阵的方法.

引理 8.2.1 设 A 是数域 F 上的非零对称矩阵, 则存在可逆矩阵 C, 使得 $C^{\mathrm{T}}AC$ 的 $(1,1)$-元不等于零.

证明 (1) 若 $a_{11}=0$, 但 $a_{ii}\neq 0$. 则

$$P(1,i)^{\mathrm{T}}AP(1,i)$$

的 (1,1)-元为 $a_{ii} \neq 0$.

(2) 若 $a_{ii} = 0, i = 1, 2, \cdots, n$, 设 $a_{ij} = a_{ji} \neq 0$. 则

$$P_{ij}(1)AP_{ji}(1) = P_{ji}(1)^{\mathrm{T}}AP_{ji}(1)$$

的 (i,i)-元为 $2a_{ij} \neq 0$, 归结为 (1) 的情况. □

定理 8.2.1 设 A 是数域 F 上的秩为 r 的对称矩阵, 则存在 F 上的可逆矩阵 C, 使得

$$C^{\mathrm{T}}AC = \begin{pmatrix} d_1 & & & & & \\ & \ddots & & & & \\ & & d_r & & & \\ & & & 0 & & \\ & & & & \ddots & \\ & & & & & 0 \end{pmatrix}.$$

证明 对 n 作数学归纳法. 假设命题对 $n-1$ 成立. 考虑 n 阶对称矩阵 A. 由引理 8.2.1, 不妨设 $a_{11} \neq 0$, 则

$$P_{1n}\left(-\frac{a_{1n}}{a_{11}}\right)^{\mathrm{T}} \cdots P_{12}\left(-\frac{a_{12}}{a_{11}}\right)^{\mathrm{T}} AP_{12}\left(-\frac{a_{12}}{a_{11}}\right) \cdots P_{1n}\left(-\frac{a_{1n}}{a_{11}}\right)$$

$$= \begin{pmatrix} a_{11} & 0 & 0 & \cdots & 0 \\ 0 & b_{22} & b_{23} & \cdots & b_{2n} \\ 0 & b_{32} & b_{33} & \cdots & b_{3n} \\ \vdots & \vdots & \vdots & & \cdots \\ 0 & b_{n2} & b_{n3} & \cdots & b_{nn} \end{pmatrix} = \begin{pmatrix} a_{11} & 0 \\ 0 & A_1 \end{pmatrix},$$

即存在 F 上的可逆矩阵 C_1, 使得 $C_1^{\mathrm{T}}AC_1 = \begin{pmatrix} d_1 & 0 \\ 0 & A_1 \end{pmatrix}$, $d_1 = a_{11}$.

由 $(C_1^{\mathrm{T}}AC_1)^{\mathrm{T}} = \begin{pmatrix} d_1 & 0 \\ 0 & A_1 \end{pmatrix}^{\mathrm{T}}$ 知 $\begin{pmatrix} d_1 & 0 \\ 0 & A_1 \end{pmatrix} = \begin{pmatrix} d_1 & 0 \\ 0 & A_1^{\mathrm{T}} \end{pmatrix}$, 所以 $A_1^{\mathrm{T}} = A_1$, 即 A_1 也是对称矩阵, 且 $r(A_1) = r - 1$, 所以由归纳假设, 存在 F 上的 $n-1$ 阶可

逆矩阵 C_2, 使得

$$C_2^{\mathrm{T}} A_1 C_2 = \begin{pmatrix} d_2 & & & & & \\ & \ddots & & & & \\ & & d_r & & & \\ & & & 0 & & \\ & & & & \ddots & \\ & & & & & 0 \end{pmatrix}.$$

故令

$$C = C_1 \begin{pmatrix} 1 & 0 \\ 0 & C_2 \end{pmatrix},$$

则

$$C^{\mathrm{T}} A C = \begin{pmatrix} d_1 & & & & & \\ & \ddots & & & & \\ & & d_r & & & \\ & & & 0 & & \\ & & & & \ddots & \\ & & & & & 0 \end{pmatrix}. \qquad \square$$

该定理表明：数域 F 上的对称矩阵必合同于对角矩阵. 等价地, 数域 F 上的二次型

$$f(x_1, x_2, \cdots, x_n) = X^{\mathrm{T}} A X$$

经可逆线性替换 $X = CY$ 化为二次型

$$g(y_1, y_2, \cdots, y_n) = d_1 y_1^2 + d_2 y_2^2 + \cdots + d_r y_r^2. \tag{8.2}$$

式(8.2)称为二次型 $f(x_1, x_2, \cdots, x_n)$ 的**标准形**.

化二次型 $f(x_1, x_2, \cdots, x_n)$ 为标准形的方法：

(1) 拉格朗日配方法：将变量 $x_1, x_2, \cdots, x_n$ 逐个配成完全平方形式, 即若二次型含有 x_i 的平方项, 则先把含有 x_i 的乘积项集中, 然后配方, 再对其余变量同样进行, 直到都配成完全平方项为止; 当二次型没有平方项时, 先通过可逆线性替换

$$\begin{cases} x_1 = y_1 + y_2, \\ x_2 = y_1 - y_2, \\ x_3 = y_3, \\ \quad \cdots\cdots \\ x_n = y_n \end{cases}$$

变换出平方项, 再配方, 如例 8.2.1.

(2) 初等变换法: A 合同于对角阵 D, 即存在可逆矩阵 C 使得 $C^{\mathrm{T}}AC = D$. 将 C 写成初等矩阵的乘积 $C = P_1P_2\cdots P_s$, 代入 $C^{\mathrm{T}}AC = D$, 得

$$\begin{cases} P_s^{\mathrm{T}}\cdots P_2^{\mathrm{T}}P_1^{\mathrm{T}}AP_1P_2\cdots P_s = D, \\ EP_1P_2\cdots P_s = C. \end{cases}$$

这表明如果我们对 A 施行一系列成对的行、列线性变换将 A 化为对角形 D 的同时, 对单位矩阵 E 仅施行相应的列变换即可得到所使用的可逆线性替换的矩阵 C. 因此初等变换法化二次型为标准形的步骤如下:

先求出二次型 $f(x_1, x_2, \cdots, x_n)$ 的矩阵 A, 再作如下的初等变换: 对 A 作成对的初等行、列变换, 对 E 只作初等列变换, 将 A 化为对角阵 D 的同时, E 化成了 C, 并且 $C^{\mathrm{T}}AC = D$.

$$\begin{pmatrix} A \\ E \end{pmatrix} \xrightarrow[E\text{仅初等列变换}]{A\text{成对的初等行与列变换}} \begin{pmatrix} D \\ C \end{pmatrix}.$$

(3) 正交变换法: 由定理 7.5.3 知, 实对称矩阵正交相似 (合同) 于对角矩阵, 即存在正交矩阵 Q, 使得 $Q^{\mathrm{T}}AQ = \mathrm{diag}(\lambda_1, \lambda_2, \cdots, \lambda_n)$. 因此通过正交变换 $X = QY$, 可将二次型 $f(X) = X^{\mathrm{T}}AX$ 化为

$$g(Y) = Y^{\mathrm{T}}(Q^{\mathrm{T}}AQ)Y = \lambda_1y_1^2 + \lambda_2y_2^2 + \cdots + \lambda_ny_n^2,$$

其中 $\lambda_1, \lambda_2, \cdots, \lambda_n$ 是 A 的全部特征值.

思考　二次型的标准形是否唯一?

例 8.2.1　化二次型

$$f(x_1, x_2, x_3) = x_1x_2 + x_1x_3 + x_2x_3$$

为标准形.

解 (1) 配方法：作线性替换

$$\begin{cases} x_1 = y_1 + y_2, \\ x_2 = y_1 - y_2, \\ x_3 = y_3, \end{cases}$$

则 $f(x_1, x_2, x_3) = y_1^2 + 2y_1y_3 - y_2^2 = (y_1 + y_3)^2 - y_2^2 - y_3^2$. 作线性替换

$$\begin{cases} z_1 = y_1 + y_3, \\ z_2 = y_2, \\ z_3 = y_3, \end{cases} \quad 即 \quad \begin{cases} y_1 = z_1 - z_3, \\ y_2 = z_2, \\ y_3 = z_3, \end{cases}$$

则 $f = z_1^2 - z_2^2 - z_3^2$. 图 8.2 为 $z_1^2 - z_2^2 - z_3^2 = 1$ 的图形.

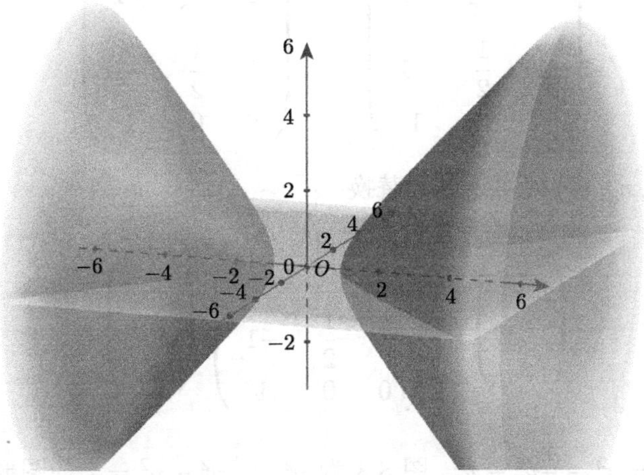

图 8.2

(2) 初等变换法：二次型 $f(x_1, x_2, x_3) = x_1x_2 + x_1x_3 + x_2x_3$ 的矩阵为

$$A = \begin{pmatrix} 0 & \frac{1}{2} & \frac{1}{2} \\ \frac{1}{2} & 0 & \frac{1}{2} \\ \frac{1}{2} & \frac{1}{2} & 0 \end{pmatrix},$$

则

$$\begin{pmatrix} A \\ \hdashline E \end{pmatrix} = \begin{pmatrix} 0 & \frac{1}{2} & \frac{1}{2} \\ \frac{1}{2} & 0 & \frac{1}{2} \\ \frac{1}{2} & \frac{1}{2} & 0 \\ \hdashline 1 & 0 & 0 \\ 0 & 1 & 0 \\ 0 & 0 & 1 \end{pmatrix} \longrightarrow \begin{pmatrix} \frac{1}{2} & \frac{1}{2} & \frac{1}{2} \\ \frac{1}{2} & 0 & \frac{1}{2} \\ 1 & \frac{1}{2} & 0 \\ \hdashline 1 & 0 & 0 \\ 1 & 1 & 0 \\ 0 & 0 & 1 \end{pmatrix} \longrightarrow \begin{pmatrix} 1 & \frac{1}{2} & 1 \\ \frac{1}{2} & 0 & \frac{1}{2} \\ 1 & \frac{1}{2} & 0 \\ \hdashline 1 & 0 & 0 \\ 1 & 1 & 0 \\ 0 & 0 & 1 \end{pmatrix}$$

$$\longrightarrow \begin{pmatrix} 1 & 0 & 0 \\ \frac{1}{2} & -\frac{1}{4} & 0 \\ 1 & 0 & -1 \\ \hdashline 1 & -\frac{1}{2} & -1 \\ 1 & \frac{1}{2} & -1 \\ 0 & 0 & 1 \end{pmatrix} \longrightarrow \begin{pmatrix} 1 & 0 & 0 \\ 0 & -\frac{1}{4} & 0 \\ 0 & 0 & -1 \\ \hdashline 1 & -\frac{1}{2} & -1 \\ 1 & \frac{1}{2} & -1 \\ 0 & 0 & 1 \end{pmatrix},$$

则二次型 $f(x_1, x_2, x_3)$ 经可逆线性替换

$$\begin{pmatrix} x_1 \\ x_2 \\ x_3 \end{pmatrix} = \begin{pmatrix} 1 & -\frac{1}{2} & -1 \\ 1 & \frac{1}{2} & -1 \\ 0 & 0 & 1 \end{pmatrix} \begin{pmatrix} y_1 \\ y_2 \\ y_3 \end{pmatrix},$$

化为标准形 $f = y_1^2 - \frac{1}{4}y_2^2 - y_3^2$. 图 8.3 为 $y_1^2 - \frac{1}{4}y_2^2 - y_3^2 = 1$ 的图形.

(3) 正交变换法:

$$|\lambda E - A| = \begin{vmatrix} \lambda & -\frac{1}{2} & -\frac{1}{2} \\ -\frac{1}{2} & \lambda & -\frac{1}{2} \\ -\frac{1}{2} & -\frac{1}{2} & \lambda \end{vmatrix} = \frac{1}{4}(\lambda - 1)(2\lambda + 1)^2 = 0,$$

所以特征值为 $\lambda_1 = 1, \lambda_2 = \lambda_3 = -\frac{1}{2}$.

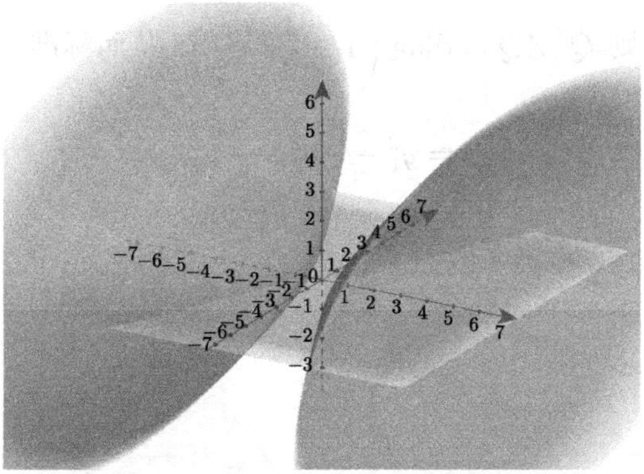

图 8.3

对于 $\lambda_1 = 1$, 解

$$\begin{pmatrix} 1 & -\frac{1}{2} & -\frac{1}{2} \\ -\frac{1}{2} & 1 & -\frac{1}{2} \\ -\frac{1}{2} & -\frac{1}{2} & 1 \end{pmatrix} \begin{pmatrix} x_1 \\ x_2 \\ x_3 \end{pmatrix} = 0$$

得基础解系 $\xi_1 = (1,1,1)^{\mathrm{T}}$; 单位化得 $\varepsilon_1 = \left(\frac{1}{\sqrt{3}}, \frac{1}{\sqrt{3}}, \frac{1}{\sqrt{3}}\right)^{\mathrm{T}}$.

对于 $\lambda_2 = -\frac{1}{2}$, 解

$$\begin{pmatrix} -\frac{1}{2} & -\frac{1}{2} & -\frac{1}{2} \\ -\frac{1}{2} & -\frac{1}{2} & -\frac{1}{2} \\ -\frac{1}{2} & -\frac{1}{2} & -\frac{1}{2} \end{pmatrix} \begin{pmatrix} x_1 \\ x_2 \\ x_3 \end{pmatrix} = 0$$

得基础解系 $\xi_2 = (-1,1,0)^{\mathrm{T}}$, $\xi_3 = (-1,0,1)^{\mathrm{T}}$. 正交单位化得

$$\varepsilon_2 = \begin{pmatrix} -\frac{1}{\sqrt{2}} \\ \frac{1}{\sqrt{2}} \\ 0 \end{pmatrix}, \quad \varepsilon_3 = \begin{pmatrix} -\frac{1}{\sqrt{6}} \\ -\frac{1}{\sqrt{6}} \\ \frac{\sqrt{2}}{\sqrt{3}} \end{pmatrix}.$$

令 $Q=(\varepsilon_1,\varepsilon_2,\varepsilon_3)$, 则 $Q^{\mathrm{T}}AQ=\operatorname{diag}\left(1,-\dfrac{1}{2},-\dfrac{1}{2}\right)$. 从而标准形为

$$f=y_1^2-\frac{1}{2}y_2^2-\frac{1}{2}y_3^2.$$

图 8.4 为 $y_1^2-\dfrac{1}{2}y_2^2-\dfrac{1}{2}y_3^2=1$ 的图形.

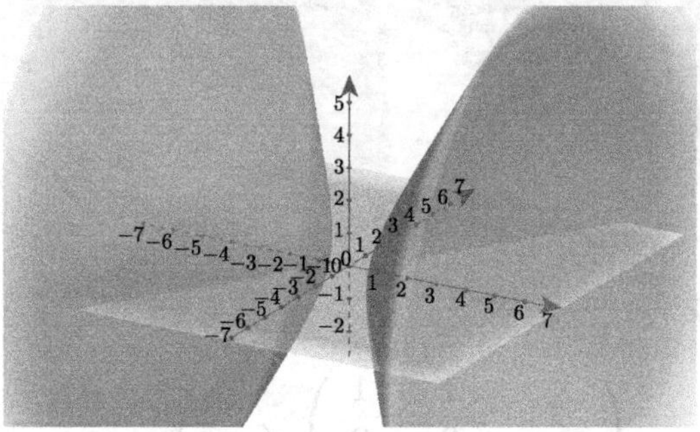

图 8.4

注 由上例可以看出二次型的标准形不唯一.

但标准形中所含平方项的数目不变, 即二次型的秩不变, 而且所含正、负平方项的数目也没有改变. 从图形上看, 二次型 $x_1x_2+x_1x_3+x_2x_3=1$ 的标准形表达的都是双叶双曲面, 那么二次曲面的类型是否由对应的二次型正、负平方项的数目决定呢? 这将在 8.3 节得到回答.

工程技术与经济学等领域经常会遇到在一些特定条件下求二次型的极值问题. 这些问题一般可转化为在条件

$$X^{\mathrm{T}}X=1\quad 或\quad x_1^2+x_2^2+\cdots+x_n^2=1$$

下求二次型

$$z=f(x_1,x_2,\cdots,x_n)=X^{\mathrm{T}}AX$$

的极大、极小值问题. 注意到正交变换保持图形的大小与形状不变, 因此在二次型的条件极值问题中有广泛应用. 通过正交变换 $X=QY$, 可将二次型 $f(X)=X^{\mathrm{T}}AX$ 化为

$$g(Y)=Y^{\mathrm{T}}(Q^{\mathrm{T}}AQ)Y=\lambda_1y_1^2+\lambda_2y_2^2+\cdots+\lambda_ny_n^2,$$

其中不妨设 A 的特征值 $\lambda_1\leqslant\lambda_2\leqslant\cdots\leqslant\lambda_n$. 由于

$$1=X^{\mathrm{T}}X=(QY)^{\mathrm{T}}(QY)=Y^{\mathrm{T}}(Q^{\mathrm{T}}Q)Y=Y^{\mathrm{T}}Y,$$

所以

$$\lambda_1 = \lambda_1 Y^{\mathrm{T}}Y \leqslant X^{\mathrm{T}}AX = Y^{\mathrm{T}}(Q^{\mathrm{T}}AQ)Y \leqslant \lambda_n Y^{\mathrm{T}}Y = \lambda_n,$$

且 λ_1, λ_n 对应的单位特征向量 ξ_1, ξ_n 分别是 $z = f(x_1, x_2, \cdots, x_n)$ 极小、极大值点. 例如, 当 $n = 2$ 时, 二次型 $z = X^{\mathrm{T}}AX$ 在 $||X|| = 1$ 的限制条件下的极值如图 8.5 所示.

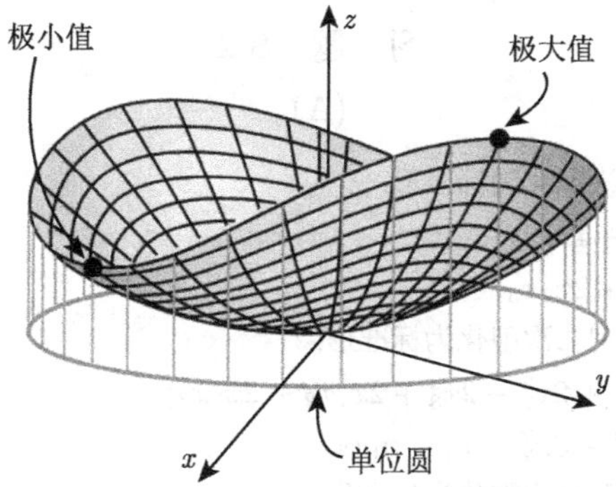

图 8.5

例 8.2.2 某市政府下一年度计划同时开展两个市政项目 (例如, 修建 x 百公里的公路与 y 公顷的公园), 这两个项目应满足限制条件

$$4x^2 + 9y^2 \leqslant 36.$$

为评估项目的效果, 常用效用函数

$$f(x, y) = xy$$

来度量项目的效益. 求选择怎样的项目计划, 使效用函数 $f(x, y)$ 最大.

解 将限制条件 $4x^2 + 9y^2 \leqslant 36$ 改写为

$$\left(\frac{x}{3}\right)^2 + \left(\frac{y}{2}\right)^2 \leqslant 1,$$

作变量替换 $x = 3x_1, y = 2x_2$, 则问题转换为在限制条件 $x_1^2 + x_2^2 \leqslant 1$ 下求二次型

$$g(x_1, x_2) = 6x_1x_2$$

的极大值. 二次型的矩阵

$$A = \begin{pmatrix} 0 & 3 \\ 3 & 0 \end{pmatrix}$$

的特征值为 $-3,3$, 对应的特征向量分别为 $\xi_1=\left(-\dfrac{1}{\sqrt{2}},\dfrac{1}{\sqrt{2}}\right)^{\mathrm{T}}, \xi_2=\left(\dfrac{1}{\sqrt{2}},\dfrac{1}{\sqrt{2}}\right)^{\mathrm{T}}$. 所以二次型 $g(x_1,x_2)$ 的最大值是 3, 且在 $x_1=x_2=\dfrac{1}{\sqrt{2}}$ 时达到. 故市政项目应选择修 $x=\dfrac{3}{\sqrt{2}}$ 百公里的公路与 $y=\dfrac{2}{\sqrt{2}}$ 公顷的公园可使效用函数 $f(x,y)$ 最大.

习 题 8.2

(A)

1. 用配方法将下列二次型化为标准形.

(1) $2x_1^2+5x_2^2+5x_3^2+4x_1x_2-4x_1x_3-8x_2x_3$;

(2) $-4x_1x_2+2x_1x_3+2x_2x_3$.

2. 用初等变换法将下列二次型化为标准形.

(1) $f(x_1,x_2,x_3)=x_1^2+2x_2^2-2x_3^2+2x_1x_2-2x_1x_3$;

(2) $f(x_1,x_2,x_3)=x_1^2-3x_2^2+x_3^2+x_1x_3$.

3. 用正交变换法将下列二次型化为标准形.

(1) $f(x_1,x_2,x_3)=x_1^2+x_2^2+2x_3^2+2x_1x_2$;

(2) $f(x_1,x_2,x_3,x_4)=2x_1x_2+2x_3x_4$.

(B)

4. 设二次型 $f(x_1,x_2,x_3)=2(a_1x_1+a_2x_2+a_3x_3)^2+(b_1x_1+b_2x_2+b_3x_3)^2$, 记

$$\alpha=\begin{pmatrix}a_1\\a_2\\a_3\end{pmatrix},\quad \beta=\begin{pmatrix}b_1\\b_2\\b_3\end{pmatrix}.$$

(1) 证明二次型 $f(x_1,x_2,x_3)$ 的矩阵是 $2\alpha\alpha^{\mathrm{T}}+\beta\beta^{\mathrm{T}}$;

(2) 设 α,β 是正交的单位向量, 证明 $f(x_1,x_2,x_3)$ 在正交变换下的标准形是 $2y_1^2+y_2^2$.

5. 设 A 是 n 阶实对称矩阵.

(1) 若 $\lambda_1\leqslant\lambda_2\leqslant\cdots\leqslant\lambda_n$ 是 A 的全部特征值, 则

$$\forall X\in\mathbb{R}^n,\quad \lambda_1X^{\mathrm{T}}X\leqslant X^{\mathrm{T}}AX\leqslant\lambda_nX^{\mathrm{T}}X.$$

(2) $\exists c\in\mathbb{R}^+$ 使得 $\forall X\in\mathbb{R}^n$, $X^{\mathrm{T}}AX\leqslant cX^{\mathrm{T}}X$.

(3) $\forall\lambda=\lambda_i$, $\exists\xi=(c_1,c_2,\cdots,c_n)^{\mathrm{T}}\neq 0$ 使得 $f(\xi)=\lambda\xi^{\mathrm{T}}\xi$.

6. 设 $A=(a_{ij})$ 是 n 阶实对称矩阵, $\lambda_1\leqslant\lambda_2\leqslant\cdots\leqslant\lambda_n$ 是它的全部特征值. 证明

$$\lambda_1\leqslant a_{ii}\leqslant\lambda_n,\quad i=1,2,\cdots,n.$$

(C)

7. 实二次型 $f(x_1,x_2,\cdots,x_n)=(a_1x_1+a_2x_2+\cdots+a_nx_n)(b_1x_1+b_2x_2+\cdots+b_nx_n)$ 的充要条件是二次型的秩等于 1, 或秩等于 2 且符号差等于 0.

8.3 规 范 形

我们已经知道二次型的标准形不唯一, 与所作的线性替换有关. 两个自然的问题是: 一是我们能否找到二次型更好的“标准形”使得它是唯一的, 与所使用的线性替换无关? 二是我们能否研究二次型的哪些量与所作的可逆线性替换无关? 或等价地, n 阶对称矩阵在合同变换下的不变量是什么? 这些问题都与二次型的规范形有关.

首先考虑复数域 $\mathbb{C}$ 上二次型的规范形.

定理 8.3.1 若 A 是 $\mathbb{C}$ 上的 n 阶对称矩阵, $r(A)=r$, 则存在 $\mathbb{C}$ 上的 n 阶可逆矩阵 C, 使得

$$C^{\mathrm{T}}AC=\begin{pmatrix} E_r & O \\ O & O \end{pmatrix}.$$

证明 因为 $r(A)=r$, 所以存在 $\mathbb{C}$ 上的 n 阶可逆矩阵 C_1, 使得

$$C_1^{\mathrm{T}}AC_1=\mathrm{diag}(d_1,\cdots,d_r,0,\cdots,0), \quad d_i\neq 0.$$

令 $C_2=\mathrm{diag}\left(\dfrac{1}{\sqrt{d_1}},\cdots,\dfrac{1}{\sqrt{d_r}},1,\cdots,1\right)$, $C=C_1C_2$. 则

$$C^{\mathrm{T}}AC=\begin{pmatrix} E_r & O \\ O & O \end{pmatrix}. \qquad \square$$

等价地, 上述定理可用二次型的语言叙述为如下定理.

定理 8.3.2 复数域 $\mathbb{C}$ 上秩为 r 的二次型 $f(x_1,x_2,\cdots,x_n)$ 经可逆线性替换 $X=CY$ 可化为

$$f=y_1^2+y_2^2+\cdots+y_r^2,$$

称为复二次型 $f(x_1,x_2,\cdots,x_n)$ 的规范形.

推论 8.3.1 复对称矩阵 A 合同于 B 的充要条件是 $r(A)=r(B)$.

思考 上述结论表明矩阵的秩是复对称矩阵在合同变换下的不变量, 那么 n 阶复对称矩阵的集合在矩阵的合同这一等价关系下可以分为多少等价类? 每一个等价类的代表元可以怎样选取?

现在考虑实数域 $\mathbb{R}$ 上二次型的规范形.

定理 8.3.3 若 A 是 n 阶实对称矩阵, $r(A)=r$, 则存在 n 阶实可逆矩阵 C, 使得

$$C^{\mathrm{T}}AC=\begin{pmatrix} E_p & O & O \\ O & -E_q & O \\ O & O & O \end{pmatrix}, \quad p+q=r.$$

证明 因为 $r(A)=r$, 所以存在 n 阶实可逆矩阵 C_1, 使得

$$C_1^{\mathrm{T}}AC_1=\operatorname{diag}(d_1,\cdots,d_r,0,\cdots,0), \quad d_i\neq 0.$$

不妨设 $d_1>0,\cdots,d_p>0,d_{p+1}<0,\cdots,d_r<0$. 令

$$C_2=\operatorname{diag}\left(\frac{1}{\sqrt{d_1}},\cdots,\frac{1}{\sqrt{d_p}},\frac{1}{\sqrt{-d_{p+1}}},\cdots,\frac{1}{\sqrt{-d_r}},1,\cdots,1\right),$$

$C=C_1C_2$. 则

$$C^{\mathrm{T}}AC=\begin{pmatrix} E_p & O & O \\ O & -E_q & O \\ O & O & O \end{pmatrix}, \quad p+q=r. \qquad \square$$

等价地, 有如下定理.

定理 8.3.4 实数域 $\mathbb{R}$ 上秩为 r 的二次型 $f(x_1,x_2,\cdots,x_n)$ 经可逆线性替换 $X=CY$ 可化为

$$f=y_1^2+y_2^2+\cdots+y_p^2-y_{p+1}^2-\cdots-y_{p+q}^2, \text{ 其中 } \quad p+q=r,$$

称为实二次型 $f(x_1,x_2,\cdots,x_n)$ 的规范形.

下面的惯性定理表明 p,q 是由 A 唯一决定的, 因而规范形是唯一的. 这一结果首先由西尔维斯特在 1852 年给出, 但没有给出证明; 1857 年, 雅可比重新发现并证明了这一定理.

定理 8.3.5 (惯性定理) 设 $f(x_1,x_2,\cdots,x_n)$ 是实数域 $\mathbb{R}$ 上秩为 r 的二次型. 若经可逆线性替换 $X=CY$ 与 $X=DZ$ 化为规范形

$$\begin{aligned} f&=y_1^2+y_2^2+\cdots+y_p^2-y_{p+1}^2-\cdots-y_r^2 \\ &=z_1^2+z_2^2+\cdots+z_k^2-z_{k+1}^2-\cdots-z_r^2, \end{aligned}$$

则 $p=k$.

证明 反证法. 假设 $p>k$. 考虑

$$y_1^2+y_2^2+\cdots+y_p^2-y_{p+1}^2-\cdots-y_r^2=z_1^2+z_2^2+\cdots+z_k^2-z_{k+1}^2-\cdots-z_r^2. \quad (8.3)$$

由于 $X=CY$, $X=DZ$, 故 $Z=D^{-1}CY$. 令 $D^{-1}C=(b_{ij})_{n\times n}$. 考虑齐次线性方程组

$$\begin{cases} b_{11}y_1+b_{12}y_2+\cdots+b_{1n}y_n=0, \\ \cdots\cdots \\ b_{k1}y_1+b_{k2}y_2+\cdots+b_{kn}y_n=0, \\ y_{p+1}=0, \\ \cdots\cdots \\ y_n=0. \end{cases}$$

因为 $p>k$, 方程组有 n 个未知量 $n-(p-k)<n$ 个方程, 故有非零解. 不妨取非零解

$$\begin{cases} y_1=a_1, \\ \cdots\cdots \\ y_p=a_p, \\ y_{p+1}=0, \\ \cdots\cdots \\ y_n=0, \end{cases} \quad \text{从而} \quad \begin{cases} z_1=0, \\ \cdots\cdots \\ z_k=0, \\ z_{k+1}=b_{k+1,1}a_1+\cdots+b_{k+1,p}a_p, \\ \cdots\cdots \\ z_n=b_{n1}a_1+\cdots+b_{np}a_p. \end{cases}$$

代入式(8.3)得左边 $=a_1^2+a_2^2+\cdots+a_p^2>0$, 右边 $\leqslant 0$, 矛盾. 故 $p\leqslant k$. 同理可证 $k\leqslant p$, 从而 $p=k$. □

定义 8.3.1 在实二次型 $f(x_1,x_2,\cdots,x_n)$ 的规范形中, 正平方项的个数 p 称为二次型 $f(x_1,x_2,\cdots,x_n)$ 的**正惯性指数**, 负平方项的个数 $q=r-p$ 称为二次型 $f(x_1,x_2,\cdots,x_n)$ 的**负惯性指数**, 它们的差 $2p-r$ 称为二次型 $f(x_1,x_2,\cdots,x_n)$ 的**符号差**.

下面的推论给出了判断两个实对称矩阵合同的有效方法.

推论 8.3.2 设 A,B 是 n 阶实对称矩阵, 则以下叙述等价:

(1) A 合同于 B;

(2) A 与 B 有相同的正、负惯性指数;

(3) A 与 B 有相同的秩和符号差;

(4) A 与 B 的正、负特征值的个数分别相同.

思考 (1) n 阶实对称矩阵的集合在矩阵的合同这一等价关系下可以分成多少等价类? 每个等价类的代表元可以怎样选取?

(2) 你能利用二次型的秩与正、负惯性指数对二次曲线或二次曲面进行分类吗?

拓展阅读

在化二次型为标准形或规范形的过程中, 使用的线性替换均是可逆的线性替换. 如果我们使用了非可逆线性替换, 会导致什么情况呢?

定理 8.3.6 设实二次型

$$
\begin{aligned}
f(x_1,x_2,\cdots,x_n)=&\sum_{i=1}^{r}(d_{i1}x_1+d_{i2}x_2+\cdots+d_{in}x_n)^2\\
&-\sum_{j=r+1}^{r+s}(d_{j1}x_1+d_{j2}x_2+\cdots+d_{jn}x_n)^2
\end{aligned}
$$

的正、负惯性指数分别为 p,q, 如果令

$$
\begin{cases}
z_1=d_{11}x_1+d_{12}x_2+\cdots+d_{1n}x_n,\\
z_2=d_{21}x_1+d_{22}x_2+\cdots+d_{2n}x_n,\\
\quad\cdots\cdots\\
z_{r+s}=d_{r+s,1}x_1+d_{r+s,2}x_2+\cdots+d_{r+s,n}x_n,
\end{cases}
$$

则二次型 $f(x_1,x_2,\cdots,x_n)$ 可以化为

$$z_1^2+\cdots+z_r^2-z_{r+1}^2-\cdots-z_{r+s}^2.$$

那么 $r\geqslant p,\ s\geqslant q$.

证明 设 $f(x_1,x_2,\cdots,x_n)$ 经可逆线性替换 $Y=CX$ 化为规范形

$$f=y_1^2+\cdots+y_p^2-y_{p+1}^2-\cdots-y_{p+q}^2,$$

则有

$$
\begin{aligned}
f(x_1,x_2,\cdots,x_n)&\xlongequal{Z=DX}z_1^2+\cdots+z_r^2-z_{r+1}^2-\cdots-z_{r+s}^2\\
&\xlongequal{Y=CX}y_1^2+\cdots+y_p^2-y_{p+1}^2-\cdots-y_{p+q}^2.
\end{aligned}\tag{8.4}
$$

假设 $p>r$, 设 $D=(d_{ij})_{n\times n}, C=(c_{ij})_{n\times n}$. 考虑齐次线性方程组

$$\begin{cases} z_1 = d_{11}x_1 + d_{12}x_2 + \cdots + d_{1n}x_n = 0, \\ \qquad\cdots\cdots \\ z_r = d_{r1}x_1 + d_{r2}x_2 + \cdots + d_{rn}x_n = 0, \\ y_{p+1} = c_{p+1,1}x_1 + c_{p+1,2}x_2 + \cdots + c_{p+1,n}x_n = 0, \\ \qquad\cdots\cdots \\ y_n = c_{n1}x_1 + c_{n2}x_2 + \cdots + c_{nn}x_n = 0. \end{cases}$$

该方程组含有 $r+n-p$ 个方程, n 个未知量, 由于 $r+n-p<n$, 所以有非零解. 设 $\alpha=(a_1,a_2,\cdots,a_n)^{\mathrm{T}}$ 为一个非零解, 设

$$\beta = D\alpha = (\underbrace{0,\cdots,0}_{r}, b_{r+1},\cdots,b_n)^{\mathrm{T}}$$

$$\gamma = C\alpha = (d_1,\cdots,d_p \underbrace{0,\cdots,0}_{n-p})^{\mathrm{T}},$$

代入 (8.4) 得

$$f(a_1,a_2,\cdots,a_n) \xlongequal{Z=DX} -b_{r+1}^2 \cdots - b_{r+s}^2 \leqslant 0$$
$$\xlongequal{Y=CX} d_1^2+\cdots+d_p^2.$$

由于 $\alpha\neq 0$, C 可逆, 所以 $\gamma=C\alpha=(d_1,d_2,\cdots,d_n)^{\mathrm{T}}\neq 0$, 即 $d_1,d_2,\cdots,d_n$ 不全为零, 但 $d_{p+1}=\cdots=d_n=0$, 所以 $d_1,\cdots,d_p$ 不全为零, 故

$$f(a_1,a_2,\cdots,a_n)=d_1^2+\cdots+d_p^2>0.$$

矛盾! 所以 $p\leqslant r$. 同理可证 $q\leqslant s$. □

上面的定理表明, 如果二次型 $f(X)=X^{\mathrm{T}}AX$ 经非可逆的线性替换 $Z=DX$ 化为标准形, 其正、负平方项的数目可能会大于该二次型的正、负惯性指数, 这是由于非可逆线性替换 $Z=DX$ 将相互独立的变量 $x_1,x_2,\cdots,x_n$ 替换成了可能线性相关的变量 $z_1,z_2,\cdots,z_n$.

请特别注意下面的例子. 例如二次型

$$\begin{aligned} f(x_1,x_2,x_3) &= x_1^2+x_2^2+x_3^2-x_1x_2-x_2x_3-x_1x_3 \\ &= \frac{1}{2}(x_1-x_2)^2+\frac{1}{2}(x_2-x_3)^2+\frac{1}{2}(x_1-x_3)^2. \end{aligned}$$

经非可逆线性替换

$$\begin{cases} z_1 = x_1 - x_2, \\ z_2 = x_2 - x_3, \\ z_3 = x_1 - x_3, \end{cases}$$

得 $f = \frac{1}{2}z_1^2 + \frac{1}{2}z_2^2 + \frac{1}{2}z_3^2$. 事实上, 该二次型经拉格朗日配方法可得到

$$f(x_1, x_2, x_3) = \left(x_1 - \frac{1}{2}x_2 - \frac{1}{2}x_3\right)^2 + \frac{3}{4}(x_2 - x_3)^2,$$

经可逆线性替换

$$\begin{cases} y_1 = x_1 - \frac{1}{2}x_2 - \frac{1}{2}x_3, \\ y_2 = x_2 - x_3, \\ y_3 = x_3, \end{cases} \quad \text{即} \quad \begin{cases} x_1 = y_1 + \frac{1}{2}y_2 + y_3, \\ x_2 = y_2 + y_3, \\ x_3 = y_3, \end{cases}$$

可得标准形 $f = y_1^2 + \frac{3}{4}y_2^2$.

习 题 8.3

(A)

1. 设二次型

$$f(x_1, x_2, x_3) = ax_1^2 + ax_2^2 + (a-1)x_3^2 + 2x_1x_3 - 2x_2x_3.$$

(1) 求二次型 $f(x_1, x_2, x_3)$ 的矩阵的所有特征值;

(2) 若二次型的规范形为 $y_1^2 + y_2^2$, 求 a 的值.

2. 设二次型 $f(x_1, x_2, x_3) = x_1^2 - x_2^2 + 2ax_1x_3 + 4x_2x_3$ 的负惯性指数为 1, 求 a 的取值范围.

3. 设 A 是秩为 r 的复对称矩阵, 证明 A 可分解为 r 个秩为 1 的对称矩阵之和.

4. 设 A 是秩为 r 的复对称矩阵, 证明 A 可分解为 $A = B^{\mathrm{T}}B$, 其中 B 是秩为 r 的 n 阶方阵.

(B)

5. 设二次型

$$f(x, y, z) = 5x^2 + y^2 + 5z^2 + 4xy - 8xz - 4yz.$$

(1) 求二次型的秩与符号差;

(2) 求二次型在单位球面：$x^2 + y^2 + z^2 = 1$ 上取得的最大值与最小值, 并求出取得最值时的 x, y, z 的值.

6. 若 $f(x_1, x_2, \cdots, x_n) = X^{\mathrm{T}}AX$ 是一实二次型, 存在 n 维实向量 X_1, X_2, 使得 $X_1^{\mathrm{T}}AX_1 > 0, X_2^{\mathrm{T}}AX_2 < 0$, 则存在 n 维非零实向量 X_0, 使得 $X_0^{\mathrm{T}}AX_0 = 0$.

8.4 正定二次型

在 7.1 节我们已经看到欧氏空间的度量矩阵都是正定矩阵. 二次型的正定性在多元函数的极值问题以及力学等领域有重要应用. 例如, 若二元函数 $z = f(x, y)$ 在 (x_0, y_0) 的某邻域内有一阶及二阶连续偏导数, $f_x(x_0, y_0) = 0, f_y(x_0, y_0) = 0$, 则它的极值与下面的对称矩阵——黑塞矩阵

$$H = \begin{pmatrix} f_{xx}(x_0, y_0) & f_{xy}(x_0, y_0) \\ f_{yx}(x_0, y_0) & f_{yy}(x_0, y_0) \end{pmatrix}$$

的正定性密切相关. 当 H 正定时, $f(x, y)$ 取极小值; 当 H 负定时, $f(x, y)$ 取极大值. 黑塞 (L. O. Hesse, 1811—1874) 是著名的德国数学家与科学家. 二次型的正定、负定等术语是高斯在他的《算术研究》中引入的.

定义 8.4.1 实二次型 $f(x_1, x_2, \cdots, x_n) = X^{\mathrm{T}}AX$ 称为**正定的**, 如果对于任意一组不全为零的实数 $c_1, c_2, \cdots, c_n$, 都有

$$f(c_1, c_2, \cdots, c_n) > 0.$$

此时, 对称矩阵 A 称为**正定矩阵**.

引理 8.4.1 (1) 设二次型 $f(x_1, x_2, \cdots, x_n) = X^{\mathrm{T}}AX$ 与二次型 $g(y_1, y_2, \cdots, y_n) = Y^{\mathrm{T}}BY$ 等价, 则 $f(x_1, x_2, \cdots, x_n)$ 是正定二次型当且仅当 $g(y_1, y_2, \cdots, y_n)$ 是正定二次型;

(2) 设实对称矩阵 A 与 B 合同, 则 A 是正定矩阵当且仅当 B 是正定矩阵.

证明 (1) 设 $f(x_1, x_2, \cdots, x_n) = X^{\mathrm{T}}AX$ 经非退化的线性替换 $X = CY$ 化为 $g(y_1, y_2, \cdots, y_n) = Y^{\mathrm{T}}BY$. 若 $f(x_1, x_2, \cdots, x_n)$ 是正定二次型, 取任意非零向量 $Y_0 = (a_1, a_2, \cdots, a_n)^{\mathrm{T}}$, 则 $X_0 = CY_0$ 非零. 所以 $g(Y_0) = f(X_0) > 0$, 从而 $g(y_1, y_2, \cdots, y_n)$ 是正定二次型. 类似可证充分性.

(2) 由 (1) 即得. □

定理 8.4.1 (判定定理) 以下叙述等价:

(1) $f(X) = X^{\mathrm{T}}AX$ 是正定二次型;

(2) 存在可逆矩阵 C, 使得 $C^{\mathrm{T}}AC = \mathrm{diag}(d_1, d_2, \cdots, d_n)$, $d_i > 0, i = 1, 2, \cdots, n$;

(3) 它的正惯性指数等于 n;

(4) A 合同于单位矩阵 E;

(5) 存在可逆矩阵 S, 使得 $A = S^{\mathrm{T}}S$.

证明 (1) ⇒ (2) 设 $f(X)=X^{\mathrm{T}}AX$ 经非退化的线性替换 $X=CY$ 化为

$$g(y_1,y_2,\cdots,y_n)=d_1y_1^2+d_2y_2^2+\cdots+d_ny_n^2.$$

若 $f(x_1,x_2,\cdots,x_n)$ 是正定二次型, 则 $g(y_1,y_2,\cdots,y_n)$ 也是正定二次型, 从而 $d_i>0,i=1,2,\cdots,n$.

(2) ⇒ (3) 显然.

(3) ⇒ (4) 若正惯性指数等于 n, 则规范形为

$$y_1^2+y_2^2+\cdots+y_n^2.$$

所以 A 合同于 E.

(4) ⇒ (5) 若 A 合同于 E, 即存在可逆矩阵 S, 使得 $A=S^{\mathrm{T}}ES=S^{\mathrm{T}}S$.

(5) ⇒ (1) 任取非零向量 X_0, 则 $SX_0=Y_0\neq 0$. 从而 $f(X_0)=X_0^{\mathrm{T}}AX_0=(SX_0)^{\mathrm{T}}(SX_0)=Y_0^{\mathrm{T}}Y_0>0$. □

定理 8.4.2 (判定定理) $f(X)=X^{\mathrm{T}}AX$ 是正定二次型当且仅当 A 的特征值全大于零.

证明 对于实对称矩阵 A, 存在正交矩阵 Q, 使得

$$Q^{\mathrm{T}}AQ=Q^{-1}AQ=\mathrm{diag}(\lambda_1,\lambda_2,\cdots,\lambda_n),$$

其中 $\lambda_1,\lambda_2,\cdots,\lambda_n$ 是 A 的特征值. 由定理 8.4.1 (1) 与 (2) 的等价性即证. □

定理 8.4.3 (性质定理) $f(X)=X^{\mathrm{T}}AX$ 是正定二次型当且仅当存在正定矩阵 S, 使得 $A=S^2$.

证明 $\Longleftarrow$ 由定理 8.4.2 知正定矩阵 S 是可逆对称矩阵, 故充分性由定理 8.4.1 (1) 与 (5) 的等价性即得.

$\Longrightarrow$ 对于实对称矩阵 A, 存在正交矩阵 Q, 使得

$$Q^{\mathrm{T}}AQ=Q^{-1}AQ=\mathrm{diag}(\lambda_1,\lambda_2,\cdots,\lambda_n),$$

其中 $\lambda_1,\lambda_2,\cdots,\lambda_n$ 是 A 的特征值. 令 $P=\mathrm{diag}(\sqrt{\lambda_1},\sqrt{\lambda_2},\cdots,\sqrt{\lambda_n})$, 则

$$A=QPPQ^{\mathrm{T}}=(QPQ^{\mathrm{T}})(QPQ^{\mathrm{T}})=S^2,$$

因为 $S^{\mathrm{T}}=(QPQ^{\mathrm{T}})^{\mathrm{T}}=QP^{\mathrm{T}}Q^{\mathrm{T}}=QPQ^{\mathrm{T}}=S$, 故由定理 8.4.2 知 $S=QPQ^{\mathrm{T}}$ 是正定矩阵. □

定义 8.4.2 设 $A=(a_{ij})$ 是数域 F 上的 n 阶方阵. A 的第 $i_1,i_2,\cdots,i_k$ 行与 $i_1,i_2,\cdots,i_k$ 列交叉位置的元素按原来的顺序排列组成的 k 阶行列式称为 A 的 k **阶主子式**. 特别地, 主子式

$$H_i=\begin{vmatrix} a_{11} & a_{12} & \cdots & a_{1k} \\ a_{21} & a_{22} & \cdots & a_{2k} \\ \vdots & \vdots & & \vdots \\ a_{k1} & a_{k2} & \cdots & a_{kk} \end{vmatrix}$$

称为 A 的 k **阶顺序主子式**, $k=1,2,\cdots,n$.

定理 8.4.4 (判定定理) $f(X)=X^{\mathrm{T}}AX$ 是正定二次型当且仅当 A 的顺序主子式全大于零.

证明 $\Longrightarrow$ 设 H_k 是 A 的 k 阶顺序主子式, 令

$$f_k(x_1,x_2,\cdots,x_k)=\sum_{i=1}^{k}\sum_{j=1}^{k}a_{ij}x_ix_j,$$

则对任意不全为零的实数 $c_1,c_2,\cdots,c_k$, 都有

$$f_k(c_1,c_2,\cdots,c_k)=f(c_1,c_2,\cdots,c_k,0,\cdots,0)>0.$$

所以 f_k 正定, 从而由定理 8.4.2 知 $H_k>0$.

$\Longleftarrow$ (数学归纳法) $n=1$ 显然; 假设 $n-1$ 成立. 下证 n 时也成立. 设

$$A=\begin{pmatrix} A_1 & \alpha \\ \alpha^{\mathrm{T}} & a_{nn} \end{pmatrix},$$

则 A_1 是 A 的 $n-1$ 阶子矩阵, 从而 A_1 的所有顺序主子式全大于零. 由归纳假设, A_1 是正定矩阵, 即存在可逆矩阵 G, 使得 $G^{\mathrm{T}}A_1G=E_{n-1}$. 令

$$C_1=\begin{pmatrix} G & \\ & 1 \end{pmatrix},\quad C_2=\begin{pmatrix} E_{n-1} & -G^{\mathrm{T}}\alpha \\ 0 & 1 \end{pmatrix},\quad C=C_1C_2,$$

则

$$C^{\mathrm{T}}AC=\begin{pmatrix} E_{n-1} & \\ & a_{nn}-\alpha^{\mathrm{T}}GG^{\mathrm{T}}\alpha \end{pmatrix}.$$

两边取行列式, 得 $|C|^2|A|=a_{nn}-\alpha^{\mathrm{T}}GG^{\mathrm{T}}\alpha$. 设 $a=a_{nn}-\alpha^{\mathrm{T}}GG^{\mathrm{T}}\alpha$, 由题设知 $|A|>0$, 所以 $a>0$. 由定理 8.4.1 (1) 与 (2) 的等价性知 $f(X)$ 是正定二次型. □

定理 8.4.5 (基本性质) 设 A, B 是正定矩阵, 则

(1) A^{-1} 是正定矩阵;

(2) $A+B$ 是正定矩阵;

(3) AB 是正定矩阵的充要条件是 $AB = BA$;

(4) 对任意实对称矩阵, 存在 $t \in \mathbb{R}$, 使得 $tE + A$ 正定.

证明 (1) 设 $A = C^{\mathrm{T}}C$, C 可逆, 则 $A^{-1} = C^{-1}(C^{\mathrm{T}})^{-1} = D^{\mathrm{T}}D$, 其中 $D = (C^{\mathrm{T}})^{-1}$, 故 A^{-1} 是正定矩阵.

(2) $\forall 0 \neq X \in \mathbb{R}^n$, $X^{\mathrm{T}}(A+B)X = X^{\mathrm{T}}AX + X^{\mathrm{T}}BX > 0$, 所以 $A+B$ 是正定矩阵.

(3) $\Longleftarrow$ 由 $AB = BA$ 知

$$(AB)^{\mathrm{T}} = B^{\mathrm{T}}A^{\mathrm{T}} = BA = AB,$$

所以 AB 是对称矩阵. 由 A, B 是正定矩阵知 $A = P^{\mathrm{T}}P$, $B = Q^{\mathrm{T}}Q$, 其中 P, Q 可逆. 所以 $AB = P^{\mathrm{T}}PQ^{\mathrm{T}}Q$, 而 $QABQ^{-1} = QP^{\mathrm{T}}PQ^{\mathrm{T}} = (PQ^{\mathrm{T}})^{\mathrm{T}}(PQ^{\mathrm{T}})$ 是正定矩阵, 故 AB 的特征值全大于零, 从而 AB 是正定矩阵.

$\Longrightarrow$ 因为 AB 是正定矩阵, 所以是对称矩阵, 故 $AB = (AB)^{\mathrm{T}} = B^{\mathrm{T}}A^{\mathrm{T}} = BA$.

(4) 存在正交矩阵 Q, 使得

$$Q^{\mathrm{T}}AQ = Q^{-1}AQ = \mathrm{diag}(\lambda_1, \lambda_2, \cdots, \lambda_n).$$

取 $t > \max\{|\lambda_1|, |\lambda_2|, \cdots, |\lambda_n|\}$, 则

$$Q^{\mathrm{T}}(tE + A)Q = \mathrm{diag}(t+\lambda_1, t+\lambda_2, \cdots, t+\lambda_n),$$

其中 $t + \lambda_i > 0$, $i = 1, 2, \cdots, n$. 故 $tE + A$ 是正定矩阵. □

定义 8.4.3 设 $f(x_1, x_2, \cdots, x_n) = X^{\mathrm{T}}AX$ 是实二次型. 如果对于任意一组不全为零的实数 $c_1, c_2, \cdots, c_n$, 都有

$$\begin{aligned} &f(c_1, c_2, \cdots, c_n) < 0, \quad \text{则 } f \text{ 称为负定的;} \\ &f(c_1, c_2, \cdots, c_n) \geqslant 0, \quad \text{则 } f \text{ 称为半正定的;} \\ &f(c_1, c_2, \cdots, c_n) \leqslant 0, \quad \text{则 } f \text{ 称为半负定的.} \end{aligned}$$

如果它既不是半正定的, 又不是半负定的, 则 f 称为**不定的**.

类似于正定二次型的讨论, 对于半正定二次型, 我们有如下刻画.

定理 8.4.6 (判定定理) 以下叙述等价：

(1) $f(x_1, x_2, \cdots, x_n) = X^{\mathrm{T}}AX$ 是半正定二次型;

(2) 存在可逆矩阵 C, 使得 $C^{\mathrm{T}}AC = \mathrm{diag}(d_1, d_2, \cdots, d_n)$, $d_i \geqslant 0$;

(3) 它的正惯性指数与秩相等;

(4) 存在实矩阵 S, 使得 $A = S^{\mathrm{T}}S$;

(5) A 的所有主子式 $\geqslant 0$;

(6) A 的所有特征值非负;

(7) 存在半正定矩阵 S 使得 $A = S^2$.

拓展阅读 二次曲线/曲面的分类[①]

实二次型 $f(x_1, x_2, \cdots, x_n)$ 的一个切片指的是

$$f(x_1, x_2, \cdots, x_n) = d, \quad d \in \mathbb{R}.$$

由二次型的切片或截面可得到二次曲线/面, 从而可利用二次型的标准方程、秩、正/负惯性指数以及正定性对二次曲线/面进行分类.

我们首先假设二元二次型 $f(x_1, x_2)$ 通过正交变换化成标准形

$$\lambda_1 y_1^2 + \lambda_2 y_2^2.$$

表 8.1 给出了该二次型及对应的二次曲线的分类.

表 8.1

r	p	λ_1	λ_2	正定性	曲线方程	曲线分类
2	2	+	+	正定	$\lambda_1 y_1^2 + \lambda_2 y_2^2 = 1$	圆或椭圆
2	1	+	−	不定	$\lambda_1 y_1^2 + \lambda_2 y_2^2 = \pm 1$	双曲线
					$\lambda_1 y_1^2 + \lambda_2 y_2^2 = 0$	相交的两直线
2	0	−	−	负定	$\lambda_1 y_1^2 + \lambda_2 y_2^2 = -1$	圆或椭圆
1	1	+	0	半正定	$\lambda_1 y_1^2 = 1$	平行的两直线
					$\lambda_1 y_1^2 = 0$	重合的两直线
1	0	−	0	半负定	$\lambda_1 y_1^2 = -1$	平行的两直线
					$\lambda_1 y_1^2 = 0$	重合的两直线
0	0	0	0	—	—	坐标原点

假设三元二次型 $f(x_1, x_2, x_3)$ 通过正交变换化成标准形

$$\lambda_1 y_1^2 + \lambda_2 y_2^2 + \lambda_3 y_3^2.$$

① 任广千, 谢聪, 胡翠芳. 线性代数的几何意义. 西安：西安电子科技大学出版社, 2015.

表 8.2 给出了该二次型及对应的二次曲面的分类.

表 8.2

r	p	λ_1	λ_2	λ_3	正定性	曲面方程	曲面分类
3	3	+	+	+	正定	$\lambda_1 y_1^2+\lambda_2 y_2^2+\lambda_3 y_3^2=1$	球面/椭球面
3	2	+	+	−	不定	$\lambda_1 y_1^2+\lambda_2 y_2^2+\lambda_3^2=1$	单叶双曲面
						$\lambda_1 y_1^2+\lambda_2 y_2^2+\lambda_3^2=0$	圆锥曲面
						$\lambda_1 y_1^2+\lambda_2 y_2^2+\lambda_3^2=-1$	双叶双曲面
3	1	+	−	−	不定	$\lambda_1 y_1^2+\lambda_2 y_2^2+\lambda_3^2=1$	双叶双曲面
						$\lambda_1 y_1^2+\lambda_2 y_2^2+\lambda_3^2=0$	圆锥曲面
						$\lambda_1 y_1^2+\lambda_2 y_2^2+\lambda_3^2=-1$	单叶双曲面
3	0	−	−	−	负定	$\lambda_1 y_1^2+\lambda_2 y_2^2+\lambda_3 y_3^2=-1$	球面/椭球面
2	2	+	+	0	半正定	$\lambda_1 y_1^2+\lambda_2 y_2^2=1$	椭圆柱面
						$\lambda_1 y_1^2+\lambda_2 y_2^2=0$	一条直线
2	1	+	−	0	不定	$\lambda_1 y_1^2+\lambda_2 y_2^2=\pm 1$	双曲柱面
						$\lambda_1 y_1^2+\lambda_2 y_2^2=0$	相交的两平面
2	0	−	−	0	半负定	$\lambda_1 y_1^2+\lambda_2 y_2^2=-1$	椭圆柱面
						$\lambda_1 y_1^2+\lambda_2 y_2^2=0$	一条直线
1	1	+	0	0	半正定	$\lambda_1 y_1^2=1$	平行的两平面
						$\lambda_1 y_1^2=0$	重合的两平面
1	1	−	0	0	半负定	$\lambda_1 y_1^2=-1$	平行的两平面
						$\lambda_1 y_1^2=0$	重合的两平面
0	0	0	0	0	—	—	坐标原点

习 题 8.4

(A)

1. t 取何值时, 二次型 $f(x_1,x_2,x_3)=x_1^2+x_2^2+5x_3^2+2tx_1x_2-2x_1x_3+4x_2x_3$ 是正定的?

2. 证明 $n\sum\limits_{i=1}^{n}x_i^2-\left(\sum\limits_{i=1}^{n}x_i\right)^2$ 是半正定的.

(B)

3. 若实对称矩阵 A 正定, 则 A 的主子式全大于零.

4. 设 A,B 实对称, B 正定, 则存在实可逆矩阵 Q, 使得 $Q^{\mathrm{T}}AQ$, $Q^{\mathrm{T}}BQ$ 同时为对角矩阵.

5. 设 A 是 n 阶实对称矩阵, 且顺序主子式全不为零, 则存在特殊上三角矩阵 U (对角元素全为 1 的上三角矩阵), 使得 $U^{\mathrm{T}}AU$ 为对角矩阵.

6. A 是 n 阶正定矩阵的充要条件是存在 n 阶上三角可逆矩阵 U, 使得 $A=U^{\mathrm{T}}U$.

(C)

7. 设 A 为 n 阶实方阵使得 $A+A^{\mathrm{T}}$ 正定, 求证 A 是非奇异矩阵.
8. 设 A, B 为 n 阶正定矩阵, 证明 $|A+B|>|A|+|B|$.

8.5 极分解与奇异值分解

类似于非负整数可以开平方, 对于一个 (半) 正定矩阵 A, 存在 (半) 正定矩阵 S, 使得 $A=S^2$. 此时, 我们称对称矩阵 A 可以开平方, 并称 S 是 A 的平方根, 记作 $S=\sqrt{A}$.

下面的定理常称为矩阵的极分解 (polar decomposition) 定理, 有着广泛的应用.

定理 8.5.1 设 A 是 n 阶实可逆方阵, 则存在正交矩阵 Q 和两个正定矩阵 S_1, S_2, 使得 $A=QS_1=S_2Q$, 并且这两种分解都是唯一的.

证明 存在性: 因为 A 是实可逆矩阵, 所以 $A^{\mathrm{T}}A$ 是正定矩阵, 从而存在正定矩阵 S_1, 使得 $A^{\mathrm{T}}A=S_1^2$. 从而 $A=(A^{\mathrm{T}})^{-1}S_1^2$. 令 $Q=(A^{\mathrm{T}})^{-1}S_1$, 则 $A=QS_1$, 且

$$QQ^{\mathrm{T}}=(A^{\mathrm{T}})^{-1}S_1(S_1^{\mathrm{T}}A^{-1})=(A^{\mathrm{T}})^{-1}S_1^2A^{-1}=(A^{\mathrm{T}})^{-1}A^{\mathrm{T}}AA^{-1}=E,$$

从而 Q 是正交矩阵.

令 $S_2=QS_1Q^{-1}$, 则 $S_2\simeq S_1$ 也是正定矩阵, 且 $A=QS_1Q^{-1}Q=S_2Q$.

唯一性: 假设 $A=QS_1=Q'S_1'$ 满足条件, 则

$$S_1^2=S_1^{\mathrm{T}}Q^{\mathrm{T}}QS_1=(QS_1)^{\mathrm{T}}(QS_1)=A^{\mathrm{T}}A=(Q'S_1')^{\mathrm{T}}(Q'S_1')={S_1'}^2.$$

注意到 S_1, S_1' 正定, 从而可逆, 所以 $S_1=S_1'$, 从而 $Q=Q'$. 类似可证 S_2 唯一. □

从上述证明中可以看出, $S_1^2=A^{\mathrm{T}}A$, 即 S_1 是 $A^{\mathrm{T}}A$ 的平方根. 可以类似地证明, 复矩阵也有极分解定理.

定理 8.5.2 对任一复方阵 A, 都存在唯一的酉矩阵 U, 使得 $A=U\sqrt{A^*A}$, 这里, $A^*=\bar{A}^{\mathrm{T}}$ 表示矩阵 A 的共轭转置, 酉矩阵 U 指的是满足 $U^*U=E$ 的复矩阵.

注 将复数 z 和复矩阵 A 类比, z 的共轭 $\bar{z}$ 相当于 A^*, 实数 $(\bar{z}=z)$ 相当于埃尔米特矩阵 $(A^*=A)$, 非负实数相当于半正定矩阵. $\mathbb{C}$ 的子集单位圆上的点满

足 $|z|=1$, 或等价地, $\bar{z}z=1$, 这相当于酉矩阵 $U^*U=E$. 我们知道, 任一复数 z 都有极坐标分解

$$z=\left(\frac{z}{|z|}\right)|z|=\frac{z}{|z|}\sqrt{\bar{z}z},$$

其中第一个因子 $\dfrac{z}{|z|}$ 是单位圆上的点.

同样地类比, 上面定理中任一复矩阵的分解式

$$A=U\sqrt{A^*A}$$

相当于复数的极坐标分解形式, 这恰是极分解名称的由来.

下面的定理称为矩阵的奇异值分解定理, 在科学技术的诸多领域有着广泛的应用. 奇异值分解理论可以追溯到五个人的工作: 意大利数学家尤金尼奥 • 贝尔特拉米 (E. Beltrami, 1835—1900), 法国数学家卡米尔 • 若尔当、英国数学家詹姆斯 • 西尔维斯特、德国数学家艾哈德 • 施密特和数学家赫尔曼 • 外尔 (H.K. Weyl, 1885—1955). 近年来, 美国数学家戈吕布 (G. Golub, 1932—2007) 开创性地提出一种稳定而有效的算法来计算它. 贝尔特拉米和若尔当是奇异值分解的先驱, 贝尔特拉米在 1873 年证明了对于具有不同奇异值的实可逆矩阵的结果. 随后, 若尔当完善了这一理论, 并消除了贝尔特拉米强加的不必要的限制. 西尔维斯特显然对贝尔特拉米和若尔当的结果并不熟悉, 他在 1889 年重新发现了这一结果, 并指出其重要性. 施密特利用奇异值分解证明可以用低阶矩阵来逼近一个给定的矩阵, 这样把奇异值分解从数学理论转化为重要的实用工具. 韦尔演示了如何在允许误差的情况下找到低阶近似值. 然而, 奇异值 (singular value) 一词是由于英国出生的数学家贝特曼 (H. Bateman) 在 1908 年发表的一篇研究论文中首先使用的.

实对称矩阵的正交相似化定理 (定理 7.5.3) 表明: 任何一个实对称矩阵 A 都正交相似于对角矩阵 D, 即存在正交矩阵 Q, 使得 $A=QDQ^{\mathrm{T}}$. 那么对于任意的 n 阶实矩阵, 或者更广的 $m\times n$ 实矩阵, 是否也存在类似的分解呢? 在此意义下, 下面的奇异值分解定理可以看作是实对称矩阵的正交相似化定理的推广.

定理 8.5.3　设 A 是 $m\times n$ 实方阵且 $r(A)=r$, 则存在 m 阶与 n 阶正交矩阵 U,V, 使得

$$A=U\Sigma V^{\mathrm{T}},\quad \Sigma=\begin{pmatrix} D & O\\ O & O\end{pmatrix}_{m\times n},$$

其中, $D=\mathrm{diag}(\sigma_1,\sigma_2,\cdots,\sigma_r)$ 为 r 阶对角矩阵, $\sigma_i=\sqrt{\lambda_i}$ 称为 A 的奇异值, $\lambda_1\geqslant\lambda_2\geqslant\cdots\geqslant\lambda_r$ 是 $A^{\mathrm{T}}A$ 的全部非零特征值.

证明 由定理 8.4.6 可知, $A^{\mathrm{T}}A$ 是半正定矩阵. 由习题 3.10(A)2 知 $r(A^{\mathrm{T}}A)=r(A)=r$, 因而 $A^{\mathrm{T}}A$ 的特征值可设为

$$\lambda_1,\lambda_2,\cdots,\lambda_r,0,\cdots,0\quad(\lambda_i>0),$$

其对应的正交且长度为 1 的特征向量为

$$v_1,v_2,\cdots,v_r,v_{r+1},\cdots,v_n.$$

令 $V=(v_1,v_2,\cdots,v_n)$, 则 V 为 n 阶正交矩阵, 且

$$V^{\mathrm{T}}(A^{\mathrm{T}}A)V=\mathrm{diag}(\lambda_1,\lambda_2,\cdots,\lambda_r,0,\cdots,0).$$

即

$$v_i^{\mathrm{T}}A^{\mathrm{T}}Av_j=\begin{cases}\lambda_i, & i=j,\\ 0, & i\neq j,\end{cases}\tag{8.5}$$

这里 $\lambda_{r+1}=\cdots=\lambda_n=0$. 令

$$u_i=\sigma_i^{-1}Av_i,\quad i=1,2,\cdots,r,$$

其中 $\sigma_i=\sqrt{\lambda_i}$, 则可以验证 $u_1,u_2,\cdots,u_r$ 为 m 维单位正交向量组, 将其扩充为 $\mathbb{R}^m$ 的一组标准正交基底

$$u_1,\cdots,u_r,u_{r+1},\cdots,u_m.$$

令 $U=(u_1,\cdots,u_r,u_{r+1},\cdots,u_m)$, 则 U 为 m 阶正交矩阵, 且

$$U^{\mathrm{T}}AV=(u_i^{\mathrm{T}}Av_j)_{m\times n},$$

其中, 当 $1\leqslant i\leqslant r$ 时,

$$u_i^{\mathrm{T}}Av_j=(\sigma_i^{-1}Av_i)^{\mathrm{T}}Av_j=\sigma_i^{-1}v_i^{\mathrm{T}}A^{\mathrm{T}}Av_j\xlongequal{(8.5)}\delta_{ij}\sigma_j,$$

这里 δ_{ij} 为克罗内克 (Kronecker) 符号; 当 $r+1\leqslant i\leqslant m,1\leqslant j\leqslant r$ 时, 由于 $Av_j=\sigma_ju_j$, 所以 $u_i^{\mathrm{T}}Av_j=\sigma_ju_i^{\mathrm{T}}u_j=0$; 当 $r+1\leqslant i\leqslant m,r+1\leqslant j\leqslant n$ 时, 由于 $Av_j=0$, 故 $u_i^{\mathrm{T}}Av_j=0$. 因此

$$A=U\Sigma V^{\mathrm{T}},\quad \Sigma=\begin{pmatrix}D & O\\ O & O\end{pmatrix}_{m\times n},$$

其中, $D=\mathrm{diag}(\sigma_1,\sigma_2,\cdots,\sigma_r)$ 为 r 阶对角矩阵. □

注 设 $\mathscr{A}$ 是 n 维线性空间 V 上的线性变换, $\sigma_1, \sigma_2, \cdots, \sigma_n$ 是 $\mathscr{A}$ 的全部奇异值, $e_1, e_2, \cdots, e_n$ 与 $f_1, f_2, \cdots, f_n$ 分别是 V 的两组标准正交基, 则定理 8.5.3 可以表述为: 对任意的 $\alpha \in V$,

$$\mathscr{A}\alpha = \sum_{i=1}^{n} \sigma_i(\alpha, e_i) f_i.$$

于是

$$\mathscr{A}(e_1, e_2, \cdots, e_n) = (f_1, f_2, \cdots, f_n)\begin{pmatrix} \sigma_1 & & & & & & \\ & \sigma_2 & & & & & \\ & & \ddots & & & & \\ & & & \sigma_r & & & \\ & & & & 0 & & \\ & & & & & \ddots & \\ & & & & & & 0 \end{pmatrix}.$$

这表明, 尽管 $\mathscr{A}$ 一般不可以相似对角化, 但如果允许使用 V 的两组基, 则 $\mathscr{A}$ 在这两组基下的矩阵一定是对角矩阵.

上述定理也给出了求解 A 的奇异值分解的步骤:

(1) 求实对称矩阵 $A^{\mathrm{T}}A$ 的特征值与特征向量;

(2) 将特征向量正交化、单位化得到正交矩阵 $V = (v_1, v_2, \cdots, v_n)$;

(3) 令 $u_i = \sigma_i^{-1} A v_i$, 其中 $\sigma_i = \sqrt{\lambda_i}$, $i = 1, 2, \cdots, r$, 将其扩充为 $\mathbb{R}^m$ 的一组标准正交基底 $u_1, \cdots, u_r, u_{r+1}, \cdots, u_m$. 令 $U = (u_1, \cdots, u_r, u_{r+1}, \cdots, u_m)$, 则矩阵 U, V 满足

$$A = U\Sigma V^{\mathrm{T}}, \quad \Sigma = \begin{pmatrix} D & O \\ O & O \end{pmatrix}_{m\times n},$$

其中, $D = \mathrm{diag}(\sigma_1, \sigma_2, \cdots, \sigma_r)$ 为 r 阶对角矩阵.

下面的示意图 (图 8.6) 给出了矩阵 A 的奇异值分解 $A = U\Sigma V^{\mathrm{T}}$ 的直观解释, 即 A 对应的线性变换可以理解为旋转变换、放缩变换与旋转变换的复合.

矩阵 A 的奇异值往往对应着矩阵 A 中隐含的重要信息, 且重要性和奇异值大小正相关. 每个矩阵 A 都可以表示为一系列秩为 1 的 “小矩阵” 之和 $A = \sum\limits_{i=1}^{n} \sigma_i e_i f_i^{\mathrm{T}}$, 而奇异值 σ_i 则衡量了这些 “小矩阵 $e_i f_i^{\mathrm{T}}$” 对于 A 的权重. 矩阵的奇异值分解在通信、数据压缩、图像去噪等领域有着广泛应用, 例如, 当矩阵 A 表

示一张图片时, 将矩阵分解成 $A=\sum\limits_{i=1}^{n}\sigma_i e_i f_i^{\mathrm{T}}$, 对该图像进行压缩时, 我们只存储奇异值较大的前几项而达到图像压缩的目的; 机器学习中常用的主成分分析方法也使用了矩阵的奇异值分解.

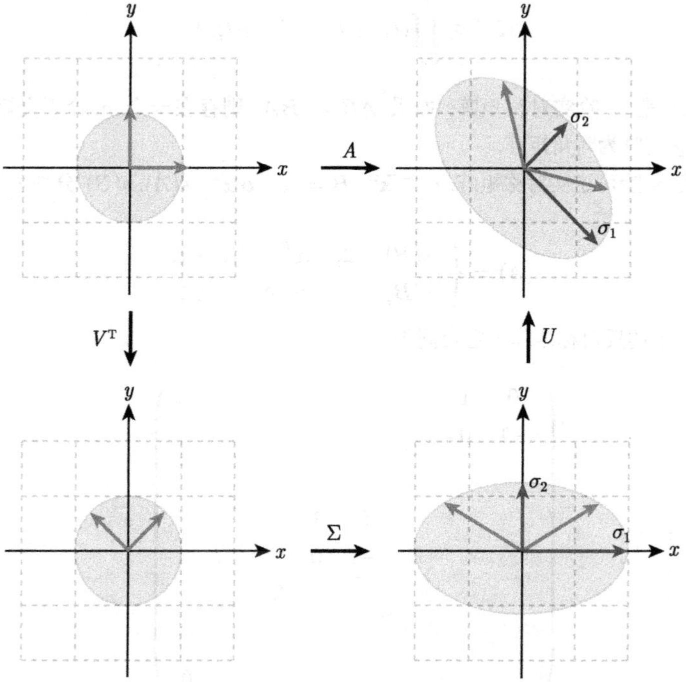

图 8.6

习 题 8.5

(A)

1. 求矩阵 $A=\begin{pmatrix}1&1\\0&1\\1&0\end{pmatrix}$ 的奇异值分解.

复习题 8

1. 设 $A=(a_{ij})$ 是 n 阶实对称矩阵, $Y=(y_1,y_2,\cdots,y_n)^{\mathrm{T}}$.

(1) 若 $f(X)=X^{\mathrm{T}}AX$ 正定, 则 $g(Y)=\begin{vmatrix}A&Y\\Y^{\mathrm{T}}&0\end{vmatrix}$ 负定;

(2) 若 A 是正定矩阵, 则 $|A| \leqslant a_{nn}\left|A\begin{pmatrix}12\cdots n-1\\12\cdots n-1\end{pmatrix}\right|$;

(3) 若 A 是正定矩阵, 则 $|A| \leqslant a_{11}a_{22}\cdots a_{nn}$;

(4) 如 $T=(t_{ij})$ 是 n 阶实可逆矩阵, 则

$$|T|^2 \leqslant \prod_{i=1}^{n}(t_{1i}^2+t_{2i}^2+\cdots+t_{ni}^2).$$

2. 设 A,B 是 n 阶实对称矩阵, 如果 $AB=BA$, 则存在一个 n 阶正交矩阵 Q, 使得 $Q^{\mathrm{T}}AQ, Q^{\mathrm{T}}BQ$ 同时为对角矩阵.

3. 设 A 是 n 阶可逆实对称矩阵, $\alpha\in\mathbb{R}^n$, $B=A-\alpha\alpha^{\mathrm{T}}$. $s(A),s(B)$ 分别表示 A,B 的符号差. 证明

$$s(A)=\begin{cases} s(B)+2, & \alpha^{\mathrm{T}}A^{-1}\alpha>1,\\ s(B), & \alpha^{\mathrm{T}}A^{-1}\alpha<1.\end{cases}$$

4. 数域 F 上的反对称矩阵一定合同于

$$\begin{pmatrix} 0 & 1 & & & & & & & \\ -1 & 0 & & & & & & & \\ & & \ddots & & & & & & \\ & & & 0 & 1 & & & & \\ & & & -1 & 0 & & & & \\ & & & & & 0 & & & \\ & & & & & & \ddots & \\ & & & & & & & 0 \end{pmatrix}.$$

5. 设 A 为 n 阶实正定对称矩阵, S 为实反对称矩阵. 证明

$$|A+S|\geqslant|A|$$

且等号成立当且仅当 $S=O$.

6. (2010 年第一届全国大学生数学竞赛) 设 A,B 均为半正定实对称矩阵, $n-1\leqslant r(A)\leqslant n$. 求证：存在可逆矩阵 C 使得 $C^{\mathrm{T}}AC$ 和 $C^{\mathrm{T}}BC$ 均为对角阵.

7. (2013 年第四届全国大学生数学竞赛) 设 $A=(a_{ij})$ 为三阶实对称矩阵, 记

$$f(x_1,x_2,x_3,x_4)=\begin{vmatrix} x_1^2 & x_2 & x_3 & x_4\\ -x_2 & a_{11} & a_{12} & a_{13}\\ -x_3 & a_{12} & a_{22} & a_{23}\\ -x_4 & a_{13} & a_{23} & a_{33}\end{vmatrix}.$$

若 $|A|=-12$, A 的特征值之和为 1, 且 $(1,0,-2)^{\mathrm{T}}$ 为 $(A^*-4E)x=0$ 的一个解. 试给出一正交变换 $X=QY$, 使得 $f(x_1,x_2,x_3,x_4)$ 化为标准形.

8. (2014 年第五届全国大学生数学竞赛) 设实二次型 $f(x_1,x_2,x_3,x_4)=x^{\mathrm{T}}Ax$, 其中

$$A=\begin{pmatrix} 2 & a_0 & 2 & -2 \\ a & 0 & b & c \\ d & e & 0 & f \\ g & h & k & 4 \end{pmatrix}.$$

已知 $\lambda_1=2$ 是 A 的一个几何重数为 3 的特征值.

(1) A 能否相似于对角矩阵? 若能, 请给出证明; 若不能, 请给出反例.

(2) 当 $a_0=2$ 时, 试求出 $f(x_1,x_2,x_3,x_4)$ 在正交变换下的标准形.

9. (2010 年第二届全国大学生数学竞赛预赛) 设 A 是 n 阶实矩阵 (未必对称), 对任一 $\alpha\in\mathbb{R}^n$, $\alpha^{\mathrm{T}}A\alpha\geqslant 0$, 且存在 $\beta\in\mathbb{R}^n$ 使得 $\beta^{\mathrm{T}}A\beta=0$; 同时, $\forall x,y\in\mathbb{R}^n$, 当 $x^{\mathrm{T}}Ay\neq 0$ 时, $x^{\mathrm{T}}Ay+y^{\mathrm{T}}Ax\neq 0$. 证明: $\forall v\in\mathbb{R}^n$, $v^{\mathrm{T}}A\beta=0$.

10. (2012 年第四届全国大学生数学竞赛预赛) 设 A,B,C 均为 n 阶实正定矩阵, $P(t)=At^2+Bt+C$, $f(t)=|P(t)|$, t 为未定元. 若 λ 为 $f(t)$ 的根, 证明: λ 的实部 $\mathrm{Re}(\lambda)<0$.

11. (2012 年第四届全国大学生数学竞赛预赛) 已知实矩阵 $A=\begin{pmatrix} 2 & 2 \\ 2 & a \end{pmatrix}$, $B=\begin{pmatrix} 4 & b \\ 3 & 1 \end{pmatrix}$. 证明:

(1) 矩阵方程 $AX=B$ 有解但 $BY=A$ 无解的充要条件是 $a\neq 2$, $b=\dfrac{4}{3}$;

(2) $A\sim B$ 的充要条件是 $a=3$, $b=\dfrac{2}{3}$;

(3) $A\simeq B$ 的充要条件是 $a<2$, $b=3$.

部分习题简答

第 1 章　预备知识

习　题　1.4

(A1) 提示：必要性用待定系数法, 充分性由 $f(x)=(x+\sqrt[3]{r})^3$ 即得.

(A2) 提示：比较次数.

习　题　1.5

(A1) $p=-m^2-1, q=m$.

(A2) 提示：带余除法.

(A3) $f(x)=2(x+3)^4-25(x+3)^3+117(x+3)^2-238(x+3)+171$.

习　题　1.6

(A1) $(f(x),g(x))=x^2+x-1$, $u(x)=\dfrac{9}{22}$, $v(x)=-\left(\dfrac{3}{22}x+\dfrac{1}{22}\right)$.

(A2) 提示：利用互素的充要条件及性质.

(A3) 提示：对 $s=\max\{m,n\}$ 用第二数学归纳法.

(A4) 提示：$f(x)=(x^n+x-17)g(x)+(x-12)$.

(B5) 提示：充分性用反证法.

(B6) 提示：证明结论两边的多项式相互整除.

(C7) 略.

第 2 章　矩　　阵

习　题　2.1

(A1) $A-B=\begin{pmatrix}-1&-2&2\\-1&3&0\end{pmatrix}$, $2A-3B=\begin{pmatrix}-4&-4&3\\-2&9&-1\end{pmatrix}$,

$$A^{\mathrm{T}}B=\begin{pmatrix}2&3&0\\-4&0&-2\\6&-3&4\end{pmatrix}.$$

(A2) (1) $A^n=\begin{pmatrix}\cos n\theta&\sin n\theta\\-\sin n\theta&\cos n\theta\end{pmatrix}$; (2) $A^n=\begin{pmatrix}\lambda^n&\mathrm{C}_n^1\lambda^{n-1}&\mathrm{C}_n^2\lambda^{n-2}\\&\lambda^n&\mathrm{C}_n^1\lambda^{n-1}\\&&\lambda^n\end{pmatrix}$.

(A3) (1) $X=\begin{pmatrix} a & b & c \\ & a & b \\ & & a \end{pmatrix}$, $a,b,c\in\mathrm{F}$; (2) $X=\mathrm{diag}(x_{11},x_{22},\cdots,x_{nn})$, $x_{ii}\in\mathrm{F}, i=1,2,\cdots,n$.

(B4) 提示：分别选取 $B_1=\mathrm{diag}(1,2,\cdots,n)$ 与 $B_2=\begin{pmatrix} 0 & 1 & & \\ & \ddots & \ddots & \\ & & \ddots & 1 \\ 1 & & & 0 \end{pmatrix}$, 由 A 与 B_1,B_2 乘法可交换即得必要性.

(B5) 略.

(B6) 提示：考虑 $A=\dfrac{A+A^{\mathrm{T}}}{2}+\dfrac{A-A^{\mathrm{T}}}{2}$.

习　题　2.2

(A1) (1) $\begin{pmatrix} A^k & \\ & B^k \end{pmatrix}$; (2) $\begin{pmatrix} AB & \\ & BA \end{pmatrix}$.

(A2) $\begin{pmatrix} & E_{n-1} \\ 1 & \end{pmatrix}^k=\begin{pmatrix} & E_{n-k} \\ E_k & \end{pmatrix}$.

(B3) $\left(\sum\limits_{l=1}^{n}a_lb_l\right)^{k-1}A$.

(B4) 略.

(B5) 略.

习　题　2.3

(A1) $\dfrac{n(n-1)}{2}$.

(A2) $\dfrac{n(n-1)}{2}-k$.

(A3) $(-1)^{n-1}n!$.

(A4) $x=\sqrt{3},-\sqrt{3},-3$.

(A5) -2.

(B6) 提示：利用行列式的定义.

(C7) 0.

(C8) 提示：利用行列式的定义.

(C9) D.

(C10) 0.

习 题 2.4

(A1) 28.

(A2) (1) -294×10^5; (2) 48.

(B3) 1.

(C4) 略.

习 题 2.5

(A1) (1) 160; (2) $-2(x^3+y^3)$.

(A2) (1) $(-1)^n|C|\cdot|B|$; (2) $(-1)^n|A||B|$.

(B3) 2.

(B4) $|A|=-1, |A+E|=0$.

习 题 2.6

(A1) (1) $x^n+(-1)^{n+1}y^n$; (2) $\left(a_0-\sum_{i=1}^{n}\frac{1}{a_i}\right)\prod_{i=1}^{n}a_i$;

(3) $\left(1+\sum_{i=1}^{n}\frac{a}{x_i-a}\right)\prod_{i=1}^{n}(x_i-a)$;

(4) $D_n=\begin{cases}\dfrac{a(x-b)^n-b(x-a)^n}{a-b}, & a\neq b,\\ (x+(n-1)a)(x-a)^{n-1}, & a=b;\end{cases}$

(5) $\left(1+\sum_{k=1}^{n}\frac{1}{a_k}\right)a_1a_2\cdots a_n$.

(B2) 25, 61.

(B3) (1) $1+x^2+x^4+\cdots+x^{2n}$;

(2) $\prod_{1\leqslant i<j\leqslant n}(a_j-a_i)\sum_{1\leqslant i_1<i_2<\cdots<i_{n-k}\leqslant n}a_{i_1}a_{i_2}\cdots a_{i_{n-k}}$;

(3) $D_n=\begin{cases}\dfrac{\alpha^{n+1}-\beta^{n+1}}{\alpha-\beta}, & \alpha\neq\beta,\\ (n+1)\alpha^n, & \alpha=\beta;\end{cases}$

(4) $a_n+a_{n-1}x+\cdots+a_1x^{n-1}+x^n$;

(5) $\dfrac{(-1)^{n-1}(n+1)!}{2}$.

(C4) 略.

习 题 2.7

(A1) D.

(A2) $2A$.

(A3) diag$(6,6,6,-1)$.

(A4) 略.

(B5)

$$X=\begin{pmatrix}-1&0&0\\-\frac{1}{2}&-1&0\\-\frac{1}{4}&-\frac{1}{2}&-1\end{pmatrix}.$$

(B6) $A^{-1}=\dfrac{A-E}{2}$, $(A+2E)^{-1}=\dfrac{3E-A}{4}$.

(B7) 略.

习　题　2.8

(A1) (1) 答案不唯一, 例如 $P=\begin{pmatrix}0&0&1\\0&1&-2\\1&-2&1\end{pmatrix}$, $Q=E_3$ 使得

$$PAQ=\begin{pmatrix}1&0&0\\0&1&0\\0&0&1\end{pmatrix};$$

(2) $P=\dfrac{1}{2}\begin{pmatrix}-1&1&1\\1&-1&1\\1&1&-1\end{pmatrix}$, $Q=\begin{pmatrix}1&0&0&0\\0&1&0&0\\0&0&1&-1\\0&0&0&1\end{pmatrix}$, 使得

$$PAQ=\begin{pmatrix}1&0&0&0\\0&1&0&0\\0&0&1&0\end{pmatrix}.$$

(B2) 提示：利用广义初等变换.

(B3) 提示：利用广义初等变换.

(C4) 提示：考虑 $\begin{pmatrix}\lambda E_m&B\\A&E_n\end{pmatrix}$.

习　题　2.9

(A1) (1) $A^{-1}=\begin{pmatrix}0&0&1\\0&1&-2\\1&-2&1\end{pmatrix}$;　(2) $A^{-1}=\dfrac{1}{2}\begin{pmatrix}-1&1&1\\1&-1&1\\1&1&-1\end{pmatrix}$.

(A2) 1.

(B3) $(E_n-AB)^{-1}=E_n+A(E_m-BA)^{-1}B$.

(B4) $\begin{pmatrix} (E+(A-B)^{-1}B)(A+B)^{-1} & (A+B)^{-1}-(A-B)^{-1} \\ & +(A-B)^{-1}B(A+B)^{-1} \\ -(A-B)^{-1}B(A+B)^{-1} & (A-B)^{-1}(E-B(A+B)^{-1}) \end{pmatrix}$.

(C5) 略.

(C6) 略.

(C7) 略.

习　题　2.10

(A1) (1) $r(A)=2$;　(2) $r(A)=\begin{cases} 3, & a\neq 1,-2, \\ 2, & a=-2, \\ 1, & a=1. \end{cases}$

(A2) $x=0, y=2$.

(A3) 略.

(A4) 提示：利用相抵标准形.

(B5) 提示：考虑分块矩阵 $\begin{pmatrix} A & O \\ O & E-A \end{pmatrix}$.

(B6) 提示：考虑分块矩阵 $\begin{pmatrix} A+E & O \\ O & A-E \end{pmatrix}$.

(B7) 略.

(C8) 提示：考虑分块矩阵 $\begin{pmatrix} ABC & O \\ O & B \end{pmatrix}$.

(C9) 略.

(C10) 略.

(C11) 略.

第 3 章　线 性 空 间

习　题　3.1

(A1) (1) 方程组的通解为 $\begin{cases} x_1=\dfrac{3}{17}k_1-\dfrac{13}{17}k_2, \\ x_2=\dfrac{19}{17}k_1-\dfrac{20}{17}k_2, \\ x_3=k_1, \\ x_4=k_2 \end{cases}$　$(k_1, k_2$ 为任意常数).

(2) 无解.

(A2) 当 $\lambda\neq 1,-2$ 时, 方程组有唯一解; 当 $\lambda=-2$ 时, 方程组无解; 当 $\lambda=1$ 时, 方程组有无穷多解.

(A3) 略.

习 题 3.2

(A1) (1) 不构成, 因为 $0 \notin V$;

(2) 构成;

(3) 不构成;

(4) 构成.

(A2) F^{∞} 作成 F 上的线性空间.

(A3) 略.

(B4) W 作成 $\mathbb{R}$ 上的线性空间.

(B5) 略.

习 题 3.3

(A1) (1) 当 $a \neq 1, b = a$ 时, β 不能由 $\alpha_1, \alpha_2, \alpha_3$ 线性表示;

(2) 当 $a \neq 0, b \neq a$ 时, β 能由 $\alpha_1, \alpha_2, \alpha_3$ 唯一地线性表示;

(3) 当 $a = b = 1$ 时, β 能由 $\alpha_1, \alpha_2, \alpha_3$ 线性表示, 但不唯一.

(A2) 略.

习 题 3.4

(A1) 当 $a \neq -1, 2$ 时, $\alpha_1, \alpha_2, \alpha_3$ 线性无关.

(A2) 提示：$\cos 2x = 2\cos^2 x - 1$.

(A3) 略.

(A4) $\beta_1, \beta_2, \cdots, \beta_s$ 线性无关.

(B5) 设 $a\mathrm{e}^x + b\mathrm{e}^{2x} + c\mathrm{e}^{3x} = 0$, 然后求两次导数.

(B6) 提示：反证法, 证三者不互素.

(B7) 提示: 设 $a_0\alpha + a_1 A\alpha + a_2 A^2\alpha + \cdots + a_{k-1}A^{k-1}\alpha = 0$, 然后依次乘 $A^{k-1}, A^{k-2}, \cdots, A$.

(C8) 提示：设

$$k_1 f_1(x) + k_2 f_2(x) + \cdots + k_n f_n(x) = 0.$$

两边分别求 1 阶、2 阶、$\cdots$、$n-1$ 阶导数.

(C9) 当 $b \neq \dfrac{a(a+1)}{2}$ 时, $k_1 = k_2 = 0$, α, β 线性无关；当 $b = \dfrac{a(a+1)}{2}$ 时, α, β 线性无关.

习 题 3.5

(A1) 提示: 设 $\alpha_1, \alpha_2, \cdots, \alpha_r$ 与 $\beta_1, \beta_2, \cdots, \beta_r$ 分别是 A 与 B 极大无关组, 由 $\alpha_1, \alpha_2, \cdots, \alpha_r, \beta_i$ 可由 $\beta_1, \beta_2, \cdots, \beta_r$ 线性表示知 β_i 可由 $\alpha_1, \alpha_2, \cdots, \alpha_r$ 线性表示.

(A2) 提示：证 α_s 能由 $\alpha_1, \alpha_2, \cdots, \alpha_{s-1}, \beta$ 线性表出.

(B3) 提示：$\alpha_{i_1}, \alpha_{i_2}, \cdots, \alpha_{i_m}$ 与任一极大无关组至少有 $r+m-s$ 个向量相同.

(C4) 提示：用数学归纳法.

习 题 3.6

(A1) $r(\alpha_1,\alpha_2,\cdots,\alpha_5)=3$, $\alpha_1,\alpha_2,\alpha_4$ 是它的一个极大无关组, 且

$$\alpha_3=3\alpha_1+\alpha_2,\quad \alpha_5=\alpha_1+\alpha_2+\alpha_4.$$

(A2) $a\neq -1$ 时, 两个向量组等价; 当 $a=-1$ 时, 两个向量组不等价.

(B3) 略.

(B4) $\beta_1,\beta_2,\cdots,\beta_{s-1}$ 是一个极大线性无关组.

(C5) 提示: 设 $r(A)=r$, 证明 A 必有一个非零 r 阶主子式, 而反对称矩阵的主子矩阵也是反对称矩阵.

习 题 3.7

(A1) $\alpha_1,\alpha_2,\alpha_3,\alpha_4$ 是 F^4 的一组基.

(A2) $\alpha_1,\alpha_2,\alpha_3,\alpha_4$ 是 F^4 的一组基. β 在这组基下的坐标为 $(a_4-a_3,a_3-a_2,a_2-a_1,a_1)^{\mathrm{T}}$.

(B3) $E,A,\cdots,A^{n-1}$ 是 V 的一组基, 且 $\dim V=n$.

(B4) (1) $E_{ij}, i\neq j$, $E_{ii}-E_{nn}$, $i=1,2,\cdots,n-1$ 是 V 的一组基, $\dim V=n^2-1$.

(2) $\begin{pmatrix}1&0\\0&-1\end{pmatrix}$, $\begin{pmatrix}0&1\\0&0\end{pmatrix}$, $\begin{pmatrix}0&0\\1&0\end{pmatrix}$, $\begin{pmatrix}\mathrm{i}&0\\0&-\mathrm{i}\end{pmatrix}$, $\begin{pmatrix}0&\mathrm{i}\\0&0\end{pmatrix}$, $\begin{pmatrix}0&0\\\mathrm{i}&0\end{pmatrix}$是 W 的一组基, $\dim W=6$.

(C5) E,A 是 V 的一组基, $\dim\mathrm{F}[A]=2$.

习 题 3.8

(A1) (1) 过渡矩阵为 $\begin{pmatrix}1&0&0&\frac{18}{13}\\1&1&0&\frac{17}{13}\\0&1&1&\frac{14}{13}\\0&0&1&\frac{8}{13}\end{pmatrix}$.

(2) 坐标分别为 $\begin{pmatrix}\frac{3}{13}\\\frac{5}{13}\\-\frac{2}{13}\\-\frac{3}{13}\end{pmatrix}$ 和 $\begin{pmatrix}\frac{3}{7}\\\frac{1}{7}\\-\frac{1}{7}\\-\frac{1}{7}\end{pmatrix}$.

(3) $\eta=(0,0,0,0)^{\mathrm{T}}$.

(A2) (1) 略；(2) $\begin{pmatrix} 1 \\ 1 \\ \vdots \\ 1 \end{pmatrix}$.

习 题 3.9

(A1) 略.

(A2) $\alpha_1, \alpha_2, \alpha_4$ 是 $\mathrm{span}(\alpha_1, \alpha_2, \alpha_3, \alpha_4)$ 的一组基, $\dim \mathrm{span}(\alpha_1, \alpha_2, \alpha_3, \alpha_4)=3$.

(A3) 略.

(B4) $\dim C(A) = n$.

(B5) $-\frac{1}{3}E_{11} + E_{21}, -\frac{1}{3}E_{21} + E_{22}, -\frac{1}{3}E_{11} + E_{31}, -\frac{1}{3}E_{12} + E_{32}, E_{11} + \frac{1}{3}E_{12} + E_{33}$ 是 $C(A)$ 的一组基, 从而 $\dim C(A) = 5$.

(B6) (1) V 的一组基为 $E_{ij} + E_{ji}(1 \leqslant i < j \leqslant n), E_{ii}(1 \leqslant i \leqslant n)$, $\dim V = \frac{n(n+1)}{2}$.

(2) 能, 例如取 $2E_n + E_{ij} + E_{ji}(1 \leqslant i < j \leqslant n), E_n + E_{ii}(1 \leqslant i \leqslant n)$, 它们都是对角占优矩阵, 因而可逆.

习 题 3.10

(A1) (1) 当 $\lambda = \frac{1}{2}$ 时, 通解为 $(1,-1,1,-1)^{\mathrm{T}} + c_1(1,-3,1,0)^{\mathrm{T}} + c_2\left(-\frac{1}{2},-1, 0,1\right)^{\mathrm{T}}$, $\forall c_1, c_2 \in \mathrm{F}$, 否则, 通解为 $(1,-1,1,-1)^{\mathrm{T}} + c\left(-1,\frac{1}{2},-\frac{1}{2},1\right)^{\mathrm{T}}$, $\forall c \in \mathrm{F}$.

(2) $(2,1,1,-3)^{\mathrm{T}} + c_1(3,1,1,-4)^{\mathrm{T}}, \forall c_1 \in \mathrm{F}$.

(A2) 提示：证 $Ax = 0$ 与 $A^{\mathrm{T}}Ax = 0$ 同解.

(B3) $(1,1,1,1)^{\mathrm{T}} + k(1,-2,1,0)^{\mathrm{T}}, k \in \mathrm{F}$.

(B4) $(2,3,4,5)^{\mathrm{T}} + k(3,4,5,6)^{\mathrm{T}}, k \in \mathrm{F}$.

(B5) 提示：取 U 的基 $\eta_1, \eta_2, \cdots, \eta_r$. 令 $H = (\eta_1, \eta_2, \cdots, \eta_r)$. 考虑齐次线性方程组 $H^{\mathrm{T}}Y = 0$ 解空间的一组基 $\alpha_1, \alpha_2, \cdots, \alpha_{n-r}$. 令 $A = (\alpha_1, \alpha_2, \cdots, \alpha_{n-r})^{\mathrm{T}}$, 则 $AX = 0$ 即得.

(B6) 提示: 设 $A, \overline{B}$ 是第一个与第二个方程组的系数矩阵与增广矩阵, 则 $r(\overline{B}) = r(A)+1$.

(C7) 提示：(1) 设 $k_0\gamma_0 + k_1\gamma_1 + \cdots + k_{n-r}\gamma_{n-r} = 0$, 两边乘 A;

(2) 设 γ 是方程组 $Ax = b$ 的任一解. 则 $\gamma - \eta_0 = k_1\xi_1 + k_2\xi_2 + \cdots + k_{n-r}\xi_{n-r}$. 令 $k_0 = 1 - \sum\limits_{i=1}^{n-r} k_i$.

(C8) 提示：(1) 设 $D = \begin{vmatrix} 1 & 1 & \cdots & 1 \\ a_{11} & a_{12} & \cdots & a_{1n} \\ a_{21} & a_{22} & \cdots & a_{2n} \\ \vdots & \vdots & & \vdots \\ a_{n-1,1} & a_{n-1,2} & \cdots & a_{n-1,n} \end{vmatrix}$, 则 D 的第 $i+1$ 行的元素乘

以第一行对应元素的代数余子式为零.

(C9) 略.

习 题 3.11

(A1) 略.

(B2) $\alpha_1,\alpha_2,\beta_1$ 是 V_1+V_2 的一组基, $\dim(V_1+V_2)=3$. $3\beta_1-\beta_2=\alpha_1-4\alpha_2$ 是 $V_1\cap V_2$ 的一组基, $\dim(V_1\cap V_2)=1$.

(B3) $\alpha_1,\alpha_2,\alpha_3,\beta_1$ 是 V_1+V_2 的一组基, $\dim(V_1+V_2)=4$.

$$\beta_2-\beta_1=\begin{pmatrix}0\\-4\\2\\10\end{pmatrix},\quad \beta_3-\beta_1=\begin{pmatrix}1\\1\\1\\1\end{pmatrix}$$

是 $V_1\cap V_2$ 的一组基, $\dim(V_1\cap V_2)=2$.

(B4) 略.

(C5) 提示：用数学归纳法.

(C6) 提示：用数学归纳法.

习 题 3.12

(A1) 提示：设 $\alpha_1,\alpha_2,\cdots,\alpha_n$ 是 V 的一组基, 令 $V_i=\operatorname{span}(\alpha_i)$, $i=1,2,\cdots,n$.

(A2) 略.

(B3) 提示：必要性由 $V_i\cap\left(\sum\limits_{j=i+1}^{s}V_j\right)\subseteq V_i\cap\left(\sum\limits_{j\neq i}^{s}V_j\right)$ 可得；充分性证 0 元表示法唯一.

(B4) 提示：(2) $x=Ax+(x-Ax)$.

(C5) 提示：因为 $(f(x),g(x))=1$, 所以存在 $u(x),v(x)\in \mathrm{F}[x]$ 使得 $uf+vg=1$, 从而 $u(M)A+v(M)B=E$. 所以 $\forall\alpha\in W$, $\alpha=E\alpha=u(M)A\alpha+v(M)B\alpha$.

第 4 章 多 项 式

习 题 4.1

(A1) 略.

(A2) 提示：利用标准分解式.

(A3) (1) 可约. 标准分解式为

$$x^4+m=(x^2+\sqrt[4]{4m}\,x+\sqrt{m})(x^2-\sqrt[4]{4m}\,x+\sqrt{m}).$$

(2) $m=4k^4$, 其中 k 是正整数; x^4+m 在 $\mathbb{R}$ 上的标准分解式为

$$(x^2+2kx+2k^2)(x^2-2kx+2k^2).$$

(A4) 略.

(B5) 略.

习 题 4.2

(A1) $4p^3 + 27q^2 = 0$.

(A2) $a = 1, b = -2$.

(A3) 提示：证 $g(a) = 0$, $g'(a) = 0$, 且 a 是 $g''(x)$ 的 $k+1$ 重根.

(A4) 略.

(B5) 提示：$\dfrac{f(x)}{(f(x), f'(x))}$ 与 $f(x)$ 具有相同的不可约因式.

习 题 4.3

(A1) 提示：证 $x^2 + 1$ 的根都是 $f(x) = x^7 + x^6 + \cdots + x + 1$ 的根.

(A2) 提示：证 $x^n - 1$ 的根都是 $g(x^n)$ 的根.

(A3) 提示：证 $x^2 + x + 1$ 的根都是 $x^{n+2} + (x+1)^{2n+1}$ 的根.

(A4) 提示：$(f(x), p(x)) \neq 1$.

(B5) 提示：设 α 是 $f(x)$ 的任一根, 证 $\alpha^n, \alpha^{n^2}, \cdots$ 都是 $f(x)$ 的根.

(B6) 提示：设 α 是 $f(x)$ 的任一根, 证 $\alpha - c, \alpha - 2c, \alpha - 3c, \cdots$ 都是 $f(x)$ 的互不相同的根.

(C7) 提示：证明 $f(x)$ 没有实根, 用反证法.

习 题 4.4

(A1) 提示：令 $x = y - 1$.

(A2) 提示：令 $x = y + 1$.

(A3) 提示：反证法, 证若 $f(x)$ 有整数根, 则 $f(0), f(1)$ 中必有一个是偶数.

(B4) 提示：反证法, 设 $f(x)$ 有整数根 α, 则 $(a-\alpha)|f(a)$, $(b-\alpha)|f(b)$.

(B5) 提示：利用 (A3).

(B6) 提示：反证法.

(C7) 提示：反证法. 设 $f(x) = g(x)h(x) \in \mathbb{Z}[x]$, 则分 $g(a_1)$, $g(a_2), \cdots, g(a_n)$ 同时为 1 或 -1 两种情形讨论.

(C8) 提示：反证法.

第 5 章 线性变换

习 题 5.1

(A1) σ_a 是线性映射.

(A2) 略.

(B3) 提示：充分性证明 $\mathscr{A}$ 既是单射又是满射.

习 题 5.2

(A1) 提示：验证 $\sigma:\mathbb{R}\to\mathbb{R}^+$, $a\mapsto \mathrm{e}^a$ 是同构映射.

(A2) (1) 略；(2) $\sigma: L\to\mathbb{C}$, $\begin{pmatrix} a & b\\ -b & a\end{pmatrix}\mapsto a+b\mathrm{i}$.

(B3) $\dim W=n-k$.

(B4) 提示：利用同构映射 $\sigma: V\longrightarrow \mathrm{F}^n$, $\sum\limits_{i=1}^n k_i\alpha_i\mapsto\sum\limits_{i=1}^n k_i\varepsilon_i$.

习 题 5.3

(A1) 提示：设 $k_0\xi+k_1\mathscr{A}\xi+\cdots+k_{n-1}\mathscr{A}^{n-1}\xi=0$, 依次作用 $\mathscr{A}^{n-1},\mathscr{A}^{n-2},\cdots,\mathscr{A}$.

(A2) 略.

(B3) 提示：用数学归纳法.

(B4) 提示：$(\mathscr{E}-\mathscr{A})(\mathscr{E}+\mathscr{A}+\cdots+\mathscr{A}^{m-1})=\mathscr{E}$.

习 题 5.4

(A1) 略.

(B2) 提示：考虑 $\mathscr{A}$ 在 W 上的限制 $\mathscr{A}|_W: W\to\mathscr{A}W$, 然后用维数公式.

(B3) 提示：参考习题 3.12 (B)4.

(C4) 略.

(C5) 提示：充分性由维数公式 $\dim\mathrm{Im}\mathscr{A}+\dim\mathrm{Ker}\mathscr{A}=n$, $\dim\mathrm{Im}\mathscr{A}^2+\dim\mathrm{Ker}\mathscr{A}^2=n$, 先证 $\mathrm{Ker}\mathscr{A}=\mathrm{Ker}\mathscr{A}^2$, 从而 $\mathrm{Im}\mathscr{A}\cap\mathrm{Ker}\mathscr{A}=0$.

习 题 5.5

(A1) $\begin{pmatrix} 1 & 2 & 0\\ 1 & -1 & 0\\ 0 & 1 & -1\end{pmatrix}$.

(A2) $\begin{pmatrix} 0 & 1 & 0 & \cdots & 0\\ 0 & 0 & 1 & \cdots & 0\\ \vdots & \vdots & \vdots & & \vdots\\ 0 & 0 & 0 & \cdots & 1\\ 0 & 0 & 0 & \cdots & 0\end{pmatrix}$.

(A3) 1 的个数等于 $\dfrac{n(n+1)}{2}$, -1 的个数等于 $\dfrac{n(n-1)}{2}$.

(B4) $\xi,\mathscr{A}\xi,\cdots,\mathscr{A}^{n-1}\xi$.

习 题 5.6

(A1) (1) $\xi_1=\begin{pmatrix}-2\\-\dfrac{3}{2}\\1\\0\end{pmatrix},\xi_1=\begin{pmatrix}-1\\-2\\0\\1\end{pmatrix}$ 是 Ker$\mathscr{A}$ 的一组基, $\alpha_1=A\varepsilon_1,\alpha_2=A\varepsilon_2$ 是 Im$\mathscr{A}$ 的一组基;

(2) $\mathscr{A}$ 在基 $\varepsilon_1,\varepsilon_2,\xi_1,\xi_2$ 下的矩阵为 $\begin{pmatrix}4&0&4&0\\\dfrac{9}{2}&1&\dfrac{9}{2}&0\\1&2&1&0\\2&-2&2&0\end{pmatrix}$.

(3) $\mathscr{A}$ 在基 $\alpha_1,\alpha_2,\varepsilon_3,\varepsilon_4$ 下的矩阵为 $\begin{pmatrix}5&2&2&1\\\dfrac{9}{2}&1&\dfrac{3}{2}&2\\0&0&0&0\\0&0&0&0\end{pmatrix}$.

(A2) 略.

(A3) 略.

(A4) 略.

习 题 5.7

(A1) (1) 属于特征值 $\lambda_1=7$ 的特征向量是 $k(1,1)^{\mathrm{T}},k\neq0$; 属于特征值 $\lambda_2=-2$ 的特征向量是 $k(4,-5)^{\mathrm{T}}$, $k\neq0$.

(2) 属于特征值 $\lambda_1=1$ 的特征向量是 $k_1(0,1,0)^{\mathrm{T}}+k_2(1,0,1)^{\mathrm{T}}$, k_1,k_2 不同时为零; 属于特征值 $\lambda_2=-1$ 的特征向量是 $k(-1,0,1)^{\mathrm{T}},k\neq0$.

(3) 属于特征值 $\lambda_1=2$ 的特征向量是 $k_1(1,1,0,0)^{\mathrm{T}}+k_2(1,0,1,0)^{\mathrm{T}}+k_3(1,0,0,1)^{\mathrm{T}}$, k_1,k_2,k_3 不同时为零; 属于特征值 $\lambda_4=-2$ 的特征向量是 $k(1,-1,-1,-1)^{\mathrm{T}}$, $k\neq0$.

(A2) 略.

(B3) (1) 略; (2) 对应于 λ_i 的特征向量为 $k(1,\lambda_i,\lambda_i^2,\cdots,\lambda_i^{n-1})^{\mathrm{T}},k\neq0$.

(B4) 特征值为 $\omega_k=\cos\dfrac{2k\pi}{n}+\mathrm{i}\sin\dfrac{2k\pi}{n}$, $k=1,2,\cdots,n$; 属于特征值 ω_k 的特征向量为 $c_k\alpha_k=c_k(1,\omega_k,\omega_k^2,\cdots,\omega_k^{n-1})^{\mathrm{T}}$, c_k 是任意非零常数.

习 题 5.8

(A1) 提示：反证法.

(A2) 提示：先证幂等矩阵 A 的特征值只能是 $0,1$, 再证 $0,1$ 是 A 的特征值.

(B3) 提示：选取标准单位向量作为特征向量.

(B4) 提示：利用行列式的降阶公式以及 $A\alpha=-\alpha$.

(B5) 提示：利用行列式的降阶公式.

(B6) 特征值为 $f(\omega_k), k=1,2,\cdots,n$; 属于特征值 $f(\omega_k)$ 的特征向量为 $c_k\alpha_k$, c_k 是任意非零常数.

(C7) 提示：利用复习题 3 第 1 题.

(C8) 提示：设 C 是 $AX-XB=O$ 的矩阵解, 考虑 C 的相抵标准形, 并用分块矩阵的技巧.

(C9) 提示：设 $\lambda_1,\lambda_2,\cdots,\lambda_r$ 是 A 与 B 的两两不同的公共特征值, $\alpha_1,\alpha_2,\cdots,\alpha_r,\beta_1,\beta_2,\cdots,\beta_r$ 是对应的特征向量, 则 $C=(\alpha_1,\alpha_2,\cdots,\alpha_r)\begin{pmatrix}\beta_1^{\mathrm{T}}\\ \beta_2^{\mathrm{T}}\\ \vdots\\ \beta_r^{\mathrm{T}}\end{pmatrix}$ 满足要求.

习　题　5.9

(A1) (1) $x=0$, $y=-2$;

(2) $T=\begin{pmatrix}0&0&-1\\-2&1&0\\1&1&1\end{pmatrix}$.

(A2) 提示：证明特征值 0 的代数重数不等于几何重数.

(B3) 提示：证明 $A-E$, $A-2E$ 的列向量的极大无关组恰好是 A 的线性无关的特征向量.

(B4) 提示：对 $|\lambda E-B|$ 使用行列式降阶公式.

习　题　5.10

(A1) 提示：证明 $\mathscr{A}(\alpha_1+2\alpha_2), \mathscr{A}(\alpha_2+\alpha_3+2\alpha_4)\in W$.

(A2) 略.

(B3) 提示：考虑 $\mathscr{B}|_{V_{\lambda_0}}$ 是 V_{λ_0} 的线性变换.

(C4) 略.

(C5) 提示：将 (B3) 中的公共特征向量扩充为 V 的一组基, 用数学归纳法.

(C6) 提示：利用 (B3) 及数学归纳法.

习　题　5.11

(A1) (1) $(\lambda-2)^3$; (2) E, A, A^2 是 $F[A]$ 的一组基, $\dim F[A]=3$.

(A2) 提示：充分性利用零化多项式及逆矩阵的定义, 必要性利用凯莱-哈密顿定理.

(B3) 提示：证明 C 的极小多项式与特征多项式相等, 即 $m_C(\lambda)=f_C(\lambda)=a_0+a_1\lambda+\cdots+a_{n-1}\lambda^{n-1}+\lambda^n$.

(B4) 提示：证 $E, A, \cdots, A^{r-1}$ 是 $F[A]$ 的一组基. 从而 $\dim F[A] = \deg(m(x))$.

(B5) 提示：(1) 利用带余除法 $x^s = q(x)f_A(x) + r(x)$；

(2) 利用凯莱-哈密顿定理.

(B6) 提示：证明 $\mathscr{A}|_W$ 的极小多项式整除 $\mathscr{A}$ 的极小多项式.

第 6 章　相似不变量与相似标准形

习　题　6.1

(A1) (1) $A(\lambda) \leftrightarrow \begin{pmatrix} 1 & & \\ & \lambda & \\ & & \lambda(\lambda+1) \end{pmatrix}$;　(2) $A(\lambda) \leftrightarrow \begin{pmatrix} 1 & & \\ & \lambda & \\ & & \lambda(\lambda+1) \end{pmatrix}$.

(A2) 提示：由 $(f(\lambda), g(\lambda)) = 1$ 知存在多项式 $u(\lambda), v(\lambda)$, 使得 $u(\lambda)f(\lambda) + v(\lambda)f(\lambda) = 1$.

(A3) 提示：初等变换不改变 λ-矩阵的秩.

习　题　6.2

(A1) $A \sim C$, 但 $A \not\sim B$, $B \not\sim C$.

习　题　6.3

(A1) (1) 初等因子为 $d_1(\lambda) = d_2(\lambda) = 1, d_3(\lambda) = (\lambda-1)^2(\lambda-2)$; 行列式因子为 $D_1(\lambda) = 1, D_2(\lambda) = 1, D_3(\lambda) = (\lambda-1)^2(\lambda-2)$. A 的弗罗贝尼乌斯标准形为

$$\begin{pmatrix} 0 & 0 & 2 \\ 1 & 0 & -5 \\ 0 & 1 & 4 \end{pmatrix}.$$

(2) 行列式因子为 $D_1(\lambda) = 1, D_2(\lambda) = \lambda+2, D_3(\lambda) = (\lambda-1)(\lambda+2)^2$; 初等因子为 $d_1(\lambda) = 1, d_2(\lambda) = \lambda+2, d_3(\lambda) = (\lambda-1)(\lambda+2)$. A 的弗罗贝尼乌斯标准形为

$$\begin{pmatrix} -2 & & \\ & 0 & 2 \\ & 1 & -1 \end{pmatrix}.$$

(A2) 提示：利用 $\lambda_0 E - A$ 的相抵标准形.

习　题　6.4

(A1) (1) $\lambda - 1$, $(\lambda-1)^2$;

(2) $(\lambda-1)^4$.

(A2) $\lambda - 1, \lambda - \omega, \cdots, \lambda - \omega^{n-1}$, $\omega = \cos\dfrac{2\pi}{n} + \mathrm{i}\sin\dfrac{2\pi}{n}$.

习 题 6.5

(A1) (1) $\begin{pmatrix} 1 & & \\ & 1 & \\ & 1 & 1 \end{pmatrix}$; (2) $\begin{pmatrix} 1 & & & \\ 1 & 1 & & \\ & 1 & 1 & \\ & & 1 & 1 \end{pmatrix}$.

(A2) (1) 不可对角化；(2) 可对角化.

(B3) 初等因子为 $\underbrace{\lambda,\cdots,\lambda}_{n-2r},\underbrace{\lambda^2,\cdots,\lambda^2}_{r}$.

(B4) $\mathrm{diag}(\underbrace{1,\cdots,1}_{r},0,\cdots,0)$.

(B5) $\mathrm{diag}(\underbrace{1,\cdots,1}_{r},-1,\cdots,-1)$.

(C6) 提示：利用若尔当标准形.

(C7) 提示：利用习题 4.4(C)5.

习 题 6.6

(A1) $P=\begin{pmatrix} 3 & -1 & 2 \\ 0 & 0 & 1 \\ 1 & 0 & 1 \end{pmatrix}$ 使得 $P^{-1}AP=\begin{pmatrix} 1 & & \\ & 1 & \\ & 1 & 1 \end{pmatrix}$.

(A2) $\begin{pmatrix} 0 & & & & \\ 1 & 0 & & & \\ & 1 & 0 & & \\ & & & 0 & \\ & & & 1 & 0 \end{pmatrix}$.

(C3) 略.

第 7 章 欧 氏 空 间

习 题 7.1

(A1) (1) 不是；(2) 是；(3) 是；(4) 是.

(A2) (1) 略; (2) $A=\begin{pmatrix} 1 & \frac{1}{2} & \frac{1}{3} & \cdots & \frac{1}{n} \\ \frac{1}{2} & \frac{1}{3} & \frac{1}{4} & \cdots & \frac{1}{n+1} \\ \vdots & \vdots & \vdots & & \vdots \\ \frac{1}{n} & \frac{1}{n+1} & \frac{1}{n+1} & \cdots & \frac{1}{2n-1} \end{pmatrix}$.

(A3) 略.

(B4) 提示：设 $k_1\alpha_1+k_2\alpha_2+\cdots+k_m\alpha_m=0$, 两边与 α_i 取内积.

习 题 7.2

(A1) $\gamma_1=\dfrac{1}{\sqrt{2}}\begin{pmatrix}1\\0\\0\\0\\1\end{pmatrix}$, $\gamma_2=\dfrac{1}{\sqrt{10}}\begin{pmatrix}1\\-2\\0\\2\\-1\end{pmatrix}$, $\gamma_3=\dfrac{1}{2}\begin{pmatrix}1\\1\\1\\0\\-1\end{pmatrix}$.

(A2) (1) 略; (2) 一组基为 $\alpha_1=\begin{pmatrix}-\dfrac{a_2}{a_1}\\1\\0\\\vdots\\0\end{pmatrix}$, $\alpha_2=\begin{pmatrix}-\dfrac{a_3}{a_1}\\0\\1\\\vdots\\0\end{pmatrix}$, $\cdots,\alpha_{n-1}=\begin{pmatrix}-\dfrac{a_n}{a_1}\\0\\0\\\vdots\\1\end{pmatrix}$.

所以 $\dim W=n-1$.

(3) $\beta_1=\begin{pmatrix}-\dfrac{1}{\sqrt{2}}\\\dfrac{1}{\sqrt{2}}\\0\\0\end{pmatrix}$, $\beta_2=\begin{pmatrix}-\dfrac{1}{\sqrt{6}}\\-\dfrac{1}{\sqrt{6}}\\\dfrac{2}{\sqrt{6}}\\0\end{pmatrix}$, $\beta_3=\begin{pmatrix}-\dfrac{\sqrt{3}}{6}\\-\dfrac{\sqrt{3}}{6}\\-\dfrac{\sqrt{3}}{6}\\\dfrac{\sqrt{3}}{2}\end{pmatrix}$.

(B3) $\eta_1=\alpha_1$, $\eta_2=\dfrac{\sqrt{10}}{10}\alpha_2$, $\eta_3=-\dfrac{\sqrt{15}}{3}\alpha_1+\dfrac{\sqrt{15}}{15}\alpha_2+\dfrac{\sqrt{15}}{3}\alpha_3$.

(B4) (1) 略; (2) $\begin{pmatrix}0&1&0\\-1&0&0\\0&0&0\end{pmatrix}$, $\begin{pmatrix}0&0&1\\0&0&0\\-1&0&0\end{pmatrix}$, $\begin{pmatrix}0&0&0\\0&0&1\\0&-1&0\end{pmatrix}$.

(C5) 提示：取 V 的标准正交基 $e_1,e_2,\cdots,e_n$, 令 $\alpha=\sum\limits_{i=1}^{n}f(e_i)e_i$.

(C6) 提示：证明 ϕ 是单射, 且 $\dim V^*=n$.

习 题 7.3

(A1) 提示：利用 $AA^{\mathrm{T}}=E$.

(A2) 提示：利用 $A^{-1}=A^{\mathrm{T}}$.

(A3) 略.

(B4) 提示：利用施密特正交化过程.

习 题 7.4

(A1) 略.

(A2) 提示：证 $(\sigma(k\alpha+l\beta)-k\sigma(\alpha)-l\sigma(\beta),\sigma(k\alpha+l\beta)-k\sigma(\alpha)-l\sigma(\beta))=0$.

(B3) 提示：必要性：设 $\mathscr{A}(\alpha)=\alpha-2(\alpha,\eta)\eta$, 将 η 扩充为 V 的标准正交基 $\eta,\varepsilon_2,\cdots,\varepsilon_n$, 证 $\mathscr{A}$ 在该基下的矩阵为 $\mathrm{diag}(-1,1,\cdots,1)$；充分性：先证另一特征值为 -1, 从而得到 $\mathscr{A}$ 的矩阵为 $\mathrm{diag}(-1,1,\cdots,1)$.

(B4) 略.

(C5) 提示：令 $\eta=\dfrac{\alpha-\beta}{|\alpha-\beta|}$. $\mathscr{A}(x)=x-2(x,\eta)\eta,\ \forall x\in V$.

(C6) 提示：反复利用 (C5).

习 题 7.5

(A1) 略.

(A2) 略.

(A3) 提示：实对称矩阵可相似对角化.

(A4) $A=\begin{pmatrix}1&1&1&1\\1&1&1&1\\1&1&1&1\\1&1&1&1\end{pmatrix}$.

(B5) 提示：数学归纳法.

(B6) 提示：利用 (B5).

习 题 7.6

(A1) (1) $\dim U^{\perp}=2$; 一组标准正交基为 $\eta_1=\begin{pmatrix}0\\ \dfrac{2\sqrt5}{5}\\ -\dfrac{\sqrt5}{5}\\ 0\end{pmatrix},\eta_2=\begin{pmatrix}\dfrac{\sqrt{170}}{17}\\ -\dfrac{3\sqrt{170}}{170}\\ -\dfrac{3\sqrt{170}}{85}\\ \dfrac{\sqrt{170}}{34}\end{pmatrix}$.

(2) $\left(0,\dfrac12,1,\dfrac32\right)^{\mathrm T}$.

(A2) (1) 提示：证 $\mathscr{A}|_U$ 是满射. 所以对任意的 $\beta\in U$, 存在 $\gamma\in U$, 使得 $\mathscr{A}(\gamma)=\beta$. (2) 与 (3) 略.

(B3) 略.

(B4) 略.

(B5) 由全体实反对称矩阵组成的子空间.

(C6) 略.

习 题 7.7

(A1) (1) $x_1=\dfrac{17}{95}, x_2=\dfrac{143}{285}$;

(2) $x_1=12, x_2=-3, x_3=9$.

第 8 章 二 次 型

习 题 8.1

(A1) (1) $A=\begin{pmatrix}0&-2&1\\-2&0&1\\1&1&0\end{pmatrix}$; $r(A)=3$.

(2) $A=\begin{pmatrix}1&-1&1\\-1&-3&-3\\1&-3&0\end{pmatrix}$; $r(A)=2$.

(A2) $A=\begin{pmatrix}a_1\\a_2\\\vdots\\a_n\end{pmatrix}(a_1,a_2,\cdots,a_n)$, $r(A)=1$.

(A3) $a=\pm 2, b=\mp 4$.

(B4) $B=A^{\mathrm{T}}A$.

习 题 8.2

(A1) (1) $2y_1^2+3y_2^2+\dfrac{5}{3}y_3^2$; (2) $-z_1^2+4z_2^2+z_3^2$.

(A2) (1) $f=y_1^2+y_2^2-4y_3^2$; (2) $y_1^2-3y_2^2+\dfrac{3}{4}y_3^2$.

(A3) (1) 正交矩阵 $U=\dfrac{1}{\sqrt{2}}\begin{pmatrix}1&0&-1\\1&0&1\\0&1&0\end{pmatrix}$, 二次型的标准形为 $2y_1^2+2y_2^2$.

(2) 正交矩阵 $U=\dfrac{1}{\sqrt{2}}\begin{pmatrix}1&0&-1&0\\1&0&1&0\\0&1&0&-1\\0&1&0&1\end{pmatrix}$, 二次型的标准形为 $y_1^2+y_2^2-y_3^2-y_4^2$.

(B4) 略.

(B5) 提示：存在正交矩阵 Q, 使得

$$Q^{\mathrm{T}}AQ=Q^{-1}AQ=\mathrm{diag}(\lambda_1,\lambda_2,\cdots,\lambda_n).$$

(B6) 提示：$\varepsilon_i^{\mathrm{T}}A\varepsilon_i=a_{ii}$, 且 $\varepsilon_i^{\mathrm{T}}\varepsilon_i=1$, 利用 (B4)(1).

(C7) 提示：利用标准形讨论.

习 题 8.3

(A1) (1) $\lambda_1 = a, \lambda_2 = a-2, \lambda_3 = a+1$;

(2) $a = 2$.

(A2) $-2 \leqslant a \leqslant 2$.

(A3) 提示：存在可逆矩阵 C, 使得 $C^{\mathrm{T}}AC = \begin{pmatrix} E_r & O \\ O & O \end{pmatrix}$.

(A4) 提示：存在可逆矩阵 C, 使得 $C^{\mathrm{T}}AC = \begin{pmatrix} E_r & O \\ O & O \end{pmatrix}$.

(B5) (1) 秩等于 3, 符号差等于 3;

(2) 当 $(x,y,z) = \dfrac{1}{\sqrt{12+4\sqrt{6}}}(-1, 2+\sqrt{6}, 1)$ 时, $f(x,y,z)$ 取最小值 $5-2\sqrt{6}$; 当 $(x,y,z) = \dfrac{1}{\sqrt{12-4\sqrt{6}}}(-1, 2-\sqrt{6}, 1)$ 时, $f(x,y,z)$ 取最大值 $5+2\sqrt{6}$.

(B6) 提示：利用二次型的规范形.

习 题 8.4

(A1) $-\dfrac{4}{5} < t < 0$.

(A2) 提示：$f = \sum\limits_{1 \leqslant i < j \leqslant n} (x_i - x_j)^2$.

(B3) 略.

(B4) 略.

(B5) 提示：数学归纳法.

(B6) 提示：$A = C^{\mathrm{T}}C$, C 可逆, 且存在正交矩阵 Q 及上三角矩阵 U, 使得 $C = QU$.

(C7) 提示：反证法.

(C8) 提示：存在可逆矩阵 P, 使得

$$P^{\mathrm{T}}AP = E, \quad P^{\mathrm{T}}BP = \mathrm{diag}(\lambda_1, \lambda_2, \cdots, \lambda_n).$$

习 题 8.5

(A1) $A = \begin{pmatrix} \dfrac{\sqrt{6}}{3} & 0 & -\dfrac{\sqrt{3}}{3} \\ \dfrac{\sqrt{6}}{6} & -\dfrac{\sqrt{2}}{2} & \dfrac{\sqrt{3}}{3} \\ \dfrac{\sqrt{6}}{6} & \dfrac{\sqrt{2}}{2} & \dfrac{\sqrt{3}}{3} \end{pmatrix} \begin{pmatrix} \sqrt{3} & 0 \\ 0 & 1 \\ 0 & 0 \end{pmatrix} \begin{pmatrix} \dfrac{\sqrt{2}}{2} & \dfrac{\sqrt{2}}{2} \\ \dfrac{\sqrt{2}}{2} & -\dfrac{\sqrt{2}}{2} \end{pmatrix}$.